（原书第3版）

数理统计与数据分析

Mathematical Statistics and Data Analysis

(Third Edition)

（美）John A. Rice 著
加州大学伯克利分校

田金方 译　谢邦昌 审校

机械工业出版社
CHINA MACHINE PRESS

本书将现代统计学的重要思想引入数理统计课程中，强调了数据分析、图形工具和计算机技术，并注重统计的实务和应用。本书内容丰富，几乎涵盖了所有经典和前沿的概率论与数理统计理论和方法，主要包括概率、随机变量、联合分布、期望、极限定理、抽样调查、参数估计、假设检验、数据汇总、两样本比较、方差分析、分类数据分析和线性最小二乘等。

本书用真实数据分析了实际问题，以此增强读者对理论的理解；作者将自助方法与传统的推论性过程结合起来，增加了蒙特卡罗方法。此外，为了使概念更清晰，书中提供了大量的示例，而且还有丰富的习题，以增强读者的计算能力。

本书适合作为统计学、数学、其他理工科专业以及社会科学和经济学专业高年级本科生和低年级研究生的教材，同时也可供相关领域技术人员参考。

John A. Rice: Mathematical Statistics and Data Analysis, Third Edition.

Copyright © 2007 by Brooks/Cole, a part of Cengage Learning.

Original edition published by Cengage Learning. All Rights reserved.

China Machine Press is authorized by Cengage Learning to publish and distribute exclusively this simplified Chinese edition. This edition is authorized for sale in the Chinese mainland (excluding Hong Kong SAR, Macao SAR and Taiwan). Unauthorized export of this edition is a violation of the Copyright Act. No part of this publication may be reproduced or distributed by any means, or stored in a database or retrieval system, without the prior written permission of the publisher.

Cengage Learning Asia Pte. Ltd.

5 Shenton Way, # 01-01 UIC Building, Singapore 068808

本书原版由圣智学习出版公司出版。版权所有，盗印必究。

本书中文简体字翻译版由圣智学习出版公司授权机械工业出版社独家出版发行。此版本仅限在中国大陆地区（不包括香港、澳门特别行政区及台湾地区）销售。未经授权的本书出口将被视为违反版权法的行为。未经出版者预先书面许可，不得以任何方式复制或发行本书的任何部分。

本书封面贴有 Cengage Learning 防伪标签，无标签者不得销售。

封底无防伪标均为盗版
版权所有，侵权必究

北京市版权局著作权合同登记　图字：01-2009-7836 号。

图书在版编目（CIP）数据

数理统计与数据分析(原书第 3 版)/(美)里斯(Rice, J.A.)著；田金方译. —北京：机械工业出版社，2011.4
（2024.1 重印）
（统计学精品译丛）
书名原文：Mathematical Statistics and Data Analysis, Third Edition
ISBN 978-7-111-33646-4

Ⅰ. 数…　Ⅱ. ①里…　②田…　Ⅲ. ①数理统计　②统计数据-统计分析(数学)　Ⅳ. O212

中国版本图书馆 CIP 数据核字(2011)第 035061 号

机械工业出版社（北京市西城区百万庄大街 22 号　邮政编码　100037）
责任编辑：王春华
北京捷迅佳彩印刷限公司印刷
2024 年 1 月第 1 版第 16 次印刷
186mm×240mm · 29.25 印张
标准书号：ISBN 978-7-111-33646-4
定价：85.00 元

客服电话：(010) 88361066　68326294

译 者 序

《Mathematical Statistics and Data Analysis》是美国加州大学名誉教授 John A. Rice 所著的一本优秀的概率论与数理统计教材，1988 年由 Thomson Brooks/Cole 出版，并于 1994 年再版，2003 年机械工业出版社购买了该书在中国的影印版权，发行了影印本，2007 年本书的第 3 版问世。书中直观而深刻的统计思想，简明而翔实的数据分析实例，新颖而丰富的图形工具和计算机技术使其别具风格，开创了概率论与数理统计教程著述方式的先河，引领了数理统计发展的方向，深受广大读者喜爱和专家学者的好评，至今，已被美国、英国、加拿大和中国的许多大学选为概率论与数理统计的教材或参考书。

John A. Rice 教授（1944—）在加州大学伯克利分校获得博士学位，并一直任教于该校统计系，现为统计学名誉教授，美国数理统计学会成员，发表过多篇理论和应用统计学论文，其研究兴趣集中于海量和需要高强度计算的随机数据的分析方法，例如时间序列。他的近期研究工作主要集中在两个天文项目上：探测太阳系外围地区（柯伊伯带）的物体和探测伽马射线脉冲星。

译者于 2003 年看到本书后，深为其内容和特色所吸引。自 2004 年春季至今，译者在为面向研究生和本科生所开设的概率论与数理统计和统计学等多门课程中连续使用这本书。同时，在面向财经类专业研究生开设的统计学课程的讲授中，也系统介绍了本书的基本理论和方法，利用 Excel、R 和 SAS 等统计软件包实现了教程中的数据分析实例和习题，众多学生受益匪浅。积多年使用该教材的经验以及各类不同层次本科生及研究生对该教材的反映，我们深感这不仅是一本不可多得的概率论与数理统计教材，也是一本与经济学、管理学、医学、天文学、生物学、工学、社会学等其他学科紧密结合，展示统计学应用的优秀教科书或参考书。随着第 3 版的问世，其内容更加丰富和完善，涵盖了目前前沿的统计分析方法，时间不仅没有使其过时，相反随着岁月的流逝，得到越来越多同行的关注。如果我们希望找到能够借以站立的巨人肩膀，那么这本著作将是一个很好的选择。

根据本人粗浅的理解，简要概述本书的特色和贡献如下：

- 内容丰富，几乎涵盖了所有经典和前沿的概率论与数理统计理论和方法。
- 讲述材料的方式以数据分析为主，注重统计的实务和应用。
- 借助于经管、生物医学、金融、社会等领域的实际问题，增强读者对理论的理解和方法的使用。
- 强调图形工具和计算机技术，反映了计算机在统计学中扮演的越来越重要的角色；将自助法与传统的推论性过程结合起来，增加了蒙特卡罗方法。
- 叙述过程化繁为简。本书既避免从理论到理论，又防止理论与实际脱节，而是理论构建在寓意深刻的背景内容下，对其逐步补充和加强，并与通俗的分析方法结合在一起。这种方法不是抽象或美学的思考，同时，也没有回避学生应该知道的数学内容，适合于统计学的实践要求。

- 为使概念更加清晰，书中提供了大量的示例，而且还有丰富的习题，以增强读者的计算能力.

本书适合作为统计学、数学、其他理工科专业以及社会科学和经济学专业高年级本科生和低年级研究生的教材，同时也可供相关领域技术人员参考. 译者向广大读者推荐这本书，旨在希望它不仅成为读者学习概率论与数理统计学科的"捷径"，而且也能成为迈向其他相关学科前沿领域的"阶梯".

在翻译过程中，我努力做到"信、达、雅"，但由于水平有限，译稿难免存在不当之处，请博雅之士不吝赐教，在此预先表示感谢，并于今后重印校正.

本书是在机械工业出版社王春华编辑的热心促动下翻译完成的，对其认真负责、精益求精的工作表示感谢. 此外还要感谢翻译过程中提供宝贵意见的同事和同学们，他们帮助我不断提升本书的译文水平. 感谢我的家人和朋友，感谢他们的理解和支持.

田金方

2011 年 3 月 7 日于山东经济学院

E-mail: tianjinfang2009@hotmail.com

前　　言

读者对象

本书适合于统计学、数学、自然科学和工程专业的低年级和高年级本科生，或一年级研究生，以及具有一定统计学基础的社会科学和经济学专业的学生阅读．读者必须修读了包含泰勒级数和多元微积分在内的一年微积分课程，以及初级的线性代数课程．

本书的目标

这本书反映了我对第一门统计学课程的认识，而这对很多学生来说可能是最后的统计课程．这样的课程应该包括数理统计的一些经典内容（如似然法），以及描述统计学和数据分析的一些内容，特别是图形显示、试验设计和复杂的实际应用．它还应该体现出计算机在统计学中所起的不可或缺的作用．这些主题适当地交织在一起，可以将现代统计学的本质展示给学生．分别讲授两个主题的课程 —— 一个是理论，一个是数据分析，对我来讲似乎有点造作．此外，很多学生仅学习一门统计学课程，而没有时间学习两门或两门以上这方面的课程．

数据分析与统计实践

为了将上述主题融合在一起，我一直在努力地撰写一本能够紧密结合统计实践的教科书．只有分析实际数据，才能使我们明白形式理论和通俗数据分析方法所扮演的角色．我围绕着各种问题组织了这本书，这些问题都需要使用统计方法来解决，此外书中包含很多实际例子，借此引入和介绍理论内容．这样安排的优点是理论构建在寓意深刻的背景内容下，对其逐步补充和加强，与通俗的分析方法结合在一起．我认为，这种方法是适合于统计学的，其历史发展主要是由实践需要来促进的，而不是抽象或美学的思考．同时，我也没有回避学生应该知道的数学内容．

第 3 版

本书第 1 版于 1988 年问世，第 2 版于 1994 年出版．尽管本书基本的目的和结构没有改变，但是新的版本反映了统计学科的发展，尤其是计算方面的革新．

这一版最显著的变动是对贝叶斯推断的处理．我将最后一章的材料做了迁移，分散于之前的各章中，这是由于很多老师很难讲授到这一章．现在贝叶斯推断首先出现在第 3 章的条件分布中．然后，在第 8 章与频率学派方法同步讲解，那里的贝叶斯方法可以非常自然地解决最大似然估计量．第 9 章假设检验的引言部分现在以贝叶斯公式作为开端，然后再转向奈曼-皮尔逊范式．这样做的一个好处是似然比的至关重要性更突出．在应用中，我强调无信息先验，说明频率学派和贝叶斯学派得出的定性结论具有相似性．

概率论章节新增了基因组学和金融统计的例子．这些材料除了与相应的主题相关外，还可以很自然地强化基本概念. 例如, 连接函数 (copulas) 强调了边际分布和联合分布之间的关系. 其他变动包括第 10 章探索性数据分析中散点图和相关系数的介绍, 以及第 14 章中利用局部线性最小二乘进行非参数平滑的简介. 本版新增了将近 100 道习题, 主要集中在第 7~14 章, 同时还包括几个新的数据集, 有些数据集完全可以用于计算机实验室上机操作. 此外, 还修改了前面版本中解释含糊不清的一些段落.

概要

当然, 我们可以从目录中找到完整的大纲, 这里, 我仅仅强调几点, 并指出教师讲授课程时需要取舍的章节内容.

前 6 章包含概率论的内容, 特别是与统计学密切相关的内容. 第 1 章以非测度论的观点介绍概率论的基本内容, 以及初等组合方法. 在这一章和其他概率章节中, 我尽可能地利用现实世界的例子, 而不是使用球与盒子的抽样模型.

第 2 章介绍了随机变量的概念. 我选择将离散型和连续型随机变量放在一起讨论, 而不是把连续情形推迟到以后再进行介绍. 本章介绍了几个常见分布. 这样安排的好处是它能为后面的章节提供一些讨论和介绍的内容.

第 3 章继续讨论随机变量, 但是转向联合分布. 教师可以跳过雅可比行列式, 这不会有损课程的连续性, 因为它们很少在本书的其余部分出现. 如果教师乐意之后做些回溯工作, 可以在讲解时跳过 3.7 节极值和顺序统计量的内容.

期望、方差、协方差、条件期望和矩生成函数共同构成第 4 章. 教师可以跳过条件期望和预测, 尤其是没有计划讲解稍后的充分统计量时. 这一章之后的部分介绍了 δ 方法 (误差传播方法), 这个方法多次出现在统计学的章节中.

第 5 章在非常严格的假设条件下证明了大数定律和中心极限定理.

第 6 章汇编了与正态分布有关的常用分布, 以及利用通常的正态随机样本计算所得统计量的抽样分布. 我没有在此浪费过多的时间, 但确实介绍了统计学章节所必需的知识点, 学生很有必要学习这些分布.

第 7 章是有关抽样调查的内容, 以非常规但比较自然的方式导入统计学的研究议题. 很多学生在学习抽样调查内容时感到比较模糊, 而恰恰在抽样调查中很自然地提出了一系列比较特殊的具体统计问题. 从历史上看, 抽样调查涉及了很多重要的统计概念, 并可以将其用作传播介质引入在后面的章节中深入介绍的概念和技术, 例如:

- 作为随机变量的估计量的思想, 具有与之相关联的抽样分布.
- 偏倚、标准误差和均方误差的概念.
- 置信区间和中心极限定理的应用.
- 通过研究分层估计量揭示试验设计的概念以及相对效率的概念.
- 期望、方差和协方差的计算.

抽样调查不受欢迎的原因之一是其计算十分令人讨厌. 然而, 这种讨厌也有其长处, 学生可以在这样的计算中得到锻炼. 教师可以灵活地掌握介绍本章概念的深度. 比率估计和分层部分是可选的, 初次讲授时完全可以跳过, 或稍后再讲这些概念, 这并不影响课程的连续性.

第 8 章介绍参数估计，它是由拟合数据的概率律问题引起的，其中介绍了矩方法、最大似然方法和贝叶斯推断方法，同时还介绍了效率的概念，证明了克拉默–拉奥不等式. 8.8 节介绍了充分性的概念及其一些衍生问题. 可以跳过克拉默–拉奥下界和充分性的内容. 在我看来，充分性的重要性通常被过度强调了. 负二项分布的内容也可以跳过.

第 9 章介绍了假设检验及其拟合优度检验的应用，这配合第 8 章的内容.（这个内容还会在第 11 章深入讨论.）这里还简要展示了图方法. 如果课时有限，教师可以跳过本章最后的 9.6 节（泊松散布度检验）、9.7 节（悬挂根图）和 9.9 节（正态性检验）.

第 10 章介绍了几种描述性方法，其中的很多技术都会在后面的章节中出现. 本章强调了图方法的重要性，并介绍了稳健性的概念. 将描述性方法放在本书的后面似乎有点怪异，这样做是因为描述性方法通常有其随机性的一面，三章之后再介绍之可以使学生有足够的基础知识去研究各种汇总统计量的统计行为（例如，中位数的置信区间）. 我在讲授课程时，会较早地介绍这部分内容. 例如，在抽样调查实验中，我让学生制作抽取样本的箱形图和直方图. 教师可以跳过生存函数和危险函数.

第 11 章介绍了两样本问题的经典分析方法和非参数方法. 假设检验的概念第一次出现在第 9 章，在此做了更深一步的介绍. 本章的末尾讨论了试验设计并解释了观测研究的一些内容.

前面 11 章是初级课程的核心，涵盖了估计和假设检验的构造理论、图和描述性方法以及试验设计的内容.

教师可以自由地选择第 12 章到第 14 章的内容. 特别地，没有必要按照书中给定的顺序讲解这些章节.

第 12 章利用方差分析和非参数技术讨论了单因子和二因子试验设计问题. 多重比较问题第一次出现在第 11 章末，在此进行了深入讨论.

第 13 章简单讨论了分类数据分析，介绍了齐性和独立性的似然比检验，并叙述了麦克尼马尔检验. 最后，通过前瞻性和回顾性研究的讨论引入了优势比的估计问题.

第 14 章讨论了线性最小二乘. 首先介绍了简单线性回归，接着利用线性代数讨论了更一般的情形. 我选择运用矩阵代数，但尽可能地将其维持在简单和具体层面上，没有超过初级一学期(每学年分为四学期制度中的一学期) 课程所讲授的内容. 特别地，我没有介绍一般线性模型的几何分析内容，也没有试图将回归和方差分析统一起来. 在这一整章中，理论结果伴随着更多基于残差分析的定性数据分析步骤. 在本章末，我通过局部线性最小二乘介绍了非参数回归.

计算机使用和习题解答

计算是现代统计不可或缺的一部分. 它是数据分析的本质，可以帮助我们理清基本概念. 我的学生使用开源软件包 R，将其安装在自己的计算机上就可以使用. 也可以使用其他的软件包，但在这本书中，我没有讨论其他的软件程序. 原书配套的 CD 内容可从华章网站 (www.hzbook.com) 下载，其中包括书中涉及的数据.

这本书包含大量的习题，从例行的基本概念强化题到具有一定难度的分析题. 我认为习题解答，特别是非常规的习题，是非常重要的.

致谢

我要感谢很多人，他们直接和间接地促成了第 1 版面世. Richard Olshen、Yosi Rinnot、Donald Ylvisaker、Len Haff 和 David Lane 在教学中使用了早期版本，他们提出很多有益的意见. 他们和我自己课堂中的学生提供了很多建设性的意见. 助教，尤其是 Joan Staniswalis、Roger Johnson、Terri Bittner 和 Peter Kim，解答了很多习题，发现其中的很多错误. 很多审稿人给出了有益的建议：Rollin Brant，多伦多大学；George Casella，康奈尔大学；Howard B. Christensen，杨百翰大学；David Fairley，俄亥俄州立大学；Peter Guttorp，华盛顿大学；Hari Iyer，科罗拉多州立大学；Douglas G. Kelly，北卡罗来纳大学；Thomas Leonard，威斯康星大学；Albert S. Paulson，伦斯勒理工学院；Charles Peters，休斯敦大学；Andrew Rukhin，马萨诸塞大学安默斯特校区；Robert Schaefer，迈阿密大学；Ruth Williams，加州大学圣地亚哥分校. Richard Royall 和 W. G. Cumberland 热心地提供了第 7 章抽样调查所使用的数据集. 我在休假时有幸在国家标准局度过了愉快的一年，那里的统计学家让我留意到书中其他几个数据集. 我深深地感激编辑 John Kimmel，他的耐心、毅力和信念促成这本书的出版.

使用过本书第 1 版的很多学生和教员给出了坦诚的评论，这极大地影响了第 2 版的修订. 我要特别感谢 Ian Abramson、Edward Bedrick、Jon Frank、Richard Gill、Roger Johnson、Torgny Lindvall、Michael Martin、Deb Nolan、Roger Pinkham、Yosi Rinott、Philip Stark 和 Bin Yu. 我要向无意间遗漏的同仁表示道歉. 最后，我要感谢 Alex Kugushev 在进行修订时所提供的鼓励和支持，感谢 Terri Bittner 在校正和解答新的习题时所做的细致工作.

很多人促成了第 3 版的问世. 我想感谢如下这些审稿专家：Marten Wegkamp，耶鲁大学；Aparna Huzurbazar，新墨西哥大学；Laura Bernhofen，克拉克大学；Joe Glaz，康涅狄格大学；Michael Minnotte，犹他州立大学. 我深深地感激很多读者，他们慷慨地花费大量时间指出书中的错误，并提出了很多改善结构安排之类的良好建议. 特别地，Roger Pinkham 发送了很多有益的电子邮件信息，Nick Cox 指出了大量的语法错误. Alice Hsiaw 详细评述了第 7~14 章. 我还想感谢 Ani Adhikari、Paulo Berata、Patrick Brewer、Sang-Hoon Cho Gier Eide、John Einmahl、David Freedman、Roger Johnson、Paul van der Laan、Patrick Lee、Yi Lin、Jim Linnemann、Rasaan Moshesh、Eugene Schuster、Dylan Small、Luis Tenorio、Richard De Veaux 和 Ping Zhang. Bob Stine 贡献了金融数据；Diane Cook 提供了意大利橄榄油的数据；Jim Albert 提供了篮球数据集，很漂亮地解释了回归向均值的问题；Rainer Sachs 提供了可爱的染色质分离数据. 我要感谢编辑 Carolyn Crockett 坚强的毅力和耐心，使这一版修订的愿望得以实现，还要感谢这个充满活力且高效的工作团队. 我要向无意间遗漏其姓名的其他人表示道歉.

John A. Rice

目录

译者序
前言
第1章 概率 ················· 1
  1.1 引言 ················· 1
  1.2 样本空间 ················· 1
  1.3 概率测度 ················· 3
  1.4 概率计算：计数方法 ········· 5
    1.4.1 乘法原理 ··········· 6
    1.4.2 排列与组合 ········· 7
  1.5 条件概率 ················· 12
  1.6 独立性 ················· 17
  1.7 结束语 ················· 19
  1.8 习题 ················· 20
第2章 随机变量 ············· 26
  2.1 离散随机变量 ············· 26
    2.1.1 伯努利随机变量 ····· 27
    2.1.2 二项分布 ··········· 28
    2.1.3 几何分布和负二项分布 ··· 29
    2.1.4 超几何分布 ········· 30
    2.1.5 泊松分布 ··········· 31
  2.2 连续随机变量 ············· 34
    2.2.1 指数密度 ··········· 36
    2.2.2 伽马密度 ··········· 38
    2.2.3 正态分布 ··········· 39
    2.2.4 贝塔密度 ··········· 41
  2.3 随机变量的函数 ··········· 42
  2.4 结束语 ················· 45
  2.5 习题 ················· 46
第3章 联合分布 ············· 51
  3.1 引言 ················· 51
  3.2 离散随机变量 ············· 52

  3.3 连续随机变量 ············· 53
  3.4 独立随机变量 ············· 60
  3.5 条件分布 ················· 61
    3.5.1 离散情形 ··········· 61
    3.5.2 连续情形 ··········· 62
  3.6 联合分布随机变量函数 ····· 67
    3.6.1 和与商 ············· 68
    3.6.2 一般情形 ··········· 70
  3.7 极值和顺序统计量 ········· 73
  3.8 习题 ················· 75
第4章 期望 ················· 82
  4.1 随机变量的期望 ··········· 82
    4.1.1 随机变量函数的期望 ··· 85
    4.1.2 随机变量线性组合的期望 ··· 87
  4.2 方差和标准差 ············· 91
    4.2.1 测量误差模型 ······· 94
  4.3 协方差和相关 ············· 96
  4.4 条件期望和预测 ··········· 102
    4.4.1 定义和例子 ········· 102
    4.4.2 预测 ··············· 106
  4.5 矩生成函数 ··············· 108
  4.6 近似方法 ················· 112
  4.7 习题 ················· 116
第5章 极限定理 ············· 123
  5.1 引言 ················· 123
  5.2 大数定律 ················· 123
  5.3 依分布收敛和中心极限定理 ··· 125
  5.4 习题 ················· 130
第6章 正态分布的导出分布 ······· 133
  6.1 引言 ················· 133

6.2	χ^2 分布、t 分布和 F 分布 ⋯⋯ 133		第 9 章	假设检验和拟合优度评估⋯ 228
6.3	样本均值和样本方差 ⋯⋯⋯⋯ 134		9.1	引言 ⋯⋯⋯⋯⋯⋯⋯⋯⋯⋯⋯ 228
6.4	习题 ⋯⋯⋯⋯⋯⋯⋯⋯⋯⋯⋯ 136		9.2	奈曼–皮尔逊范式 ⋯⋯⋯⋯⋯⋯ 229

第 7 章 抽样调查 ⋯⋯⋯⋯⋯⋯⋯⋯ 138
7.1 引言 ⋯⋯⋯⋯⋯⋯⋯⋯⋯⋯⋯ 138
7.2 总体参数 ⋯⋯⋯⋯⋯⋯⋯⋯⋯ 138
7.3 简单随机抽样 ⋯⋯⋯⋯⋯⋯⋯ 140
   7.3.1 样本均值的期望和方差 ⋯⋯ 140
   7.3.2 总体方差的估计 ⋯⋯⋯⋯ 145
   7.3.3 $\overline{X}$ 抽样分布的正态近似 ⋯ 148
7.4 比率估计 ⋯⋯⋯⋯⋯⋯⋯⋯⋯ 152
7.5 分层随机抽样 ⋯⋯⋯⋯⋯⋯⋯ 157
   7.5.1 引言和记号 ⋯⋯⋯⋯⋯⋯ 157
   7.5.2 分层估计的性质 ⋯⋯⋯⋯ 157
   7.5.3 分配方法 ⋯⋯⋯⋯⋯⋯⋯ 160
7.6 结束语 ⋯⋯⋯⋯⋯⋯⋯⋯⋯⋯ 163
7.7 习题 ⋯⋯⋯⋯⋯⋯⋯⋯⋯⋯⋯ 164

第 8 章 参数估计和概率分布拟合 176
8.1 引言 ⋯⋯⋯⋯⋯⋯⋯⋯⋯⋯⋯ 176
8.2 α 粒子排放量的泊松分布拟合 ⋯ 176
8.3 参数估计 ⋯⋯⋯⋯⋯⋯⋯⋯⋯ 177
8.4 矩方法 ⋯⋯⋯⋯⋯⋯⋯⋯⋯⋯ 179
8.5 最大似然方法 ⋯⋯⋯⋯⋯⋯⋯ 184
   8.5.1 多项单元概率的最大似然
       估计 ⋯⋯⋯⋯⋯⋯⋯⋯⋯ 187
   8.5.2 最大似然估计的大样本理论 ⋯ 189
   8.5.3 最大似然估计的置信区间 ⋯⋯ 193
8.6 参数估计的贝叶斯方法 ⋯⋯⋯⋯ 197
   8.6.1 先验的进一步注释 ⋯⋯⋯ 204
   8.6.2 后验的大样本正态近似 ⋯⋯ 205
   8.6.3 计算问题 ⋯⋯⋯⋯⋯⋯⋯ 206
8.7 效率和克拉默–拉奥下界 ⋯⋯⋯ 207
   8.7.1 例子：负二项分布 ⋯⋯⋯ 210
8.8 充分性 ⋯⋯⋯⋯⋯⋯⋯⋯⋯⋯ 212
   8.8.1 因子分解定理 ⋯⋯⋯⋯⋯ 212
   8.8.2 拉奥–布莱克韦尔定理 ⋯⋯ 215
8.9 结束语 ⋯⋯⋯⋯⋯⋯⋯⋯⋯⋯ 216
8.10 习题 ⋯⋯⋯⋯⋯⋯⋯⋯⋯⋯⋯ 217

   9.2.1 显著性水平的设定和
       p 值概念 ⋯⋯⋯⋯⋯⋯⋯ 232
   9.2.2 原假设 ⋯⋯⋯⋯⋯⋯⋯⋯ 232
   9.2.3 一致最优势检验 ⋯⋯⋯⋯ 233
9.3 置信区间和假设检验的对偶性 ⋯ 233
9.4 广义似然比检验 ⋯⋯⋯⋯⋯⋯ 235
9.5 多项分布的似然比检验 ⋯⋯⋯⋯ 236
9.6 泊松散布度检验 ⋯⋯⋯⋯⋯⋯ 240
9.7 悬挂根图 ⋯⋯⋯⋯⋯⋯⋯⋯⋯ 242
9.8 概率图 ⋯⋯⋯⋯⋯⋯⋯⋯⋯⋯ 244
9.9 正态性检验 ⋯⋯⋯⋯⋯⋯⋯⋯ 248
9.10 结束语 ⋯⋯⋯⋯⋯⋯⋯⋯⋯⋯ 249
9.11 习题 ⋯⋯⋯⋯⋯⋯⋯⋯⋯⋯⋯ 250

第 10 章 数据汇总 ⋯⋯⋯⋯⋯⋯⋯⋯ 260
10.1 引言 ⋯⋯⋯⋯⋯⋯⋯⋯⋯⋯⋯ 260
10.2 基于累积分布函数的方法 ⋯⋯⋯ 260
   10.2.1 经验累积分布函数 ⋯⋯⋯ 260
   10.2.2 生存函数 ⋯⋯⋯⋯⋯⋯⋯ 262
   10.2.3 分位数–分位数图 ⋯⋯⋯ 266
10.3 直方图、密度曲线和茎叶图 ⋯⋯ 268
10.4 位置度量 ⋯⋯⋯⋯⋯⋯⋯⋯⋯ 270
   10.4.1 算术平均 ⋯⋯⋯⋯⋯⋯⋯ 271
   10.4.2 中位数 ⋯⋯⋯⋯⋯⋯⋯⋯ 272
   10.4.3 截尾均值 ⋯⋯⋯⋯⋯⋯⋯ 274
   10.4.4 M 估计 ⋯⋯⋯⋯⋯⋯⋯⋯ 274
   10.4.5 位置估计的比较 ⋯⋯⋯⋯ 275
   10.4.6 自助法评估位置度量的
        变异性 ⋯⋯⋯⋯⋯⋯⋯ 275
10.5 散度度量 ⋯⋯⋯⋯⋯⋯⋯⋯⋯ 277
10.6 箱形图 ⋯⋯⋯⋯⋯⋯⋯⋯⋯⋯ 278
10.7 利用散点图探索关系 ⋯⋯⋯⋯ 279
10.8 结束语 ⋯⋯⋯⋯⋯⋯⋯⋯⋯⋯ 281
10.9 习题 ⋯⋯⋯⋯⋯⋯⋯⋯⋯⋯⋯ 281

第 11 章 两样本比较 ⋯⋯⋯⋯⋯⋯⋯ 289
11.1 引言 ⋯⋯⋯⋯⋯⋯⋯⋯⋯⋯⋯ 289

11.2	两独立样本比较 · · · · · · 289		12.4	结束语 · · · · · · · · · · · · 347
	11.2.1 基于正态分布的方法 · · · · · 289		12.5	习题 · · · · · · · · · · · · · · 348
	11.2.2 势 · · · · · · · · · · · · · 298	第 13 章	分类数据分析 354
	11.2.3 非参数方法：曼恩-惠特尼检验 · · · · · · · 299		13.1	引言 · · · · · · · · · · · · · · 354
			13.2	费舍尔精确检验 · · · · · · · 354
	11.2.4 贝叶斯方法 · · · · · · 305		13.3	卡方齐性检验 · · · · · · · · 355
11.3	配对样本比较 · · · · · · · · · 306		13.4	卡方独立性检验 · · · · · · · 358
	11.3.1 基于正态分布的方法 · · · · · 307		13.5	配对设计 · · · · · · · · · · 360
	11.3.2 非参数方法：符号秩检验 · · · 308		13.6	优势比 · · · · · · · · · · · · · 362
	11.3.3 例子：测量鱼的汞水平 · · · · 310		13.7	结束语 · · · · · · · · · · · · 365
11.4	试验设计 · · · · · · · · · · · · 311		13.8	习题 · · · · · · · · · · · · · · 365
	11.4.1 乳腺动脉结扎术 · · · · · · 311	第 14 章	线性最小二乘 373
	11.4.2 安慰剂效应 · · · · · · · 312		14.1	引言 · · · · · · · · · · · · · · 373
	11.4.3 拉纳克郡牛奶试验 · · · · · 312		14.2	简单线性回归 · · · · · · · · 376
	11.4.4 门腔分术 · · · · · · · 313			14.2.1 估计斜率和截距的统计性质 · · · · · · · 376
	11.4.5 FD&C Red No.40 · · · · · · 313			
	11.4.6 关于随机化的进一步评注 · · 314			14.2.2 拟合度评估 · · · · · · · 378
	11.4.7 研究生招生的观测研究、混杂和偏见 · · · · · · · 315			14.2.3 相关和回归 · · · · · · · 383
			14.3	线性最小二乘的矩阵方法 · · · 386
	11.4.8 审前调查 · · · · · · · 315		14.4	最小二乘估计的统计性质 · · · 388
11.5	结束语 · · · · · · · · · · · · · 316			14.4.1 向量值随机变量 · · · · · 388
11.6	习题 · · · · · · · · · · · · · · · 317			14.4.2 最小二乘估计的均值和协方差 · · · · · · · 392
第 12 章	方差分析 328			
12.1	引言 · · · · · · · · · · · · · · 328			14.4.3 σ^2 的估计 · · · · · · · 394
12.2	单因子试验设计 · · · · · · · · 328			14.4.4 残差和标准化残差 · · · · 395
	12.2.1 正态理论和 F 检验 · · · · · 329			14.4.5 β 的推断 · · · · · · · · 396
	12.2.2 多重比较问题 · · · · · · 333		14.5	多元线性回归：一个例子 · · · 397
	12.2.3 非参数方法：克鲁斯卡尔-沃利斯检验 · · · · · · · 335		14.6	条件推断、无条件推断和自助法 · · · · · · · · · · · · 401
12.3	二因子试验设计 · · · · · · · · 336		14.7	局部线性平滑 · · · · · · · · 403
	12.3.1 可加性参数化 · · · · · · 337		14.8	结束语 · · · · · · · · · · · · 405
	12.3.2 二因子试验设计的正态理论 · · · · · · · 339		14.9	习题 · · · · · · · · · · · · · · 406
		附录 A	常用分布 · · · · · · · · · · · · 415
	12.3.3 随机化区组设计 · · · · · · 344	附录 B	表 · · · · · · · · · · · · · · · 417
	12.3.4 非参数方法：弗里德曼检验 · · · · · · · 346	部分习题答案 · · · · · · · · · · · · · · · 433
		参考文献 · · · · · · · · · · · · · · · · · · 447

第 1 章 概 率

1.1 引言

尽管概率 (几率或随机性) 的起源思想十分久远, 但其数学形式的严格公理化定义却是在近代才出现. 概率论的很多基本思想起源于博弈问题. 21 世纪以来, 概率的数学理论应用在很多现象上, 一些代表性的例子如下:

- 概率论已经被用在遗传学上, 用来构建基因突变模型, 计算自然变率, 同时在生物信息学上也扮演着重要的角色.
- 气体分子运动理论有很重要的概率成分.
- 在设计和分析计算机操作系统时, 系统中的各式队列长度可以用随机现象来刻画.
- 已经有很成熟的理论将电子设备和通信系统中的噪声用随机过程来处理.
- 大气湍流中的许多模型使用概率论的概念.
- 在运筹学中, 经常建立货物存货需求的随机化模型.
- 保险公司使用的精算科学高度依赖于概率论工具.
- 概率论可以用来研究复杂系统, 提高它们的可靠度, 例如现代商用或军用飞机的设计.
- 概率论是金融学的奠基石.

类似于这样的例子可以列举很多.

本书介绍概率论和数理统计的基本内容. 第一部分将概率论作为随机现象的数学模型来阐述, 第二部分讲述统计学的有关内容, 从本质上讲, 它主要关注于数据的分析步骤, 尤其是那些具有随机特征的数据. 为了理解统计理论, 读者必须有一个很好的概率论背景.

1.2 样本空间

概率论研究那些发生结果具有随机性的现象. 一般地, 这样的现象称为试验, 所有可能的试验结果全体称为相应于该试验的**样本空间**(sample space), 记为 Ω, 其元素记为 ω. 举例如下:

例 1.2.1 一个人开车去上班, 他要穿过三个交通信号灯, 在每个信号灯处, 他要么停下 (记为 s), 要么通过 (记为 c). 所有可能结果全体形成的样本空间是:

$$\Omega = \{ccc, ccs, css, csc, sss, ssc, scc, scs\}$$

例如, 其中 csc 表示这个人在第一个信号灯处通过, 然后在第二个信号灯处停下, 最后在第三个信号灯处通过. ∎

例 1.2.2 主计算机打印队列中的工作数目可以看成是随机的, 这里我们取样本空间为:

$$\Omega = \{0, 1, 2, 3, \cdots\}$$

也就是所有非负整数组成的集合. 在实际中, 打印队列长度可能有一个上限 N, 因此, 这样的样本空间定义为:
$$\Omega = \{0, 1, 2, 3, \cdots, N\}$$
■

例 1.2.3 地震是不规则运动的反应, 有时也可以随机化. 例如, 某个特定地区, 就震级超过给定阈值的地震而言, 连续两次之间的时间长度可以看做一个试验. 这里的 Ω 是所有非负实数的集合:
$$\Omega = \{t | t \geqslant 0\}$$
■

我们经常感兴趣于 Ω 的特定子集, 用概率的语言称之为**事件**(event). 在例 1.2.1 中, 上班者在第一个信号灯处停下是一个事件, 即 Ω 的子集:
$$A = \{sss, ssc, scc, scs\}$$
(经常用斜体大写字母表示事件或者子集.) 在例 1.2.2 中, 打印队列中的工作数目小于 5 个这一事件表示为:
$$A = \{0, 1, 2, 3, 4\}$$

代数的集合论可以直接用在概率论中. 两个事件 A 和 B 的**并**(union) 表示事件 A 或者事件 B 至少有一个发生的事件 C: $C = A \cup B$. 例如, 如果事件 A 表示上班者在第一个信号灯处停下 (见之前表述), 事件 B 表示上班者在第三个信号灯处停下,
$$B = \{sss, scs, ccs, css\}$$
那么事件 C 表示这个人在第一个信号灯处停下或者在第三个信号灯处停下, 由 A 或者 B 或者都在两者中的元素组成:
$$C = \{sss, ssc, scc, scs, ccs, css\}$$

两事件的**交**(intersection), $C = A \cap B$, 是事件 A 和 B 都发生的事件. 如果事件 A 和 B 如之前所述, 那么事件 C 表示上班者在第一个信号灯处停下, 同时又在第三个信号灯处停下, 因此它由既在 A 中又在 B 中的元素构成:
$$C = \{sss, scs\}$$

事件的**补**(complement), A^c, 是事件 A 不发生的事件, 因此由样本空间中不属于 A 的元素构成. 上班者在第一个信号灯处停下的补事件表示他在第一个信号灯处通过:
$$A^c = \{ccc, ccs, css, csc\}$$

读者可能从上述集合论的表述中回想起一个比较神秘的集合: 空集, 通常记为 $\varnothing$. **空集**(empty set) 是不包含任何元素的集合, 是不含任何试验结果的事件. 例如, 事件 A 表示上班者在第一个信号灯处停下, 事件 C 表示他连续通过三个信号灯, $C = \{ccc\}$, 那么事件 A 和 C 没有共同的试验结果, 我们可以将此表述为:
$$A \cap C = \varnothing$$
在这种情形下, 我们称事件 A 和 C 是**不相交的**(disjoint).

文氏图常用来可视化集合运算, 如图 1.1 所示.

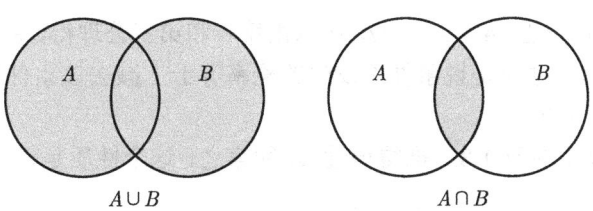

图 1.1 $A \cup B$ 和 $A \cap B$ 的文氏图

集合论的一些运算律如下:

交换律:
$$A \cup B = B \cup A$$
$$A \cap B = B \cap A$$

结合律:
$$(A \cup B) \cup C = A \cup (B \cup C)$$
$$(A \cap B) \cap C = A \cap (B \cap C)$$

分配律:
$$(A \cup B) \cap C = (A \cap C) \cup (B \cap C)$$
$$(A \cap B) \cup C = (A \cup C) \cap (B \cup C)$$

三者之中, 分配律是最不直观的, 读者可以利用文氏图理解它的直观解释.

1.3 概率测度

样本空间 Ω 上的**概率测度**(probability measure) 是定义在 Ω 子集上的实函数, 且满足如下公理:

1. $P(\Omega) = 1$.

2. 如果 $A \subset \Omega$, 那么 $P(A) \geqslant 0$.

3. 如果 A_1 与 A_2 是不相交的, 那么
$$P(A_1 \cup A_2) = P(A_1) + P(A_2)$$

更一般地, 如果 $A_1, A_2, \cdots, A_n, \cdots$ 是相互不交的, 那么
$$P\left(\bigcup_{i=1}^{\infty} A_i\right) = \sum_{i=1}^{\infty} P(A_i)$$

前两个公理显然是合理的. 因为 Ω 包含所有可能的试验结果, 所以 $P(\Omega) = 1$. 第二个公理仅仅说明概率是非负的. 第三个公理陈述了以下事实: 如果 A 与 B 是不相交的, 也就是说, 它们没有共同的试验结果发生, 那么 $P(A \cup B) = P(A) + P(B)$, 并且这个性质可以推广至无穷. 例如, 打印队列中有一个或者三个工作的概率等于队列中有一个工作的概率加上有三个工作的概率.

下面概率测度的性质都是公理的结论.

性质 1.3.1 $P(A^c) = 1 - P(A)$.

因为 A 和 A^c 不相交，且 $A \cup A^c = \Omega$，所以由第一和第三公理得，$P(A) + P(A^c) = 1$，由此导出该性质. 简言之，这个性质是说事件不发生的概率等于 1 减去该事件发生的概率.

性质 1.3.2 $P(\varnothing) = 0$.

因为 $\varnothing = \Omega^c$，所以由性质 1.3.1 推得该性质. 简言之，这个性质是说没有任何试验结果发生的概率等于 0.

性质 1.3.3 如果 $A \subset B$，那么 $P(A) \leqslant P(B)$.

这个性质是说如果事件 A 发生时，事件 B 必然发生，那么 $P(A) \leqslant P(B)$. 例如，如果天下雨时一定多云，那么下雨的概率就小于或者等于多云的概率. 正式地，性质 1.3.3 证明如下：B 可以表示成两个不相交事件的并，即

$$B = A \cup (B \cap A^c)$$

那么，利用第三公理

$$P(B) = P(A) + P(B \cap A^c)$$

从而

$$P(A) = P(B) - P(B \cap A^c) \leqslant P(B)$$

性质 1.3.4 加法定律：$P(A \cup B) = P(A) + P(B) - P(A \cap B)$. ∎

这个性质很容易从图 1.2 中的文氏图看出. 如果将 $P(A)$ 和 $P(B)$ 加在一起，则 $P(A \cap B)$ 被计算了两次. 为了证明之，我们将 $A \cup B$ 分解成三个相互不交子集的并，如图 1.2 所示：

$$C = A \cap B^c$$
$$D = A \cap B$$
$$E = A^c \cap B$$

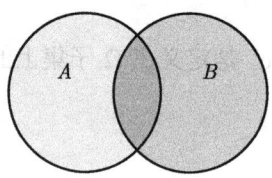 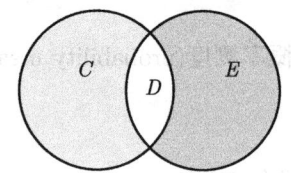

图 1.2 解释加法定律的文氏图

利用第三公理，我们有，

$$P(A \cup B) = P(C) + P(D) + P(E)$$

同样，$A = C \cup D$，C 和 D 也是互不相交，所以 $P(A) = P(C) + P(D)$. 类似地 $P(B) = P(D) + P(E)$. 将这些结果放在一起，我们可以看到

$$P(A) + P(B) = P(C) + P(E) + 2P(D)$$
$$= P(A \cup B) + P(D)$$

或者

$$P(A \cup B) = P(A) + P(B) - P(D)$$

例 1.3.1 设想抛掷一个质地均匀的硬币 2 次. 令事件 A 表示第一次掷得正面，事件 B 表示第二次掷得正面. 样本空间为：

$$\Omega = \{hh, ht, th, tt\}$$

我们假设 Ω 中的每一个基本元素是等可能发生的，概率为 $\frac{1}{4}$. 事件 $C = A \cup B$ 表示第一次或者第二次掷得正面. 很显然, $P(C) \neq P(A) + P(B) = 1$. 确切地，因为 $A \cap B$ 是第一次和第二次都掷得正面，所以

$$P(C) = P(A) + P(B) - P(A \cap B) = 0.5 + 0.5 - 0.25 = 0.75$$ ∎

例 1.3.2 《洛杉矶时报》(1987.8.24) 的一篇文章讨论了艾滋病毒感染的统计风险问题：对病毒携带者性伙伴的一些研究表明，没有保护措施的单一性行为感染未携带病毒者的风险惊人的低 —— 可能从百分之一到千分之一不等. 平均来看，该风险为五百分之一. 如果与病毒携带者进行 100 次性行为，感染的几率增加到五分之一.

从统计上来看，与同一个感染者进行 500 次性行为或者与 5 个感染者进行 100 次性行为将导致百分之百的感染率 (这是从统计的角度来解释，现实不一定如此).
按照这个推理，与同一个感染者进行 1000 次性行为将导致感染率等于 2(这是从统计的角度来解释，现实不一定如此). 为了找出这个推理的谬误之处，我们考虑两次性交的情况. 令事件 A_1 表示第一次性交时感染了艾滋病毒，事件 A_2 表示第二次性交时感染了艾滋病毒. 那么，两次性交感染上艾滋病毒的事件为 $B = A_1 \cup A_2$，且

$$P(B) = P(A_1) + P(A_2) - P(A_1 \cap A_2) \leqslant P(A_1) + P(A_2) = \frac{2}{500}$$ ∎

1.4 概率计算：计数方法

有限样本空间上的概率计算特别简单. 设 $\Omega = \{\omega_1, \omega_2, \cdots, \omega_N\}$，并且 $P(\omega_i) = p_i$. 为了计算事件 A 发生的概率，我们只需将 A 包含的基本事件 ω_i 发生的概率相加即可.

例 1.4.1 设想抛掷一质地均匀硬币两次，记录下出现正面和反面的次序. 样本空间为

$$\Omega = \{hh, ht, th, tt\}$$

如上一节例 1.3.1，我们假设 Ω 中每一试验结果发生的概率是 0.25. 令事件 A 表示至少有一个正面出现. 那么 $A = \{hh, ht, th\}$, $P(A) = 0.75$. ∎

这是一般情形的简单例子. Ω 中的元素具有等概率性，因此，如果 Ω 有 N 个元素，那么每一个元素发生的概率都是 $1/N$. 如果事件 A 通过 n 个互斥途径中的任一种方式发生，那么 $P(A) = n/N$，或者

$$P(A) = \frac{\text{导致}A\text{发生的方式个数}}{\text{所有试验结果个数}}$$

注意，这个公式仅当所有试验结果是等可能发生时才成立. 在例 1.4.1 中，如果仅仅记录两次试验出现正面的次数，那么 Ω 就变为 $\{0, 1, 2\}$. 这些试验结果的发生不是等可能的，$P(A)$ 就不再是 $\frac{2}{3}$. ∎

例 1.4.2 (辛普森悖论) 一个黑色的盒子里面装有 5 个红球和 6 个绿球，一个白色的盒子里面装有 3 个红球和 4 个绿球. 允许你先选择一个盒子，然后从选中的盒子里面随机选一个球. 如果选中红球，你就会得到一个奖品. 那么应该从哪个盒子里面选取呢? 如果从黑色的盒子里面选

取，选中红球的概率是 $\frac{5}{11} = 0.455$(你能抽到红球的方式个数除以所有的试验结果个数). 如果从白色的盒子里面选取，选中红球的概率是 $\frac{3}{7} = 0.429$，因此，应该从黑色的盒子里面抽取.

现在考虑另外一个游戏，又有一个黑色盒子里面装有 6 个红球和 3 个绿球，一个白色盒子里面装有 9 个红球和 5 个绿球. 如果从这个黑色盒子中选取，得红球的概率是 $\frac{6}{9} = 0.667$，而如果从这个白色盒子中选取，概率是 $\frac{9}{14} = 0.643$. 因此，你还是应该从黑色盒子中抽取.

在最终的游戏中，将第二个黑色盒子中的球加入第一个黑色盒子中，第二个白色盒子中的球加入第一个白色盒子中. 再一次选择抽球的盒子. 你应该选择哪一个呢？直觉告诉我们应该选择黑色盒子，但让我们计算一下各自事件发生的概率. 黑色盒子现在有 11 个红球和 9 个绿球，因此从中抽中红球的概率是 $\frac{11}{20} = 0.55$. 白色盒子现在有 12 个红球和 9 个绿球，因此从中抽中红球的概率是 $\frac{12}{21} = 0.571$. 所以，你应该选择白色盒子. 这种反直觉的结论就是辛普森悖论的例子. 实际生活中发生的例子见 11.4.7 节. 更多有趣的例子参见 Garder(1976). ∎

前面的例子很容易计算试验结果发生的数目，并计算概率. 为了计算更加复杂形式的概率，我们必须介绍计数试验结果的系统方法，这就是下面两节的任务.

1.4.1 乘法原理

下面陈述了非常有用的乘法原理.

乘法原理 如果一个试验有 m 个结果，另一个试验有 n 个结果，那么这两个试验共有 mn 个可能的结果.

证明 记第一次试验结果为 $a_1, \cdots, a_m$，第二次试验结果为 $b_1, \cdots, b_n$. 两次试验结果就是有序数对 (a_i, b_j). 这些数对可以用 $m \times n$ 矩形数组表示，数对 (a_i, b_j) 构成该矩阵的第 i 行和第 j 列元素. 在这个数组中，共有 mn 个元素. ∎

例 1.4.1.1 扑克牌有 13 种面值和 4 种花色. 这样的面值和花色组合共有 $4 \times 13 = 52$ 种. ∎

例 1.4.1.2 一个班级有 12 个男生和 18 个女生. 老师选取 1 个男生和 1 个女生作为学生会的代表. 他有 $12 \times 18 = 216$ 种可能的选择方式. ∎

扩展的乘法原理 如果有 p 个试验，第一次有 n_1 种可能的试验结果，第二次有 n_2 种，$\cdots$，第 p 次有 n_p 种可能的试验结果，那么 p 次试验共有 $n_1 \times n_2 \times \cdots \times n_p$ 种可能的试验结果.

证明 该原理可以通过归纳法由乘法原理证得. 我们看到 $p = 2$ 时该原理成立. 假设 $p = q$ 时结论亦成立 —— 也就是，前 q 次试验有 $n_1 \times n_2 \times \cdots \times n_q$ 种可能的结果. 为了完成归纳法的证明，我们必须说明原理在 $p = q + 1$ 时也成立. 视前 q 次试验为具有 $n_1 \times n_2 \times \cdots \times n_q$ 种试验结果的单一试验，利用乘法原理，我们可以推得 $q + 1$ 次试验有 $(n_1 \times n_2 \times \cdots \times n_q) \times n_{q+1}$ 种试验结果. ∎

例 1.4.1.3 一个 8 位数二进制单词是一个 8 位数字序列，每一位数字或者为 0 或者为 1. 有多少个不同的 8 位数单词？

第一位有两种选择，第二位有两种，等等. 那么共有

$$2 \times 2 \times 2 \times 2 \times 2 \times 2 \times 2 \times 2 = 2^8 = 256$$

个这样的单词.

例 1.4.1.4 DNA 分子是由 4 种类型的核苷酸 (分别记为 A,G,C, 和 T) 组成的一个序列. 分子的单元长度可以达到数百万, 因此能够编码巨量信息. 例如, 对于 100 万个单元长度 (10^6) 的分子, 有 4^{10^6} 种不同的可能序列. 这是一个接近兆数字的巨大数目. 氨基酸是由三个核苷酸编码而成的一个序列; 有 $4^3 = 64$ 种不同的编码方式, 但是由于某些氨基酸可以有多种编码方式, 因此仅有 20 种氨基酸. 蛋白质分子由数百个氨基酸单元组成, 因此可能的蛋白质数目相当惊人. 例如, 100 个氨基酸就有 20^{100} 种不同的排列方式.

1.4.2 排列与组合

排列(permutation) 是任务的有序安置. 假设从集合 $C = \{c_1, c_2, \cdots, c_n\}$ 中选取 r 个元素, 并按顺序列示. 我们能有多少种可能的列示方式? 答案依赖于列表中的元素能否重复. 若不允许重复, 我们使用的是**无重复抽样**(sampling without replacement) 方法; 若允许重复, 则是**重复抽样**(sampling with replacement) 方法. 我们可以将问题看做从盒子里面抽取带标签的小球, 在第一种类型的抽样中, 我们不可以在选择下一个球之前把抽中的球放回盒子, 但是在第二种类型的抽样中, 我们是可以的. 两种情形下, 当我们选择完毕, 就有 r 个球按它们抽中的顺序排成一列.

扩展的乘法原理可以用来计数 n 个元素集合的有序样本数目. 首先, 假设抽样是重复的. 第一个球有 n 种抽取方式, 第二个球也有 n 种, 等等, 依此类推, 因此共有 $n \times n \times \cdots \times n = n^r$ 个样本. 其次, 假设抽样是不可重复的, 第一个球有 n 种抽取方式, 第二个球有 $n-1$ 种, 第三个球有 $n-2$ 种, $\cdots$, 第 r 个球有 $n-r+1$ 种. 我们已经证明了下述命题.

命题 1.4.2.1 从 n 个元素的集合中抽取样本容量为 r 的样本, 重复抽样有 n^r 个不同的有序样本, 无重复抽样有 $n(n-1)(n-2)\cdots(n-r+1)$ 个不同的有序样本.

推论 1.4.2.1 n 个元素的有序排列个数是 $n(n-1)(n-2)\cdots 1 = n!$.

例 1.4.2.1 5 个小孩排在一起的方式有多少种?

这是一个无重复抽样问题. 由推论 1.4.2.1 知, 共有 $5! = 5 \times 4 \times 3 \times 2 \times 1 = 120$ 种排列方式.

例 1.4.2.2 假设从 10 个小孩中选出 5 个排在一起. 共有多少种不同的排法?

由命题 1.4.2.1, 共有 $10 \times 9 \times 8 \times 7 \times 6 = 30\,240$ 种不同的排法.

例 1.4.2.3 有些国家的车牌由 6 个符号组成: 3 个字母之后紧跟着 3 个数字. 有多少个可能的车牌号码?

这是一个重复抽样问题. 有 $26^3 = 17\,576$ 种不同的方式选择字母, 有 $10^3 = 1000$ 种不同的方式选择数字. 再一次利用乘法原理, 我们得到所有可能的车牌号码有 $17\,576 \times 1000 = 17\,576\,000$ 个.

例 1.4.2.4 如果 6 个符号的所有排列等可能出现, 一个新车牌照不包含重复字母或数字的概率是多少?

所求概率的事件记为 A; Ω 共有 $17\,576\,000$ 个可能的序列. 因为它们都是等可能地发生, 所以 A 的概率就是导致 A 发生的序列个数与所有可能结果序列个数之比. 第一个字母有 26 种选择，第二个字母有 25 种选择，第三个字母有 24 种选择，因此共有 $26 \times 25 \times 24 = 15\,600$ 种方式无重复地选择字母 (这种抽样方式相应于无重复抽样)，$10 \times 9 \times 8 = 720$ 种方式无重复地选择数字. 利用乘法原理，共有 $15\,600 \times 720 = 11\,232\,000$ 个无重复的序列. 因此，A 的概率是

$$P(A) = \frac{11\,232\,000}{17\,576\,000} = 0.64$$

■

例 1.4.2.5 (生日问题) 假设一个房间有 n 个人. 至少有两个人的生日在同一天的概率是多少?

这是一个著名的反直觉问题. 假设，无论闰年与否，一年中的每一天都可以等可能地作为生日. 至少有两个人的生日在同一天的事件用 A 表示. 有时遇到这样的情况，计算 $P(A^c)$ 比计算 $P(A)$ 来得容易. 这是因为 A 发生有很多种方式，而 A^c 发生的方式相对简单. 样本空间的可能结果有 365^n 种，A^c 发生的方式有 $365 \times 364 \times \cdots \times (365 - n + 1)$ 种. 因此，

$$P(A^c) = \frac{365 \times 364 \times \cdots \times (365 - n + 1)}{365^n}$$

则

$$P(A) = 1 - \frac{365 \times 364 \times \cdots \times (365 - n + 1)}{365^n}$$

下表展示了 n 的各种值所对应的后者概率:

n	$P(A)$	n	$P(A)$
4	0.016	32	0.753
16	0.284	40	0.891
23	0.507	56	0.988

从表中可以看出，如果仅有 23 个人，至少有两个人生日在同一天的概率超过 0.5. 表中的概率比可能的直觉猜想要大，感觉这种巧合不大可能出现. 在你的班里面试试看. ■

例 1.4.2.6 你需要问多少个人才能有 50∶50 的几率找到与你同一天生日的人?

假设你需要问 n 个人; 令 A 表示某个人的生日与你相同. 再一次，处理事件 A^c 相对简单. 所有的试验结果有 365^n 个，A^c 发生的方式有 364^n 种. 因此，

$$P(A^c) = \frac{364^n}{365^n}$$

则

$$P(A) = 1 - \frac{364^n}{365^n}$$

为使后者概率为 0.5，n 应取 253，这可能与你的直觉不太相符. ■

我们现在在将注意力由计算排列数转到计算组合数上. 这里，我们不再感兴趣于有序样本，而是不管抽取顺序如何，只关心样本成分. 特别地，我们有如下问题: 如果从含有 n 个对象的集合中无重复地抽取 r 个，同时不考虑它们的抽取顺序，问有多少个可能的样本? 由乘法原理，有序样本的个数等于无序样本个数乘以每一样本的有序排列数. 因为有序样本个数是 $n(n-1) \cdots (n-r+1)$，容量 r 的样本有 $r!$ 个排列数 (推论 1.4.2.1)，所以无序样本个数是

概　率

$$\frac{n(n-1)\cdots(n-r+1)}{r!} = \frac{n!}{(n-r)!r!}$$

此数也可记为 $\binom{n}{r}$. 我们已经证明了下面的命题.

命题 1.4.2.2　从 n 个对象中无重复地抽取 r 个无序样本的个数是 $\binom{n}{r}$.

$\binom{n}{k}$ 出现在下面的展开式中，称为**二项系数**(binomial coefficient)

$$(a+b)^n = \sum_{k=0}^{n} \binom{n}{k} a^k b^{n-k}$$

特别地，

$$2^n = \sum_{k=0}^{n} \binom{n}{k}$$

后一结果可以解释为 n 个对象集的所有子集个数. 我们只需将容量为 0 的子集个数 (利用通常的惯例 $0! = 1$)，容量为 1 的子集个数，容量为 2 的子集个数，等等，相加即可.　∎

例 1.4.2.7　加州彩票业在 1991 年之前规定头奖获得者需要从 1 到 49 个数字中选中由彩票机构按顺序随机抽取的 6 个数字. 从 49 个数字中选出 6 个共有 $\binom{49}{6} = 13\,983\,816$ 种可能的方式，因此，得头奖的概率大约是 1400 万分之一. 如果没有获得者，奖金会累积到下一次开奖，产生更大的头奖. 在 1991 年，加州彩票业修改了中奖规则，获奖者必须从 1 到 53 个数字中正确地选中 6 个数字. 由于 $\binom{53}{6} = 22\,957\,480$，所以获奖概率大约下降到 2300 万分之一. 因为连续的奖金滚存，头奖累积至 12 000 万美元的纪录. 巨额奖金刺激着彩票发烧友们 —— 人们以每小时 1 至 200 万的速度购买着彩票，加州财政收入大幅攀升.　∎

例 1.4.2.8　由于检查生产过程中的每一个产品会非常费时，并且耗费很大财力，或者有时检查具有破坏性，所以在实际的质量控制中，仅有一小部分产品才被抽检. 假设一批产品中有 n 个，从中抽取 r 个，共有 $\binom{n}{r}$ 个样本. 现在假设这批产品中有 k 个次品. 样本中包含 m 个次品的概率是多少？

很显然，这个问题涉及抽样方案的效率，最必需的样本容量可以通过计算不同 r 值所对应的上述概率得到. 问题中的事件用 A 表示. A 发生的概率是导致 A 发生的试验结果个数与总的试验结果个数之比. 我们利用乘法原理可以计算导致 A 发生的试验结果个数. 从该批产品 k 个次品中选出 m 个次品共有 $\binom{k}{m}$ 种方式，从剩余的 $n-k$ 个正品中选出 $r-m$ 个正品共有 $\binom{n-k}{r-m}$ 种方式. 因此，A 发生的方式共有 $\binom{k}{m}\binom{n-k}{r-m}$ 种，$P(A)$ 是导致 A 发生的试验结果个数与总的试验结果个数之比，或者

$$P(A) = \frac{\binom{k}{m}\binom{n-k}{r-m}}{\binom{n}{r}}$$

∎

例 1.4.2.9 (标识再捕法) 所谓的标识再捕法有时用来估计野生动物的总数. 假设捕捉 10 个动物, 将它们做上标记后释放. 这之后, 再捕捉 20 个动物, 发现有 4 个带有标记. 动物的总数是多少?

我们假设动物的总数为 n, 其中有 10 个带有标记. 如果之后捕捉到 20 个动物, 并且捕捉到的所有样本 $\binom{n}{20}$ 是等可能出现的 (这是一个大胆的假设), 那么有 4 个带有标记的概率是 (利用上例的技术)

$$\frac{\binom{10}{4}\binom{n-10}{16}}{\binom{n}{20}}$$

显然, n 不能由现有信息精确地确定, 但是可以估计出来. 其中一个估计方法叫做**最大似然估计法**(maximum likelihood), 它将使观测结果出现可能性最大的 n 作为其估计值. (最大似然估计法是本书后面章节的主要内容之一) 观测结果发生的概率是待估参数 n 的函数, 称为**似然**(likelihood). 图 1.3 展示了 n 的似然函数, 这个似然函数在 $n = 50$ 处达到最大.

为了找出一般情况下的最大似然估计值, 假设共标记 t 个动物. 在容量为 m 的第二次抽样时, 捕捉到 r 个带有标识的动物. 我们通过最大化似然函数来估计 n 的值

$$L_n = \frac{\binom{t}{r}\binom{n-t}{m-r}}{\binom{n}{m}}$$

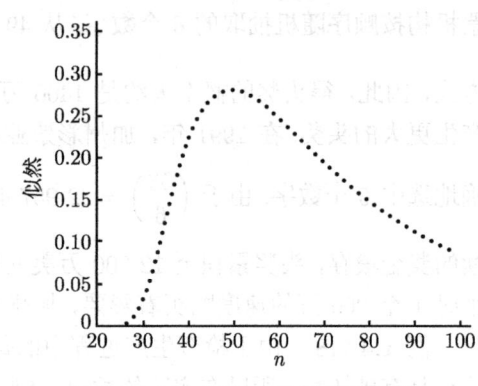

图 1.3 例 1.4.2.9 的似然函数图

为求得 L_n 的最大值点 n, 考虑似然的连续项比值, 经过一些代数运算, 我们得到

$$\frac{L_n}{L_{n-1}} = \frac{(n-t)(n-m)}{n(n-t-m+r)}$$

如果满足条件

$$(n-t)(n-m) > n(n-t-m+r)$$
$$n^2 - nm - nt + mt > n^2 - nt - nm + nr$$
$$mt > nr$$
$$\frac{mt}{r} > n$$

那么比值大于 1, 即 L_n 是增的. 因此, L_n 在 $n < mt/r$ 时增, 在 $n > mt/r$ 时减; L_n 的最大值点 n 是不超过 mt/r 的最大整数.

将此结果应用到之前的数据, 我们得到 n 的最大似然估计是 $\dfrac{mt}{r} = \dfrac{20 \cdot 10}{4} = 50$. 这个估计有一定的直觉含义, 它正好是第二次样本中标记动物占总体中标记动物的比例:

$$\frac{4}{20} = \frac{10}{n}$$

命题 1.4.2.2 可以推广为如下命题.

命题 1.4.2.3 n 个对象分成 r 个类, 第 i 个类含有 n_i 个对象, $i = 1, \cdots, r$, $\sum_{i=1}^{r} n_i = n$, 那么这种分类方式共有:

$$\binom{n}{n_1 n_2 \ldots n_r} = \frac{n!}{n_1! n_2! \ldots n_r!}$$

证明 利用命题 1.4.2.2 和乘法原理可以证明此结论 (注意到命题 1.4.2.2 是 $r = 2$ 的特殊形式). 第一类中的对象有 $\binom{n}{n_1}$ 种选择方式, 第二类中的对象在剩余对象中有 $\binom{n - n_1}{n_2}$ 种选择方式, 依次类推, 共有分类方式

$$\frac{n!}{n_1!(n-n_1)!} \frac{(n-n_1)!}{(n-n_1-n_2)!n_2!} \cdots \frac{(n-n_1-n_2-\cdots-n_{r-1})!}{0!n_r!}$$

相互抵消之后, 得证.

例 1.4.2.10 将 7 人组成的委员会分成人数分别为 $3, 2, 2$ 的子委员会. 共有分类方式

$$\binom{7}{3\,2\,2} = \frac{7!}{3!2!2!} = 210$$

例 1.4.2.11 将核苷酸集合 $\{A, A, G, G, G, G, C, C, C\}$ 排成 9 个字母的序列, 共有多少种排列方式? 命题 1.4.2.3 可以用来简化该问题, 将队列中的 9 个位置分组成含有 2 个、4 个和 3 个位置的子队列 (字母 A、G 和 C 的位置), 并计算这种分组的方式:

$$\binom{9}{2\,4\,3} = \frac{9!}{2!4!3!} = 1260$$

例 1.4.2.12 网球锦标赛共有 $n = 2m$ 个选手, 两人一组指派到 m 个场地上参加第一轮比赛, 有多少种比赛方式?

在这个问题中, $n_i = 2$, $i = 1, \cdots, m$, 由命题 1.4.2.3, 共有

$$\frac{(2m)!}{2^m}$$

种指派方式.

像这类问题读者一定要小心. 假设 $2m$ 个选手两人一组参加比赛, 场地不是指派而是随机选择, 那么又有多少种比赛方式? 因为安排 m 对选手到 m 个场地去比赛共有 $m!$ 种方式, 之前的结果除以 $m!$ 就得到想要的比赛方式:

$$\frac{(2m)!}{m!2^m}$$

$$\binom{n}{n_1 n_2 \ldots n_r}$$ 称为**多项系数**(multinomial coefficient). 出现在下面的展开式中：

$$(x_1 + x_2 + \cdots + x_r)^n = \sum \binom{n}{n_1 n_2 \ldots n_r} x_1^{n_1} x_2^{n_2} \ldots x_r^{n_r}$$

其中求和下标是满足条件 $n_1 + n_2 + \cdots + n_r = n$ 的所有非负整数 $n_1, n_2, \ldots, n_r$.

1.5 条件概率

我们用一个例子来引入条件概率的定义和使用. 洋地黄疗法通常有益于充血性心力衰竭患者，但也有洋地黄中毒的风险，并且这种副作用不易诊断. 为了提高正确诊断的几率，可以测量洋地黄血浓度. Bellar 等人 (1971) 研究了 135 位病人中洋地黄血浓度与洋地黄中毒的关系. 它们的简化结果列示在下表中，其中用到下述记号：

$T+$ = 高血浓度 (阳性检验)

$T-$ = 低血浓度 (阴性检验)

$D+$ = 有毒 (有病)

$D-$ = 无毒 (无病)

	$D+$	$D-$	总计
$T+$	25	14	39
$T-$	18	78	96
总计	43	92	135

因此，例如，135 位病人中的 25 位既有高洋地黄血浓度，同时又伴有洋地黄中毒症状.

假设研究中的相对频数在较多的病人群体中也近似成立 (由观测到的小样本推断大总体的频数是个统计问题，本书后面的章节会有所介绍). 将上面表格中的频数转化成比例 (相对于 135)，我们将其视为概率，得到下表：

	$D+$	$D-$	总计
$T+$	0.185	0.104	0.289
$T-$	0.133	0.578	0.711
总计	0.318	0.682	1.000

从表中可以得到，例如 $P(T+) = 0.289$ 和 $P(D+) = 0.318$. 现在，如果医生知道病人的药检呈阳性 (即有高血浓度)，那么该病人中毒的概率是多少？我们将注意力集中在表格的第一行，看到 39 位检验呈阳性的病人中，有 25 位遭受洋地黄中毒. 我们记已知检验呈阳性的条件下病人中毒的概率为 $P(D+|T+)$，称之为 $T+$ 已经发生的条件下 $D+$ 发生的**条件概率**(conditional probability).

$$P(D+|T+) = \frac{25}{39} = 0.640$$

等价地，我们可以通过下式计算此概率：

$$P(D+|T+) = \frac{P(D+\cap T+)}{P(T+)}$$
$$= \frac{0.185}{0.289} = 0.640$$

总之，我们看到 $D+$ 发生的无条件概率是 0.318，而给定 $T+$ 的条件下 $D+$ 发生的条件概率是 0.640. 因此知道检验呈阳性使得中毒概率增加了一倍. 检验呈阴性又怎么样呢？

$$P(D-|T-) = \frac{0.578}{0.711} = 0.848$$

与之相比较，$P(D-) = 0.682$. 本例中其他两个条件概率也饶有兴趣：假阳性的概率是 $P(D-|T+) = 0.360$，假阴性的概率是 $P(D+|T-) = 0.187$.

一般地，我们有下述定义.

定义 1.5.1 令 A 和 B 表示两事件，且 $P(B) \neq 0$. 给定事件 B 发生的条件下事件 A 发生的条件概率定义为

$$P(A|B) = \frac{P(A \cap B)}{P(B)}$$ ■

这个定义的思想是如果我们给定事件 B 发生，相对的样本空间变为 B，而不是 Ω，条件概率是 B 上的概率测度. 在洋地黄的例子中，为了计算 $P(D+|T+)$，我们将注意力限制在检验呈阳性的 39 位病人身上. 因为这个新的测度是一个概率测度，它必然满足概率公理，这可以证明.

在某些形式下，计算 $P(A|B)$ 和 $P(B)$ 比较容易，我们就可以依此求得 $P(A \cap B)$.

乘法定律 令 A 和 B 表示两事件，且 $P(B) \neq 0$. 那么

$$P(A \cap B) = P(A|B)P(B)$$

乘法定律经常用来计算事件交的概率，如下述例子所释.

例 1.5.1 盒子中装有 3 个红球和 1 个蓝球. 无重复地抽取两个球，它们都是红球的概率是多少？

令 R_1 和 R_2 分别表示第一次和第二次试验抽到红球. 利用乘法定律，

$$P(R_1 \cap R_2) = P(R_1)P(R_2|R_1)$$

很显然 $P(R_1)$ 是 $\frac{3}{4}$. 如果第一次试验拿走 1 个红球，那么还剩下 2 个红球和 1 个蓝球. 因此，$P(R_2|R_1) = \frac{2}{3}$. 从而，$P(R_1 \cap R_2) = \frac{1}{2}$. ■

例 1.5.2 如果天多云 (B)，则有雨 (A) 的概率是 0.3，且天多云的概率是 $P(B) = 0.2$. 那么天多云且有雨的概率是

$$P(A \cap B) = P(A|B)P(B) = 0.3 \times 0.2 = 0.06$$ ■

另一个计算概率的有用工具由如下定律给出.

全概率定律 令 $B_1, B_2, \cdots, B_n$ 满足 $\bigcup_{i=1}^{n} B_i = \Omega$, $B_i \cap B_j = \varnothing, i \neq j$, 且对所有的 i, $P(B_i) > 0$. 那么，对于任意的 A,

$$P(A) = \sum_{i=1}^{n} P(A|B_i)P(B_i)$$

证明 在正式证明之前,有必要用语言叙述一下上述结论. B_i 是相互不交的事件,它们的并构成了 Ω. 为了计算事件 A 发生的概率,我们将以 $P(B_i)$ 为权重的条件概率 $P(A|B_i)$ 求和. 现在,为了证明该结论,我们注意到

$$\begin{aligned} P(A) &= P(A \cap \Omega) \\ &= P\Big(A \cap \Big(\bigcup_{i=1}^{n} B_i\Big)\Big) \\ &= P\Big(\bigcup_{i=1}^{n}(A \cap B_i)\Big) \end{aligned}$$

因为事件 $A \cap B_i$ 是不交的,

$$\begin{aligned} P\Big(\bigcup_{i=1}^{n}(A \cap B_i)\Big) &= \sum_{i=1}^{n} P(A \cap B_i) \\ &= \sum_{i=1}^{n} P(A|B_i)P(B_i) \end{aligned}$$

∎

全概率定律在这样的情形下非常有用:直接计算 $P(A)$ 的方式不太明显,但是计算 $P(A|B_i)$ 和 $P(B_i)$ 更直接简单. 例如下面的例子.

例 1.5.3 在例 1.5.1 中,第二次试验抽中红球的概率是多少?

答案在直觉上或许不是太明显 —— 这依赖于你的直觉. 一方面,你可能认为根据"对称性":$P(R_2) = P(R_1) = \dfrac{3}{4}$. 另一方面,你可能会说红球最有可能在第一次试验时抽中,留下较少的红球给第二次试验,因此 $P(R_2) < P(R_1)$. 答案很容易由全概率定律导出:

$$\begin{aligned} P(R_2) &= P(R_2|R_1)P(R_1) + P(R_2|B_1)P(B_1) \\ &= \frac{2}{3} \times \frac{3}{4} + 1 \times \frac{1}{4} = \frac{3}{4} \end{aligned}$$

其中事件 B_1 表示第一次试验抽中蓝球. ∎

作为使用条件概率的另一个例子,我们考虑职业流动中所使用的一个模型.

例 1.5.4 假设职业分成上 (U)、中 (M) 和下 (L) 三个层级. 事件 U_1 表示父辈的职业是上层;U_2 表示子辈的职业是上层,等等 (下标标识代数). Glass 和 Hall(1954) 编制了如下的英格兰和威尔士职业流动统计表:

	U_2	M_2	L_2
U_1	0.45	0.48	0.07
M_1	0.05	0.70	0.25
L_1	0.01	0.50	0.49

这样的表格称为转移概率矩阵,按照如下方式理解:如果父辈从事上层职业,子辈是上层的概率是 0.45,是中层的概率是 0.48,等等. 因此,表格给出了条件概率:例如,$P(U_2|U_1) = 0.45$. 审视该表发现从 L 向 M 的向上流动性高于从 M 到 U 的. 假设父辈职业中,有 10% 从事 U 层,40% 从事 M 层,50% 从事 L 层. 下一代子辈中从事 U 层职业的概率是多少?

应用全概率定律,我们有

$$P(U_2) = P(U_2|U_1)P(U_1) + P(U_2|M_1)P(M_1) + P(U_2|L_1)P(L_1)$$
$$= 0.45 \times 0.10 + 0.05 \times 0.40 + 0.01 \times 0.50 = 0.07$$

$P(M_2)$ 和 $P(L_2)$ 可以同样计算出来. ∎

继续讨论例 1.5.4,假设我们问一个不同的问题:如果子辈已经从事了 U_2 层职业,他的父亲从事 U_1 层职业的概率是多少?与例 1.5.4 中的问题相比,这是一个"逆"问题. 我们给定了"果",来求特定"因"的概率. 像这种情形,稍后介绍的贝叶斯公式会非常有用. 在叙述这个公式之前,我们来看这个特殊的例子.

我们希望计算 $P(U_1|U_2)$. 根据定义,

$$P(U_1|U_2) = \frac{P(U_1 \cap U_2)}{P(U_2)}$$
$$= \frac{P(U_2|U_1)P(U_1)}{P(U_2|U_1)P(U_1) + P(U_2|M_1)P(M_1) + P(U_2|L_1)P(L_1)}$$

这里,我们利用乘法定律表示了分子,利用全概率定律陈述了分母. 分子的值是 $P(U_2|U_1)P(U_1) = 0.45 \times 0.10 = 0.045$,在例 1.5.4 中计算的分母为 0.07,所以我们得到 $P(U_1|U_2) = 0.64$. 换句话说,从事上层职业的子辈中,有 64% 的父辈也从事上层职业.

我们现在叙述贝叶斯公式.

贝叶斯公式 令 A 和 $B_1, B_2, \cdots, B_n$ 是事件,其中 B_i 不相交,$\bigcup_{i=1}^{n} B_i = \Omega$,且对所有的 i,$P(B_i) > 0$. 那么

$$P(B_j|A) = \frac{P(A|B_j)P(B_j)}{\sum_{i=1}^{n} P(A|B_i)P(B_i)}$$

贝叶斯公式的证明完全按照之前的讨论过程进行.

例 1.5.5 Diamond 和 Forrester(1979) 应用贝叶斯公式诊断冠状动脉疾病. 一个称为心脏 X 线透视检查的方法用来决定冠状动脉是否钙化,并由此诊断冠状动脉疾病. 如果 0, 1, 2 或者 3 组冠状动脉检测出钙化,那么可以诊断冠状动脉疾病. 令 T_0, T_1, T_2, T_3 分别表示这些事件,$D+$ 和 $D-$ 分别表示疾病存在和不存在. Diamond 和 Forrester 基于医学研究,给出下表:

i	$P(T_i|D+)$	$P(T_i|D-)$
0	0.42	0.96
1	0.24	0.02
2	0.20	0.02
3	0.15	0.00

根据贝叶斯公式,
$$P(D+|T_i) = \frac{P(T_i|D+)P(D+)}{P(T_i|D+)P(D+) + P(T_i|D-)P(D-)}$$
因此,如果初始概率 $P(D+)$ 和 $P(D-)$ 已知,病人有冠状动脉疾病的概率就可以计算出来.

我们考虑两种特殊的情况. 首先, 假设介于 $30 \sim 39$ 岁的男性患有非心绞痛性胸痛, 根据医学统计资料显示, 这类病人患有冠状动脉疾病的概率是 $P(D+) \approx 0.05$. 假设没有检查出冠状动脉钙化. 利用之前的公式,
$$P(D+|T_0) = \frac{0.42 \times 0.05}{0.42 \times 0.05 + 0.96 \times 0.95} = 0.02$$
病人不大可能患有冠状动脉疾病. 另一方面, 假设检查发现有一组冠状动脉钙化. 那么
$$P(D+|T_1) = \frac{0.24 \times 0.05}{0.24 \times 0.05 + 0.02 \times 0.95} = 0.39$$
现在看来, 病人有可能患有冠状动脉硬化, 但也不绝对.

作为第二个情况, 假设介于 $50 \sim 59$ 岁的男性患有典型心绞痛. 对于该病人, $P(D+) = 0.92$. 我们发现
$$P(D+|T_0) = \frac{0.42 \times 0.92}{0.42 \times 0.92 + 0.96 \times 0.08} = 0.83$$
$$P(D+|T_1) = \frac{0.24 \times 0.92}{0.24 \times 0.92 + 0.02 \times 0.08} = 0.99$$
比较这两个病人, 我们看到先验概率 $P(D+)$ 具有很强的影响作用. ∎

例 1.5.6 测谎试验经常用来例行管理具有敏感职位的员工或者准员工. 令事件 + 表示测谎仪显示积极信号, 预示受测者撒谎; T 表示受测者说的是真话; L 表示受测者说的是假话. 根据测谎可靠性的研究 (Gastwirth 1987),
$$P(+|L) = 0.88$$
由此得 $P(-|L) = 0.12$, 还有
$$P(-|T) = 0.86$$
由此得 $P(+|T) = 0.14$. 如果一个人撒谎, 被测谎仪探测出来的概率是 0.88, 而如果他说的是真话, 测谎仪正确探测的概率是 0.86. 现在, 假设为了安全缘由, 测谎仪用来例行检查员工, 并假设大部分人对于某些特定问题没有撒谎的理由, 因此 $P(T) = 0.99$, 而 $P(L) = 0.01$. 如果受测者在测谎中显示积极的信号, 测谎仪出错的概率是多少? 或者说, 受测者事实上讲了真话的概率是多少? 我们可以利用贝叶斯公式计算这个概率:
$$\begin{aligned}P(T|+) &= \frac{P(+|T)P(T)}{P(+|T)P(T) + P(+|L)P(L)}\\ &= \frac{(0.14)(0.99)}{(0.14)(0.99) + (0.88)(0.01)}\\ &= 0.94\end{aligned}$$
因此, 在检查大部分无辜的群众时, 测谎仪的积极信号会有 94% 的出错率. 测谎结果下的嫌疑犯事实上大部分是无罪的. 这个例子说明了在大量群体中使用测谎仪有一定程度的危险性. ∎

贝叶斯公式是认识论、证据理论和学习理论中主观或"贝叶斯"方法的基本数学成分. 根据它的观点, 有关世界的个人认知可以概率化. 例如, 个人对于明天有冰雹的认知可以用概率 $P(H)$ 表示. 这个概率随着个人感受的不同而不同. 原则上, 任何个体概率都能通过提供不同赔率的一系列投注而确定或者诱导出来.

根据贝叶斯理论, 当我们遇到新的信息时, 个人的认知要被修改. 如果起初假设我的概率是 $P(H)$, 出现新的信息 E(例如, 天气预报) 之后, 我的概率变为 $P(H|E)$. $P(E|H)$ 通常比 $P(H|E)$ 容易估计. 在这种情况下, 应用贝叶斯公式

$$P(H|E) = \frac{P(E|H)P(H)}{P(E|H)P(H) + P(E|\overline{H})P(\overline{H})}$$

其中 $\overline{H}$ 表示事件 H 不发生. 这可以通过之前的测谎例子说明. 假设侦查员正在询问嫌疑犯, 且侦查员认为嫌疑犯说真话的先验认知是 $P(T)$. 那么, 一旦观测到积极的测谎仪信号, 他的认知观念就变为 $P(T|+)$. 注意, 不同的侦查员对不同的嫌疑犯有不同的先验概率 $P(T)$, 因此也有不同的后验概率.

同这个公式一样具有吸引力的是, 大量的研究表明人类实际上并不擅长在评估信息时进行概率计算. 例如, Tversky 和 Kahneman(1974) 提出了如下问题:"如果 Linda 是一个 31 岁的单身女性, 对于社会问题直言不讳, 例如, 裁军和平等权利, 那么下面的陈述哪个更正确?
- Linda 是个银行出纳员.
- Linda 是个银行出纳员和女权运动的活跃分子."

尽管有 1.3 节的性质 1.3.3, 但结果却是超过 80% 的受访者选择了第二个陈述.

下面 Eddy(1982) 的例子从乳房 X 光筛检结果解读的角度说明了, 即使训练有素的专家也不擅长概率计算. 提供给 100 个医生如下信息:
- 没有任何的特别附加信息, 一个妇女 (根据患者的年龄和健康状况) 患有乳腺癌的概率是 1%.
- 如果患者有乳腺癌, 放射科医生正确诊断的概率是 80%.
- 如果患者发生良性病变 (没有乳腺癌), 放射科医生不正确地诊断为癌症的概率是 10%.

然后, 这些医生要回答如下的问题:"乳房 X 光筛查结果呈阳性的妇女患有乳腺癌的概率是多少?"

100 个医生中有 95 个估计这个概率大约是 75%. 由贝叶斯公式给出的正确概率是 7.5%(读者应该验证之). 因此, 即使专家也极大地高估了由检验结果呈阳性所提供的信息.

因此, 贝叶斯概率计算不是描述人类实际消化信息的方式. 贝叶斯学习理论的倡导者断定该理论描述了人类"应该思考"的方式. 更柔和的观点认为贝叶斯学习理论是一个学习模型, 其优点在于用一个简单模型将其嵌入计算机程序. 一般的概率论中, 特殊形式的贝叶斯学习理论都是人工智能的核心部分.

1.6 独立性

直觉地, 我们说两个事件 A 和 B 独立是指: 已知一个事件发生不能为我们提供另一个事件发生与否的信息, 即 $P(A|B) = P(A)$ 和 $P(B|A) = P(B)$. 现在, 如果

$$P(A) = P(A|B) = \frac{P(A \cap B)}{P(B)}$$

那么

$$P(A \cap B) = P(A)P(B)$$

我们将使用最后一个关系式作为独立性的定义. 注意 A 和 B 是对称的, 不需要条件概率存在的条件, 也就是说, $P(B)$ 可以是 0.

定义 1.6.1 如果 $P(A \cap B) = P(A)P(B)$, 那么事件 A 和 B 称为独立的.

例 1.6.1 从一副扑克中随机地选择一张牌. 令事件 A 表示它是一张 A, D 表示它是一张方块. 已知牌是一张 A 不能提供其花色信息. 为了正式验证两个事件的独立性, 我们有 $P(A) = \frac{4}{52} = \frac{1}{13}$ 和 $P(D) = \frac{1}{4}$. 同时, 事件 $A \cap B$ 表示牌是方块 A, $P(A \cap D) = \frac{1}{52}$. 因为 $P(A)P(D) = \left(\frac{1}{4}\right) \times \left(\frac{1}{13}\right) = \frac{1}{52}$, 所以事件是独立的. ∎

例 1.6.2 在设计系统时, 当且仅当器件和备用器件都出现故障时系统才会出现故障. 假设它们出现故障与否是相互独立的, 每个器件出现故障的概率是 p, 系统出现故障的概率就是 p^2. 例如, 如果任何一个器件一年内出现故障的概率是 0.1, 那么系统出现故障的概率是 0.01, 这在可靠性上有相当大的提高. ∎

当我们考虑两个以上的事件时, 情况变得更加复杂. 例如, 假设已知事件 A, B 和 C 是**两两独立的**(pairwise independent)(任何两个都是独立的). 我们可能认为已知两个事件发生不能提供第三个事件发生与否的任何信息, 例如 $P(C|A \cap B) = P(C)$, 就可以断定它们都独立. 但是, 下面的例子显示, 两两独立不能保证相互独立.

例 1.6.3 抛掷两次质地均匀的骰子. 令 A 表示第一次掷得正面, B 表示第二次掷得正面, C 表示共掷出一次正面. A 和 B 显然是独立的, $P(A) = P(B) = P(C) = 0.5$. 我们注意到 $P(C|A) = 0.5$, 所以 A 和 C 也是独立的. 但是

$$P(A \cap B \cap C) = 0 \neq P(A)P(B)P(C) \qquad ∎$$

为了包含例 1.6.3 的情况, 我们定义事件集 $A_1, A_2, \cdots, A_n$ 是**相互独立的**(mutually independent), 如果任意的子集 $A_{i_1}, A_{i_2}, \cdots, A_{i_m}$ 满足

$$P(A_{i_1} \cap \cdots \cap A_{i_m}) = P(A_{i_1})P(A_{i_m})\cdots$$

例 1.6.4 我们回到 1.3 节的例 1.3.2(艾滋病毒感染). 假设 500 次性行为中病毒传播是相互独立的事件, 每一次行为中病毒传播的概率是 1/500. 在此模型下, 感染的概率是多少? 补事件的概率很容易计算. 令 $C_1, C_2, \cdots, C_{500}$ 分别表示第 $1, 2, \cdots, 500$ 次性行为中没有发生病毒传播的事件. 那么没有感染的概率是

$$P(C_1 \cap C_2 \cap \cdots \cap C_{500}) = \left(1 - \frac{1}{500}\right)^{500} = 0.37$$

因此, 感染的概率是 $1 - 0.37 = 0.63$, 而不是加法概率方法错误导出的 1. ∎

例 1.6.5 考虑三个继电器组成的电路 (图 1.4). 令 A_i 表示第 i 个继电器正常工作, 假设 $P(A_i) = p$, 且继电器工作与否是相互独立的. 如果 F 表示电流通过电路, 那么 $F = A_3 \cup (A_1 \cap A_2)$, 由加法公式和独立性假设,

$$P(F) = P(A_3) + P(A_1 \cap A_2) - P(A_1 \cap A_2 \cap A_3)$$
$$= p + p^2 - p^3 \qquad \blacksquare$$

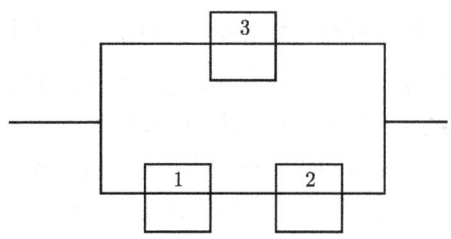

图 1.4 三个继电器的电路图

例 1.6.6 假设系统由一系列相互串联的组件组成, 任何一个组件失灵系统都会出问题. 如果有 n 个相互独立的组件, 每个组件失灵的概率都是 p, 系统出现问题的概率是多少?

很容易计算补事件的概率. 系统正常工作当且仅当所有的组件都正常工作, 这种情形下的概率是 $(1-p)^n$. 那么系统出现问题的概率是 $1-(1-p)^n$. 例如, 如果 $n = 10$ 和 $p = 0.05$, 系统正常工作的概率仅是 $0.95^{10} = 0.60$, 系统失灵的概率是 0.40.

相反, 假设元件并联, 仅当所有元件失灵系统才失灵. 这种情形下, 系统失灵的概率仅是 $0.05^{10} = 9.8 \times 10^{-14}$. $\blacksquare$

类似于例 1.6.6 的计算常用于研究复杂元件网络系统的可靠性问题, 其中关键的假设是元件之间的相互独立性. 核电站可靠性的理论研究错误地假设元件是相互独立的, 所以广受大家批评.

例 1.6.7 (匹配 DNA 片段) DNA 片段常用来比较相似性, 例如物种之间的比较. 一个简单的比较方法是计算片段匹配的位置数. 例如, 考虑两个序列 (即片段 1: AGATCAGT; 片段 2: TGGATACT), 它们在三个位置上匹配.

这样的比较有很多, 为了去芜存菁, 经常使用概率模型. 如果匹配数超过偶然预期, 进行比较将是非常有意义的. 这需要一个机会模型, 简单的情况约定核苷酸在片段 1 中的任一位置都是以概率 $p_{A1}, p_{G1}, p_{C1}, p_{T1}$ 随机地发生, 第二个片段以概率 $p_{A2}, p_{G2}, p_{C2}, p_{T2}$ 类似构成. 如果两个片段核苷酸的识别是独立的, 片段在特定位置匹配的概率是多少? 匹配概率可以利用全概率定律计算:

$$P(\text{匹配}) = P(\text{匹配}|A \text{ 在片段1发生})P(A \text{ 在片段1发生}) + \cdots$$
$$+ P(\text{匹配}|T \text{ 在片段1发生})P(T \text{ 在片段1发生})$$
$$= p_{A2}p_{A1} + p_{G2}p_{G1} + p_{C2}p_{C1} + p_{T2}p_{T1}$$

n 个位置匹配 k 个的概率问题将在后面的章节中进行讨论. $\blacksquare$

1.7 结束语

本章提供了概率数学理论的简单公理发展, 省略了无穷维样本空间引申出的一些深奥问题, 这些将在研究生水平的测度论和概率论课程中进行详细介绍. 一些哲理性的问题也被省略掉. 有人可能会问 "硬币出现正面的概率是 $\frac{1}{2}$" 表达怎样的含义. 两种普遍提倡的观点是**频率论方**

法(frequentist approach) 和**贝叶斯方法**(Bayesian approach). 依据频率论方法, 上面的陈述意味着, 如果试验重复很多次, 出现正面频率的长期平均会趋向 $\frac{1}{2}$. 依据贝叶斯方法, 这种陈述是试验结果不确定性的量化, 是一种个人的或者主观的感受, 出现正面的概率因人而异, 依赖于各自的经历和知识. 这些观点的各种版本之间存在着充满活力, 甚至偶尔激烈的辩论.

在本章和接下来的章节中, 有许多应用于各种现象的概率模型例子. 在任何这样的建模尝试中, 总是希望有一个理想化的数学理论能够合理地匹配研究现象的特征. 合理的标准依赖于研究领域和建模者目的.

1.8 习题

1. 抛掷三次硬币, 并依次记录出现的正面和反面.
   a. 写出样本空间.
   b. 写出组成下列事件的元素: $(1)A = $ 至少出现两次正面, $(2)B = $ 前两次掷得正面, $(3)C = $ 最后一次掷得反面.
   c. 写出下列事件包含的元素: $(1)A^c, (2)A \cap B, (3)A \cup C$.

2. (a) 利用合适的文氏图和 (b) 借助于本章概率公理和命题的正式推导验证下面的扩展加法公式.
$$P(A \cup B \cup C) = P(A) + P(B) + P(C) - P(A \cap B)$$
$$- P(A \cap C) - P(B \cap C) + P(A \cap B \cap C)$$

3. 一个盒子中装有 3 个红球、2 个绿球和 1 个白球. 无重复地从中抽取 3 个球, 依次记下球的颜色. 写出样本空间. 自定义事件 A, B, C, 并找出它们的并和交.

4. 证明:
$$P\left(\bigcup_{i=1}^{n} A_i\right) \leqslant \sum_{i=1}^{n} P(A_i)$$

5. 令 A 和 B 是任意事件, C 是事件 A 发生或者事件 B 发生, 但两者不同时发生. 利用 A 和 B 基本的并、交和补运算表示 C.

6. 两个 6 面骰子依次抛掷, 记录下出现的点数.
   a. 写出样本空间.
   b. 写出组成下列事件的元素: $(1)A = $ 点数之和至少是 5, $(2)B = $ 第一个骰子的点数大于第二个骰子, $(3)C = $ 第一个骰子的点数是 4.
   c. 写出下列事件包含的元素: $(1)A \cap C, (2)B \cup C, (3)A \cap (B \cup C)$.

7. 证明邦费罗尼 (Bonferroni) 不等式:
$$P(A \cap B) \geqslant P(A) + P(B) - 1$$

8. 利用文氏图解释德摩根 (De Morgan) 律:
$$(A \cup B)^c = A^c \cap B^c$$
$$(A \cap B)^c = A^c \cup B^c$$

9. 天气预报员说星期六下雨的概率是 25%, 星期日下雨的概率是 25%. 周末下雨的概率是 50% 吗? 为什么是或不是?
10. 如果将 n 个球随机地放入 k 个盒子, 那么最后一个盒子包含 j 个球的概率是多少?
11. 大学电话交换机的前三个数字是 452. 如果剩余 4 个数字的排列顺序是等可能的, 那么随机地选取一个大学电话号码, 由 7 个不同数字组成的概率是多少?
12. 把 26 个英文字母加密成 8 位二进制字 (8 个 0 和 1 的序列) 的方式有多少种?
13. 在扑克游戏中, 5 张扑克组成的一手牌包含 (a) 顺子 (5 张连续数字的牌), (b)4 张相同的牌, (c) 葫芦 (3 张牌数字相同且另 2 张牌数字也相同) 的概率是多少?
14. 如果 $P(A|E) \geq P(B|E)$, $P(A|E^c) \geq P(B|E^c)$, 那么 $P(A) \geq P(B)$.
15. 现有 4 种肉类、6 种蔬菜和 3 种淀粉, 每组选择一种原料制作餐食, 有多少种不同的做法?
16. 改变 1.4 节例 1.4.2 中的数字, 构造另一辛普森悖论的例子.
17. 在验收抽样中, 一批产品有 100 个, 购买者从中选择 4 个检验, 如果出现次品, 就拒收该批产品. 绘出批量产品次品率函数的接受概率图.
18. 策划者制定游戏规则如下: 一个人把选择出的 4 个挂钩排成一条直线, 每个挂钩有 6 种可能的颜色. 第二个人试着猜出颜色的顺序. 猜中的概率是多少?
19. 一个委员会由 5 个墨西哥裔美国人、2 个亚洲人、3 个非洲裔美国人和 2 个白种人组成.
    a. 随机选择 4 个人组成一个子委员会. 所有种族都出现的概率是多少?
    b. 如果子委员会由 5 个人组成, (a) 项的概率又是多少?
20. 利用单词 *statistically* 的所有字母能组成多少种不同的排列顺序?
21. 抛掷一枚均匀硬币 5 次. 连续出现三个正面的概率是多少?
22. 品酒师声称他能区分出 4 个年代的某品牌解百纳葡萄酒. 品酒师仅仅靠猜测而区分的概率是多少? (他面对 4 个未标记的酒杯.)
23. 把 n 个不同的球放入 n 个盒子中, 有多少种放法恰好使一个盒子为空?
24. 52 张纸牌彻底打乱, 4 个 A 排在一起的概率是多少?
25. 妇人夜晚外出, 她的另一半要求她身着红色礼服, 脚穿高跟运动鞋, 头戴假发. 她有多少种顺序穿上这些服装?
26. n 个产品组成的一批货物中有 k 个次品, 从该批产品中随机选择 m 个产品进行检测. m 的值应该取多少才能使次品出现的概率达到 0.90? 将你的答案用至 (a) $n = 1000$, $k = 10$, 以及 (b)$n = 10\,000$, $k = 100$.
27. 如果 5 个字母组成的单词是随机生成的 (意味着 5 个字母的所有排列顺序是等可能的), 没有字母重复出现的概率是多少?
28. 扑克游戏中, 5 个玩家从 52 张纸牌中每人分得 5 张. 共有多少种分法?
29. 扑克玩家分到 3 个黑桃和 2 个红心. 他甩掉其中 2 个红心后再抽 2 张扑克. 他再抽到 2 个黑桃的概率是多少?
30. 60 个二年级学生随机地组成两个 30 人的班级, (为了保证公正, 按照学区随机指派学生.) 其中, Marcelle、Sarah、Michelle、Katy 和 Camerin 是好朋友. 他们在同一个班级的概率是多少? 他们中的 4 个在同一个班级的概率是多少? Marcelle 自己在一个班级的概率是多少?
31. 6 名男性和 6 名女性舞蹈家表演弗吉尼亚旋转舞. 这个舞蹈需要 6 对男女搭配排成一行. 共有多少种这样的排法?
32. 一副标准的 52 张纸牌彻底打乱, 其中 n 张牌面朝上. 人头牌朝上的概率是多少? 此概率是 0.5 时, n 应取多少?

33. 一个电梯装有 5 个人, 可以停在 7 层楼梯的任意一层. 没有两个人同时下电梯的概率是多少? 假设乘梯人行动独立, 且停靠每一层是等可能的.

34. 证明如下等式:
$$\sum_{k=0}^{n}\binom{n}{k}\binom{m-n}{n-k}=\binom{m}{n}$$

    (提示: 如何解释每一项求和项?)

35. 用代数的方法证明下面的两个等式, 并解释它们的组合意义.

    a. $\binom{n}{r}=\binom{n}{n-r}$

    b. $\binom{n}{r}=\binom{n-1}{r-1}+\binom{n-1}{r}$

36. 一个小孩有 6 块积木, 其中 3 块是红色的, 3 块是绿色的. 他有多少种方式把这些积木排成一行? 如果再给他 3 块白色的积木, 他有多少种方式把这 9 块积木排成一行?

37. 在 $(x+y+z)^7$ 的展开式中, $x^2y^2z^3$ 的系数是多少?

38. 在 $(x+y)^7$ 的展开式中, x^3y^4 的系数是多少?

39. 猴子在打印机上敲字, 一次只能打印 26 个字母表中的一个, 敲打顺序是随机的.

    a. 在猴子敲出的字母串中出现单词 Hamlet 的概率是多少?

    b. 为使这个单词出现的概率至少为 0.90, 你需要多少只猴子打字员独立地工作?

40. 12 个人分成三个组参加桥牌晚会, 有多少种分法? 如果 12 个人当中有 6 对搭档, 又有多少种分法?

41. 抽屉中有 7 只黑色袜子、8 只蓝色袜子和 9 只绿色袜子. 黑暗中抽取 2 只.

    a. 它们配对的概率是多少?

    b. 选中一双黑色袜子的概率是多少?

42. 11 个男孩组成一个足球队, 将他们分成 4 个前锋、3 个中卫、3 个后卫、1 个守门员的方式有多少种?

43. 软件开发公司有三项工作要做, 其中两项需要三个程序员, 另一项需要 4 个. 如果公司雇用 10 个程序员, 那么有多少种方式给他们安排工作?

44. 两个章鱼有多少种握手方式? (解释这个问题的方法有很多 —— 选择一个.)

45. 如果条件概率存在, 那么
$$P(A_1 \cap A_2 \cap \cdots \cap A_n)$$
$$= P(A_1)P(A_2|A_1)P(A_3|A_1 \cap A_2)\cdots P(A_n|A_1 \cap A_2 \cap \cdots \cap A_{n-1})$$

46. A 盒中有 3 个红球和 2 个白球, B 盒中有 2 个红球和 5 个白球. 抛掷一枚质地均匀硬币. 如果硬币正面朝上, 就从 A 盒中抽取一球, 否则从 B 盒中抽取.

    a. 抽到红球的概率是多少?

    b. 如果抽到红球, 那么硬币正面朝上的概率是多少?

47. A 盒中有 4 个红球、3 个蓝球和 2 个绿球. B 盒中有 2 个红球、3 个蓝球和 4 个绿球. 从 A 盒中抽取一球放入 B 盒, 然后再从 B 盒中抽取一球.

    a. 从 B 盒中抽到红球的概率是多少?

    b. 如果从 B 盒中抽到的是红球, 那么从 A 盒中抽到红球的概率是多少?

48. 一个盒子中有 3 个红球、2 个白球. 从中抽取一球, 然后外加一个同色球放回盒子. 最后, 再从盒中抽取第二个球.

    a. 抽中的第二个球是白球的概率是多少?

b. 如果抽中的第二个球是白球, 那么抽中的第一个球是红球的概率是多少?

49. 抛掷一个质地均匀骰子三次.

   a. 在已知至少出现一次正面的条件下, 至少出现两次正面的概率是多少?
   b. 在已知至少出现一次反面的条件下, 概率又是多少?

50. 抛掷两个骰子, 面值之和是 6. 至少一个骰子出现三点的概率是多少?

51. 假设面值之和小于 6, 重新回答习题 50.

52. 一对夫妇有两个孩子. 在已知长者是女孩的条件下, 两个孩子都是女孩的概率是多少? 在已知至少有一女孩的条件下, 两个孩子都是女孩的概率是多少?

53. 火险公司有高、中和低三种类型的风险客户, 他们的年度索赔概率分别是 $0.02, 0.01, 0.0025$. 三类客户的市场份额分别是 $0.10, 0.20, 0.70$. 每一年来自高风险客户索赔的概率是多少?

54. 该习题介绍一个简单的气象模型, 更复杂的版本参见气象学文献. 考虑连续几天的天气, 令 R_i 表示 i 天下雨这个事件. 假设 $P(R_i|R_{i-1}) = \alpha$ 和 $P(R_i^c|R_{i-1}^c) = \beta$. 进一步假设只有今天的天气才与明天的天气预报有关, 即 $P(R_i|R_{i-1} \cap R_{i-2} \cap \cdots \cap R_0) = P(R_i|R_{i-1})$.

   a. 如果今天下雨的概率是 p, 那么明天下雨的概率是多少?
   b. 后天下雨的概率是多少?
   c. n 天之后下雨的概率是多少? 当 n 趋于无穷时又会怎样?

55. 该习题继续讨论 1.5 节中的例 1.5.4, 考虑职业流动性.

   a. 计算 $P(M_1|M_2)$ 和 $P(L_1|L_2)$?
   b. 计算第三代从事三种职业水平的比例. 假设子辈的职业状态依赖于父辈的职业状态, 但是给定父辈的职业, 子辈的不依赖于祖辈的.

56. 假设从 52 张纸牌中分发 5 张牌, 第一张是个王牌, 至少还有一张王牌的概率是多少?

57. 有 A、B 和 C 三个厨子, 每一个有两个抽屉. 每个抽屉有一枚硬币: A 有两枚金色硬币, B 有两枚银色硬币, C 有一枚金色和一枚银色硬币. 随机选择一个厨子, 打开其中一个抽屉, 发现一枚银色硬币. 这个厨子中的另一个抽屉是银色硬币的概率是多少?

58. 老师告诉 Drew、Chris 和 Jason 三个男孩, 他们中的两个在放学后要留下来帮助她清洗板擦, 剩下的一个可以离开. 她进一步强调说留下或离开与否取决于随机抛掷一个特别制作的三面体龙和地下城模具的结果. Drew 想去踢足球, 为了增加离开的机会, 他想到一个聪明的办法. 他指出 Chris 和 Jason 当中的一个必然会留下, 由此 Drew 让老师告诉他两者中的哪一个会留下. Drew 的想法是这样的: 如果老师点到 Jason 留下, 那么就剩下他和 Chris, 这样他们两个离开的概率都是 0.5; 同样, 如果点到 Chris, Drew 离开的概率仍旧是 0.5. 因此, 仅仅让老师回答一个问题, Drew 就把自己离开的概率由 $\frac{1}{3}$ 提高到 $\frac{1}{2}$. 你怎么认为这个计划方案?

59. 箱子中有三枚硬币. 一枚有两个正面, 一枚有两个反面, 剩下的一枚是正反面都有的质地均匀硬币. 随机选择一枚硬币抛掷, 结果出现正面.

   a. 选中的硬币是两个正面的概率是多少?
   b. 如果再抛掷一次, 出现正面的概率是多少?
   c. 假设第二次再抛掷硬币, 还是出现正面, 重新回答 (a) 项的概率.

60. 如果 B 是一个事件, 且 $P(B) > 0$, 解释集函数 $Q(A) = P(A|B)$ 满足概率测度公理. 因此, 例如,
$$P(A \cup C|B) = P(A|B) + P(C|B) - P(A \cap C|B)$$

61. 假设检验集成电路芯片, 正确检验出次品的概率是 0.95, 正确检验出正品的概率是 0.97. 如果 0.5% 的

芯片是有缺陷的,那么错误地检验出正品的概率是多少?

62. 在桥牌游戏中,每个玩家分到 13 张牌,这种分法有多少种?

63. 假设人活到 70 岁的概率是 0.6, 活到 80 岁的概率是 0.2. 如果一个人已经活到 70 岁,他将庆祝第 80 个生日的概率是多少?

64. 一个工厂是三班制. 某一天, 检测到第一班组生产了 1% 的次品, 第二班组生产了 2% 的次品, 第三班组生产了 5% 的次品. 如果所有班组的生产率是一样的, 那么一天内产品的次品率是多少? 如果检测到一个产品是次品, 它由第三个班组生产的概率是多少?

65. 证明: 如果 A 和 B 是独立的, 那么 A 和 B^c, A^c 和 B^c 也是独立的.

66. 证明: ∅ 与任何事件 A 都是独立的.

67. 证明: 如果 A 和 B 是独立的, 那么
$$P(A \cup B) = P(A) + P(B) - P(A)P(B)$$

68. 如果 A 和 B 独立, B 和 C 独立, 那么 A 和 C 亦独立. 若该陈述为假, 给出反例, 否则证明之.

69. 如果 A 和 B 不相交, 它们能独立吗?

70. 如果 $A \subset B$, A 和 B 能独立吗?

71. 证明: 如果 A, B 和 C 相互独立, 那么 $A \cap B$ 和 C 是独立的, $A \cup B$ 和 C 是独立的.

72. 这是一个简单的排队模型. 队列是离散时的 ($t = 0, 1, 2, \ldots$), 且在每个单位时间内, 队列中第一个人以概率 p 接受服务, 新人以概率 q 独立地加入队列. 在 $t = 0$ 时, 有一个人在队列中. 找出时刻 $t = 2$ 时, 队列中有 $0, 1, 2, 3$ 个人的概率.

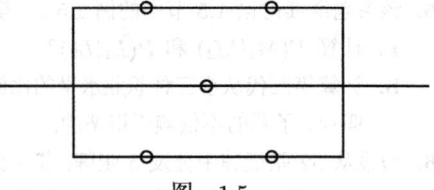

图 1.5

73. 系统有 n 个独立工作的单元, 每一个失效的概率都是 p. 仅当 k 个及其以上的单元数失效时系统才失效. 系统失效的概率是多少?

74. 如果每个单元独立地工作, 且失效的概率是 p, 那么下面的系统正常工作的概率是多少 (见图 1.5)?

75. 这个习题涉及初始的简单分支过程. 一个群体开始只有一个个体, 在时刻 $t = 1$, 个体要么以概率 p 二分, 要么以概率 $1 - p$ 死亡. 如果它形成二分, 两个孩子在时刻 $t = 2$ 时以两个个体独立地演化. 第三代群体灭亡的概率是多少? 这个概率等于 0.5 时, p 值应为多少?

76. 假设 n 个组件串联在一起. 每个器件都有一个备用器件, 当且仅当器件及其备用器件都失效时系统才失效. 假设所有器件独立地工作, 失效概率为 p, 系统正常工作的概率是多少? 当 $n = 10$, $p = 0.05$ 时, 与 1.6 节例 1.6.6 的结果进行比较.

77. 玩家向目标扔飞镖. 每次试验都独立地进行, 他命中靶心的概率是 0.05. 他扔多少次才能使命中靶心至少一次的概率为 0.5?

78. 这个习题介绍简单的基因模型. 假设生物体中的基因是成对出现的, 对中每一个基因或者是 a 或者是 A, 那么生物体可能的基因型就是 AA, Aa 和 aa (Aa 和 aA 是一样的). 当两个生物体交配时, 每一个体独立地贡献各自基因中的一个; 基因对中的任何一个遗传下去的概率都是 0.5.

  a. 假设父母的基因型是 AA 和 Aa. 找出后代可能的基因型和相应的概率.

  b. 假设在第一代中, 基因型 AA, Aa 和 aa 出现的概率是 $p, 2q$ 和 r, 找出第二代和第三代各种基因型出现的概率, 并证明它们是一样的. 这个结论称为哈代-温伯格定律 (Hardy-Weinberg Law).

  c. 另外假设个体基因型 AA, Aa 和 aa 在交配时的存活概率分别是 u, v 和 w, 计算 b 项第二代和第三代各种基因型出现的概率.

概　率　　　　　　　　　　　　　　　　　　　　　　　　　　　　　　　　　　　25

79. 很多人类疾病是遗传的 (例如，血友病或泰萨二氏病). 这里是此类疾病的一个简单模型. 基因型 aa 是有病的，在交配之前死亡. 基因型 Aa 是一个携带者，但是没有病. 基因型 AA 不是携带者，也没有病.

　a. 如果两个携带者交配，他们的后代是这三种基因型之一的概率分别是多少？

　b. 如果两个携带者的男性后代没有疾病，他是疾病携带者的概率是多少？

　c. 假设 b 项的无病后代与没有家族病史的个体交配，并设其配偶是病毒携带者的概率是 p(p 是一个非常小的数). 那么他们的第一代具有基因型 AA，Aa 和 aa 的概率是多少？

　d. 假设 c 项的第一代没有疾病，那么基于此证据，其父辈是病毒携带者的概率是多少？

80. 如果一个家长具有基因型 Aa，他遗传给后代 A 或者 $a\left(每一个具有概率 \frac{1}{2}\right)$. 他遗传给一个后代的基因独立于他遗传给另外一个后代的基因. 考虑有三个孩子的家长及如下事件：$A = \{$孩子 1 和 2 具有相同的基因$\}$，$B = \{$孩子 1 和 3 具有相同的基因$\}$，$C = \{$孩子 2 和 3 具有相同的基因$\}$. 证明：这些事件是两两独立的，但不是相互独立的.

第 2 章 随机变量

2.1 离散随机变量

随机变量本质上是一个随机数. 为了定义随机变量，我们考虑一个例子. 抛掷硬币三次，依次记录正反面出现的结果，有

$$\Omega = \{hhh, hht, htt, hth, ttt, tth, thh, tht\}$$

定义在 Ω 上随机变量的例子有：(1) 所有正面出现的个数，(2) 所有反面出现的个数，(3) 正反面出现个数之差. 它们中的每一个都是定义在 Ω 上的实值函数；也就是说，它们都定义了每一个样本点 $\omega \in \Omega$ 取值实数的法则. 因为 Ω 中试验结果的发生是随机的，所以相应取值也是随机的.

一般地，随机变量是从 Ω 到实数域上的函数. 因为样本空间 Ω 中试验结果的发生是随机的，所以由此函数定义的取值也是随机的. 常规上利用字母表尾部的斜体大写字母表示随机变量. 例如，我们可以定义 X 为上述试验中所有正面出现的个数. **离散随机变量**(discrete random variable) 是只取有限值或至多可列无限值的随机变量. 由于刚刚定义的随机变量 X 只取 $0,1,2,3$，所以它是一个离散随机变量. 我们通过一个试验来看随机变量取可列无限值的例子. 抛掷硬币直到正面出现为止，定义 Y 表示抛掷硬币的试验次数. Y 可能的取值是 $0,1,2,3,\cdots$. 一般地，能与整数集形成一一对应的集合就是可列无限集.

如果硬币是均匀的，Ω 中的每一个试验结果发生的概率都是 $\frac{1}{8}$，由此容易计算出 X 取 $0,1,2,3$ 的概率：

$$P(X = 0) = \frac{1}{8}$$
$$P(X = 1) = \frac{3}{8}$$
$$P(X = 2) = \frac{3}{8}$$
$$P(X = 3) = \frac{1}{8}$$

一般地，样本空间上的概率测度决定了 X 各种取值的概率；如果随机变量的取值用 $x_1, x_2, \ldots$ 表示，那么存在满足 $p(x_i) = P(X = x_i)$ 和 $\sum_i p(x_i) = 1$ 的函数 p. 我们称这个函数为随机变量 X 的**概率质量函数**(probability mass function) 或者**频率函数**(frequency function). 图 2.1 画出了抛硬币试验的 $p(x)$ 图. 频率函数完全描述了随机变量的概率性质.

除了频率函数，有时候利用随机变量的**累积分布函数**(cumulative distribution function, cdf) 比较方便，它定义为：

$$F(x) = P(X \leqslant x), \quad -\infty < x < \infty$$

累积分布函数通常用大写字母表示,频率函数用小写字母表示. 图 2.2 是之前随机变量的累积分布函数图. 注意, cdf 在 $p(x) > 0$ 时产生跳跃, x_i 处的跃度是 $p(x_i)$. 例如, 如果 $0 < x < 1$, $F(x) = \frac{1}{8}$; 在 $x = 1$ 处, $F(x)$ 跳至 $F(1) = \frac{4}{8} = \frac{1}{2}$. 在 $x = 1$ 处的跃度是 $p(1) = \frac{3}{8}$.

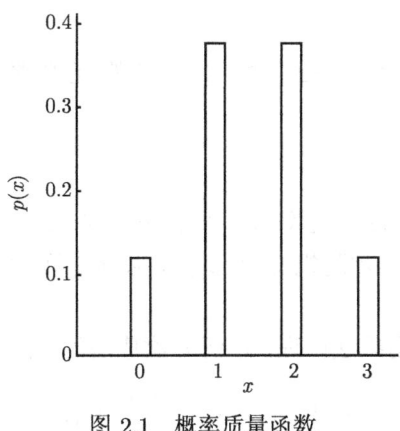

图 2.1　概率质量函数　　　　　　　图 2.2　相应于图 2.1 的累积分布函数

累积分布函数是非降的, 并且满足

$$\lim_{x \to -\infty} F(x) = 0 \quad \text{和} \quad \lim_{x \to \infty} F(x) = 1$$

第 3 章将会介绍定义在同一个样本空间上几个随机变量的联合频率函数, 但是在此给出随机变量独立性的概念是非常有用的. 两个离散随机变量 X 和 Y 的可能取值分别为 $x_1, x_2, \cdots$ 和 $y_1, y_2, \cdots$, 我们说 X 和 Y 是**独立的**(independent), 如果对所有的 i 和 j, 有

$$P(X = x_i, Y = y_j) = P(X = x_i)P(Y = y_j)$$

我们可以非常方便地将该定义推广到两个以上离散随机变量的情形, 例如, 我们说 X, Y 和 Z 是相互独立的, 如果对所有的 i, j 和 k, 有

$$P(X = x_i, Y = y_j, Z = z_k) = P(X = x_i)P(Y = y_j)P(Z = z_k)$$

下面我们讨论应用中常见的一些离散分布.

2.1.1　伯努利随机变量

伯努利随机变量只取两个值: 0 和 1, 各自的取值概率分别为 $1 - p$ 和 p. 因此, 它的频率函数为

$$p(1) = p$$
$$p(0) = 1 - p$$
$$p(x) = 0, \quad \text{若} \ x \neq 0 \ \text{且} \ x \neq 1$$

这个函数另一种有用的表达式是

$$p(x) = \begin{cases} p^x(1-p)^{1-x}, & \text{若 } x=0 \text{ 或 } x=1 \\ 0, & \text{否则} \end{cases}$$

如果 A 是一个事件，那么**示性随机变量**(indicator random variable)I_A 在 A 发生时取 1，在 A 不发生时取 0：

$$I_A(\omega) = \begin{cases} 1, & \text{若 } \omega \in A \\ 0, & \text{否则} \end{cases}$$

I_A 是一个伯努利随机变量. 在应用中，伯努利随机变量经常以指示器的方式出现，它依照猜测成功与否分别取值 1 或 0.

2.1.2 二项分布

假设进行 n 次独立实验或试验，这里 n 是固定的，每次试验"成功"的概率是 p，失败的概率是 $1-p$. 所有成功的次数 X 是一个参数为 n 和 p 的二项随机变量. 例如，抛掷硬币 10 次，记录正面朝上的次数（"正面"标记为"成功"）.

$X=k$ 的概率 $p(k)$ 可以通过下面的方式计算：利用乘法原理，任何 k 次成功的特定试验序列发生的概率都是 $p^k(1-p)^{n-k}$. 因为 n 次试验有 k 次成功的排列方式有 $\binom{n}{k}$ 种，所以上述特定试验序列的总个数是 $\binom{n}{k}$. 因此，$P(X=k)$ 是任意特定试验序列的概率乘以这些试验序列的个数：

$$p(k) = \binom{n}{k} p^k(1-p)^{n-k}$$

图 2.3 显示了两个二项频率函数. 注意图形是如何随 p 值变化的.

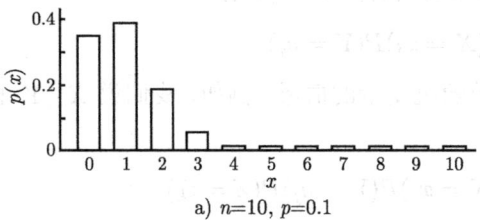
a) $n=10$, $p=0.1$

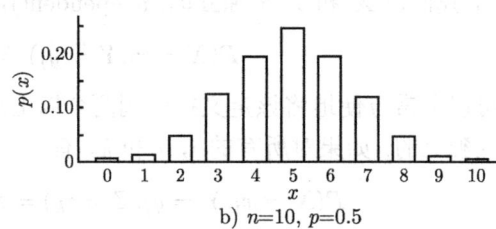
b) $n=10$, $p=0.5$

图 2.3 二项频率函数

例 2.1.2.1 泰-萨二氏疾病 (家族黑蒙性白痴病) 是一种稀少但致命的基因遗传疾病，多发生在婴儿和儿童身上，尤其是具有犹太或东欧血统的婴儿和儿童。如果一对夫妇都是泰-萨二氏疾病的携带者，那么他们的孩子以 0.25 的概率遗传该疾病. 如果该对夫妇有 4 个孩子，遗传该疾病孩童数的频率分布是什么？

我们假设 4 个试验结果是相互独立的，因此，如果 X 表示遗传该疾病的孩童数，那么它的频率函数是

$$p(k) = \binom{4}{k} 0.25^k \times 0.75^{4-k}, \quad k=0,1,2,3,4$$

这些概率用下表表示如下：

k	p(k)	k	p(k)
0	0.316	3	0.047
1	0.422	4	0.004
2	0.211		

例 2.1.2.2 如果一个简单的二进制数 (0 或 1) 通过噪声通信频道传播，它以概率 p 错误地传播. 为了增加传播的可靠性，将二进制数传播 n 次，其中 n 是奇数. 接收端的解码器称为主解码器，它以接收的多数二进制数值来解码. 在简单噪声模型下，每一个二进制数以相同的概率 p 独立地遭受噪声污染. 因此，传播错误的二进制数个数 X 是 n 次试验下成功概率为 p 的二项随机变量 (在本例及其他常见地方，成功表示一般的含义，这里一次成功就是一次传播错误). 例如，假设 $n=5, p=0.1$，信息被正确接收的概率是试验至多出现两次传播错误的概率，即

$$\sum_{k=0}^{2}\binom{n}{k}p^k(1-p)^{n-k} = p^0(1-p)^5 + 5p(1-p)^4 + 10p^2(1-p)^3 = 0.9914$$

这个结果显著地提高了可靠性. ∎

例 2.1.2.3 (DNA 匹配) 我们继续讨论 1.6 节中的例 1.6.7. 在那里，我们假设核苷酸出现的概率在每个位置都是一样的，片段 1 的识别独立于片段 2 的识别，最后推导出两个片段在特定位置匹配的概率 p. 为了找到所有匹配个数的概率，必须进一步增加假设条件. 假设每个片段的长度都是 n，核苷酸的识别既与位置无关，又与片段无关. 因此，片段 1 中位置 1 处的核苷酸识别独立于位置 2 处的识别，等等. 我们在 1.6 节的例 1.6.7 中没有这个假设，例如，在那里位置 2 处的识别可能依赖于位置 1 处的识别. 现在，在当前的假设下，两个片段在每个位置匹配的概率是 1.6 节例 1.6.7 计算出的 p，且匹配是位置独立的. 因此，匹配的所有个数是 n 次试验下成功概率为 p 的二项随机变量. ∎

服从二项分布的随机变量可以利用相互独立的伯努利随机变量表示出来，在本书后面的章节中，可以用其分析二项随机变量的一些性质. 特别地，令 $X_1, X_2, \cdots, X_n$ 是相互独立，$p(X_i = 1) = p$ 的伯努利随机变量，那么 $Y = X_1 + X_2 + \cdots + X_n$ 是一个二项随机变量.

2.1.3 几何分布和负二项分布

几何分布(geometric distribution) 也是由独立的伯努利试验构造而成的，但是由无穷试验序列得到. 每次试验成功的概率是 p，X 表示直到第一次成功所做的试验次数. 因此，$X=k$ 时必然有前面的 $k-1$ 次试验失败，第 k 次试验成功. 利用试验的独立性，上述事件发生的概率是：

$$p(k) = P(X=k) = (1-p)^{k-1}p, \quad k=1,2,3,\cdots$$

注意，这些概率和等于 1：

$$\sum_{k=1}^{\infty}(1-p)^{k-1}p = p\sum_{j=0}^{\infty}(1-p)^j = 1$$

例 2.1.3.1 据说某国家彩票命中概率大约是 $\frac{1}{9}$. 如果命中概率恰好是 $\frac{1}{9}$, 那么一个人在猜中时所购买的彩票总数分布就是 $p=\frac{1}{9}$ 的几何随机变量. 图 2.4 给出了频率函数. ∎

负二项分布是几何分布的一般化. 假设试验成功的概率是 p, 连续独立地试验直到成功 r 次为止. 令 X 表示试验次数. 我们按照如下方式计算 $P(X=k)$: 由独立性假设, 任一特定试验序列发生的概率是 $p^r(1-p)^{k-r}$. 最后一次试验结果是成功的, 剩余的 $r-1$ 次成功出现在剩余的 $k-1$ 次试验中. 因此,

$$P(X=k) = \binom{k-1}{r-1} p^r(1-p)^{k-r}$$

注意, 负二项随机变量可以表示成 r 个独立的几何随机变量之和: 第一次出现成功的试验次数加上第一次成功之后到第二次成功的试验次数, ⋯, 再加上第 $r-1$ 次成功之后到第 r 次成功的试验次数, 这一点有时可以用来分析负二项分布的性质.

例 2.1.3.2 接例 2.1.3.1, 直到猜中第二次彩票的试验次数的分布是负二项分布:

$$p(k) = (k-1)p^2(1-p)^{k-2}$$

这个频率函数如图 2.5 所示. ∎

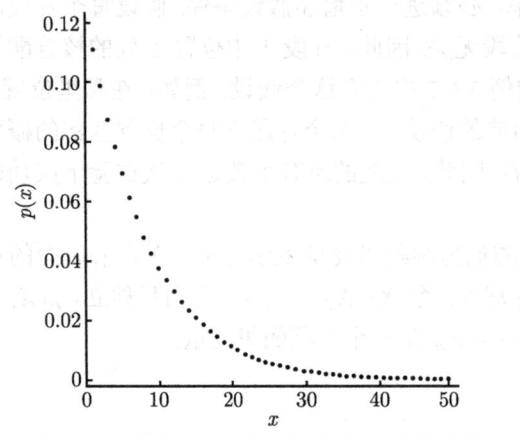
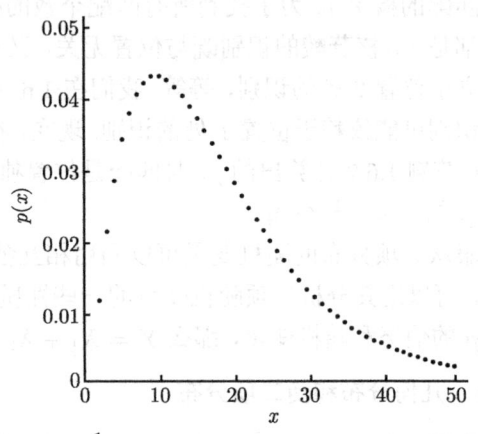

图 2.4 $p=\frac{1}{9}$ 的几何随机变量概率质量函数 图 2.5 $p=\frac{1}{9}$, $r=2$ 负二项随机变量的概率质量函数

不同教科书对几何分布和负二项分布的定义略有不同. 例如, 在几何分布中, 不是将 X 定义为所有的试验次数, 而是将 X 定义为所有失败的试验次数.

2.1.4 超几何分布

我们在第 1 章已经介绍了**超几何分布**(hypergeometric distribution), 只是在那里没有命名而已. 假设盒中有 n 个球, 其中 r 个黑球, $n-r$ 个白球. 从盒中无重复地抽取 m 个球, 令 X 表示

抽到的黑球个数. 按照 1.4.2 节例 1.4.2.8 和例 1.4.2.9 的推理,

$$p(X=k) = \frac{\binom{r}{k}\binom{n-r}{m-k}}{\binom{n}{m}}$$

X 是参数为 r, n 和 m 的超几何随机变量.

例 2.1.4.1 如 1.4.2 节例 1.4.2.7 所解释的,加州彩票是从 53 个数字中选择 6 个,稍后彩票官随机选择 6 个号码. 令 X 等于匹配的个数,那么

$$P(X=k) = \frac{\binom{6}{k}\binom{47}{6-k}}{\binom{53}{6}}$$

X 的概率质量函数如下表所示:

k	0	1	2	3	4	5	6
$p(k)$	0.468	0.401	0.117	0.014	7.06×10^{-4}	1.22×10^{-5}	4.36×10^{-8}

■

2.1.5 泊松分布

参数为 $\lambda(\lambda>0)$ 的**泊松频率函数**(Poisson frequency function) 是

$$P(X=k) = \frac{\lambda^k}{k!}e^{-\lambda}, \quad k=0,1,2,\cdots$$

因为 $e^\lambda = \sum_{k=0}^{\infty}(\lambda^k/k!)$,所以频率函数之和为 1. 图 2.6 显示了 4 个泊松频率函数. 注意它们的形状随 λ 变化的情况.

当试验次数 n 趋于无穷,试验成功概率 p 趋于零,且满足 $np=\lambda$ 时,**泊松分布**(Poisson distribution) 可由二项分布的极限得到. 二项频率函数是

$$p(k) = \frac{n!}{k!(n-k)!}p^k(1-p)^{n-k}$$

设 $np=\lambda$,这个表达式变为

$$p(k) = \frac{n!}{k!(n-k)!}\left(\frac{\lambda}{n}\right)^k\left(1-\frac{\lambda}{n}\right)^{n-k}$$

$$= \frac{\lambda^k}{k!}\frac{n!}{(n-k)!}\frac{1}{n^k}\left(1-\frac{\lambda}{n}\right)^n\left(1-\frac{\lambda}{n}\right)^{-k}$$

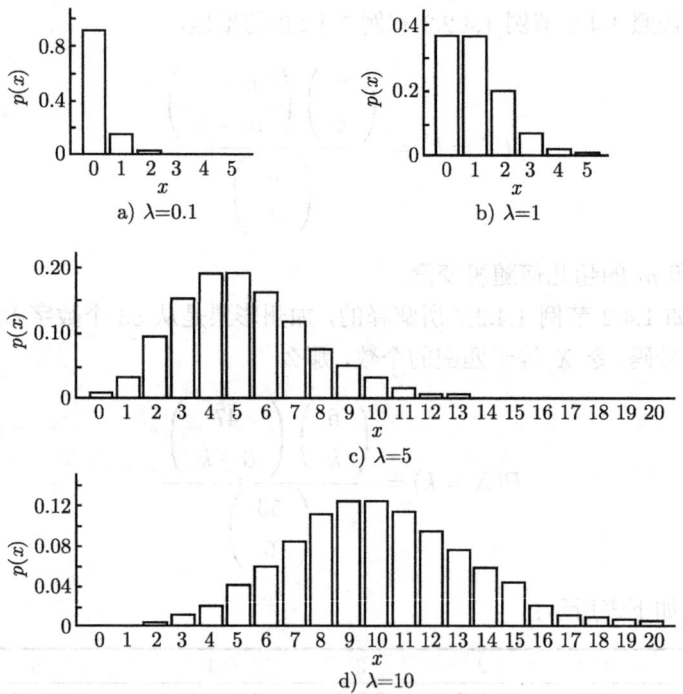

图 2.6 泊松频率函数

当 $n \to \infty$ 时,

$$\frac{\lambda}{n} \to 0$$

$$\frac{n!}{(n-k)!n^k} \to 1$$

$$\left(1-\frac{\lambda}{n}\right)^n \to e^{-\lambda}$$

$$\left(1-\frac{\lambda}{n}\right)^{-k} \to 1$$

因此我们有

$$p(k) \to \frac{\lambda^k e^{-\lambda}}{k!}$$

这是泊松频率函数.

例 2.1.5.1 掷两个骰子 100 次，记录出现两个 6 的次数 X. X 的分布是 $n=100$ 和 $p=\dfrac{1}{36}=0.0278$ 的二项分布. 因为 n 较大、p 较小，所以我们可以用参数为 $\lambda=np=2.78$ 的泊松概率来近似二项概率. 精确的二项概率和泊松近似如下表所示：

k	二项概率	泊松近似	k	二项概率	泊松近似
0	0.0596	0.0620	6	0.0389	0.0398
1	0.1705	0.1725	7	0.0149	0.0158
2	0.2414	0.2397	8	0.0050	0.0055
3	0.2255	0.2221	9	0.0015	0.0017
4	0.1564	0.1544	10	0.0004	0.0005
5	0.0858	0.0858	11	0.0001	0.0001

近似得非常好. ∎

当 n 较大、p 较小时, 泊松频率函数可以用来近似二项概率. 这提示我们寻找泊松分布的实践来源. 假设 X 等于某事件在给定时间区间内发生的次数, 受此启发, 我们将该区间分成很多个等长度的子区间, 并设子区间非常小, 以至于子区间内事件发生超过一次的概率相对于发生一次的概率而言可以忽略不计, 我们还设每个子区间内事件发生的概率都是一样的, 不同子区间事件发生与否相互独立. 因此, X 近似为由子区间构成试验的二项随机变量, 由上述极限结论, X 近似服从泊松分布.

当然, 先前的讨论是非正式的, 仅具有启发意义. 事实上可以给出严格证明. 背后的重要假设是: (1) 不同子区间事件发生与否相互独立, (2) 每个子区间内, 事件发生的概率相同, (3) 事件不能同时发生. 相应于实直线上的区间, 我们同样可以平行地讨论面积或空间体积.

泊松分布在理论和实践中都很重要, 已经应用至很多领域, 包括:

- 泊松分布用来分析电话系统. 如果交换机可以服务很多客户, 客户行为或多或少是独立的, 那么单位时间内到达交换机的呼叫次数可用泊松变量来建模.
- 泊松分布最早的应用之一是用来建立给定时间内来自于射线源的 α 粒子数模型.
- 泊松分布可以用作保险公司中的模型. 例如, 给定时间区间内大群体中的奇异事故 (像淋浴时摔倒) 数可以用泊松分布来建模, 因为可以假设事故稀少且独立发生 (假设只有一个人在淋浴).
- 交通工程师可以利用泊松分布设计交通灯. 我们可以记录单位时间内通过街道的车辆数. 如果交通不太拥挤, 每个车辆的行动相互独立. 然而, 在交通拥挤情况下, 一辆车子的移动可能影响另一辆, 近似结果不太好.

例 2.1.5.2 这个有趣的经典例子来自于 von Bortkiewicz(1898). 记录下 10 个普鲁士骑兵军团在 20 年内被马踢死的士兵数目, 共采集到 200 个军团–年的数据. 这些数据和 $\lambda = 0.61$ 的泊松模型概率列示在下表中. 表中第一列给出每年死亡的数目, 从 0 到 4. 第二列列示了死亡数目观测到的次数. 因此, 例如, 在 200 个军团–年的数据中, 观测到 1 人死亡的次数是 65. 在表中第三列, 将观测到的死亡数目用 200 转化为相对频率. 第四列给出了参数为 $\lambda = 0.61$ 的泊松概率. 在第 8 章和第 9 章, 我们讨论如何根据观测频率选择理论概率模型的参数值, 以及评价拟合好坏的方法. 目前, 我们只是说选择 $\lambda = 0.61$ 与每年平均死亡人数相匹配. ∎

每年死亡人数	观测	相对频率	泊松概率
0	109	0.545	0.543
1	65	0.325	0.331
2	22	0.110	0.101
3	3	0.015	0.021
4	1	0.005	0.003

泊松分布经常出自称为**泊松过程**(Poisson process) 的模型，这个过程是集合 S 上的随机事件分布，S 一般情况下是一维、二维或者三维空间，分别对应于时间、平面和体积空间. 这个模型大体上可陈述为：如果 $S_1, S_2, \cdots, S_n$ 是 S 的互不相交子集，那么这些子集上发生的事件数 $N_1, N_2, \cdots, N_n$ 是相互独立的随机变量，且服从参数分别为 $\lambda|S_1|, \lambda|S_2|, \cdots, \lambda|S_n|$ 的泊松分布，其中 $|S_i|$ 表示 S_i 的测度 (例如，长度、面积或体积). 这里的关键假设是不相交子集上的事件相互独立，子集的泊松参数与其尺寸成比例. 下面我们会看到后一假设意味着子集上的平均事件数与其尺寸成比例.

例 2.1.5.3 假设办公室接到电话呼叫次数是每分钟 $\lambda = 0.5$ 的泊松过程. 5 分钟内的呼叫次数服从参数为 $\omega = 5\lambda = 2.5$ 的泊松分布. 因此，5 分钟内没有呼叫电话的概率是 $e^{-2.5} = 0.082$，只有一次呼叫的概率是 $2.5 e^{-2.5} = 0.205$. ∎

例 2.1.5.4 图 2.7 显示了 $\lambda = 25$ 的泊松过程在单位正方形 $0 \leqslant x \leqslant 1, 0 \leqslant y \leqslant 1$ 上的 4 次实现. 有趣的是，我们可以观察到诸如聚类点和大片空白区域的模式. 但是根据泊松过程的性质，点的位置没有任何关系，这些模式完全是偶然生成的. ∎

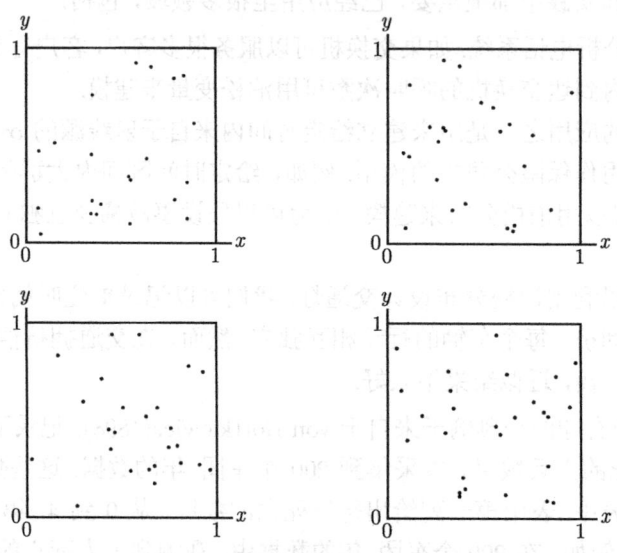

图 2.7 $\lambda = 25$ 的泊松过程的 4 次实现

2.2 连续随机变量

在应用中，我们经常感兴趣于取值连续的随机变量. 例如，电子元件的寿命可能是随机的，可以取任意的正实数值. 对于连续随机变量，频率函数的角色被**密度函数** (density function)$f(x)$

取代,它具有如下性质:$f(x) \geqslant 0$, f 分段连续且 $\int_{-\infty}^{\infty} f(x)\mathrm{d}x = 1$.如果 X 是具有密度函数 f 的随机变量,那么对于任意的 $a < b$, X 落在区间 (a,b) 上的概率是密度函数从 a 到 b 的下方面积:

$$P(a < X < b) = \int_a^b f(x)\mathrm{d}x$$

例 2.2.1 区间 $[0,1]$ 上的**均匀随机变量**(uniform random variable) 用来刻画我们所说的"在 0 到 1 之间随机选择一个数". 区间内的任何实数都是一个可能的试验结果,概率模型应该满足落入任何长度 h 的子区间内的概率是 h. 下面的密度函数满足该要求:

$$f(x) = \begin{cases} 1, & 0 \leqslant x \leqslant 1 \\ 0, & x < 0 \text{ 或 } x > 1 \end{cases}$$

这个密度函数称为 $[0,1]$ 上的**均匀密度**(uniform density). 一般区间 $[a,b]$ 上的均匀密度是:

$$f(x) = \begin{cases} 1/(b-a), & a \leqslant x \leqslant b \\ 0, & x < a \text{ 或 } x > b \end{cases}$$ ∎

这种定义的一个结果是连续随机变量 X 取特定值的概率为 0:

$$P(X = c) = \int_c^c f(x)\mathrm{d}x = 0$$

尽管初看起来这有点奇怪,但事实上它非常自然. 如果例 2.2.1 中的均匀随机变量取某个值的概率为正,那么它取 $[0,1]$ 上任何一个值的概率应该是一样的,这样在 $[0,1]$ 中的无穷可列子集上的概率之和就会是无穷 (例如,有理数). 如果 X 是连续随机变量,那么

$$P(a < X < b) = P(a \leqslant X < b) = P(a < X \leqslant b)$$

注意对于离散随机变量,上式是不对的.

对于较小的 δ,如果 f 在 x 处连续,

$$p\left(x - \frac{\delta}{2} \leqslant X \leqslant x + \frac{\delta}{2}\right) = \int_{x-\delta/2}^{x+\delta/2} f(u)\mathrm{d}u \approx \delta f(x)$$

因此,点 x 处小区间上的取值概率与 $f(x)$ 成比例. 有时微分符号更有用:$P(x \leqslant X \leqslant x + \mathrm{d}x) = f(x)\mathrm{d}x$.

连续随机变量 X 的累积分布函数的定义方式与离散型一样:

$$F(x) = P(X \leqslant x)$$

$F(x)$ 用密度函数表示为:

$$F(x) = \int_{-\infty}^{x} f(u)\mathrm{d}u$$

利用积分基本定理,如果 f 在 x 处连续,那么 $f(x) = F'(x)$.

cdf 可以用来估计 X 落入一个区间内的概率:

$$P(a \leqslant X \leqslant b) = \int_a^b f(x)\mathrm{d}x = F(b) - F(a)$$

例 2.2.2 根据这个定义,我们看到 $[0,1]$ 区间上均匀随机变量 (例 2.2.1) 的 cdf 是

$$F(x) = \begin{cases} 0, & x \leqslant 0 \\ x, & 0 \leqslant x \leqslant 1 \\ 1, & x \geqslant 1 \end{cases}$$ ∎

假设 F 是连续随机变量的 cdf,在某区间 I 上是严格增的,因此在 I 的左端点处 $F=0$,右端点处 $F=1$,I 可能是无界的. 在这个假设下, 逆函数 F^{-1} 存在, 如果 $y=F(x)$,那么 $x = F^{-1}(y)$. 分布 F 的第 p **分位数**(quantile) 定义为满足 $F(x_p) = p$ 或 $P(X \leqslant x_p) = p$ 的 x_p 值. 在先前的假设陈述下,x_p 有唯一定义 $x_p = F^{-1}(p)$,参见图 2.8. 特别地, 取 $p = \dfrac{1}{2}$,这相应于 F 的**中位数**(median);$p = \dfrac{1}{4}$ 和 $p = \dfrac{3}{4}$ 相应于 F 的下、上四分之一分位数.

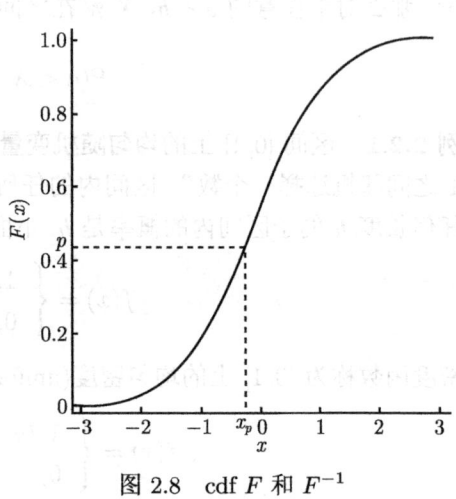

图 2.8   cdf F 和 F^{-1}

例 2.2.3 假设 $F(x) = x^2, 0 \leqslant x \leqslant 1$. 这个表达式是一种简记形式,其更加精确的表述如下:

$$F(x) = \begin{cases} 0, & x \leqslant 0 \\ x^2, & 0 \leqslant x \leqslant 1 \\ 1, & x \geqslant 1 \end{cases}$$

为了得到 F^{-1},我们求解 $y = F(x) = x^2$ 中的 x,有 $x = F^{-1}(y) = \sqrt{y}$. 中位数是 $F^{-1}(0.5) = 0.707$,下四分之一分位数是 $F^{-1}(0.25) = 0.50$,上四分之一分位数是 $F^{-1}(0.75) = 0.866$. ∎

例 2.2.4(风险值)   金融公司需要量化和监管资产风险.**风险值**(Value at Risk, VaR) 是广泛使用的可能损失度量. 它有两个参数:时间长度和置信水平. 例如, 某机构一天内置信水平为 95% 的 VaR 值是 1000 万美元,这可以解释为该机构超过 1000 万美元损失的机会是 5%. 这样的损失在 20 天内应该会出现一次.

为了说明 VaR 的计算方式,假设投资的现值是 V_0,未来值是 V_1. 资产收益率是 $R = (V_1 - V_0)/V_0$,利用 cdf 为 $F_R(r)$ 的连续随机变量来描述. 令 $1-\alpha$ 表示设定的置信水平. 我们想要得到 VaR 值 v^*. 那么

$$\alpha = P(V_0 - V_1 \geqslant v^*) = P\left(\dfrac{V_1 - V_0}{V_0} \leqslant -\dfrac{v^*}{V_0}\right) = F_R\left(-\dfrac{v^*}{V_0}\right)$$

因此,$-v^*/V_0$ 是 α 分位数 r_α,$v^* = -V_0 r_\alpha$.VaR 是负的现值乘以收益分布的 α 分位数. ∎

下面我们讨论一些实际中经常出现的密度函数.

2.2.1 指数密度

指数密度函数是

$$f(x) = \begin{cases} \lambda e^{-\lambda x}, & x \geqslant 0 \\ 0, & x < 0 \end{cases}$$

如泊松分布一样,指数密度依赖于单一参数 $\lambda > 0$,因此,将其称为指数族密度更精确. 图 2.9 显示了几个指数密度. 注意 λ 越大,密度下降得越快.

很容易得到累积分布函数:

$$F(x) = \int_{-\infty}^{x} f(u) du = \begin{cases} 1 - e^{-\lambda x}, & x \geqslant 0 \\ 0, & x < 0 \end{cases}$$

指数分布的中位数,比方说 η,也很容易由 cdf 得到. 我们解 $F(\eta) = \frac{1}{2}$:

$$1 - e^{-\lambda \eta} = \frac{1}{2}$$

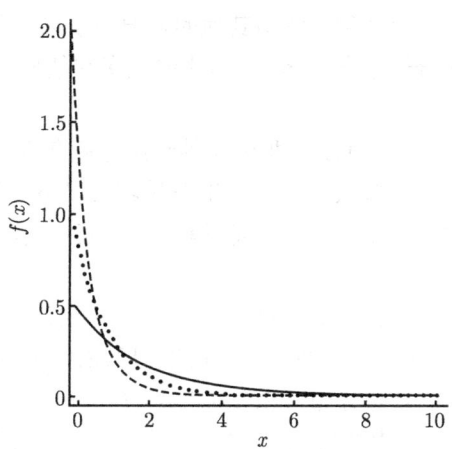

图 2.9 指数密度 $\lambda = 0.5$(实线), $\lambda = 1$(点线), $\lambda = 2$(虚线)

从而有

$$\eta = \frac{\log 2}{\lambda}$$

指数分布常用来刻画生命周期或者等待时间,这时一般用 t 代替 x. 假设我们考虑用指数随机变量来刻画电子元件的寿命,且元件已经生存时长 s,我们希望计算它至少能再存活 t 个时间单位的概率,也就是计算 $P(T > t + s | T > s)$:

$$P(T > t + s | T > s) = \frac{P(T > t + s \text{ 且 } T > s)}{P(T > s)} = \frac{P(T > t + s)}{P(T > s)}$$
$$= \frac{e^{-\lambda(t+s)}}{e^{-\lambda s}} = e^{-\lambda t}$$

我们看到元件至少能再存活 t 个时间单位的概率不依赖于 s. 因此,指数分布被认为是**无记忆性的**(memoryless),它显然不能很好地刻画人类生命周期,因为 16 岁的人再存活 10 年的概率不等于 80 岁老人再存活 10 年的概率. 可以证明指数分布由这个无记忆性质所刻画,也就是说,无记忆性暗含了分布是指数的. 令人多少有点惊讶的是,一个无记忆性的量化特征可以本质上决定密度函数的形式.

指数分布的无记忆特征直接来源于它与泊松过程的关系. 假设随时间发生的事件服从参数为 λ 的泊松过程,在时刻 t_0 时一事件发生. 令 T 表示直到下一事件发生的时间长度. T 的密度可由下式得到:

$$P(T > t) = P((t_0, t_0 + t) \text{内没有事件发生})$$

因为在长度为 t 的区间 $(t_0, t_0 + t)$ 内,事件发生的个数服从参数为 λt 的泊松分布,所以上述概率是 $e^{-\lambda t}$,从而 T 服从参数为 λ 的指数分布. 我们可以据此继续分析. 假设下一个事件在 t_1 时刻发生,按照同样的分析,直到第三个事件发生的时间间隔也服从指数分布,且利用泊松过程的独立性质, 该时长与前两次时间间隔是独立的. 一般地, 泊松过程两次事件发生的时间间隔是独立同分布的指数随机变量.

蛋白质和生物中其他的重要分子以各种方式调节. 某些遭遇老化, 因而比年轻时更容易退化. 如果分子不会老化, 但退化的几率在任何生命段内都是一样的, 那么它的生命周期就服从指数分布.

例 2.2.1.1 肌肉和神经细胞膜包含大量的通道, 当通道打开时, 部分离子可以通过. 利用复杂的实验技术, 神经生理学家可以测量通过单个通道的离子所产生的电流, 实验记录通常显示通道开闭与否似乎是随机的. 在某些情况下, 简单的动力学模型预测打开时长应该是指数分布的.

Marshall 等 (1990) 研究了通道阻滞剂 (琥珀胆碱) 影响通道 (青蛙肌肉的烟碱受体) 的特征. 图 2.10 显示了在一定的琥珀胆碱浓度范围内打开时长的直方图及其拟合指数分布图. 在这个例子中, 指数分布可以参数化为 $f(t) = (1/\tau)\exp(-t/\tau)$. 因此 τ 是时间单位, 而 λ 是时间倒数单位. 我们由图形看出, 随着阻滞剂浓度的增加, 区间变得越来越短, 参数 τ 逐渐衰减. 还可以看出, 由于测量仪器的限制, 非常短的区间没有记录下来, 较高的浓度下更是如此. ∎

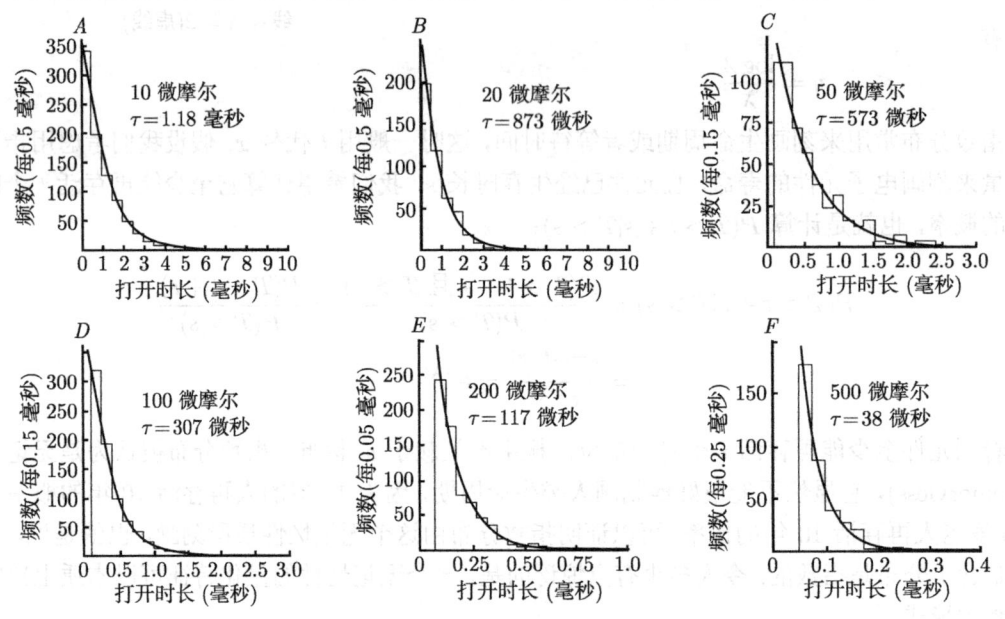

图 2.10 各种琥珀胆碱浓度下的打开时长直方图及其拟合指数密度图

2.2.2 伽马密度

伽马密度函数依赖于两个参数 —— α 和 λ:

$$g(t) = \frac{\lambda^\alpha}{\Gamma(\alpha)} t^{\alpha-1} e^{-\lambda t}, \quad t \geq 0$$

当 $t < 0$ 时, $g(t) = 0$. 因此, 密度函数在 $\alpha > 0$, $\lambda > 0$ 上定义完好, 全积分等于 1. 伽马函数 $\Gamma(x)$ 定义为

$$\Gamma(x) = \int_0^\infty u^{x-1} e^{-u} du, \quad x > 0$$

章末的习题中推导了伽马函数的一些性质.

注意,如果 $\alpha = 1$,伽马密度等价于指数密度. 参数 α 称为**形状参数**(shape parameter),参数 λ 称为**尺度参数**(scale parameter). 变动 α 改变密度的形状,而变动 λ 仅改变测量单位 (比方说,由秒到分钟),不影响密度的形状.

图 2.11 显示了几个伽马密度. 伽马密度为非负随机变量提供了十分灵活的模型.

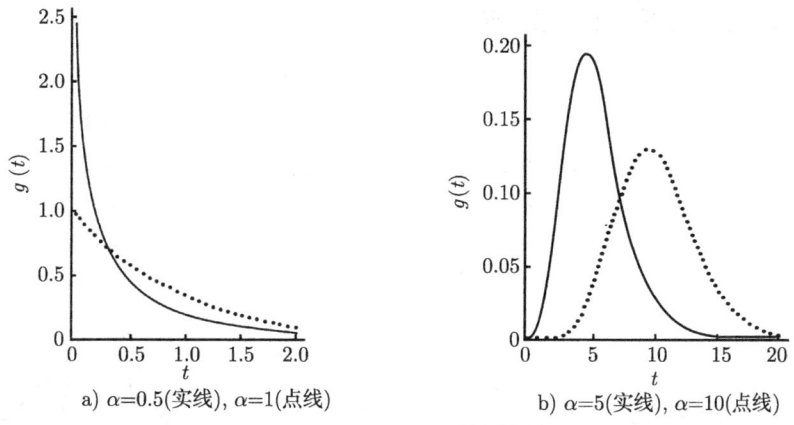

a) $\alpha=0.5$(实线), $\alpha=1$(点线)　　b) $\alpha=5$(实线), $\alpha=10$(点线)

图 2.11　伽马密度,所有情形下 $\lambda = 1$

例 2.2.2.1　地震发生的模式在时间、空间和级别上差异很大,我们有时试图构建这些事件的概率模型. 可以使用纯描述性的方法,或者野心勃勃地构建地震发生和破坏程度的预测模型.

图 2.12 显示了一系列小地震之间观测时长的拟合伽马密度和指数密度 (Udias 和 Rice,1975). 很显然伽马密度拟合效果更好 ($\alpha = 0.509$ 和 $\lambda = 0.00115$). 注意,相互发生时间 (即两次地震之间的时间间隔) 的指数模型是无记忆性的,也就是说,即使我们知道上 t 个时间单位内没有发生地震,也无法知道下 s 个时间单位内发生地震的概率. 伽马模型没有这个性质. 事实上,尽管我们现在没有表明这一点,但是具有这些参数值的伽马模型有如下性质:对于任意一次地震,下一次地震紧跟其后的可能性非常大,并且这种可能性随时间单调下降.　■

2.2.3　正态分布

正态分布在概率论和数理统计中扮演着重要的角色,这在本书后面的章节中会体现出来. Carl Friedrich Gauss 在测量误差模型时提出了这个分布,因此又称为高斯分布. 第 6 章讨论的中心极限定理是正态分布广泛使用的理论基础. 粗略来看,中心极限定理是说如果一个随机变量是许多独立随机变量之和,那么它就近似服从正态分布. 正态分布可以描述很多不同的现象,例如,人的身高、IQ 得分的分布、气体分子的速度. 正态分布的密度函数依赖于两个参数,即 μ 和 σ(其中 $-\infty < \mu < \infty, \sigma > 0$):

$$f(x) = \frac{1}{\sigma\sqrt{2\pi}} e^{-(x-\mu)^2/2\sigma^2}, \quad -\infty < x < \infty$$

参数 μ 和 σ 分别称为正态密度的**均值**(mean) 和**标准差**(standard deviation).

这个 cdf 不能由此密度函数给出闭形式的估计 (定义 cdf 的积分不能通过显式公式估计出来, 只能通过数值方法找到). 本章后面的一个习题要求读者证明正态密度的全积分等于 1.

我们可以将 "X 服从参数为 μ 和 σ 的正态分布" 简记为 $X \sim N(\mu, \sigma^2)$. 由密度函数的形式, 我们可以看出密度关于 μ 对称, $f(\mu - x) = f(\mu + x)$, 它有一个最大值, 且此处下降的速率依赖于 σ. 图 2.13 给出了几个正态密度. 正态密度有时称为钟形曲线. $\mu = 0, \sigma = 1$ 的特殊形式称为**标准正态密度**(standard normal density). 它的 cdf 记为 Φ, 密度为 ϕ(不要与空集混淆). 一般正态密度和标准正态密度的关系在下一节介绍.

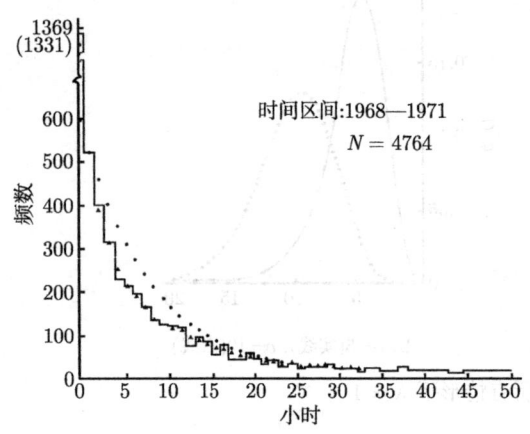 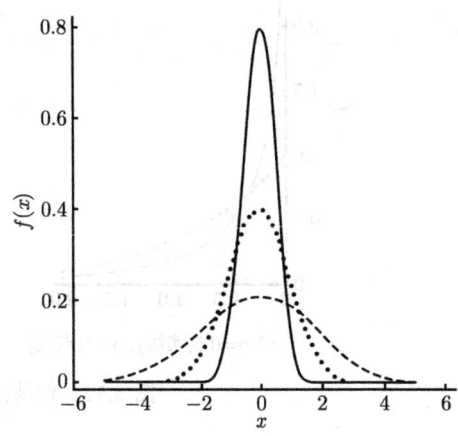

图 2.12 小地震之间时长的伽马密度 (三角) 和指数密度 (圆点) 拟合

图 2.13 正态密度, $\mu = 0$ 和 $\sigma = 0.5$(实线), $\mu = 0$ 和 $\sigma = 1$(点线), $\mu = 0$ 和 $\sigma = 2$(短线)

例 2.2.3.1 海洋产生的声音记录有很多背景噪声. 精确地刻画这些噪声的特征有利于探测感兴趣的声纳信号. 在北冰洋, 很多背景噪声都是由冰块的裂纹和拉紧产生的. Veitch 和 Wilks (1985) 研究了北冰洋海底噪声的记录, 用高斯成分与偶尔大振幅爆裂的混合模型描述了噪声特征. 图 2.14 是一个记录的轨迹, 包含一个爆裂. 图 2.15 显示了噪声"安静"(没有爆裂) 期间观测的高斯分布拟合. ■

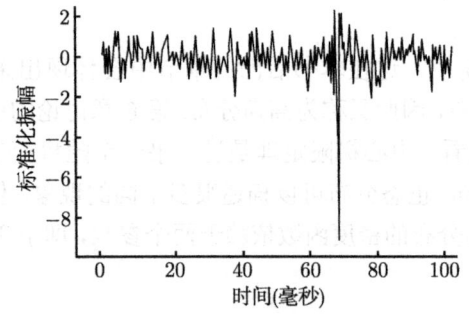 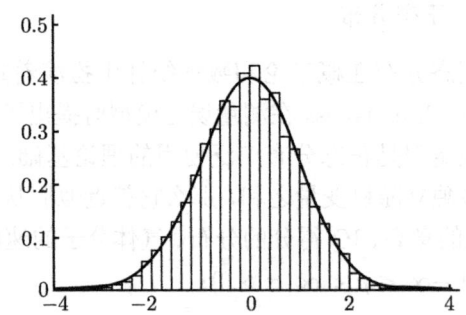

图 2.14 含有一个大爆裂的海底噪声记录

图 2.15 海底噪声"安静"期间的直方图并拟合正态密度

例 2.2.3.2 空气湍流有时利用随机过程来描述. 因为任何一点的气流速度受这点附近众多的随机涡流影响, 所以由中心极限定理, 我们可以认为气流速度是正态分布的. Van Atta 和 Chen(1968) 分析了风洞中搜集的数据. 图 2.16 取自于他们的论文, 利用正态分布拟合速度其中一个组成部分的 409 600 个观测值, 拟合效果非常好. ∎

例 2.2.3.3 (标准普尔 500) 标准普尔 500 是美国重要股票的一个指数, 其中个股权重与其市值成比例. 客户可以依此指数进行共同基金投资. 图 2.17 的上幅图绘出了 2003 年标准普尔 500 的序列收益率. 这个期间的平均收益率是每天 0.1%, 我们可以看出日波动是 3% 或者 4%. 下幅图给出了收益率的直方图和 $\mu = 0.001, \sigma = 0.01$ 的拟合正态密度.

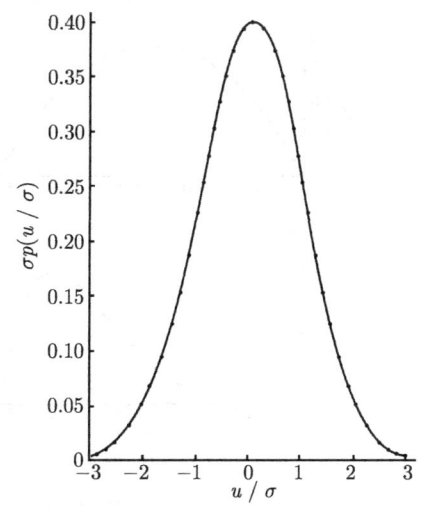

图 2.16 湍流速度其中一个组成部分 409 600 个观测的正态分布拟合. 点是来自于直方图的数值

金融公司可以利用拟合的正态密度计算 VaR 值 (参见 2.2 节例 2.2.4). 使用一天的时长及 95% 的置信水平, VaR 值是指数当前的投资值 V_0 乘以收益率分布的负 0.05 分位数. 本例中, 分位数可以计算得 -0.0165, 因此 VaR 值是 $0.0165 V_0$. 所以, 如果 V_0 是 1000 万美元, VaR 就是 165 000 美元. 公司就有 95% 的 "信心" 保证他们的损失在一天内不超过这个数额. 然而, 每 20 个交易日中有一天超过这个数额也不足为怪. ∎

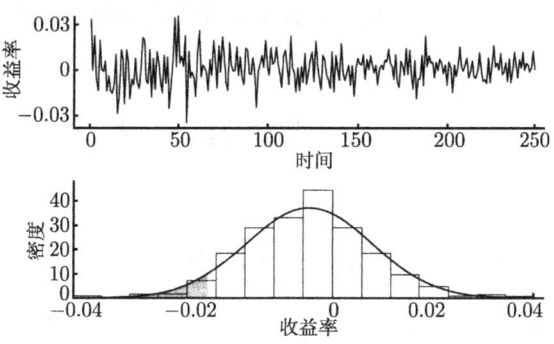

图 2.17 2003 年标准普尔 500 指数的收益率 (上) 及其直方图的正态曲线拟合 (下). 阴影部分是 0.05 分位数左边的区域

2.2.4 贝塔密度

贝塔密度用来刻画 $[0, 1]$ 区间上的随机变量:

$$f(u) = \frac{\Gamma(a+b)}{\Gamma(a)\Gamma(b)} u^{a-1} (1-u)^{b-1}, \quad 0 \leqslant u \leqslant 1$$

图 2.18 显示了各种 a 和 b 取值的贝塔密度. 注意 $a=b=1$ 的情形就是均匀分布. 后面我们会看到, 贝塔密度在贝叶斯统计中非常重要.

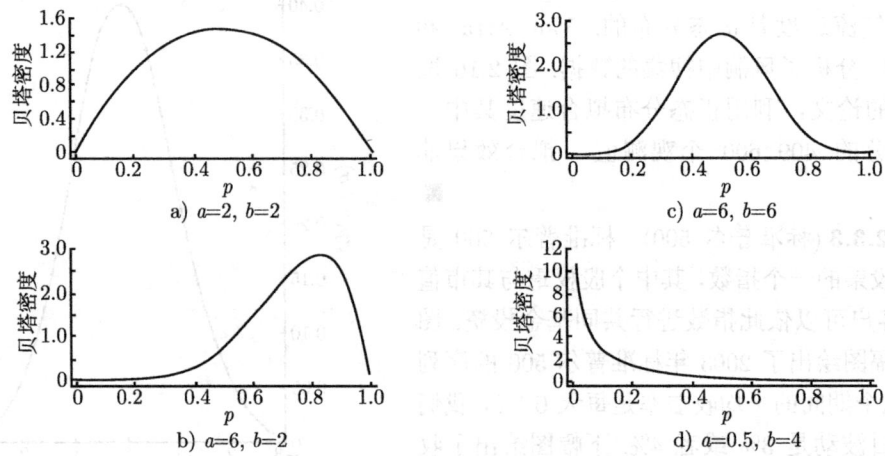

图 2.18 各种 a 和 b 取值的贝塔密度

2.3 随机变量的函数

假设随机变量 X 有密度函数 $f(x)$. 对于某一给定的函数 g, 我们经常需要计算 $Y = g(X)$ 的密度函数. 例如, X 是质量 m 的粒子速度, 我们可能感兴趣于粒子动能 $Y = \frac{1}{2}mX^2$ 的概率密度函数. 通常, 将 X 的密度和 cdf 记为 f_X 和 F_X; Y 的密度和 cdf 记为 f_Y 和 F_Y. 为了解释求解这类问题的技术, 我们首先介绍正态分布的一些有用性质.

假设 $X \sim N(\mu, \sigma^2)$, $Y = aX + b$, 其中 $a > 0$. Y 的累积分布函数是

$$F_Y(y) = P(Y \leqslant y) = P(aX + b \leqslant y)$$
$$= P\left(X \leqslant \frac{y-b}{a}\right) = F_X\left(\frac{y-b}{a}\right)$$

因此,

$$f_Y(y) = \frac{\mathrm{d}}{\mathrm{d}y} F_X\left(\frac{y-b}{a}\right) = \frac{1}{a} f_X\left(\frac{y-b}{a}\right)$$

至此, 我们完全没有利用正态分布的假设, 因此, 只要 F_X 近似可微, 这个结果对一般的连续随机变量都成立. 如果 f_X 是参数为 μ 和 σ 的正态密度函数, 替代上式后, 我们得到

$$f_Y(y) = \frac{1}{a\sigma\sqrt{2\pi}} \exp\left[-\frac{1}{2}\left(\frac{y-b-a\mu}{a\sigma}\right)^2\right]$$

由此, 我们看到 Y 服从参数为 $a\mu + b$ 和 $a\sigma$ 的正态分布.

同样可以分析 $a < 0$ 的情形 (参见章末习题 57), 得到下面的命题.

命题 2.3.1 如果 $X \sim N(\mu, \sigma^2)$, $Y = aX + b$, 那么 $Y \sim N(a\mu + b, a^2\sigma^2)$.

由正态分布计算概率时，这个命题十分有用. 假设 $X \sim N(\mu, \sigma^2)$, 对某些数值 x_0 和 x_1, 我们希望得到 $P(x_0 < X < x_1)$. 考虑随机变量

$$Z = \frac{X - \mu}{\sigma} = \frac{X}{\sigma} - \frac{\mu}{\sigma}$$

取 $a = 1/\sigma$, $b = -\mu/\sigma$, 利用命题 2.3.1, 我们看到 $Z \sim N(0,1)$, 即 Z 服从标准正态分布. 因此,

$$F_X(x) = P(X \leqslant x) = P\left(\frac{X - \mu}{\sigma} \leqslant \frac{x - \mu}{\sigma}\right)$$
$$= P\left(Z \leqslant \frac{x - \mu}{\sigma}\right) = \Phi\left(\frac{x - \mu}{\sigma}\right)$$

因此，我们有

$$P(x_0 < X < x_1) = F_X(x_1) - F_X(x_0) = \Phi\left(\frac{x_1 - \mu}{\sigma}\right) - \Phi\left(\frac{x_0 - \mu}{\sigma}\right)$$

因此，一般正态随机变量的概率可以由标准正态随机变量的概率得到. 这是非常有用的，因为我们只需制作标准正态分布表，而不需对任意 μ 和 σ 分别制作.

例 2.3.1 某一标准化测验, IQ 得分近似服从均值为 $\mu = 100$, 标准差为 $\sigma = 15$ 的正态分布. 这里我们在非常大的群体上得到分数分布，可以用连续的正态累积分布函数近似离散累积分布函数. 随机选择一个个体，得分 X 满足 $120 < X < 130$ 的概率是多少?

我们可以利用标准正态分布按如下方式计算这个概率:

$$P(120 < X < 130) = P\left(\frac{120 - 100}{15} < \frac{X - 100}{15} < \frac{130 - 100}{15}\right)$$
$$= P(1.33 < Z < 2)$$

其中 Z 服从标准正态分布. 利用标准正态分布表 (附录 B 中的表 2), 这个概率是

$$P(1.33 < Z < 2) = \Phi(2) - \Phi(1.33) = 0.9772 - 0.9082 = 0.069$$

因此，群体中大约 7% 的个体得分在这个范围内. ∎

例 2.3.2 令 $X \sim N(\mu, \sigma^2)$, 计算 X 偏离 μ 的值小于 σ 的概率, 即计算 $P(|X - \mu| < \sigma)$. 概率是

$$P(-\sigma < X - \mu < \sigma) = P\left(-1 < \frac{X - \mu}{\sigma} < 1\right) = P(-1 < Z < 1)$$

其中 Z 服从标准正态分布. 利用标准正态分布表，最后的概率是

$$\Phi(1) - \Phi(-1) = 0.68$$

因此，正态随机变量在均值 1 倍标准差内的概率是 0.68. ∎

现在我们看另外一个正态分布的例子.

例 2.3.3 计算 $X = Z^2$ 的密度，其中 $Z \sim N(0,1)$.

这里，我们有

$$F_X(x) = P(X \leqslant x) = P(-\sqrt{x} \leqslant Z \leqslant \sqrt{x}) = \Phi(\sqrt{x}) - \Phi(-\sqrt{x})$$

我们通过 cdf 的微分找到 X 的密度. 因为 $\Phi'(x) = \phi(x)$，利用链式法则得到

$$f_X(x) = \frac{1}{2}x^{-1/2}\phi(\sqrt{x}) + \frac{1}{2}x^{-1/2}\phi(-\sqrt{x}) = x^{-1/2}\phi(\sqrt{x})$$

最后一步我们利用了 ϕ 的对称性. 由最后的表达式，我们得到

$$f_X(x) = \frac{x^{-1/2}}{\sqrt{2\pi}}\mathrm{e}^{-x/2}, \quad x \geqslant 0$$

利用一般通用原则可以识别出这是一个伽马密度. 假设两个密度具有形式 $k_1 h(x)$ 和 $k_2 h(x)$，那么，由于它们的积分都是 1，所以 $k_1 = k_2$. 现在，与 $\alpha = \lambda = \dfrac{1}{2}$ 的伽马密度相比，我们可以得到这里的 $f(x)$ 是伽马密度，$\Gamma\left(\dfrac{1}{2}\right) = \sqrt{\pi}$. 这个密度又称为自由度为 1 的**卡方密度**(chi-square density). ∎

下面我们考虑另外一个例子.

例 2.3.4 令 U 是 $[0,1]$ 上的均匀随机变量，$V = 1/U$. 为了得到 V 的密度，我们首先计算 cdf:

$$F_V(v) = P(V \leqslant v) = P\left(\frac{1}{U} \leqslant v\right)$$
$$= P\left(U \geqslant \frac{1}{v}\right) = 1 - \frac{1}{v}$$

这个表达式在 $v \geqslant 1$ 时成立；在 $v < 1$ 上，$F_V(v) = 0$. 利用微分，我们得到 V 的密度：

$$f_V(v) = \frac{1}{v^2}, \quad 1 \leqslant v < \infty$$

∎

回顾上面这些例子，我们发现每种情形都有相同的基本步骤：首先计算转换变量的 cdf，然后通过微分得到密度，再指明哪些区域上结论成立. 这些相同步骤可以用来证明下面的一般结论.

命题 2.3.2 令 X 是具有密度 $f(x)$ 的连续随机变量，$Y = g(X)$，其中 g 是可微的，在区间 I 上严格单调. 假设 x 不在区间 I 内时 $f(x) = 0$. 那么，Y 有密度函数

$$f_Y(y) = f_X(g^{-1}(y))\left|\frac{\mathrm{d}}{\mathrm{d}y}g^{-1}(y)\right|$$

其中，y 满足：对于某些 x，$y = g(x)$，如果 I 内的 x 使 $y \neq g(x)$，则 $f_Y(y) = 0$. 这里 g^{-1} 是 g 的逆函数，也就是说，如果 $y = g(x)$，则 $g^{-1}(y) = x$.

对于某些特殊的问题，从头推导通常比辨识符号并利用这个命题来得更容易些.

本节最后我们来推导一些均匀分布与其他连续分布的关系性质. 我们考虑一具有密度 f 和 cdf F 的随机变量 X, 其中 F 在某区间 I 上严格增, I 的左端点处 $F=0$, I 的右端点处 $F=1$. I 可以是有界区间, 也可以是无界区间, 例如, 整条实直线. 因此, $F^{-1}(x)$ 在 $x \in I$ 上都有定义.

命题 2.3.3 令 $Z = F(X)$, 那么 Z 是 $[0,1]$ 上的均匀分布.

证明
$$P(Z \leqslant z) = P(F(X) \leqslant z) = P(X \leqslant F^{-1}(z)) = F(F^{-1}(z)) = z$$
这是均匀分布的 cdf. ∎

命题 2.3.4 令 U 是 $[0,1]$ 上的均匀分布, $X = F^{-1}(U)$. 那么 X 的 cdf 是 F.

证明
$$P(X \leqslant x) = P(F^{-1}(U) \leqslant x) = P(U \leqslant F(x)) = F(x)$$
∎

最后的命题在生成给定 cdf F 的伪随机数时非常有用. 很多计算机软件包都提供了 $[0,1]$ 区间上均匀分布的伪随机数生成方法. 这些数称为**伪随机的**(pseudorandom) 是因为它们不是"真"的随机, 而是根据某些规则或算法生成的. 命题 2.3.4 告诉我们, 要想生成具有 cdf F 的随机变量, 我们只需将 F^{-1} 作用在均匀随机数上即可. 只要 F^{-1} 容易计算, 这个命题在实际中就非常有用.

例 2.3.5 作为模拟研究的一部分, 假设我们想要生成来自于指数分布的随机变量. 例如, 大型排队网络的性能经常利用模拟来评估. 这种模拟的其中一个方面就包括生成顾客到达的随机时间区间, 假设该区间服从指数分布. 如果我们有均匀随机数生成器, 那么利用命题 2.3.4 就能生成指数随机数. cdf 是 $F(t) = 1 - e^{-\lambda t}$. 通过解 $x = 1 - e^{-\lambda t}$ 中的 t 得到 F^{-1}:
$$e^{-\lambda t} = 1 - x$$
$$-\lambda t = \log(1-x)$$
$$t = -\log(1-x)/\lambda$$
因此, 如果 U 是 $[0,1]$ 上的均匀分布, 那么 $T = -\log(1-U)/\lambda$ 是参数为 λ 的指数随机变量. 这个可以稍微简化一下, 注意到 $V = 1 - U$ 也是 $[0,1]$ 上的均匀分布, 因此
$$P(V \leqslant v) = P(1 - U \leqslant v) = P(U \geqslant 1-v) = 1 - (1-v) = v$$
我们可以取 $T = -\log(V)/\lambda$, 其中 V 是 $[0,1]$ 上的均匀分布.

2.4 结束语

本章介绍了随机变量的概念, 它是概率论的基本理念之一. 充分讨论随机变量需要测度论的背景知识. 这里的介绍足够本课程的需要.

本章定义了离散和连续型随机变量, 值得注意的是, 在某些场合下也可以定义更一般的随机变量, 并且非常有用. 特别地, 考虑既有离散又有连续成分的随机变量也是有意义的. 例如, 晶体管的寿命在根本不工作的情况下可能以概率 $p > 0$ 取值为 0; 如果它工作, 寿命可以用连续随机变量建模.

2.5 习题

1. 假设 X 是离散随机变量,具有 $P(X=0)=0.25, P(X=1)=0.125, P(X=2)=0.125$ 和 $P(X=3)=0.5$. 画出 X 的频率函数和累积分布函数.

2. 令 A 和 B 都为事件,且 I_A 和 I_B 为相应的示性随机变量,证明:
$$I_{A\cap B} = I_A I_B = \min(I_A, I_B)$$
和
$$I_{A\cup B} = \max(I_A, I_B)$$

3. 下表为离散随机变量的累积分布函数. 计算其频率函数.

k	$F(k)$	k	$F(k)$
0	0	3	0.7
1	0.1	4	0.8
2	0.3	5	1.0

4. 如果 X 是取值为整数的随机变量,证明:其频率函数与 cdf 的关系为 $p(k) = F(k) - F(k-1)$.

5. 证明:在下列条件下,对于任意 u 和 v,均有 $P(u < X \leqslant v) = F(v) - F(u)$ 成立. (a)X 是离散随机变量,(b)X 是连续随机变量.

6. 抛掷 4 次均匀的硬币,计算下列随机变量的频率函数和累积分布函数:(a) 第一次出现反面前正面出现的次数,(b) 第一次出现反面后正面出现的次数,(c) 正面出现的次数减去反面出现的次数,(d) 反面出现的次数乘以正面出现的次数.

7. 计算伯努利随机变量的 cdf.

8. 请问哪种情况更有可能发生:抛掷一枚均匀的硬币,10 次有 9 次正面朝上或者 20 次有 18 次正面朝上?

9. 当 p 为多少时,三分之二的主解码器优于一次信息传输?

10. 两个男孩按照下面的方式进行篮球比赛. 他们轮流投篮,当篮球投进时游戏立马结束. 选手 A 先投,每次投进的概率为 p_1,选手 B 后投,投进的概率为 p_2,假定逐次投篮的结果是相互独立的.

    a. 计算投篮总次数的频率函数.

    b. 选手 A 胜出的概率是多少?

11. 考虑二项分布,其试验次数为 n,每次试验成功的概率为 p. k 为多少时 $P(X=k)$ 达到最大?这个值称为分布的**众数**(mode). (提示:考虑连续项的比率.)

12. 证明:二项概率之和为 1.

13. 多选题测验包含 20 个题目,每个题目有 4 个选项,学生能够排除每个问题中的一个错误选项,并从剩余的三个选项中随机地选择答案. 正确地回答出 12 个或 12 个以上的题目即可通过测验.

    a. 学生通过测验的概率是多少?

    b. 假设学生能够排除每个题目中的两个错误答案,重新回答 a 中的问题.

14. 按照某种特殊的方式在 4 位码字中增加三位冗余位 (海明码),这样可以探测和纠正码字中的任一位差错. 如果每一位错误传播的概率是 0.05,且相互之间独立,正确接收码字 (也就是说,0 或 1 位出现错误) 的概率是多少?与这个概率相比,没有校验位的情况下,正确传输码字的概率又是多少?此时码字的所有 4 位数都必须被正确地传输.

15. 两队 A 和 B 进行系列赛,如果 A 队赢得比赛的概率为 0.4,那么对他有利的是 5 局 3 胜制还是 7 局 4 胜制?假设连续比赛的结果是相互独立的.

16. 证明: 如果 n 趋于 ∞, r/n 趋于 p, m 固定不变, 那么超几何频率函数趋向于二项频率函数. 给出启发性的解释, 说明这个结论为什么正确.

17. 假设在独立伯努利试验序列中, 每次试验成功的概率为 p, 记录第一次成功之前失败的试验次数, 这个随机变量的频率函数是什么?

18. 继续讨论习题 17, 找出直到第 r 次成功共失败的试验次数的频率函数.

19. 找出几何随机变量累积分布函数的表达式.

20. (巴拿赫匹配问题) 烟斗客在他的左口袋里放了一盒火柴, 右口袋里也放了一盒. 起初, 每个火柴盒中有 n 根火柴. 如果他需要一根火柴, 烟斗客会等可能地选择一只口袋. 当他第一次发现一个火柴盒空了之后, 另一个火柴盒中剩余火柴数的频率函数是多少?

21. 如果 X 是几何随机变量, 证明:
$$P(X > n+k-1 | X > n-1) = P(X > k)$$
利用独立伯努利试验序列构造几何分布的方法原理, 怎样解释才能使其非常 "显然"?

22. 如果 X 是 $p = 0.5$ 的几何随机变量, 当 k 等于多少时, $p(X \leqslant k) \approx 0.99$?

23. 在成功概率为 p 的独立试验序列中, 第 k 次失败之前成功 r 次的概率是多少?

24. 同时抛掷三枚相同的公正硬币, 直到所有三枚硬币都出现相同的面. 问需要抛掷三次以上的概率是多少?

25. 牌局中拿到皇家同花顺 (A, K, Q, J 以及同花色的 10) 的概率约为 1.3×10^{-8}. 假设一个贪婪的扑克牌玩家在一周内玩了 100 把, 一年内玩了 52 周, 一共玩了 20 年.
    a. 她从没有拿到皇家同花顺的概率是多少?
    b. 她只拿到两次皇家同花顺的概率是多少?

26. 大学管理处保证数学家仅有万分之一的机会被困在数学大楼备受非议的电梯中. 如果他每周工作 5 天, 每年工作 52 周, 工作了 10 年, 并且从他第一次到达学校就开始乘坐电梯去办公室, 问他从未被困住的概率是多少? 被困一次的概率呢? 两次呢? 假定所有日期的结果是相互独立的 (这个假设在实践中是值得怀疑的).

27. 假设一种罕见疾病的发生率是千分之一. 假定总体成员之间的影响是相互独立的, 计算 100 000 个人的总体中有 k 个病例的概率, 其中 $k = 0, 1, 2$.

28. 令 $p_0, p_1, \cdots, p_n$ 是二项分布的概率质量函数, 参数为 n 和 p. 令 $q = 1-p$. 证明: 二项概率可以利用迭代关系式计算出来, 其中 $p_0 = q^n$ 和
$$p_k = \frac{(n-k+1)p}{kq} p_{k-1}, \quad k = 1, 2, \cdots, n$$
利用这个关系计算 $p(X \leqslant 4)$, 其中 $n = 9000, p = 0.0005$.

29. 证明: 泊松概率 $p_0, p_1, \cdots$ 可以利用迭代关系式计算出来, 其中 $p_0 = \exp(-\lambda)$ 和
$$p_k = \frac{\lambda}{k} p_{k-1}, \quad k = 1, 2, \cdots$$
利用这个关系计算 $p(X \leqslant 4)$, 其中 $\lambda = 4.5$, 并与习题 28 的结果进行比较.

30. 当 k 是多少时, 参数 λ 的泊松频率函数达到最大? (提示: 考虑连续项的比率)

31. 在某些居住地, 每小时内的被叫电话次数服从参数为 $\lambda = 2$ 的泊松过程.
    a. 如果 Diane 洗浴 10 分钟, 期间电话铃声响起的概率是多少?
    b. 如果她希望没有被叫电话的概率最多为 0.5, 那么她可以洗浴多长时间?

32. 假设在一个城市中, 每月自杀者的数目近似服从 $\lambda = 0.33$ 的泊松分布.

a. 计算一年内有 k 个自杀者的概率, 其中 $k = 0, 1, 2, \cdots$. 最可能的自杀者人数是多少?

b. 一周内有两个自杀者的概率是多少?

33. 令 $F(x) = 1 - \exp(-\alpha x^\beta)$, $x \geqslant 0$, $\alpha > 0$, $\beta > 0$, 且当 $x < 0$ 时 $F(x) = 0$. 证明: F 是 cdf. 并计算其相应的密度函数.

34. 令 $-1 \leqslant x \leqslant 1$ 时, $f(x) = (1 + \alpha x)/2$, 否则, $f(x) = 0$, 其中 $-1 \leqslant \alpha \leqslant 1$. 证明: f 是密度函数, 并计算其相应的 cdf. 计算相应于参数 α 的四分位数和中位数.

35. 画出 $[-1, 1]$ 均匀分布随机变量的 pdf 和 cdf 草图.

36. 如果 U 是 $[0, 1]$ 上的均匀随机变量, 那么随机变量 $X = [nU]$ 的分布是什么? 其中 $[t]$ 表示不超过 t 的最大整数.

37. 长度为 1 的线段被随机地切割一次. 较长部分的长度是较短部分 2 倍以上的概率是多少?

38. 如果 f 和 g 是密度函数, 证明: $\alpha f + (1 - \alpha)g$ 也是密度函数, 其中 $0 \leqslant \alpha \leqslant 1$.

39. 柯西(Cauchy) 累积分布函数为
$$F(x) = \frac{1}{2} + \frac{1}{\pi} \tan^{-1}(x), \quad -\infty < x < \infty$$
a. 证明它是 cdf.
b. 计算密度函数.
c. 计算满足 $P(X > x) = 0.1$ 的 x.

40. 假设 X 的密度函数在 $0 \leqslant x \leqslant 1$ 时, $f(x) = cx^2$, 否则, $f(x) = 0$.
a. 计算 c.
b. 计算 cdf.
c. $P(0.1 \leqslant X \leqslant 0.5)$ 是多少?

41. 计算指数分布的上、下四分位数.

42. 对于平面上的泊松过程, 计算事件与其最近事件之间距离的概率密度.

43. 对于三维空间的泊松过程, 计算事件与其最近事件之间距离的概率密度.

44. 令 T 是参数为 λ 的指数随机变量, X 为离散型随机变量, 当 $k \leqslant T < k + 1$ 时, 定义为 $X = k$ ($k = 0, 1, \cdots$), 计算 X 的频率分布函数.

45. 假设电子元件的寿命服从 $\lambda = 0.1$ 的指数分布.
a. 计算寿命小于 10 的概率.
b. 计算寿命在 5 到 15 之间的概率.
c. 若寿命大于 t 的概率为 0.01, 计算 t.

46. 证明: 伽马密度函数的积分等于 1.

47. 如果 $\alpha > 1$, 证明: 伽马密度函数在 $(\alpha - 1)/\lambda$ 处达到最大.

48. T 是指数随机变量, 且 $P(T < 1) = 0.05$, λ 是多少?

49. 伽马函数是广义的阶乘函数.
a. 证明 $\Gamma(1) = 1$.
b. 证明 $\Gamma(x + 1) = x\Gamma(x)$.(提示: 利用分部积分.)
c. 证明 $\Gamma(n) = (n - 1)!$, $n = 1, 2, 3, \cdots$.
d. 利用 $\Gamma\left(\dfrac{1}{2}\right) = \sqrt{\pi}$, 证明: 如果 n 是奇数, 那么
$$\Gamma\left(\frac{n}{2}\right) = \frac{\sqrt{\pi}(n-1)!}{2^{n-1}\left(\frac{n-1}{2}\right)!}$$

50. 利用变量替换证明:
$$\Gamma(x) = 2\int_0^\infty t^{2x-1}e^{-t^2}dt = \int_{-\infty}^\infty e^{xt}e^{-e^t}dt$$

51. 证明: 正态密度函数的积分等于 1. (提示: 首先进行变量变换, 将积分转化为标准正态分布的. 那么问题就变为证明 $\int_{-\infty}^\infty \exp(-x^2/2)dx = \sqrt{2\pi}$. 两边平方, 将问题重新表述为证明
$$\left(\int_{-\infty}^\infty \exp(-x^2/2)dx\right)\left(\int_{-\infty}^\infty \exp(-y^2/2)dy\right) = 2\pi$$
最后, 将积分乘积写成重积分, 并转化到极坐标中.)

52. 假设在某个总体中, 个体身高近似服从参数为 $\mu = 70$ 英寸和 $\sigma = 3$ 英寸的正态分布.
    a. 身高超过 6 英尺的总体比例是多少?
    b. 如果我们用厘米表示身高, 那么身高的分布是什么? 用米表示呢?

53. 令 X 是具有 $\mu = 5$ 和 $\sigma = 10$ 的正态随机变量. 计算 (a)$P(X > 10)$, (b)$P(-20 < X < 15)$, (c) 满足 $P(X > x) = 0.05$ 的 x 值.

54. 如果 $X \sim N(0, \sigma^2)$, 计算 $Y = |X|$ 的密度.

55. $X \sim N(\mu, \sigma^2)$, 基于 σ, 计算满足 $P(\mu - c \leqslant X \leqslant \mu + c) = 0.95$ 的 c 值.

56. 如果 $X \sim N(\mu, \sigma^2)$, 证明 $P(|X - \mu| \leqslant 0.675\sigma) = 0.5$.

57. $X \sim N(\mu, \sigma^2)$ 且 $Y = aX + b$, 其中 $a < 0$, 证明 $Y \sim N(a\mu + b, a^2\sigma^2)$.

58. 计算 $Y = e^Z$ 的密度函数, 其中 $Z \sim N(\mu, \sigma^2)$. 这称为**对数正态密度**(lognormal density), 由于 $\log Y$ 是正态分布.

59. 如果 U 是 $[-1,1]$ 上的均匀分布, 计算 U^2 的密度函数.

60. 如果 U 是 $[0,1]$ 上的均匀分布, 计算 $\sqrt{U}$ 的密度函数.

61. 当 X 服从于伽马分布时, 计算 cX 的密度函数. 证明: 这样的变换只影响 λ, 这就是称 λ 为尺度参数的原因所在.

62. 质量为 m 的粒子具有随机的速率 V, 它服从参数为 $\mu = 0$ 和 σ 的正态分布. 计算动能 $E = \frac{1}{2}mV^2$ 的密度函数.

63. 假设 Θ 服从区间 $[-\pi/2, \pi/2]$ 上的均匀分布, 计算 $\tan\Theta$ 的 cdf 和密度函数.

64. 证明: 如果 X 具有密度函数 f_X, 且 $Y = aX + b$, 那么有
$$f_Y(y) = \frac{1}{|a|}f_X\left(\frac{y-b}{a}\right)$$

65. 如何利用均匀分布的随机数生成器生成具有如下密度函数的随机变量?
$$f(x) = \frac{1+\alpha x}{2}, \quad -1 \leqslant x \leqslant 1, \quad -1 \leqslant \alpha \leqslant 1$$

66. 令 $x \geqslant 1$ 时, $f(x) = \alpha x^{(-\alpha-1)}$, 否则, $f(x) = 0$, 其中 α 是一个正的参数. 说明如何利用均匀分布的随机数生成器生成具有这个密度函数的随机变量.

67. 威布尔(Weibull) 累积分布函数是
$$F(x) = 1 - e^{-(x/\alpha)^\beta}, \quad x \geqslant 0, \quad \alpha > 0, \quad \beta > 0$$

   a. 计算密度函数.

b. 证明：如果 W 服从威布尔分布，那么 $X = (W/\alpha)^\beta$ 服从指数分布.

c. 如何利用均匀分布的随机数生成器生成威布尔随机变量？

68. 令 U 是均匀随机变量. 计算 $V = U^{-\alpha}$ 的密度函数，$\alpha > 0$. 作为 α 的函数，比较密度函数的尾部衰减速度. 这种比较在直觉上行得通吗？

69. 如果球的半径是指数随机变量，计算体积的密度函数.

70. 如果圆的半径是指数随机变量，计算面积的密度函数.

71. 本题提供了利用均匀分布的随机数生成器生成离散型随机变量的一种方法. 假设 F 是整数型随机变量的 cdf；令 U 是 $[0,1]$ 上的均匀分布. 定义随机变量 Y：当 $F(k-1) < U \leqslant F(k)$ 时，$Y = k$. 证明 Y 的 cdf 是 F. 利用这个结论说明如何利用均匀分布的随机数生成器生成几何随机变量.

72. 生成伪随机数最常用 (并非最好的) 的方法之一是线性同余法，其工作原理如下：令 x 是初始值 (即"种子"). 序列通过如下迭代方式产生：

$$x_n = (ax_{n-1} + c) \bmod m$$

a. 选择 a, c 和 m 的值，尝试一下上面的迭代过程. 序列"看起来"随机吗？

b. 选择合适的 a, c 和 m 需要艺术和理论的双重保证. 下面是建议使用的一些值：(1) $a = 69\,069, c = 0, m = 2^{31}$；(2) $a = 65\,539, c = 0, m = 2^{31}$. 后者不太有名，称为 RANDU. 尝试一下这些方案，并检查它们的结果.

第 3 章 联合分布

3.1 引言

这一章考虑定义在同一个样本空间上的两个或两个以上随机变量的联合概率结构. 联合分布很自然地来源于许多实际应用, 例证如下:
- 在生态研究中, 常常利用随机变量来刻画物种数量. 一个物种通常是另一物种的猎物, 很显然, 捕食者的数量与猎物的数量有关.
- 在大气湍流研究中, 风速三个成分 x, y 和 z 的联合概率分布可以通过实验进行测量.
- 医学研究常常感兴趣于病人总体中各种生理变量的联合分布.
- 在鱼类总体中, 年龄和长度的联合分布可以用来估计相应于长度分布的年龄分布. 年龄分布与制定合理的捕获政策有关.

无论随机变量 X 和 Y 是连续型的还是离散型的, 它们的联合性质都由累积分布函数 (cdf) 决定:
$$F(x,y) = P(X \leqslant x, Y \leqslant y)$$
累积分布函数给出了点 (X,Y) 落入平面半无穷矩形区域内的概率, 如图 3.1 所示. (X,Y) 落入图 3.2 中区域的概率是
$$P(x_1 < X \leqslant x_2, y_1 < Y \leqslant y_2) = F(x_2,y_2) - F(x_2,y_1) - F(x_1,y_2) + F(x_1,y_1)$$

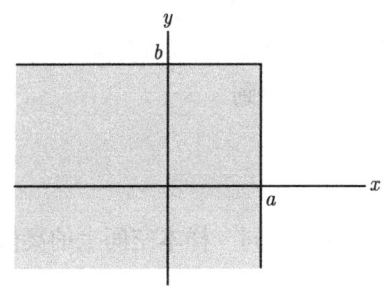

图 3.1 $F(a,b)$ 给出阴影矩形区域的概率

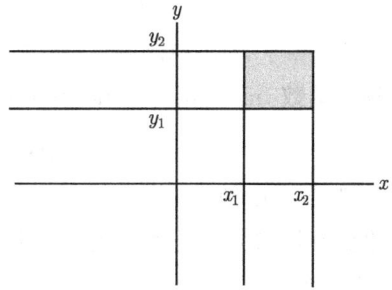

图 3.2 阴影矩形区域的概率可以通过如下方式计算出来: 从右上角 (x_2, y_2) 的半无穷矩形概率中减去 (x_1, y_2) 和 (x_2, y_1) 的矩形概率, 然后再增加 (x_1, y_1) 的矩形概率

对于实际中的大部分事件集 A, (X,Y) 属于它的概率由矩形交和并的极限所决定. 一般地, 如果 $X_1, \cdots, X_n$ 是具有联合分布的随机变量, 它们的联合累积分布函数是
$$F(x_1, x_2, \cdots, x_n) = P(X_1 \leqslant x_1, X_2 \leqslant x_2, \cdots, X_n \leqslant x_n)$$

二维与更高维形式的密度函数和频率函数存在. 由于离散情形较易理解, 我们首先详细描述离散型随机变量的这些函数.

3.2 离散随机变量

假设 X 和 Y 是定义在同一样本空间上的离散随机变量, 分别取值 $x_1, x_2, \cdots$ 和 $y_1, y_2, \cdots$. 它们的**联合频率函数** (joint frequency function) 或联合概率质量函数 $p(x, y)$ 是

$$p(x_i, y_j) = P(X = x_i, Y = y_j)$$

用一个简单的例子解释这个概念. 抛掷一枚均匀硬币三次, 令 X 表示第一次抛掷出现正面的次数, Y 表示所有正面的次数. 样本空间是

$$\Omega = \{hhh, hht, hth, htt, thh, tht, tth, ttt\}$$

我们看到 X 和 Y 的联合频率函数由下表给出:

x	y			
	0	1	2	3
0	$\frac{1}{8}$	$\frac{2}{8}$	$\frac{1}{8}$	0
1	0	$\frac{1}{8}$	$\frac{2}{8}$	$\frac{1}{8}$

因此, 例如, $p(0, 2) = P(X = 0, Y = 2) = \dfrac{1}{8}$. 注意上述表格中的概率和等于 1.

假设我们希望利用联合频率函数计算 Y 的频率函数. 这是简单的:

$$p_Y(0) = P(Y = 0) = P(Y = 0, X = 0) + P(Y = 0, X = 1) = \frac{1}{8} + 0 = \frac{1}{8}$$

$$p_Y(1) = P(Y = 1) = P(Y = 1, X = 0) + P(Y = 1, X = 1) = \frac{3}{8}$$

一般地, 为了计算 Y 的频率函数, 我们只需将表格中适当的列简单相加即可. 基于此, p_Y 称为 Y 的**边际频率函数** (marginal frequency function). 同样, 按行加得到

$$p_X(x) = \sum_i p(x, y_i)$$

这是 X 的边际频率函数.

多个随机变量的情形是类似的. 如果 $X_1, \cdots, X_m$ 是定义在同一样本空间上的离散随机变量, 它们的联合频率函数是

$$p(x_1, \cdots, x_m) = P(X_1 = x_1, \cdots, X_m = x_m)$$

例如, X_1 的边际频率函数是

$$p_{X_1}(x_1) = \sum_{x_2 \cdots x_m} p(x_1, x_2, \cdots, x_m)$$

例如, X_1 和 X_2 的二维边际频率函数是

$$p_{X_1 X_2}(x_1, x_2) = \sum_{x_3 \cdots x_m} p(x_1, x_2, \cdots, x_m)$$

例 3.2.1 (多项分布) 多项分布是二项分布的重要推广, 按照如下方式引入. 假设进行 n 次独立试验, 每次试验有 r 种可能的试验结果, 各自出现的概率分别为 $p_1, p_2, \cdots, p_r$. 令 N_i 是 n 次试验出现第 i 种试验结果的所有次数, 其中 $i = 1, \cdots, r$. 为了计算联合频率函数, 我们注意到产生 $N_1 = n_1, N_2 = n_2, \cdots, N_r = n_r$ 的任意特定试验序列发生的概率是 $p_1^{n_1} p_2^{n_2} \cdots p_r^{n_r}$. 由 1.4.2 节的命题 1.4.2.3 知, 这样的序列有 $\dfrac{n!}{n_1! n_2! \cdots n_r!}$ 个, 因此联合频率函数是

$$p(n_1, \cdots, n_r) = \binom{n}{n_1 \cdots n_r} p_1^{n_1} p_2^{n_2} \cdots p_r^{n_r}$$

任何 N_i 的边际函数可以通过联合频率函数关于其他的 n_j 求和得到. 可是, 这种繁琐的代数计算是可以避免的, 注意 N_i 可以解释为 n 次试验中成功的次数, 其成功概率是 p_i, 失败概率是 $1 - p_i$. 因此, N_i 是二项随机变量, 且

$$p_{N_i}(n_i) = \binom{n}{n_i} p_i^{n_i} (1 - p_i)^{n - n_i}$$

多项分布适合于研究**直方图** (histogram) 的概率性质. 作为一个具体的例子, 假设从 [0,1] 区间内独立地抽取 100 个服从均匀分布的观测, 并将区间等分 10 段, 记录每段观测数 $n_1, \cdots, n_{10}$, 在各个分段上用垂直条的高度绘出. 高度的联合分布是多项的, 其中 $n = 100$, $p_i = 0.1$ ($i = 1, \cdots, 10$). 图 3.3 是按照这种方式由伪随机数生成器构造的 4 个直方图, 图形解释了利用直方图展示的随机波动性. ∎

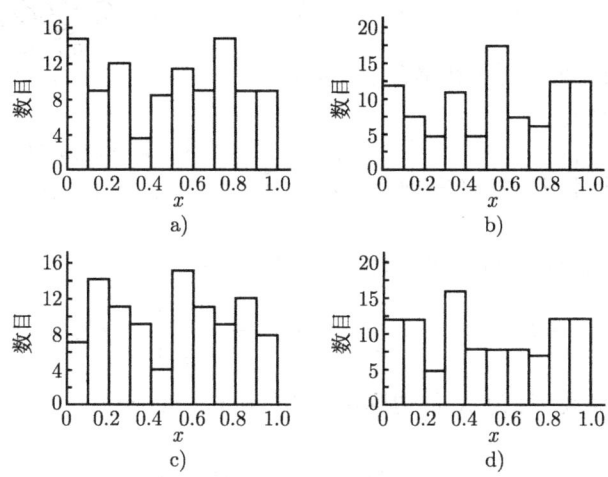

图 3.3 4 个直方图, 每个来自于 100 个独立的均匀随机数

3.3 连续随机变量

假设 X 和 Y 是具有累积分布函数 $F(x, y)$ 的连续型随机变量. 它们的**联合密度函数** (joint density function) 是两变量的分段连续函数 $f(x, y)$. 密度函数 $f(x, y)$ 是非负的, $\int_{-\infty}^{\infty} \int_{-\infty}^{\infty} f(x, y) \mathrm{d}y \mathrm{d}x = 1$. 对于任意 "合理" 的二维集 A,

$$P((X, Y) \in A) = \iint_A f(x, y) \mathrm{d}y \mathrm{d}x$$

特别地，如果 $A = \{(X,Y)|X \leqslant x, Y \leqslant y\}$,

$$F(x,y) = \int_{-\infty}^{x}\int_{-\infty}^{y} f(u,v) \mathrm{d}v \mathrm{d}u$$

根据多元积分基本定理，在导数定义存在的情况下，有

$$f(x,y) = \frac{\partial^2}{\partial x \partial y} F(x,y)$$

对于较小的 δ_x 和 δ_y，如果 f 在点 (x,y) 处连续，那么

$$P(x \leqslant X \leqslant x+\delta_x, y \leqslant Y \leqslant y+\delta_y) = \int_{x}^{x+\delta_x}\int_{y}^{x+\delta_y} f(u,v) \mathrm{d}v \mathrm{d}u \approx f(x,y)\delta_x \delta_y$$

因此，(X,Y) 落入点 (x,y) 的较小邻域内的概率与 $f(x,y)$ 成比例. 有时利用微分符号：

$$P(x \leqslant X \leqslant x+\mathrm{d}x, y \leqslant Y \leqslant y+\mathrm{d}y) = f(x,y)\mathrm{d}x\mathrm{d}y$$

例 3.3.1 考虑二元密度函数

$$f(x,y) = \frac{12}{7}(x^2 + xy), \quad 0 \leqslant x \leqslant 1, \quad 0 \leqslant y \leqslant 1$$

如图 3.4 所示. $P(X > Y)$ 可以通过在集合 $\{(x,y)|0 \leqslant y \leqslant x \leqslant 1\}$ 上求积 f 得到：

$$P(X > Y) = \frac{12}{7}\int_0^1\int_0^x (x^2 + xy)\mathrm{d}y\mathrm{d}x = \frac{9}{14} \qquad \blacksquare$$

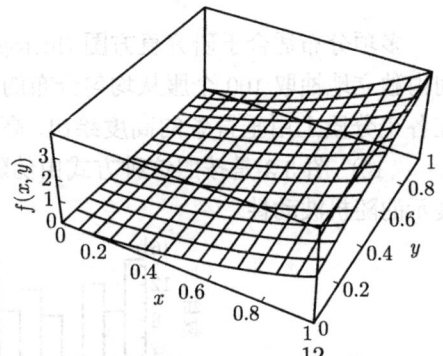

图 3.4 密度函数 $f(x,y) = \frac{12}{7}(x^2+xy)$, $0 \leqslant x \leqslant 1, 0 \leqslant y \leqslant 1$

X 的**边际累积分布函数** (marginal cdf)，或者 F_X，是

$$F_X(x) = P(X \leqslant x) = \lim_{y \to \infty} F(x,y) = \int_{-\infty}^{x}\int_{-\infty}^{\infty} f(u,y) \mathrm{d}y \mathrm{d}u$$

由此仅得出 X 的密度函数，称为 X 的**边际密度** (marginal density)

$$f_X(x) = F_X'(x) = \int_{-\infty}^{\infty} f(x,y)\mathrm{d}y$$

在离散情形下，边际频率函数是通过联合频率函数关于其他变量求和得到；在连续情形下，通过积分得到.

例 3.3.2 接例 3.3.1，X 的边际密度是

$$f_X(x) = \frac{12}{7}\int_0^1 (x^2 + xy)\mathrm{d}y = \frac{12}{7}\left(x^2 + \frac{x}{2}\right)$$

类似的计算显示 Y 的边际密度是 $f_Y(y) = \frac{12}{7}\left(\frac{1}{3} + y/2\right)$. $\blacksquare$

对于多个联合连续型随机变量,我们可以进行直接推广. 联合密度函数是多个变量的函数, 边际密度通过积分计算. 各个维数都有相应的边际密度函数. 假设 X, Y 和 Z 是具有密度函数 $f(x,y,z)$ 的联合连续型随机变量. X 的一维边际分布是

$$f_X(x) = \int_{-\infty}^{\infty} \int_{-\infty}^{\infty} f(x,y,z) \mathrm{d}y \mathrm{d}z$$

X 和 Y 的二维边际分布是

$$f_{XY}(x,y) = \int_{-\infty}^{\infty} f(x,y,z) \mathrm{d}z$$

例 3.3.3 (Farlie-Morgenstern 族) 如果 $F(x)$ 和 $G(y)$ 是一维 cdf, 可以证明, 对任意的 α, 只要满足 $|\alpha| \leqslant 1$, 就有

$$H(x,y) = F(x)G(y)\{1 + \alpha[1-F(x)][1-G(y)]\}$$

是二元累积分布函数. 因为 $\lim_{x \to \infty} F(x) = \lim_{y \to \infty} F(y) = 1$, 所以边际分布是

$$H(x,\infty) = F(x)$$
$$H(\infty,y) = G(y)$$

按照这种方式,可以构造给定边际分布的无数个不同的二元分布.

作为一个例子,我们构造边际分布是 $[0,1]$ 上均匀分布 $[F(x) = x, 0 \leqslant x \leqslant 1,$ 以及 $G(y) = y, 0 \leqslant y \leqslant 1]$ 的二元分布. 首先, 取 $\alpha = -1$, 我们有

$$H(x,y) = xy[1 - (1-x)(1-y)] = x^2 y + y^2 x - x^2 y^2, \quad 0 \leqslant x \leqslant 1, \quad 0 \leqslant y \leqslant 1$$

二元密度是

$$h(x,y) = \frac{\partial^2}{\partial x \partial y} H(x,y) = 2x + 2y - 4xy, \quad 0 \leqslant x \leqslant 1, \quad 0 \leqslant y \leqslant 1$$

如图 3.5 所示. 或许读者能够想到对 y 积分 (把所有的质量放在 x 轴上) 可以得到 x 的边缘均匀密度.

接着, 如果 $\alpha = 1$, 则

$$H(x,y) = xy[1 + (1-x)(1-y)] = 2xy - x^2 y - y^2 x + x^2 y^2, \quad 0 \leqslant x \leqslant 1, \quad 0 \leqslant y \leqslant 1$$

密度是

$$h(x,y) = 2 - 2x - 2y + 4xy, \quad 0 \leqslant x \leqslant 1, \quad 0 \leqslant y \leqslant 1$$

密度如图 3.6 所示.

我们仅仅构造了两个不同的二元分布,它们的边际分布都是均匀分布. ∎

连接函数 (copula) 是边际分布为均匀分布的联合累积分布函数. 前例中的 $H(x,y)$ 是连接函数. 因为连接函数是 cdf, 所以连接函数 $C(u,v)$ 关于每个变量都是非降的; 又由于边际分布是均匀的, 所以 $P(U \leqslant u) = C(u,1) = u$ 和 $C(1,v) = v$. 我们以后讨论的将都是具有密度函数的连接函数, 此时的密度函数是

$$c(u,v) = \frac{\partial^2}{\partial u \partial v} C(u,v) \geqslant 0$$

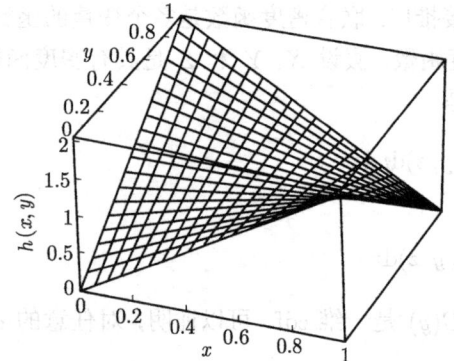
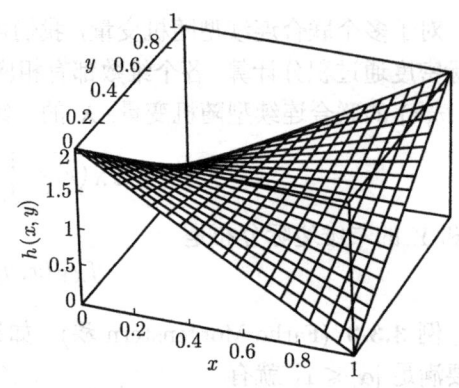

图 3.5　联合密度 $h(x,y) = 2x + 2y - 4xy$, 其中 $0 \leqslant x \leqslant 1, 0 \leqslant y \leqslant 1$, 具有均匀边际密度

图 3.6　联合密度 $h(x,y) = 2 - 2x - 2y + 4xy$, 其中 $0 \leqslant x \leqslant 1, 0 \leqslant y \leqslant 1$, 具有均匀边际密度

现在, 假设 X 和 Y 是 cdf 分别为 $F_X(x)$ 和 $F_Y(y)$ 的连续随机变量. 那么 $U = F_X(x)$ 和 $V = F_Y(y)$ 是均匀随机变量 (命题 2.3.3). 对于连接函数 $C(u,v)$, 考虑如下定义的联合分布:

$$F_{XY}(x,y) = C(F_X(x), F_Y(y))$$

由于 $C(F_X(x), 1) = F_X(x)$, F_{XY} 的边际 cdf 是 $F_X(x)$ 和 $F_Y(y)$. 利用链式法则, 相应的密度是

$$f_{XY}(x,y) = c(F_X(x), F_Y(y))f_X(x)f_Y(y)$$

这种构造指出由两个边际分布和任意连接函数, 可以构造出相同边际分布的联合分布. 很显然, 边际分布不能决定联合分布. 两个变量的相依性由连接函数控制. 连接函数不仅仅引起了学术界的好奇 —— 最近几年, 它们还广泛用于金融统计界, 以构建金融工具收益率的相关性模型.

例 3.3.4　考虑如下联合密度:

$$f(x,y) = \begin{cases} \lambda^2 e^{-\lambda y}, & 0 \leqslant x \leqslant y, \lambda > 0 \\ 0, & \text{其他} \end{cases}$$

联合密度如图 3.7 所示. 为了便于计算边际密度, 绘出密度的非零区域是有用的, 这有助于积分极限的确定 (见图 3.8).

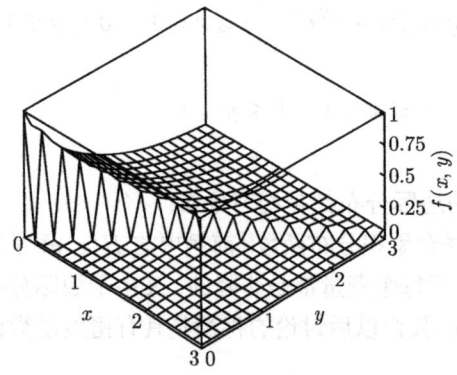
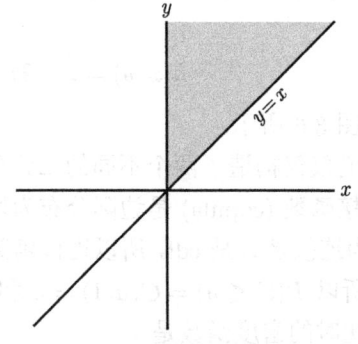

图 3.7　例 3.3.4 的联合密度

图 3.8　例 3.3.4 的联合密度在平面阴影区域上是非零的

首先考虑边际密度 $f_X(x) = \int_{-\infty}^{\infty} f_{XY}(x,y)\mathrm{d}y$. 由于对于 $x \geqslant y, f(x,y) = 0$,

$$f_X(x) = \int_x^{\infty} \lambda^2 \mathrm{e}^{-\lambda y}\mathrm{d}y = \lambda \mathrm{e}^{-\lambda x}, \quad x \geqslant 0$$

我们看到 X 的边际分布是指数分布. 接着, 由于 $f_{XY}(x,y) = 0, x \leqslant 0, x > y$,

$$f_Y(y) = \int_y^{\infty} \lambda^2 \mathrm{e}^{-\lambda y}\mathrm{d}x = \lambda^2 y \mathrm{e}^{-\lambda y}, \quad y \geqslant 0$$

Y 的边际分布是伽马分布. ∎

在一些应用中, 分析某些空间区域上的均匀分布是有用的. 例如, 平面上, 随机点 (X,Y) 在区域 R 上是均匀的, 如果对任意的 $A \subset R$,

$$P((X,Y) \in A) = \frac{|A|}{|R|}$$

其中 | | 表示面积.

例 3.3.5 从半径为 1 的圆盘上随机选择一个点. 因为圆盘的面积是 π,

$$f(x,y) = \begin{cases} \dfrac{1}{\pi}, & \text{若 } x^2 + y^2 \leqslant 1 \\ 0, & \text{否则} \end{cases}$$

我们可以计算点到原点距离 R 的分布. 如果点位于半径为 r 的圆盘内, 则 $R \leqslant r$. 因为这个圆盘的面积是 πr^2, 所以

$$F_R(r) = P(R \leqslant r) = \frac{\pi r^2}{\pi} = r^2$$

因此 R 的密度函数是 $f_R(r) = 2r, 0 \leqslant r \leqslant 1$.

我们现在计算随机点坐标 x 的边际密度:

$$f_X(x) = \int_{-\infty}^{\infty} f(x,y)\mathrm{d}y = \frac{1}{\pi}\int_{-\sqrt{1-x^2}}^{\sqrt{1-x^2}}\mathrm{d}y = \frac{2}{\pi}\sqrt{1-x^2}, \quad -1 \leqslant x \leqslant 1$$

注意, 我们仔细地选择了积分限, 在这个界限之外联合密度是 0. (绘出 $f(x,y) > 0$ 的图形区域, 得到上述积分限.) 根据对称性, Y 的边际密度是

$$f_Y(y) = \frac{2}{\pi}\sqrt{1-y^2}, \quad -1 \leqslant y \leqslant 1$$

∎

例 3.3.6 (二元正态密度) 二元正态密度具有如下复杂表达式:

$$f(x,y) = \frac{1}{2\pi\sigma_X\sigma_Y\sqrt{1-\rho^2}}\exp\left(-\frac{1}{2(1-\rho^2)}\left[\frac{(x-\mu_X)^2}{\sigma_X^2} + \frac{(y-\mu_Y)^2}{\sigma_Y^2} - \frac{2\rho(x-\mu_X)(y-\mu_Y)}{\sigma_X\sigma_Y}\right]\right)$$

其最早的使用是用来建立父亲和儿子身高的联合分布模型. 密度依赖于 5 个参数:

$$-\infty < \mu_X < \infty \quad -\infty < \mu_Y < \infty$$
$$\sigma_X > 0 \quad \sigma_Y > 0$$
$$-1 < \rho < 1$$

密度的等高线是 xy 平面上联合密度等于常数的曲线. 由上述方程, 我们看到, 如果

$$\frac{(x-\mu_X)^2}{\sigma_X^2} + \frac{(y-\mu_Y)^2}{\sigma_Y^2} - \frac{2\rho(x-\mu_X)(y-\mu_Y)}{\sigma_X\sigma_Y} = 常数$$

那么 $f(x,y)$ 是常数. 这些点的轨迹是中心在 (μ_X, μ_Y) 处的椭圆. 如果 $\rho=0$, 椭圆的轴平行于 x 轴和 y 轴; 如果 $\rho \neq 0$, 它们是倾斜的. 图 3.9 显示了几个二元密度函数, 图 3.10 显示了相应的椭圆等高线.

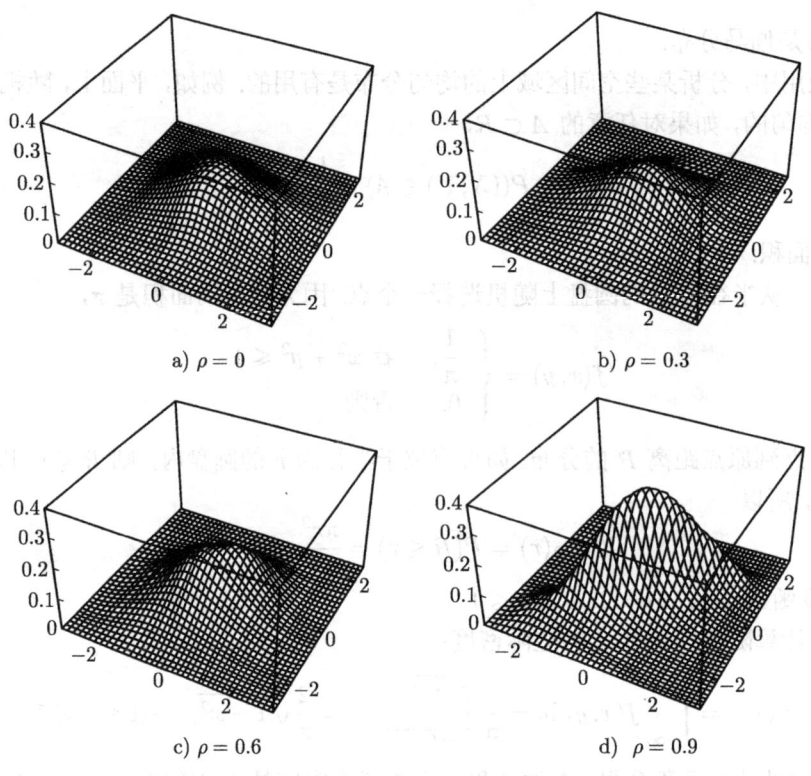

a) $\rho = 0$

b) $\rho = 0.3$

c) $\rho = 0.6$

d) $\rho = 0.9$

图 3.9 $\mu_X = \mu_Y = 0, \sigma_X = \sigma_Y = 1$ 的二元密度函数

X 和 Y 的边际分布分别是 $N(\mu_X, \sigma_X^2)$ 和 $N(\mu_Y, \sigma_Y^2)$, 我们现在分别解释如下. X 的边际密度是

$$f_X(x) = \int_{-\infty}^{\infty} f_{XY}(x,y) \mathrm{d}y$$

利用变量变换 $u = (x-\mu_X)/\sigma_X$ 和 $v = (y-\mu_Y)/\sigma_Y$, 得到

$$f_X(x) = \frac{1}{2\pi\sigma_X\sqrt{1-\rho^2}} \int_{-\infty}^{\infty} \exp\left[-\frac{1}{2(1-\rho^2)}(u^2 + v^2 - 2\rho uv)\right] \mathrm{d}v$$

为了估计这个积分, 我们使用配方技术. 利用等式

$$u^2 + v^2 - 2\rho uv = (v - \rho u)^2 + u^2(1-\rho^2)$$

我们有
$$f_X(x) = \frac{1}{2\pi\sigma_X\sqrt{1-\rho^2}}e^{-u^2/2}\int_{-\infty}^{\infty}\exp\left[-\frac{1}{2(1-\rho^2)}(v-\rho u)^2\right]dv$$

最后，识别出积分是均值为 ρu、方差为 $(1-\rho^2)$ 的正态密度，我们得到

$$f_X(x) = \frac{1}{\sigma_X\sqrt{2\pi}}e^{-(1/2)[(x-\mu_X)^2/\sigma_X^2]}$$

它是正态密度，由此得证. 因此，例如，尽管图 3.9a~d 的联合分布互不相同，但是 x 和 y 的边际分布都是标准正态的. ∎

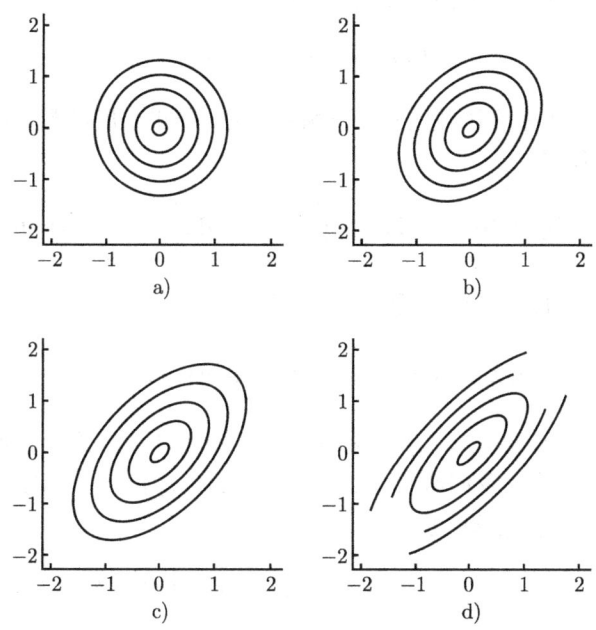

图 3.10 图 3.9 中二元正态密度的椭圆等高线

根据本节上面连接函数的讨论，我们知道边际密度不能决定联合密度. 例如，我们取边际密度都是参数为 $\mu=0$ 和 $\sigma=1$ 的正态分布，并且利用密度为 $c(u,v) = 2 - 2u - 2v + 4uv$ 的 Farlie-Morgenstern 连接函数. 记正态密度和累积分布函数分别为 $\phi(x)$ 和 $\Phi(x)$，二元密度是

$$f(x,y) = (2-2\Phi(x)-2\Phi(y)+4\Phi(x)\Phi(y))\phi(x)\phi(y)$$

这个密度及其等高线如图 3.11 所示. 注意，等高线不是椭圆的. 这个二元密度具有边际正态，但不是二元正态密度.

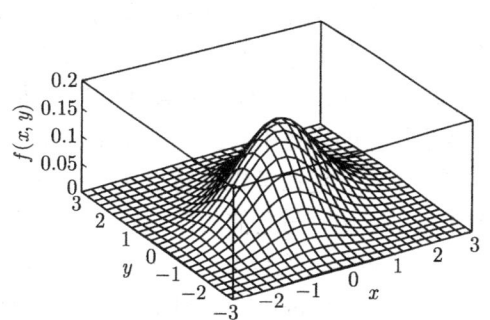

图 3.11 二元密度具有边际正态但不是二元正态. 显示在 xy 平面上的密度等高线是非椭圆的

3.4 独立随机变量

定义 3.4.1 随机变量 $X_1, X_2, \cdots, X_n$ 称为独立的，如果对所有的 $x_1, x_2, \cdots, x_n$，它们的联合累积分布函数可以分解成各自边际累积分布函数的乘积：

$$F(x_1, x_2, \cdots, x_n) = F_{X_1}(x_1) F_{X_2}(x_2) \cdots F_{X_n}(x_n)$$

该定义对连续型和离散型随机变量都成立. 对于离散型随机变量，等价的叙述是分解联合频率函数；对于连续型随机变量，等价的叙述是分解联合密度函数. 为了说明原因，考虑两个连续型随机变量 X 和 Y 的情形. 如果它们独立，那么

$$F(x,y) = F_X(x) F_Y(y)$$

取二阶混合偏导数即可得到密度函数的对应分解；反之，如果密度函数可以分解，那么联合累积分布函数可以表示成乘积形式：

$$F(x,y) = \int_{-\infty}^{x} \int_{-\infty}^{y} f_X(u) f_Y(v) \mathrm{d}v \mathrm{d}u = \left[\int_{-\infty}^{x} f_X(u) \mathrm{d}u \right] \left[\int_{-\infty}^{y} f_Y(v) \mathrm{d}v \right] = F_X(x) F_Y(y)$$

根据定义可以证明，如果 X 和 Y 是独立的，那么

$$P(X \in A, Y \in B) = P(X \in A) P(Y \in B)$$

同样可以证明对于函数 g 和 h，$Z = g(X)$ 和 $W = h(Y)$ 也是独立的. 证明的大体框架如下 (详细证明超出本书的水平范围)：我们希望找到 $P(Z \leqslant z, W \leqslant w)$. 令 $A(z)$ 是满足 $g(x) \leqslant z$ 的 x 集，$B(w)$ 是满足 $h(y) \leqslant w$ 的 y 集. 那么

$$P(Z \leqslant z, W \leqslant w) = P(X \in A(z), Y \in B(w)) = P(X \in A(z)) P(Y \in B(w)) = P(Z \leqslant z) P(W \leqslant w)$$

例 3.4.1 假设点 (X, Y) 服从正方形 $S = \{(x,y) | -1/2 \leqslant x \leqslant 1/2, -1/2 \leqslant y \leqslant 1/2\}$ 上的均匀分布：对 S 上的点 (x,y) 有 $f_{XY}(x,y) = 1$，否则为 0. 画出正方形的草图. 读者会想到 X 和 Y 的边际分布是 $[-1/2, 1/2]$ 上的均匀分布. 例如，点 x 处的边际密度，$-1/2 \leqslant x \leqslant 1/2$，可以通过联合密度关于与水平轴点 x 相交的垂线积分 (求和) 得到. 因此，$f_X(x) = 1, -1/2 \leqslant x \leqslant 1/2$ 和 $f_Y(y) = 1, -1/2 \leqslant y \leqslant 1/2$. 联合密度等于边际密度的乘积，因此 X 和 Y 是独立的. 读者应该能够从我们粗略的表述中看出，已知 X 的值不能为 Y 的可能取值提供任何信息. ■

例 3.4.2 现在考虑旋转上例中的正方形 $45°$，形成一个菱形. 画出菱形的草图. 我们从草图中可以看出，与之前一样，X 的边际密度在 $-1/2 \leqslant x \leqslant 1/2$ 上非负，但是它不再是均匀分布，Y 的边际密度也类似. 因此，例如，$f_X(0.9) > 0$ 和 $f_Y(0.9) > 0$，但是从草图可以看出 $f_{XY}(0.9, 0.9) = 0$. 因此，X 和 Y 不是独立的. 最后，草图显示 X 的取值 (例如，$X = 0.9$) 限制了 Y 的可能取值. ■

例 3.4.3 (Farlie-Morgenstern 族) 从 3.3 节的例 3.3.3，我们看出仅当 $\alpha = 0$ 时，X 和 Y 才是独立的，这是因为仅当这种情形下，联合累积分布函数 H 才能分解成边际 F 和 G 的乘积. ■

例 3.4.4 如果 X 和 Y 服从二元正态分布 (3.3 节中的例 3.3.6)，$\rho = 0$，那么它们的联合密度可以分解成两个正态密度的乘积，因此 X 和 Y 是独立的. ∎

例 3.4.5 假设通信网络中的节点具有这样的性质：如果两个信息包到达时间间隔小于 τ，它们就会"冲突"，必须重新传送. 如果两个包的到达时间相互独立，且服从 $[0, T]$ 上的均匀分布，问它们冲突的概率是多少？

两个包的到达时间 T_1 和 T_2 相互独立，服从 $[0, T]$ 上的均匀分布，因此它们的联合密度是边际的乘积，或者

$$f(t_1, t_2) = \frac{1}{T^2}$$

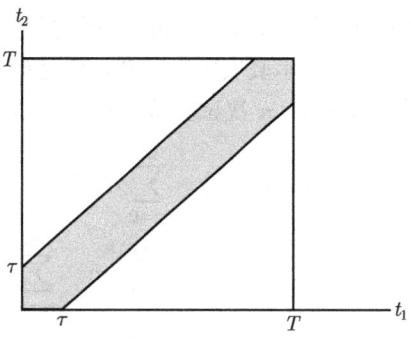

图 3.12 两个包冲突的概率与阴影区域 $|t_1 - t_2| < \tau$ 的面积成比例

t_1, t_2 在边为 $[0, T]$ 的正方形内. 因而, (T_1, T_2) 是正方形上的均匀分布. 两个包冲突的概率与图 3.12 中的阴影条形区域的面积成比例. 图形中的每个非阴影三角形具有面积 $(T - \tau)^2 / 2$，因此阴影部分的面积是 $T^2 - (T - \tau)^2$. $f(t_1, t_2)$ 在这个区域上的积分给出了想要的概率：$1 - (1 - \tau/T)^2$. ∎

3.5 条件分布

3.5.1 离散情形

如果 X 和 Y 是离散随机变量，给定 $Y = y_j$ 的情况下 $X = x_i$ 的条件概率是：如果 $p_Y(y_j) > 0$，那么

$$P(X = x_i | Y = y_j) = \frac{P(X = x_i, Y = y_j)}{P(Y = y_j)} = \frac{p_{XY}(x_i, y_j)}{p_Y(y_j)}$$

如果 $p_Y(y_j) = 0$，定义此概率为 0. 我们记条件概率为 $p_{X|Y}(x|y)$. 注意到这个 x 的函数是非负的，加和等于 1，因此它本质上是频率函数. 如果 X 和 Y 是独立的，$p_{X|Y}(x|y) = p_Y(y)$.

例 3.5.1.1 我们回到 3.2 节的简单离散分布，为了方便，在此重新给出取值表格：

x	y			
	0	1	2	3
0	$\frac{1}{8}$	$\frac{2}{8}$	$\frac{1}{8}$	0
1	0	$\frac{1}{8}$	$\frac{2}{8}$	$\frac{1}{8}$

给定 $Y = 1$ 时 X 的条件频率函数是

$$p_{X|Y}(0|1) = \frac{\frac{2}{8}}{\frac{3}{8}} = \frac{2}{3}, \quad p_{X|Y}(1|1) = \frac{\frac{1}{8}}{\frac{3}{8}} = \frac{1}{3}$$

∎

刚刚给出的条件频率函数定义重新表述为

$$p_{XY}(x, y) = p_{X|Y}(x|y) p_Y(y)$$

(第 1 章的乘法律). 这个有用的方程给出了联合频率函数和条件频率函数的关系. 等式两边关于所有的 y 值求和, 我们得到非常有用的全概率公式:

$$p_X(x) = \sum_y p_{X|Y}(x|y) p_Y(y)$$

例 3.5.1.2 假设粒子计数器有缺陷, 以概率 p 独立地探测到每个到达粒子. 如果单位时间内到达粒子数服从参数为 λ 的泊松分布, 问被记录的粒子数的分布是什么?

令 N 表示真实的粒子数, X 是被记录的粒子数. 由问题陈述可知, 给定 $N = n$ 的条件下, X 的条件分布是 n 次试验成功概率为 p 的二项分布. 利用全概率公式,

$$P(X = k) = \sum_{n=0}^{\infty} P(N = n) P(X = k | N = n) = \sum_{n=k}^{\infty} \frac{\lambda^n e^{-\lambda}}{n!} \binom{n}{k} p^k (1-\rho)^{n-k}$$

$$= \frac{(\lambda p)^k}{k!} e^{-\lambda} \sum_{n=k}^{\infty} \lambda^{n-k} \frac{(1-p)^{n-k}}{(n-k)!} = \frac{(\lambda p)^k}{k!} e^{-\lambda} \sum_{j=0}^{\infty} \frac{\lambda^j (1-p)^j}{j!}$$

$$= \frac{(\lambda p)^k}{k!} e^{-\lambda} e^{\lambda(1-p)} = \frac{(\lambda p)^k}{k!} e^{-\lambda p}$$

我们看到 X 的分布是参数为 λp 的泊松分布. 这个模型在其他地方也有应用. 例如, N 可能表示给定时间区间内的交通事故数, 每次事故要么致命要么不致命, 那么 X 是致命事故数. ∎

3.5.2 连续情形

与前一节的定义相类似, 如果 X 和 Y 是连续随机变量, 给定 X 的情况下 Y 的**条件密度**定义为: 如果 $0 < f_X(x) < \infty$, 那么

$$f_{Y|X}(y|x) = \frac{f_{XY}(x,y)}{f_X(x)}$$

否则为 0. 这个定义与先前微分论证的结论一致. 我们可以定义 $f_{Y|X}(y|x) dy$ 为 $P(y \leqslant Y \leqslant y + dy | x \leqslant X \leqslant x + dx)$, 并计算

$$P(y \leqslant Y \leqslant y + dy | x \leqslant X \leqslant x + dx) = \frac{f_{XY}(x,y) dx dy}{f_X(x) dx} = \frac{f_{XY}(x,y)}{f_X(x)} dy$$

注意, 最右边的表达式解释为 x 固定时 y 的函数. 分子是联合密度 $f_{XY}(x, y)$, 视为固定 x 时 y 的函数; 读者可以将其设想成沿 x 轴垂直的方向切割联合密度函数而得到的曲线. 分母将此曲线校正为单位面积.

联合密度可以用边际密度和条件密度表示如下:

$$f_{XY}(x,y) = f_{Y|X}(y|x) f_X(x)$$

两边关于 x 积分, Y 的边际密度表示为

$$f_Y(y) = \int_{-\infty}^{\infty} f_{Y|X}(y|x) f_X(x) dx$$

这是连续情形的全概率公式.

例 3.5.2.1 在 3.3 节的例 3.3.4 中,我们看到

$$f_{XY}(x,y) = \lambda^2 e^{-\lambda y}, \qquad 0 \leqslant x \leqslant y$$

$$f_X(x) = \lambda e^{-\lambda x}, \qquad x \geqslant 0$$

$$f_Y(y) = \lambda^2 y e^{-\lambda y}, \qquad y \geqslant 0$$

我们来计算条件密度. 正式计算之前, 检查 x 和 y 分别为常数时的联合密度可以为我们提供一些信息. 如果 x 是常数, 联合密度在 $y \geqslant x$ 上关于 y 指数衰减; 如果 y 是常数, 联合密度在 $0 \leqslant x \leqslant y$ 上是常数. (见图 3.7.) 现在我们按照先前的定义计算条件密度. 首先,

$$f_{Y|X}(y|x) = \frac{\lambda^2 e^{-\lambda y}}{\lambda e^{-\lambda x}} = \lambda e^{-\lambda(y-x)}, \quad y \geqslant x$$

给定 $X = x$ 时 Y 的条件密度是区间 $[x, \infty)$ 上的指数分布, 联合密度表示为

$$f_{XY}(x,y) = f_{Y|X}(y|x) f_X(x)$$

我们看到可以根据 f_{XY} 按照如下方式生成 X 和 Y: 首先, 生成指数随机变量 $X(f_X)$, 然后生成另一个区间 $[x, \infty)$ 上的指数随机变量 $Y(f_{Y|X})$. 利用这种表达, Y 可以解释为两个独立指数随机变量之和, 这个和的分布是伽马分布, 后面我们会用不同的方法推导这个结论.

现在,

$$f_{X|Y}(x|y) = \frac{\lambda^2 e^{-\lambda y}}{\lambda^2 y e^{-\lambda y}} = \frac{1}{y}, \quad 0 \leqslant x \leqslant y$$

给定 $Y = y$ 时 X 的条件密度是区间 $[0, y]$ 上的均匀分布. 最后, 联合密度表示为

$$f_{XY}(x,y) = f_{X|Y}(x|y) f_Y(y)$$

我们得到另一种利用密度 f_{XY} 生成 X 和 Y 的方法, 首先生成伽马密度 Y, 再生成 $[0, y]$ 上的均匀随机变量 X. 这个结论的另一种解释是: 以两个独立指数随机变量的和为条件, 第一个是均匀分布. ■

例 3.5.2.2 (体视学) 在金相学和数量显微的其他应用中, 三维结构的外貌是通过研究二维截面推导出来的. 概率统计的概念扮演着很重要的角色 (De-Hoff 和 Rhines 1968). 特别地, 产生如下问题. 球形粒子在介质 (例如, 金属颗粒) 中传播. 球形半径的密度函数记为 $f_R(r)$. 当切割介质时, 可以观测到球形的二维圆形截面; 圆环半径的密度函数记为 $f_X(x)$. 这些密度函数之间的关系怎样?

为了推导这个关系, 我们假设截面随机选择, 固定 $R = r$, 寻找条件密度 $f_{X|R}(x|r)$. 如图 3.13 所示, 令 H 表示球形中心到平面截面的距离. 由假设, H 是 $[0, r]$ 上的均匀分布, $X = \sqrt{r^2 - H^2}$. 因此, 我们计算给定 $R = r$ 时 X 的条件分布如下:

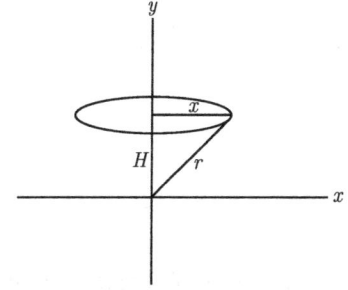

图 3.13 在距离中心 H 处, 切割半径为 r 的球形, 得到半径为 x 的圆环

$$F_{X|R}(x|r) = P(X \leqslant x) = P(\sqrt{r^2 - H^2} \leqslant x)$$
$$= P(H \geqslant \sqrt{r^2 - x^2}) = 1 - \frac{\sqrt{r^2 - x^2}}{r}, \quad 0 \leqslant x \leqslant r$$

微分，得到
$$f_{X|R}(x|r) = \frac{x}{r\sqrt{r^2 - x^2}}, \quad 0 \leqslant x \leqslant r$$

利用全概率公式，X 的边际密度是
$$f_X(x) = \int_{-\infty}^{\infty} f_{X|R}(x|r) f_R(r) \mathrm{d}r = \int_x^{\infty} \frac{x}{r\sqrt{r^2 - x^2}} f_R(r) \mathrm{d}r$$

[因为对 $r \leqslant x$，$f_{X|R}(x|r) = 0$，所以积分限从 x 到 ∞.] 这个等式称为阿贝尔等式. 在实践中，边际密度 f_X 可以通过测量截面圆环的半径近似估计出来. 那么问题就变为近似求解球形半径的分布 f_R，这也是我们真正关心的. ∎

例 3.5.2.3 (二元正态密度) 给定 X 时 Y 的条件密度是二元正态密度与单变量正态密度的比值. 经过一些烦琐的代数运算，这个比值简化为

$$f_{Y|X}(y|x) = \frac{1}{\sigma_Y \sqrt{2\pi(1-\rho^2)}} \exp\left(-\frac{1}{2} \frac{\left[y - \mu_Y - \rho \frac{\sigma_Y}{\sigma_X}(x - \mu_X)\right]^2}{\sigma_Y^2(1-\rho^2)}\right)$$

这是均值为 $\mu_Y + \rho(x - \mu_X)\sigma_Y/\sigma_X$，方差为 $\sigma_Y^2(1 - \rho^2)$ 的正态密度. 给定 X 时 Y 的条件密度是单变量正态分布.

在 2.2.3 节的例 2.2.3.2 中，湍流速度近似服从正态分布. Van Atta 和 Chen(1968) 还测量了同一位置处两个不同时刻 t 和 $t+\tau$ 的流速联合分布. 图 3.14 显示了给定 t 时刻不同流速值 v_1 的情况下，$t+\tau$ 时刻流速 v_2 的条件密度. 它与正态分布有本质的区别. 因此，这好似说明即使流速是正态的，v_1 和 v_2 的联合分布也不是二元正态分布. 这没有什么奇怪的，因为 v_1 和 v_2 的关系必须遵守运动和连续性方程，不允许具有联合正态分布. ∎

例 3.5.2.3 说明即使两个随机变量都是边际正态，它们的联合分布也不一定是正态.

例 3.5.2.4 (拒绝方法) 拒绝方法 (rejection method) 通常用来生成具有给定密度函数的随机变量，尤其是 cdf 的逆不存在闭形式解的情况下，因此不能再使用 2.3 节命题 2.3.4 的逆 cdf 方法. 假设密度函数 f 在区间 $[a,b]$ 上非零，区间外取零 (a 和 b 可以是无穷). 令函数 $M(x)$ 在区间 $[a,b]$ 上满足 $M(x) \geqslant f(x)$，并令

$$m(x) = \frac{M(x)}{\int_a^b M(x) \mathrm{d}x}$$

是概率密度函数. 我们将会看到，该方法的思想是选取 M，使得利用 m 易于生成随机变量. 如果 $[a,b]$ 是有限的，m 可能被取为 $[a,b]$ 上的均匀分布. 算法如下：

步骤一：生成具有密度 m 的 T.

步骤二：生成 $[0,1]$ 上的均匀分布 U，并独立于 T. 如果 $M(T) \times U \leqslant f(T)$，那么令 $X = T$ (接受 T)；否则，回到步骤一 (拒绝 T).

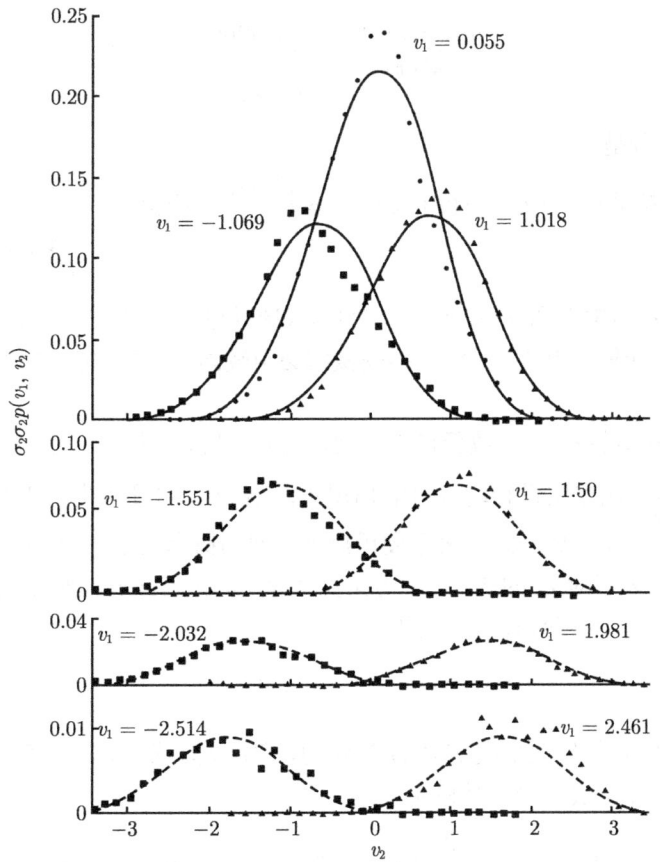

图 3.14 给定选择值 v_1 的情况下 v_2 的条件密度,其中 v_1 和 v_2 是不同时刻的湍流速度. 实线是正态分布拟合,三角形和正方形是来自 409 600 个观测的实证值

参见图 3.15. 由此图形,我们可以看出算法的几何解释如下:向图形中的矩形区域均匀地投掷飞镖. 如果飞镖落在曲线 $f(x)$ 的下方,记下 x 的坐标;否则,拒绝它.

我们必须验证由此得到的随机变量 X 确实具有密度函数 f:

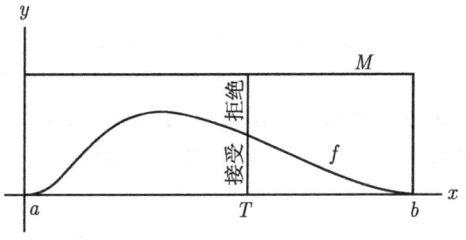

图 3.15 拒绝方法的解释

$$P(x \leqslant X \leqslant x+\mathrm{d}x) = P(x \leqslant T \leqslant x+\mathrm{d}x | 接受) = \frac{P(x \leqslant T \leqslant x+\mathrm{d}x \text{ 且接受})}{P(接受)}$$

$$= \frac{P(接受 | x \leqslant T \leqslant x+\mathrm{d}x) P(x \leqslant T \leqslant x+\mathrm{d}x)}{P(接受)}$$

首先考虑表达式的分子. 我们有

$$P(接受 | x \leqslant T \leqslant x+\mathrm{d}x) = P(U \leqslant f(x)/M(x)) = \frac{f(x)}{M(x)}$$

因此分子是
$$\frac{m(x)\mathrm{d}x f(x)}{M(x)} = \frac{f(x)\mathrm{d}x}{\int_a^b M(x)\mathrm{d}x}$$

利用全概率公式,分母是
$$P(\text{接受}) = P(U \leqslant f(T)/M(T)) = \int_a^b \frac{f(t)}{M(t)} m(t)\mathrm{d}t = \frac{1}{\int_a^b M(t)\mathrm{d}t}$$

其中最后两步依据 m 的定义和 f 积分为 1. 最后,我们得到分子与分母之比是 $f(x)\mathrm{d}x$. ∎

为使拒绝方法在计算上有效,算法的接受概率必须较高;否则,每次接受都循环很多次拒绝步骤.

例 3.5.2.5 (贝叶斯推断) 一枚新铸造的硬币沿其边转动,最终以某概率出现正面,但是这个概率没必要等于 $\frac{1}{2}$. 现在假设转动 n 次,出现正面 X 次. 问硬币出现正面的机会是多少?我们利用贝叶斯来处理这个问题. 令 Θ 表示硬币出现正面的概率. 在搜集任何数据之前,我们利用 $[0,1]$ 上的概率密度来表示对 Θ 的认知,称为**先验密度** (prior density). 如果对 Θ 一无所知,我们可以利用 $[0,1]$ 上的均匀密度来表示认知状态:

$$f_{\Theta}(\theta) = 1, \quad 0 \leqslant \theta \leqslant 1.$$

我们将会看到观测 X 是如何改变我们对 Θ 认知的,即由先验分布转向"后验"分布.

给定值 θ, X 服从 n 次试验成功概率 θ 的二项分布:

$$f_{X|\Theta}(x|\theta) = \binom{n}{x} \theta^x (1-\theta)^{n-x}, \quad x = 0, 1, \cdots, n$$

现在 Θ 是连续的, X 是离散的,它们具有联合概率分布:

$$f_{\Theta,X}(\theta,x) = f_{X|\Theta}(x|\theta) f_{\Theta}(\theta) = \binom{n}{x} \theta^x (1-\theta)^{n-x}, \quad x = 0,1,\cdots,n, \quad 0 \leqslant \theta \leqslant 1$$

这是 θ 的密度函数, x 的概率质量函数,之前我们从来没有见过这种类型的联合密度函数. 联合密度关于 θ 积分,得到 X 的边际密度:

$$f_X(x) = \int_0^1 \binom{n}{x} \theta^x (1-\theta)^{n-x} \mathrm{d}\theta$$

我们可以利用一个技巧来计算这个看起来很困难的积分. 首先,

$$\binom{n}{x} = \frac{n!}{x!(n-x)!} = \frac{\Gamma(n+1)}{\Gamma(x+1)\Gamma(n-x+1)}$$

(如果 k 是整数, $\Gamma(k) = (k-1)!$; 见第 2 章习题 49). 回想贝塔密度 (2.2.4 节)

$$g(u) = \frac{\Gamma(a+b)}{\Gamma(a)\Gamma(b)} u^{a-1}(1-u)^{b-1}, \quad 0 \leqslant u \leqslant 1$$

密度积分等于 1 告诉我们

$$\int_0^1 u^{a-1}(1-u)^{b-1}\mathrm{d}u = \frac{\Gamma(a)\Gamma(b)}{\Gamma(a+b)}$$

因此，用 θ 代替 u，x 代替 $a-1$，$n-x$ 代替 $b-1$，

$$\begin{aligned}
f_X(x) &= \frac{\Gamma(n+1)}{\Gamma(x+1)\Gamma(n-x+1)}\int_0^1 \theta^x(1-\theta)^{n-x}\mathrm{d}\theta\\
&= \frac{\Gamma(n+1)}{\Gamma(x+1)\Gamma(n-x+1)}\frac{\Gamma(x+1)\Gamma(n-x+1)}{\Gamma(n+2)}\\
&= \frac{1}{n+1}, \quad x=0,1,\cdots,n
\end{aligned}$$

因此，如果 θ 的先验是均匀的，那么 X 的每一个结果都是先验等可能.

利用给定 $X=x$ 时 Θ 的条件密度，我们可以量化观测到 $X=x$ 之后关于 Θ 的认知：

$$\begin{aligned}
f_{\Theta|X}(\theta|x) &= \frac{f_{\Theta,X}(\theta,x)}{f_X(x)} = (n+1)\binom{n}{x}\theta^x(1-\theta)^{n-x}\\
&= (n+1)\frac{\Gamma(n+1)}{\Gamma(x+1)\Gamma(n-x+1)}\theta^x(1-\theta)^{n-x}\\
&= \frac{\Gamma(n+2)}{\Gamma(x+1)\Gamma(n-x+1)}\theta^x(1-\theta)^{n-x}
\end{aligned}$$

第二步利用了关系式 $x\Gamma(x)=\Gamma(x+1)$（见第 2 章习题 49）. 必须记住对每一个固定的 x，它是 θ 的函数——给定 x 时 θ 的后验密度——我们在 n 次转动中观察到 x 后，利用它量化关于 Θ 的认知. 后验密度是参数 $a=x+1$，$b=n-x+1$ 的贝塔密度.

1 欧元硬币一面是数字 1，另一面是小鸟图案. 我转动这样的硬币 20 次，其中 1 面出现 13 次. 利用先验密度 $\Theta \sim U[0,1]$，后验是 $a=x+1=14$，$b=n-x+1=8$ 的贝塔密度. 图 3.16 显示了后验密度，它表达了我的后验观点，即初始关于 θ 一无所知，然后转动硬币 20 次，观测到 13 次 1 面后关于 θ 的重新认知. 从图中看出，例如，$\theta<0.25$ 非常不可能. θ 大于 $\frac{1}{2}$ 的概率或观点是密度下方 $\frac{1}{2}$ 右边的面积，通过计算可得 0.91. 我有 91% 的把握保证 θ 大于 $\frac{1}{2}$.

我们必须把先前的概率计算及其结果解释区分开来，概率计算在数学上是直接的，而结果解释却超越了数学，需要一个模型将观点用概率表示，并利用概率规律修正之. 见图 3.16. ∎

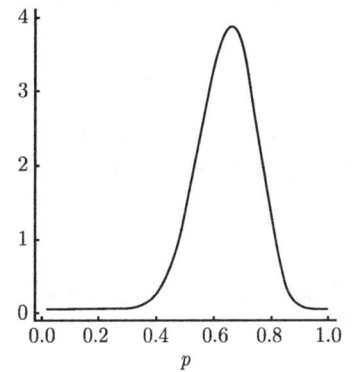

图 3.16　参数 $a=14$ 和 $b=8$ 的贝塔密度

3.6　联合分布随机变量函数

2.3 节介绍了单个随机变量函数的分布. 在本节，我们将其扩展到几个随机变量，但是首先需要考虑一些重要的特殊情形.

3.6.1 和与商

假设 X 和 Y 是取整数值的离散型随机变量,具有联合频率函数 $p(x,y)$,令 $Z = X + Y$. 为了计算 Z 的频率函数,我们注意当 $X = x, Y = z - x$ 时, $Z = z$,其中 x 是整数. 因此, $Z = z$ 的概率是联合概率关于所有 x 的和,或者

$$p_Z(z) = \sum_{x=-\infty}^{\infty} p(x, z-x)$$

如果 X 和 Y 独立,使得 $p(x,y) = p_X(x)p_Y(y)$,那么

$$p_Z(z) = \sum_{x=-\infty}^{\infty} p_X(x) p_Y(z-x)$$

这个和称为序列 p_X 和 p_Y 的**卷积** (convolution).

连续情形非常类似. 假设 X 和 Y 是连续随机变量,我们首先计算 Z 的累积分布函数,然后进行微分得到密度函数. 因为点 (X, Y) 落在图 3.17 中阴影区域 R_z 时, $Z \leqslant z$,所以我们有

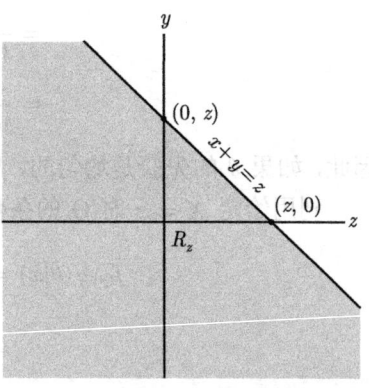

图 3.17 当 (X, Y) 落在阴影区域 R_z 时, $X + Y \leqslant z$

$$F_Z(z) = \iint_{R_z} f(x,y) \mathrm{d}x \mathrm{d}y = \int_{-\infty}^{\infty} \int_{-\infty}^{z-x} f(x,y) \mathrm{d}y \mathrm{d}x$$

我们对内积分做变量变换 $y = v - x$,得到

$$F_Z(z) = \int_{-\infty}^{\infty} \int_{-\infty}^{z} f(x, v-x) \mathrm{d}v \mathrm{d}x = \int_{-\infty}^{z} \int_{-\infty}^{\infty} f(x, v-x) \mathrm{d}x \mathrm{d}v$$

如果 $\int_{-\infty}^{\infty} f(x, z-x) \mathrm{d}x$ 在点 z 处连续,上式微分后,我们有

$$f_Z(z) = \int_{-\infty}^{\infty} f(x, z-x) \mathrm{d}x$$

很显然与离散情形的结论类似.

如果 X 和 Y 独立,那么

$$f_Z(z) = \int_{-\infty}^{\infty} f_X(x) f_Y(z-x) \mathrm{d}x$$

这个积分称为函数 f_X 和 f_Y 的**卷积**.

例 3.6.1.1 假设元件寿命服从指数分布,并有一个相同且独立工作的备份元件. 只要任一元件有效,系统就能正常运转,因此,系统寿命的分布是两个独立指数随机变量和的分布. 令 T_1 和 T_2 是参数为 λ 的独立指数随机变量,并令 $S = T_1 + T_2$.

$$f_S(s) = \int_0^s \lambda \mathrm{e}^{-\lambda t} \lambda \mathrm{e}^{-\lambda(s-t)} \mathrm{d}t$$

值得注意的是积分限. 超过这些界限,元件之一的密度是 0. 当处理仅在直线的子集上非零的密度函数时,我们必须小心. 接着,我们有

$$f_S(s) = \lambda^2 \int_0^s e^{-\lambda s} dt = \lambda^2 s e^{-\lambda s}$$

这是参数为 2 和 λ 的伽马分布 (与 3.5.2 节的例 3.5.2.1 比较). ∎

下面我们来考虑两个连续随机变量的商. 推导过程类似于先前的随机变量和: 我们首先计算累积分布函数, 然后微分得到密度函数. 假设 X 和 Y 是具有联合密度函数 f 的连续随机变量, $Z = Y/X$. 那么 $F_Z(z) = P(Z \leqslant z)$ 是满足 $y/x \leqslant z$ 的 (x,y) 集的概率. 如果 $x > 0$, 这是集 $y \leqslant xz$; 如果 $x < 0$, 这是集 $y \geqslant xz$. 因此,

$$F_Z(z) = \int_{-\infty}^0 \int_{xz}^\infty f(x,y) dy dx + \int_0^\infty \int_{-\infty}^{xz} f(x,y) dy dx$$

为了去除内积分对 x 的依赖, 我们做积分变换 $y = xv$, 得到

$$F_Z(z) = \int_{-\infty}^0 \int_z^{-\infty} xf(x,xv) dv dx + \int_0^\infty \int_{-\infty}^z xf(x,xv) dv dx$$

$$= \int_{-\infty}^0 \int_{-\infty}^z (-x)f(x,xv) dv dx + \int_0^\infty \int_{-\infty}^z xf(x,xv) dv dx$$

$$= \int_{-\infty}^z \int_{-\infty}^\infty |x| f(x,xv) dx dv$$

最后, 微分 (还是假设连续), 我们得到

$$f_Z(z) = \int_{-\infty}^\infty |x| f(x,xz) dx$$

特别地, 如果 X 和 Y 独立, 那么

$$f_Z(z) = \int_{-\infty}^\infty |x| f_X(x) f_Y(xz) dx$$

例 3.6.1.2 假设 X 和 Y 是独立标准正态随机变量, $Z = Y/X$. 那么我们有

$$f_Z(z) = \int_{-\infty}^\infty \frac{|x|}{2\pi} e^{-x^2/2} e^{-x^2 z^2/2} dx$$

利用积分关于零点对称,

$$f_Z(z) = \frac{1}{\pi} \int_0^\infty x e^{-x^2((z^2+1)/2)} dx$$

为了简化, 我们做变量变换 $u = x^2$ 得到

$$f_Z(z) = \frac{1}{2\pi} \int_0^\infty e^{-u((z^2+1)/2)} du$$

接着, 利用 $\int_0^\infty \lambda \exp(-\lambda x) dx = 1$, $\lambda = (z^2+1)/2$, 得到

$$f_Z(z) = \frac{1}{\pi(z^2+1)}, \quad -\infty < z < \infty$$

该密度称为**柯西密度** (Cauchy density). 与标准正态密度相似, 柯西密度关于零点对称, 钟形, 但是柯西的尾部趋向于零的速度比正态分布慢. 这可以解释为商 Y/X 中 X 在零点处具有实质概率. ∎

例 3.6.1.2 给出了生成柯西随机变量的一种方法 —— 生成独立的标准正态随机变量后再做商. 下一节将显示如何生成标准正态.

3.6.2 一般情形

下例解释的概念对多个随机变量函数的一般情形是比较重要的, 同时也是个非常有趣的例子.

例 3.6.2.1 假设 X 和 Y 是独立的标准正态随机变量, 这说明它们的联合分布是标准二元正态分布, 或者

$$f_{XY}(x,y) = \frac{1}{2\pi}e^{-(x^2/2)-(y^2/2)}$$

我们利用极坐标, 然后在新坐标系 $(R \geqslant 0, 0 \leqslant \Theta \leqslant 2\pi)$ 下重新表示密度:

$$R = \sqrt{X^2 + Y^2}$$

$$\Theta = \begin{cases} \tan^{-1}\left(\dfrac{Y}{X}\right), & \text{若 } X > 0 \\ \tan^{-1}\left(\dfrac{Y}{X}\right) + \pi, & \text{若 } X < 0 \\ \dfrac{\pi}{2}\text{sgn}(Y), & \text{若 } X = 0, Y \neq 0 \\ 0, & \text{若 } X = 0, Y = 0 \end{cases}$$

(反正切函数的取值范围为 $-\dfrac{\pi}{2} < \Theta < \dfrac{\pi}{2}$.) 逆变换是

$$X = R\cos\Theta$$
$$Y = R\sin\Theta$$

R 和 Θ 的联合密度是

$$f_{R\Theta}(r,\theta)\mathrm{d}r\mathrm{d}\theta = P(r \leqslant R \leqslant r+\mathrm{d}r, \theta \leqslant \Theta \leqslant \theta+\mathrm{d}\theta)$$

这个概率等于图 3.18 中阴影部分的面积乘以 $f_{XY}[x(r,\theta),y(r,\theta)]$. 这块面积很显然是 $r\mathrm{d}r\mathrm{d}\theta$, 因此,

$$P(r \leqslant R \leqslant r+\mathrm{d}r, \theta \leqslant \Theta \leqslant \theta+\mathrm{d}\theta) = f_{XY}(r\cos\theta, r\sin\theta)r\mathrm{d}r\mathrm{d}\theta$$

和

$$f_{R\Theta}(r,\theta) = rf_{XY}(r\cos\theta, r\sin\theta)$$

因此,

$$f_{R\Theta}(r,\theta) = \frac{r}{2\pi}e^{[-(r^2\cos^2\theta)/2-(r^2\sin^2\theta)/2]} = \frac{1}{2\pi}re^{-r^2/2}$$

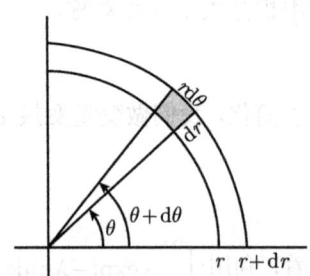

图 3.18 阴影区域的面积是 $r\mathrm{d}r\mathrm{d}\theta$

由此，我们看到联合密度可以分解，这说明 R 和 Θ 是独立随机变量，Θ 是 $[0,2\pi]$ 上的均匀分布，R 具有密度

$$f_R(r) = re^{-r^2/2}, \quad r \geqslant 0$$

这称为**瑞利密度** (Rayleigh density).

再一次利用变量变换得到很有趣的变量关系式，令 $T = R^2$. 利用寻找单变量函数密度的技术，我们得到

$$f_T(t) = \frac{1}{2}e^{-t/2}, \quad t \geqslant 0$$

这是参数为 $\frac{1}{2}$ 的指数分布. 因为 R 和 Θ 是独立的，所以 T 和 Θ 也是独立的，后一对变量的联合密度是

$$f_{T\Theta}(t,\theta) = \frac{1}{2\pi}\left(\frac{1}{2}\right)e^{-t/2}$$

因此，我们推导出标准二元正态分布的一个性质：Θ 是 $[0,2\pi]$ 上的均匀分布，R^2 是参数为 $\frac{1}{2}$ 的指数分布. (同时，由 3.6.1 节的例 3.6.1.2，$\tan\Theta$ 服从柯西分布.)

这些关系可用来构造生成标准正态随机变量的算法，由于 Φ、cdf 和 Φ^{-1} 没有闭形式的表达，因此这个算法是非常有用的. 首先，独立生成 $[0,1]$ 上的均匀随机变量 U_1 和 U_2. 然后得到，$-2\log U_1$ 服从参数为 $\frac{1}{2}$ 的指数分布，$2\pi U_2$ 服从 $[0,2\pi]$ 上的均匀分布. 由此得

$$X = \sqrt{-2\log U_1}\cos(2\pi U_2)$$

和

$$Y = \sqrt{-2\log U_1}\sin(2\pi U_2)$$

是独立标准正态随机变量. 这个生成正态分布随机变量的方法有时称为**极化方法** (polar method). ∎

对于一般情形，假设 X 和 Y 是连续型随机变量，通过如下变换投影到 U 和 V 上：

$$u = g_1(x,y)$$

$$v = g_2(x,y)$$

并且存在逆变换

$$x = h_1(u,v)$$

$$y = h_2(u,v)$$

假设 g_1 和 g_2 具有连续偏导数，并且对任意的 x 和 y，雅可比行列式

$$J(x,y) = \det\begin{bmatrix} \dfrac{\partial g_1}{\partial x} & \dfrac{\partial g_1}{\partial y} \\ \dfrac{\partial g_2}{\partial x} & \dfrac{\partial g_2}{\partial y} \end{bmatrix} = \left(\dfrac{\partial g_1}{\partial x}\right)\left(\dfrac{\partial g_2}{\partial y}\right) - \left(\dfrac{\partial g_2}{\partial x}\right)\left(\dfrac{\partial g_1}{\partial y}\right) \neq 0$$

这直接导出如下结论.

命题 3.6.1 在上述假设下,对于某些 (x,y) 满足 $u = g_1(x,y), v = g_2(x,y)$ 的 (u,v) 点,U 和 V 的联合密度是

$$f_{UV}(u,v) = f_{XY}(h_1(u,v), h_2(u,v))|J^{-1}(h_1(u,v), h_2(u,v))|$$

否则,取 0.

我们在这里不证明命题 3.6.1. 证明利用到高等微积分中多元积分变量变换公式,其本质过程依照例 3.6.2.1 的讨论.

例 3.6.2.2 为了解释这个公式,我们重做例 3.6.2.1. u 和 v 的角色被 r 和 θ 替代:

$$r = \sqrt{x^2 + y^2}$$
$$\theta = \tan^{-1}\left(\frac{y}{x}\right)$$

逆变换是

$$x = r\cos\theta$$
$$y = r\sin\theta$$

经过一些代数运算,我们得到偏微分:

$$\frac{\partial r}{\partial x} = \frac{x}{\sqrt{x^2+y^2}} \qquad \frac{\partial r}{\partial y} = \frac{y}{\sqrt{x^2+y^2}}$$
$$\frac{\partial \theta}{\partial x} = \frac{-y}{x^2+y^2} \qquad \frac{\partial \theta}{\partial y} = \frac{x}{x^2+y^2}$$

雅可比是这些表达式矩阵的行列式,或者

$$J(x,y) = \frac{1}{\sqrt{x^2+y^2}} = \frac{1}{r}$$

因此,命题 3.6.1 告诉我们,对 $r \geqslant 0, 0 \leqslant \theta \leqslant 2\pi$,

$$f_{R\Theta}(r,\theta) = rf_{XY}(r\cos\theta, r\sin\theta)$$

其他取 0,这与例 3.6.2.1 的直接推导结论是一致的. ∎

命题 3.6.1 很容易推广到多于两个随机变量的变换形式. 如果 $X_1, \cdots, X_n$ 具有联合密度函数 $f_{X_1 \cdots X_n}$,且

$$Y_i = g_i(X_1, \cdots, X_n), \quad i = 1, \cdots, n$$
$$X_i = h_i(Y_1, \cdots, Y_n), \quad i = 1, \cdots, n$$

$J(x_1, \cdots, x_n)$ 是 ij 元素为 $\partial g_i/\partial x_j$ 的矩阵行列式,那么 $Y_1, \cdots, Y_n$ 的联合密度是

$$f_{Y_1 \cdots Y_n}(y_1, \cdots, y_n) = f_{X_1 \cdots X_n}(x_1, \cdots, x_n)|J^{-1}(x_1, \cdots, x_n)|$$

其中每个 x_i 都用 y 的分项表示:$x_i = h_i(y_1, \cdots, y_n)$.

例 3.6.2.3 假设 X_1 和 X_2 是独立的标准正态随机变量,并且

$$Y_1 = X_1$$

$$Y_2 = X_1 + X_2$$

我们将会证明 Y_1 和 Y_2 的联合分布是二元正态的. 变换的雅可比行列式非常简单

$$J(x,y) = \det \begin{bmatrix} 1 & 0 \\ 1 & 1 \end{bmatrix} = 1$$

因为逆变换是 $x_1 = y_1, x_2 = y_2 - y_1$, 由命题 3.6.1, Y_1 和 Y_2 的联合分布是

$$f_{Y_1 Y_2}(y_1, y_2) = \frac{1}{2\pi} \exp\left[-\frac{1}{2}[y_1^2 + (y_2 - y_1)^2]\right]$$
$$= \frac{1}{2\pi} \exp\left[-\frac{1}{2}(2y_1^2 + y_2^2 - 2y_1 y_2)\right]$$

这是一个二元正态密度, 与二元正态的一般形式比较表达式中的常数项可以识别出其中的参数 (见 3.3 节的例 3.3.6). 首先, 因为指数项仅包含 y_1 和 y_2 的二次项, 所以有 $\mu_{Y_1} = \mu_{Y_2} = 0$. (例如, 如果 μ_{Y_1} 非零, 检查 3.3 节例 3.3.6 中的二元密度方程, 会发现应该有 $y_1 \mu_{Y_1}$ 项.) 接着, 由指数前面的常数项, 我们有

$$\sigma_{Y_1} \sigma_{Y_2} \sqrt{1 - \rho^2} = 1$$

由 y_1 的系数, 得

$$\sigma_{Y_1}^2 (1 - \rho^2) = \frac{1}{2}$$

用第二个关系式去除第一个的平方得到 $\sigma_{Y_2}^2 = 2$. 由 y_2 的系数, 得

$$\sigma_{Y_2}^2 (1 - \rho^2) = 1$$

由此得 $\rho^2 = \frac{1}{2}$.

利用叉积符号, 我们得到 $\rho = 1/\sqrt{2}$. 最后, 我们有 $\sigma_{Y_1}^2 = 1$. 由此我们看到两个独立标准正态随机变量的线性变换服从二元正态分布. 这是更一般结论的特殊情形: 两个随机变量的联合分布是二元正态, 那么它们的非奇异线性变换还是二元正态, 只不过分布参数可能有所不同.(见习题 58.) ∎

3.7 极值和顺序统计量

这一节考虑独立连续随机变量序列的排序问题. 特别地, 我们假设 $X_1, X_2, \cdots, X_n$ 是独立随机变量, 具有共同的累积分布函数 F 和密度函数 f. 令 U 表示 X_i 的最大值, V 是最小值. 通过一个简单的技巧可以找到 U 和 V 的联合累积分布函数, 从而得到它们的密度.

首先, 我们注意到 $U \leqslant u$ 当且仅当对所有的 $i, X_i \leqslant u$. 因此,

$$F_U(u) = P(U \leqslant u) = P(X_1 \leqslant u) P(X_2 \leqslant u) \cdots P(X_n \leqslant u) = [F(u)]^n$$

微分, 我们得到密度, 即

$$f_U(u) = n f(u) [F(u)]^{n-1}$$

同样, $V \geqslant v$ 当且仅当对所有的 $i, X_i \geqslant v$. 因此,

$$1 - F_V(v) = [1 - F(v)]^n$$
$$F_V(v) = 1 - [1 - F(v)]^n$$

因此，V 的密度函数是
$$f_V(v) = nf(v)[1 - F(v)]^{n-1}$$

例 3.7.1 假设 n 个系统元件串接在一起，只要它们中的任何一个失效，系统就不能正常工作．元件寿命 $T_1, \cdots, T_n$ 相互独立，服从参数为 λ 的指数分布：$F(t) = 1 - e^{-\lambda t}$．$V$ 是表示系统运转寿命的随机变量，是 T_i 的最小值，利用之前的结论得到密度函数
$$f_V(v) = n\lambda e^{-\lambda v}(e^{-\lambda v})^{n-1} = n\lambda e^{-n\lambda v}$$

我们看到 V 服从参数为 $n\lambda$ 的指数分布． ∎

例 3.7.2 假设例 3.7.1 中的元件并联在一起，这样只有所有元件都失效，系统才不能正常工作．系统寿命是 n 个指数随机变量的最大值，具有密度
$$f_U(u) = n\lambda e^{-\lambda u}(1 - e^{-\lambda u})^{n-1}$$

利用二项式定理扩展最后一项，我们看到这个密度不是一个简单的指数密度，而是指数项的加权和． ∎

我们现在利用微分方法再次推导前面的结论，并将其加以推广．为了计算 $f_U(u)$，我们注意到如果 n 个 X_i 之一落入区间 $(u, u + \mathrm{d}u)$，其余 $n-1$ 个 X_i 落在 u 的左侧，就有 $u \leqslant U \leqslant u + \mathrm{d}u$．任一这样的特定排列发生的概率是 $[F(u)]^{n-1}f(u)\mathrm{d}u$，因为有 n 个这样的排列，所以
$$f_U(u) = n[F(u)]^{n-1}f(u)$$

现在，我们再一次假设 $X_1, \cdots, X_n$ 是具有密度 $f(x)$ 的独立连续型随机变量．对 X_i 排序，记 $X_{(1)} < X_{(2)} < \cdots < X_{(n)}$ 为**顺序统计量** (order statistics)．注意 X_1 不一定等于 $X_{(1)}$．(事实上，等式成立的可能性是 n^{-1}．) 因此，$X_{(n)}$ 是最大值，$X_{(1)}$ 是最小值．如果 n 是奇数，比方说 $n = 2m + 1$，那么 $X_{(m+1)}$ 称为 X_i 的**中位数** (median)．

定理 3.7.1 第 k 个顺序统计量 $X_{(k)}$ 的密度是
$$f_k(x) = \frac{n!}{(k-1)!(n-k)!} f(x) F^{k-1}(x)[1 - F(x)]^{n-k}$$

证明 我们利用另一个启发性的推导来证明这个结论．(另外一个方法是先推导累积分布函数，然后微分，参见本章习题 66.) 事件 $x \leqslant X_{(k)} \leqslant x + \mathrm{d}x$ 发生仅当 $k-1$ 个观测小于 x，一个观测在区间 $[x, x + \mathrm{d}x]$ 内，$n-k$ 个观测大于 $x + \mathrm{d}x$．这种类型的任一特定排列发生的概率是 $f(x)F^{k-1}(x)[1 - F(x)]^{n-k}\mathrm{d}x$，利用乘法定理，共有 $n!/[(k-1)!1!(n-k)!]$ 个排列，由此得证． ∎

例 3.7.3 对于 X_i 取 $[0, 1]$ 区间上均匀分布的情形，第 k 个顺序统计量的密度简化为
$$\frac{n!}{(k-1)!(n-k)!} x^{k-1}(1-x)^{n-k}, \quad 0 \leqslant x \leqslant 1$$

这是贝塔密度．一个有趣的附带结论是由于密度积分等于 1，因此，
$$\int_0^1 x^{k-1}(1-x)^{n-k}\mathrm{d}x = \frac{(k-1)!(n-k)!}{n!}$$
∎

也可以计算出顺序统计量的联合分布. 例如, 为了计算最小值和最大值的联合密度, 我们注意到 $x \leqslant X_{(1)} \leqslant x+\mathrm{d}x, y \leqslant X_{(n)} \leqslant y+\mathrm{d}y$ 仅当一个 X_i 落入区间 $[x, x+\mathrm{d}x]$, 一个落入 $[y, y+\mathrm{d}y]$, 且 $n-2$ 个落入 $[x,y]$. 选择最小值和最大值共有 $n(n-1)$ 种方式, 因此 $V=X_{(1)}, U=X_{(n)}$ 具有联合密度

$$f(u,v) = n(n-1)f(v)f(u)[F(u)-F(v)]^{n-2}, \quad u \geqslant v$$

例如, 对于均匀分布情形,

$$f(u,v) = n(n-1)(u-v)^{n-2}, \quad 1 \geqslant u \geqslant v \geqslant 0$$

$X_{(1)}, \cdots, X_{(n)}$ 的极差是 $R = X_{(n)} - X_{(1)}$. 利用 3.6.1 节推导分布和的类似分析过程, 我们得到

$$f_R(r) = \int_{-\infty}^{\infty} f(v+r,v)\mathrm{d}v$$

例 3.7.4 计算 $[0,1]$ 均匀分布情形下的极差 $U-V$ 的分布. 积分元是 $f(v+r,v) = n(n-1)r^{n-2}$, $0 \leqslant v \leqslant v+r \leqslant 1$, 或者 $0 \leqslant v \leqslant 1-r$. 因此,

$$f_R(r) = \int_0^{1-r} n(n-1)r^{n-2}\mathrm{d}v = n(n-1)r^{n-2}(1-r), \quad 0 \leqslant r \leqslant 1$$

相应的累积分布函数是

$$F_R(r) = nr^{n-1} - (n-1)r^n, \quad 0 \leqslant r \leqslant 1 \qquad \blacksquare$$

例 3.7.5 (容忍区间)   如果观测大量的随机变量, 它们是独立的, 且具有共同的密度函数 f, 那么直觉告诉我们密度 $f(x)$ 的大部分概率质量会包含在区间 $(X_{(1)}, X_{(n)})$ 内, 而未来的观测不可能落在这个区间外. 事实上, 对此可以进行精确陈述. 例如, 概率质量落在这个区间上的总量是 $F(X_{(n)}) - F(X_{(1)})$, 将其记为 Q. 由 2.3 节的命题 2.3.3 知, $F(X_i)$ 服从均匀分布; 因此, Q 的分布是 n 个独立均匀随机变量的极差 $U_{(n)} - U_{(1)}$ 的分布. $P(Q > \alpha)$ 表示 $100\alpha\%$ 的概率质量含在区间内, 利用例 3.7.4,

$$P(Q > \alpha) = 1 - n\alpha^{n-1} + (n-1)\alpha^n$$

例如, 如果 $n=100$, $\alpha=0.95$, 那么这个概率是 0.96. 简言之, 这意味着 100 个独立随机变量的极差以概率 0.96 覆盖住 95% 以上的概率质量, 或者以 0.96 概率保证来自同样分布的观测有 95% 落在最小值和最大值之间. 上述陈述不依赖于实际形式的分布. $\blacksquare$

3.8 习题

1. 两个离散随机变量 X 和 Y 的联合频率函数由下表给出:

	\multicolumn{4}{c}{x}			
y	1	2	3	4
1	0.10	0.05	0.02	0.02
2	0.05	0.20	0.05	0.02
3	0.02	0.05	0.20	0.04
4	0.02	0.02	0.04	0.10

a. 计算 X 和 Y 的边际频率函数.
   b. 计算给定 $Y=1$ 时 X 的条件频率函数,以及给定 $X=1$ 时 Y 的条件频率函数.
2. 盒子中含有 p 个黑球、q 个白球和 r 个红球,从中无重复地抽取 n 个球.
   a. 计算样本中黑球、白球和红球个数的联合分布.
   b. 计算样本中黑球和白球个数的联合分布.
   c. 计算样本中白球个数的边际分布.
3. 三个玩家进行 10 轮独立的游戏,每个人在每轮游戏中获胜的概率都是 $\frac{1}{3}$. 计算每个人赢得游戏次数的联合分布.
4. 一个筛子是用线编织而成的方形网格,线的直径为 d,网格中的每一个孔都是方形的,边长为 w. 半径为 r 的球形颗粒滴在网格上. 它成功穿过网孔的概率是多少?在 n 次下滴的过程中,颗粒没穿过网孔的概率是多少?(这样的计算与筛分理论有关,筛分理论可以用来分析颗粒物质的尺寸分布.)
5. (蒲丰投针问题) 平面上画有一些平行线,它们之间的距离都是 D,一根长为 L 的针随机地投在平面上,其中 $D \geqslant L$. 证明:此针正好与一条直线相交的概率是 $2L/\pi D$. 解释为什么这个实验能够机械地估计 π 值.
6. 从椭圆内部随机地选择一个点,椭圆方程为:
$$\frac{x^2}{a^2} + \frac{y^2}{b^2} = 1$$
计算该点坐标 x 和 y 的边际密度.
7. 计算相应于如下 cdf 的联合密度和边际密度
$$F(x,y) = (1-e^{-\alpha x})(1-e^{-\beta y}), \quad x \geqslant 0, \quad y \geqslant 0, \quad \alpha > 0, \quad \beta > 0$$
8. 若 X 和 Y 具有联合密度
$$f(x,y) = \frac{6}{7}(x+y)^2, \quad 0 \leqslant x \leqslant 1, \quad 0 \leqslant y \leqslant 1$$
   a. 利用合适区域上的积分,计算 (i) $P(X>Y)$, (ii) $P(X+Y \leqslant 1)$, (iii) $P\left(X \leqslant \frac{1}{2}\right)$.
   b. 计算 x 和 y 的边际密度.
   c. 计算这两个变量的条件密度.
9. 假设 (X,Y) 是定义在区域 $0 \leqslant y \leqslant 1-x^2$ 和 $-1 \leqslant x \leqslant 1$ 上的均匀分布.
   a. 计算 X 和 Y 的边际密度.
   b. 计算两个变量的条件密度.
10. 假定
$$f(x,y) = xe^{-x(y+1)}, \quad 0 \leqslant x < \infty, \quad 0 \leqslant y < \infty$$
   a. 计算 X 和 Y 的边际密度. X 和 Y 是独立的吗?
   b. 计算 X 和 Y 的条件密度.
11. 令 U_1, U_2 和 U_3 是 $[0,1]$ 上独立的均匀随机变量,求 $U_1 x^2 + U_2 x + U_3$ 的二次方根是实数的概率.
12. 令
$$f(x,y) = c(x^2 - y^2)e^{-x}, \quad 0 \leqslant x < \infty, \quad -x \leqslant y < x$$
   a. 计算 c.
   b. 计算边际密度.
   c. 计算条件密度.

13. 抛掷均匀硬币一次，如果正面向上，则再抛第二次。计算正面向上总次数的频率函数。
14. 三维空间中的一个点服从单位球上的均匀分布。
    a. 计算坐标 x,y 和 z 的边际密度。
    b. 计算坐标 x 和 y 的联合密度。
    c. 计算给定 $Z=0$ 的条件下坐标 xy 的密度。
15. 假定 X 和 Y 具有联合密度函数
$$f(x,y) = c\sqrt{1-x^2-y^2}, \quad x^2+y^2 \leqslant 1$$
    a. 计算 c。
    b. 画出联合密度图形。
    c. 计算 $P\left(X^2+Y^2 \leqslant \dfrac{1}{2}\right)$。
    d. 计算 X 和 Y 的边际密度。X 和 Y 是独立随机变量吗？
    e. 计算条件密度。
16. 如果 X_1 是 $[0,1]$ 上的均匀分布，给定 X_1 条件下，X_2 是 $[0,X_1]$ 上的均匀分布，求 X_1 和 X_2 的联合分布和边际分布。
17. 令 (X,Y) 是随机点，均匀地选自区域 $R=\{(x,y):|x|+|y|\leqslant 1\}$。
    a. 画出 R。
    b. 利用你的草图计算 X 和 Y 的边际密度。注意积分区域。
    c. 计算给定 X 时 Y 的条件密度。
18. 令 X 和 Y 具有联合密度函数
$$f(x,y) = k(x-y), \quad 0 \leqslant y \leqslant x \leqslant 1$$
否则等于 0
    a. 画出密度为正的区域，利用它确定积分限，并回答下面的问题。
    b. 计算 k。
    c. 计算 X 和 Y 的边际密度。
    d. 计算给定 X 时 Y 的条件密度和给定 Y 时 X 的条件密度。
19. 假设两个部件的寿命 T_1 和 T_2 服从独立的指数分布，参数分别为 α 和 β。计算 (a) $P(T_1>T_2)$ 和 (b) $P(T_1>2T_2)$。
20. 在 3.4 节例 3.4.5 中，两个包到达时间间隔的概率密度是什么？
21. 一种仪器用来测量土壤样本中某种化学微量元素 X 的浓度。假定这些土壤样本中 X 元素的含量是一个随机变量，具有密度函数 $f(x)$。土壤的化验结果只有在确定该化学元素存在时才报告其浓度。在非常低的浓度下，即使该元素存在也可能难以检测出来。这种现象可以描述为假定浓度为 x，以概率 $R(x)$ 可以探测出这种化学元素。令 Y 表示土壤中该元素被检验存在时的浓度。证明：Y 的密度函数为
$$g(y) = \frac{R(y)f(y)}{\int_0^\infty R(x)f(x)\mathrm{d}x}$$
22. 考虑实数轴上的泊松过程，用 $N(t_1,t_2)$ 表示区间 (t_1,t_2) 内发生的事件数。如果 $t_0<t_1<t_2$，计算给定 $N(t_0,t_2)=n$ 时 $N(t_0,t_1)$ 的条件分布。(提示：利用不相交子集中的事件数是独立的)。
23. 假设给定 N 的条件下，X 是 N 次试验、成功概率为 p 的二项分布，N 是 m 次试验、成功概率为 r 的二项随机变量。计算 X 的无条件分布。

24. 继续讨论 3.5.2 节的例 3.5.2.5，假定读者不得不猜测 θ 的值．一种合理的猜测方法是选取最大化后验密度的 θ 的值，求出这个估计值．结果是否符合你的直觉？

25. 令 X 具有密度函数 f，并令 $Y = X$ 和 $Y = -X$ 的概率都为 $\frac{1}{2}$，证明：Y 的密度是关于 0 对称的，即 $f_Y(y) = f_Y(-y)$．

26. 令 P 是 $[0,1]$ 上的均匀分布，给定 $P = p$ 的条件下，X 是参数为 p 的伯努利分布．计算给定 X 时 P 的条件分布．

27. 证明：对所有 x 和 y，当且仅当 $f_{X|Y}(x \mid y) = f_X(x)$ 时 X 和 Y 是独立的．

28. 证明：$C(u, v) = uv$ 是连接函数．为什么被称为"独立的连接函数"？

29. 利用 Farlie-Morgenstern 连接函数构造边际密度为指数的二元密度．计算联合密度的表达式．

30. 当 $0 \leqslant \alpha \leqslant 1$ 和 $0 \leqslant \beta \leqslant 1$ 时，证明：$C(u, v) = \min(u^{1-\alpha}v, uv^{1-\beta})$ 是连接函数 (Marshall-Olkin 连接函数)．联合密度是什么？

31. 假设如 3.3 节的例 3.3.5 所述，(X, Y) 是半径为 1 的圆盘上的均匀分布．不需要任何计算，说明 X 和 Y 是不独立的．

32. 如习题 4，球形颗粒落在网格上，其半径具有密度函数 $f_R(r)$．计算穿过网格颗粒数的密度函数表达式．

33. 如 3.5.2 节的例 3.5.2.5，假定读者认为硬币正面向上的先验观点可以用 $[0,1]$ 上的均匀密度来表示．现在反复地转动硬币，并记录下转动次数 N，直到正面向上为止．因此，如果在第一次转动时正面就向上，则 $N = 1$，等等．

    a. 计算给定 N 时 Θ 的后验密度．

    b. 用一枚新造硬币重新试验，作出后验密度的图形．

34. 本题继续讨论 3.5.2 节的例 3.5.2.5．在这个例子中，Θ 值的先验观点用均匀密度来表示．假定先验密度是参数为 $a = b = 3$ 的贝塔密度，这反映出有更强的先验观点认为出现 1 面的几率接近 $\frac{1}{2}$．作出先验密度的图形．根据例子中的推导过程，计算后验密度，并作出它的图形，且与例子中所示的后验密度相比较．

35. 找一新造硬币，站立在边缘上，并转动 20 次．依照 3.5.2 节的例 3.5.2.5，计算并绘出后验分布．再转动 20 次，计算并绘出 40 次转动结果的后验分布．当转动的次数增加时，有什么情况发生了？

36. 证明：利用拒绝方法生成随机变量所必需的迭代次数是几何随机变量，并估计出几何频率函数的参数．证明：为了保证较少的迭代次数，选择的 $M(x)$ 必须接近于 $f(x)$．

37. 令 $-1 \leqslant x \leqslant 1$ 时，$f(x) = 6x^2(1-x)^2$．

    a. 说明利用拒绝方法由该密度函数生成随机变量的一个算法．在试验中有多大比例会接受所采取的步骤？

    b. 编写一个计算机程序实现这个算法，并验证之．

38. 令 $-1 \leqslant x \leqslant 1$ 和 $-1 \leqslant \alpha \leqslant 1$ 时，$f(x) = \dfrac{1 + \alpha x}{2}$．

    a. 说明利用拒绝方法由该密度函数生成随机变量的一个算法．

    b. 编写一个计算机程序实现这个算法，并验证之．

39. 证明：如下生成离散型随机变量的方法是可行的 (D.R.Fredkin)．具体地，假定 X 以概率 $p_0, p_1, p_2, \cdots$ 分别取值 $0, 1, 2, \cdots$．令 U 是均匀随机变量．如果 $U < p_0$，返回 $X = 0$，否则，用 $U - p_0$ 代替 U；如果新生成的 U 小于 p_1，返回 $X = 1$，否则，从 U 中减去 p_1；然后新生成的 U 与 p_2 比较，等等．

40. 假定 X 和 Y 是离散随机变量，具有联合概率质量函数 $p_{XY}(x, y)$．证明：如下步骤可以生成随机变量 $X \sim p_{X|Y}(x \mid y)$．

a. 生成 $X \sim p_X(x)$.

b. 以概率 $p(y \mid X)$ 接受 X.

c. 如果接受 X, 迭代终止, 返回 X. 否则, 重新回到步骤 a.

现在假定 X 是整数 $1, 2, \cdots, 100$ 上的均匀分布, 并且给定 $X = x$ 时, Y 是整数 $1, 2, \cdots, x$ 上的均匀分布. 当观察到 $Y = 44$ 时, 这能告诉你多少 X 的信息? 模拟给定 $Y = 44$ 时 X 的分布 1000 次, 制作所得值的直方图. 如何估计 $E(X \mid Y = 44)$?

41. 如果 X 和 Y 是连续随机变量的情形, 如何扩展上述问题的迭代步骤?

42. **a.** 令 T 是参数为 λ 的指数随机变量; W 是独立于 T 的随机变量, 以概率 $\frac{1}{2}$ 分别取值 ± 1; 令 $X = WT$. 证明: X 的密度为
$$f_X(x) = \frac{\lambda}{2} e^{-\lambda |x|}$$

这称为**双指数密度** (double exponential density).

b. 证明: 对于某个常数 c,
$$\frac{1}{\sqrt{2\pi}} e^{-x^2/2} \leqslant c e^{-|x|}$$

利用上述结果和 a 部分的结论证明如何利用拒绝方法由标准正态密度生成随机变量.

43. 令 U_1 和 U_2 是 $[0, 1]$ 上相互独立的均匀随机变量. 计算并画出 $S = U_1 + U_2$ 的密度函数.

44. 假设 X 和 Y 是独立的离散随机变量, 并且取值 $0, 1$ 和 2 时的概率都是 $\frac{1}{3}$. 计算 $X + Y$ 的频率函数.

45. 对于泊松分布, 假设事件用 A 和 B 独立地标识出来, 且满足概率 $p_A + p_B = 1$. 如果泊松分布的参数是 λ, 证明: 标识为 A 的事件数服从参数为 $p_A \lambda$ 的泊松分布.

46. 令 T_1 和 T_2 分别是参数 λ_1 和 λ_2 的独立指数分布. 计算 $T_1 + T_2$ 的密度函数.

47. 令 X 和 Y 是独立的标准正态随机变量. 计算 $Z = X + Y$ 的密度, 并证明 Z 也是正态分布. (提示: 在计算积分时利用配方技术.)

48. 令 N_1 和 N_2 是独立的随机变量, 分别服从参数为 λ_1 和 λ_2 的泊松分布. 证明: $N = N_1 + N_2$ 的分布是参数为 $\lambda_1 + \lambda_2$ 泊松分布.

49. 计算 $X + Y$ 的密度函数, 其中 X 和 Y 的联合密度由 3.3 节的例 3.3.4 给出.

50. 令 X 和 Y 是具有联合分布的连续随机变量, 求 $Z = X - Y$ 的密度表达式.

51. 令 X 和 Y 具有联合密度函数 $f(x, y)$, $Z = XY$. 证明: Z 的密度函数为
$$f_Z(z) = \int_{-\infty}^{\infty} f\left(y, \frac{z}{y}\right) \frac{1}{|y|} dy$$

52. 计算两个独立均匀随机变量商的密度.

53. 考虑用两种方法构造两个随机矩形. 令 U_1, U_2 和 U_3 是 $[0, 1]$ 上独立的均匀随机变量. 一个矩形的边长为 U_1 和 U_2, 另一个是边长为 U_3 的正方形. 计算正方形的面积大于矩形面积的概率.

54. 令 X, Y 和 Z 是独立的 $N(0, \sigma^2)$. 随机变量 Θ, Φ 和 R 是 (X, Y, Z) 的球形坐标:
$$x = r \sin\phi \cos\theta$$
$$y = r \sin\phi \sin\theta$$
$$z = r \cos\phi$$
$$0 \leqslant \phi \leqslant \pi, \quad 0 \leqslant \theta \leqslant 2\pi$$

计算 Θ, Φ 和 R 的联合密度和边际密度. (提示: $dxdydz = r^2 \sin\phi dr d\theta d\phi$.)

55. 从单位圆盘内按照如下方式生成一个点:半径 R 是 $[0,1]$ 上的均匀随机变量,角度 Θ 是 $[0,2\pi]$ 上的均匀随机变量,并且与 R 独立的.
   a. 计算 $X = R\cos\Theta$ 和 $Y = R\sin\Theta$ 的联合密度.
   b. 计算 X 和 Y 的边际密度.
   c. 密度是圆盘上的均匀分布吗?如果不是,修正该方法使密度是均匀分布.

56. 如果 X 和 Y 是独立的指数随机变量,计算点 (X,Y) 的极坐标 R 和 Θ 的联合密度. R 和 Θ 是独立的吗?

57. 假设 Y_1 和 Y_2 服从二元正态分布,具有参数 $\mu_{Y_1} = \mu_{Y_2} = 0, \sigma_{Y_1}^2 = 1, \sigma_{Y_2}^2 = 2$,且 $\rho = 1/\sqrt{2}$. 找出线性变换 $x_1 = a_{11}y_1 + a_{12}y_2, x_2 = a_{21}y_1 + a_{22}y_2$,使得 x_1 和 x_2 是独立的标准正态随机变量. (提示:见 3.6.2 节的例 3.6.2.3.)

58. 证明:如果 X_1 和 X_2 的联合分布是二元正态的,则 $Y_1 = a_1X_1 + b_1$ 和 $Y_2 = a_2X_2 + b_2$ 的联合分布也是二元正态的.

59. 令 X_1 和 X_2 是独立的标准正态随机变量,证明:Y_1 和 Y_2 的联合分布是二元正态的.

$$Y_1 = a_{11}X_1 + a_{12}X_2 + b_1$$
$$Y_2 = a_{21}X_1 + a_{22}X_2 + b_2$$

60. 利用上一题的结果,描述构造由独立伪随机均匀变量生成具有二元正态分布的伪随机变量的方法.

61. 令 X 和 Y 是具有联合分布的连续随机变量,求 $U = a + bX$ 和 $V = c + dY$ 的联合密度的表达式.

62. 如果 X 和 Y 是独立的标准正态随机变量,求 $P(X^2 + Y^2 \leq 1)$.

63. 令 X 和 Y 是具有联合分布的连续随机变量.
   a. 讨论 $X+Y$ 和 $X-Y$ 的联合密度的表达式.
   b. 讨论 XY 和 Y/X 的联合密度的表达式.
   c. 在 X 和 Y 独立的情况下,特殊表示 a 和 b 中的表达式.

64. 计算 $X+Y$ 和 X/Y 的联合密度,其中 X 和 Y 是参数为 λ 的独立指数随机变量. 证明 $X+Y$ 和 X/Y 是独立的.

65. 假定系统元件串联在一起,且元件寿命是参数为 λ_i 的独立指数随机变量. 证明:系统寿命服从参数为 $\sum \lambda_i$ 的指数分布.

66. 下面系统 (图 3.19) 中的每一个元件寿命都独立地服从参数为 λ 的指数分布. 计算系统寿命的 cdf 和密度.

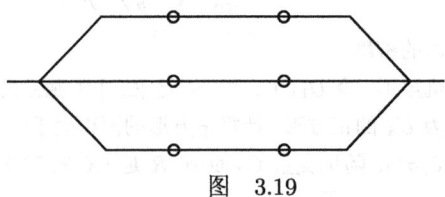

图 3.19

67. 卡片含有 n 个芯片和一个纠错元件,这样如果只有一个芯片失效,卡片仍能正常工作;如果有两个以上的芯片失效,卡片将不能正常工作. 如果每个芯片的寿命服从参数为 λ 的指数分布,计算卡片寿命的密度函数.

68. 令 U_1, U_2 和 U_3 是独立的均匀随机变量.
   a. 计算 $U_{(1)}, U_{(2)}$ 和 $U_{(3)}$ 的联合密度.

b. 在一英里的高速公路上，独立且随机地建造三个加油站. 任意两个加油站之间的距离不小于 $\frac{1}{3}$ 英里的概率是多少？

69. 计算 n 个独立威布尔随机变量最小值的密度，每个变量具有密度：
$$f(t) = \beta\alpha^{-\beta}t^{\beta-1}e^{-(t/\alpha)^\beta}, \quad t \geqslant 0$$

70. 令 $X_1, X_2, \cdots, X_n$ 是独立的连续随机变量，每个变量具有累积分布函数 F. 证明：$X_{(1)}$ 和 $X_{(n)}$ 的联合累积分布函数是
$$F(x,y) = F^n(y) - [F(y) - F(x)]^n, \quad x \leqslant y$$

71. 令 $X_1, \cdots, X_n$ 是独立的随机变量，每个变量具有密度函数 f. 求区间 $(-\infty, X_{(n)}]$ 至少包含 f 的 $100v\%$ 概率质量的概率表达式.

72. 如果从区间 $[0,1]$ 中随机地选择 5 个数，它们全部位于中间二分之一内的概率是多少？

73. 如果 $X_1, \cdots, X_n$ 是独立的随机变量，每个变量具有密度函数 f，证明：$X_{(1)}, \cdots, X_{(n)}$ 的联合密度是
$$n!f(x_1)f(x_2)\cdots f(x_n), \quad x_1 < x_2 < \cdots < x_n$$

74. 假如队列中有 n 台服务器，并且完成一项工作的时间长度是指数随机变量. 如果一项工作处在队列的最前面，它将由下一个可用的服务器操作，那么接受服务之前的等待时间服从怎样的分布？服务队列中下一项工作的等待时间服从怎样的分布？

75. 利用微分方法计算 $X_{(i)}$ 和 $X_{(j)}$ 的联合密度，其中 $i < j$.

76. 通过计算 $X_{(k)}$ 的 cdf 并进行微分来证明 3.7 节的定理 3.7.1. (提示：$X_{(k)} \leqslant x$ 当且仅当 k 个或更多个 X_i 小于或等于 x. X_i 小于或等于 x 的个数是二项随机变量.)

77. 如果 U_i $(i = 1, \cdots, n)$ 是独立的均匀随机变量，计算 $U_{(k)} - U_{(k-1)}$ 的密度. 这是区间 $[0,1]$ 上相邻的均匀随机点间距的密度.

78. 证明：
$$\int_0^1 \int_0^y (y-x)^n \,dx\,dy = \frac{1}{(n+1)(n+2)}$$

79. 如果 T_1 和 T_2 是独立的指数随机变量，计算 $R = T_{(2)} - T_{(1)}$ 的密度函数.

80. 令 $U_1, \cdots, U_n$ 是独立的均匀随机变量，V 也是均匀的，且与 U_i 独立.
  a. 计算 $P(V \leqslant U_{(n)})$.
  b. 计算 $P(U_{(1)} < V < U_{(n)})$.

81. 假设 U_i 和 V 具有密度函数 f、cdf F，且 F^{-1} 是唯一定义的，重新计算习题 80 中的两个问题 (提示：$F(U_i)$ 具有均匀分布).

第 4 章 期 望

4.1 随机变量的期望

随机变量的期望的概念类似于加权平均,其所有的可能取值由它们的概率加权,具体定义如下:

定义 4.1.1 如果 X 是频率函数为 $p(x)$ 的离散型随机变量,且满足 $\sum_i |x_i| p(x_i) < \infty$,则 X 的期望,记作 $E(X)$,是

$$E(X) = \sum_i x_i p(x_i)$$

如果和式发散,则期望无定义.

$E(X)$ 也称为 X 的**均值**,通常记作 μ 或者 μ_X. 将其视作频率函数的质量中心有助于我们理解 X 的期望. 设想质量 $p(x_i)$ 是点 x_i 上的柱体,则柱体的平衡点就是 X 的期望.

例 4.1.1 (轮盘赌) 轮盘赌转轮上的数字自 1 到 36,另外还有 0 和 00. 如果赌 1 美元奇数会出现,那么根据事件发生的结果,你要么赢 1 美元要么输 1 美元. 如果 X 表示你的净收益,$X=1$ 发生的概率是 $\frac{18}{38}$,$X=-1$ 发生的概率是 $\frac{20}{38}$. X 的期望是

$$E(X) = 1 \times \frac{18}{38} + (-1) \times \frac{20}{38} = -\frac{1}{19}$$

因此,你的期望损失大约是 0.05 美元. 第 5 章将证明独立地进行大量次赌局,每局实际平均损失的极限正好是这个值. ∎

例 4.1.2 (几何随机变量的期望) 假设某工厂生产产品的次品率是概率 p,且产品为次品与否相互独立. 逐一检验产品直到出现次品为止. 平均需要检验多少件产品?

检验的产品数 X 是几何随机变量,$P(X=k) = q^{k-1} p$,其中 $q = 1-p$. 因此,

$$E(X) = \sum_{k=1}^{\infty} k p q^{k-1} = p \sum_{k=1}^{\infty} k q^{k-1}$$

我们利用一个技巧来计算这个和. 因为 $kq^{k-1} = \frac{d}{dq} q^k$,交换求和与微分运算的顺序,得到

$$E(X) = p \frac{d}{dq} \sum_{k=1}^{\infty} q^k = p \frac{d}{dq} \frac{q}{1-q} = \frac{p}{(1-q)^2} = \frac{1}{p}$$

我们能够证明微分与求和可以交换运算顺序. 因此,例如,如果产品次品率是 10%,那么平均 10 个产品就能检验出一个次品,读者或许已经猜到这个结果. ∎

例 4.1.3 (泊松分布) 泊松随机变量的期望是

$$E(X) = \sum_{k=0}^{\infty} \frac{k\lambda^k}{k!} e^{-\lambda} = \lambda e^{-\lambda} \sum_{k=1}^{\infty} \frac{\lambda^{k-1}}{(k-1)!} = \lambda e^{-\lambda} \sum_{j=0}^{\infty} \frac{\lambda^j}{j!}$$

因为 $\sum_{j=0}^{\infty} (\lambda^j/j!) = e^{\lambda}$,我们有 $E(X) = \lambda$. 因此,泊松分布的参数 λ 可以解释为平均数. ∎

例 4.1.4 (圣彼得堡悖论) 一个赌徒按照如下策略赌博:他开始下注 1 美元,如果他输了,就接着双倍下注,且连续双倍下注直到最终获胜. 为了分析这个策略,假设赌博是公平的,赢或输的数额都是他的赌金. 在第 0 局,他下注 1 美元;如果输了,在第 1 局就下注 2 美元;如果直到第 k 局还没赢,就下注 2^k 美元. 当他最终获胜时,他就稳赢 1 美元,读者可以通过起初的几个 k 值验证之. 这似乎是稳赚 1 美元的简便方法. 问题出在哪里?

令 X 表示最后一局的赌注 (他获胜的赌局). 因为失败 k 次后才赢得一局的概率是 $2^{-(k+1)}$,所以
$$P(X = 2^k) = \frac{1}{2^{k+1}}$$
和
$$E(X) = \sum_{n=0}^{\infty} nP(X=n) = \sum_{k=0}^{\infty} 2^k \frac{1}{2^{k+1}} = \infty$$

形式上,$E(X)$ 没有定义. 事实上,该分析说明了赌局策略的一个缺陷,那就是它没有考虑巨额资金需求. ∎

连续型随机变量期望的定义是离散情形的直接推广 —— 和被积分代替.

定义 4.1.2 如果 X 是密度函数为 $f(x)$ 的连续型随机变量,且满足 $\int |x|f(x)\mathrm{d}x < \infty$,那么
$$E(X) = \int_{-\infty}^{\infty} xf(x)\mathrm{d}x$$

如果积分发散,那么期望无定义.

再一次,$E(X)$ 可以看做密度质量的中心. 我们接下来考虑几个例子.

例 4.1.5 (伽马密度) 如果 X 服从参数为 α 和 λ 的伽马密度,那么
$$E(X) = \int_0^{\infty} \frac{\lambda^{\alpha}}{\Gamma(\alpha)} x^{\alpha} e^{-\lambda x} \mathrm{d}x$$

一旦我们意识到 $\lambda^{\alpha+1} x^{\alpha} e^{-\lambda x}/\Gamma(\alpha+1)$ 是伽马密度,且全积分等于 1,则该积分就很容易计算出来. 因此,我们有
$$\int_0^{\infty} x^{\alpha} e^{-\lambda x} \mathrm{d}x = \frac{\Gamma(\alpha+1)}{\lambda^{\alpha+1}}$$

由此得
$$E(X) = \frac{\lambda^{\alpha}}{\Gamma(\alpha)} \left[\frac{\Gamma(\alpha+1)}{\lambda^{\alpha+1}}\right]$$

最后,利用关系式 $\Gamma(\alpha+1) = \alpha\Gamma(\alpha)$,我们得到
$$E(X) = \frac{\alpha}{\lambda}$$

对于指数密度，$\alpha = 1$，因此 $E(X) = 1/\lambda$. 它可以与中位数进行比较，我们在 2.2.1 节计算的中位数是 $\log 2/\lambda$，均值和中位数都可以视作 X 的"代表"值，但它们所度量的分布性质是不同的。∎

例 4.1.6（正态密度） 由期望的定义，我们有

$$E(X) = \frac{1}{\sigma\sqrt{2\pi}} \int_{-\infty}^{\infty} x e^{-\frac{1}{2}\frac{(x-\mu)^2}{\sigma^2}} dx$$

利用变量变换 $z = x - \mu$，方程变为

$$E(X) = \frac{1}{\sigma\sqrt{2\pi}} \int_{-\infty}^{\infty} z e^{-z^2/2\sigma^2} dz + \frac{\mu}{\sigma\sqrt{2\pi}} \int_{-\infty}^{\infty} e^{-z^2/2\sigma^2} dz$$

在第一个积分中，来自 $z < 0$ 的贡献与来自 $z > 0$ 的相抵消，所以积分值为 0；在第二个积分中，由于正态密度积分等于 1，所以积分值为 μ. 因此，

$$E(X) = \mu$$

正态密度的参数 μ 是期望，或均值. 由于密度函数的对称中心是 μ，我们或许可以更直接地断定期望很"显然"就是 μ. ∎

例 4.1.7（柯西密度） 回想柯西密度

$$f(x) = \frac{1}{\pi}\left(\frac{1}{1+x^2}\right), \quad -\infty < x < \infty$$

该密度关于零点对称，因此似乎表明 $E(X) = 0$. 然而，

$$\int_{-\infty}^{\infty} \frac{|x|}{1+x^2} dx = \infty$$

因此，期望不存在. 究其原因在于密度衰减太慢，以至于 X 取较大值的概率不能忽略不计. ∎

期望值可以解释为长期平均. 第 5 章将会证明如果 $X_1, X_2, \cdots$ 是独立且与 X 同分布的随机变量序列，如果 $S_n = \sum_{i=1}^{n} X_i$，那么当 $n \to \infty$ 时，

$$\frac{S_n}{n} \to E(X)$$

第 5 章将给出更精确的描述. 在这里，我们只需解释一个简单的实际例子即可.

例 4.1.8 利用伪随机数生成独立的标准正态随机变量序列 $X_1, X_2, \cdots$ 和独立的柯西随机变量序列 $Y_1, Y_2, \cdots$. 图 4.1 显示了 $G(n)$ 和 $C(n)$ 图形，其中

$$G(n) = \frac{1}{n}\sum_{i=1}^{n} X_i, \quad C(n) = \frac{1}{n}\sum_{i=1}^{n} Y_i, \quad n = 1, 2, \cdots, 500$$

注意 $G(n)$ 是如何趋向其极限的，而 $C(n)$ 没有. ∎

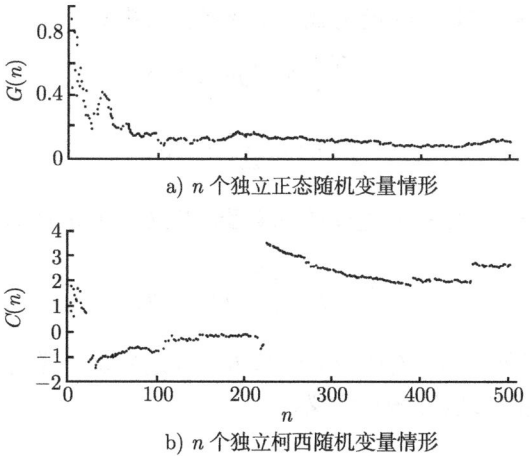

a) n 个独立正态随机变量情形

b) n 个独立柯西随机变量情形

图 4.1 n 个独立的平均与 n 的函数关系图

我们以概率论中常用的一个简单结论来结束本节.

定理 4.1.1 (马尔可夫不等式) 如果随机变量 X 满足 $P(X \geqslant 0) = 1$, 且 $E(X)$ 存在, 那么 $P(X \geqslant t) \leqslant E(X)/t$.

证明 我们只证明离散情形, 连续情形完全类似.

$$E(X) = \sum_x xp(x) = \sum_{x<t} xp(x) + \sum_{x \geqslant t} xp(x)$$

因为 X 只取非负值, 所以和式中每一项都是非负的. 因此

$$E(X) \geqslant \sum_{x \geqslant t} xp(x) \geqslant \sum_{x \geqslant t} tp(x) = tP(X \geqslant t)$$ ∎

结论告诉我们 X 大于 $E(X)$ 的概率是较小的. 假设在定理中, 我们令 $t = kE(X)$, 根据结论, $P(X > kE(X)) \leqslant k^{-1}$. 无论何种概率分布, 这个结论对任何非负随机变量都成立.

4.1.1 随机变量函数的期望

我们经常需要计算 $E[g(X)]$, 其中 X 是随机变量, g 是一固定函数. 例如, 根据气体动力学理论, 气体分子的速度是随机的, 其概率密度是

$$f_X(x) = \frac{\sqrt{2/\pi}}{\sigma^3} x^2 \mathrm{e}^{-\frac{1}{2}\frac{x^2}{\sigma^2}}$$

(这是麦克斯韦 (Maxwell) 分布: 参数 σ 依赖于气体温度.) 利用密度, 我们可以计算平均速度, 但假设我们感兴趣于平均动能 $Y = \frac{1}{2}mX^2$, 其中 m 是分子质量. 直接做法如下: 令 $Y = g(X)$, 计算 Y 的密度或者频率函数, 比方说是 f_Y, 然后根据定义再计算 $E(Y)$. 幸运的是, 实际计算过程比这相对简单些.

定理 4.1.1.1 假设 $Y = g(X)$.

a. 如果 X 是具有频率函数 $p(x)$ 的离散随机变量，且满足
$$\sum |g(x)|p(x) < \infty$$
那么
$$E(Y) = \sum_x g(x)p(x)$$

b. 如果 X 是密度函数为 $f(x)$ 的连续随机变量，且满足 $\int |g(x)|f(x)\mathrm{d}x < \infty$，那么
$$E(Y) = \int_{-\infty}^{\infty} g(x)f(x)\mathrm{d}x$$

证明 我们只证明离散情形，连续情形的基本推导过程是一样的，但是为使证明过程更加严格，可能需要一些高等积分理论. 根据定义，
$$E(Y) = \sum_i y_i p_Y(y_i)$$

令 A_i 表示通过 g 投影到 y_i 的 x 集合，即如果 $g(x) = y_i$，则 $x \in A_i$. 那么
$$p_Y(y_i) = \sum_{x \in A_i} p(x)$$

和
$$E(Y) = \sum_i y_i \sum_{x \in A_i} p(x) = \sum_i \sum_{x \in A_i} y_i p(x) = \sum_i \sum_{x \in A_i} g(x) p(x) = \sum_x g(x) p(x)$$

最后一步是因为 A_i 不交，每个 x 属于某个 A_i. ∎

必须指出的是 $E[g(X)] \neq g[E(X)]$，即函数的平均不等于平均的函数. 例如，假设 X 以概率 $\frac{1}{2}$ 分别取值 1 和 2，因此 $E(X) = \frac{3}{2}$. 令 $Y = 1/X$. 那么 $E(Y)$ 很显然等于 $1 \times 0.5 + 0.5 \times 0.5 = 0.75$，但是 $1/E(X) = \frac{2}{3}$.

例 4.1.1.1 我们现在利用定理 4.1.1.1 计算气体分子的平均动能.
$$E(Y) = \int_0^{\infty} \frac{1}{2} mx^2 f_X(x) \mathrm{d}x = \frac{m}{2} \frac{\sqrt{2/\pi}}{\sigma^3} \int_0^{\infty} x^4 \mathrm{e}^{-\frac{1}{2}\frac{x^2}{\sigma^2}} \mathrm{d}x$$

为了估计这个积分，我们做变量变换 $u = x^2/2\sigma^2$，上式简化为
$$\frac{2m\sigma^2}{\sqrt{\pi}} \int_0^{\infty} u^{3/2} \mathrm{e}^{-u} \mathrm{d}u = \frac{2m\sigma^2}{\sqrt{\pi}} \Gamma\left(\frac{5}{2}\right)$$

最后，利用 $\Gamma\left(\frac{1}{2}\right) = \sqrt{\pi}$ 和 $\Gamma(\alpha + 1) = \alpha \Gamma(\alpha)$，我们有
$$E(Y) = \frac{3}{2} m\sigma^2$$
∎

现在假设 $Y = g(X_1, \cdots, X_n)$，其中 X_i 具有联合分布，我们想要计算 $E(Y)$. 我们没有必要计算 Y 的密度或者频率函数，况且这项工作非常艰巨.

定理 4.1.1.2 假设 $X_1, \cdots, X_n$ 是具有联合分布的随机变量，$Y = g(X_1, \cdots, X_n)$.

a. 如果 X 是具有频率函数 $p(x_1,\cdots,x_n)$ 的离散随机变量, 且满足

$$\sum_{x_1,\cdots,x_n}|g(x_1,\cdots,x_n)|p(x_1,\cdots,x_n)<\infty$$

那么

$$E(Y)=\sum_{x_1,\cdots,x_n}g(x_1,\cdots,x_n)p(x_1,\cdots,x_n)$$

b. 如果 X 是密度函数为 $f(x_1,\cdots,x_n)$ 的连续随机变量, 那么

$$E(Y)=\iint\cdots\int g(x_1,\cdots,x_n)f(x_1,\cdots,x_n)\mathrm{d}x_1\cdots\mathrm{d}x_n$$

只需 $|g|$ 代替 g 后的积分收敛.

证明 证明与定理 4.1.1.1 相似. ∎

例 4.1.1.2 单位棒在两处随机断裂. 中间一段的平均长度是多少?

我们理解这个问题的含义为两个断裂点的位置是独立的均匀随机变量 U_1 和 U_2. 因此, 我们需要计算 $E|U_1-U_2|$. 定理 4.1.1.2 告诉我们没有必要计算 $|U_1-U_2|$ 的密度函数, 只需关于 U_1 和 U_2 的联合密度 $f(u_1,u_2)=1,0\leqslant u_1\leqslant 1,0\leqslant u_2\leqslant 1$, 求积 $|u_1-u_2|$ 即可. 因此,

$$\begin{aligned}E|U_1-U_2|&=\int_0^1\int_0^1|u_1-u_2|\mathrm{d}u_1\mathrm{d}u_2\\&=\int_0^1\int_0^{u_1}(u_1-u_2)\mathrm{d}u_2\mathrm{d}u_1+\int_0^1\int_{u_1}^1(u_2-u_1)\mathrm{d}u_2\mathrm{d}u_1\end{aligned}$$

经过计算, 得到期望是 $\frac{1}{3}$. 这与我们的直觉相吻合, U_1 和 U_2 较小者的平均值应该是 $\frac{1}{3}$, 两者较大者的平均应该是 $\frac{2}{3}$, 它们的平均差应该是 $\frac{1}{3}$. ∎

注意定理 4.1.1.2 的直接推论如下.

推论 4.1.1.1 如果 X 和 Y 是独立的随机变量, g 和 h 是固定函数, 那么 $E[g(X)h(Y)]=\{E[g(X)]E[h(Y)]\}$, 只要等式右边的期望存在.

特别地, 如果 X 和 Y 独立, 那么 $E(XY)=E(X)E(Y)$. 推论的证明留作章末习题 29.

4.1.2 随机变量线性组合的期望

期望最有用的性质之一是它的线性运算. 假设告诉你某地 7 月 1 日的平均温度是 70°F, 那么平均的摄氏温度是多少. 我们可以很简单地转为摄氏温度, 得到 $\frac{5}{9}\times 70-17.7=21.2$°C. 随机变量的平均值概念, 即我们定义的期望, 具有同样的运算性质. 如果 $Y=aX+b$, 那么 $E(Y)=aE(X)+b$. 更一般地, 这个性质可以推广至随机变量的线性组合.

定理 4.1.2.1 如果 $X_1,\cdots,X_n$ 是具有期望 $E(X_i)$ 的联合分布随机变量, Y 是 X_i 的线性函数, $Y=a+\sum_{i=1}^n b_iX_i$, 那么

$$E(Y)=a+\sum_{i=1}^n b_iE(X_i)$$

证明 我们证明连续型情形. 离散情形可以类似证明,留作章末习题 24. 为了简化符号,我们取 $n=2$. 由 4.1.1 节的定理 4.1.1.2,我们有

$$E(Y) = \iint (a+b_1x_1+b_2x_2)f(x_1,x_2)\mathrm{d}x_1\mathrm{d}x_2$$
$$= a\iint f(x_1,x_2)\mathrm{d}x_1\mathrm{d}x_2 + b_1\iint x_1 f(x_1,x_2)\mathrm{d}x_1\mathrm{d}x_2 + b_2\iint x_2 f(x_1,x_2)\mathrm{d}x_1\mathrm{d}x_2$$

最后表达式中第一个重积分是二元密度的全积分,积分值等于 1. 第二个重积分计算如下:

$$\iint x_1 f(x_1,x_2)\mathrm{d}x_1\mathrm{d}x_2 = \int x_1 \left[\int f(x_1,x_2)\mathrm{d}x_2\right]\mathrm{d}x_1 = \int x_1 f_{x_1}(x_1)\mathrm{d}x_1 = E(X_1)$$

类似计算第三个重积分,得到

$$E(Y) = a + b_1 E(X_1) + b_2 E(X_2)$$

一旦我们验证期望定义完好,或者

$$\iint |a+b_1x_1+b_2x_2| f(x_1,x_2)\mathrm{d}x_1\mathrm{d}x_2 < \infty$$

定理即得证. 利用不等式

$$|a+b_1x_1+b_2x_2| \leqslant |a|+|b_1||x_1|+|b_2||x_2|$$

和 $E(X_i)$ 存在性假设可以验证之. ∎

定理 4.1.2.1 非常有用. 我们利用几个例子来说明它的作用.

例 4.1.2.1 假设我们希望计算二项随机变量 Y 的期望. 由二项频率函数,

$$E(Y) = \sum_{k=0}^{n} \binom{n}{k} k p^k (1-p)^{n-k}$$

和式的计算不是显而易见的. 然而,我们可以将 Y 表示成伯努利随机变量 X_i 之和,其中 X_i 根据第 i 次试验成功与否而取值 1 或者 0,

$$Y = \sum_{i=1}^{n} X_i$$

因为 $E(X_i) = 0 \times (1-p) + 1 \times p = p$,即得 $E(Y) = np$.

二项分布及其期望在基因组学的"鸟枪测序"中有所使用,该方法试图测算出组成一长段 DNA 的字母顺序. 如果片段非常长,在技术上很难立刻排列出完整片段的字母顺序. 鸟枪测序的基本思想是将 DNA 随机地分成很多小的片段,对每个片段进行字母排序,然后通过某种方式将片段组装成一个长的"基因组". 该方法希望存在很多片段,这样它们之间的重叠就可以用来组装基因组.

那么,假设 DNA 序列的长度是 G,共有 N 个片段,每个长 L. G 可能至少 100 000,L 大约是 500. 假设每个片段的左端点等可能地出现在位置 $1, 2, \cdots, G-L+1$ 处. 特定位置 $x \in \{L, L+1, \cdots, G\}$ 被至少一段覆盖的概率是多少?平均多少个片段覆盖一个特定位置?(位置

$\{1, 2, \cdots, L-1\}$ 没有包含在讨论中, 这是因为界效应使它们的分析有点不同; 例如, 覆盖位置 1 的片段只有一个, 其左端点只能在 1 处.) 为了回答这些问题, 首先考虑单一片段. 片段覆盖 x 的几率等于它的左端点落在 L 个位置 $\{x-L+1, x-L+2, \cdots, x\}$ 上的概率, 因为左端点的位置是均匀的, 这个概率是

$$p = \frac{L}{G-L+1} \approx \frac{L}{G}$$

其中近似成立是因为 $G \gg L$. 因此, 覆盖特定位置的片段数 W 是参数为 N 和 p 的二项分布.

利用二项概率公式, 覆盖的几率是

$$P(W > 0) = 1 - P(W = 0) = 1 - \left(1 - \frac{L}{G}\right)^N$$

因为 N 大 p 小, W 近似服从参数为 $\lambda = Np = NL/G$ 的泊松分布. 利用泊松概率公式, $P(W = 0) \approx \mathrm{e}^{-NL/G}$, 因此特定位置被覆盖的概率近似等于 $1 - \mathrm{e}^{-NL/G}$. 注意到 NL 是所有片段的总长度; 比率 NL/G 称为盖度 (coverage). 这类计算在决定需要使用多少个片段时非常有用. 例如, 如果盖度是 8, 那么覆盖一位置的概率是 0.9997.

当试图组装片段时, 重叠是重要的. 由于 W 是二项随机变量, 覆盖给定位置的平均片段数是 $Np = NL/G$, 正是盖度.

我们现在可以回答与此相关的一些问题: 我们期望有多少个位置完全不能被覆盖住? 我们利用示性随机变量来计算: 如果位置 x 不能被覆盖, 令 I_x 等于 1, 否则是 0. 那么

$$E(I_x) = 1 \times P(I_x = 1) + 0 \times P(I_x = 0) = \mathrm{e}^{-NL/G}.$$

不能被覆盖的位置数是

$$V = \sum_{x=1}^{G} I_x$$

利用期望的线性性

$$E(V) = \sum_{x=1}^{G} E(I_x) \approx G\mathrm{e}^{-NL/G}$$

人类基因组的长度近似是 $G = 3 \times 10^9$, 因此盖度为 8 时, 会有 100 万个位置不能被覆盖. ∎

例 4.1.2.2 (购物券收集) 假设你搜集购物券, 共有 n 种不同类型的购物券, 且每次试验你都可以等可能地得到任一类型的购物券. 你期望多少次试验才能搜集到完整的券集? (这也可以用来描述搜集篮球卡或杂货店推销品.)

利用和来表示试验数可以大大地简化问题的求解. 令 X_1 表示出现第一类购物券所需的试验次数: $X_1 = 1$. 令 X_2 表示自 X_1 次试验后出现第二类购物券所需的试验次数; 令 X_3 表示自 X_2 次试验后出现第三类购物券所需的试验次数; 依此类推, 直到 X_n. 那么所有的试验次数 X 是 $X_i (i = 1, 2, \cdots, n)$ 之和.

我们现在来寻找 X_r 的分布. 在这一点, 已经搜集到 n 类购物券中的 $r-1$ 种, 所以每次试验成功的概率是 $(n-r+1)/n$. 因此, X_r 是几何随机变量, $E(X_r) = n/(n-r+1)$. (见 4.1 节的例 4.1.2.) 从而,

$$E(X) = \sum_{r=1}^{n} E(X_r) = \frac{n}{n} + \frac{n}{n-1} + \frac{n}{n-2} + \cdots + \frac{n}{1} = n \sum_{r=1}^{n} \frac{1}{r}$$

例如，如果有 10 种类型的购物券，至少得到其中任一类的平均试验次数是 29.3.

最后，我们注意如下著名的近似公式：

$$\sum_{r=1}^{n} \frac{1}{r} = \log n + \gamma + \varepsilon_n$$

其中 log 是自然对数或 $\log_e$ (除非特别指明，全书 log 均指自然对数)，γ 是欧拉常数，$\gamma = 0.57\cdots$，ε_n 随着 n 趋于无穷而趋向 0. 利用 $n = 10$ 时的近似，我们发现近似期望试验数是 28.8. 一般地，我们看到期望试验数以速度 $n \log n$ 增长，或者稍微快于 n. ■

例 4.1.2.3 (分组检验) 假设利用大量的 n 个血样甄别十分罕见的疾病. 如果每个样本单独检测，需要 n 次检验. 另一方面，如果每个样本分成两份，其中之一与其他血样的一半混成样本池，然后对其进行检验. 那么，假设这种检验方法足够敏感，如果检验结果呈现阴性，不必做进一步的检验，仅做一次即可. 如果样本池的检验结果呈现阳性，进一步单独检验预留的另一半血样. 在这种情况下，需要总的检验次数是 $n + 1$ 次. 假设疾病罕见，通过这个样本池方法可以合理地减少检验次数.

为了进一步量化分析，首先将检验方案一般化，假设 n 个样本分成 k 个一组的 m 个群组，或 $n = mk$. 然后检验每个群组，如果组检验呈现阳性，分别检验该组的每个样本. 如果 X_i 是第 i 组的检验次数，总的检验次数是 $N = \sum_{i=1}^{m} X_i$，总的期望检验次数是

$$E(N) = \sum_{i=1}^{m} E(X_i)$$

我们来计算 $E(X_i)$. 如果单个样本呈现阴性的概率是 p，那么 X_i 以概率 p^k 取值 1，以概率 $1 - p^k$ 取值 $k + 1$. 因此，

$$E(X_i) = p^k + (k+1)(1-p^k) = k + 1 - kp^k$$

现在有

$$E(N) = m(k+1) - mkp^k = n\left(1 + \frac{1}{k} - p^k\right)$$

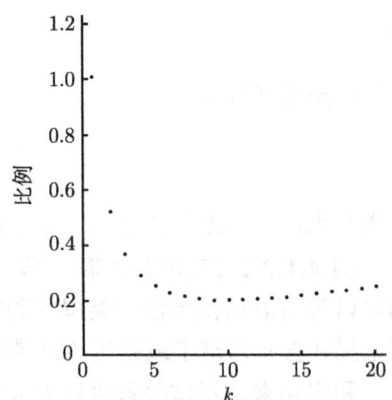

图 4.2 n 个样本的分组检验时，所需平均样本比例与 k 的函数关系图

记得没有样本池时需要进行 n 次检验，我们看到因子 $(1 + 1/k - p^k)$ 是在分组检验时作为 n 的比例所需要的平均样本数. 图 4.2 显示了 $p = 0.99$ 时这个比例与 k 的函数关系图. 由图看出，在分组检验中，组尺寸大约为 10 时，平均只需直接检验样本的 20% 即可. ■

例 4.1.2.4 (计数 DNA 序列中单词出现的次数) 这里我们考虑另一个基因组学的例子，再一次说明使用示性随机变量的威力. 在搜索 DNA 序列的模式时，我们可能有理由预期某个"单词" (如 TATA) 比随机序列出现的次数更加频繁，或者假设我们需要识别的 DNA 序列区域中，

这个单词的出现次数非常多. 为了量化表示这个思想, 我们需要指明随机的含义. 在这个例子中, 我们认为序列由 4 个字母 A, C, G 和 T 随机组成, 每个位置处的字母相互独立, 且每个字母在每个位置出现的概率都是 $\frac{1}{4}$.

我们还需要仔细地指出其计数方式. 考虑如下序列:

$$ACTATATAGATATA$$

我们可以重叠计数, 因此在上面的序列中, TATA 出现了三次. 现在假设序列长度是 N, 单词长度是 q. 令 I_n 是示性随机变量, 当单词从位置 n 处开始时取 1, 否则取 0; 由独立性假设, $P(I_n = 1) = \left(\frac{1}{4}\right)^q$, $E(I_n) = P(I_n = 1)$. 现在单词出现的所有次数是

$$W = \sum_{n=1}^{N-q+1} I_n$$

且

$$E(W) = \sum_{n=1}^{N-q+1} E(I_n) = (N-q+1)\left(\frac{1}{4}\right)^q$$

注意 I_n 不是独立的 —— 例如, 单词 TATA 的情形, 如果 $I_1 = 1$, 那么 $I_2 = 0$. 因此 W 不是二项随机变量. 但是尽管缺少独立性, 我们还是可以利用示性变量的线性组合表示 W, 由此计算出 $E(W)$. ■

例 4.1.2.5 (投资组合) 投资者计划分投资本 C_0 于两种资产, 并在某个固定时期内设置投资比例 $\pi(0 \leqslant \pi \leqslant 1)$ 至一种资本, 比例 $1-\pi$ 至另一资本. 记资本收益率 (最终价值比上初始价值) 分别为 R_1 和 R_2, 他的期末资本会是 $C_1 = \pi C_0 R_1 + (1-\pi) C_0 R_2$. 那么收益是

$$R = \frac{C_1}{C_0} = \pi R_1 + (1-\pi) R_2$$

假设收益率未知, 例如股票即是这种情况, 因此可以将其视作随机变量, 具有期望值 $E(R_1)$ 和 $E(R_2)$. 那么他的期望收益率是

$$E(R) = \pi E(R_1) + (1-\pi) E(R_2)$$

他应该怎样选择 π? 很明显一个简单的方案是当 $E(R_1) > E(R_2)$ 时选择 $\pi = 1$, 否则 $\pi = 0$. 但是我们会在后面的章节看到这里面有很深的故事. ■

4.2 方差和标准差

随机变量的期望是它的平均值, 可以视作密度或频率函数的中心. 因此, 期望有时称为**位置参数** (location parameter). 分布的中位数也是位置参数, 且不一定等于均值. 这一节引入另外一个参数, 随机变量的**标准差** (standard deviation), 它描述概率分布关于中心的发散程度, 度量随机变量偏离期望的平均幅度. 我们首先定义随机变量的**方差** (variance), 然后利用它定义标准差.

定义 4.2.1 如果 X 是具有期望 $E(X)$ 的随机变量, 只要下述期望存在, X 的方差就是

$$\text{Var}(X) = E\{[X - E(X)]^2\}$$

X 的标准差是方差的平方根.

如果 X 是频率函数为 $p(x)$ 的离散随机变量,期望值 $\mu = E(X)$,那么根据定义 4.2.1 和 4.1.1 节的定理 4.1.1.1,
$$\mathrm{Var}(X) = \sum_i (x_i - \mu)^2 p(x_i)$$
而如果 X 是密度函数为 $f(x)$ 的连续随机变量,$E(X) = \mu$,那么
$$\mathrm{Var}(X) = \int_{-\infty}^{\infty} (x-\mu)^2 f(x) \mathrm{d}x$$

方差通常记为 σ^2,标准差为 σ。由上面的定义,X 的方差是平方偏离其均值的平均值。如果 X 具有单位,例如米,方差的单位就为平方米,标准差的单位为米。尽管我们通常最终关心标准差,而不是方差,但一般情况下更易首先计算出方差,然后再取平方根。

随机变量的方差在线性变换下的转换方式比较简单。

定理 4.2.1 如果 $\mathrm{Var}(X)$ 存在,$Y = a + bX$,那么 $\mathrm{Var}(Y) = b^2 \mathrm{Var}(X)$。

证明 因为 $E(Y) = a + bE(X)$,
$$E[(Y - E(Y))^2] = E\{[a + bX - a - bE(X)]^2\} = E\{b^2[X - E(X)]^2\}$$
$$= b^2 E\{[X - E(X)]^2\} = b^2 \mathrm{Var}(X) \qquad \blacksquare$$

当读者认识到附加的常数项不影响方差时,这个结论似乎是合理的,因为方差是偏离中心的散度测量,而这里的变换仅仅使中心发生了漂移。

很自然地,相应的标准差变换:$\sigma_Y = |b|\sigma_X$。因此,例如,如果测量单位由米变成厘米,标准差乘以 100 即可。

例 4.2.1(伯努利分布) 如果 X 服从伯努利分布,即 X 分别以概率 $1-p$ 和 p 取值 0 和 1,那么我们已经知道 $E(X) = p$(4.1.2 节的例 4.1.2.1)。根据方差定义,
$$\mathrm{Var}(X) = (0-p)^2 \times (1-p) + (1-p)^2 \times p$$
$$= p^2 - p^3 + p - 2p^2 + p^3 = p(1-p)$$

注意表达式 $p(1-p)$ 是二次的,在 $p = \dfrac{1}{2}$ 处取最大值。如果 p 等于 0 或 1 时,方差等于 0,这是有道理的,因为此时概率分布集中在单点上,随机变量不再是变量。当 $p = \dfrac{1}{2}$ 时,分布最发散。$\blacksquare$

例 4.2.2(正态分布) 我们已经知道 $E(X) = \mu$。那么
$$\mathrm{Var}(X) = E[(X-\mu)^2] = \frac{1}{\sigma\sqrt{2\pi}} \int_{-\infty}^{\infty} (x-\mu)^2 \mathrm{e}^{-\frac{1}{2}\frac{(x-\mu)^2}{\sigma^2}} \mathrm{d}x$$
利用变量变换 $z = (x-\mu)/\sigma$,右边变为
$$\frac{\sigma^2}{\sqrt{2\pi}} \int_{-\infty}^{\infty} z^2 \mathrm{e}^{-z^2/2} \mathrm{d}z$$

最后,利用变量变换 $u = z^2/2$,将积分化简为伽马函数,得到 $\mathrm{Var}(X) = \sigma^2$。$\blacksquare$

下面的定理给出了另外一个计算方差的方法。

定理 4.2.2 如果 X 的方差存在,它也可以计算如下:
$$\mathrm{Var}(X) = E(X^2) - [E(X)]^2$$

证明 记 $E(X)$ 为 μ.
$$\mathrm{Var}(X) = E[(X-\mu)^2] = (X^2 - 2\mu X + \mu^2)$$

利用期望的线性性质,上式变为
$$\mathrm{Var}(X) = E(X^2) - 2\mu E(X) + \mu^2 = E(X^2) - 2\mu^2 + \mu^2 = E(X^2) - \mu^2$$

得证. ∎

根据定理 4.2.2,X 的方差分两步计算:首先计算 $E(X)$,然后计算 $E(X^2)$.

例 4.2.3 (均匀分布) 我们利用定理 4.2.2 来计算 $[0,1]$ 上均匀随机变量的方差. 我们知道 $E(X) = \frac{1}{2}$;接下来我们需要计算 $E(X^2)$:
$$E(X^2) = \int_0^1 x^2 \mathrm{d}x = \frac{1}{3}$$

因此,我们有
$$\mathrm{Var}(X) = \frac{1}{3} - \left(\frac{1}{2}\right)^2 = \frac{1}{12}$$
∎

如前所述,方差或标准差刻画了随机变量可能取值的发散程度. 著名的**切比雪夫不等式** (Chebyshev's inequality) 给出了相应的量化表述.

定理 4.2.3 (切比雪夫不等式) 令 X 是均值为 μ 方差为 σ^2 的随机变量. 则对任意 $t > 0$,
$$P(|X - \mu| > t) \leqslant \frac{\sigma^2}{t^2}$$

证明 令 $Y = (X - \mu)^2$. 那么 $E(Y) = \sigma^2$,对 Y 利用马尔可夫不等式即得证. ∎

定理 4.2.3 是说如果 σ^2 非常小,就会有较高的概率保证 X 不会偏离 μ 太远. 对于另外一种解释,我们可以设定 $t = k\sigma$,不等式变为
$$P(|X - \mu| \geqslant k\sigma) \leqslant \frac{1}{k^2}$$

例如,X 偏离 μ 在 4σ 以上的概率小于或等于 $\frac{1}{16}$. 只要方差存在,这个结论对任意分布的随机变量都成立. 特殊情形下,概率界限通常比较窄. 例如,如果 X 是正态分布,由正态分布表得到 $P(|X - \mu| > 2\sigma) = 0.05$ (与切比雪夫不等式得到的 $\frac{1}{4}$ 进行比较).

切比雪夫不等式有如下结论.

推论 4.2.1 如果 $\mathrm{Var}(X) = 0$,那么 $P(X = \mu) = 1$.

证明 我们利用反证法. 假设 $P(X = \mu) < 1$. 那么对于某个 $\varepsilon > 0$,$P(|X - \mu| \geqslant \varepsilon) > 0$. 然而,由切比雪夫不等式,对任意 $\varepsilon > 0$,
$$P(|X - \mu| \geqslant \varepsilon) = 0$$
∎

例 4.2.4 (投资组合)　我们接着分析 4.1.2 节的例 4.1.2.5. 假设两种投资中的一种是有风险的, 另一种是无风险的. 第一种资产可能是股票, 另外一种可能是保险储蓄账户. 股票收益率 R_1 是随机的, 具有期望 $\mu_1 = 0.10$, 标准差 $\sigma_1 = 0.075$. 标准差是风险的度量 —— 较大的标准差意味着较高收益率波动, 以至于如果投资者比较幸运, 他会获得较高的收益, 但是他也许不走运, 这样就会损失很多. 假设储蓄账户具有收益率 $R_2 = 0.03$, 期望值 $\mu_2 = 0.03$, 标准差 $\sigma_2 = 0$ —— 它是无风险的. 如果投资者用在股票上的投资比例是 π_1, 用在储蓄账户上的投资比例是 $\pi_2 = 1 - \pi_1$, 那么他的收益是

$$R = \pi_1 R_1 + (1 - \pi_1) R_2$$

平均收益是

$$E(R) = \pi_1 \mu_1 + (1 - \pi_1) \mu_2$$

因为 $\mu_1 > \mu_2$, 取 $\pi_1 = 1$ 可以最大化期望收益, 即将所有的钱都投在股票上. 然而, 这个观点过于狭隘, 没有考虑股票的风险. 由定理 4.2.1 知,

$$\mathrm{Var}(R) = \pi_1^2 \sigma_1^2$$

收益的标准差是 $\sigma_R = \pi_1 \sigma_1$. π_1 越大, 期望收益就越大, 但是风险也会随之变大. 在选择 π_1 时, 投资者在力所能及的情况下, 不得不权衡与期望收益相伴的风险; 理想的平衡点随着投资者类型的不同而不同. 如果他是风险厌恶型的, 他会选择较小的 π_1, 以规避波动带来的风险投资. 通过绘制期望和标准差与 π_1 的函数关系图, 投资者可以敲定适合自己的平衡点. ∎

4.2.1　测量误差模型

物理常数的精确值未知, 必须通过实验才能确定. 例如, 称量物重、测定电压或时间区间, 这些操作表面上看起来比较简单, 但实际上, 当考虑所有的细节和可能的误差源时, 相应的实验就十分复杂. 美国国家标准与技术研究所 (NIST) 和其他国家类似的机构负责开发和维护测量标准. 他们聘请概率学家、统计学家和物理学家进行工作.

随机误差和系统测量误差之间通常有一定的区别. 在不刻意改变测量器具或实验步骤的情况下, 一系列重复独立的测量结果可能是不同的, 不可控制的波动通常用随机模型来刻画. 同时, 每次实验可能具有同样效应的测量误差, 例如, 仪器校正不准确, 或者测量方法的理论模型有误差. 如果测量的真实值记为 x_0, 那么度量 X 的模型如下:

$$X = x_0 + \beta + \varepsilon$$

其中 β 是常数, 即系统误差; ε 是随机误差成分, 是一个随机变量, 具有 $E(\varepsilon) = 0$, $\mathrm{Var}(\varepsilon) = \sigma^2$. 那么我们有

$$E(X) = x_0 + \beta$$

和

$$\mathrm{Var}(X) = \sigma^2$$

β 常称为测量过程的**偏倚** (bias). 影响误差大小的两个因素分别是偏度和方差大小 σ^2. 完美的测量具有 $\beta = 0$ 和 $\sigma^2 = 0$.

例 4.2.1.1 (引力常数测量) 本例和下一个例子取自 NIST 统计学家 Youden (1972) 的一篇有趣且易读的论文. 在渥太华, 利用两种不同的方法 (Preston-Thomas 等, 1960) 重复测量 32 次重力加速度. 结果如图 4.3 中的直方图所示. 很明显, 两种方法都有一定的系统偏差, 且每种方法都有某种程度的波动. 同时, 两种方法的偏倚不等. 方法 1 的结果比方法 2 的更发散, 标准差更大. ∎

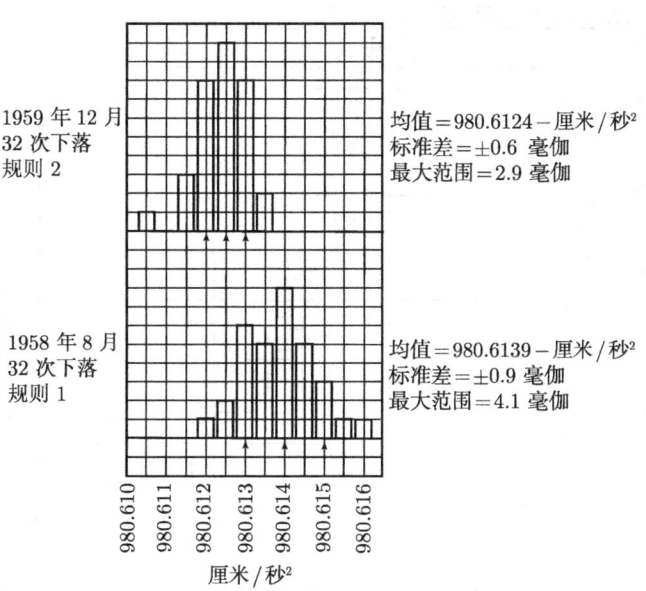

图 4.3 两个重力加速度测量集的直方图

测量误差的全部度量通常用**均方误差** (mean squared error) 来表示, 定义为
$$\mathrm{MSE} = E[(X - x_0)^2]$$
均方误差是 X 偏离 x_0 平方的期望, 按照贡献程度可以将其分解成偏倚和方差.

定理 4.2.1.1 $\mathrm{MSE} = \beta^2 + \sigma^2$.

证明 由 4.2 节的定理 4.2.2,
$$E[(X - x_0)^2] = \mathrm{Var}(X - x_0) + [E(X - x_0)]^2$$
$$= \mathrm{Var}(X) + \beta^2$$
$$= \sigma^2 + \beta^2$$
∎

例如, 通常用形式 102 ± 1.6 表述测量结果. 尽管这种符号的精确含义不是太清晰, 但 102 是由实验得到的测定值, 1.6 是测量误差. 通常认为或希望 β 相对于 σ 来说可以忽略不计, 这样 1.6 就表示 σ 或 σ 的倍数. 在利用图形表示实验数据时, 宽度为 σ 或 σ 倍数的误差线常置于测量值的周围. 在某些情况下, 试图控制 β 的幅度, 将其界限通过某种方式融进误差线.

例 4.2.1.2 (光速测量) 图 4.4 取自 McNish(1962), 后由 Youden(1972) 进行了讨论, 显示了 24 个独立测定的光速 c 及其误差线. 表格最右边一列包含测量方法的代码, 例如, G 代表光电测距仪方法. c 的极差约是 3.5 千米/秒, 很多误差小于 0.5 千米/秒. 由图可以清楚地看出这个误差线很小,不同的实验技术不能独自解释 c 值的发散 —— 光电测距仪方法既能得到最小的 c 值,又可以得到第二大的 c 值. Youden 评论说,"证据很确凿地显示各个观测者不能设定他们报告值的误差限." 他接着暗示这些不同很大部分来源于仪器的校正误差. ∎

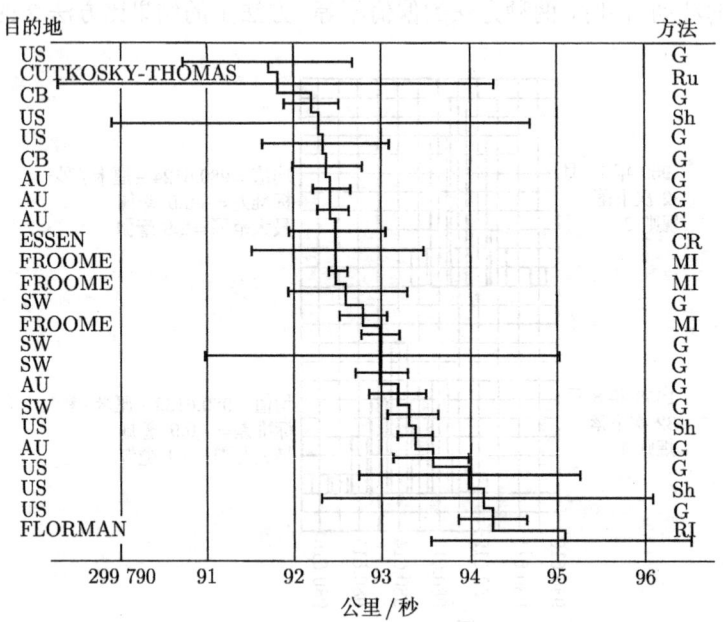

图 4.4 24 个独立测定的光速及其误差线图. 调查者或国家列在左侧,实验方法的代码列在右侧

4.3 协方差和相关

随机变量的方差是其变异性的度量,两个随机变量的**协方差** (covariance) 是它们联合变异性的度量,或是它们关联度的度量. 定义协方差之后,我们将阐述其性质,并讨论称之为相关的关联性测度,它定义在协方差的基础之上. 读者起初可能发现这些内容比较形式化和抽象,但是当具体应用时,协方差、相关和它们的性质就会变得十分自然和熟悉.

定义 4.3.1 如果 X 和 Y 是分别具有期望 μ_X 和 μ_Y 的随机变量,只要下述期望存在,X 和 Y 的协方差是

$$\mathrm{Cov}(X,Y) = E[(X-\mu_X)(Y-\mu_Y)]$$

协方差是 X 与其均值离差和 Y 与其均值离差的乘积平均值. 如果两个随机变量的关联是正向的 —— 也就是,当 X 大于它的均值时,Y 也倾向于大于其均值 —— 协方差是正的;如果关联是负向的 —— 即当 X 大于它的均值时,Y 倾向于小于其均值 —— 协方差是负的. 这些陈述在相关性的讨论中会有所扩展.

通过乘积展开和期望的线性性质,我们得到协方差的另一种表达式,类似于 4.2 节的定理 4.2.2:

$$\mathrm{Cov}(X,Y) = E(XY - X\mu_Y - Y\mu_X + \mu_X\mu_Y)$$
$$= E(XY) - E(X)\mu_Y - E(Y)\mu_X + \mu_X\mu_Y$$

$$= E(XY) - E(X)E(Y)$$

特别地，如果 X 和 Y 独立，那么 $E(XY) = E(X)E(Y)$，$\text{Cov}(X,Y) = 0$(但反之不真)，见章末习题 59 和 60.

例 4.3.1 我们回到 3.3 节例 3.3.3 中的二元均匀分布. 首先，注意到边际分布是均匀的，$E(X) = E(Y) = \frac{1}{2}$. 对于 $\alpha = -1$ 的情形，X 和 Y 的联合密度是 $f(x,y) = (2x + 2y - 4xy), 0 \leqslant x \leqslant 1, 0 \leqslant y \leqslant 1$.

$$E(XY) = \iint xyf(x,y)\mathrm{d}x\mathrm{d}y = \int_0^1 \int_0^1 xy(2x + 2y - 4xy)\mathrm{d}x\mathrm{d}y = \frac{2}{9}$$

因此，
$$\text{Cov}(X,Y) = \frac{2}{9} - \left(\frac{1}{2}\right)\left(\frac{1}{2}\right) = -\frac{1}{36}$$

协方差是负的，意味着 X 和 Y 之间是负向的关系. 事实上，我们由图 3.5 看出，如果 X 小于其均值 $\frac{1}{2}$，那么 Y 倾向于大于其均值，反之亦然. 同样的分析显示当 $\alpha = 1$ 时，$\text{Cov}(X,Y) = \frac{1}{36}$. ∎

我们现在阐述随机变量线性组合的协方差表达式，这需要进行几小步的推导. 首先，因为 $E(a + X) = a + E(X)$,

$$\text{Cov}(a + X, Y) = E\{[a + X - E(a+X)][Y - E(Y)]\}$$
$$= E\{[X - E(X)][Y - E(Y)]\} = \text{Cov}(X,Y)$$

接着，因为 $E(aX) = aE(X)$,

$$\text{Cov}(aX, bY) = E\{[aX - aE(X)][bY - bE(Y)]\} = E\{ab[X - E(X)][Y - E(Y)]\}$$
$$= abE\{[X - E(X)][Y - E(Y)]\} = ab\text{Cov}(X,Y)$$

下一步，我们考虑 $\text{Cov}(X, Y + Z)$：

$$\text{Cov}(X, Y + Z) = E([X - E(X)]\{[Y - E(Y)] + [Z - E(Z)]\})$$
$$= E\{[X - E(X)][Y - E(Y)] + [X - E(X)][Z - E(Z)]\}$$
$$= E\{[X - E(X)][Y - E(Y)]\} + E\{[X - E(X)][Z - E(Z)]\}$$
$$= \text{Cov}(X,Y) + \text{Cov}(X,Z)$$

我们现在可以将这些结论放在一起来计算 $\text{Cov}(aW + bX, cY + dZ)$：

$$\text{Cov}(aW + bX, cY + dz) = \text{Cov}(aW + bX, cY) + \text{Cov}(aW + bX, dZ)$$
$$= \text{Cov}(aW, cY) + \text{Cov}(bX, cY) + \text{Cov}(aW, dZ) + \text{Cov}(bX, dZ)$$
$$= ac\text{Cov}(W,Y) + bc\text{Cov}(X,Y) + ad\text{Cov}(W,Z) + bd\text{Cov}(X,Z)$$

一般地，类似的讨论得到如下协方差的重要双线性性质.

定理 4.3.1 假设 $U = a + \sum_{i=1}^{n} b_i X_i$ 和 $V = c + \sum_{j=1}^{m} d_j Y_j$. 那么

$$\mathrm{Cov}(U,V) = \sum_{i=1}^{n}\sum_{j=1}^{m} b_i d_j \mathrm{Cov}(X_i, Y_j)$$

这个定理有很多应用. 特别地, 因为 $\mathrm{Var}(X) = \mathrm{Cov}(X,X)$,

$$\mathrm{Var}(X+Y) = \mathrm{Cov}(X+Y, X+Y) = \mathrm{Var}(X) + \mathrm{Var}(Y) + 2\mathrm{Cov}(X,Y)$$

更一般地, 我们有如下随机变量线性组合的方差结论.

推论 4.3.1 $\quad \mathrm{Var}\left(a + \sum_{i=1}^{n} b_i X_i\right) = \sum_{i=1}^{n}\sum_{j=1}^{n} b_i b_j \mathrm{Cov}(X_i, X_j).$

如果 X_i 独立, 那么对 $i \neq j$, $\mathrm{Cov}(X_i, X_j) = 0$, 我们有另外一个推论.

推论 4.3.2 $\quad$ 如果 X_i 独立, $\mathrm{Var}\left(\sum_{i=1}^{n} X_i\right) = \sum_{i=1}^{n} X_i.$

推论 4.3.2 非常有用. 注意无论 X_i 独立与否, 都有结论 $E\left(\sum X_i\right) = \sum E(X_i)$, 但一般情况下, $\mathrm{Var}\left(\sum X_i\right) = \sum \mathrm{Var}(X_i)$ 不成立.

例 4.3.2 利用方差定义和二项分布的频率函数计算二项随机变量的方差是非常不容易的 (试一试), 但是将其表示成独立伯努利随机变量的和就可以大大简化方差的计算. 具体地, 如果 Y 是二项随机变量, 那么它可以表示成 $Y = X_1 + X_2 + \cdots + X_n$, 其中 X_i 是独立的伯努利随机变量, $P(X_i = 1) = p$. 我们之前 (4.2 节的例 4.2.1) 得到 $\mathrm{Var}(X_i) = p(1-p)$, 由此利用推论 4.3.2 得到 $\mathrm{Var}(Y) = np(1-p)$. ■

例 4.3.3 (随机游走) 一个醉汉自实线上的点 x_0 开始行走, 第一步迈出步长 X_1, 它是期望为 μ, 方差为 σ 的随机变量, 这时他的位置处在 $S(1) = x_0 + X_1$. 接着他迈出第二步, 步长 X_2 独立于 X_1, 但与 X_1 具有相同的均值和标准差. 他 n 步后的位置是 $S(n) = x_0 + \sum_{i=1}^{n} X_i$. 那么

$$E(S(n)) = x_0 + E\left(\sum_{i=1}^{n} X_i\right) = x_0 + n\mu$$

$$\mathrm{Var}(S(n)) = \mathrm{Var}\left(\sum_{i=1}^{n} X_i\right) = n\sigma^2$$

因此, 他的期望位置是 $x_0 + n\mu$, 标准差 $\sqrt{n}\sigma$ 度量了它的不确定性. 注意到, 如果 $\mu > 0$, 对于较大的 n, 他将以较高的概率处在 x_0 点的右侧 (利用切比雪夫不等式).

随机游走在很多科学领域中都有应用. 布朗运动是随机游走的连续时间版本, 其步长服从正态分布. 名字来源于生物学家 Robert Brown, 他在 1827 年观察到悬浮在水面上的花粉具有不规则运动, 后来被 Einstein 解释为随机游动的水分子对其进行碰撞作用的结果.

布朗运动理论由 Louis Bachelier 在 1900 年的博士论文"投机理论"中建立起来, 并将随机游走应用到股票价格的演变中. 如果股价随时间依照随机游走演进, 它的短期行为是不可预测的. 有效市场假设认为股票价格已经反映了所有已知信息, 所以未来价格是随机的, 并且未知. 图 4.5 中的实线显示了 2003 年的标准普尔 500 指数. 平均增量 (步长) 是 0.81, 标准差是 9.82. 虚线是具有同样初始值的随机游走的模拟值, 增量服从 $\mu = 0.81$, $\sigma = 9.82$ 的正态分布.

注意，随机游走中长时间的上升和下降趋势与市场反应一致，这已由分析家进行了事后解释。适合股票市场投资者的随机游走理论参见 Malkiel (2004).

相关系数 (correlation coefficient) 定义在协方差的基础之上.

定义 4.3.2 如果 X 和 Y 的方差和协方差都存在，且方差非零，那么 X 和 Y 的相关系数记为 ρ，定义如下：

$$\rho = \frac{\mathrm{Cov}(X,Y)}{\sqrt{\mathrm{Var}(X)\mathrm{Var}(Y)}}$$

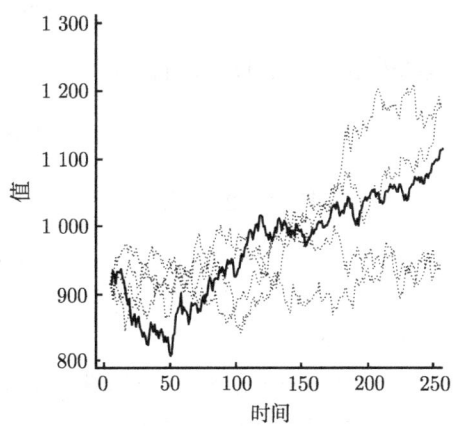

图 4.5　实线是 2003 年的标准普尔 500 指数. 虚线是随机游走模拟值

注意，因为定义为比值形式，相关系数无量纲（由于分子和分母的单位抵消，所以它没有单位，例如英寸). 利用之前介绍的方差和协方差性质，易知，如果 X 和 Y 都进行线性变换（比如单位由英寸变为米），相关系数不会发生改变. 因为相关系数不依赖于测量单位，因此在很多情况下，ρ 要比协方差更益于度量关联性.

例 4.3.4 我们回到例 4.3.1 的二元均匀分布. 因为 X 和 Y 的边缘分布是均匀的，$\mathrm{Var}(X) = \mathrm{Var}(Y) = \dfrac{1}{12}$. 在一种情形下 ($\alpha = -1$)，我们得到 $\mathrm{Cov}(X,Y) = -\dfrac{1}{36}$，因此，

$$\rho = -\frac{1}{36} \times 12 = -\frac{1}{3}$$

另一种情形下 ($\alpha = 1$)，协方差是 $\dfrac{1}{36}$，因此相关系数是 $\dfrac{1}{3}$. ∎

经常使用如下记号和关系式. X 和 Y 的标准差分别记为 σ_X 和 σ_Y，它们的协方差记为 σ_{XY}. 因此我们有

$$\rho = \frac{\sigma_{XY}}{\sigma_X \sigma_Y}$$

和

$$\sigma_{XY} = \rho \sigma_X \sigma_Y$$

下面的定理陈述了 ρ 的进一步性质.

定理 4.3.2 $-1 \leqslant \rho \leqslant 1$. 进一步，$\rho = \pm 1$ 当且仅当 $P(Y = a + bX) = 1$，其中 a 和 b 为某个常数.

证明 因为随机变量的方差是非负的，所以

$$\begin{aligned}
0 &\leqslant \mathrm{Var}\left(\frac{X}{\sigma_X} + \frac{Y}{\sigma_Y}\right) \\
&= \mathrm{Var}\left(\frac{X}{\sigma_X}\right) + \mathrm{Var}\left(\frac{Y}{\sigma_Y}\right) + 2\mathrm{Cov}\left(\frac{X}{\sigma_X}, \frac{Y}{\sigma_Y}\right) \\
&= \frac{\mathrm{Var}(X)}{\sigma_X^2} + \frac{\mathrm{Var}(Y)}{\sigma_Y^2} + \frac{2\mathrm{Cov}(X,Y)}{\sigma_X \sigma_Y} = 2(1+\rho)
\end{aligned}$$

由此，我们得到 $\rho \geqslant -1$. 类似地，
$$0 \leqslant \mathrm{Var}\left(\frac{X}{\sigma_X} - \frac{Y}{\sigma_Y}\right) = 2(1-\rho)$$
这意味着 $\rho \leqslant 1$. 假设 $\rho = 1$, 那么
$$\mathrm{Var}\left(\frac{X}{\sigma_X} - \frac{Y}{\sigma_Y}\right) = 0$$
利用 4.2 节的推论 4.2.1, 有
$$P\left(\frac{X}{\sigma_X} - \frac{Y}{\sigma_Y} = c\right) = 1$$
其中 c 为某个常数. 这等价于对某个常数 a 和 b 成立 $P(Y = a + bX) = 1$. 类似的讨论可以证明 $\rho = -1$ 的情形. ∎

例 4.3.5 (投资组合) 我们进一步分析 4.1.2 节例 4.1.2.5 和 4.2 节例 4.2.4 讨论的投资理论. 在继续进行分析之前，我们回顾一下这些例子. 首先考虑两种证券的简单例子，假设它们具有同样的期望收益率 $\mu_1 = \mu_2 = \mu$, 且相互之间不相关: $\sigma_{ij} = \mathrm{Cov}(R_i, R_j) = 0$. 对于组合 $(\pi, 1-\pi)$, 期望收益率是
$$E(R(\pi)) = \pi\mu + (1-\pi)\mu = \mu$$
因此，当只考虑期望收益时，π 的选择没有任何区别. 然而，当考虑风险时，
$$\mathrm{Var}(R(\pi)) = \pi^2 \sigma_1^2 + (1-\pi)^2 \sigma_2^2$$
关于 π 求最小，得到最优投资组合
$$\pi_{\mathrm{opt}} = \frac{\sigma_2^2}{\sigma_1^2 + \sigma_2^2}$$
例如，如果投资是等风险的，$\sigma_1 = \sigma_2 = \sigma$, 那么 $\pi = 1/2$, 因此最优策略是均分投资. 如果这样做，收益方差是
$$\mathrm{Var}\left(R\left(\frac{1}{2}\right)\right) = \frac{\sigma^2}{2}$$
而如果他将所有的钱都投在一种证券上，收益方差就会是 σ^2. 两种情形下的期望收益是相同的. 这是分散投资特别简单的例子.

现在，假设两种证券的期望收益不同，$\mu_1 < \mu_2$. 令收益标准差分别为 σ_1 和 σ_2, 通常较小的风险投资伴随较低的期望收益，$\sigma_1 < \sigma_2$. 进一步，两个收益可以相关: $\mathrm{Cov}(R_1, R_2) = \rho \sigma_1 \sigma_2$. 对应于投资组合 $(\pi, 1-\pi)$, 我们有期望收益
$$E(R(\pi)) = \pi\mu_1 + (1-\pi)\mu_2$$
收益方差是
$$\mathrm{Var}(R(\pi)) = \pi^2 \sigma_1^2 + 2\pi(1-\pi)\rho\sigma_1\sigma_2 + (1-\pi)^2 \sigma_2^2$$
与收益率独立的情形相比较，我们发现收益率独立时的风险要低于它们正相关时的情况. 与其投资于同类型的股票，不如投资在两个不相关或弱相关的市场板块. 在选择投资组合向量时，投资者可以研究风险随期望收益增加的变化模式，权衡考虑期望收益和风险.

在实际的投资决策中,投资模式远远多于两种投资,但基本的思想是相同的. 假设共有 n 种可能的投资,组合权重记为向量 $\pi = (\pi_1, \pi_2, \cdots, \pi_n)$. 令 $E(R_i) = \mu_i$, $\text{Cov}(R_i, R_j) = \sigma_{ij}$ (因此,特别地,记 $\text{Var}(R_i)$ 为 σ_{ii}),那么

$$E(R(\pi)) = \sum \pi_i \mu_i$$

和

$$\text{Var}(R(\pi)) = \sum_{i=1}^{n} \sum_{j=1}^{n} \pi_i \pi_j \sigma_{ij}$$

投资决策,即组合向量 π 的选择经常表述为在满足投资者可容忍风险的情况下最大化期望收益率. 有些投资者更厌恶风险,因此组合向量随着投资者类型的不同而不同. 等价地,决策可以表述为在满足投资者预期收益的情况下最小化投资风险. 给定期望收益,会得到很多资产组合选择,聪明的投资者从中选择风险最小的组合.

作为一般的规则,分散投资可以降低风险,也可以通过牺牲较少的收益来降低风险. 图 4.6 出自 Bernstein(1996, 254 页),利用实证方法解释了这一点. 标识"指数"的点显示了等权投资所有市场得到的月平均与其标准差. 因此可以通过等权投资于 13 个股票市场来获得具有相对低风险的较高合理收益. 事实上,这个风险小于任何单一市场. 注意,这些新兴市场都比美国市场风险高,但它们有更高的收益. ∎

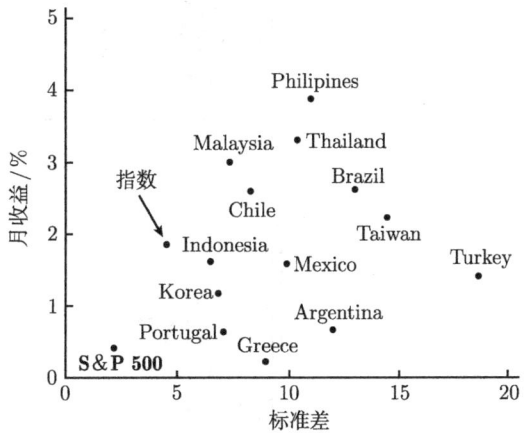

图 4.6 投资分散化的益处. 自 1992 年 1 月至 1994 年 6 月 13 个股票市场月平均收益与其标准差的散点图. 作为比较,画出了美国股票市场标准普尔 500 的指数值

例 4.3.6 (二元正态分布) 我们将证明 X 和 Y 服从二元正态分布时,它们的协方差是 $\rho \sigma_X \sigma_Y$,这说明 ρ 是相关系数. 协方差是

$$\text{Cov}(X, Y) = \int_{-\infty}^{\infty} \int_{-\infty}^{\infty} (x - \mu_X)(y - \mu_Y) f(x, y) \mathrm{d}x \mathrm{d}y$$

右边做变量代换 $u = (x - \mu_X)/\sigma_X$ 和 $v = (y - \mu_Y)/\sigma_Y$,得

$$\frac{\sigma_X \sigma_Y}{2\pi \sqrt{1 - \rho^2}} \int_{-\infty}^{\infty} \int_{-\infty}^{\infty} uv \exp\left[-\frac{1}{2(1 - \rho^2)}(u^2 + v^2 - 2\rho uv)\right] \mathrm{d}u \mathrm{d}v$$

如 3.3 节的例 3.3.6,利用配方技术将表达式改写成

$$\frac{\sigma_X \sigma_Y}{2\pi \sqrt{1 - \rho^2}} \int_{-\infty}^{\infty} v \exp(-v^2/2) \left(\int_{-\infty}^{\infty} u \exp\left[-\frac{1}{2(1 - \rho^2)}(u - \rho v)^2\right] \mathrm{d}u\right) \mathrm{d}v$$

内积分是 $N[\rho v, (1 - \rho^2)]$ 随机变量的均值,只是缺少标准化常数 $[2\pi(1 - \rho^2)]^{-1/2}$,因此我们有

$$\text{Cov}(X, Y) = \frac{\rho \sigma_X \sigma_Y}{\sqrt{2\pi}} \int_{-\infty}^{\infty} v^2 \mathrm{e}^{-v^2/2} \mathrm{d}v = \rho \sigma_X \sigma_Y$$

得证. ■

相关系数 ρ 度量了 X 和 Y 的线性关系强度 (与图 3.9 相比较). 相关也可以反映在散点图上, 它是通过生成 n 个独立点对 (X_i, Y_i), 其中 $i = 1, \cdots, n$, 并绘出点图得到. 图 4.7 显示了具有不同 ρ 值的 100 个伪随机二元正态随机变量点对的散点图. 注意散点图在形状上近似椭圆.

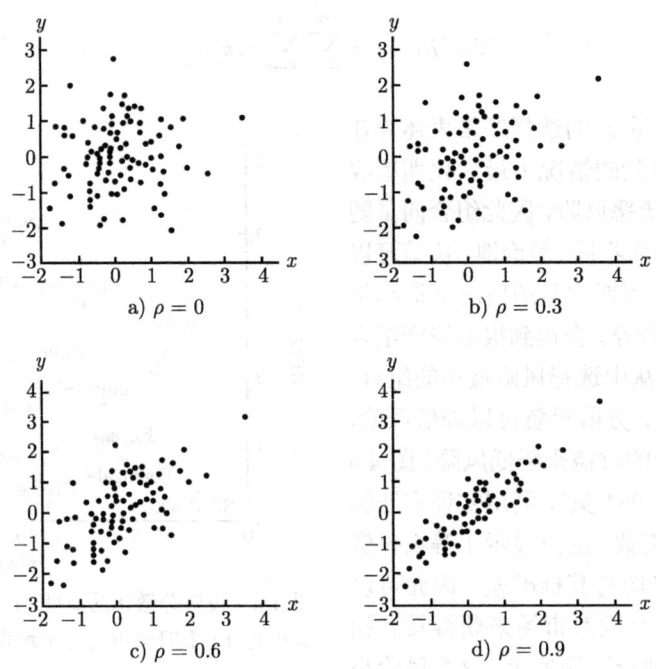

图 4.7 100 个独立二元正态随机变量点对的散点图

4.4 条件期望和预测

4.4.1 定义和例子

3.5 节定义了条件频率函数和密度函数, 并注意它们具有普通频率和密度函数的性质. 特别地, 与条件分布相关联的是条件均值. 假设 Y 和 X 是离散随机变量, 给定 x 的情况下, Y 的条件频率函数是 $p_{Y|X}(y|x)$. 给定 $X = x$ 情况下, Y 的**条件期望** (conditional expectation) 是

$$E(Y|X = x) = \sum_y y p_{Y|X}(y|x)$$

对于连续情形, 我们有

$$E(Y|X = x) = \int y f_{Y|X}(y|x) \mathrm{d}y$$

更一般地, 函数 $h(Y)$ 的条件期望在连续情形下是

$$E[h(Y)|X = x] = \int h(y) f_{Y|X}(y|x) \mathrm{d}y$$

离散情形也有类似的方程.

例 4.4.1.1 考虑 $[0,1]$ 区间上均值为 λ 的泊松过程, 令 N 是 $[0,1]$ 上点的个数. 对于 $p<1$, 令 X 是 $[0,p]$ 上点的个数. 计算给定 $N=n$ 的情况下, X 的条件分布和条件均值.

我们首先计算联合分布: $P(X=x, N=n)$, 它是区间 $[0,p]$ 内发生 x 个事件, 区间 $[p,1]$ 内发生 $n-x$ 个事件的联合概率. 由泊松过程假设, 两个区间内的事件发生数是相互独立的泊松随机变量, 分布具有参数 $p\lambda$ 和 $(1-p)\lambda$, 因此,

$$p_{XN}(x,n) = \frac{(p\lambda)^x e^{-p\lambda}}{x!} \frac{[(1-p)\lambda]^{n-x} e^{-(1-p)\lambda}}{(n-x)!}$$

N 的边际分布是泊松的, 所以经过一些代数运算, X 的条件频率函数是

$$p_{X|N}(x|n) = \frac{p_{XN}(x,n)}{p_N(n)} = \frac{n!}{x!(n-x)!} p^x (1-p)^{n-x}$$

这是参数为 n 和 p 的二项分布. 由 4.1.2 的例 4.1.2.1 知, 条件期望是 np. ∎

例 4.4.1.2 (二元正态分布) 由 3.5.2 节的例 3.5.2.3, 如果 Y 和 X 服从二元正态分布, 给定 X 时 Y 的条件密度是

$$f_{Y|X}(y|x) = \frac{1}{\sigma_Y \sqrt{2\pi(1-\rho^2)}} \exp\left(-\frac{1}{2}\frac{\left[y - \mu_Y - \rho\frac{\sigma_Y}{\sigma_X}(x-\mu_X)\right]^2}{\sigma_Y^2(1-\rho^2)}\right)$$

这是均值 $\mu_Y + \rho(x-\mu_X)\sigma_Y/\sigma_X$ 和方差 $\sigma_Y^2(1-\rho^2)$ 的正态密度. 前者是给定 $X=x$ 时 Y 的条件均值, 后者是条件方差.

注意, 条件均值是 X 的线性函数, 随着 $|\rho|$ 的增加, 条件方差减小. 这些事实可以利用联合密度的椭圆形等高线进行解释. 为了更精确地解释, 考虑 $\sigma_X = \sigma_Y = 1$ 和 $\mu_X = \mu_Y = 0$ 的情形. 等高线是个椭圆, 满足

$$\rho^2 x^2 - 2\rho xy + y^2 = 常数$$

这样椭圆的长轴和短轴在 45° 和 135° 线上. 给定 $X=x$ 时 Y 的条件期望是直线 $y=\rho x$; 注意这条线与椭圆主轴不重合. 图 4.8 显示了 $\rho=0.5$ 的二元正态分布. 二元密度曲线相应于给定各种 x 值的 Y 的条件密度, 但是它们没有将全积分标准化为 1. 二元正态等高线是 xy 平面上虚线所示的椭圆, 主轴用虚直线表示. 给定 $X=x$ 时 Y 的条件期望是 x 的函数, 用平面上的实线显示, 注意它不是椭圆的主轴.

Sir Francis Galton (1822—1911) 研究父子身高关系时发现了这种现象. 他观测到较高父亲的后代平均身高较矮, 较矮父亲的后代平均身高较高. 实证关系如图 14.19 所示. ∎

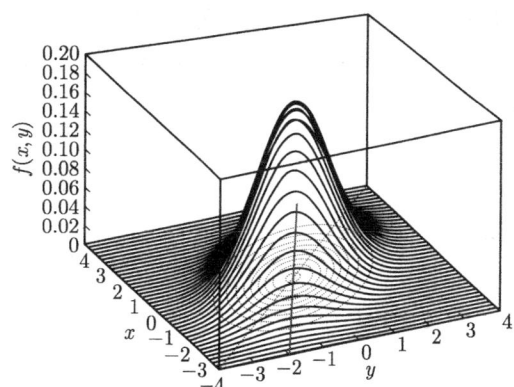

图 4.8 $\rho=0.5$ 时的二元正态密度. 给定 $X=x$ 时 Y 的条件期望如平面 xy 上的实线所示

假设对于 X 范围内的任意 x,定给 $X=x$ 时 Y 的条件期望都存在,则它是 X 的函数,因此该条件期望是随机变量,我们记为 $E(Y|X)$. 譬如,我们在例 4.4.1.1 中发现,$E(X|N=n)=np$,因此,$E(X|N)=Np$ 是 N 的随机变量函数. 只要适当的和式或积分收敛,这个随机变量就具有期望和方差,且它的期望是 $E[E(Y|X)]$,对于这个表达式,注意,因为 $E(Y|X)$ 是 X 的随机变量函数,外部的期望是关于 X 分布的 (4.1.1 节的定理 4.1.1.1). 下面的定理告诉我们 Y 的平均(期望)值可以通过先以 X 为条件,计算出 $E(Y|X)$,然后再对此量关于 X 取平均得到.

定理 4.4.1.1 $E(Y)=E[E(Y|X)]$.

证明 我们只证明离散情形,连续情形的证明与其类似. 利用定理 4.1.1.1,我们需要得到

$$E(Y)=\sum_x E(Y|X=x)p_X(x)$$

其中

$$E(Y|X=x)=\sum_y y p_Y(y|x)$$

交换求和顺序得到

$$\sum_x E(Y|X=x)p_X(x)=\sum_y y \sum_x p_{Y|X}(y|x)p_X(x)$$

(可以证明交换可行.) 利用全概率公式,我们有

$$p_Y(y)=\sum_x p_{Y|X}(y|x)p_X(x)$$

因此,

$$\sum_y y \sum_x p_{Y|X}(y|x)p_X(x)=\sum_y y p_Y(y)=E(Y)$$ ∎

定理 4.4.1.1 给出了称为**全期望公式** (law of total expectation) 的概率定律:随机变量 Y 的期望可以通过适当地加权条件期望,并对其求和或积分得到.

例 4.4.1.3 假设在系统中,元件及其备件的平均寿命都等于 μ. 如果元件失效,系统自动用其备件替代,但是成功概率为 p. 令 T 是系统的全寿命,备件替代成功时令 $X=1$,否则 $X=0$. 因此,全寿命在备件失效时等于第一个元件的寿命,在备件成功工作时等于元件和备件的寿命之和. 那么

$$E(T|X=1)=2\mu$$
$$E(T|X=0)=\mu$$

因此,

$$E(T)=E(T|X=1)P(X=1)+E(T|X=0)P(X=0)=\mu(2-p)$$ ∎

例 4.4.1.4 (随机和) 这个例子引入如下类型的和:

$$T=\sum_{i=1}^N X_i$$

其中随机变量 N 具有有限期望,随机变量 X_i 与 N 独立且具有相同的均值 $E(X)$. 这种和有很多应用. 保险公司在给定时段内收到 N 个索赔,每个索赔额度用随机变量 $X_1,X_2,\cdots$ 来刻画.

随机变量 N 可以表示进入商场的顾客数,X_i 就是第 i 个顾客的消费数额. N 还可以表示单一服务队列中的工作数目,X_i 就是第 i 个工作的服务时间. 对于最后一种情形,T 是队列中所有工作的服务时间. 根据定理 4.4.1.1,

$$E(T) = E[E(T|N)]$$

因为 $E(T|N=n) = nE(X)$,$E(T|N) = NE(X)$,因此,

$$E(T) = E[NE(X)] = E(N)E(X)$$

这与直觉相吻合,完成 N 个工作的平均时间是随机数 N 的平均值乘以完成一个工作的平均时间. ∎

我们已经知道随机变量 $E(Y|X)$ 的期望是 $E(Y)$,现在来求其方差.

定理 4.4.1.2 $\mathrm{Var}(Y) = \mathrm{Var}[E(Y|X)] + E[\mathrm{Var}(Y|X)]$.

证明 我们在证明过程中来解释这些符号的含义. 首先,

$$\mathrm{Var}(Y|X=x) = E(Y^2|X=x) - [E(Y)|X=x]^2$$

它对所有的 x 值都有定义. 因此,正如我们定义 $E(Y|X)$,$\mathrm{Var}(Y|X)$ 也可以定义为 X 的随机变量函数. 特别地,$\mathrm{Var}(Y|X)$ 具有期望 $E[\mathrm{Var}(Y|X)]$,因为

$$\mathrm{Var}(Y|X) = E(Y^2|X) - [E(Y|X)]^2$$
$$E[\mathrm{Var}(Y|X)] = E[E(Y^2|X) - E\{[E(Y|X)]^2\}$$

且

$$\mathrm{Var}[E(Y|X)] = E\{[E(Y|X)]^2\} - \{E[E(Y|X)]\}^2$$

最后,由全期望公式得,

$$\mathrm{Var}(Y) = E(Y^2) - [E(Y)]^2 = E[E(Y^2|X) - \{E[E(Y|X)]\}^2$$

现在,将所有部分放在一起:

$$\begin{aligned}\mathrm{Var}(Y) &= E[E(Y^2|X)] - \{E[E(Y|X)]\}^2 \\ &= E[E(Y^2|X)] - E\{[E(Y|X)]^2\} + E\{[E(Y|X)]^2\} - \{E[E(Y|X)]\}^2 \\ &= E[\mathrm{Var}(Y|X)] + \mathrm{Var}[E(Y|X)]\end{aligned}$$

∎

例 4.4.1.5 (随机和) 我们接着讨论例 4.4.1.4,但是增加假设 X_i 是具有相同均值 $E(X)$ 和方差 $\mathrm{Var}(X)$ 的独立随机变量,且 $\mathrm{Var}(N) < \infty$. 根据定理 4.4.1.2,

$$\mathrm{Var}(T) = E[\mathrm{Var}(T|N)] + \mathrm{Var}[E(T|N)]$$

因为 $E(T|N) = NE(X)$,

$$\mathrm{Var}[E(T|N)] = [E(X)]^2 \mathrm{Var}(N)$$

同时，因为 $\mathrm{Var}(T|N=n) = \mathrm{Var}\left(\sum_{i=1}^{n} X_i\right) = n\mathrm{Var}(X)$，

$$\mathrm{Var}(T|N) = N\mathrm{Var}(X)$$

和

$$E[\mathrm{Var}(T|N)] = E(N)\mathrm{Var}(X)$$

因此，我们有

$$\mathrm{Var}(T) = [E(X)]^2 \mathrm{Var}(N) + E(N)\mathrm{Var}(X)$$

如果固定 N，比方说，$N = n$，那么 $\mathrm{Var}(T) = n\mathrm{Var}(X)$. 因此，从上式我们看出 T 上附加的波动性来源于 N 的随机性.

作为一个具体例子，假设某时间区间内保险索赔数的期望等于 900，标准差等于 30，索赔数是期望为 900 的泊松随机变量即是这种情形. 假设平均索赔额度是 1 000 美元，标准差是 500 美元，那么所有索赔额度 T 的期望值是 $E(T) = 900\,000$ 美元，方差是

$$\mathrm{Var}(T) = 1\,000^2 \times 900 + 900 \times 500^2 = 1.125 \times 10^9$$

T 的标准差是方差的平方根 33 541 美元. 那么保险公司计划总索赔额度即是 900 000 美元加减几倍的标准差 (根据切比雪夫不等式). 注意，如果总的索赔数不是变量，而是固定在 $N = 900$，那么总索赔额度的方差由先前表达式中的 $E(N)\mathrm{Var}(X)$ 给出，其标准差等于 15 000 美元. 因此，索赔数的波动大大地提高了总索赔额度的不确定性. ■

4.4.2 预测

本节讨论由一个随机变量预测另一个随机变量的问题. 例如，我们希望利用工具测量某个物理量的值，比方说是气压. 实际的气压是未知的、变化的，因此，我们可以利用随机变量 Y 来刻画. 假设用工具测量气压，得到响应变量 X，它与 Y 之间存在某种形式的关系，但同时还受随机噪声的污染，例如，X 可以表示气流. Y 和 X 具有联合分布，我们希望利用工具响应变量 X 来预测实际气压 Y.

作为另外一个例子，在林业学中，树的体积有时利用易于测量的直径来估计. 对于整个森林，将直径 (X) 和体积 (Y) 看成具有联合分布的随机变量是合理的，然后试图由 X 预测 Y.

我们首先考虑相对简单的情形：通过常数 c 来预测 Y. 如果我们希望选择"最好"的 c 值，就需要预测精度的某种度量方式. 易于数学处理并广泛使用的是均方误差：

$$\mathrm{MSE} = E[(Y-c)^2]$$

这是预测误差平方的平均，且该平均是关于 Y 分布的. 问题就变为寻找 c 值，使其最小化均方误差. 为求解这个问题，我们记 $E(Y)$ 为 μ，观测到 (参见 4.2.1 节的定理 4.2.1.1)

$$E[(Y-c)^2] = \mathrm{Var}(Y-c) + [E(Y-c)]^2 = \mathrm{Var}(Y) + (\mu-c)^2$$

最后表达式的第一项不依赖于 c，第二项在 $c = \mu$ 时最小，这个就是 c 的最优选择.

我们现在考虑利用某个函数 $h(X)$ 来预测 Y, 即最小化 $\text{MSE} = E\{[Y - h(X)]^2\}$. 由 4.4.1 节的定理 4.4.1.1, 右边可以表示成

$$E\{[Y - h(X)]^2\} = E(E\{[Y - h(X)]^2|X\})$$

外部期望是关于 X 的. 对于任意的 x, 由之前段落的结论得到内部期望在 $h(x)$ 等于 $E(Y|X = x)$ 时达到最小. 因此, 我们有最小化函数 $h(X)$ 是

$$h(X) = E(Y|X)$$

例 4.4.2.1 对于二元正态分布, 我们得到

$$E(Y|X) = \mu_Y + \rho \frac{\sigma_Y}{\sigma_X}(X - \mu_X)$$

因此, X 的线性函数是由 X 预测 Y 的最小均方误差预测元. ∎

最优预测方案的实际局限在于它的实施需要计算 $E(Y|X)$, 而这依赖于 Y 和 X 的联合分布, 但通常情况下这个信息是得不到的, 更不用说是近似计算了. 基于此, 我们可以试图完成相对合理的预测目标, 只寻找 Y 的最优线性预测元. (例 4.4.2.1 显示最优预测是线性的, 但它不是一般的情况.) 也就是说, 与其在所有函数中寻找最优的 h, 不如在形式为 $h(x) = \alpha + \beta x$ 的函数中寻找. 这只需要关于两个参数 α 和 β 进行最优化. 现在

$$E[(Y - \alpha - \beta X)^2] = \text{Var}(Y - \alpha - \beta X) + [E(Y - \alpha - \beta X)]^2$$
$$= \text{Var}(Y - \beta X) + [E(Y - \alpha - \beta X)]^2$$

最后表达式的第一项不依赖于 α, 因此最小化第二项可以选择 α. 为此, 注意到

$$E(Y - \alpha - \beta X) = \mu_Y - \alpha - \beta \mu_X$$

如果

$$\alpha = \mu_Y - \beta \mu_X$$

右边等于零, 因此平方最小. 对于第一项,

$$\text{Var}(Y - \beta X) = \sigma_Y^2 + \beta^2 \sigma_X^2 - 2\beta \sigma_{XY}$$

其中 $\sigma_{XY} = \text{Cov}(X, Y)$. 这是 β 的二次函数, 关于 β 求导, 并令导数等于零可以计算出最小化值, 这得到

$$\beta = \frac{\sigma_{XY}}{\sigma_X^2} = \rho \frac{\sigma_Y}{\sigma_X}$$

β 是相关系数. 替代 α 和 β 的值, 我们发现最小均方误差预测元如下, 记为 $\widehat{Y}$:

$$\widehat{Y} = \alpha + \beta X = \mu_X + \frac{\sigma_{XY}}{\sigma_X^2}(X - \mu_X)$$

那么均方预测误差是

$$\text{Var}(Y - \beta X) = \sigma_Y^2 + \frac{\sigma_{XY}^2}{\sigma_X^4}\sigma_X^2 - 2\frac{\sigma_{XY}}{\sigma_X^2}\sigma_{XY}$$

$$= \sigma_Y^2 - \frac{\sigma_{XY}^2}{\sigma_X^2} = \sigma_Y^2 - \rho^2 \sigma_Y^2 = \sigma_Y^2(1-\rho^2)$$

注意，最优线性预测仅通过均值、方差和协方差，依赖于 X 和 Y 的联合分布. 因此，在实际中，一般易于构建最优线性预测元或其近似，而很难得到一般的最优预测 $E(Y|X)$. 第二，注意二元正态分布的 $E(Y|X)$ 与最优线性预测相同. 第三，注意均方预测误差仅依赖于 σ_Y 和 ρ，随着 ρ 接近于 $+1$ 或 -1 而变小. 这里，我们从另外一个角度再一次看到，相关系数是 X 和 Y 线性关系强度的度量.

例 4.4.2.2 假设一个课程进行了两次测验. 作为概率模型，我们将两次测试的成绩视为具有联合分布的随机变量 X 和 Y. 简单起见，假设测验具有同样均值 $\mu = \mu_X = \mu_Y$ 和标准差 $\sigma = \sigma_X = \sigma_Y$. 那么 X 和 Y 的相关系数是 $\rho = \sigma_{XY}/\sigma^2$，最优线性预测元是 $\widehat{Y} = \mu + \rho(X - \mu)$，因此，

$$\widehat{Y} - \mu = \rho(X - \mu)$$

注意，我们利用这个方程预测学生第二次测验偏离总均值 μ 的情况，且这种偏离程度要小于第一次测验结果. 如果 ρ 是正的，这极大地鼓舞了第一次测验成绩低于均值的学生，这是因为我们的最优预测得出他的第二次测验成绩会接近均值；另一方面，这又极大地打击了第一次测验成绩高于均值的学生，同样因为我们预测他的第二次测试成绩也会接近均值. 这种现象常称为回归向均值 (regression to the mean). ∎

4.5 矩生成函数

这一节讨论和应用矩生成函数的一些性质. 尽管它不经常出现，但非常有用，可以大大地简化某些计算过程.

如果期望存在，随机变量 X 的**矩生成函数** (moment-generating function, mgf) 定义为 $M(t) = E(e^{tX})$. 离散情形下，

$$M(t) = \sum_x e^{tx} p(x)$$

连续情形下，

$$M(t) = \int_{-\infty}^{\infty} e^{tx} f(x) \mathrm{d}x$$

这个期望，因而矩生成函数，对某些特殊的 t 值可能存在也可能不存在. 连续情形下，期望的存在性依赖于密度函数尾部衰减的速度，例如，由于柯西密度的尾部以速度 x^{-2} 衰减，期望对任何 t 都不存在，矩生成函数也就没有定义. 正态密度的尾部以速度 e^{-x^2} 衰减，因此积分对所有的 t 都收敛.

性质 4.5.1 如果矩生成函数在包含零点的开区间上存在，那么它唯一决定其概率分布.

我们在这里不能证明这个重要的性质 —— 它的证明依赖于拉普拉斯变换的性质. 注意，性质 4.5.1 是说如果两个随机变量在包含零的开区间上具有相同的 mgf，那么它们具有同样的分布. 对于某些问题，我们可以计算出 mgf，然后推导相应的唯一概率分布.

如果期望存在，随机变量的 r 阶矩是 $E(X^r)$. 我们已经在本章介绍了一阶矩和二阶矩，也就是 $E(X)$ 和 $E(X^2)$. 有时中心矩比原点矩使用更加频繁：r 阶中心矩是 $E\{[X - E(X)]^r\}$. 方差

是二阶中心矩, 是关于均值发散程度的度量. 三阶中心矩称为**偏度** (skewness), 用来测量密度或频率函数关于其均值的对称性, 如果密度关于均值对称, 则偏度是零 (参见章末习题 78). 正如其名, 矩生成函数与矩有关. 为此, 考虑连续情形:

$$M(t) = \int_{-\infty}^{\infty} e^{tx} f(x) dx$$

$M(t)$ 的微分是

$$M'(t) = \frac{d}{dt} \int_{-\infty}^{\infty} e^{tx} f(x) dx$$

可以证明微分和积分能够互换, 因此,

$$M'(t) = \int_{-\infty}^{\infty} x e^{tx} f(x) dx$$

和

$$M'(t) = \int_{-\infty}^{\infty} x f(x) dx = E(X)$$

微分 r 次, 我们得到

$$M^{(r)}(0) = E(X^r)$$

可以进一步证明如果矩生成函数在包含零的区间上存在, 上式对所有的矩都成立. 因此, 我们有如下性质.

性质 4.5.2 如果矩生成函数在包含零点的开区间上存在, 那么 $M^{(r)}(0) = E(X^r)$.

根据期望的定义计算随机变量的矩, 我们必须进行序列求和或函数积分. 性质 4.5.2 的用处在于, 如果矩生成函数能够计算出来, 较难的积分或求和过程就被机械的微分过程替代. 我们现在通过几个熟悉的分布解释这些概念.

例 4.5.1 (泊松分布) 根据定义,

$$M(t) = \sum_{k=0}^{\infty} e^{tk} \frac{\lambda^k}{k!} e^{-\lambda} = \sum_{k=0}^{\infty} \frac{(\lambda e^t)^k}{k!} e^{-\lambda} = e^{-\lambda} e^{\lambda e^t} = e^{\lambda(e^t-1)}$$

和对所有的 t 都收敛. 微分, 我们有

$$M'(t) = \lambda e^t e^{\lambda(e^t-1)}$$
$$M''(t) = \lambda e^t e^{\lambda(e^t-1)} + \lambda^2 e^{2t} e^{\lambda(e^t-1)}$$

计算 $t = 0$ 时的微分值, 得到

$$E(X) = \lambda$$
$$E(X^2) = \lambda^2 + \lambda$$

由此得

$$\mathrm{Var}(X) = E(X^2) - [E(X)]^2 = \lambda$$

我们发现泊松分布的均值和方差是相等的. ∎

例 4.5.2 (伽马分布) 伽马分布的 mgf 是

$$M(t) = \int_0^{\infty} e^{tx} \frac{\lambda^\alpha}{\Gamma(\alpha)} x^{\alpha-1} e^{-\lambda x} dx = \frac{\lambda^\alpha}{\Gamma(\alpha)} \int_0^{\infty} x^{\alpha-1} e^{x(t-\lambda)} dx$$

后者积分关于 $t < \lambda$ 收敛,利用参数为 α 和 $\lambda - t$ 的伽马密度来计算. 因此,我们得到

$$M(t) = \frac{\lambda^\alpha}{\Gamma(\alpha)} \left(\frac{\Gamma(\alpha)}{(\lambda - t)^\alpha} \right) = \left(\frac{\lambda}{\lambda - t} \right)^\alpha$$

微分,有

$$M'0 = E(X) = \frac{\alpha}{\lambda}$$

$$M''0 = E(X^2) = \frac{\alpha(\alpha + 1)}{\lambda^2}$$

利用这些方程,我们得到

$$\mathrm{Var}(X) = E(X^2) - [E(X)]^2 = \frac{\alpha(\alpha + 1)}{\lambda^2} - \frac{\alpha^2}{\lambda^2} = \frac{\alpha^2}{\lambda^2}\ \blacksquare$$

例 4.5.3 (标准正态分布) 对于标准正态分布,我们有

$$M(t) = \frac{1}{\sqrt{2\pi}} \int_{-\infty}^{\infty} e^{tx} e^{-x^2/2} dx$$

积分关于所有的 t 收敛,可以利用配方技术计算出来. 因此

$$\frac{x^2}{2} - tx = \frac{1}{2}(x^2 - 2tx + t^2) - \frac{t^2}{2} = \frac{1}{2}(x-t)^2 - \frac{t^2}{2}$$

因此,

$$M(t) = \frac{e^{t^2/2}}{\sqrt{2\pi}} \int_{-\infty}^{\infty} e^{-(x-t)^2/2} dx$$

进行变量变换 $u = x - t$,由标准正态密度的积分等于 1,我们得到

$$M(t) = e^{t^2/2}$$

由此,易得 $E(X) = 0$ 和 $\mathrm{Var}(X) = 1$. $\blacksquare$

我们继续讨论矩生成函数的性质.

性质 4.5.3 如果 X 具有矩生成函数 $M_X(t)$,$Y = a + bX$,那么 Y 具有矩生成函数 $M_Y(t) = e^{at} M_X(bt)$.

证明
$$M_Y(t) = E(e^{tY}) = E(e^{at+btX}) = E(e^{at} e^{btX}) = e^{at} E(e^{btX}) = e^{at} M_X(bt)\ \blacksquare$$

例 4.5.4 (一般的正态分布) 如果 Y 服从参数为 μ 和 σ 的一般正态分布,它与 $\mu + \sigma X$ 同分布,其中 X 服从标准正态分布. 因此,由例 4.5.3 和性质 4.5.3,

$$M_Y(t) = e^{\mu t} M_X(\sigma t) = e^{\mu t} e^{\sigma^2 t^2/2}\ \blacksquare$$

性质 4.5.4 如果 X 和 Y 相互独立,分别具有矩生成函数 M_X 和 M_Y,$Z = X + Y$,那么在矩生成函数都存在的共同区间上,$M_Z(t) = M_X(t) M_Y(t)$.

证明
$$M_Z(t) = E(e^{tZ}) = E(e^{tX+tY}) = E(e^{tX}e^{tY})$$
利用独立性假设，
$$M_Z(t) = E(e^{tX})E(e^{tY}) = M_X(t)M_Y(t)$$

利用归纳法，可以将性质 4.5.4 推广到多个随机变量和的情况. 这是矩生成函数最有用的性质之一. 下面的三个例子说明利用性质 4.5.4 可以很容易推导一些结果，而若不利用矩生成函数，这些结论往往需要很多的工作才能解决.

例 4.5.5 独立泊松随机变量的和还是泊松随机变量: 如果 X 服从参数为 λ 的泊松分布, Y 服从参数为 μ 的泊松分布, 那么 $X+Y$ 服从参数为 $\lambda+\mu$ 的泊松分布, 因此,
$$e^{\lambda(e^t-1)}e^{\mu(e^t-1)} = e^{(\lambda+\mu)(e^t-1)}$$

例 4.5.6 如果 X 服从参数为 α_1 和 λ 的伽马分布, Y 服从参数为 α_2 和 λ 的伽马分布, 那么 $X+Y$ 的矩生成函数是
$$\left(\frac{\lambda}{\lambda-t}\right)^{\alpha_1}\left(\frac{\lambda}{\lambda-t}\right)^{\alpha_2} = \left(\frac{\lambda}{\lambda-t}\right)^{\alpha_1+\alpha_2}$$

其中 $t < \lambda$. 右边的表达式是参数为 λ 和 $\alpha_1+\alpha_2$ 的伽马分布的矩生成函数. 由此得出参数为 λ 的 n 个独立指数随机变量的和服从参数为 n 和 λ 的伽马分布. 因此, 在泊松过程中, n 个连续事件发生的时间长度服从伽马分布. 假设队列中顾客的服务时间是独立的指数随机变量, 服务 n 个顾客的时间长度服从伽马分布.

例 4.5.7 如果 $X \sim N(\mu, \sigma^2)$, $Y \sim N(\nu, \tau^2)$, 且相互独立, 那么 $X+Y$ 的矩生成函数是
$$e^{\mu t}e^{t^2\sigma^2/2}e^{\nu t}e^{t^2\tau^2/2} = e^{(\mu+\nu)t}e^{t^2(\sigma^2+\tau^2)/2}$$

这是均值为 $\mu+\nu$, 方差为 $\sigma^2+\tau^2$ 的正态分布的矩生成函数. 因此, 独立正态随机变量的和还是正态的.

之前的三个例子是非典型的. 一般地, 如果两个独立随机变量服从某种类型的分布, 那么它们的和不一定服从同类型的分布. 例如, 不同参数 λ 值的两个伽马随机变量之和不服从伽马分布, 这很容易由矩生成函数得出.

我们现在推导 4.1.1 节引入的随机和的矩生成函数. 假设
$$S = \sum_{i=1}^{N} X_i$$

其中 X_i 相互独立, 具有相同的矩生成函数 M_X, N 的矩生成函数为 M_N, 独立于 X_i. 取条件期望, 我们有
$$M_S(t) = E[E(e^{tS}|N)]$$

给定 $N = n$ 时, 由性质 4.5.4, $M_S(t) = [M_X(t)]^n$. 因此, 我们有
$$M_S(t) = E[M_X(t)^N] = E(e^{N \log M_X(t)}) = M_N[\log M_X(t)]$$

(我们必须小心 t 值的定义区间.)

例 4.5.8 (复合泊松过程) 这个例子介绍了某种链式反映,或"层叠"过程模型. 原电子在电场加速后,碰撞极板,产生次级电子. 在多极电子倍增管里,每个次级电子撞击另外的极板,因此产生许多三级电子,这个过程按照此模式可以连续几个阶段. Woodward(1948) 考虑如下的模型: 单一电子冲击极板后产生的电子数是随机的,特别地,次级电子数服从泊松分布. 第三阶段产生的电子数由之前叙述的随机和刻画,其中 N 是次级电子的个数, X_i 是第 i 个次级电子产生的电子数. 假设 X_i 是参数为 λ 的独立泊松随机变量, N 是参数为 μ 的泊松随机变量. 根据先前的结果,所有粒子数 S 的矩生成函数是

$$M_S(t) = \exp[\mu(e^{\lambda(e^t-1)} - 1)]$$

∎

例 4.5.8 解释了矩生成函数的效用. 第三个阶段粒子数的概率质量函数很难计算. 通过微分矩生成函数, 我们可以得到这个概率质量函数的矩 (参见章末习题 98).

如果 X 和 Y 具有联合分布, 它们的联合矩生成函数定义为

$$M_{XY}(s,t) = E(e^{sX+tY})$$

它是两个变量 s 和 t 的函数. 如果联合矩生成函数定义在包含原点的开集上面, 它唯一地决定其联合分布. 边缘分布 X 的矩生成函数是

$$M_X(s) = M_{XY}(s,0)$$

对 Y 类似. 可以证明 X 和 Y 独立的充分必要条件是它们的联合矩生成函数可以分解成边际分布矩生成函数的乘积. $E(XY)$ 和其他的高阶联合矩可以通过微分联合矩生成函数得到. 类似性质对多个随机变量的联合矩生成函数也成立.

矩生成函数的主要局限在于它可能不存在. 随机变量 X 的**特征函数** (characteristic function) 定义为

$$\phi(t) = E(e^{itX})$$

其中 $i = \sqrt{-1}$. 连续形式下,

$$\phi(t) = \int_{-\infty}^{\infty} e^{itx} f(x) dx$$

因为 $|e^{itx}| \leqslant 1$, 所以这个积分对所有的 t 值都成立. 因此, 特征函数对所有的分布都有定义. 它的性质与矩生成函数类似: 矩可以通过微分得到, 特征函数在线性形式下变换简单, 独立随机变量和的特征函数是它们特征函数的乘积. 但是利用特征函数需要熟知复变量的技巧.

4.6 近似方法

在很多应用中, 仅仅知道随机变量的前两阶矩, 完整的概率分布未知, 即使知道也是近似的. 我们在第 5 章会看到随机变量的重复独立观测数据能得到均值和方差的可信赖估计. 假设我们知道随机变量 X 的期望和方差, 但分布完全未知, 且感兴趣于 $Y = g(X)$ 的均值和方差, 其中 g 是某个固定函数. 例如, 我们可以测量出 X, 并确定其均值和方差, 但我们真正对 Y 感兴趣, 它与 X 有某种已知的关系模式. 为了估计间接测量过程的精度, 我们可能想知道, 或至少近似

知道 Var(Y). 由本章的结论，除非 g 是线性的，否则一般情况下，我们不能利用 $E(X) = \mu_X$ 和 Var(X) = σ_X^2 计算出 $E(Y) = \mu_Y$ 和 Var(Y) = σ_Y^2. 然而，如果 g 在 X 发生概率较高的领域上接近线性，那么就可以利用线性函数来近似，并计算 Y 的近似矩.

正如之前的叙述，我们遵照应用数学常用的方法：当遇到不能解决的非线性问题时，我们将其线性化处理. 在概率统计中，这个方法称为**误差的传播** (propagation of error)，或 **δ 方法** (δ method). 线性化可以通过 g 在 μ_X 处的泰勒级数展开实现. 对于一阶泰勒展开，

$$Y = g(X) \approx g(\mu_X) + (X - \mu_X)g'(\mu_X)$$

我们将 Y 近似表示成 X 的线性函数. 回顾前述结论：如果 $U = a + bV$，那么 $E(U) = a + bE(V)$，Var(U) = b^2Var(V)，我们得到

$$\mu_Y \approx g(\mu_X)$$
$$\sigma_Y^2 \approx \sigma_X^2 [g'(\mu_X)]^2$$

我们知道一般情况下 $E(Y) \neq g(E(X))$，这只是近似成立. 事实上，我们可以实施二阶泰勒展开，得到 μ_Y 改进的近似：

$$Y = g(X) \approx g(\mu_X) + (X - \mu_X)g'(\mu_X) + \frac{1}{2}(X - \mu_X)^2 g''(\mu_X)$$

右边取期望，由于 $E(X - \mu_X) = 0$，我们有

$$E(Y) \approx g(\mu_X) + \frac{1}{2}\sigma_X^2 g''(\mu_X)$$

近似程度的好坏依赖于 μ_X 处 g 的线性程度和 σ_X 的大小. 由切比雪夫不等式，X 出现在 μ_X 几倍标准差之外的可能性很小；如果 g 在这个区域上线性近似良好，那么矩的近似也是良好的.

例 4.6.1 电压、电流和电阻的关系是 $V = IR$. 假设通过介质的电压是固定常数 V_0，因此电阻随机波动，比方说，以分子水平随机波动. 因此电流也是随机变动的. 假设通过实验可以确定均值 $\mu_I \neq 0$ 和方差 σ_I^2. 我们希望计算电阻 R 的均值和方差，因为不知道 I 的分布，必须借助于近似计算. 我们有

$$R = g(I) = \frac{V_0}{I}$$
$$g'(\mu_I) = -\frac{V_0}{\mu_I^2}$$
$$g''(\mu_I) = \frac{2V_0}{\mu_I^3}$$

因此，

$$\mu_R \approx \frac{V_0}{\mu_I} + \frac{V_0}{\mu_I^3}\sigma_I^2$$
$$\sigma_R^2 \approx \frac{V_0^2}{\mu_I^4}\sigma_I^2$$

R 的变动依赖于 I 的均值和方差. 这是很合理的，因为如果 I 较小，其较小的变动会引起 $R = V_0/I$ 较大的变动，而如果 I 较大，其较小的变动不会影响 R 很多. μ_R 的二阶修正项也依赖于 μ_I，如

果 μ_I 较小，它就较大. 事实上，当 I 接近零时，函数 $g(I) = V_0/I$ 非线性程度非常高，线性化得不到较好的近似. ∎

例 4.6.2 这个例子利用一个简单的测试案例检验近似精度. 我们选择函数 $g(x) = \sqrt{x}$，考虑两种情形：X 是 $[0,1]$ 和 $[1,2]$ 上的均匀分布. 图 4.9 显示图形 $g(x)$ 在后者更接近线性，因此，我们预期此处的近似更好.

令 $Y = \sqrt{X}$，因为 X 在 $[0,1]$ 上均匀，所以

$$E(Y) = \int_0^1 \sqrt{x}\,\mathrm{d}x = \frac{2}{3}$$

和

$$E(Y^2) = \int_0^1 x\,\mathrm{d}x = \frac{1}{2}$$

因此 $\mathrm{Var}(Y) = \frac{1}{2} - \left(\frac{2}{3}\right)^2 = \frac{1}{18}$，$\sigma_Y = 0.236$. 这些是精确的结果.

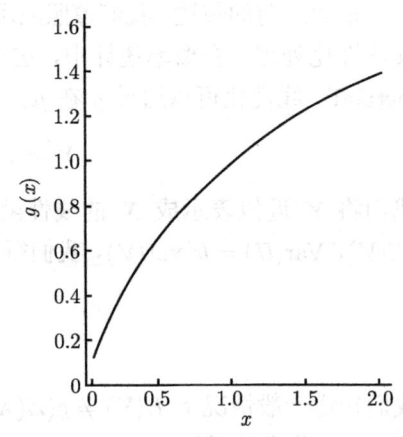

图 4.9　区间 $[1,2]$ 上的函数 $g(x) = \sqrt{x}$ 比区间 $[0,1]$ 上的更接近线性

利用近似方法，首先计算

$$g'(x) = \frac{1}{2}x^{-1/2}$$

$$g''(x) = -\frac{1}{4}x^{-3/2}$$

因为 X 在 $[0,1]$ 上均匀，$\mu_X = \frac{1}{2}$，计算此处的微分，得到

$$g'(\mu_X) = \frac{\sqrt{2}}{2}$$

$$g''(\mu_X) = -\frac{\sqrt{2}}{2}$$

我们知道 $[0,1]$ 上均匀分布的方差 $\mathrm{Var}(X) = \frac{1}{12}$，因此近似结果是

$$E(Y) \approx \sqrt{\frac{1}{2}} - \frac{1}{2}\left(\frac{\sqrt{2}}{12 \times 2}\right) = 0.678$$

$$\mathrm{Var}(Y) \approx \frac{1}{2} \times \frac{1}{12} = 0.042$$

$$\sigma_Y \approx 0.204$$

均值近似是 0.678，与实际值 0.667 相比较，偏离大约 1.6%. 标准差的近似是 0.204，与实际值 0.236 相比较，偏离 13%.

现在考虑 X 是 $[1,2]$ 上均匀的情况. 如上述步骤，$y = \sqrt{x}$ 的均值是 1.219，方差和标准差分别是 0.0142 和 0.119. 为了与近似值相比较，我们注意到 $\mu_X = \frac{3}{2}$ 和 $\mathrm{Var}(X) = \frac{1}{12}$（$[0,1]$ 上的均匀随机变量增加常数 1 就能得到 $[1,2]$ 上的均匀随机变量；与 4.2 节的定理 4.2.1 进行比较）. 我们发现

$$g'(\mu_X) = 0.408$$
$$g''(\mu_X) = -0.136$$

因此，近似计算是

$$E(Y) \approx \sqrt{\frac{3}{2}} - \frac{1}{2}\left(\frac{0.136}{12}\right) = 1.219$$
$$\text{Var}(Y) \approx \frac{0.408^2}{12} = 0.0138$$
$$\sigma_Y \approx 0.118$$

这些值比第一种情形下的近似更接近于真实值. ∎

假设我们有双变量函数 $Z = g(X, Y)$. 我们可以再一次利用泰勒级数展开式近似计算 Z 的均值和方差. 对于一阶情形，令 μ 表示点 (μ_X, μ_Y)，

$$Z = g(X, Y) \approx g(\mu) + (X - \mu_X)\frac{\partial g(\mu)}{\partial x} + (Y - \mu_Y)\frac{\partial g(\mu)}{\partial y}$$

符号 $\partial g(\mu)/\partial x$ 表示点 μ 的微分值. 这里 Z 近似表示成 X 和 Y 的线性函数，易于计算这个线性函数的均值和方差

$$E(Z) \approx g(\mu)$$

和

$$\text{Var}(Z) \approx \sigma_X^2 \left(\frac{\partial g(\mu)}{\partial x}\right)^2 + \sigma_Y^2 \left(\frac{\partial g(\mu)}{\partial y}\right)^2 + 2\sigma_{XY}\left(\frac{\partial g(\mu)}{\partial x}\right)\left(\frac{\partial g(\mu)}{\partial y}\right)$$

(后者计算可以参见 4.3 节的推论 4.3.1.) 与单变量情形相似，二阶展开可以得到 $E(X)$ 的改良估计：

$$Z = g(X, Y) \approx g(\mu) + (X - \mu_X)\frac{\partial g(\mu)}{\partial x} + (Y - \mu_Y)\frac{\partial g(\mu)}{\partial y} + \frac{1}{2}(X - \mu_X)^2\frac{\partial^2 g(\mu)}{\partial x^2}$$
$$+ \frac{1}{2}(Y - \mu_Y)^2\frac{\partial^2 g(\mu)}{\partial y^2} + (X - \mu_X)(Y - \mu_Y)\frac{\partial^2 g(\mu)}{\partial x \partial y}$$

右边逐项取期望，得到

$$E(Z) \approx g(\mu) + \frac{1}{2}\sigma_X^2\frac{\partial^2 g(\mu)}{\partial x^2} + \frac{1}{2}\sigma_Y^2\frac{\partial^2 g(\mu)}{\partial y^2} + \sigma_{XY}\frac{\partial^2 g(\mu)}{\partial x \partial y}$$

n 元函数的一般情形类似操作，基本的概念由二元变量情形解释.

例 4.6.3 (比率的期望和方差) 我们考虑 $Z = Y/X$ 的情形，这在实际中经常出现. 例如，化学家测量两种物质的浓度，都使用标准差表示测量误差，然后用比率形式报告相对浓度. 比率 Z 的近似标准差是多少？

利用之前推导的误差传播方法，对于 $g(x, y) = y/x$，我们有

$$\frac{\partial g}{\partial x} = \frac{-y}{x^2} \quad \frac{\partial g}{\partial y} = \frac{1}{x}$$
$$\frac{\partial^2 g}{\partial x^2} = \frac{2y}{x^3} \quad \frac{\partial^2 g}{\partial y^2} = 0 \quad \frac{\partial^2 g}{\partial x \partial y} = \frac{-1}{x^2}$$

计算 (μ_X, μ_Y) 处的微分，利用先前的结论，如果 $\mu_X \neq 0$，我们有

$$E(Z) \approx \frac{\mu_Y}{\mu_X} + \sigma_X^2 \frac{\mu_Y}{\mu_X^3} - \frac{\sigma_{XY}}{\mu_X^2} = \frac{\mu_Y}{\mu_X} + \frac{1}{\mu_X^2}\left(\sigma_X^2 \frac{\mu_Y}{\mu_X} - \rho \sigma_X \sigma_Y\right)$$

由此方程，我们看到 $E(Z)$ 和 μ_Y/μ_X 之差依赖于很多因素. 如果 σ_X 和 σ_Y 较小（即两者浓度的测量都很精确），差异就较小. 如果 μ_X 小，相差就相对较大. 最后，X 和 Y 之间的相关也影响两者之差.

我们现在考虑方差. 再次利用之前的结论，计算 (μ_X, μ_Y) 处的偏微分，我们有

$$\operatorname{Var}(Z) \approx \sigma_X^2 \frac{\mu_Y^2}{\mu_X^4} + \frac{\sigma_Y^2}{\mu_X^2} - 2\sigma_{XY} \frac{\mu_Y}{\mu_X^3} = \frac{1}{\mu_X^2}\left(\sigma_X^2 \frac{\mu_Y^2}{\mu_X^2} + \sigma_Y^2 - 2\rho\sigma_X\sigma_Y \frac{\mu_Y}{\mu_X}\right)$$

由此方程，我们看出与例 4.6.1 的结论类似，当 μ_X 较小时，比率的波动性较大，并且如果 X 和 Y 的相关系数与 μ_X/μ_Y 的符号一致，将会减小 $\operatorname{Var}(Z)$. ∎

4.7 习题

1. 证明：如果随机变量有界，即 $|X| < M < \infty$，那么 $E(X)$ 存在.
2. 令 X 具有矩生成函数 $F(x) = 1 - x^{-\alpha}, x \geqslant 1$.
   a. 对于使 $E(X)$ 存在的 α 值，计算 $E(X)$.
   b. 对于使 $\operatorname{Var}(X)$ 存在的 α 值，计算 $\operatorname{Var}(X)$.
3. 计算第 2 章习题 3 中的 $E(X)$ 和 $\operatorname{Var}(X)$.
4. 如果 X 是离散均匀随机变量，即 $P(X = k) = 1/n$，其中 $k = 1, 2, \cdots, n$，计算 $E(X)$ 和 $\operatorname{Var}(X)$.
5. 令 X 具有密度

$$f(x) = \frac{1 + \alpha x}{2}, \quad -1 \leqslant x \leqslant 1, \quad -1 \leqslant \alpha \leqslant 1$$

   计算 $E(X)$ 和 $\operatorname{Var}(X)$.
6. 令 X 是连续型随机变量，具有概率密度函数为 $f(x) = 2x, 0 \leqslant x \leqslant 1$.
   a. 计算 $E(X)$.
   b. 令 $Y = X^2$，计算 Y 的概率质量函数，并由其计算 $E(Y)$.
   c. 利用 4.1.1 节的定理 4.1.1.1 计算 $E(X^2)$，并与 b 中的答案进行比较.
   d. 根据 4.2 节方差的定义计算 $\operatorname{Var}(x)$，同时利用 4.2 节的定理 4.2.2 计算 $\operatorname{Var}(x)$.
7. 令 X 是离散型随机变量，分别以概率 $\frac{1}{2}, \frac{3}{8}, \frac{1}{8}$ 取值 $0, 1, 2$.
   a. 计算 $E(X)$.
   b. 令 $Y = X^2$，计算 Y 的概率质量函数，并由其计算 $E(Y)$.
   c. 利用 4.1.1 节的定理 4.1.1.1 计算 $E(X^2)$，并与 b 中的答案进行比较.
   d. 根据 4.2 节方差的定义计算 $\operatorname{Var}(x)$，同时利用 4.2 节的定理 4.2.2 计算 $\operatorname{Var}(x)$.
8. 证明：如果 X 为离散型随机变量，且取值正整数，那么 $E(X) = \sum_{k=1}^{\infty} P(X \geqslant k)$. 利用此结论计算几何随机变量的期望值.
9. 这是一个简化了的存货问题. 假设储存一件商品需要 c 美元，将其卖出的价格是 s 美元. 假定顾客需要的商品数是一个随机变量，具有频率函数 $p(k)$. 找出期望利润达到最大时的存货规则. (提示：考虑连续项之差.)

10. 随机排列 n 件物品,为了找到所需的物品,我们必须按顺序依次搜索,直到发现想要的物品为止. 假定每个物品成为所需物品的可能性是相同的,问搜索物品的期望数是多少? (问题起源于计算机算法设计.)

11. 参考习题 10, 假设每个物品成为所需物品的可能性不相等, 而是伴有已知的概率 $p_1, p_2, \cdots, p_n$. 提出减少平均搜索物品数的另一种搜索步骤, 并证明事实上的确如此.

12. 假设 $E(X) = \mu$ 和 $\text{Var}(X) = \sigma^2$. 令 $Z = (X - \mu)/\sigma$. 证明: $E(Z) = 0$ 和 $\text{Var}(Z) = 1$.

13. 如果 X 是非负的连续型随机变量, 证明:
$$E(X) = \int_0^\infty [1 - F(x)] \, dx$$
应用这个结论计算指数分布的均值.

14. 令 X 是连续型随机变量, 具有密度函数
$$f(x) = 2x, \quad 0 \leqslant x \leqslant 1$$
    a. 计算 $E(X)$.
    b. 计算 $E(X^2)$ 和 $\text{Var}(X)$.

15. 假设有两种彩票, 每种彩票有 n 个可能的数字和相同的奖金. 根据期望收入判断下列购买方式哪种更好: 从一种彩票中购买两张, 或从两种彩票中各买一张?

16. 如果 X 是连续型随机变量, 密度函数关于某个点 ξ 对称, 证明: 只要 $E(X)$ 存在, 就有 $E(X) = \xi$.

17. n 个独立随机变量服从 $[0, 1]$ 上的均匀分布, 计算样本中第 k 个顺序统计量的 (a) 期望值和 (b) 方差. 密度函数由 3.7 节的例 3.7.3 给出.

18. 如果 $U_1, \cdots, U_n$ 是独立的均匀随机变量, 计算 $E(U_{(n)} - U_{(1)})$.

19. 计算 $E(U_{(k)} - U_{(k-1)})$, 其中 $U_{(i)}$ 如习题 18.

20. 计算 $E[1/(X+1)]$, 其中 X 是泊松随机变量.

21. 随机正方形的边长是 $[0, 1]$ 上的均匀随机变量. 计算正方形的期望面积.

22. 随机长方形的边长是独立的均匀随机变量. 计算长方形的期望面积, 并将结果与习题 21 的答案进行比较.

23. 假设边长分布是指数的, 重做习题 21 和习题 22.

24. 证明 4.1.2 节定理 4.1.2.1 的离散形式.

25. 如果 X_1 和 X_2 是独立的随机变量, 服从参数为 α 和 λ 的伽马分布, 计算 $E(R^2)$, 其中 $R^2 = X_1^2 + X_2^2$.

26. 单位棒断裂成两段. 计算较长一段与较短一段长度的期望比.

27. 假设 n 个人将他们的帽子扔到一起, 然后从中随机取一顶, 问配对的期望数是多少? (提示: 将配对数表示为和的形式.)

28. 假定 m 个炮手同时射击 n 架敌机, 且炮手们相互独立地选择飞机射击, 击中的概率为 p. 计算炮手们击中敌机的期望数.

29. 证明 4.1.1 节的推论 4.1.1.1.

30. 参照 4.1.2 节的例 4.1.2.2, 收集到 r 种不同类型时, 购物券的期望数是多少, 其中 $r < n$?

31. 令 X 均匀分布在区间 $[1, 2]$ 上, 计算 $E(1/X)$. $E(1/X) = 1/E(X)$ 吗?

32. 令 X 是参数为 α 和 λ 的伽马分布. 对于使期望存在的 α 和 λ, 计算 $E(1/X)$.

33. 证明离散情形的切比雪夫不等式.

34. 考虑如下的分组检验方案. 将原始样本群分为两个组, 每个子组作为一个整体进行检验. 如果任一子组的检验结果呈现阳性, 那么就将其再分成两组, 重复上述检验过程. 如果由此得到的任一组都呈现阳性, 那么该组内任一个成员都需要检验到. 计算实施检验的期望数, 并将其与未分组及 4.1.2 节例 4.1.2.3 所述方案的实验次数进行比较.

35. 计算负二项随机变量的均值. (提示：将随机变量表示成和式的形式.)

36. 令 X 在 $[0,1]$ 上均匀，$Y = \sqrt{X}$. 利用 (a) 计算 Y 的密度函数，再求期望以及 (b)4.1.1 节定理 4.1.1.1 的方法计算 $E(Y)$.

37. 当 p 取何值时，4.1.2 节例 4.1.2.3 的分组检验次于每个个体都需要检验的方案？

38. 这个习题继续讨论 4.1.2 节的例 4.1.2.1.
  a. 片段在基因组最左边的概率为多少？
  b. 处在基因组最左边的片段期望数是多少？
  c. 基因组的期望数是多少？

39. 假设一段 DNA 的长度是 1 000 000，利用鸟枪测序方法排列字母顺序，使用的片段长度是 1 000.
  a. 需要多少片段才能保证单个位置被覆盖的几率大于 0.99.
  b. 根据这种选择，你预期遗漏的位置数是多少？

40. 一个孩童随机地敲击字母 Q, W, E, R, T, Y，总共敲出 1 000 个字母. 序列 QQQQ 出现的期望数是多少？重叠情况按重数计算.

41. 接上题，我们预期单词 "TRY" 出现的次数是多少？如果它出现了 100 次，我们为此感到吃惊吗？(提示：考虑马尔可夫不等式.)

42. 令 X 是指数随机变量，具有标准差 σ. 计算 $P(|X - E(X)| > k\sigma)$，其中 $k = 2, 3, 4$，并将其结果与切比雪夫不等式的界相比较.

43. 证明：$\text{Var}(X - Y) = \text{Var}(X) + \text{Var}(Y) - 2\text{Cov}(X, Y)$.

44. 如果 X 和 Y 是具有同方差的独立随机变量，计算 $\text{Cov}(X+Y, X-Y)$.

45. 计算 N_i 和 N_j 的协方差和相关关系，其中 $N_1, N_2, \cdots, N_r$ 是多项随机变量. (提示：将它们表示成和式.)

46. 令 U 和 V 是独立的随机变量，具有均值 μ，方差 σ^2，令 $Z = \alpha U + V\sqrt{1-\alpha^2}$. 计算 $E(Z)$ 和 ρ_{UZ}.

47. 如果 X 和 Y 是独立的随机变量，$Z = Y - X$，利用 X 和 Y 的方差写出 X 和 Z 协方差和相关系数的表达式.

48. 如果 $U = a + bX, V = c + dY$，证明 $|\rho_{UV}| = |\rho_{XY}|$.

49. X 和 Y 是取自数量 μ 的两个独立测量值. $E(X) = E(Y) = \mu$, σ_X 和 σ_Y 不相等. 利用加权平均组合两个测度值，即
$$Z = \alpha X + (1-\alpha)Y$$
其中 α 是个标量，且 $0 \leqslant \alpha \leqslant 1$.
  a. 证明 $E(Z) = \mu$.
  b. 根据 σ_X 和 σ_Y，寻找最小化 $\text{Var}(Z)$ 的 α.
  c. 在何种情况下，使用平均数 $(X+Y)/2$ 优于单独使用 X 或 Y？

50. 假设 $X_i (i = 1, \cdots, n)$，是独立的随机变量，具有 $E(X_i) = \mu, \text{Var}(X_i) = \sigma^2$. 令 $\overline{X} = n^{-1} \sum_{i=1}^{n} X_i$. 证明 $E(\overline{X}) = \mu, \text{Var}(\overline{X}) = \sigma^2/n$.

51. 继续讨论 4.3 节的例 4.3.5，假设有 n 种证券，每种都具有相同的期望收益率，所有的收益又具有相同的标准差，但收益之间不相关. 那么最优投资组合向量是多少？画出最优资产组合风险与 n 的关系图. 与所有财富投资单一证券所带来的风险进行比较，结果会是怎样？

52. 考虑两种证券，第一种具有 $\mu_1 = 1, \sigma_1 = 0.1$，第二种具有 $\mu_2 = 0.8, \sigma_2 = 0.12$. 假设它们负相关，$\rho = -0.8$.
  a. 如果你只能投资一种证券，你会选择哪一个，为什么？

b. 假设每种证券分别投资 50% 的财富, 你的期望收益为多少, 风险呢?

c. 如果你将 80% 的财富投资于第一种证券, 20% 的投资于第二种证券, 你的期望收益为多少, 风险又是多少?

d. 用 $\mu(\pi)$ 和 $\sigma(\pi)$ 分别表示期望收益率及其标准差, 它们是 π 的函数. 点对 $(\mu(\pi), \sigma(\pi))$ 描绘了平面上 π 从 0 到 1 的曲线轨迹, 画出这条曲线.

e. 如果相关系数 $\rho = 0.1$, 重复 b~d.

53. 证明 $\text{Cov}(X, Y) \leqslant \sqrt{\text{Var}(X)\text{Var}(Y)}$.

54. 令 X, Y 和 Z 为不相关的随机变量, 方差分别为 σ_X^2, σ_Y^2 和 σ_Z^2. 令

$$U = Z + X$$
$$V = Z + Y$$

计算 $\text{Cov}(U, V)$ 和 ρ_{UV}.

55. 令 $T = \sum_{k=1}^{n} k X_k$, 其中 X_k 为独立的随机变量, 具有均值 μ, 方差 σ^2. 计算 $E(T)$ 和 $\text{Var}(T)$.

56. 令 $S = \sum_{k=1}^{n} X_k$, 其中 X_k 同习题 55. 计算 S 和 T 的协方差和相关系数.

57. 如果 X 和 Y 是独立的随机变量, 根据 X 和 Y 的均值与方差计算 $\text{Var}(XY)$.

58. 函数在两个点处的测量存在误差 (例如, 测量物体的位置两次). 令

$$X_1 = f(x) + \varepsilon_1$$
$$X_2 = f(x + h) + \varepsilon_2$$

其中 ε_1 和 ε_2 是独立的随机变量, 具有均值 0, 方差 σ^2. 由于 f 的导数是

$$\lim_{h \to 0} \frac{f(x+h) - f(x)}{h}$$

其估计量为

$$Z = \frac{X_2 - X_1}{h}$$

a. 计算 $E(Z)$ 和 $\text{Var}(Z)$. 导数定义建议选择较小的 h 值, 其效应是什么?

b. 利用泰勒级数展开式, 寻找 $f'(x)$ 估计量 Z 的均方误差的近似表达式. 你能求出最小化均方误差的 h 值吗?

c. 假设 f 在三个点处的测量存在误差, 如何构造 f 二阶导数的估计量? 估计量的均值和方差是多少?

59. 令 (X, Y) 是单位圆盘上的随机点, 服从均匀分布. 证明 $\text{Cov}(X, Y) = 0$, 但 X 和 Y 不是独立的.

60. 令 Y 的密度函数关于原点对称, 令 $X = SY$, 其中 S 是另一个独立的随机变量, 以概率 $\frac{1}{2}$ 分别取值 $+1$ 和 -1. 证明 $\text{Cov}(X, Y) = 0$, 但 X 和 Y 不是独立的.

61. 3.7 节推导出 n 个独立均匀随机变量的最小值和最大值的联合密度. 在 $n = 2$ 的情况下, 这相当于 X 和 Y 分别是两个独立随机变量的最小值和最大值, 且服从 $[0,1]$ 上的均匀分布, 具有联合密度

$$f(x, y) = 2, \quad 0 \leqslant x \leqslant y$$

a. 计算 X 和 Y 的协方差与相关系数. 相关系数的符号与直觉相符吗?

b. 计算 $E(X|Y = y)$ 和 $E(Y|X = x)$. 这些结果与直觉相符吗?

    c. 导出随机变量 $E(X|Y)$ 和 $E(Y|X)$ 的概率密度函数.
    d. 由 X 预测 Y, 最小化均方误差的线性预测元 (用 $\hat{Y} = a + bX$ 表示) 是什么? 均方预测误差是多少?
    e. 由 X 预测 Y, 最小化均方误差的预测元 $[\hat{Y} = h(X)]$ 是什么? 均方预测误差是多少?

62. 令 X 和 Y 是具有联合分布的随机变量, 其相关系数是 ρ_{XY}; 定义标准化随机变量 $\tilde{X}$ 和 $\tilde{Y}$ 分别为 $\tilde{X} = (X - E(X))/\sqrt{\text{Var}(X)}$ 和 $\tilde{Y} = (Y - E(Y))/\sqrt{\text{Var}(Y)}$. 证明 $\text{Cov}(\tilde{X}, \tilde{Y}) = \rho_{XY}$.

63. 令 X 和 Y 的联合分布由第 3 章的习题 8 给出.
    a. 计算 X 和 Y 的协方差与相关系数.
    b. 计算 $E(Y|X=x)$, $0 \leqslant x \leqslant 1$.

64. 令 X 和 Y 的联合分布由第 3 章的习题 1 给出.
    a. 计算 X 和 Y 的协方差与相关系数.
    b. 计算 $E(Y|X=x)$, $x = 1, 2, 3, 4$. 推导随机变量 $E(Y|X)$ 的概率质量函数.

65. 在 4.4.1 节的例 4.4.1.4 中用到假设: N 和 X_i 是相互独立的, 它起到怎样的作用?

66. 一座大楼有两座电梯, 一快一慢, 较慢电梯的平均等待时间是 3 分钟, 较快电梯的平均等待时间是 1 分钟. 如果乘客以概率 $\frac{2}{3}$ 选乘较快的电梯, 以概率 $\frac{1}{3}$ 选乘较慢的电梯, 期望等待时间是多少? (利用 4.4.1 节定理 4.4.1.1 的全期望公式, 定义合适的随机变量 X 和 Y.)

67. 随机矩形构造如下: 底 X 选自 $[0,1]$ 上的均匀随机变量, 生成完底部之后, 取宽为 $[0, X]$ 上的均匀随机变量. 利用 4.4.1 节定理 4.4.1.1 的全期望公式计算矩形的期望周长和期望面积.

68. 证明: $E[\text{Var}(Y|X)] \leqslant \text{Var}(Y)$.

69. 假设二元正态分布具有 $\mu_X = \mu_Y = 0$, $\sigma_X = \sigma_Y = 1$. 画出草图密度的等高线, 并绘出 $\rho = 0, 0.5, 0.9$ 时的直线 $E(Y|X=x)$ 和 $E(X|Y=y)$.

70. 如果 X 和 Y 是独立的, 证明: $E(X|Y=y) = E(X)$.

71. 令 X 是二项随机变量, 表示 n 次伯努利试验中成功的试验次数. 令 Y 是前 m 次试验中成功的试验次数, 其中 $m < n$. 导出给定 $X = x$ 时 Y 的条件频率函数, 并计算其条件均值.

72. 生物体的后代数是离散型随机变量, 具有均值 μ, 方差 σ^2. 后代以相同方式进行繁殖. 计算第三代生物体的期望数及其方差.

73. 抛掷一枚质地均匀的硬币 n 次, 记录出现正面的次数为 N. 再将硬币抛掷 N 次. 计算该过程出现正面的总期望数.

74. 条目以概率 p 出现在 n 个条目列表中; 如果它出现在列表中, 那么其列表中的位置是均匀分布的. 电脑程序按顺序搜索条目列表. 计算程序终止时共搜索过的期望条目数.

75. 令 T 是指数随机变量, 以 T 为条件, 令 U 服从 $[0, T]$ 上的均匀分布. 计算 U 的无条件均值和方差.

76. 令点 (X, Y) 服从半圆 $x^2 + y^2 \leqslant 1$ (其中 $y \geqslant 0$) 上的均匀分布. 如果观测到 X, 那么 Y 的最好预测值是什么? 如果观测到 Y, 那么 X 的最好预测值是什么? 这两个问题中的最好都是指具有最小的均方误差.

77. 令 X 和 Y 具有联合密度函数
$$f(x, y) = e^{-y}, \quad 0 \leqslant x \leqslant y$$
    a. 计算 $\text{Cov}(X, Y)$, 以及 X 与 Y 的相关系数.
    b. 计算 $E(X|Y=y)$ 和 $E(Y|X=x)$.
    c. 推导出随机变量 $E(X|Y)$ 和 $E(Y|X)$ 的密度函数.

78. 证明: 如果密度函数关于原点对称, 那么其偏度等于零.

79. 令 X 是离散型随机变量, 以概率 $\frac{1}{2}, \frac{3}{8}, \frac{1}{8}$ 分别取值 $0, 1, 2$. 计算 X 的矩生成函数 $M(t)$, 并验证 $E(X) =$

$M'(0)$ 和 $E(X^2) = M''(0)$.

80. 令 X 是连续型随机变量，具有密度函数 $f(x) = 2x, 0 \leqslant x \leqslant 1$，计算 X 的矩生成函数 $M(t)$，并验证 $E(X) = M'(0)$，和 $E(X^2) = M''(0)$.
81. 计算伯努利随机变量的矩生成函数，并利用它计算均值、方差和三阶矩.
82. 利用习题 81 的结果计算二项随机变量的矩生成函数及其均值和方差.
83. 证明：如果 X_i 服从二项分布，具有 n_i 次试验，成功概率为 $p_i = p$，其中 $i = 1, \cdots, n$，且 X_i 相互独立，那么 $\sum_{i=1}^{n} X_i$ 服从二项分布.
84. 参照习题 83，证明：如果 p_i 不相等，那么和式不服从二项分布.
85. 推导几何随机变量的矩生成函数，并由其计算均值和方差.
86. 利用习题 85 的结果计算负二项随机变量的矩生成函数及其均值和方差.
87. 在何种条件下，独立的负二项随机变量之和仍然是负二项的.
88. 假设 $X \sim N(0, \sigma^2)$，利用矩生成函数证明奇数阶距等于零，偶数阶距等于

$$\mu_{2n} = \frac{(2n)! \sigma^{2n}}{2^n (n!)}$$

89. 令 $X_1, X_2, \cdots, X_n$ 是独立的正态随机变量，均值为 μ_i，方差为 σ_i^2. 证明 $Y = \sum_{i=1}^{n} \alpha_i X_i$，其中 α_i 是标量，服从正态分布，并导出它的均值和方差. (提示：使用矩生成函数.)
90. 令 X 和 Y 是独立的随机变量，α 和 β 为标量. 根据 X 和 Y 的矩生成函数导出 $Z = \alpha X + \beta Y$ 的矩生成函数的表达式.
91. 利用矩生成函数证明：如果 X 服从指数分布，那么 $cX(c > 0)$ 也服从指数分布.
92. 假设 Θ 是服从伽马分布的随机变量，具有参数 λ 和 α，其中 α 是整数，同时假设以 Θ 为条件，X 服从参数为 Θ 的泊松分布，导出 $\alpha + X$ 的无条件分布. (提示：利用迭代条件期望计算矩生成函数.)
93. 利用矩生成函数导出指数随机变量几何和的分布.
94. 令 X 为非负整值型随机变量，X 的**概率生成函数** (probability-generating function) 定义为

$$G(s) = \sum_{k=0}^{\infty} s^k p_k$$

其中 $p_k = P(X = k)$.

a. 证明：

$$p_k = \frac{1}{k!} \frac{d^k}{ds^k} G(s) \bigg|_{s=0}$$

b. 证明：

$$\frac{dG}{ds} \bigg|_{s=1} = E(X)$$

$$\frac{d^2 G}{ds^2} \bigg|_{s=1} = E[X(X-1)]$$

c. 利用矩生成函数表示概率生成函数.
d. 导出泊松分布的矩生成函数.

95. 证明：如果 X 和 Y 相互独立，那么它们的联合矩生成函数可以进行因子分解.
96. 说明如何利用 X 和 Y 的联合矩生成函数导出 $E(XY)$.

97. 利用矩生成函数证明：如果 X 和 Y 相互独立，则有
$$\text{Var}(aX + bY) = a^2\text{Var}(X) + b^2\text{Var}(Y)$$

98. 推导复合泊松分布的均值和方差 (4.5 节的例 4.5.6).

99. 当 (a)$g(x) = \sqrt{x}$, (b)$g(x) = \log x$, (c)$g(x) = \sin^{-1} x$ 时，导出 $Y = g(X)$ 近似均值和方差的表达式.

100. 如果 X 服从 $[10, 20]$ 上的均匀分布，导出 $Y = 1/X$ 的近似、精确的均值和方差，并进行比较.

101. 导出 $Y = \sqrt{X}$ 的近似均值和方差，其中 X 是服从泊松分布的随机变量.

102. 直角三角形的两条边为 x_0 和 y_0，它们的独立测量值分别记为 X 和 Y，其中 $E(X) = x_0$, $E(Y) = y_0$, $\text{Var}(X) = \text{Var}(Y) = \sigma^2$. 那么两边夹角是
$$\Theta = \tan^{-1}\left(\frac{Y}{X}\right)$$

导出 Θ 的近似均值和方差.

103. 通过测量气泡的直径并利用如下的关系式可以估算出它的体积：
$$V = \frac{\pi}{6}D^3$$

假设实际直径为 2 毫米，直径的测量标准差为 0.01 毫米，问体积估计值的近似标准差是多少？

104. 飞机相对于地面观测者的方位可以通过两个量估算出来，一是观测者与飞机的距离 r，另一个是从观测者到飞机的直线与地平线形成的夹角 θ. 假设 R 和 Θ 分别表示这两种测量，它们都伴有随机误差且相互独立. 那么飞机高度的估计量是 $Y = R\sin\Theta$.

a. 导出 Y 的方差的近似表达式.

b. 给定 r, θ 取何值时估计的高度最易变？

第 5 章 极限定理

5.1 引言

本章主要关心独立随机变量和在求和项越来越多时的极限形式. 这里展示的结论既在直觉上有趣又在统计上有用, 通常计算的很多统计量 (例如平均值) 都能表示成和式的形式.

5.2 大数定律

大家普遍认为抛掷均匀硬币很多次, 计算正面出现的比例, 它会接近 $\frac{1}{2}$. 南非数学家 John Kerrich 在二战服刑期间实证检验了这个观点, 他抛掷了 10 000 次硬币, 观测到 5067 次正面. 大数定律是这个观点的数学表达. 连续地抛掷硬币用独立随机试验来描述. 随机变量 X_i 取值 0 或 1 取决于第 i 次试验出现反面或正面的结果, n 次试验出现正面的比例是

$$\overline{X}_n = \frac{1}{n}\sum_{i=1}^n X_i$$

用大数定律陈述 $\overline{X}_n$ 接近于 1 的含义就是下面的定理.

定理 5.2.1 (大数定律) 令 $X_1, X_2, \cdots, X_i \cdots$ 是独立随机变量序列, $E(X_i) = \mu$, $\mathrm{Var}(X_i) = \sigma^2$. 令 $\overline{X}_n = n^{-1}\sum_{i=1}^n X_i$. 那么对任意的 $\varepsilon > 0$, 当 $n \to \infty$ 时,

$$P(|\overline{X}_n - \mu| > \varepsilon) \to 0$$

证明 我们首先计算 $E(\overline{X}_n)$ 和 $\mathrm{Var}(\overline{X}_n)$:

$$E(\overline{X}_n) = \frac{1}{n}\sum_{i=1}^n E(X_i) = \mu$$

因为 X_i 独立,

$$\mathrm{Var}(\overline{X}_n) = \frac{1}{n^2}\sum_{i=1}^n \mathrm{Var}(X_i) = \frac{\sigma^2}{n}$$

利用切比雪夫不等式立即得到想要的结果, 具体表述为

$$P(|\overline{X}_n - \mu| > \varepsilon) \leqslant \frac{\mathrm{Var}(\overline{X}_n)}{\varepsilon^2} = \frac{\sigma^2}{n\varepsilon^2} \to 0, \quad \text{当 } n \to \infty \text{ 时} \qquad \blacksquare$$

在抛掷均匀硬币的试验中, X_i 是 $p = 1/2$ 的伯努利随机变量, $E(X_i) = 1/2$, $\mathrm{Var}(X_i) = 1/4$. 如果抛掷 10 000 次, 那么

$$\mathrm{Var}(\overline{X}_{10\ 000}) = 2.5 \times 10^{-5}$$

平均值的标准差是方差的平方根: 0.005. Kerrich 观测到的比例是 0.5067, 稍微偏离期望值 0.5 一倍的标准差, 这与切比雪夫不等式一致. (记得在 4.2 节中切比雪夫不等式可以写成形式 $P(|\overline{X}_n - \mu| > k\sigma) \geqslant 1/k^2$.)

如果随机变量序列 Z_n 满足对任意 $\varepsilon > 0$, 当 n 趋于无穷时, $P(|Z_n - \alpha| > \varepsilon)$ 趋于零, 其中 α 是一标量, 那么称 Z_n **依概率收敛** (converge in probability) 于 α. 还有另外一种模式的收敛, 称为强收敛或者几乎处处收敛, 它需要更强的条件. Z_n **几乎处处收敛** (converge almost surely) 于 α 是说, 对每一个 $\varepsilon > 0$, $|Z_n - \alpha| > \varepsilon$ 以概率 1 仅发生有限次; 也就是说, 序列在超过某个点后, 差值总是小于 ε, 但那个点是随机出现的. 之前叙述和证明的大数定律说明 $\overline{X}_n$ 依概率收敛于 μ. 这种形式的大数定律通常称为弱大数定律. 在同样条件下也可以证明 $\overline{X}_n$ 几乎处处收敛于 μ, 这是强大数定律, 但是我们没有涉及它.

我们现在考虑一些例子, 解释大数定律的使用.

例 5.2.1 (蒙特卡罗积分) 假设我们希望计算

$$I(f) = \int_0^1 f(x)\mathrm{d}x$$

这里的积分不能通过初等方式或者积分表计算出来. 最常用的方法是利用数值计算, 用和近似代替积分. 很多设计方案和软件包都可以完成这项工作. 另外一种方法, 称为**蒙特卡罗方法** (Monte Carlo method), 其工作原理如下所述. 生成 [0,1] 上独立的均匀随机变量, 即 $X_1, X_2, \cdots, X_n$, 并计算

$$\hat{I}(f) = \frac{1}{n}\sum_{i=1}^n f(X_i)$$

由大数定律知道, 它应该接近于 $E[f(X)]$, 即

$$E[f(X)] = \int_0^1 f(x)\mathrm{d}x = I(f)$$

对其进行简单修改就可以改变积分区间和积分形式. 与标准数值方法比较, 蒙特卡罗方法在一维情形下不是特别有效, 但是随着积分维数的增加, 其有效性越来越强.

作为一个具体的例子, 让我们考虑积分

$$I(f) = \frac{1}{\sqrt{2\pi}}\int_0^1 \mathrm{e}^{-x^2/2}\mathrm{d}x$$

这是标准正态密度的积分, 在闭形式下无解. 由正态分布表 (附录 B 中的表 2) 得到它的精确数值近似是 $I(f) = 0.3413$. 如果利用伪随机数生成器生成区间 $0 \leqslant x \leqslant 1$ 上 1000 个均匀分布点 $X_1, \cdots, X_{1000}$, 那么积分近似为

$$\hat{I}(f) = \frac{1}{1\,000}\left(\frac{1}{\sqrt{2\pi}}\right)\sum_{i=1}^{1\,000}\mathrm{e}^{-X_i^2/2}$$

对于 X_i 的一次实现, 得到值 0.3417. ∎

例 5.2.2 (重复测量) 假设独立地重复测量一个量, 得到无偏测度 $X_1, \cdots, X_n$. 如果 n 很大, 大数定律告诉我们 $\overline{X}$ 接近于这个量的真值 μ, 但是 $\overline{X}$ 的接近程度不但依赖于 n, 还依赖于测量误差方差 σ^2, 这在定理 5.2.1 的证明过程中可以看出.

幸运的是，我们可以估计出 σ^2，因而为了评估 $\overline{X}$ 的精度，
$$\text{Var}(\overline{X}) = \frac{\sigma^2}{n}$$
可以由数据估计出来. 首先，注意利用大数定律，$n^{-1}\sum_{i=1}^{n}X_i^2$ 收敛于 $E(X^2)$. 其次，可以证明，如果 Z_n 依概率收敛于 α，g 是连续函数，那么
$$g(Z_n) \to g(\alpha)$$
这意味着
$$\overline{X}^2 \to [E(X)]^2$$
最后，因为 $n^{-1}\sum_{i=1}^{n}X_i^2$ 收敛于 $E(X^2)$，$\overline{X}^2$ 收敛于 $[E(X)]^2$，外加一些附加运算，可以证明
$$\frac{1}{n}\sum_{i=1}^{n}X_i^2 - \overline{X}^2 \to E(X^2) - [E(X)]^2 = \text{Var}(X)$$
更一般地，利用大数定律可以证明样本矩 $n^{-1}\sum_{i=1}^{n}X_i^r$ 依概率收敛于 X 的矩 $E(X^r)$. ∎

例 5.2.3 肌肉或神经细胞膜有很多通道，这些通道打开时允许离子通过. 单个通道打开与否似乎是随机的，在平衡情形下，经常假设通道打开与关闭相互独立，且仅有少数通道在任一时刻是打开的. 假设通道打开的概率是 p，它非常小，总共有 m 个通道，通过单个通道的流量是 c. 在某个时刻通道打开的数量为 N，它是成功概率为 p 的 m 次试验所得到的二项随机变量. 总流量是 $S = cN$，它可以测量出来. 那么我们有
$$E(S) = cE(N) = cmp$$
$$\text{Var}(S) = c^2mp(1-p)$$
并且因为 p 非常小，所以
$$\frac{\text{Var}(S)}{E(S)} = c(1-p) \approx c$$
因此，利用独立的测量值 $S_1, \cdots, S_n$，我们可以估计出 $E(S)$ 和 $\text{Var}(S)$，从而在不用知道多少个通道的情况下，估计出单个通道的流量 c. ∎

5.3 依分布收敛和中心极限定理

在应用中，我们通常在不知道 X 精确分布的情况下计算 $P(a < X < b)$，这有时可以利用近似的 F_X 来完成. 通常利用某种极限形式达到近似的目的. 概率论中最著名的极限定理是中心极限定理，它是本节的主要议题. 在讨论中心极限定理之前，我们引入一些术语、定理和例子.

定义 5.3.1 令 $X_1, X_2, \cdots$ 是具有累积分布函数 $F_1, F_2, \cdots$ 的随机变量序列，令 X 是具有分布函数 F 的随机变量. 如果在 F 的任何连续点处 $\lim_{n\to\infty} F_n(x) = F(x)$，那么我们说 X_n 依分布收敛于 X. ∎

矩生成函数经常用于构造依分布收敛. 由 4.5 节性质 4.5.1, 我们知道 F_n 的分布函数由其矩生成函数 M_n 唯一确定. 下面的定理不加证明地指出这种唯一确定性在极限形式下也成立.

定理 5.3.1 (连续性定理) 令 F_n 是累积分布函数序列, 相应的矩生成函数为 M_n, 令 F 是矩生成函数为 M 的累积分布函数. 如果在包含零点的开区间内, $M_n(t) \to M(t)$ 对所有的 t 都成立, 那么在 F 的所有连续点上成立 $F_n(x) \to F(x)$. ∎

例 5.3.1 我们将证明对于较大的 λ 值, 泊松分布可以由正态分布近似. 这是由图 2.6 得到的启发, 那里显示随着 λ 值的增加, 泊松分布的概率质量函数越来越对称, 越来越呈现出钟形分布.

令 $\lambda_1, \lambda_2, \cdots$ 是递增序列, 且 $\lambda_n \to \infty$, $\{X_n\}$ 是具有相应参数的泊松随机变量序列. 我们知道 $E(X_n) = \mathrm{Var}(X_n) = \lambda_n$, 如果我们希望利用正态分布函数近似泊松分布函数, 那么这个正态分布函数必须具有相同的均值和方差. 另外, 我们在证明极限结论的过程中还会遇到均值和方差都趋于无穷的困难. 这个困难可以用**标准化** (standardizing) 随机变量的办法来解决, 即通过令

$$Z_n = \frac{X_n - E(X_n)}{\sqrt{\mathrm{Var}(X_n)}} = \frac{X_n - \lambda_n}{\sqrt{\lambda_n}}$$

那么有 $E(Z_n) = 0, \mathrm{Var}(Z_n) = 1$, 我们将证明 Z_n 的矩生成函数收敛至标准正态分布的矩生成函数.

X_n 的矩生成函数是

$$M_{X_n}(t) = e^{\lambda_n(e^t - 1)}$$

由 4.5 节的性质 4.5.3, Z_n 的矩生成函数是

$$M_{Z_n}(t) = e^{-t\sqrt{\lambda_n}} M_{X_n}\left(\frac{t}{\sqrt{\lambda_n}}\right) = e^{-t\sqrt{\lambda_n}} e^{\lambda_n(e^{t/\sqrt{\lambda_n}} - 1)}$$

很容易得到这个表达式的对数.

$$\log M_{Z_n}(t) = -t\sqrt{\lambda_n} + \lambda_n(e^{t/\sqrt{\lambda_n}} - 1)$$

利用幂级数展开 $e^x = \sum_{k=0}^{\infty} \frac{x^k}{k!}$, 我们看到

$$\lim_{n \to \infty} \log M_{Z_n}(t) = \frac{t^2}{2}$$

或者

$$\lim_{n \to \infty} M_{Z_n}(t) = e^{t^2/2}$$

最后的表达式就是标准正态分布的矩生成函数.

我们已经证明了标准化泊松随机变量随着 λ 趋于无穷而收敛至标准正态变量. 实际上, 我们希望借此极限结果去近似较大但有限的 λ_n 值. 比方说 $\lambda = 100$ 时的近似效果如何则是理论和 (或) 实证研究的事情. 结果表明 λ 越大, 近似效果越好, 但 λ 没必要特别大. (参见章末习题 8.) ∎

下一个例子显示泊松分布近似在特殊情形下的应用.

例 5.3.2 某类粒子以每小时 900 个的速度发射. 如果发射数量服从泊松过程, 那么给定一个小时内粒子发射数超过 950 个的概率是多少?

令 X 是均值 900 的泊松随机变量. 我们利用标准化计算 $P(X > 950)$:

$$P(X > 950) = P\left(\frac{X - 900}{\sqrt{900}} > \frac{950 - 900}{\sqrt{900}}\right)$$
$$\approx 1 - \Phi\left(\frac{5}{3}\right) = 0.047\,79$$

其中 Φ 是标准正态矩生成函数. 作为比较, 其精确概率是 0.047 12. ∎

我们现在转向中心极限定理, 它关心随机变量和的极限性质. 如果 $X_1, X_2, \cdots$ 是均值为 μ 和方差为 σ^2 的独立随机变量序列, 且

$$S_n = \sum_{i=1}^{n} X_i$$

由大数定律知, S_n/n 依概率收敛至 μ. 这由如下事实得到:

$$\operatorname{Var}\left(\frac{S_n}{n}\right) = \frac{1}{n^2}\operatorname{Var}(S_n) = \frac{\sigma^2}{n} \to 0$$

中心极限定理不关心比率 S_n/n 是否收敛到 μ, 而是关心它是如何围绕 μ 波动的. 为了分析这种波动, 我们标准化:

$$Z_n = \frac{S_n - n\mu}{\sigma\sqrt{n}}$$

读者应该可以验证 Z_n 具有均值 0 和方差 1. 中心极限定理说明 Z_n 的分布收敛于标准正态分布.

定理 5.3.2 (中心极限定理) 令 $X_1, X_2, \cdots$ 是均值为 0 和方差为 σ^2 的独立随机变量序列, 具有相同的分布函数 F, 矩生成函数 M 在零点附近有定义. 令

$$S_n = \sum_{i=1}^{n} X_i$$

那么

$$\lim_{n \to \infty} P\left(\frac{S_n}{\sigma\sqrt{n}} \leqslant x\right) = \Phi(x), \quad -\infty < x < \infty$$

证明 令 $Z_n = S_n/(\sigma\sqrt{n})$. 我们证明 Z_n 的矩生成函数趋向于标准正态分布的矩生成函数. 因为 S_n 是独立随机变量之和,

$$M_{S_n}(t) = [M(t)]^n$$

和

$$M_{Z_n}(t) = \left[M\left(\frac{t}{\sigma\sqrt{n}}\right)\right]^n$$

$M(s)$ 在零点具有泰勒级数展开式:

$$M(s) = M(0) + sM'(0) + \frac{1}{2}s^2 M''(0) + \varepsilon_s$$

其中当 $s \to 0$ 时, $\varepsilon_s/s^2 \to 0$. 因为 $E(X) = 0$, $M'(0) = 0$, $M''(0) = \sigma^2$. 当 $n \to \infty$ 时, $t/(\sigma\sqrt{n}) \to 0$, 且

$$M\left(\frac{t}{\sigma\sqrt{n}}\right) = 1 + \frac{1}{2}\sigma^2\left(\frac{t}{\sigma\sqrt{n}}\right)^2 + \varepsilon_n$$

其中当 $n \to \infty$ 时, $\varepsilon_n/(t^2/(n\sigma^2)) \to 0$. 因此我们有

$$M_{Z_n}(t) = \left(1 + \frac{t^2}{2n} + \varepsilon_n\right)^n$$

可以证明如果 $a_n \to a$, 那么

$$\lim_{n \to \infty}\left(1 + \frac{a_n}{n}\right)^n = e^a$$

利用这个结论, 推出当 $n \to \infty$ 时,

$$M_{Z_n}(t) \to e^{t^2/2}$$

其中 $\exp(t^2/2)$ 是标准正态分布的矩生成函数, 得证. ∎

定理 6.3.2 是最简单形式的中心极限定理; 各种抽象和概括程度不等的中心极限定理有很多. 我们在矩生成函数存在的假设下证明了定理 6.3.2, 这是一个十分强的假设条件. 然而利用特征函数, 我们可以修改证明过程, 只需要第一和第二阶矩存在即可. 进一步的推广可以弱化 X_i 同分布的假设, 应用独立随机变量的线性组合. 中心极限定理的证明还可以弱化独立性假设, 直接允许 X_i 相依, 但不能 "太" 相依.

出于实践目的, 特别是统计学, 极限结论本身不是主要关心的. 统计学家更感兴趣于 n 取有限值时的近似形式. 不可能利用具体定义来描述近似程度的好坏, 但是可以给出一般的指导性原则, 特殊情形的检验也能洞悉一二. 近似速度依赖于求和项 X_i 的分布, 如果分布相当对称, 尾部递减很快, 较小的 n 就能近似很好, 如果分布偏度很大或者尾部衰减很慢, 较大的 n 才能达到较好的近似. 下面的例子考虑两种特殊情形.

例 5.3.3 因为 $[0,1]$ 区间上的均匀分布具有均值 $\frac{1}{2}$ 和方差 $\frac{1}{12}$, 12 个均匀随机变量的和减去 6 具有均值 0 和方差 1. 这个和的分布十分接近于正态. 事实上, 在更好的算法出现之前, 计算机通常利用它由均匀分布生成正态随机变量. 实际分布和近似分布的比较在分析角度上是可行的, 但简单的解释足以满足我们的需要. 图 5.1 显示 1000 个上述和式的直方图, 并叠加了正态密度函数. 拟合效果惊人的好, 特别是, 考虑到通常不认为 12 是较大的 n 值. ∎

例 5.3.4 参数 $\lambda = 1$ 的 n 个独立指数随机变量之和服从 $\lambda = 1, \alpha = n$ 的伽马分布 (4.5 节中的例 4.5.6). 指数密度偏度很大, 因此对于较小的 n, 利用标准正态近似标准化伽马分布的效果不可能很好. 图 5.2 显示标准正态的 cdf 和随着 n 值增加的标准化伽马分布. 注意, 近似程度是如何随着 n 值的增加而提高的. ∎

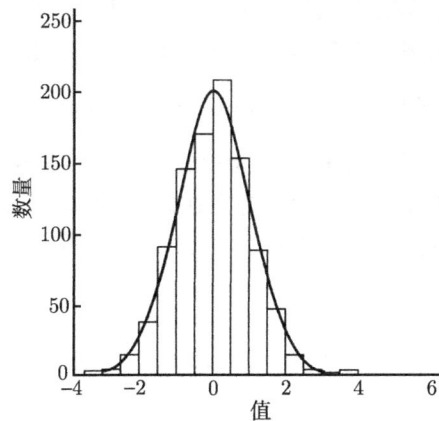

图 5.1　1000 个值的直方图与其近似标准正态密度，每一个值是 12 个 $\left[-\frac{1}{2}, \frac{1}{2}\right]$ 上均匀伪随机变量之和

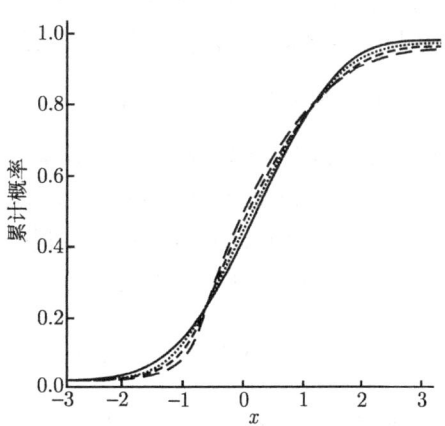

图 5.2　标准正态 cdf（实线）和 $\alpha=5$（长虚线），$\alpha=10$（短虚线），$\alpha=30$（点），标准化伽马分布的 cdf

现在让我们考虑中心极限定理的一些应用.

例 5.3.5 (测量误差)　假设 $X_1, \cdots, X_n$ 是量 μ 的独立重复测量值，具有 $E(X_i)=\mu$, $\mathrm{Var}(X_i)=\sigma^2$. 测量的平均值 $\overline{X}$ 用作 μ 的估计. 大数定律告诉我们 $\overline{X}$ 依概率收敛至 μ，因此当 n 很大时，$\overline{X}$ 接近于 μ. 切比雪夫不等式允许我们界定给定误差大小的概率，但是中心极限定理却为实际误差提供了更精确的近似结果. 假设我们希望计算 $P(|\overline{X}-\mu|<c)$，其中 c 是一常数. 为了利用中心极限定理近似这个概率，我们首先利用 $E(\overline{X})=\mu$ 和 $\mathrm{Var}(\overline{X})=\sigma^2/n$ 标准化：

$$P(|\overline{X}-\mu|<c) = P(-c<\overline{X}-\mu<c)$$
$$= P\left(\frac{-c}{\sigma/\sqrt{n}} < \frac{\overline{X}-\mu}{\sigma/\sqrt{n}} < \frac{c}{\sigma/\sqrt{n}}\right)$$
$$\approx \Phi\left(\frac{c\sqrt{n}}{\sigma}\right) - \Phi\left(-\frac{c\sqrt{n}}{\sigma}\right)$$

例如，假设有 16 个测量值，取 $\sigma=1$，平均值偏离 μ 小于 0.5 的概率近似为

$$P(|\overline{X}-\mu|<0.5) = \Phi(0.5\times 4) - \Phi(-0.5\times 4) = 0.954$$

推理过程可以倒过来，也就是说，给定 c 和 γ，可以计算满足下式的 n：

$$P(|\overline{X}-\mu|<c) \geqslant \gamma$$

例 5.3.6 (二项分布的正态近似)　因为二项随机变量是独立伯努利随机变量之和，它的分布可以利用正态分布近似. 当二项分布对称——也就是，$p=\frac{1}{2}$ 时，近似是最好的. 常用的经验法则是当 $np>5$ 且 $n(1-p)>5$ 时，近似才比较合理. 较大 n 值的近似特别有用，因为这时不容易编制分布表.

假设抛掷硬币 100 次,出现正面 60 次,我们对此应该惊奇吗?应不应该怀疑硬币的均匀性?
为了回答这个问题,注意到如果硬币均匀,正面出现的次数 X 是 $n = 100$ 次试验成功概率 $p = \frac{1}{2}$ 的二项随机变量,因此 $E(X) = np = 50$(见 4.1 节例 4.1.1),$\text{Var}(X) = np(1-p) = 25$(见 4.3 节例 4.3.2). 我们可以计算 $P(X = 60)$,它或许是个非常小的数. 但是由于可能的结果有很多个,$P(X = 50)$ 也是个非常小的数,所以这个计算不足以真实地回答上述问题. 然而,如果硬币均匀,我们可以计算比 60 还要极端的取值概率,也就是说,我们计算 $P(X \geqslant 60)$. 为了利用正态分布计算这个概率,我们标准化:

$$P(X \geqslant 60) = P\left(\frac{X-50}{5} \geqslant \frac{60-50}{5}\right) \approx 1 - \Phi(2) = 0.0228$$

这个概率非常小,因此硬币的均匀性值得怀疑. ∎

例 5.3.7(粒度分布) 某些谷类的粒度分布经常偏度很大,右尾递减缓慢. 称为**对数正态**(lognormal)的分布有时用来拟合这样的分布. 如果 $\log X$ 服从正态分布,我们就说 X 服从对数正态分布. 中心极限定理给出了某些场合下利用对数正态分布的理论依据.

假设初始的粒度 y_0 遭受重复的冲击,每次冲击后,有 X_i 比率的粒子存活下来,且假设 X_i 独立同分布. 在第一次冲击后,粒度是 $Y_1 = X_1 y_0$;第二次冲击后,粒度是 $Y_2 = X_2 X_1 y_0$;在 n 次冲击后,粒度是

$$Y_n = X_n X_{n-1} \cdots X_2 X_1 y_0$$

那么

$$\log Y_n = \log y_0 + \sum_{i=1}^{n} \log X_i$$

应用中心极限定理于 $\log Y_n$. ∎

类似的构造与金融理论相关. 假设初始投资为 v_0,收益在离散时刻(例如天)发生. 如果第一天收益率是 R_1,那么投资变为 $V_1 = R_1 v_0$. 两天后的值是 $V_2 = R_2 R_1 v_0$,n 天之后的值是

$$V_n = R_n R_{n-1} \cdots R_1 v_0$$

因此,对数值

$$\log V_n = \log v_0 + \sum_{i=1}^{n} \log R_i$$

如果收益率是独立同分布的,那么 $\log V_n$ 的分布是近似正态的.

5.4 习题

1. 令 $X_1, X_2, \cdots$ 是独立随机变量序列,具有均值 $E(X_i) = \mu$ 和方差 $\text{Var}(X_i) = \sigma_i^2$. 证明:如果 $n^{-2} \sum_{i=1}^{n} \sigma_i^2 \to 0$,那么依概率 $\overline{X} \to \mu$.

2. 令 X_i 如习题 1,但是具有 $E(X_i) = \mu_i$ 和 $n^{-1} \sum_{i=1}^{n} \mu_i \to \mu$,证明依概率 $\overline{X} \to \mu$.

3. 假设年保险索赔数目 N 服从 $E(N) = 10\,000$ 的泊松分布. 利用正态分布近似计算 $P(N > 10\,200)$.

4. 假设给定时长内的交通事故数 N 服从 $E(N) = 100$ 的泊松分布,利用正态分布近似泊松分布,求解满足 $P(100 - \Delta < N < 100 + \Delta) \approx 0.9$ 的 Δ.

5. 利用矩生成函数证明:当 $n \to \infty, p \to 0$,且 $np \to \lambda$ 时,参数为 n 和 p 的二项分布趋向于泊松分布.

6. 利用矩生成函数证明:当 $\alpha \to \infty$ 时,合理标准化参数为 α 和 λ 的伽玛分布后,所得分布趋向于标准正态分布.

7. 证明:如果依概率 $X_n \to c$, g 是连续函数,那么依概率 $g(X_n) \to g(c)$.

8. 对 (a)$\lambda = 10$, (b)$\lambda = 20$ 和 (c)$\lambda = 40$ 分别比较泊松 cdf 及其正态近似.

9. 对 (a)$n = 20, p = 0.2$ 和 (b)$n = 40, p = 0.5$ 分别比较二项 cdf 及其正态近似.

10. 旋转 6 面骰子 100 次,利用正态近似计算出现 6 点的次数介于 15 到 20 之间的概率. 计算 100 次试验的点数之和小于 300 的概率.

11. 有人给出下面的论据以说明中心极限定理必定有瑕疵:"我们知道独立泊松随机变量之和服从泊松分布,分布参数就是和项参数之和. 特别地,如果对参数为 n^{-1} 的 n 个独立泊松随机变量求和,那么得到参数为 1 的泊松分布. 中心极限定理告诉我们,当 n 趋于无穷时,和的分布趋向于正态分布,但是参数为 1 的泊松分布不是正态分布." 你是怎么考虑这个论据的?

12. 中心极限定理可以用来分析舍入误差. 假设舍入误差用 $\left[-\frac{1}{2}, \frac{1}{2}\right]$ 上的均匀随机变量表示. 如果 100 个数相加,近似计算舍入误差超过 (a) 1, (b) 2 和 (c) 5 的概率.

13. 一个醉汉按照如下方式"随机游走":他在每分钟内以概率 $\frac{1}{2}$ 向北或向南,且前后行走方向独立. 他的步长是 50cm. 利用中心极限定理近似计算他 1 小时之后的位置概率分布. 他最有可能在哪里?

14. 假设醉汉在选择方向时有点主观意识,以概率 $\frac{2}{3}$ 向北,以概率 $\frac{1}{3}$ 向南,重新回答习题 13 中的问题.

15. 假设你投注 5 美元的赌注到 50 次独立的公正赌局中,利用中心极限定理近似计算损失超过 75 美元的概率.

16. 假设 $X_1, \cdots, X_{20}$ 是独立随机变量,具有密度函数
$$f(x) = 2x, \quad 0 \leqslant x \leqslant 1$$
令 $S = X_1 + \cdots + X_{20}$,利用中心极限定理近似计算 $P(S \leqslant 10)$.

17. 假设测量尺寸具有均值 μ 和方差 $\sigma^2 = 25$,令 $\overline{X}$ 是 n 次独立测量的平均值. n 应取多大时才能使 $P(|\overline{X} - \mu| < 1) = 0.95$?

18. 假设一公司经营船运包裹,其平均重量是 15 磅,标准差是 10. 假设包裹来自众多的不同客户,因此有理由认为这些包裹重量是独立的随机变量. 计算 100 个包裹总重超过 1700 磅的概率.

19. a. 利用 $n = 100$ 和 $n = 1000$ 时的蒙特卡罗方法估计 $\int_0^1 \cos(2\pi x) dx$,并与精确答案比较.
    b. 利用蒙特卡罗方法估计 $\int_0^1 \cos(2\pi x^2) dx$. 你能找到精确答案吗?

20. 蒙特卡罗方法求得的积分估计方差是多少(5.2 节的例 5.2.1)? [提示:计算 $E(\hat{I}^2(f))$.] 将前面习题 a 中的估计标准差与你得到的实际误差进行比较.

21. 本习题介绍 5.2 节例 5.2.1 蒙特卡罗积分技术的变体. 假设我们想估计
$$I(f) = \int_a^b f(x) dx$$
令 g 是 $[a, b]$ 上的密度函数. 由 g 生成 $X_1, \cdots, X_n$,利用下式估计 I:

$$\hat{I}(f) = \frac{1}{n} \sum_{i=1}^{n} \frac{f(X_i)}{g(X_i)}$$

    a. 证明 $E(\hat{I}(f)) = I(f)$.

    b. 求解 $\mathrm{Var}(\hat{I}(f))$ 的表达式. 分别给出它是有限和无限的例子. 注意, 如果它有限, 大数定律告诉我们当 $n \to \infty$ 时, $\hat{I}(f) \to I(f)$.

    c. 证明: 如果 $a = 0, b = 1$, 且 g 是均匀的, 那么它与 5.2 节例 5.2.1 中的蒙特卡罗估计是相同的. 通过选择其他的非均匀分布 g, 能够提高估计的精度吗?(提示: 比较方差.)

22. 利用中心极限定理求解满足 $P(|\hat{I}(f) - I(f)| \leqslant \Delta) = 0.05$ 的 Δ, 其中 $\hat{I}(f)$ 是 $\int_0^1 \cos(2\pi x) \mathrm{d}x$ 基于 1000 点的蒙特卡罗估计.

23. 具有面积 A 的不规则形状区域位于单位正方形 $0 \leqslant x \leqslant 1, 0 \leqslant y \leqslant 1$ 内. 考虑服从正方形上均匀分布的随机点, 如果点落在区域内, 则令 $Z = 1$, 否则令 $Z = 0$. 证明 $E(Z) = A$. 如何利用 n 个服从正方形上均匀分布的独立随机点去估计 A?

24. 如何利用中心极限定理估计前面习题的估计误差? 用 $\hat{A}$ 表示估计, 如果 $A = 0.2$, n 应取多大才能使 $P(|\hat{A} - A| < 0.01) \approx 0.99$?

25. 令 X 是具有密度函数 $f(x) = \frac{3}{2} x^2 \, (-1 \leqslant x \leqslant 1)$ 的连续随机变量. 绘制密度函数草图. 利用中心极限定理绘制 $S = X_1 + \cdots + X_{50}$ 的近似密度函数草图, 其中 X_i 是具有密度 f 的独立随机变量. 类似地, 绘制 $S/50$ 和 $S/\sqrt{50}$ 的近似密度函数草图. 每个草图至少标出横轴上的三个点.

26. 假设篮球运动员定点投中概率是 0.3. 利用中心极限定理求解在 25 次独立投射中, 成功次数 S 的近似分布. 计算 S 小于等于 5, 7, 9 和 11 的近似概率, 并与精确概率相比较.

27. 证明: 如果 $a_n \to a$, 那么 $(1 + a_n/n)^n \to \mathrm{e}^a$.

28. 令 f_n 是频率函数序列, 即如果 $x = \pm \left(\frac{1}{2}\right)^n$, 则 $f_n(x) = \frac{1}{2}$; 否则 $f_n(x) = 0$. 证明: 对所有的 x, $\lim f_n(x) = 0$, 这意味着这些频率函数没有收敛到某个频率函数, 但是存在一个 cdf F, 满足 $\lim F_n(x) = F(x)$.

29. 除了和之类的极限定理外, 还有诸如最大值或最小值的极值类极限定理. 这里就是其中的一个例子. 令 $U_1, \cdots, U_n$ 是 $[0,1]$ 上的独立均匀随机变量, $U_{(n)}$ 是最大值. 推导出 $U_{(n)}$ 和标准化 $U_{(n)}$ 的 cdf, 并证明标准化变量的 cdf 收敛到极限值.

30. 利用计算机生成独立均匀随机变量序列 $U_1, U_2, \cdots, U_{1000}$. 令 $S_n = \sum_{i=1}^{n} U_i$, 其中 $n = 1, 2, \cdots, 1\,000$. 绘制下列变量与 n 的图形:

    a. S_n

    b. S_n/n

    c. $S_n - n/2$

    d. $(S_n - n/2)/n$

    e. $(S_n - n/2)/\sqrt{n}$

利用本章的概念解释这些图形的形状.

第6章 正态分布的导出分布

6.1 引言

这一章收集了由正态分布导出的三个概率分布(χ^2 分布、t 分布和 F 分布)的一些结论. 这些分布出现在许多统计问题中,在后面的章节会使用.

6.2 χ^2 分布、t 分布和 F 分布

定义 6.2.1 如果 Z 是标准正态随机变量,$U = Z^2$ 的分布称为自由度为 1 的卡方分布.

我们已经在 2.3 节遇到过卡方分布,那里它以参数为 $\frac{1}{2}$ 和 $\frac{1}{2}$ 的伽马分布的特殊情形出现. 自由度为 1 的卡方分布记作 χ_1^2. 如果 $X \sim N(\mu, \sigma^2)$,那么 $(X-\mu)/\sigma \sim N(0,1)$,因此 $[(X-\mu)/\sigma]^2 \sim \chi_1^2$.

定义 6.2.2 如果 $U_1, U_2, \ldots, U_n$ 是相互独立的自由度为 1 的卡方随机变量,那么 $V = U_1 + U_2 + \cdots + U_n$ 称为自由度为 n 的卡方分布,记作 χ_n^2.

由 4.5 节的例 4.5.6 知,相同 λ 值的独立伽马随机变量之和服从伽马分布,因此自由度为 n 的卡方分布是 $\alpha = n/2$ 和 $\lambda = \frac{1}{2}$ 的伽马分布. 它的密度是

$$f(v) = \frac{1}{2^{n/2}\Gamma(n/2)} v^{(n/2)-1} e^{-v/2}, v \geqslant 0$$

它的矩生成函数是

$$M(t) = (1-2t)^{-n/2}$$

同样,$E(V) = n, \mathrm{Var}(V) = 2n$. 为了表示 V 服从自由度为 n 的卡方分布,我们记 $V \sim \chi_n^2$. 卡方分布定义的一个著名结论是: 如果 U 和 V 独立,$U \sim \chi_n^2, V \sim \chi_m^2$,那么 $U + V \sim \chi_{m+n}^2$.

我们现在转向 t 分布.

定义 6.2.3 如果 $Z \sim N(0,1)$,$U \sim \chi_n^2$,且 Z 和 U 独立,那么 $Z/\sqrt{U/n}$ 是自由度为 n 的 t 分布(t distribution).

命题 6.2.1 自由度为 n 的 t 分布的密度函数是

$$f(t) = \frac{\Gamma[(n+1)/2]}{\sqrt{n\pi}\,\Gamma(n/2)} \left(1 + \frac{t^2}{n}\right)^{-(n+1)/2}$$

证明 可以利用标准方法证明这个命题. $\sqrt{U/n}$ 的密度函数可以直接导出,3.6.1 节推导了两个独立随机变量商的密度函数. 证明细节留作章末习题. ∎

因为命题 6.2.1 的密度函数满足 $f(t) = f(-t)$,所以 t 分布关于零点对称. 当自由度趋向于无穷时,t 分布趋向于标准正态分布;事实上,自由度超过 20 或 30 时,两个分布就非常接近.

图 6.1 显示了几个 t 分布. 注意, 尾部随着自由度的增加越来越薄.

定义 6.2.4 令 U 和 V 是自由度分别为 m 和 n 的独立卡方随机变量.

$$W = \frac{U/m}{V/n}$$

的分布称为自由度为 m 和 n 的 F 分布, 记作 $F_{m,n}$.

命题 6.2.2 W 的密度函数如下:

$$f(w) = \frac{\Gamma[(m+n)/2]}{\Gamma(m/2)\Gamma(n/2)} \left(\frac{m}{n}\right)^{m/2} w^{m/2-1}$$
$$\times \left(1 + \frac{m}{n}w\right)^{-(m+n)/2}, \quad w \geqslant 0$$

证明 W 是两个独立随机变量的比值, 密度函数由 3.6.1 节中的结果给出. ∎

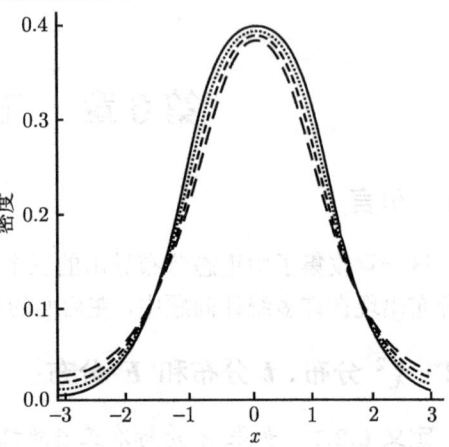

图 6.1 自由度为 5(长线), 10(短线) 和 30(点) 的 t 密度和标准正态密度 (实线)

可以证明, 在 $n > 2$ 时 $E(W)$ 存在且等于 $n/(n-2)$. 由 t 和 F 分布的定义可以推出随机变量 t_n 的平方服从 $F_{1,n}$ 分布 (参见章末习题 6).

6.3 样本均值和样本方差

令 $X_1, \cdots, X_n$ 是独立的 $N(\mu, \sigma^2)$ 随机变量; 我们有时称之为来自于正态分布的**样本** (sample). 在本节, 我们推导

$$\overline{X} = \frac{1}{n} \sum_{i=1}^{n} X_i$$

$$S^2 = \frac{1}{n-1} \sum_{i=1}^{n} (X_i - \overline{X})^2$$

的联合分布与边际分布, 它们分别称为**样本均值** (sample mean) 和**样本方差** (sample variance). 首先, 注意 $\overline{X}$ 是独立正态随机变量的线性组合, 它是正态的, 且

$$E\overline{X} = \mu$$
$$\text{Var}(\overline{X}) = \frac{\sigma^2}{n}$$

为了证明 $\overline{X}$ 和 S^2 相互独立, 我们给出如下定理.

定理 6.3.1 随机变量 $\overline{X}$ 和随机向量 $(X_1 - \overline{X}, X_2 - \overline{X}, \ldots, X_n - \overline{X})$ 是独立的.

证明 在本层次的教程中, 很难充分解释这个结论为什么正确. 严格证明在本质上依赖于多元正态分布的几何性质, 这在本书中没有涉及. 我们介绍一种基于矩生成函数的证明方法; 具体来讲, 我们将联合矩生成函数

$$M(s, t_1, \cdots, t_n) = E\{\exp[s\overline{X} + t_1(X_1 - \overline{X}) + \cdots + t_n(X_n - \overline{X})]\}$$

正态分布的导出分布

分解成两个矩生成函数的乘积，其中一个是 $\overline{X}$ 的，另一个是 $(X_1-\overline{X}),(X_2-\overline{X}),\cdots,(X_n-\overline{X})$ 的. 因子分解意味着 (4.5 节) 因子项所对应的随机变量相互独立，该分解通过一些代数技巧可以实现. 首先，我们注意由于

$$\sum_{i=1}^n t_i(X_i-\overline{X}) = \sum_{i=1}^n t_iX_i - n\overline{X}\bar{t}$$

那么

$$s\overline{X} + \sum_{i=1}^n t_i(X_i-\overline{X}) = \sum_{i=1}^n \left[\frac{s}{n}+(t_i-\bar{t})\right]X_i = \sum_{i=1}^n a_iX_i$$

其中

$$a_i = \frac{s}{n}+(t_i-\bar{t})$$

更进一步

$$\sum_{i=1}^n a_i = s$$

$$\sum_{i=1}^n a_i^2 = \frac{s^2}{n}+\sum_{i=1}^n(t_i-\bar{t})^2$$

现在我们有

$$M(s,t_1,\cdots,t_n) = M_{X_1\cdots X_n}(a_1,\cdots,a_n)$$

由于 X_i 是独立的正态随机变量，所以

$$\begin{aligned}
M(s,t_1,\cdots,t_n) &= \prod_{i=1}^n M_{X_i}(a_i) \\
&= \prod_{i=1}^n \exp\left(\mu a_i+\frac{\sigma^2}{2}a_i^2\right) \\
&= \exp\left(\mu\sum_{i=1}^n a_i+\frac{\sigma^2}{2}\sum_{i=1}^n a_i^2\right) \\
&= \exp\left[\mu s+\frac{\sigma^2}{2}\left(\frac{s^2}{n}\right)+\frac{\sigma^2}{2}\sum_{i=1}^n(t_i-\bar{t})^2\right] \\
&\quad \exp\left(\mu s+\frac{\sigma^2}{2n}s^2\right)\exp\left[\frac{\sigma^2}{2}\sum_{i=1}^n(t_i-\bar{t})^2\right]
\end{aligned}$$

第一个因子是 $\overline{X}$ 的矩生成函数. 在 M 中令 $s=0$ 可以得到向量 $(X_1-\overline{X},X_2-\overline{X},\cdots,X_n-\overline{X})$ 的矩生成函数，所以第二个因子就是它的矩生成函数. ∎

推论 6.3.1 $\overline{X}$ 和 S^2 独立.

证明 因为 S^2 是向量 $(X_1-\overline{X},X_2-\overline{X},\cdots,X_n-\overline{X})$ 的函数，而该向量与 $\overline{X}$ 独立，所以易得该推论成立. ∎

下面一个定理给出了 S^2 的边际分布.

定理 6.3.2 $(n-1)S^2/\sigma^2$ 服从自由度为 $n-1$ 的卡方分布.

证明 首先,我们注意

$$\frac{1}{\sigma^2}\sum_{i=1}^n(X_i-\mu)^2 = \sum_{i=1}^n\left(\frac{X_i-\mu}{\sigma}\right)^2 \sim \chi_n^2$$

同时,

$$\frac{1}{\sigma^2}\sum_{i=1}^n(X_i-\mu)^2 = \frac{1}{\sigma^2}\sum_{i=1}^n[(X_i-\overline{X})+(\overline{X}-\mu)]^2$$

展开平方项,利用 $\sum_{i=1}^n(X_i-\overline{X})=0$,我们得到

$$\frac{1}{\sigma^2}\sum_{i=1}^n(X_i-\mu)^2 = \frac{1}{\sigma^2}\sum_{i=1}^n(X_i-\overline{X})^2 + \left(\frac{\overline{X}-\mu}{\sigma/\sqrt{n}}\right)^2$$

这是 $W=U+V$ 的关系形式. 由推论 6.3.1 知, U 和 V 独立, $M_W(t)=M_U(t)M_V(t)$. W 和 V 都服从卡方分布,因此,

$$M_U(t) = \frac{M_W(t)}{M_V(t)} = \frac{(1-2t)^{-n/2}}{(1-2t)^{-1/2}} = (1-2t)^{-(n-1)/2}$$

最后一个表达式是具有 χ_{n-1}^2 分布的随机变量的矩生成函数. ■

利用一个推论结束本章.

推论 6.3.2 令 $\overline{X}$ 和 S^2 为本节开始所示的形式. 那么

$$\frac{\overline{X}-\mu}{S/\sqrt{n}} \sim t_{n-1}$$

证明 我们简单转换一下给出的比式:

$$\frac{\overline{X}-\mu}{S/\sqrt{n}} = \frac{\left(\frac{\overline{X}-\mu}{\sigma/\sqrt{n}}\right)}{\sqrt{S^2/\sigma^2}}$$

后者是 $N(0,1)$ 随机变量与由自由度均分的 χ_{n-1}^2 分布的独立随机变量的平方根之比. 因此,由 6.2 节的定义,这个比式服从自由度为 $n-1$ 的 t 分布. ■

6.4 习题

1. 证明 6.2 节的命题 6.2.1.
2. 证明 6.2 节的命题 6.2.2.
3. 令 $\overline{X}$ 是来自于均值为 0、方差为 1 的 16 个独立正态随机变量的样本平均值. 确定 c,使其满足

$$P(|\overline{X}|<c)=0.5$$

正态分布的导出分布

4. 如果 T 服从 t_7 分布,计算满足 (a)$P(|T|<t_0)=0.9$ 和 (b)$P(T>t_0)=0.05$ 的 t_0.
5. 证明:如果 $X\sim F_{n,m}$,那么 $X^{-1}\sim F_{m,n}$.
6. 证明:如果 $T\sim t_n$,那么 $T^2\sim F_{1,n}$.
7. 证明:柯西分布与自由度为 1 的 t 分布相同.
8. 证明:如果 X 和 Y 是 $\lambda=1$ 的独立指数随机变量,那么 X/Y 服从 F 分布,同时指出自由度.
9. 计算 S^2 的均值和方差,其中 S^2 如 6.3 节所示.
10. 说明如何利用卡方分布计算 $P(a<S^2/\sigma^2<b)$.
11. 令 $X_1,\cdots,X_n$ 是来自于 $N(\mu_X,\sigma^2)$ 分布的样本,$Y_1,\cdots,Y_m$ 是来自于 $N(\mu_Y,\sigma^2)$ 分布的独立样本,说明如何利用 F 分布计算 $P(S_X^2/S_Y^2>c)$.

第 7 章 抽样调查

7.1 引言

在先前概率章节的基础之上，本章从抽样调查开始研究我们的统计问题. 介绍抽样调查基本理论的目的，除了内在的兴趣和实际效用之外，更主要的是引入一些概念和技术，这在以后的章节里会经常遇到并将其进行推广.

抽样调查是从大总体中抽取一小部分以获取总体的有关信息. 抽样技术在很多领域里都有使用，例如：

- 政府调查人口；例如，美国政府开展健康调查和人口调查.
- 在农业调查中，广泛使用抽样技术估计某个州小麦的总平均产量.
- 美国州际商务委员会开展铁路和高速公路交通调查. 有这样一项研究，抽取汽车运输的家用商品发货记录，用来评估发货前收费、索赔和其他变量的估计精度.
- 在实际的质量控制中，抽取制造过程的产品以检验缺陷率.
- 在审计大公司的金融记录时，当检查所有记录不现实的情况下就需要利用抽样技术.

这里讨论的抽样技术在本质上具有概率性——总体中的每个成员都以特定的概率出现在样本中，并且样本的实际构成是随机的. 这种抽样技术显然不同于另一种抽样方案：由于调查者认为某些总体成员在某些方面具有典型性，因此总是将它们包含在样本中. 这种方案在某些场合下或许是有效的，但是在数学上决不能保证它的无偏性（后面精确定义的一个术语），也不能估计犯错的严重程度，例如由样本均值估计总体均值. 我们将会看到利用随机抽样技术既能保证估计的无偏性，又能计算误差的概率上界. 下面罗列了利用随机抽样的各种益处：

- 抽样单元的随机选取排除了调查者的偏见，即使是无意识的.
- 与完全枚举相比，小样本减少很多成本，调查更省时.
- 小样本的结论实际上可能比完全枚举更精确. 小样本的数据质量更容易监控，完全枚举需要更多的员工去实施，由此可能带来更多业务不精的职员.
- 随机抽样技术使得抽样误差的估计变得可能.
- 在抽样设计时，通常可以确定出满足预设误差水平的样本尺寸.

Peck 等人（2005）收集了一些有关抽样应用的有趣论文.

7.2 总体参数

本节定义总体的数值特征，或参数，并用样本进行估计. 假设总体大小是 N，我们关心总体成员附带的数值特征. 这些数值记为 $x_1, x_2, \cdots, x_N$. x_i 可以是诸如年龄或体重的数值变量，也可以根据某些特征存在与否而取值 1 或 0 的离散变量，例如，性别. 我们称后者为二分变量.

例 7.2.1 作为本章的第一个例子,我们利用 Herkson (1976) 的研究来解释一些思想. 总体由 $N = 393$ 个短期居留医院组成. 令 x_i 表示 1968 年 1 月份第 i 个医院的出院人数. 总体数值的直方图如图 7.1 所示,其制作过程如下: 出院人数在区间 $0 \sim 200, 201 \sim 400, \cdots, 2801 \sim 3000$ 内的医院分成一组,每组的医院数用对应区间上的垂直线图示. 例如,图形显示出院人数在 601 到 800 之间的医院大约有 40 个. 直方图可以很便利地图示总体值的分布,并且比 393 个数值列表更易理解. ∎

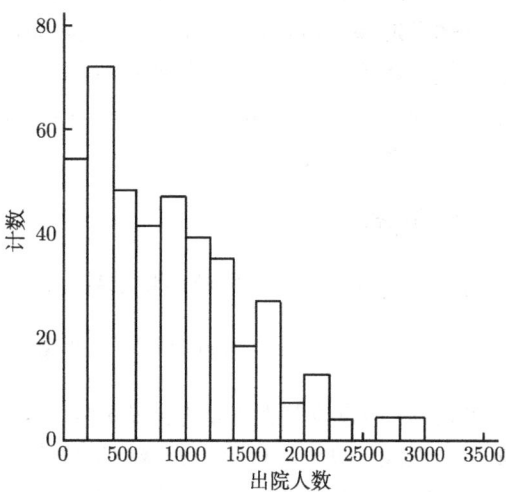

图 7.1 1968 年 1 月份 393 个短期居留医院出院人数直方图

我们特别关心**总体均值**(population mean),或平均,

$$\mu = \frac{1}{N} \sum_{i=1}^{N} x_i$$

对于 393 个医院总体,出院人数的均值是 814.6. 注意图 7.1 中这个数值的位置. 在二分变量情形下,特征出现与否确定后,μ 等于比例 p,即具有特殊特征的个体在总体中的比例,因为在上述和式中,每个 x_i 取 0 或 1. 因此,求和就变成计算 1 的个数,除以 N 之后,得到比例 p.

总体总数(population total)是

$$\tau = \sum_{i=1}^{N} x_i = N\mu$$

在医院总体中,总的出院人数是 $\tau = 320\,138$. 在二分变量情形下,总体总数是具有感兴趣特征的个体总数.

我们还需要考虑**总体方差**(population variance),

$$\sigma^2 = \frac{1}{N} \sum_{i=1}^{N} (x_i - \mu)^2$$

将在等式中的平方项展开,得到如下有用的关系式:

$$\sigma^2 = \frac{1}{N} \left(\sum_{i=1}^{N} x_i^2 - 2\mu \sum_{i=1}^{N} x_i + N\mu^2 \right)$$

$$= \frac{1}{N} \left(\sum_{i=1}^{N} x_i^2 - 2N\mu^2 + N\mu^2 \right)$$

$$= \frac{1}{N} \sum_{i=1}^{N} x_i^2 - \mu^2$$

在二分情形下,总体方差变为 $p(1-p)$:

$$\sigma^2 = \frac{1}{N}\sum_{i=1}^{N} x_i^2 - \mu^2 = p - p^2 = p(1-p)$$

这里我们利用到当每个 x_i 取 0 或 1 时，其 x_i^2 也取 0 或 1.

总体标准差（population standard deviation）是总体方差的平方根，用来度量所有个体值的发散或散布程度. 标准差与总体值具有相同的单位（例如，英寸），而方差具有相应单位的平方. 出院人数的方差是 347 766，标准差是 589.7，由图 7.1 中的直方图可以清楚地看出，后者更合理地描述了总体值的发散程度.

7.3 简单随机抽样

最初级的抽样方式是**简单随机抽样**（simple random sampling, s.r.s）：任何容量为 n 的样本都具有相同的发生概率；也就是说，无重复抽取容量为 n 的 $\binom{N}{n}$ 种可能的样本，每个都具有相同的概率. 假设按照无重复方式进行抽样，总体中的每个个体至多出现一次. 实际中，经常利用随机数表或计算机随机数生成器构造样本. 在概念上，我们可以将总体成员看成盒子里面的小球，无重复地随机选择指定数目的小球.

因为样本构成是随机的，子样均值也是随机的. 因此，利用样本均值近似估计总体均值的精度分析在本质上也是概率的. 本节推导样本均值的一些统计性质.

7.3.1 样本均值的期望和方差

我们用 n 表示样本容量（n 小于 N），用 $X_1, X_2, \cdots, X_n$ 表示样本. 重要的是要认识到 X_i 是随机的，特别地，X_i 不等于 x_i：X_i 是样本中的第 i 个成员，是随机的，而 x_i 是总体中第 i 个个体的值，是固定的.

我们考虑**样本均值**（sample mean），

$$\overline{X} = \frac{1}{n}\sum_{i=1}^{n} X_i$$

它是总体均值的估计. 作为总体总数的一个估计，我们考虑

$$T = N\overline{X}$$

T 的性质很容易由 $\overline{X}$ 的性质推导出来. 因为每个 X_i 都是随机变量，所以样本均值也是随机的，它的概率分布称为**抽样分布**（sampling distribution）. 一般地，由随机样本得到的数值或统计量都是随机的，具有相应的抽样分布. $\overline{X}$ 的抽样分布决定了 $\overline{X}$ 估计 μ 的精度，粗略地讲，抽样分布越紧密地集中在 μ 的附近，估计就越好.

例 7.3.1.1 为了解释抽样分布的概念，我们再一次考虑 393 个医院总体. 当然，在实践中，总体未知，只能抽取一个样本. 这里出于教学目的，我们考虑来自这个已知总体的样本均值的抽样分布. 例如，假设我们想寻找容量为 16 的样本均值的抽样分布. 原则上，我们可以得到所有的 $\binom{393}{16}$ 个样本，并计算每个样本的均值 —— 这样就能导出抽样分布. 但是这样的样本个数是

10^{28} 阶, 很显然是不可行的. 因此我们利用称之为**模拟** (simulation) 的技术. 我们抽取很多容量 n 的样本, 计算均值, 然后绘制其直方图, 用其估计抽样分布. 图 7.2 显示了样本容量为 8, 16, 32 和 64 的 500 次模拟结果. 值得注意的是图 7.2 的三个特征:

1. 所有的直方图集中在总体均值 814.6 上.
2. 随着样本容量的增加, 直方图发散程度减低.
3. 尽管总体直方图 (图 7.1) 关于均值不对称, 但图 7.2 的直方图更接近于对称.

我们将会量化解释这些性质. ∎

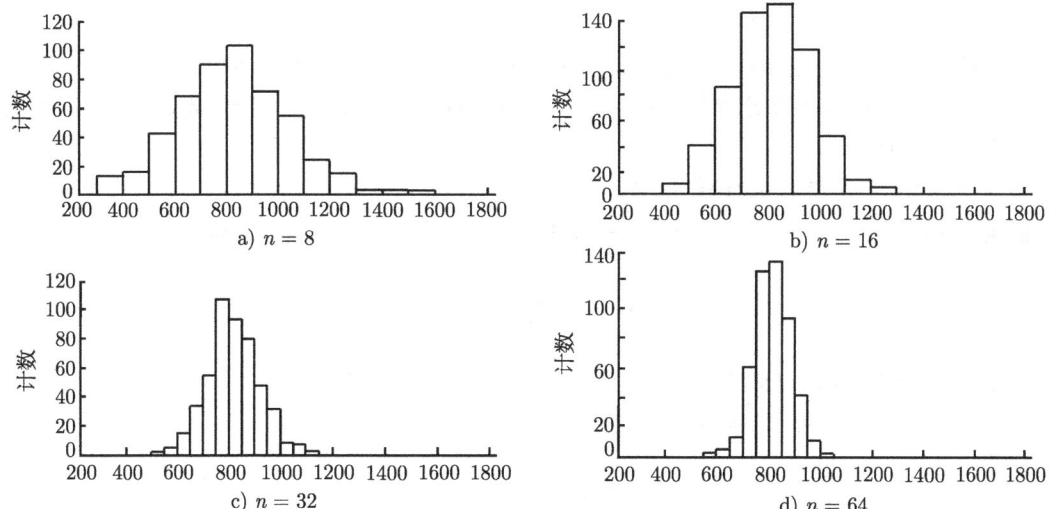

图 7.2 自 393 个医院总体中进行 500 次简单随机抽样时, 不同样本容量下出院人数均值的直方图

我们已经说过, 随机变量 $\overline{X}$ 的分布由 X_i 决定, 因此, 我们考察单个样本单元 X_i 的分布. 应当指出的是下面的引理无论抽样替代与否都成立.

我们必须小心随机变量 X_i 的取值情况. 第 i 个样本成员等可能地取值总体 N 中的任何一个, 如果所有的总体值都不同, 那么 $P(X_i = x_j) = 1/N$. 但部分总体值可能相同 (例如, 二分情形下, 仅取两个值 0 和 1). 如果总体的 k 个个体具有相同的值 ζ, 那么 $P(X_i = \zeta) = k/N$. 我们利用这种结构证明下述引理.

引理 7.3.1.1 总体成员的不同取值记为 $\zeta_1, \zeta_2, \cdots, \zeta_m$, 取值 ζ_j 的个体数记为 $n_j, j = 1, 2, \cdots, m$. 那么 X_i 是离散型随机变量, 具有概率质量函数

$$P(X_i = \zeta_j) = \frac{n_j}{N}$$

同时,

$$E(X_i) = \mu$$

$$\mathrm{Var}(X_i) = \sigma^2$$

证明 X_i 的可能取值是 $\zeta_1, \zeta_2, \cdots, \zeta_m$. 因为每个个体都等可能地成为第 i 个样本成员, 因此 X_i 取值 ζ_j 的概率是 n_j/N. 那么 X_i 的期望值是

$$E(X_i) = \sum_{j=1}^{m} \zeta_j P(X_i = \zeta_j) = \frac{1}{N} \sum_{j=1}^{m} n_j \zeta_j = \mu$$

后面的方程是因为 n_j 个个体取值 ζ_j，因此和项就是所有总体个体值的和. 最后，

$$\operatorname{Var}(X_i) = E(X_i^2) - [E(X_i)]^2 = \frac{1}{N} \sum_{j=1}^{m} n_j \zeta_j^2 - \mu^2 = \sigma^2$$

这里，我们利用了 $\sum_{i=1}^{N} x_i^2 = \sum_{j=1}^{m} n_j \zeta_j^2$ 和 7.2 节推导的总体方差等式. ∎

我们利用 $E(\overline{X})$ 度量抽样分布的中心，利用 $\overline{X}$ 的标准差度量抽样分布关于中心的发散程度. 将要得到的关键结论是抽样分布集中在 μ 处，发散与样本容量 n 的平方根成反比. 我们首先证明抽样分布的中心是 μ.

定理 7.3.1.1 简单随机抽样下，$E(\overline{X}) = \mu$.

证明 由引理 7.3.1.1，因为 $E(X_i) = \mu$，根据 4.1.2 的定理 4.1.2.1 得到

$$E(\overline{X}) = \frac{1}{n} \sum_{i=1}^{n} E(X_i) = \mu$$

∎

由定理 7.3.1.1，我们有如下推论

推论 7.3.1.1 简单随机抽样下，$E(T) = \tau$.

证明

$$E(T) = E(N\overline{X}) = NE(\overline{X}) = N\mu = \tau$$

∎

二分情形下，$\mu = p$，$\overline{X}$ 是样本比例，并且具有我们感兴趣的特征性质. 此时，用 $\hat{p}$ 表示 $\overline{X}$. 我们已经证明 $E(\hat{p}) = p$.

必须牢记 $\overline{X}$ 是随机的. 结论 $E(\overline{X}) = \mu$ 可以解释为"平均地" $\overline{X} = \mu$. 一般地，如果利用样本 $X_1, X_2, \cdots, X_n$ 的函数 $\hat{\theta}$ 估计总体参数 θ，$E(\hat{\theta}) = \theta$，无论 θ 取何种值，我们都说 $\hat{\theta}$ 是**无偏的**（unbiased）. 因此，$\overline{X}$ 和 T 分别是 μ 和 τ 的无偏估计. 从平均的角度来讲，这是正确的. 我们接着推导它们的方差和标准差，以考察波动性. 4.2.1 节的测量误差模型介绍了偏倚和方差，这些概念用在此处也比较切题. 第 4 章有如下结论：

$$\text{均方误差} = \text{方差} + \text{偏倚}^2$$

因为 $\overline{X}$ 和 T 是无偏的，所以均方误差等于它们的方差.

我们接下来计算 $\operatorname{Var}(\overline{X})$. 因为 $\overline{X} = n^{-1} \sum_{i=1}^{n} X_i$，由 4.3 节的推论 4.3.1，

$$\operatorname{Var}(\overline{X}) = \frac{1}{n^2} \sum_{i=1}^{n} \sum_{j=1}^{n} \operatorname{Cov}(X_i, X_j)$$

假设抽样是有替代的，那么 X_i 是独立的，当 $i \neq j$ 时，有 $\operatorname{Cov}(X_i, X_j) = 0$，而 $\operatorname{Cov}(X_i, X_i) = \operatorname{Var}(X_i) = \sigma^2$，则有

$$\operatorname{Var} \overline{X} = \frac{1}{n^2} \sum_{i=1}^{n} \operatorname{Var}(X_i) = \frac{\sigma^2}{n}$$

$\overline{X}$ 的标准差是

$$\sigma_{\overline{X}} = \frac{\sigma}{\sqrt{n}}$$

也称为它的**标准误差**（standard error）.

无重复抽样引起 X_i 相依，使这个简单结论变得复杂. 然而，我们看到如果样本容量 n 相对于总体容量 N 较小，那么相依性较弱，这个简单结论依旧是个很好的近似.

为了得到无重复抽样下样本均值的方差，我们需要计算 $\operatorname{Cov}(X_i, X_j), i \neq j$.

引理 7.3.1.2 无重复简单随机抽样下，如果 $i \neq j$，

$$\operatorname{Cov}(X_i, X_j) = -\sigma^2/(N-1)$$

证明 利用 4.3 节的协方差等式，得到

$$\operatorname{Cov}(X_i, X_j) = E(X_i X_j) - E(X_i)E(X_j)$$

利用条件概率的乘法定律，得到

$$E(X_i X_j) = \sum_{k=1}^{m} \sum_{l=1}^{m} \zeta_k \zeta_l P(X_i = \zeta_k \text{ 和 } X_j = \zeta_l)$$

$$= \sum_{k=1}^{m} \zeta_k P(X_i = \zeta_k) \sum_{l=1}^{m} \zeta_l P(X_j = \zeta_l | X_i = \zeta_k)$$

现在，

$$P(X_j = \zeta_l | X_i = \zeta_k) = \begin{cases} n_l/(N-1), & \text{如果 } k \neq l \\ (n_l - 1)/(N-1), & \text{如果 } k = l \end{cases}$$

如果我们表示

$$\sum_{l=1}^{m} \zeta_l P(X_j = \zeta_l | X_i = \zeta_k) = \sum_{l \neq k} \zeta_l \frac{n_l}{N-1} + \zeta_k \frac{n_k - 1}{N-1}$$

$$= \sum_{l=1}^{m} \zeta_l \frac{n_l}{N-1} - \zeta_k \frac{1}{N-1}$$

$E(X_i X_j)$ 的表达式变为

$$\sum_{k=1}^{m} \zeta_k \frac{n_k}{N} \left(\sum_{l=1}^{m} \zeta_l \frac{n_l}{N-1} - \frac{\zeta_k}{N-1} \right) = \frac{1}{N(N-1)} \left(\tau^2 - \sum_{k=1}^{m} \zeta_k^2 n_k \right)$$

$$= \frac{\tau^2}{N(N-1)} - \frac{1}{N(N-1)} \sum_{k=1}^{m} \zeta_k^2 n_k$$

$$= \frac{N\mu^2}{N-1} - \frac{1}{N-1}(\mu^2 + \sigma^2)$$

$$= \mu^2 - \frac{\sigma^2}{N-1}$$

最后，从最后的方程中减去 $E(X_i)E(X_j) = \mu^2$，我们有
$$\text{Cov}(X_i, X_j) = -\frac{\sigma^2}{N-1}$$
对于 $i \neq j$ 成立. ∎

（引理 7.3.1.2 的另一种证明方法见章末习题 25 和 26.）这个引理显示 $i \neq j$ 时，X_i 和 X_j 不是独立的，但是对于较大的 N，它们的协方差非常小. 我们现在可以推导如下定理.

定理 7.3.1.2 简单随机抽样下，
$$\text{Var}(\overline{X}) = \frac{\sigma^2}{n}\left(\frac{N-n}{N-1}\right) = \frac{\sigma^2}{n}\left(1 - \frac{n-1}{N-1}\right)$$

证明 由 4.3 节的推论 4.3.1，
$$\text{Var}(\overline{X}) = \frac{1}{n^2}\sum_{i=1}^{n}\sum_{j=1}^{n}\text{Cov}(X_i, X_j)$$
$$= \frac{1}{n^2}\sum_{i=1}^{n}\text{Var}(X_i) + \frac{1}{n^2}\sum_{i=1}^{n}\sum_{j\neq i}\text{Cov}(X_i, X_j)$$
$$= \frac{\sigma^2}{n} - \frac{1}{n^2}n(n-1)\frac{\sigma^2}{N-1}$$

经过一些代数运算，结论得证. ∎

注意，无重复抽样下样本均值的方差与重复抽样下的方差相差一个因子
$$\left(1 - \frac{n-1}{N-1}\right)$$
它称为**有限总体校正**（finite population correction）. 比率 n/N 称为**抽样比例**（sampling fraction）. 通常，样本比例非常小，$\overline{X}$ 的**标准误差**（标准差）是
$$\sigma_{\overline{X}} \approx \frac{\sigma}{\sqrt{n}}$$

我们看到除了通常较小的有限总体校正之外，抽样分布的散度（即 $\overline{X}$ 的精度）由样本容量 n 而不是总体尺寸 N 决定. 样本均值精度的合理度量是其标准误差，与样本容量 n 的平方根成反比，我们将在后面给出更详细的解释. 因此，为了使精度翻番，样本容量必须增大 4 倍. （读者可以利用图 7.2 验证之.）决定样本均值精度的另一个因素是总体标准差 σ. 如果 σ 较小，总体分散程度较弱，较小的样本容量就可以得到很精确的估计 但是如果总体分散程度较强，较大的样本容量才能保证同样的估计精度.

例 7.3.1.2 如果无重复抽取医院总体，样本容量是 $n = 32$，
$$\sigma_{\overline{X}} = \frac{\sigma}{\sqrt{n}}\sqrt{1 - \frac{n-1}{N-1}} = \frac{589.7}{\sqrt{32}}\sqrt{1 - \frac{31}{392}}$$
$$= 104.2 \times 0.96 = 100.0$$

注意，因为样本比例较小，有限总体校正没有多大差别. 为了说明 $\sigma_{\overline{X}} = 100.0$ 是精度合理的度量，审视图 7.2b，观测到大部分样本均值在总体均值（814）的 2 倍标准误差之内，也就是说，大部分样本均值在区间 $(614, 1014)$ 内. ∎

例 7.3.1.3 我们利用这个结果估计总体比例. 在医院总体中, 小于 1000 个出院人数的比例是 $p = 0.654$. 如果利用样本比例 $\hat{p}$ 估计这个总体比例, 根据二分情形下的定理 7.3.1.2, 得到 $\hat{p}$ 的标准误差:

$$\sigma_{\hat{p}} = \sqrt{\frac{p(1-p)}{n}}\sqrt{1 - \frac{n-1}{N-1}}$$

例如, 对于 $n = 32$, $\hat{p}$ 的标准误差是

$$\sigma_{\hat{p}} = \sqrt{\frac{0.654 \times 0.346}{32}}\sqrt{1 - \frac{31}{392}} = 0.08$$

总体总数的估计精度依赖于总体容量 N.

推论 7.3.1.2 简单随机抽样下,

$$\text{Var}(T) = N^2 \left(\frac{\sigma^2}{n}\right)\frac{N-n}{N-1}$$

证明 因为 $T = N\overline{X}$, 所以

$$\text{Var}(T) = N^2 \text{Var}(\overline{X})$$

7.3.2 总体方差的估计

抽样调查用来估计总体参数, 也用来评估和量化估计的变异性. 在上一节, 我们看到如何利用样本容量和总体方差确定估计的标准误差. 然而, 现实中的总体方差未知, 但是可以由样本估计出来, 本节的目的就在于此. 因为总体方差是关于总体均值的平均平方偏离, 所以很自然地利用关于样本均值的平均平方偏离来估计它:

$$\hat{\sigma}^2 = \frac{1}{n}\sum_{i=1}^{n}(X_i - \overline{X})^2$$

下面的定理指出这个估计是有偏的.

定理 7.3.2.1 简单随机抽样下,

$$E(\hat{\sigma}^2) = \sigma^2 \left(\frac{n-1}{n}\right)\frac{N}{N-1}$$

证明 展开样本方差中的平方项, 仿照 7.2 节总体方差关系式的推导, 我们得到

$$\hat{\sigma}^2 = \frac{1}{n}\sum_{i=1}^{n}X_i^2 - \overline{X}^2$$

因此,

$$E(\hat{\sigma}^2) = \frac{1}{n}\sum_{i=1}^{n}E(X_i^2) - E(\overline{X}^2)$$

现在, 我们知道

$$E(X_i^2) = \text{Var}(X_i) + [E(X_i)]^2 = \sigma^2 + \mu^2$$

同样, 由 7.3.1 节的定理 7.3.1.1 和定理 7.3.1.2,

$$E(\overline{X}^2) = \text{Var}(\overline{X}) + [E(\overline{X})]^2 = \frac{\sigma^2}{n}\left(1 - \frac{n-1}{N-1}\right) + \mu^2$$

用这些表达式代替先前表达式中的 $E(X_i^2)$ 和 $E(\overline{X}^2)$，得证 $E(\hat\sigma^2)$.

因为 $N>n$，经过简单的代数运算有

$$\frac{n-1}{n}\frac{N}{N-1}<1$$

以致 $E(\hat\sigma^2)<\sigma^2$，因此 $\hat\sigma^2$ 倾向于低估 σ^2. 由定理 7.3.2.1，$\hat\sigma^2$ 乘以因子 $n(N-1)/[(n-1)N]$ 可以得到 σ^2 的无偏估计. 因此，σ^2 的无偏估计是 $\dfrac{1}{n-1}\left(1-\dfrac{1}{N}\right)\sum\limits_{i=1}^n(X_i-\overline X)^2$. 我们也有如下推论.

推论 7.3.2.1 $\mathrm{Var}(\overline X)$ 的无偏估计是

$$s_{\overline X}^2=\frac{\hat\sigma^2}{n}\left(\frac{n}{n-1}\right)\left(\frac{N-1}{N}\right)\left(\frac{N-n}{N-1}\right)=\frac{s^2}{n}\left(1-\frac{n}{N}\right)$$

其中

$$s^2=\frac{1}{n-1}\sum_{i=1}^n(X_i-\overline X)^2$$

证明 因为

$$\mathrm{Var}(\overline X)=\frac{\sigma^2}{n}\left(\frac{N-n}{N-1}\right)$$

$\mathrm{Var}(\overline X)$ 的无偏估计可以通过代替 σ^2 的无偏估计得到. 经过一些代数运算可得证. ∎

类似地，作为总体总数的估计量 T，其方差的无偏估计是

$$s_T^2=N^2 s_{\overline X}^2$$

对于二分情形，每个 X_i 取 0 或 1，注意到

$$\frac{1}{n}\sum_{i=1}^n(X_i-\overline X)^2=\frac{1}{n}\sum_{i=1}^n X_i^2-\overline X^2=\hat p(1-\hat p)$$

从而，

$$s^2=\frac{n}{n-1}\hat p(1-\hat p)$$

因此，作为推论 7.3.2.1 的特殊情况，我们有如下推论.

推论 7.3.2.2 $\mathrm{Var}(\hat p)$ 的无偏估计是

$$s_{\hat p}^2=\frac{\hat p(1-\hat p)}{n-1}\left(1-\frac{n}{N}\right)$$

许多情况下，抽样比例 n/N 较小，可以忽略不计. 此外，除数使用 $n-1$ 或 n 通常区别不大. $s_{\overline X}$，s_T 和 $s_{\hat p}$ 称为**估计标准误差**（estimated standard error）. 如果我们知道实际的标准误差 $\sigma_{\overline X}$，σ_T 和 $\sigma_{\hat p}$，就用它们度量 $\overline X$，T 和 $\hat p$ 的估计精度；如果它们未知，就用估计标准误差代替它们，这是我们通常遇到的情况.

例 7.3.2.1 从 393 个医院总体中抽取容量为 50 的简单随机样本，得到 $\overline X=938.5$（事实上，回忆前述 $\mu=814.6$）和 $s=614.53$（$\sigma=590$）. $\overline X$ 方差的估计是

$$s_{\overline X}^2=\frac{s^2}{n}\left(1-\frac{n}{N}\right)=6592$$

$\overline{X}$ 的估计标准误差是

$$s_{\overline{X}} = 81.19$$

(注意,真正的值是 $\sigma_{\overline{X}} = \dfrac{\sigma}{50}\sqrt{1 - \dfrac{49}{392}} = 78$.) 这个估计标准误差给出了 $\overline{X}$ 估计的大概精度. 在这种情形下,我们看到相对于 8 或 800 来讲,误差水平在 80 层级上. 事实上,误差是 123.9,大约为 $1.5 s_{\overline{X}}$. ∎

例 7.3.2.2 同样是医院总体的例子,出院总人数的估计是

$$T = N\overline{X} = 368\,831$$

回忆前述总体总数的真正值是 320 139. T 的估计标准误差是

$$s_T = N s_{\overline{X}} = 31\,908$$

再次,估计标准误差可以用来粗略刻画估计误差. ∎

例 7.3.2.3 令 p 是出院人数少于 1000 的医院比例,即 $p = 0.654$. 在例 7.3.2.1 中,50 个医院中有 26 个的出院人数小于 1000,因此,

$$\hat{p} = \dfrac{26}{50} = 0.52$$

$\hat{p}$ 的方差估计如下:

$$s_{\hat{p}}^2 = \dfrac{\hat{p}(1-\hat{p})}{n-1}\left(1 - \dfrac{n}{N}\right) = 0.0045$$

因此,$\hat{p}$ 的估计标准误差是

$$s_{\hat{p}} = 0.067$$

粗略地说,$\hat{p}$ 的误差水平在小数点第二或第一位处 —— 或许,我们没有幸运地得到小数点只在第三位的误差水平. 事实上,误差是 0.134,大约为 $2 \times s_{\hat{p}}$. ∎

这些例子说明通过简单随机抽样不仅可以得到未知总体参数的估计,还可以利用样本数据的估计标准误差刻画估计的误差水平.

我们涉及了很多背景知识,有限总体校正的出现又使我们在推导表达式时变得复杂了很多. 因此,有必要在下面的表格中总结这些结论:

总体参数	估计	方差估计	估计方差
μ	$\overline{X} = \dfrac{1}{n}\sum_{i=1}^{n} X_i$	$\sigma_{\overline{X}}^2 = \dfrac{\sigma^2}{n}\left(\dfrac{N-n}{N-1}\right)$	$s_{\overline{X}}^2 = \dfrac{s^2}{n}\left(1 - \dfrac{n}{N}\right)$
p	$\hat{p} = $ 样本比例	$\sigma_{\hat{p}}^2 = \dfrac{p(1-p)}{n}\left(\dfrac{N-n}{N-1}\right)$	$s_{\hat{p}}^2 = \dfrac{\hat{p}(1-\hat{p})}{n-1}\left(1 - \dfrac{n}{N}\right)$
τ	$T = N\overline{X}$	$\sigma_T^2 = N^2 \sigma_{\overline{X}}^2$	$s_T^2 = N^2 s_{\overline{X}}^2$
σ^2	$\left(1 - \dfrac{1}{N}\right) s^2$		

其中 $s^2 = \dfrac{1}{n-1}\sum_{i=1}^{n}(X_i - \overline{X})^2$.

第三列元素的平方根称为标准误差, 第四列元素的平方根称为估计标准误差. 前者依赖未知的总体参数, 因此后者常用来刻画参数估计的精度. 当总体容量远远大于样本容量时, 有限总体校正可以忽略掉, 从而简化先前的表达式.

7.3.3 $\overline{X}$ 抽样分布的正态近似

我们已经找到了 $\overline{X}$ 抽样分布的均值和标准差. 理想情况下, 我们想知道 $\overline{X}$ 的抽样分布, 因为这样就可以告诉我们估计精度的一切特征. 然而, 没有总体本身的信息, 我们是不能确定抽样分布的. 在这一节, 我们利用中心极限定理导出抽样分布的近似分布 —— 正态分布或高斯分布. 这种近似可以用来计算估计误差的概率界.

在 5.3 节, 我们考虑了具有相同均值 μ 和方差 σ^2 的独立同分布随机变量序列 $X_1, X_2, \cdots, X_n$ 的样本均值是
$$\overline{X}_n = \dfrac{1}{n}\sum_{i=1}^{n} X_i$$
样本均值具有性质
$$E(\overline{X}_n) = \mu$$
和
$$\text{Var}(\overline{X}_n) = \dfrac{\sigma^2}{n}$$
中心极限定理告诉我们, 对于固定的数 z, 当 $n \to \infty$ 时,
$$P\left(\dfrac{\overline{X}_n - \mu}{\sigma/\sqrt{n}} \leqslant z\right) \to \Phi(z)$$
其中 Φ 是标准正态分布的累积分布函数. 利用较紧凑的示意符号, 我们有
$$P\left(\dfrac{\overline{X}_n - \mu}{\sigma_{\overline{X}_n}} \leqslant z\right) \to \Phi(z)$$

抽样调查与前述的中心极限定理不完全一样 —— 我们已经看到, 在无重复抽样情况下, X_i 相互不独立, 且在 N 固定的情况下让 n 趋于无穷是没有意义的. 但是其他的中心极限定理已经证明上述结论在抽样范畴下也成立. 这说明当 n 很大, 但相对于 N 仍旧很小时, 简单随机样本的均值 $\overline{X}_n$ 近似服从正态分布.

为了解释中心极限定理的用处, 我们用其近似计算 $P(|\overline{X} - \mu| \leqslant \delta)$, 它是用 $\overline{X}$ 估计 μ 时误差小于某个常数 δ 的概率:

$$\begin{aligned}
P(|\overline{X} - \mu| \leqslant \delta) &= P(-\delta \leqslant \overline{X} - \mu \leqslant \delta) \\
&= P\left(-\dfrac{\delta}{\sigma_{\overline{X}}} \leqslant \dfrac{\overline{X} - \mu}{\sigma_{\overline{X}}} \leqslant \dfrac{\delta}{\sigma_{\overline{X}}}\right) \\
&\approx \Phi\left(\dfrac{\delta}{\sigma_{\overline{X}}}\right) - \Phi\left(-\dfrac{\delta}{\sigma_{\overline{X}}}\right) \\
&= 2\Phi\left(\dfrac{\delta}{\sigma_{\overline{X}}}\right) - 1
\end{aligned}$$

这是因为标准正态分布关于零点对称，$\Phi(-z) = 1 - \Phi(z)$.

例 7.3.3.1 再次考虑 393 个医院总体. 利用有限总体校正，样本容量 $n = 64$ 的均值的标准差是

$$\sigma_{\overline{X}} = \frac{\sigma}{\sqrt{n}}\sqrt{1 - \frac{n-1}{N-1}} = \frac{589.7}{8}\sqrt{1 - \frac{63}{392}} = 67.5$$

我们利用中心极限定理近似计算样本均值绝对偏离总体均值 100 以上的概率，即 $P(|\overline{X}-\mu| > 100)$. 首先，由正态分布的对称性，

$$P(|\overline{X} - \mu| > 100) \approx 2P(\overline{X} - \mu > 100)$$

和

$$P(\overline{X} - \mu > 100) = 1 - P(\overline{X} - \mu < 100) = 1 - P\left(\frac{\overline{X} - \mu}{\sigma_{\overline{X}}} < \frac{100}{\sigma_{\overline{X}}}\right)$$

$$\approx 1 - \Phi\left(\frac{100}{67.5}\right) = 0.069$$

因此，样本均值偏离总体均值 100 以上的概率近似等于 0.14. 事实上，在 7.3.1 节的例 7.3.1.1 中，容量 64 的 500 次抽样中有 82 个或 16.4% 的样本偏离总体均值 100 以上. 类似地，中心极限定理近似计算出样本均值偏离总体均值超过 150 的概率是 0.026. 在 7.3.1 节例 7.3.1.1 的模拟结果中，500 次抽样有 11 个或 2.2% 的样本超过 150. 如果我们不十分挑剔，那么中心极限定理的近似计算结果是比较合理和有用的. ∎

例 7.3.3.2 对于样本容量为 50 的情况，出院人数样本均值的标准误差是

$$\sigma_{\overline{X}} = 78$$

对于 7.3.2 节例 7.3.2.1 的特殊样本，我们计算 $\overline{X} = 938.35$，因此 $\overline{X} - \mu = 123.9$. 我们现在近似计算不小于这个误差的概率：

$$P(|\overline{X} - \mu| \geqslant 123.9) = 1 - P(|\overline{X} - \mu| < 123.9)$$

$$\approx 1 - \left[2\Phi\left(\frac{123.9}{78}\right) - 1\right]$$

$$= 2 - 2\Phi(1.59)$$

$$= 0.11$$

因此，我们可以预期不小于这个误差的发生几率为 11%. ∎

例 7.3.3.3 在 7.3.2 节的例 7.3.2.3 中，我们利用容量 50 的样本估计出院人数小于 1000 的医院比例是 $\hat{p} = 0.52$，事实上，总体的实际比例是 0.65. 因此，$|\hat{p} - p| = 0.13$. 估计偏离超过这个量的概率是多少？

我们有

$$\sigma_{\hat{p}} = \sqrt{\frac{p(1-p)}{n}}\sqrt{1 - \frac{n-1}{N-1}} = 0.068 \times 0.94 = 0.064$$

因而，我们可以计算

$$P(|p - \hat{p}| > 0.13) = 1 - P(|p - \hat{p}| \leqslant 0.13)$$

$$= 1 - P\left(\frac{|p-\hat{p}|}{\sigma_{\hat{p}}} \leqslant \frac{0.13}{\sigma_{\hat{p}}}\right)$$
$$\approx 2[1 - \Phi(2.03)] = 0.04$$

我们看到这样的样本非常"不幸"——超过这个误差的发生几率仅是 4%. ∎

我们现在在推导总体均值 μ 的**置信区间**(confidence interval). 总体参数 θ 的置信区间由样本计算得到, 是个随机区间, 以某个指定概率包含 θ. 例如, μ 的 95% 置信区间是以概率 0.95 包含 μ 的随机区间; 如果我们抽取很多随机样本, 并构造相应的置信区间, 大约有 95% 的区间包含 μ. 如果覆盖概率是 $1-\alpha$, 那么区间称为 $100(1-\alpha)\%$ 置信区间. 置信区间常与点估计一起使用, 表达估计不确定的相关信息.

对于 $0 \leqslant \alpha \leqslant 1$, 令 $z(\alpha)$ 是满足标准正态密度函数在 $z(\alpha)$ 右方面积等于 α 的数值 (图 7.3). 注意, 标准正态密度函数关于零点对称, 即 $z(1-\alpha) = -z(\alpha)$. 如果 Z 服从标准正态分布, 那么根据 $z(\alpha)$ 的定义,
$$P(-z(\alpha/2) \leqslant Z \leqslant z(\alpha/2)) = 1 - \alpha$$
利用中心极限定理, $(\overline{X} - \mu)/\sigma_{\overline{X}}$ 近似服从标准正态分布, 因此
$$P\left(-z(\alpha/2) \leqslant \frac{\overline{X} - \mu}{\sigma_{\overline{X}}} \leqslant z(\alpha/2)\right) \approx 1 - \alpha$$
不等式经过简单运算, 得到
$$P(\overline{X} - z(\alpha/2)\sigma_{\overline{X}} \leqslant \mu \leqslant \overline{X} + z(\alpha/2)\sigma_{\overline{X}}) \approx 1 - \alpha$$
也就是说, μ 在区间 $\overline{X} \pm z(\alpha/2)\sigma_{\overline{X}}$ 内的概率近似等于 $1-\alpha$. 因此, 区间称为 $100(1-\alpha)\%$**置信区间**. 理解区间的随机性, 以及随机区间包含 μ 的概率为 $1-\alpha$ 是非常重要的. 在实践中, 指定 α 取较小的值, 比如, 0.1, 0.05, 或者 0.01, 以至于区间覆盖 μ 的概率比较大. 同样, 因为总体方差一般未知, $s_{\overline{X}}$ 代替 $\sigma_{\overline{X}}$. 对于较大的样本, 可以证明替代误差几乎可以忽略不计. 我们不可能精确回答"多大才算是大?"按照经验法则, 超过 25 或者 30 的 n 通常比较合适.

为了解释置信区间的概念, 从医院出院人数总体中抽取容量 $n = 25$ 的 20 个样本. 计算每个样本平均出院人数 μ 的近似 95% 置信区间. 图 7.4 中的垂直线显示了这 20 个置信区间, 图中虚线是真实值 $\mu = 814.6$. 注意, 因为它们是 95% 置信区间, 平均来讲有 5% 的区间, 或 20 个区间中有 1 个不包含 μ, 但这里恰巧所有的置信区间都包含 μ.

下面的例子解释了计算置信区间的过程.

例 7.3.3.4 某区域有 8000 个公寓单元. 在住户调查中, 容量 100 的简单随机样本显示每单元平均拥有摩托车数是 1.6 个, 具有标准差 0.8. 因此, $\overline{X}$ 的估计标准误差是
$$s_{\overline{X}} = \frac{s}{\sqrt{n}}\sqrt{1 - \frac{n}{N}} = \frac{0.8}{10}\sqrt{1 - \frac{100}{8000}} = 0.08$$
注意有限总体校正几乎没有什么差异. 由于 $z(0.025) = 1.96$, 总体平均的 95% 置信区间是 $\overline{X} \pm 1.96 s_{\overline{X}}$, 或 $(1.44, 1.76)$.

摩托车总数的估计是 $T = 8000 \times 1.6 = 12\,800$. T 的估计标准误差是
$$s_T = N s_{\overline{X}} = 640$$

摩托车总数的 95% 置信区间是 $T \pm 1.96 s_T$, 或 $(11546, 14054)$.

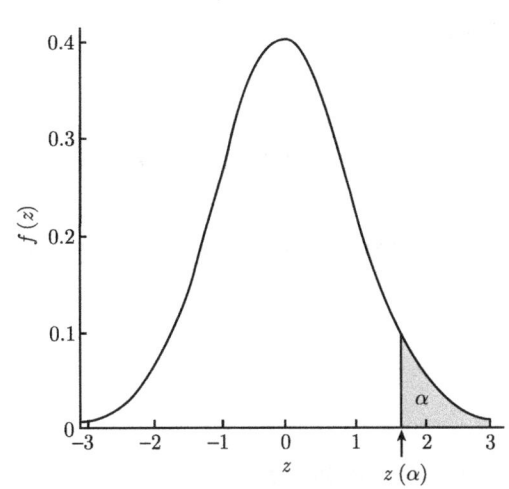

图 7.3 显示 α 和 $z(\alpha)$ 的标准正态密度

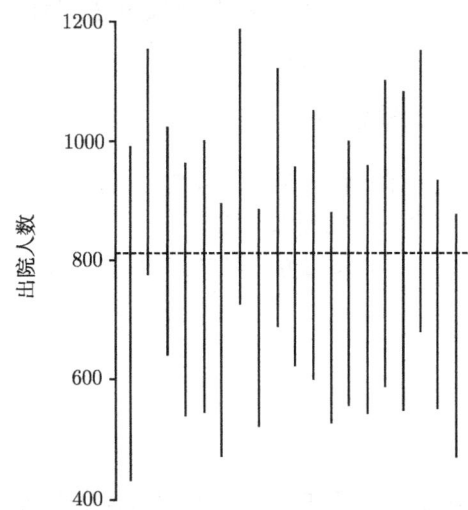

图 7.4 垂直线是 u 的 20 个近似 95% 置信区间, 水平线是 μ 的真实值

在同样的调查中, 有 12% 的受访者说他们计划在下一年出售公寓, $\hat{p} = 0.12$ 是总体比例 p 的估计. 估计标准误差是

$$s_{\hat{p}} = \sqrt{\frac{\hat{p}(1-\hat{p})}{n-1}} \sqrt{1 - \frac{100}{8000}} = 0.03$$

p 的 95% 置信区间是 $\hat{p} \pm 1.96 s_{\hat{p}}$, 或 $(0.06, 0.18)$.

计划出售公寓的住户总数用 $T = N\hat{p} = 960$ 来估计. T 的估计标准误差是 $s_T = N s_{\hat{p}} = 240$. 总体中计划出售公寓数的 95% 置信区间是 $T \pm 1.96 s_T$, 或 $(490, 1430)$. 区间 $(490, 1430)$ 的合理解释比较微妙. 我们不能说这个区间的概率是 0.95, 计划出售的户数在 490 到 1430 之间, 这是因为这个数要么在区间内要么不在其内. 正确的叙述是, 从长远来看, 按这种方式构造的区间中有 95% 包含真实值. 区间可以是图 7.4 当中的任何一个, 从长远来看, 那些区间中的 95% 会包含出院人数的真实值, 但是图形中的任何一个具体区间要么包含要么不包含真实值. ∎

置信区间的宽度依赖于样本容量 n 和总体标准差 σ. 如果 σ 近似已知, 或许在先前的总体样本中可以选择 n, 以得到满足预期长度的置信区间. 这种分析通常是抽样调查设计的重要内容.

例 7.3.3.5 在例 7.3.3.4 中, 计划出售公寓的住户总数置信区间可能太宽, 不宜实践应用. 缩小宽度需要增加样本容量. 假设需要区间的半宽度是 200. 忽略有限总体校正, 半宽度是

$$1.96 s_T = 1.96 N \sqrt{\frac{\hat{p}(1-\hat{p})}{n-1}} = \frac{5095}{\sqrt{n-1}}$$

令最后表达式等于 200, 求解 n, 得到 $n = 650$ 是必需的样本容量. ∎

总结如下: 这一节的基本结论是样本均值的抽样分布近似服从高斯分布. 这种近似可以用来量化由样本均值估计总体均值所形成的误差, 由此很好地理解了简单随机样本的估计精度. 接下

来，我们引入置信区间的概念，它是以指定概率包含总体参数的随机区间，由此也提供了评估估计精度的一种方法. 我们从例题中看出置信区间的宽度是参数估计标准差的倍数. 例如，μ 的置信区间是 $\overline{X} \pm k s_{\overline{X}}$，其中常数 k 依赖于区间的覆盖概率.

7.4 比率估计

上一节的简单随机抽样奠定了抽样调查的理论基础. 在这个基础之上，这一节和下一节介绍抽样调查的一些高深话题.

这一节，我们考虑比率估计. 假设观测到总体成员的两个数值 x 和 y. 感兴趣的比率是

$$r = \frac{\sum_{i=1}^{N} y_i}{\sum_{i=1}^{N} x_i} = \frac{\mu_y}{\mu_x}$$

比率在抽样调查中经常出现. 例如，如果抽取家庭，可以计算下面的比率：

- 如果 y 是家庭中年龄为 20~30 的失业男性人数，x 是家庭中年龄为 20~30 的男性人数，那么 r 是年龄为 20~30 的男性失业比率.
- 如果 y 是周食品消费支出，x 是家庭成员数，那么 r 是人均家庭周食品消费支出.
- 如果 y 是摩托车数，x 是驾龄人数，那么 r 是具有驾龄居民的人均摩托车数.

在农场调查中，y 可能是种植小麦的亩数，x 是所有的亩数. 在库存审计中，y 可能是产品的审计值，x 是账面值.

这一节，我们首先考虑直接估计比率问题. 稍后，我们利用比率的估计技术来估计 μ_y，引入一个新的估计量 —— 比率估计，并与 $\overline{Y}$ 的普通估计相比较.

进行分析之前，我们注意下面简单但有时容易忽略的事实：

$$r \neq \frac{1}{N} \sum_{i=1}^{N} \frac{y_i}{x_i}$$

假设抽样包含点对 (X_i, Y_i)，很自然地利用 $R = \overline{Y}/\overline{X}$ 估计 r. 我们希望推导出 $E(R)$ 和 $\mathrm{Var}(R)$ 的表达式，但是因为 R 是随机变量 $\overline{X}$ 和 $\overline{Y}$ 的非线性函数，所以闭形式下的求解行不通. 因此，我们利用 4.6 节的近似方法.

为了计算 R 的近似方差，我们需要知道 $\mathrm{Var}(\overline{X})$, $\mathrm{Var}(\overline{Y})$ 和 $\mathrm{Cov}(\overline{X}, \overline{Y})$. 前两个量由 7.3.1 节定理 7.3.1.2 得到. 对于最后一个量，我们定义 x 和 y 的**总体协方差**（population covariance）为

$$\sigma_{xy} = \frac{1}{N} \sum_{i=1}^{N} (x_i - \mu_x)(y_i - \mu_y)$$

完全按照 7.3.1 节定理 7.3.1.2 的证明方式，有

$$\mathrm{Cov}(\overline{X}, \overline{Y}) = \frac{\sigma_{xy}}{n}\left(1 - \frac{n-1}{N-1}\right)$$

由 4.6 节的例 4.6.3，我们有如下定理.

定理 7.4.1 简单随机抽样下，$R = \overline{Y}/\overline{X}$ 的近似方差是

$$\text{Var}(R) \approx \frac{1}{\mu_x^2}(r^2 \sigma_{\overline{X}}^2 + \sigma_{\overline{Y}}^2 - 2r\sigma_{\overline{XY}})$$

$$= \frac{1}{n}\left(1 - \frac{n-1}{N-1}\right)\frac{1}{\mu_x^2}(r^2 \sigma_x^2 + \sigma_y^2 - 2r\sigma_{xy}) \qquad \blacksquare$$

定义总体相关系数（population correlation coefficient）为

$$\rho = \frac{\sigma_{xy}}{\sigma_x \sigma_y}$$

用来度量总体 x 和 y 的线性关系强度. 可以证明 $-1 \leqslant \rho \leqslant 1$，较大的 ρ 值说明 x 和 y 之间具有强正相关的关系，较小的 ρ 值说明具有强负相关的关系.（相关性的解释参见图 4.7.）定理 7.4.1 中的方程用总体相关系数表示如下：

$$\text{Var}(R) \approx \frac{1}{n}\left(1 - \frac{n-1}{N-1}\right)\frac{1}{\mu_x^2}(r^2 \sigma_x^2 + \sigma_y^2 - 2r\rho\sigma_x\sigma_y)$$

由此看出，与 r 同号的强相关可以减少方差. 我们还注意到方差受 μ_x 水平的影响——如果 μ_x 小，方差就大，其本质在于比率 $R = \overline{Y}/\overline{X}$ 中较小的 $\overline{X}$ 可以引起 R 较大幅度的波动.

我们现在考虑 R 的近似期望. 由 4.6 节的例 4.6.3，以及之前的计算，我们有如下定理.

定理 7.4.2 简单随机抽样下，R 的近似期望是

$$E(R) \approx r + \frac{1}{n}\left(1 - \frac{n-1}{N-1}\right)\frac{1}{\mu_x^2}(r\sigma_x^2 - \rho\sigma_x\sigma_y) \qquad \blacksquare$$

由定理 7.4.2 中的方程，我们看到与 r 同号的强相关可以减少偏倚，并且如果 μ_x 小，偏倚就大. 更进一步，注意到偏倚的阶是 $1/n$，所以它对均方误差的贡献是 $1/n^2$. 与此相比较，方差贡献的阶是 $1/n$，因此，对于大样本而言，与估计的标准误差相比，偏倚可以忽略不计.

对于大样本，由于偏差 $\overline{X} - \mu_X$ 和 $\overline{Y} - \mu_Y$ 都比较小，剔除泰勒级数展开式线性项之后的部分可以得到较好的近似估计. R 在这种近似水平下可以表示成 $\overline{X}$ 和 $\overline{Y}$ 的线性组合. 利用中心极限定理可以证明 R 近似服从正态分布. 因此，利用正态分布可以构造 r 的近似置信区间.

为了估计 R 的标准误差，我们用 R 代替定理 7.4.1 公式中的 r. x 和 y 的总体方差由 s_x^2 和 s_y^2 估计. 总体协方差的估计如下：

$$s_{xy} = \frac{1}{n-1}\sum_{i=1}^{n}(X_i - \overline{X})(Y_i - \overline{Y})$$

$$= \frac{1}{n-1}\left(\sum_{i=1}^{n} X_i Y_i - n\overline{XY}\right)$$

（利用乘积展开），总体相关系数的估计

$$\hat{\rho} = \frac{s_{xy}}{s_x s_y}$$

因此，R 的估计方差是

$$s_R^2 = \frac{1}{n}\left(1 - \frac{n-1}{N-1}\right)\frac{1}{\overline{X}^2}(R^2 s_x^2 + s_y^2 - 2R s_{xy})$$

r 的近似 $100(1-\alpha)\%$ 置信区间是 $R \pm z(\alpha/2)s_R$.

例 7.4.1 假设调查了 100 个最近购房的居民, 得到每个购买者的每月按揭付款额和总收入. 令 y 表示按揭付款额, x 表示总收入. 假设

$$\overline{X} = 3100 \text{ 美元} \qquad \overline{Y} = 868 \text{ 美元}$$
$$s_y = 250 \text{ 美元} \qquad s_x = 1200 \text{ 美元}$$
$$\hat{\rho} = 0.85 \qquad R = 0.28$$

忽略有限总体校正, R 的估计标准误差是

$$s_R = \frac{1}{10}\left(\frac{1}{3100}\right)\sqrt{0.28^2 \times 1200^2 + 250^2 - 2 \times 0.28 \times 0.85 \times 250 \times 1200} = 0.006$$

r 的近似 95% 置信区间是 $0.28 \pm (1.96) \times (0.006)$, 或 0.28 ± 0.012. 注意, x 和 y 较高的相关系数导致 R 的标准误差较小. 我们可以利用观测到的方差、协方差和均值代替定理 7.4.2 公式中的总体参数, 以便刻画偏倚水平. 同样忽略有限总体校正, 按照上述方式计算得到偏倚值为 0.00015, 相对于 s_R 可以忽略不计. 注意, 较大的 $\overline{X}$ 和正相关系数导致偏倚较小. ∎

比率可以用来估计总体均值和总数. 为了解释这个概念, 我们回到医院出院人数的例子. 对于这个总体, 每个医院的床位数也是已知的, 用 x_i 表示第 i 个医院的床位数, y_i 表示出院人数. 假设所有的 x_i 都已知, 这或许是在抽样估计出院人数之前利用枚举法得出的床位数. 我们想利用这个总体信息. 其中一种方法是构造 μ_y 的**比率估计** (ratio estimate):

$$\overline{Y}_R = \frac{\mu_x}{\overline{X}}\overline{Y} = \mu_x R$$

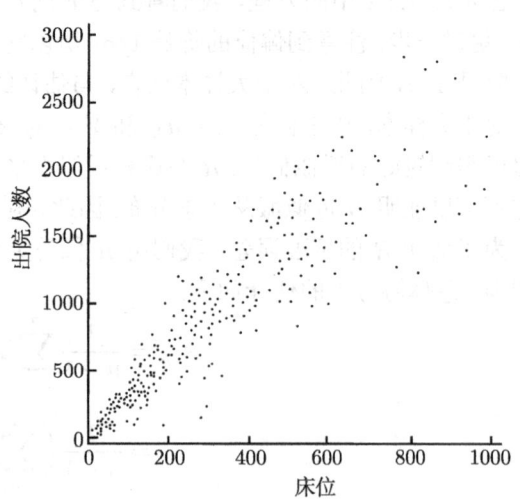

图 7.5 393 个医院出院人数和床位数的散点图

其中 $\overline{X}$ 是平均样本床位数, $\overline{Y}$ 是平均样本出院人数. 这个思想非常简单: 因为拥有较多床位的医院应该会有较多的出院人数, 所以我们期望总体的 x_i 和 y_i 关联密切. 图 7.5 中出院人数和床位数的散点图即是明证. 如果 $\overline{X} < \mu_x$, 样本低估了床位数, 由此也可能低估出院人数, $\overline{Y}$ 乘以 $\mu_x/\overline{X}$ 可以由 $\overline{Y}$ 增加到 $\overline{Y}_R$.

为了看清比率估计的实际效果, 自医院总体中模拟容量 64 的样本 500 个. 结果直方图如图 7.6 所示, 图 7.6 同时还图示了容量 64 的 500 个简单随机样本的均值直方图. 通过比较可以清楚地发现, 比率估计非常有效地减少了估计的变异性.

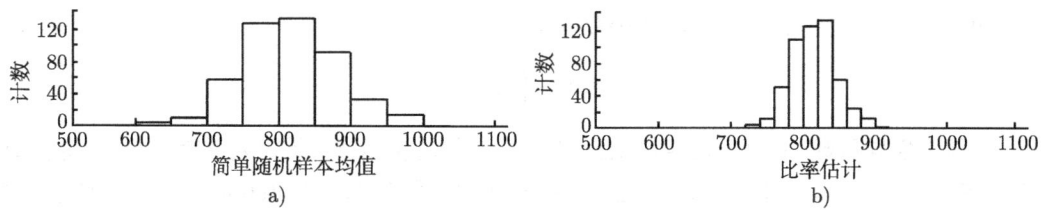

图 7.6 a) 样本容量 64 的 500 个出院人数均值的简单随机估计直方图;
b) 样本容量 64 的 500 个出院人数均值的比率估计直方图

下面将绘出两个例子解释比例估计方法的作用.

例 7.4.2 假设在家庭抽样中,我们想估计年龄 20~30 失业男性的总数. 由普查数据,已知年龄 20~30 所有的男性总数为 τ_x. 比率估计是

$$T_R = \tau_x \frac{\overline{Y}}{\overline{X}}$$

其中 $\overline{Y}$ 是每户年龄 20~30 男性失业人数的样本平均,$\overline{X}$ 是每户年龄 20~30 男性人数的样本平均. ∎

例 7.4.3 库存产品抽样用来估计库存总值. 令 Y_i 是第 i 个产品的审计值,X_i 是账面值. 假设库存账面总值 τ_x 已知,我们估计审计总值

$$T_R = \tau_x \frac{\overline{Y}}{\overline{X}}$$

∎

我们现在分析比率估计的可视效用. 因为 $\overline{Y}_R = \mu_X R$,$\mathrm{Var}(\overline{Y}_R) = \mu_X^2 \mathrm{Var}(R)$,由定理 7.4.1,我们有如下推论.

推论 7.4.1 μ_y 比率估计的近似方差是

$$\mathrm{Var}(\overline{Y}_R) \approx \frac{1}{n}\left(1 - \frac{n-1}{N-1}\right)(r^2\sigma_x^2 + \sigma_y^2 - 2r\rho\sigma_x\sigma_y)$$

∎

类似地,由定理 7.4.2,我们有另外一个推论.

推论 7.4.2 μ_y 比率估计的近似偏倚是

$$E(\overline{Y}_R) - \mu_Y \approx \frac{1}{n}\left(1 - \frac{n-1}{N-1}\right)\frac{1}{\mu_x}(r\sigma_x^2 - \rho\sigma_x\sigma_y)$$

∎

比率估计 Y_R 在什么时候优于普通估计 $\overline{Y}$? 下面为了简单起见,忽略有限总体校正. 因为普通估计 $\overline{Y}$ 的方差是

$$\mathrm{Var}(\overline{Y}) = \frac{\sigma_y^2}{n}$$

如果

$$r^2\sigma_x^2 - 2r\rho\sigma_x\sigma_y < 0$$

那么比率估计有较小的方差,或者(例如,只要 $r > 0$)

$$2\rho\sigma_y > r\sigma_x$$

令 $C_x = \sigma_x/\mu_x$ 和 $C_y = \sigma_y/\mu_y$, 最后的不等式等价于
$$\rho > \frac{1}{2}\left(\frac{C_x}{C_y}\right)$$

C_x 和 C_y 称为**变异系数**(coefficients of variation), 是依均值水平测定的标准差. (变异系数通常比标准差更有意义. 例如, 如果标准差是 10, 在真实值的测量水平为 100 时意味着一件事, 在真实值为 10 000 时通常又意味着完全不同的另一件事.)

为了估计 $\overline{Y}_R$ 的精度, $\text{Var}(\overline{Y}_R)$ 由样本估计如下:

推论 7.4.3 $\overline{Y}_R$ 的方差估计是
$$s_{\overline{Y}_R}^2 = \frac{1}{n}\left(1 - \frac{n-1}{N-1}\right)(R^2 s_x^2 + s_y^2 - 2R s_{xy})$$

μ_y 的近似 $100(1-\alpha)\%$ 置信区间是 $\left(\overline{Y}_R \pm z\left(\frac{\alpha}{2}\right) s_{\overline{Y}_R}\right)$. ∎

例 7.4.4 对于 393 个医院总体, 我们有
$$\mu_x = 274.8 \quad \sigma_x = 213.2$$
$$\mu_y = 814.6 \quad \sigma_y = 589.7$$
$$r = 2.96 \quad \rho = 0.91$$

因此,
$$\text{Var}(\overline{Y}_R) \approx \frac{1}{n}(2.96^2 \times 213.2^2 + 589.7^2 - 2 \times 2.96 \times 0.91 \times 213.2 \times 589.7)$$
$$= \frac{68697.4}{n}$$

和
$$\sigma_{\overline{Y}_R} \approx \frac{262.1}{\sqrt{n}}$$

包含有限总体校正, $n = 64$ 的线性化近似预测
$$\sigma_{\overline{Y}_R} = \frac{1}{8}(262.1)\sqrt{1 - \frac{63}{392}} = 30.0$$

图 7.6 显示的 500 个样本值的实际标准差是 29.9, 两者非常接近. 与总体均值 814.6 相比, 500 个样本值的均值是 816.2, 两者差别细微, 与推论 7.4.2 的结论一致.

相反, 容量 $n = 64$ 的简单随机样本下, $\overline{Y}$ 标准差是
$$\sigma_{\overline{Y}} = \frac{\sigma}{\sqrt{n}}\sqrt{1 - \frac{n-1}{N-1}} = \frac{589.7}{8}\sqrt{1 - \frac{63}{392}} = 66.3$$

比较 $\sigma_{\overline{Y}}$ 和 $\sigma_{\overline{Y}_R}$ 可以看出利用 μ_y 的比率估计可以大大地减少估计的变异性, 这与图 7.6 所示结果是一致的.

下面是另一种方式的比较. 如果抽取容量 n_1 的简单随机样本, 方差估计是 $\text{Var}(\overline{Y}) = 589.7^2/n_1$. 如果
$$\frac{262.1^2}{n_2} = \frac{589.7^2}{n_1}$$

或

$$n_2 = n_1 \left(\frac{262.1}{589.7}\right)^2 = 0.1975 n_1$$

则容量 n_2 的比率估计与简单随机抽样下的估计具有相同的方差. 因此, 在这种情形下, 利用少于简单随机抽样下 80% 的样本就可以得到相同的比率估计精度. 注意, 比较过程忽略了比率估计的偏倚, 这是因为此时的偏倚非常小, 这样做是合理的. 这是一个有偏估计远远优于无偏估计的情况, 偏倚较小, 但方差减少幅度很大. ∎

7.5 分层随机抽样

7.5.1 引言和记号

在分层随机抽样中, 总体分成次级总体, 或层 (strata), 然后进行独立取样. 最后, 将层的结果组合在一起估计总体参数, 比方说均值.

下面的例子举荐了一系列使用分层十分自然的情形:

- 在审计金融交易时, 可以根据面值将交易分组成层. 例如, 可以分成高价值、中价值和低价值的层.
- 在人群样本中, 经常根据地理位置划分自然层.
- 在利用汽车运输公司装运家庭用品的调查研究中, 承运者分成三个层: 大型汽车运输公司、中型汽车运输公司和小型汽车运输公司.

使用分层样本的原因有很多. 我们除了感兴趣总体的整体信息之外, 还希望得到自然次级总体的成员信息. 次级总体按照地理位置或年龄组别进行定义. 在工业应用中, 总体由制造过程生产的产品组成, 相应的次级总体可以根据生产班次或原材料批次划分. 分层随机样本的使用可以保证每个次级总体的指定观测数目, 而简单随机样本可能导致某些次级总体的代表性不足. 利用分层的第二个原因是分层样本均值能比简单随机样本均值大大地提高估计精度, 尤其是在层内个体相对同质, 层间变异较大时更是如此, 下面我们会给出相应的解释.

下一小节推导分层样本均值的性质. 因为每个层内使用简单随机抽样, 所以由先前章节的推导很容易得出这些结论. 本节过后, 我们着手解决如何在层间分配总观测数目 n, 并比较不同分配方案的效度, 同时还与相同总容量的简单随机样本比较估计精度.

7.5.2 分层估计的性质

假设共有 L 个层. 令 N_1 表示第一层的总体元素个数, N_2 表示第二层的, 等等. 总的总体容量是 $N = N_1 + N_2 + \cdots + N_L$. 第 l 层的总体均值和方差分别用 μ_l 和 σ_l^2 表示. 全部总体均值可以用 μ_l 表示如下: 令 x_{il} 表示第 l 层的第 i 个总体值, $W_l = N_l/N$ 表示第 l 层的总体比例. 那么

$$\mu = \frac{1}{N} \sum_{l=1}^{L} \sum_{i=1}^{N_l} x_{il} = \frac{1}{N} \sum_{l=1}^{L} N_l \mu_l = \sum_{l=1}^{L} W_l \mu_l$$

在每层内，取容量为 n_l 的简单随机样本. 第 l 层的样本均值表示为

$$\overline{X}_l = \frac{1}{n_l}\sum_{i=1}^{n_l} X_{il}$$

这里 X_{il} 表示第 l 层的第 i 个样本值. 注意，$\overline{X}_l$ 是第 l 层的简单随机样本均值，因此由 7.3.1 节的定理 7.3.1.1，$E(\overline{X}_l) = \mu_l$. 通过类比全部总体均值和各层总体均值之间的上述关系，μ 的估计很显然是

$$\overline{X}_s = \sum_{l=1}^{L} \frac{N_l \overline{X}_l}{N} = \sum_{l=1}^{L} W_l \overline{X}_l$$

定理 7.5.2.1 总体均值的分层估计 $\overline{X}_s$ 是无偏的.

证明
$$E(\overline{X}_s) = \sum_{l=1}^{l} W_l E(\overline{X}_l) = \frac{1}{N}\sum_{l=1}^{L} N_l \mu_l = \mu$$

因为我们假设不同层的样本是独立的，层内是简单随机取样，很容易计算 $\overline{X}_s$ 的方差.

定理 7.5.2.2 分层样本均值的方差是

$$\mathrm{Var}(\overline{X}_s) = \sum_{l=1}^{L} W_l^2 \left(\frac{1}{n_l}\right)\left(1 - \frac{n_l - 1}{N_l - 1}\right)\sigma_l^2$$

证明 因为 $\overline{X}_l$ 是独立的，

$$\mathrm{Var}(\overline{X}_s) = \sum_{l=1}^{L} W_l^2 \mathrm{Var}(\overline{X}_l)$$

由 7.3.1 节的定理 7.3.1.2，我们有

$$\mathrm{Var}(\overline{X}_l) = \frac{1}{n_l}\left(1 - \frac{n_l - 1}{N_l - 1}\right)\sigma_l^2$$

因此得证.

如果所有层内的样本比例较小，那么

$$\mathrm{Var}(\overline{X}_s) \approx \sum_{l=1}^{L} \frac{W_l^2 \sigma_l^2}{n_l}$$

例 7.5.2.1 我们再次考虑医院总体. 就像我们在比率估计中的讨论一样，假设每个医院的床位数已知，但是出院人数未知. 我们试图利用这个信息，根据床位数对医院进行分层处理. 令层 A 由最小的 98 个医院组成，层 B 是 98 个次大的，层 C 是 98 个再次大的，层 D 是 99 个最大的. 下表显示了根据容量分层医院的结果：

层	N_l	W_l	μ_l	σ_l
A	98	0.249	182.9	103.4
B	98	0.249	526.5	204.8
C	98	0.249	956.3	243.5
D	99	0.251	1591.2	419.2

假设我们使用总容量为 n 的样本，令
$$n_1 = n_2 = n_3 = n_4 = \frac{n}{4}$$

因此，每层的样本容量都是相同的. 那么由定理 7.5.2.2，忽略掉有限总体校正，利用上述表格中的数值，我们有
$$\mathrm{Var}\,(\overline{X}_s) = \sum_{l=1}^{4} \frac{W_l^2 \sigma_l^2}{n_1} = \frac{4}{n}\sum_{l=1}^{4} W_l^2 \sigma_l^2 = \frac{72042.6}{n}$$

和
$$\sigma_{\overline{X}_s} = \frac{268.4}{\sqrt{n}}$$

简单随机样本均值的标准差是
$$\sigma_{\overline{X}} = \frac{589.7}{\sqrt{n}}$$

比较这两个标准差，我们看到分层带来的精度增益是显著的. 方差比是 0.20，因此，总样本容量为 $n/5$ 的分层估计与样本容量为 n 的简单随机样本估计具有相同的精度. 分层估计减少的方差可以媲美比率估计（7.4 节的例 7.4.4）. 我们在本节的后一部分将深入分析分层改进估计精度的原因. ∎

接下来我们考虑总体总数的分层估计，$T_s = N\overline{X}_s$. 由定理 7.5.2.2，我们有如下推论.

推论 7.5.2.1 总体总数分层估计的期望和方差分别是
$$E(T_s) = \tau$$

和
$$\mathrm{Var}\,(T_s) = N^2 \mathrm{Var}\,(\overline{X}_s) = \sum_{l=1}^{L} N_l^2 \left(\frac{1}{n_l}\right)\left(1 - \frac{n_l - 1}{N_l - 1}\right)\sigma_l^2$$
∎

为了估计 $\overline{X}_s$ 和 T_s 的标准误差，我们必须估计出单个层的方差，并代入先前的公式. σ_l^2 的估计如下：
$$s_l^2 = \frac{1}{n_l - 1} \sum_{i=1}^{n_l} (X_{il} - \overline{X}_l)^2$$

$\mathrm{Var}\,(\overline{X}_s)$ 的估计是
$$s_{\overline{X}_s}^2 = \sum_{l=1}^{L} W_l^2 \left(\frac{1}{n_l}\right)\left(1 - \frac{n_l}{N_l}\right)s_l^2$$

下面的例子将解释如何利用方差估计计算基于 $\overline{X}_s$ 的 μ 的近似置信区间.

例 7.5.2.2 从例 7.5.2.1 的 4 个医院分层中抽取容量为 10 的样本，得到：

$$\overline{X}_1 = 240.6 \quad s_1^2 = 6\,827.6$$
$$\overline{X}_2 = 507.4 \quad s_2^2 = 23\,790.7$$
$$\overline{X}_3 = 865.1 \quad s_3^2 = 42\,573.0$$
$$\overline{X}_4 = 1\,716.5 \quad s_4^2 = 152\,099.6$$

从而 $\overline{X}_s = 832.5$. 分层样本均值的方差估计如下

$$s^2_{\overline{X}_s} = \frac{1}{10}\sum_{l=1}^{4} W_l^2\left(1 - \frac{n_l-1}{N_l-1}\right)s_l^2 = 1\,282.0$$

因此,
$$s_{\overline{X}_s} = 35.8$$

出院人数总体均值的近似 95% 置信区间是 $\overline{X}_s \pm 1.96 s_{\overline{X}_s}$ 或 $(762.4, 902.7)$.

总出院人数的估计是 $T_s = 393\overline{X}_s = 327172$. T_s 标准误差的估计是 $s_{T_s} = 393 s_{\overline{X}_s} = 14069$. 总体总数的近似 95% 置信区间是 $T_s \pm 1.96 s_{T_s}$ 或 $(299596,\ 354748)$. ∎

7.5.3 分配方法

在 7.5.2 节, 忽略有限总体校正, 有结论
$$\mathrm{Var}(\overline{X}_s) = \sum_{l=1}^{L} \frac{W_l^2 \sigma_l^2}{n_l}$$

如果调查资源仅允许抽样 n 个单元, 接下来的问题是在 $n_1 + \cdots + n_L = n$ 的限制下如何选择 $n_1, \cdots, n_L$, 以使 $\mathrm{Var}(\overline{X}_s)$ 达到最小.

为了简单起见, 这一节的计算都忽略层内的有限总体校正. 分析可以扩展到包含这些校正的情形, 但是会附加一些代数运算, 较完整的结论参见 Cochran (1977).

定理 7.5.3.1 在 $n_1 + \cdots + n_L = n$ 的限制条件下, 最小化 $\mathrm{Var}(\overline{X}_s)$ 的样本容量 $n_1, \cdots, n_L$ 是
$$n_l = n\frac{W_l \sigma_l}{\sum_{k=1}^{L} W_k \sigma_k}$$

其中 $l = 1, \cdots, L$.

证明 我们引入拉格朗日乘子, 最小化
$$L(n_1, \cdots, n_L, \lambda) = \sum_{l=1}^{L} \frac{W_l^2 \sigma_l^2}{n_l} + \lambda\left(\sum_{l=1}^{L} n_l - n\right)$$

对于 $l = 1, \cdots, L$, 我们有
$$\frac{\partial L}{\partial n_l} = -\frac{W_l^2 \sigma_l^2}{n_l^2} + \lambda$$

令这些偏微分等于 0, 得到方程组
$$n_l = \frac{W_l \sigma_l}{\sqrt{\lambda}}$$

其中 $l = 1, \cdots, L$. 为了确定 λ, 我们首先关于 l 求和:
$$n = \frac{1}{\sqrt{\lambda}}\sum_{l=1}^{L} W_l \sigma_l$$

因此,

$$\frac{1}{\sqrt{\lambda}} = \frac{n}{\sum_{l=1}^{L} W_l \sigma_l}$$

和

$$n_l = n \frac{W_l \sigma_l}{\sum_{l=1}^{L} W_l \sigma_l}$$

得证. ∎

定理表明 $W_l \sigma_l$ 较大的那些层应该重采样, 这与直觉相吻合. 如果 W_l 较大, 相应的层具有较大的总体比率; 如果 σ_l 较大, 层内的总体值相对分散, 为了很好地决定层均值, 必须使用较多的样本. 这个最优分配方案称为**奈曼分配**(Neyman allocation).

将定理 7.5.3.1 中的最优值 n_l 代入 7.5.2 节的定理 7.5.2.2 得到如下推论.

推论 7.5.3.1 利用定理 7.5.3.1 中最优分配得到的分层估计记为 $\overline{X}_{so}$, 忽略有限总体校正,

$$\mathrm{Var}(\overline{X}_{so}) = \frac{\left(\sum_{l=1}^{L} W_l \sigma_l\right)^2}{n}$$

∎

例 7.5.3.1 对于医院总体, 利用 7.5.2 节例 7.5.2.1 的表格, 最优分配 $W_l \sigma_l / \sum W_l \sigma_l$ 的权重是

层	A	B	C	D
权重	0.106	0.210	0.250	0.434

注意, 因为标准差较大, 层 D 的样本是层 A 的 4 倍多. ∎

最优分配依赖于分层方差, 而这一般是不知道的. 此外, 如果调查每个总体成员的多个属性, 通常不可能找到同时最优的分配方案. 一个简单易行且使用广泛的替代方案是利用每层的共同抽样比,

$$\frac{n_1}{N_1} = \frac{n_2}{N_2} = \cdots = \frac{n_L}{N_l}$$

等式成立, 仅当对于 $l = 1, \cdots, L$,

$$n_l = n \frac{N_l}{N} = n W_l$$

这个方法称为**比例分配**(proportional allocation). 基于比例分配的总体均值估计是

$$\overline{X}_{sp} = \sum_{l=1}^{L} W_l \overline{X}_l = \sum_{l=1}^{L} W_l \frac{1}{n_l} \sum_{i=1}^{n_l} X_{il} = \frac{1}{n} \sum_{l=1}^{L} \sum_{i=1}^{n_l} X_{il}$$

这是由于 $W_l / n_l = 1/n$. 估计仅是样本的简单平均.

定理 7.5.3.2 忽略有限总体校正, 在基于比例分配的分层抽样下,

$$\mathrm{Var}(\overline{X}_{sp}) = \frac{1}{n} \sum_{l=1}^{L} W_l \sigma_l^2$$

证明 由 7.5.2 节的定理 7.5.2.2,我们有

$$\mathrm{Var}(\overline{X}_{sp}) = \sum_{l=1}^{L} W_l^2 \mathrm{Var}(\overline{X}_l) = \sum_{l=1}^{L} W_l^2 \frac{\sigma_l^2}{n_l}$$

利用 $n_l = nW_l$,结论得证. ∎

我们现在比较 $\mathrm{Var}(\overline{X}_{sp})$ 和 $\mathrm{Var}(\overline{X}_{so})$,以找到最优分配优于比例分配的条件.

定理 7.5.3.3 忽略有限总体校正,在分层随机抽样下,基于比例分配的总体均值估计方差与基于最优分配的估计方差之差是,

$$\mathrm{Var}(\overline{X}_{sp}) - \mathrm{Var}(\overline{X}_{so}) = \frac{1}{n}\sum_{l=1}^{L} W_l(\sigma_l - \bar{\sigma})^2$$

其中

$$\bar{\sigma} = \sum_{l=1}^{L} W_l \sigma_l$$

证明

$$\mathrm{Var}(\overline{X}_{sp}) - \mathrm{Var}(\overline{X}_{so}) = \frac{1}{n}\left[\sum_{l=1}^{L} W_l \sigma_l^2 - \left(\sum_{l=1}^{L} W_l \sigma_l\right)^2\right]$$

大括号里面的项等于 $\sum_{l=1}^{L} W_l(\sigma_l - \bar{\sigma})^2$,这可以通过平方展开和合并同类项验证所得. ∎

根据定理 7.5.3.3,如果各层方差都相同,比例分配得到的结果与最优分配得到的结果相同. 方差越大,最优分配越好.

例 7.5.3.2 计算医院总体中最优分配如何优于比例分配. 由定理 7.5.3.3 和推论 7.5.3.1,我们有

$$\mathrm{Var}(\overline{X}_{sp}) = \mathrm{Var}(\overline{X}_{so}) + \frac{1}{n}\sum W_l(\sigma_l - \bar{\sigma})^2$$

由此,

$$\frac{\mathrm{Var}(\overline{X}_{sp})}{\mathrm{Var}(\overline{X}_{so})} = 1 + \frac{\frac{1}{n}\sum W_l(\sigma_l - \bar{\sigma})^2}{\mathrm{Var}(\overline{X}_{so})} = 1 + \frac{\sum W_l(\sigma_l - \bar{\sigma})^2}{\left(\sum W_l \sigma_l\right)^2} = 1 + 0.218$$

因此,比例分配的均值方差比最优分配的约大 20%. ∎

我们还可以比较简单随机抽样和比例分配的方差. 忽略有限总体校正,简单随机抽样方差是

$$\mathrm{Var}(\overline{X}) = \frac{\sigma^2}{n}$$

为了与比例分配的方差相比较,我们需要全部总体方差 σ^2 和分层方差 σ_l^2 的关系. 全部总体方差表示为

$$\sigma^2 = \frac{1}{N}\sum_{l=1}^{L}\sum_{i=1}^{N_l}(x_{il} - \mu)^2$$

且

$$(x_{il} - \mu)^2 = [(x_{il} - \mu_l) + (\mu_l - \mu)]^2$$

$$= (x_{il} - \mu_l)^2 + 2(x_{il} - \mu_l)(\mu_l - \mu) + (\mu_l - \mu)^2$$

当最后一个方程关于 i 两边求和时,由于 $N_l \mu_l = \sum_{i=1}^{N_l} x_{il}$,右边的中间项等于 0,因此我们有

$$\sum_{i=1}^{N_l}(x_{il} - \mu)^2 = \sum_{i=1}^{N_l}(x_{il} - \mu_l)^2 + N_l(\mu_l - \mu)^2 = N_l\sigma_l^2 + N_l(\mu_l - \mu)^2$$

两边除以 N,并关于 l 求和,得到

$$\sigma^2 = \sum_{l=1}^{L} W_l \sigma_l^2 + \sum_{l=1}^{L} W_l(\mu_l - \mu)^2$$

将 σ^2 的表达式代入 $\mathrm{Var}(\overline{X}) = \sigma^2/n$,利用定理 7.5.3.2 给出的公式 $\mathrm{Var}(\overline{X}_{sp})$,得证如下定理.

定理 7.5.3.4 忽略有限总体校正,简单随机样本和基于比例分配的分层随机样本的均值方差之差是

$$\mathrm{Var}(\overline{X}) - \mathrm{Var}(\overline{X}_{sp}) = \frac{1}{n}\sum_{l=1}^{L} W_l(\mu_l - \mu)^2 \qquad ■$$

因此,在忽略有限总体校正的情况下,比例分配下的分层随机抽样总能得到小于简单随机抽样的方差. 比较简单随机抽样、比例分配和最优分配的方差表达式,我们看到:如果层均值有变异,那么比例分配的分层抽样优于简单随机抽样;如果层标准差有变异,那么最优分配的分层抽样优于比例分配下的分层抽样.

例 7.5.3.3 关于医院总体,我们计算比例分配分层相对于简单随机抽样的改进. 由定理 7.5.3.2 和定理 7.5.3.4,我们有

$$\frac{\mathrm{Var}(\overline{X}_{srs})}{\mathrm{Var}(\overline{X}_{sp})} = 1 + \frac{\sum W_l(\mu_l - \bar{\mu})^2}{\sum W_l \sigma_l^2} = 1 + 3.83$$

情况往往是,比例分配分层相比于简单随机抽样的增益远远大于最优分配分层相比于比例分配分层的. 此外,比例分配仅需要知道各层的容量,而最优分配需要知道各层的标准差,这个信息通常得不到. ■

通常,对于数值变化幅度较大的总体,分层随机抽样可以大大地提高它们的估计精度. 例如,利用抽样审计交易总体中的错误,总体可能包含数十万美元的交易,也可能包含几百美元的交易,根据交易数额将其分成几个层,层间的平均交易误差可能变化很大,这是因为数额较大的交易通常具有较大的误差,较小的交易具有较小的误差. 前者对应的层也具有较大的误差变异性.

我们没有解决分层个数,以及如何定义层的问题. 为了构造最优的分层数,或许不得不利用通常未知的总体值. 因而,分层必须建立在与其相关的已知变量(比方说上一段中的交易额)或前例结果之上. 实践中,这些关系通常不足以构建更多的层.

7.6 结束语

这一章介绍了抽样调查. 首先,它涵盖了最基本的概率抽样方法 —— 简单随机抽样. 这个方法的理论基础奠定了其他复杂的抽样技术理论. 同时,本章还介绍了分层抽样,并在多种情形下,显示其能大大地提高估计精度.

这里介绍的概念和技术贯穿整个统计学:总体参数的随机估计,如总体均值、偏倚、估计的标准误差、基于中心极限定理的置信区间以及线性化,或误差传播等概念.

抽样调查的具体理论和技术远远超出本书介绍的范围. 由于广泛使用**系统抽样**(systematic sampling),因此这种方法在此值得一提. 总体成员由列表给出. 比方说,需要 10% 的样本,就自列表前 10 个成员中随机抽取一个,以此随机点为起点,每隔 10 个成员抽取一个样本. 如果列表完全随机排序,这个方法近似于简单随机抽样. 然而,如果相邻成员有某种关联或关系,这个方法更类似于分层抽样. 这个方法的缺陷是列表中可能存在某种周期结构,由此会产生系统偏倚.

另一个经常使用的方法是**整群抽样**(cluster sampling). 在住宅住户抽样中,调查首先随机地抽取街区,然后要么选择所有抽中街区的住户,要么从中再抽取住户. 因为我们期望同一街区的住户相对同质,所以这种方法一般没有同容量的简单随机样本精确.

我们叙述了抽样调查的数学模型,推导了相应的结论,得到了估计的概率误差界. 现实总是不能充分地满足数学模型. 这些模型的基本假设是 (1) 每个总体成员以指定的概率出现在样本中;(2) 每个样本成员能够得到精确测量值或响应值. 在实践中,两个假设都不会精确成立. Converse 和 Traugott (1986) 讨论了民意测验和调查的实际难度,分析了估计变异性的后果.

由于很难得到总体的所有成员,或者很难精确定义成员,第一个假设可能会失效. 例如,政治调查一般认定是在所有的成年人、所有的已登记选民,或所有的"可能"选民中进行. 然而,第一个假设的最严重问题是无应答. 在人类总体的调查中最常见的应答水平仅仅处在 60% ~ 70% 之间. 如果调查问题的可能答案与受访者的倾向回答之间有关系,那么可能会出现重大的偏倚. 例如家庭中的成年人比单身更易于接受电话调查,这两个群体在有些问题上的观点会有很大不同. 必须认识到前面介绍的估计标准误差仅仅解释了样本带来的随机变异性,而没有说明系统性偏倚.

1936 年《文学文摘》的民意调查是一项非常著名的缺陷调查,它预测共和党领袖 Alfred Landon 会以 57% 对 43% 击败现任总统 Franklin Roosevelt. 调查问卷邮寄给大约 1000 万个选民,这些选民取自电话簿和俱乐部成员,最后回收 240 万份问卷. 这里有两个最根本的问题:(1) 无应答 —— 那些没有应答者的投票方式或许完全不同,(2) 取样偏倚 —— 即使所有的 1000 万样本都有响应,他们也不足以构成一个随机样本. 那些生活在较低社会经济阶层的人们(更愿意投票给 Roosevelt)很少使用电话或参加俱乐部,因此与富人相比,也就不大可能包含在样本中. 假设每个样本成员身上都能得到精确的测度也可能出错. 在访问员进行调查中,访问者的方法和性格会影响受访者的响应. 在问卷调查中,问题的措辞和出现场景也会有影响. Stanley Presser (《纽约人》,2004 年 10 月 18 日) 进行了一项有趣的民意测验. 一半样本回答,"您认为美国应该允许反对民主的公开演讲吗?"另一半回答"您认为美国应该禁止反对民主的公开演讲吗?" 56% 的人对第一个问题给出了否定回答,39% 的人对第二个问题给出了肯定回答. 在 Tanur 等 (1972) 中,Hansen 的论文报告了美国人口普查局在调查此类问题时所做的努力.

7.7 习题

1. 考虑 5 个值 ——1, 2, 2, 4 和 8 组成的总体. 计算总体均值和方差. 利用容量为 2 的所有可能样本计算样本均值的抽样分布. 利用它们计算抽样分布的均值和方差, 并与 7.3.1 节定理 7.3.1.1 和定理 7.3.1.2 的结论进行比较.

2. 假设由上述问题的总体中抽取容量 $n=2$ 的样本, 记录样本值大于 3 的比例. 利用所有可能的样本导出这个统计量的抽样分布. 计算抽样分布的均值和方差.

3. 下面哪一个是随机变量?
   a. 总体均值
   b. 总体容量 N
   c. 样本容量 n
   d. 样本均值
   e. 样本均值的方差
   f. 样本最大值
   g. 总体方差
   h. 样本均值的方差估计

4. 利用简单随机样本抽样调查两个总体. 容量 n_1 的样本取自标准差 σ_1 的总体 I; 容量 $n_2 = 2n_1$ 的样本取自标准差 $\sigma_2 = 2\sigma_1$ 的总体 II. 忽略有限总体校正, 问哪一个样本估计总体均值更加精确?

5. 如果一个朋友问你下面的问题, 你该如何回答: "当样本均值 (如总体均值) 仅是一个数值时, 我们怎么能说它是一个随机变量呢? 例如, 在 7.3.2 节的例 7.3.2.1 中, 容量为 50 的简单随机样本得到均值 $\bar{x} = 938.5$, 数字 938.5 怎么会是随机变量呢?"

6. 假设两个总体的总体方差相等但是容量不相等: $N_1 = 100\,000$, $N_2 = 10\,000\,000$. 比较容量 $n=25$ 的样本均值的方差. 是不是更容易估计较小总体的均值?

7. 假设利用简单随机样本估计某个地区生活在贫困线以下的家庭比例. 如果这一比例大约为 0.15, 需要多大的样本容量才能使估计的标准误差是 0.02?

8. 容量 $n=100$ 的样本取自比例 $p = \dfrac{1}{5}$ 的总体.
   a. 计算满足 $P(|\hat{p}-p| \geqslant \delta) = 0.025$ 的 δ.
   b. 如果在这个样本中 $\hat{p} = 0.25$, p 的 95% 置信区间是否包含 p 的真值?

9. 在 1500 名选民组成的简单随机样本中, 有 55% 的选民打算支持特殊议案, 45% 的选民打算反对它. 因此, 议案的估计得票率之差是 10%. 该估计差的标准误差是多少? 差额的近似 95% 置信区间是多少?

10. 判断对错 (并说明理由): 如果取自总体的样本容量较大, 则即使总体不是正态的, 样本值的直方图也会近似正态分布.

11. 考虑容量为 4 的总体, 其成员值分别为 x_1, x_2, x_3, x_4.
    a. 如果利用简单随机抽样, 共有多少个容量为 2 的样本?
    b. 假设不是简单随机抽样, 而是利用如下的抽样方案, 得到容量为 2 的可能样本:
    $$\{x_1, x_2\}, \{x_2, x_3\}, \{x_3, x_4\}, \{x_1, x_4\}$$
    且这 4 个样本是等可能出现的, 问样本均值是无偏的吗?

12. 考虑重复简单随机抽样.
    a. 证明:
    $$s^2 = \frac{1}{n-1} \sum_{i=1}^{n} (X_i - \overline{X})^2$$
    是 σ^2 的无偏估计.

b. s 是 σ 的无偏估计吗?
   c. 证明：$n^{-1}s^2$ 是 $\sigma_{\overline{X}}^2$ 的无偏估计.
   d. 证明：$n^{-1}N^2s^2$ 是 σ_T^2 的无偏估计.
   e. 证明：$\hat{p}(1-\hat{p})/(n-1)$ 是 $\sigma_{\hat{p}}^2$ 的无偏估计.

13. 在 7.2 节的例 7.2.1 中，假设利用容量为 50 的样本估计出院总人数 τ. 用 T 表示估计，利用中心极限定理概述误差 $T-\tau$ 的近似概率密度.

14. 在 7.2 节的例 7.2.1 中，出院人数低于 1000 的医院比例为 $p=0.654$. 假设利用容量 25 的简单随机样本估计出院人数低于 1000 的医院总数. 利用中心极限定理概述该估计量的近似抽样分布.

15. 考虑利用容量 n 的简单随机样本估计医院出院人数的总体均值（7.2 节例 7.2.1）. 利用 $\overline{X}$ 分布的正态近似回答下列问题：
    a. 画出 $20 \leqslant n \leqslant 100$ 时，$P(|\overline{X}-\mu|>200)$ 与 n 函数关系图.
    b. 对于 $n=20, 40$ 和 80，计算满足 $P(|\overline{X}-\mu|>\Delta) \approx 0.10$ 的 Δ. 同样，计算满足 $P(|\overline{X}-\mu|>\Delta) \approx 0.50$ 的 Δ.

16. 判断对错：
    a. 总体均值 95% 置信区间的中心是一个随机变量.
    b. μ 的 95% 置信区间包含样本均值的概率为 0.95.
    c. 95% 置信区间包含总体的 95%.
    d. μ 的 100 个 95% 置信区间中有 95 个包含 μ.

17. 利用简单随机样本得到每个家庭平均孩子数目的 90% 置信区间是 $(0.7, 2.1)$. 我们能否断定 90% 的家庭的孩子数目介于 0.7 和 2.1 之间?

18. 独立调查两个总体，分别构造总体均值的 90% 置信区间. 两个区间都不包含各自总体均值的概率是多少? 两个都包含的概率呢?

19. 本题介绍单侧置信区间的概念. 利用中心极限定理，常数 k 取多少时，才能使区间 $(-\infty, \overline{X}+ks_{\overline{X}})$ 是 μ 的 90% 置信区间，即满足 $P(\mu \leqslant \overline{X}+ks_{\overline{X}})=0.9$? 这称为单侧置信区间. k 取多少时，才能使 $(\overline{X}-ks_{\overline{X}}, \infty)$ 是 95% 单侧置信区间?

20. 7.3.3 节的例 7.3.3.4 计算得到 μ 的 95% 置信区间是 $(1.44, 1.76)$. 因为 μ 是某个固定的数，它或者在区间内，或者不在其内，因此说 $P(1.44 \leqslant \mu \leqslant 1.76)=0.95$ 是没有任何意义的. 那么说它是"95% 置信区间"意味着什么?

21. 为使均值的 95% 置信区间的宽度减半，样本容量应该增加多少倍? 不考虑有限总体校正.

22. 调查员利用 $\overline{X} \pm s_{\overline{X}}$ 量化其总体均值估计的不确定性. 置信区间的大小是多少?

23. a. 证明：当 $p=\frac{1}{2}$ 时，比率估计的标准误差是最大的.
    b. 利用这个结果和 7.3.2 节的推论 7.3.2.2，推导结论：无论 p 取何值，统计量

    $$\frac{1}{2}\sqrt{\frac{N-n}{N(n-1)}}$$

    是 $\hat{p}$ 标准误差的保守估计.
    c. 利用中心极限定理证明：区间

    $$\hat{p} \pm \sqrt{\frac{N-n}{N(n-1)}}$$

    包含 p 的概率至少为 0.95.

24. 从总量 N 的总体中抽取容量 n 的随机样本，考虑利用下式作为 μ 的估计量：
$$\overline{X}_c = \sum_{i=1}^{n} c_i X_i$$
其中 c_i 是固定的数，$X_1, \cdots, X_n$ 是样本.
   a. 推导 c_i 所满足的条件，使得估计是无偏的.
   b. 证明：满足这个条件且最小化估计方差的 c_i 是 $c_i = 1/n$，其中 $i = 1, \cdots, n$.

25. 本题是 7.3.1 节引理 7.3.1.2 的另一种证明方法. 考虑 $x_1, x_2, \cdots, x_N$ 的随机排列 $Y_1, Y_2, \cdots, Y_N$. 说明 Y_i 的任意子集 $Y_{i_1}, \cdots, Y_{i_n}$ 的联合分布等同于简单随机样本 $X_1, \cdots, X_n$ 的联合分布. 特别地，
$$\text{Var}(Y_i) = \text{Var}(X_k) = \sigma^2$$
和
$$\text{Cov}(Y_i, Y_j) = \text{Cov}(X_k, X_l) = \gamma$$
如果 $i \neq j$, $k \neq l$. 由于 $Y_1 + Y_2 + \cdots + Y_N = \tau$，因此，
$$\text{Var}\left(\sum_{i=1}^{N} Y_i\right) = 0$$
（为什么？）利用 σ^2 和未知的协方差 γ 表示 $\text{Var}\left(\sum_{i=1}^{N} Y_i\right)$. 解出 γ，得到结论
$$\gamma = \frac{\sigma^2}{N-1}$$
对于 $i \neq j$ 成立.

26. 本题是 7.3.1 节引理 7.3.1.2 的另一种证明方法. 令 U_i 是一个随机变量，当第 i 个总体单位在样本中时 $U_i = 1$，否则等于 0.
   a. 证明：样本均值 $\overline{X} = n^{-1} \sum_{i=1}^{N} U_i x_i$.
   b. 证明 $P(U_i = 1) = n/N$. 利用 U_i 是伯努利随机变量，计算 $E(U_i)$.
   c. 伯努利随机变量 U_i 的方差是多少？
   d. 注意 $U_i U_j$ 是伯努利随机变量，计算 $E(U_i U_j), i \neq j$. （仔细考虑样本是无重复抽取的.）
   e. 计算 $\text{Cov}(U_i, U_j), i \neq j$.
   f. 根据上面 $\overline{X}$ 的表达式，计算 $\text{Var}(\overline{X})$.

27. 假定总体容量 N 是未知的，但是已知 $n \leqslant N$. 证明下面的步骤能够生成容量为 n 的简单随机样本. 设想总体元素排成一个长列，你可以依次读取.
   a. 令初始样本由列表中的前 n 个元素组成.
   b. 只要没有到达列表末端，对于 $k = 1, 2, \cdots$:
      i. 读取列表中的第 $(n+k)$ 个元素.
      ii. 以概率 $n/(n+k)$ 将其放入样本，如果进入样本，则从已有的样本元素中随机地去掉一个.

28. 在调查中，很难得到一些敏感性问题的准确答案，例如"您曾经吸食过海洛因吗？"或者"您在考试中做过弊吗？". Warner (1965) 介绍了**随机化应答** (randomized response) 方法，以处理这样的情形. 响应者旋转轮子上的箭头或者从盒中抽取两种颜色的小球，以此来决定回答哪一个陈述：(1) "我有特征 A"或 (2) "我没有特征 A". 访问者不知道回答了哪一个陈述，只是记录了答案：是或不是. 这个试验的目的

是希望当受访者意识到访问者不知道回答哪个陈述时，他可以尽可能真实地回答问题. 令 R 是样本中回答"是"的比例. 令 p 是回答陈述 1 的概率（p 可以利用随机化设计原理得到），令 q 是具有特征 A 的总体比例. 令 r 是响应者回答"是"的概率.

   a. 证明 $r = (2p-1)q + (1-p)$. [提示：P（是）$=P$（给定问题 1 的情况下回答是）$\times P$（问题 1）$+P$（给定问题 2 的情况下回答是）$\times P$（问题 2）].

   b. 如果 r 已知，如何确定 q.

   c. 证明 $E(R)=r$，并提出 q 的一个估计 Q，证明这个估计是无偏的.

   d. 忽略有限总体校正，证明：

$$\text{Var}(R) = \frac{r(1-r)}{n}$$

   其中 n 是样本容量.

   e. 导出 $\text{Var}(Q)$ 的表达式.

29. 现在已经提出了习题 28 所述方法的变体. 响应者不是回答陈述 2，而是回答与研究内容无关的一些问题，并且响应"是"的概率是已知的，例如，"您是 6 月份出生的吗？".

   a. 对这种方法提出 q 的一个估计.

   b. 证明这个估计是无偏的.

   c. 导出这个估计的方差表达式.

30. 利用习题 28 和 29 的标准差比较两种方法的估计精度. 读者可以代入 p 和 q 的一些合理值进行比较.

31. 参考 7.3.3 节的例 7.3.3.4，需要多大的样本才能使计划出售公寓的总住户数的 95% 置信区间的宽度为 500？

32. 再次参考 7.3.3 节的例 7.3.3.4，假设调查另外的 12 000 个公寓单元. 样本容量是 200，样本中计划出售公寓的比例为 0.18.

   a. 这个估计的标准误差是多少？给出 90% 置信区间.

   b. 假设我们利用符号 $\hat{p}_1 = 0.12$ 和 $\hat{p}_2 = 0.18$ 表示两个样本的比例. 令 $\hat{d} = \hat{p}_1 - \hat{p}_2$ 是两个总体比例 p_1 和 p_2 之差 d 的估计. 利用 $\hat{p}_1$ 和 $\hat{p}_2$ 是独立的随机变量，导出 $\hat{d}$ 的方差和标准误差的表达式.

   c. 因为 $\hat{p}_1$ 和 $\hat{p}_2$ 是近似正态分布，所以 $\hat{d}$ 也是. 由此构造 d 的 99%，95% 和 90% 置信区间. 有确定的证据表明 p_1 的确不等于 p_2 吗？

33. 利用容量 n 的简单随机样本独立地调查两个总体，并估计出两个比例 p_1 和 p_2. 预期两个总体比例接近 0.5. 为使差值 $\hat{p}_1 - \hat{p}_2$ 的标准误差小于 0.02，样本容量应该等于多少？

34. 在一项大型总体的调查中，利用同一样本估计两个健康问题的发生率. 预期第一个问题大约感染总体的 3%，第二个问题大约 40%. 忽略有限总体校正，回答下面的问题.

   a. 为使两个估计的标准误差都小于 0.01，应该取多大的样本？这个样本容量的实际标准误差是多少？

   b. 假设附加在标准误差上的界限不同，研究者预使每种情形下的标准误差小于实际值的 10%. 样本容量应该等于多少？

35. 从容量 2000 的总体中抽取简单随机样本，得到如下的 25 个值：

104	109	111	109	87
86	80	119	88	122
91	103	99	108	96
104	98	98	83	107
79	87	94	92	97

a. 计算总体均值的无偏估计.
b. 计算总体方差和 $\mathrm{Var}(\overline{X})$ 的无偏估计.
c. 导出总体均值和总数的近似 95% 置信区间.

36. 利用简单随机抽样, $\overline{X}^2$ 是 μ^2 的无偏估计吗? 如果不是, 偏倚是多少?

37. 独立进行两个调查, 以估计总体均值 μ. 利用 $\overline{X}_1, \overline{X}_2$ 和 $\sigma_{\overline{X}_1}$ 和 $\sigma_{\overline{X}_2}$ 表示估计及其标准误差. 假定 $\overline{X}_1$ 和 $\overline{X}_2$ 是无偏的. 利用某些 α 和 β 将这两个估计组合起来, 可以得到更好的估计量:
$$X = \alpha \overline{X}_1 + \beta \overline{X}_2$$
a. 为使组合估计无偏, 导出 α 和 β 应满足的条件.
b. 在满足无偏性的条件下, 选择怎样的 α 和 β 才能使方差最小?

38. 令 $X_1, \cdots, X_n$ 是简单随机样本, 证明: $\dfrac{1}{n}\sum_{i=1}^{n} X_i^3$ 是 $\dfrac{1}{N}\sum_{i=1}^{N} x_i^3$ 的无偏估计.

39. 假设 N 个项目的总体, 其中 k 个在某种程度上有些缺陷. 例如, 这些项目可以是文件, 其中很小的一部分是不真实的. 样本应取多大时才能使其以指定的概率至少包含一个次品? 例如, 如果 $N = 10000, k = 50, p = 0.95$, 样本容量应该等于多少? 这样的计算可以用在接受抽样的样本容量设计中.

40. 本题介绍了自总体中依顺序抽取简单随机样本的算法. 总体成员以事先确定的顺序进入样本 (例如, 以它们列示的顺序), 且一次只能进入一个. 第 i 个总体成员出现在样本中的概率是:
$$\frac{n - n_i}{N - i + 1}$$
其中 n_i 是在第 i 个成员检验之前样本中已经存在的总体成员数. 证明用这种方法选择的样本实际上是一个简单随机样本, 也就是说, 证明每个可能样本出现的概率是
$$\frac{1}{\binom{N}{n}}$$

41. 在会计和审计中, 下面的抽样方法有时用来估计总体总数. 在估计库存的价值时, 假设存在每个项目的账面价值, 且易于获取. 对于样本中的每个项目, 审计值减去账面值的差额 D 是可以确定出来的. 利用总体的账面价值和及 $N\overline{D}$ 估计存货价值, 其中 N 是总体容量.
a. 证明估计是无偏的.
b. 导出估计方差的表达式.
c. 通常的估计是 N 与平均审计值的乘积, 将 b 中得到的表达式与通常估计的方差进行比较. 这里提出的方法在什么情况下更精确?
d. 在这种情况下如何使用比率估计? 利用比率估计而不是这里提出的方法, 这样做有什么优点或缺点?

42. 证明: 总体相关系数的绝对值小于等于 1.

43. 假设在 7.3.3 节例 7.3.3.4 的样本中, 每个公寓单元的平均居住人数是 2.2 个, 标准差是 0.7, 居住人数和机动车数量的样本相关系数是 0.85. 估计每位居住者拥有的机动车数量的总体比例及其标准误差. 导出估计的 95% 置信区间.

44. 证明:
$$\frac{\mathrm{Var}(\overline{Y}_R)}{\mathrm{Var}(\overline{Y})} \approx 1 + \frac{C_x}{C_y}\left(\frac{C_x}{C_y} - 2\rho\right)$$
画出比率与 C_x/C_y 的函数关系图.

45. 在医院总体中,病床数和出院人数的相关系数是 $\rho = 0.91$(7.4 节例 7.4.4). 当 $n = 64$ 时,画出 $\text{Var}(\overline{Y}_R)$ 与 ρ 的函数关系图, 其中 $-1 < \rho < 1$, 以此观察 $\text{Var}(\overline{Y}_R)$ 如何随相关系数的不同而不同.

46. 在医院总体中,利用中心极限定理概述 $\overline{Y}_R$ 在 $n = 64$ 时的近似抽样分布. 与 $\overline{Y}$ 的近似抽样分布进行比较.

47. 对于医院总体, 容量 $n = 64$ 的样本, 利用 7.4 节的推论 7.4.2 计算 $\overline{Y}_R$ 的近似偏倚, 并与估计的近似标准差进行比较. 当 $n = 128$ 时重复该过程.

48. 100 个城市家庭构成的一个简单随机样本, 记录了每户家庭的人口数 X 和每周的食物支出 Y. 已知这个城市中共有 100000 户家庭. 在样本中,

$$\sum X_i = 320$$
$$\sum Y_i = 10\ 000$$
$$\sum X_i^2 = 1250$$
$$\sum Y_i^2 = 1\ 100\ 000$$
$$\sum X_i Y_i = 36\ 000$$

忽略有限总体校正, 回答下列问题.

a. 估计比率 $r = \mu_y/\mu_x$.
b. 构造 μ_y/μ_x 的近似 95% 置信区间.
c. 仅利用 Y 的数据估计城市家庭总的周食物支出 τ, 并构造 90% 置信区间.

49. 在野生动物调查中, 将沙漠区域划分成 1000 个方形地块, 或"样区". 从中抽取容量 50 的简单随机样本进行调查. 在每个调查样区中, 确定出鸟的数量 Y 和植被覆盖面积 X. 计算数据如下:

$$\sum X_i = 3000$$
$$\sum Y_i = 150$$
$$\sum X_i^2 = 225\ 000$$
$$\sum Y_i^2 = 650$$
$$\sum X_i Y_i = 11\ 000$$

a. 估计每个样区平均鸟的数量与平均植被覆盖面积的比率.
b. 估计你得到的估计的标准误差, 并构造总体平均数的近似 90% 置信区间.
c. 估计鸟的总数, 并构造总体总数的近似 95% 置信区间.
d. 假设利用航空调查很容易确定出植被覆盖的总面积. 如何利用这一信息估计鸟的数量? 你认为这个估计与 c 中的相比是好还是坏?

50. Hartley 和 Ross(1954) 导出了比率估计的偏倚与标准误差相对尺寸的精确界如下:

$$\frac{|E(R)-r|}{\sigma_R} \leqslant \frac{\sigma_{\overline{X}}}{\mu_x} = \frac{\sigma_x}{\mu_x}\sqrt{\frac{1}{n}\left(1-\frac{n-1}{N-1}\right)}$$

a. 利用下面的关系式导出这个界:

$$\text{Cov}(R, \overline{X}) = E\left(\frac{\overline{Y}}{\overline{X}}\overline{X}\right) - E\left(\frac{\overline{Y}}{\overline{X}}\right)E(\overline{X})$$

b. 利用样本估计代替给定的总体参数，将这个界用至习题 43.

51. 本题介绍称为"刀切法"的抽样技术，它最初由 Quenouille（1956）提出，用其减小偏倚. 很多非线性的估计（包括比率估计）具有性质：

$$E(\hat{\theta}) = \theta + \frac{b_1}{n} + \frac{b_2}{n^2} + \cdots$$

其中 $\hat{\theta}$ 是 θ 的估计. 刀切法构造一个估计 $\hat{\theta}_J$，主要偏倚项的阶是 n^{-2}，而不是 n^{-1}. 因此，对于足够大的 n，与 $\hat{\theta}$ 相比，$\hat{\theta}_J$ 的偏倚大大地减小. 这种方法将样本分成几个子样本，计算每个子样本的估计，然后再将这些估计组合在一起. 将样本分成容量为 m 的 p 个组，其中 $n = mp$. 对于 $j = 1, \cdots, p$，估计 $\hat{\theta}_j$ 是将第 j 组去剔除后，利用剩余的 $m(p-1)$ 个观察值计算出来的. 由前面的表达式，

$$E(\hat{\theta}_j) = \theta + \frac{b_1}{m(p-1)} + \frac{b_2}{[m(p-1)]^2} + \cdots$$

现在，p 个伪值定义为：

$$V_j = p\hat{\theta} - (p-1)\hat{\theta}_j$$

刀切法估计 $\hat{\theta}_J$ 定义为伪值的平均.

$$\hat{\theta}_J = \frac{1}{p}\sum_{j=1}^{p} V_j$$

证明 $\hat{\theta}_J$ 偏倚的阶是 n^{-2}.

52. 总体由三个层组成，$N_1 = N_2 = 1000$，$N_3 = 500$. 利用分层随机抽样从每个层中抽取 10 个观察值，得到如下数据：

层 1 94   99   106 106 101 102 122 104 97   97
层 2 183 183 179 211 178 179 192 192 201 177
层 3 343 302 286 317 289 284 357 288 314 276

估计总体均值和总数，并给出 90% 置信区间.

53. 下表（Cochran 1977）显示了某个城镇根据农场面积大小进行分层的结果，并且给出了每层玉米英亩数的均值和标准差.

农场大小	N_l	μ_l	σ_l
0~40	394	5.4	8.3
41~80	461	16.3	13.3
81~120	391	24.3	15.1
121~160	334	34.5	19.8
161~200	169	42.1	24.5
201~240	113	50.1	26.0
241+	148	63.8	35.2

a. 对于容量为 100 个农场的样本，按照比例分配和最优分配抽样计算每层的样本容量，并比较它们.
b. 计算每种分配的样本均值的方差，并将它们相互比较，同时与简单随机抽样得到的估计的方差进行比较.
c. 总体均值和方差是多少？

d. 假设从每层中抽取 10 个农场. $\text{Var}(\overline{X}_s)$ 是多少? 为获得同样的方差, 简单随机抽样必须取多大的样本容量? 忽略有限总体校正.

e. 利用 70 个样本单元的比例分配重复 d.

54. **a.** 假设调查成本是 $C = C_0 + C_1 n$, 其中 C_0 是启动成本, C_1 是每个观测成本. 对于给定的成本 C, 推导 L 层的最优分配 $n_1, \cdots, n_L$, 其最优的含义是在既定成本约束的条件下, 最小化总体均值估计的方差.

   b. 假设观测成本随层变动 —— 在一些层中, 观测相对比较便宜; 在另外一些层中, 观测相对较贵. 分配 $n_1, \cdots, n_L$ 的调查成本是

   $$C = C_0 + \sum_{l=1}^{L} C_l n_l$$

   对于固定的总成本 C, 选择怎样的 $n_1, \cdots, n_L$ 才能使方差达到最小?

   c. 假设成本函数由 b 中给定, 对于固定的方差, 寻找使成本最小的 n_l.

55. 抽样调查的设计者将总体划分为两个层: H 和 L. H 层包含 100 000 个人, L 层包含 500 000 个人. 他决定在 H 层中分配 100 个样本, 在 L 层中分配 200 个, 并在每层中都采取简单随机抽样.

   a. 设计者应当怎样估计总体均值?

   b. 假设 H 层的总体标准差是 20, L 层的标准差是 10. 他的估计的标准误差是多少?

   c. 如果 H 层分配 200 个样本, L 层分配 100 个, 这样做会不会更好?

   d. 利用比例分配会不会更好?

56. 在下面的抽样问题中如何使用分层?

   a. 调查城市家庭消费支出.

   b. 调查大块土地中土壤的铅浓度.

   c. 大楼中的电梯仅有一个轿厢, 调查使用电梯的人数.

   d. 电视台调查周一至周五从下午 6 点到晚上 10 点之间广告所占的时间比例. 假定可以分析 52 周的录制节目数据.

57. 考虑将习题 1 中的总体分成两个层: (1,2,2) 和 (4,8). 假定从每个层中抽取一个观察, 求总体均值估计的抽样分布, 以及这个抽样分布的均值与标准差. 将结果与 7.5.2 节的定理 7.5.2.1 和定理 7.5.2.2, 以及习题 1 中的结果进行比较.

58. (计算机练习) 构造自 1~100 的整数所组成的总体. 通过抽取 100 个容量为 12 的样本模拟样本均值的抽样分布, 并制作抽样结果的直方图.

59. (计算机练习) 继续讨论习题 58, 将总体分成规模相等的两个层, 每个层分配 6 个观察, 模拟总体均值分层估计的分布. 重复 4 个层时的模拟过程. 比较这两个结果, 并与习题 58 的结果进行比较.

60. 总体包含两个层: H 和 L, 其容量分别是 100 000 和 500 000, 标准差分别是 20 和 12. 从中抽取容量 100 的分层样本.

   a. 找出估计总体均值的最优分配.

   b. 找出估计层均值之差 $\mu_H - \mu_L$ 的最优分配.

61. 总体均值随时间线性增长: $\mu(t) = \alpha + \beta t$, 而方差保持不变. 在时刻 $t = 1, 2, 3$ 处抽取容量 n 的独立简单随机样本.

   a. 找出 w_1, w_2 和 w_3 满足的条件, 使得:

   $$\hat{\beta} = w_1 \overline{X}_1 + w_2 \overline{X}_2 + w_3 \overline{X}_3$$

抽样调查   173

是变化率 β 的无偏估计. 这里 $\overline{X}_i$ 表示时刻 t_i 的样本均值.

b. 在估计无偏的限制条件下, w_i 取什么值可以最小化方差?

62. 在 7.5.2 节的例 7.5.2.2 中, $\overline{X}_s$ 估计的标准误差是 $s_{\overline{X}_s} = 35.8$. 这一估计值的优良程度怎样 —— $\overline{X}_s$ 的实际标准误差是多少?

63. （开放题）5.2 节的例 5.2.1 介绍了积分的蒙特卡罗计算方法. 下面的符号参照这个例子. 尝试利用抽样调查的观点解释这种方法, 考虑区间 $[0,1]$ 内的数组成的"无限总体", 每个总体成员 x 具有数值 $f(x)$. 将 $\hat{I}(f)$ 解释为简单随机样本的均值. $\hat{I}(f)$ 的标准误差是多少? 如何将其估计出来? 如何构造 $I(f)$ 的置信区间? 你认为能从"总体"分层中获益吗? 例如, 分层可以是区间 $[0, 0.5)$ 和 $[0.5, 1]$. 你会发现考虑一些例子是有帮助的.

64. 利用抽样估计存货值. 项目根据账面值分层如下:

层（美元）	N_l	μ_l	σ_l
1000+	70	3000	1250
200~1000	500	500	100
1~200	10 000	90	30

a. 在比例分配和最优分配抽样下, 每层的相关抽样比应该是多少? 忽略有限总体校正.

b. 如何相互比较两种抽样分配情况下的方差, 并与简单随机抽样的方差进行比较.

65. 光盘文件 cancer 包含北卡罗来纳州、南卡罗来纳州与佐治亚州 301 个县市自 1950 年到 1960 年的乳腺癌死亡人数 (y), 以及 1960 年的成年白人女性人数 (x).

a. 画出癌症死亡人数总体数值的直方图.

b. 癌症死亡人数的总体均值和总数是多少? 总体方差和标准差是多少?

c. 25 个癌症死亡人数观测组成一个样本, 模拟样本均值的抽样分布.

d. 抽取容量 25 的简单随机样本, 用其估计癌症死亡人数的均值和总数.

e. 利用 d 中的样本估计总体方差和标准差.

f. 利用 d 中样本构造总体均值和总数的 95% 置信区间. 区间包含总体值吗?

g. 当样本容量为 100 时, 重复从 d 到 f 的计算过程.

h. 假设每个县市的总人口数是已知的, 利用这个信息可以借助比率估计量改进癌症死亡人数的估计. 你认为这种方法有效吗? 为什么是或不是?

i. 基于容量 25 的简单随机样本, 模拟平均癌症死亡人数的比率估计量的抽样分布. 将这一结果与 c 中的结果进行比较.

j. 抽取容量 25 的简单随机样本, 利用比率估计估计癌症死亡人数的总体均值和总数. 将这些估计与利用相同数据按照 d 中常用方法得到的估计相比, 结果怎样?

k. 构造 j 得到的估计的置信区间.

l. 根据人口规模将所有的县市分为 4 个层. 从每个层中随机地抽取 6 个观察值, 估计死亡人数的总体均值和总数.

m. 根据人口规模将所有的县市分为 4 个层. 比例分配和最优分配的抽样比分别是多少? 比较简单随机抽样、比例分配和最优分配这三种方法得到的总体均值估计的方差.

n. 如果总体分成 8, 16, 32 或 64 个层, 得到的估计与 m 中的结果进行比较, 改进效果如何?

66. 利用直升机拍摄海滩上拥挤人群的照片. 照片的分辨率很高, 当放大图片时, 每个人都能被识别出来, 但是用这种方法识别所有的人数是非常费时的. 设计一个抽样方案估计海滩上的人数.

67. 数据集families包含居住在Cyberville市的大约43886户家庭的信息. 该市有4个区：北区有10149户家庭，东区有10390户家庭，南区有13457户家庭，西区有9890户家庭. 记录每户家庭的信息如下：

1. 家庭类型
    1：丈夫–妻子家庭
    2：男户主家庭
    3：女户主家庭
2. 家庭成员数
3. 家庭孩子数
4. 家庭收入
5. 地区
    1：北区
    2：东区
    3：南区
    4：西区
6. 家庭户主的教育水平
    31：低于1年级
    32：1年级，2年级，3年级或4年级
    33：5年级或6年级
    34：7年级或8年级
    35：9年级
    36：10年级
    37：11年级
    38：12年级，没有毕业证书
    39：高中毕业，有高中毕业证书，或同等学历
    40：几年大学但没有学位
    41：大学副学士学位（职业或业余课程）
    42：大学副学士学位（学术课程）
    43：学士学位（例如，B.S., B.A., A.B.）
    44：硕士学位（例如，M.S., M.A., M.B.A.）
    45：专业学校学位（例如，M.D., D.D.S., D.V.M., LL.B., J.D.）
    46：博士学位（例如，Ph.D., Ed.D.）

在这些习题中，你可以利用抽样技术了解Cyberville的家庭状况.

a. 抽取500户家庭的简单随机样本. 估计下面的总体参数，计算这些估计的估计标准误差，并构造其95%置信区间：
   i. 女户主家庭所占的比例.
   ii. 每户家庭的平均孩子数.
   iii. 家庭户主没有获得高中毕业证书的比例.
   iv. 平均家庭收入.

b. 抽取100个容量400的样本.
   i. 计算每个样本的平均家庭收入.

- ii. 计算这 100 个估计的平均数和标准差, 并画出这些估计的直方图.
- iii. 在直方图上叠加同均值和标准差的正态密度线, 并说明拟合优度.
- iv. 画出经验累积分布函数（参见 10.2 节）. 在这个图形上叠加与前面均值和标准差相同的正态累积分布函数. 说明拟合优度.
- v. 检验正态近似的另一种方法是利用正态概率图 (9.9 节). 画出这样的图, 并说明其近似表现.
- vi. 分别计算 100 个样本的总体平均收入的 95% 置信区间. 有多少个这样的区间包含总体目标?
- vii. 抽取 100 个容量 100 的样本. 与容量 400 的单个样本比较平均、标准差和直方图, 并解释简单随机抽样理论是如何影响这种比较的.

c. 抽取容量 500 的简单随机样本, 利用直方图和箱形图 (参见 10.6 节) 比较三种类型家庭的收入.

d. 从每个分区中分别抽取容量 400 的简单随机样本.
- i. 利用平行的箱形图按分区比较收入.
- ii. 某些分区的家庭规模大于其他分区吗?
- iii. 4 个区的教育水平有差距吗?

e. 提出你所选择的问题, 试着利用容量 400 的简单随机样本回答之.

f. 分层益于估计家庭平均收入吗? 利用容量 400 的简单随机样本估计平均收入, 以及该估计的标准误差. 构造 95% 置信区间. 接下来, 将这 400 个观察值等比例地分配到 4 个区中, 利用分层样本估计平均收入. 估计标准误差和 95% 置信区间. 将该结果与简单随机样本的结果进行比较.

第 8 章 参数估计和概率分布拟合

8.1 引言

这一章我们讨论数据的概率律拟合. 很多概率律族依赖于少数的参数, 例如, 泊松分布族依赖于参数 λ(计数均值), 高斯分布族依赖于两个参数, 即 μ 和 σ. 除非参数值事先已知, 否则我们必须利用数据将其估计出来, 这样才能拟合概率律.

参数值选定之后, 还必须与实际数据进行比较, 以观察拟合是否合理. 第 9 章考虑拟合优度的度量和检验.

为了引入和解释一些思想, 以及为后面的理论讨论提供具体实例, 我们首先考虑一个经典的例子 —— 放射性衰变的泊松分布拟合. 本章和下一章将阐述这个例子中引入的一些概念.

8.2 α 粒子排放量的泊松分布拟合

记录来自放射源的 α 粒子发射数, 结果显示单位时间内的发射数不是常数, 但以看似随机的模式波动. 如果在观察时期内基本放射率是常数 (半周期长于观测期即是这种情况), 以及粒子来自大量的独立放射源 (原子), 那么泊松模型似乎是合适的. 基于此, 泊松分布常用来模拟放射性衰变. 读者应该记得泊松分布刻画空间或时间随机数的三个假设条件: (1) 事件发生的基本速率在空间或时间上是常数, (2) 事件在不同空间或时间区间上相互独立发生, (3) 事件不能同时发生.

Berkson(1966) 仔细分析了国家标准局提供的数据. α 粒子的放射源是锔 241. 实验者记录下连续 10220 次发射, 放射速率的观测均值 (总的放射数除以总时间) 是每秒 0.8392 次发射. 记录时间的钟表精确到 0.0002 秒.

下表的前两列显示了 1207 个区间的观测数 n, 每个区间时长 10 秒. 在 1207 个区间中, 18 个区间具有观测数 0, 1 或 2, 28 个区间具有 3 个, 等等.

n	观测数	期望数	n	观测数	期望数
0~2	18	12.2	10	123	130.6
3	28	27.0	11	101	99.7
4	56	56.5	12	74	69.7
5	105	94.9	13	53	45.0
6	126	132.7	14	23	27.0
7	146	159.1	15	15	15.1
8	164	166.9	16	9	7.9
9	161	155.6	17+	5	7.1
				1207	1207

在用泊松分布拟合表格所示的观测数时，我们将 1207 个区间的观测数看成 1207 个泊松随机变量的独立实现，具有概率质量函数

$$\pi_k = P(X=k) = \frac{\lambda^k e^{-\lambda}}{k!}$$

为了拟合泊松分布，我们必须由观测数据估计出 λ 的值. 因为 10 秒区间的平均观测数是 8.392，我们用它作为 λ 的估计 (记得 $E(X)=\lambda$)，记为 $\hat\lambda$.

在继续讨论之前，我们讨论一些在后续章节中要进一步深入探讨的几个问题. 首先，如果重复试验，计数结果会发生变化，λ 的估计也会发生变化，因此将 λ 的估计视作随机变量比较合理，其概率分布称为**抽样分布**(sampling distribution). 它完全类似于抛掷 10 次硬币，将正面出现的次数视作二项分布随机变量的情形. 按此操作，得到 6 个正面，这就产生了随机变量的一次实现；同样，8.392 也是随机变量的一次实现. 因而，导出如下问题：抽样分布是什么？这是实践所关心的，因为抽样分布的散度反映了估计的变异性. 我们粗略地问：估计值 8.392 精确到小数第几位？其次，我们将在本章的后面讨论选择 λ 估计的合理性. 尽管利用观测均值估计 λ 在表面看来是十分合理的，但原则上，或许还有更好的估计方法.

我们现在转向拟合优度评估，下一章将深入讨论这个话题. 考虑将观测数分组成 16 个单元，在假设的模型下，随机数落入任何一个单元的概率可以利用泊松概率分布计算出来. 观测落入第一个单元 (0，1 或 2 个计数) 的概率是

$$p_1 = \pi_0 + \pi_1 + \pi_2$$

观测落入第二个单元的概率是 $p_2 = \pi_3$. 观测落入第 16 个单元的概率是

$$p_{16} = \sum_{k=17}^{\infty} \pi_k$$

假设 $X_1,\cdots,X_{1207}$ 是独立的泊松随机变量，在 1207 个观测中，落入指定单元的观测数服从均值或期望值为 $1207 p_k$ 的二项分布，所有单元观测数的联合分布是 $n=1207$，概率为 $p_1, p_2, \cdots, p_{16}$ 的多项分布. 上述表格的第三列给出了每个单元的期望观测数，例如，因为 $p_4 = 0.0786$，相应单元的期望数是 $1207 \times 0.0786 = 94.9$. 从定性的角度来看，期望数和观测数比较一致. 第 9 章将给出它们之间比较的量化度量.

8.3 参数估计

正如 α 粒子排放量的例子所示，为了利用数据拟合概率律，通常不得不估计出与之相伴的参数. 下面的例子进一步说明了这一点.

例 8.3.1 (正态分布) 正态分布或高斯分布涉及两个参数，即 μ 和 σ，其中 μ 是分布的均值，σ^2 是方差：

$$f(x|\mu,\sigma) = \frac{1}{\sigma\sqrt{2\pi}} e^{-\frac{1}{2}\frac{(x-\mu)^2}{\sigma^2}}, \quad -\infty < x < \infty$$

正态分布作为模型使用的合理性基础通常来源于某种形式的中心极限定理，它告诉我们大量独立随机变量的和近似服从正态分布. 例如，Bevan、Kullberg 和 Rice(1979) 研究了肌肉细胞

膜中流体的随机波动性. 细胞膜包含大量的通道, 它们打开和关闭是随机的, 且假设相互之间独立运转. 净流量来源于穿过开通道的离子, 因此, 它是大量近似独立流的和. 当通道打开和关闭时, 净流量随机波动. 图 8.1 显示了 49 152 个净流量观测值的平滑直方图及其近似高斯拟合曲线. 尽管平滑直方图有些偏度, 但高斯分布的拟合效果还是非常好的. 在应用中, 单个通道的特征信息 (如电导系数) 取自估计的参数 μ 和 σ^2. ∎

例 8.3.2 (伽马分布) 伽马分布依赖于两个参数, 即 α 和 λ:

$$f(x|\alpha, \lambda) = \frac{1}{\Gamma(\alpha)} \lambda^\alpha x^{\alpha-1} e^{-\lambda x}, \quad 0 \leqslant x \leqslant \infty$$

伽马分布族为非负随机变量提供了一套灵活的密度函数.

图 8.2 显示了不同暴雨降雨量的伽马分布拟合效果图 (Le Cam 和 Neyman 1967). 为了判断催雨对降雨量是否有影响, 利用伽马分布拟合催雨和未催雨区域的暴雨降雨量. 催雨和未催雨的差异应该能够反映在参数 α 和 λ 的差异上.

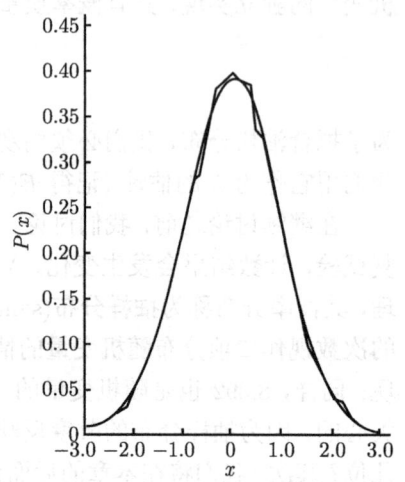

图 8.1 细胞膜流量的频率多边形及其高斯拟合

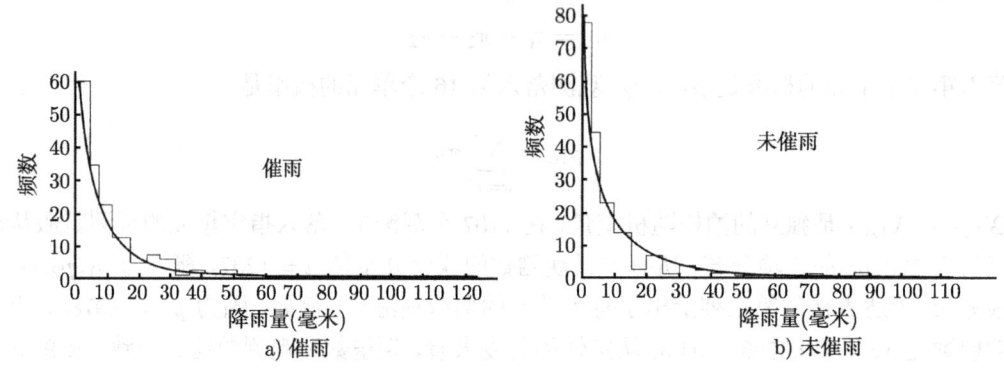

图 8.2 降雨量的伽马密度拟合

正如这些例子所示, 数据拟合概率分布的原因有很多. 科学理论显示概率分布类型及其参数才是科学调查最直接关心的议题. α 粒子排放量的例子和例 8.3.1 就是这种类型. 例 8.3.2 是比较典型的情况, 拟合模型的主要目的在于汇总或压缩数据. 概率模型在复杂情况下能起到很关键的作用. 例如, 公用事业公司比较感兴趣于消费需求模式的设计, 发现利用某种分布形式的随机变量模拟日温度非常有用, 可以用此分布模拟各种定价效应和发电计划. 同样, 水文学家计划利用水资源, 可以使用随机模型模拟降雨量.

我们利用下面的基本方法研究参数估计. 观测数据视为随机变量 $X_1, X_2, \cdots, X_n$ 的实现, 它们的联合分布依赖于未知参数 θ. 注意, θ 可以是向量, 比如例 8.3.2 中的 (α, λ). 通常假设 X_i 是具有相同分布 $f(x|\theta)$ 的独立随机变量, 联合分布是 $f(x_1|\theta)f(x_2|\theta) \cdots f(x_n|\theta)$. 我们称这样的 X_i

为独立同分布的 (缩写为 i.i.d). θ 的估计量是 $X_1, X_2, \cdots, X_n$ 的函数，因此是随机变量，其概率分布称为**抽样分布**(sampling distribution). 我们利用抽样分布近似评估估计的变异性，即经常使用的标准差，俗称**标准误差**(standard error).

最好建立估计的一般步骤，因为这样就不至于从头开始处理每一个新的问题. 我们介绍两种方法：矩方法和最大似然方法. 由于后者应用更广泛，因此我们将重点介绍这种方法.

统计的高等理论在很大程度上与"最优估计"有关，我们会触及与其相关的一些议题. 其本质思想是给定多种不同的估计方法，选择抽样分布最能集中在真实参数上的估计量.

在继续讨论矩方法之前，请注意本章议题与上一章具有很强的相似性. 在第 7 章，我们介绍了总体参数估计，如均值和总数，以及随机抽样过程，得到随机样本的概率分布依赖于这些参数. 我们还介绍了估计的抽样分布，利用标准误差和置信区间评估估计的变异性. 本章我们考虑由概率分布产生的数据模型，这里的分布更多地来自假设，而第 7 章的分布多是由刻意随机化引入的. 本章也会介绍抽样分布，并利用标准误差和置信区间评估变异性.

8.4 矩方法

概率律的 k 阶矩定义为

$$\mu_k = E(X^k)$$

其中 X 是服从概率律的随机变量 (当然，仅当期望存在时才有定义). 如果 $X_1, X_2, \cdots, X_n$ 是取自总体的 i.i.d 随机变量，k 阶**样本矩**(sample moment) 定义为

$$\hat{\mu}_k = \frac{1}{n}\sum_{i=1}^{n} X_i^k$$

我们将 $\hat{\mu}_k$ 视为 μ_k 的估计. 矩方法首先利用最低阶矩表示估计参数，然后将样本矩代入表达式，最后得到参数的估计量.

例如，假设我们希望估计两个参数 θ_1 和 θ_2. 如果 θ_1 和 θ_2 可以用前两阶矩表示成

$$\theta_1 = f_1(\mu_1, \mu_2)$$
$$\theta_2 = f_2(\mu_1, \mu_2)$$

那么矩估计方法是

$$\hat{\theta}_1 = f_1(\hat{\mu}_1, \hat{\mu}_2)$$
$$\hat{\theta}_2 = f_2(\hat{\mu}_1, \hat{\mu}_2)$$

矩估计方法包括三个基本步骤：
1. 计算低阶矩，找出利用参数表示的矩表达式. 通常，需要的低阶矩个数等同于参数个数.
2. 求解上一步的表达式，得到由矩表示的参数表达式.
3. 将样本矩代入第二步的表达式，得到基于样本矩的参数估计.

为了解释这个过程，我们考虑一些例子.

例 8.4.1 (泊松分布) 泊松分布的一阶矩是参数 $\lambda = E(X)$. 一阶样本矩是

$$\hat{\mu}_1 = \overline{X} = \frac{1}{n}\sum_{i=1}^{n} X_i$$

因此，它是 λ 的矩估计方法：$\hat{\lambda} = \overline{X}$.

作为一个具体的例子，我们考虑美国国家科学与技术研究所的一项研究 (Steel 等 1980). 观测滤光片上石棉样纤维的个数，以制定石棉浓度的测量标准. 将石棉溶解在水中，然后散布在滤光片上，同时在滤光片上取直径 3 毫米的小孔，最后将其安放在透射电子显微镜下观察. 操作员计数下 23 个网格中的纤维数，得到的数据如下：

$$31\ 29\ 19\ 18\ 31\ 28\ 34\ 27$$
$$34\ 30\ 16\ 18\ 26\ 27\ 27\ 18$$
$$24\ 22\ 28\ 24\ 21\ 17\ 24$$

在这种情况下，泊松分布适合描述不同网格之间纤维数的变异性，并用来刻画未来观测的内在变异性. λ 的矩估计方法是上述观测值的算术平均，或 $\hat{\lambda} = 24.9$.

如果重复进行这个实验，观测结果 (由此估计值) 不会完全相同. 很自然地，我们要问估计的稳定性如何. 解决这个问题的标准统计技术是推导估计的抽样分布或其近似分布. 统计模型假定每个观测数 X_i 是参数为 λ_0 的独立泊松随机变量. 令 $S = \sum X_i$，参数估计 $\hat{\lambda} = S/n$ 是随机变量，其分布称为抽样分布. 由 4.5 节的例 4.5.5，独立泊松随机变量和的分布还是服从泊松分布，所以 S 的分布是 $P(n\lambda_0)$. 因此，$\hat{\lambda}$ 的概率质量函数是

$$P(\hat{\lambda} = v) = P(S = nv)$$
$$= \frac{(n\lambda_0)^{nv} e^{-n\lambda_0}}{(nv)!}$$

v 满足 nv 是非负整数.

因为 S 是泊松的，所以它的均值和方差都是 $n\lambda_0$，这样

$$E(\hat{\lambda}) = \frac{1}{n} E(S) = \lambda_0$$

$$\mathrm{Var}(\hat{\lambda}) = \frac{1}{n^2} \mathrm{Var}(S) = \frac{\lambda_0}{n}$$

由 5.3 节的例 5.3.1，如果 $n\lambda_0$ 很大，S 的分布近似正态；由此，$\hat{\lambda}$ 也是近似正态的，具有如上均值和方差. 由于 $E(\hat{\lambda}) = \lambda_0$，我们说估计是**无偏的**(unbiased)：抽样分布集中在 λ_0 上. 第二个方程说明当 n 增大时，抽样分布越来越集中在 λ_0 上. 这个分布的标准差称为 $\hat{\lambda}$ 的**标准误差**，是

$$\sigma_{\hat{\lambda}} = \sqrt{\frac{\lambda_0}{n}}$$

当然，由于 $\hat{\lambda}$ 的抽样分布或标准误差依赖于未知的 λ_0，所以我们并不知道它们的值. 然而，我们可以用 $\hat{\lambda}$ 代替 λ_0，得到相应量的近似估计，并用其评估估计的变异性. 特别地，我们计算 $\hat{\lambda}$ 的**估计标准误差**(estimated standard error) 如下：

$$s_{\hat{\lambda}} = \sqrt{\frac{\hat{\lambda}}{n}}$$

在本例中，我们有

$$s_{\hat{\lambda}} = \sqrt{\frac{24.9}{23}} = 1.04$$

参数估计和概率分布拟合

本节末尾,我们将解释利用 $\hat{\lambda}$ 代替 λ_0 的合理性.

总之,我们得到 $\hat{\lambda}$ 近似服从正态分布,以标准差 1.04 集中在真实值 λ_0 上. 这提供了评估参数估计变异性的一种合理方法. 例如,由于正态分布随机变量偏离均值 2 倍以上标准差的可能性很小,λ 的估计误差不大可能超过 2.08. 因此,我们不仅得到 λ_0 的估计,而且还理解了估计的内在变异性.

在第 9 章,我们将解决泊松分布能否真正拟合这些数据的问题. 很显然,无论泊松分布拟合好坏与否,我们都可以计算任何批量数据的平均. ∎

例 8.4.2 (正态分布) 正态分布的一阶矩和二阶矩是

$$\mu_1 = E(X) = \mu$$
$$\mu_2 = E(X^2) = \mu^2 + \sigma^2$$

因此,

$$\mu = \mu_1$$
$$\sigma^2 = \mu_2 - \mu_1^2$$

由样本矩得到的 μ 和 σ^2 的相应估计是

$$\hat{\mu} = \overline{X}$$
$$\hat{\sigma}^2 = \frac{1}{n}\sum_{i=1}^{n} X_i^2 - \overline{X}^2 = \frac{1}{n}\sum_{i=1}^{n}(X_i - \overline{X})^2$$

由 6.3 节,$\overline{X}$ 的抽样分布是 $N(\mu, \sigma^2/n)$,$n\hat{\sigma}^2/\sigma^2 \sim \chi_{n-1}^2$. 此外,$\overline{X}$ 和 $\hat{\sigma}^2$ 是独立的. 我们将在本章的后面回到这个抽样分布上来. ∎

例 8.4.3 (伽马分布) 伽马分布的前两阶矩是

$$\mu_1 = \frac{\alpha}{\lambda}$$
$$\mu_2 = \frac{\alpha(\alpha+1)}{\lambda^2}$$

(参见 4.5 节的例 4.5.2). 为了利用矩方法,我们必须用 μ_1 和 μ_2 表达 α 和 λ. 由第二个方程

$$\mu_2 = \mu_1^2 + \frac{\mu_1}{\lambda}$$

或

$$\lambda = \frac{\mu_1}{\mu_2 - \mu_1^2}$$

同时,由此处的一阶矩方程,

$$\alpha = \lambda\mu_1 = \frac{\mu_1^2}{\mu_2 - \mu_1^2}$$

由于 $\hat{\sigma}^2 = \hat{\mu}_2 - \hat{\mu}_1^2$,矩估计方法是

$$\hat{\lambda} = \frac{\overline{X}}{\hat{\sigma}^2}$$

和

$$\hat{\alpha} = \frac{\overline{X}^2}{\hat{\sigma}^2}$$

作为一个具体的例子,我们利用伽马分布拟合自 1960 年至 1964 年伊利诺伊州 227 次暴雨中的降雨量 (Le Cam 和 Neyman 1967). 数据列在第 10 章后的习题 42 中,搜集和分析数据的目的在于刻画暴雨降雨量的自然变异性. 直方图显示分布偏度很大,因此伽马分布是个自然而然的选择. 由数据,$\overline{X} = 0.224$, $\hat{\sigma}^2 = 0.1338$,因此 $\hat{\alpha} = 0.375$, $\hat{\lambda} = 1.674$.

图 8.3 显示了拟合密度的直方图. 注意,为了便于比较,校正密度下方的区域,使其面积与直方图下方的区域面积相等,即观测数与直方图箱宽的乘积,或 $227 \times 0.2 = 45.4$. 或者,也可以将直方图校正为面积为 1 的区域. 从定性的角度考虑,图 8.3 中的拟合是合理的,9.9 节的例 9.9.3 将给出更详细的解释. ∎

我们现在转向讨论 $\hat{\alpha}$ 和 $\hat{\lambda}$ 的抽样分布. 在之前的两个例子中,我们可以利用已知的理论结果推导抽样分布,但是由于 $\hat{\lambda}$ 和 $\hat{\alpha}$ 都是样本值 $X_1, X_2, \cdots, X_n$ 的复杂函数,因此很难得到它们抽样分布的精确形式. 然而,模拟可以解决这类问题. 设想目前已知 λ_0 和 α_0 的真实值,我们可以从具有这些参数的伽马分布中生成容量 $n = 227$ 的很多样本,再计算每个样本相应的 λ 和 α 估计值. 例如,λ 估计的直方图可以使我们很好地理解 $\hat{\lambda}$ 的抽样分布.

这个思想的唯一问题是需要知道参数的真实值. (注意例 8.4.1 面临同样的问题.) 因此我们利用 λ 和 α 的估计值作为参数的真实值,然后从参数 $\alpha = 0.375$ 和 $\lambda = 1.674$ 的伽马分布中抽取容量 $n = 227$ 的很多样本. 图 8.4 显示了 1000 次抽样结

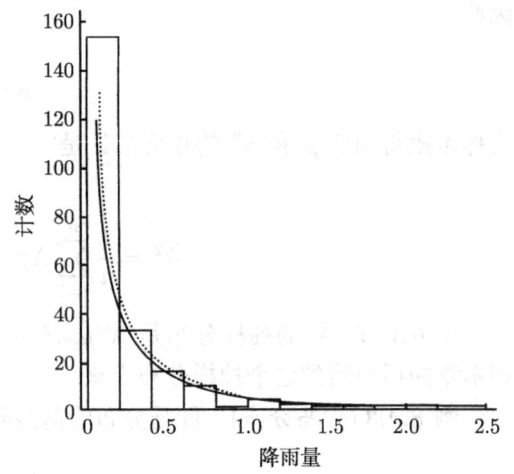

图 8.3 利用矩方法和最大似然方法拟合降雨量的伽马密度;实线表示矩估计方法,点线表示最大似然估计

果的直方图. 图 8.4a 是 α 的 1000 个估计值的直方图,图 8.4b 是 λ 的相应直方图. 这些直方图解释了相同样本容量下参数估计的内在变异性. 例如,我们看到如果 α 的真实值是 0.375,那么估计误差通常不会超过 0.1. 注意,直方图的形状说明它们与正态密度比较近似.

直方图所示的变异性可以通过计算 1000 次估计值的标准差来概括,这样也提供了 $\hat{\alpha}$ 和 $\hat{\lambda}$ 的估计标准误差. 确切地讲,如果记 α 的 1000 次估计值为 $\alpha_i^*, i = 1, 2, \cdots, 1000$,那么 $\hat{\alpha}$ 的标准误差的估计是

$$s_{\hat{\alpha}} = \sqrt{\frac{1}{1000} \sum_{i=1}^{1000} (\alpha_i^* - \overline{\alpha})^2}$$

其中 $\overline{\alpha}$ 是 1000 个值的均值,其计算结果及 $\hat{\lambda}$ 的相应值分别是 $s_{\hat{\alpha}} = 0.06$ 和 $s_{\hat{\lambda}} = 0.34$. 这些标准误差简洁度量了图 8.4 所示估计值 $\hat{\alpha} = 0.375$ 和 $\hat{\lambda} = 1.674$ 的变异程度.

参数估计和概率分布拟合

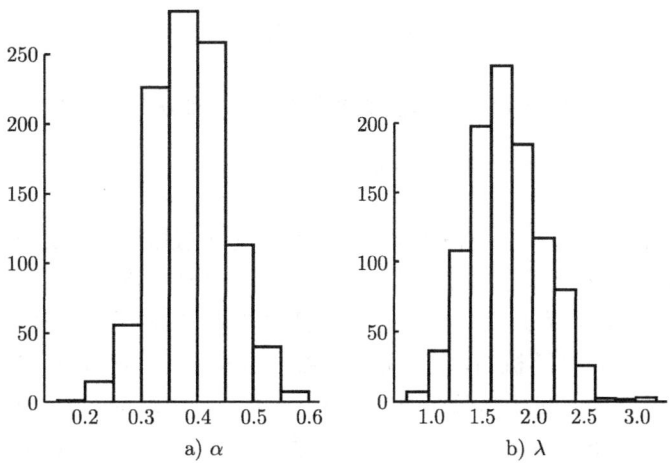

图 8.4　1000 次矩估计方法的模拟直方图

这里使用的模拟 (或蒙特卡罗模拟) 是在统计学上称为**自助法**(bootstrap) 的一个实例. 我们在后面将看到这种多用途方法的更多实例.

例 8.4.4(角分布)　在介子衰变中, 电子散射角度 θ 具有密度

$$f(x|\alpha) = \frac{1+\alpha x}{2}, \quad -1 \leqslant x \leqslant 1, \quad -1 \leqslant \alpha \leqslant 1$$

其中 $x = \cos\theta$. 参数 α 与极化度有关. 在物理上, $|\alpha| \leqslant \frac{1}{3}$, 但是我们注意到 $f(x|\alpha)$ 是 $|\alpha| \leqslant 1$ 上的概率密度. 矩方法可以利用试验测量样本 $X_1, \cdots, X_n$ 估计 α. 密度的均值是

$$\mu = \int_{-1}^{1} x \frac{1+\alpha x}{2} dx = \frac{\alpha}{3}$$

因此, α 的矩估计是 $\hat{\alpha} = 3\overline{X}$. $\hat{\alpha}$ 的抽样分布留作习题 (习题 13).　∎

在适当的条件下, 矩估计方法具有理想的一致性特征. 如果当样本容量趋于无穷时, 估计 $\hat{\theta}$ 趋近于参数 θ, 我们称 $\hat{\theta}$ 是 θ 的**一致性** (consistent) 估计. 更精确的陈述如下.

定义 8.4.1　令 $\hat{\theta}_n$ 是样本容量为 n 的参数 θ 的估计. 如果当 n 趋于无穷时, $\hat{\theta}_n$ 依概率收敛于 θ, 即对任意 $\varepsilon > 0$, 当 $n \to \infty$ 时,

$$P(|\hat{\theta}_n - \theta| > \varepsilon) \to 0$$

那么称 $\hat{\theta}_n$ 具有概率一致性.

弱大数定律说明样本矩依概率收敛至总体矩. 如果样本矩的函数是连续的, 那么依照样本矩收敛于总体矩的方式, 该估计函数收敛于相应的参数.

矩估计方法的一致性证实了前述例题中估计标准误差步骤的合理性. 我们比较关心参数估计 $\hat{\theta}$ 的方差 (或它的平方根 —— 标准误差). 记 θ_0 为真实参数, 我们有关系式

$$\sigma_{\hat{\theta}} = \frac{1}{\sqrt{n}} \sigma(\theta_0)$$

(在例 8.4.1 中, $\sigma_{\hat{\lambda}} = \sqrt{\lambda_0/n}$, 所以 $\sigma(\lambda) = \sqrt{\lambda}$.) 我们利用估计的标准误差近似得到

$$s_{\hat{\theta}} = \frac{1}{\sqrt{n}}\sigma(\hat{\theta})$$

我们现在可以断定 $\hat{\theta}$ 的一致性保证 $s_{\hat{\theta}} \approx \sigma_{\hat{\theta}}$. 更精确地, 只要函数 $\sigma(\theta)$ 关于 θ 连续, 就有

$$\lim_{n\to\infty} \frac{s_{\hat{\theta}}}{\sigma_{\hat{\theta}}} = 1$$

这是因为如果 $\hat{\theta} \to \theta_0$, 那么 $\sigma(\hat{\theta}) \to \sigma(\theta_0)$. 当然, 这仅仅是个极限结果, 实践中的 n 总是有限的, 但是它确实提供了上述比率接近于 1 的希望, 由此也期望估计标准误差是变异性的合理表征.

本节结论总结如下. 我们发现矩方法可以利用随机样本 (i.i.d) 估计概率分布的总体参数. 样本是随机的, 参数的估计也是随机的, 其分布称为抽样分布, 利用它可以解决估计变异性或可靠性的问题. 抽样分布的标准差称为估计的标准误差. 接着, 我们讨论了如何利用样本本身评估估计的变异性. 在某些情况下, 抽样分布具有显式表达, 但依赖于未知参数 (例 8.4.1 和例 8.4.2), 此时, 我们可以用估计代替未知参数, 得到近似抽样分布. 在其他情况下, 抽样分布的形式不是那么明显, 可是, 即使不能显式地表达, 我们也可以将它模拟出来. 利用自助法, 我们只需坐在电脑前, 用其生成随机数即可, 避免了十分复杂的分析计算.

8.5 最大似然方法

同样作为目前参数估计的有用工具, 最大似然方法可以用来解决更广泛的其他统计问题, 比方说曲线拟合. 正是如此之大的效用, 使得似然方法在统计学中非常重要. 我们将会看到最大似然估计也具有非常漂亮的理论性质.

假设随机变量 $X_1, \cdots, X_n$ 具有联合密度或频率函数 $f(x_1, x_2, \cdots, x_n|\theta)$. 给定观测值 $X_i = x_i$, 其中 $i = 1, \cdots, n$, 作为 $x_1, x_2, \cdots, x_n$ 的函数, θ 的似然定义为

$$\text{lik}(\theta) = f(x_1, x_2, \cdots, x_n|\theta)$$

注意, 我们考虑作为 θ 函数的联合密度, 而不是 x_i 的函数. 如果分布是离散的, f 是频率函数, 似然函数给出了观测到给定数据的概率, 它是参数 θ 的函数. θ 的**最大似然估计**(maximum likelihood estimate, mle) 是使得似然达到最大的 θ 值 —— 也就是说, 观测数据"最有可能"出现.

如果 X_i 假设成 i.i.d 的, 它们的联合密度是边际密度的乘积, 似然是

$$\text{lik}(\theta) = \prod_{i=1}^{n} f(X_i|\theta)$$

有时候更容易最大化似然的自然对数, 而不是最大化似然本身 (由于对数是单调函数, 因此二者等价). 对于 i.i.d 样本, **对数似然**(log likelihood) 是

$$l(\theta) = \sum_{i=1}^{n} \log[f(X_i|\theta)]$$

(在本书中, "log" 总是表示自然对数.)

我们计算 8.4 节例子的最大似然估计.

例 8.5.1 (泊松分布) 如果 X 服从参数为 λ 的泊松分布,那么
$$P(X=x) = \frac{\lambda^x e^{-\lambda}}{x!}$$
如果 $X_1, \cdots, X_n$ 是 i.i.d 的,且服从泊松分布,那么它们的联合频率函数是边际频率函数的乘积. 因此,对数似然是
$$l(\lambda) = \sum_{i=1}^{n}(X_i \log \lambda - \lambda - \log X_i!) = \log \lambda \sum_{i=1}^{n} X_i - n\lambda - \sum_{i=1}^{n} \log X_i!$$

图 8.5 是 8.4 节的例 8.4.1 中石棉数据的 $l(\lambda)$ 图形. 令对数似然的一阶导数等于零,得到
$$l'(\lambda) = \frac{1}{\lambda}\sum_{i=1}^{n} X_i - n = 0$$

那么,最大似然估计是
$$\hat{\lambda} = \overline{X}$$

我们可以验证这确实是最大值(事实上,$l(\lambda)$ 是 λ 的凸函数,见图 8.5). 这种情况下,最大似然估计与矩方法相同,因此具有相同的抽样分布. ■

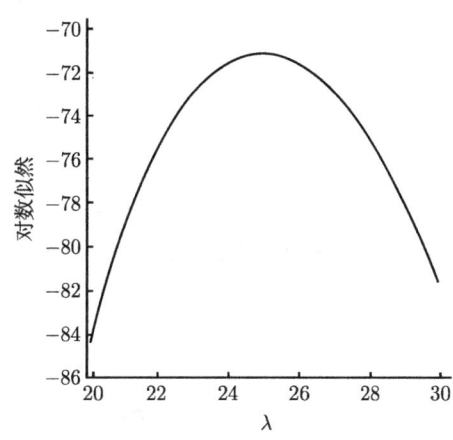

图 8.5 石棉数据 λ 的对数似然函数图

例 8.5.2 (正态分布) 如果 $X_1, X_2, \cdots, X_n$ 是 i.i.d 的 $N(\mu, \sigma^2)$,那么联合密度是边际密度的乘积:
$$f(x_1, x_2, \cdots, x_n | \mu, \sigma) = \prod_{i=1}^{n} \frac{1}{\sigma\sqrt{2\pi}} \exp\left(-\frac{1}{2}\left[\frac{x_i - \mu}{\sigma}\right]^2\right)$$

将其视为 μ 和 σ 的函数,这是似然函数. 因此,对数似然是
$$l(\mu, \sigma) = -n \log \sigma - \frac{n}{2} \log 2\pi - \frac{1}{2\sigma^2} \sum_{i=1}^{n}(X_i - \mu)^2$$

关于 μ 和 σ 求偏导
$$\frac{\partial l}{\partial \mu} = \frac{1}{\sigma^2}\sum_{i=1}^{n}(X_i - \mu)$$
$$\frac{\partial l}{\partial \sigma} = -\frac{n}{\sigma} + \sigma^{-3}\sum_{i=1}^{n}(X_i - \mu)^2$$

令第一个偏导等于零,求解最大似然估计,得到
$$\hat{\mu} = \overline{X}$$

令第二个偏导等于零,代入 μ 的最大似然估计,我们得到 σ 的最大似然估计
$$\hat{\sigma} = \sqrt{\frac{1}{n}\sum_{i=1}^{n}(X_i - \overline{X})^2}$$

同样,这里的估计和抽样分布与矩方法得到的相同. ■

例 8.5.3 (伽马分布)　因为伽马分布的密度函数是

$$f(x|\alpha,\lambda) = \frac{1}{\Gamma(\alpha)}\lambda^\alpha x^{\alpha-1}\mathrm{e}^{-\lambda x}, \quad 0 \leqslant x < \infty$$

i.i.d 样本 $X_1,\cdots,X_n$ 的对数似然是

$$l(\alpha,\lambda) = \sum_{i=1}^n [\alpha\log\lambda + (\alpha-1)\log X_i - \lambda X_i - \log\Gamma(\alpha)]$$

$$= n\alpha\log\lambda + (\alpha-1)\sum_{i=1}^n \log X_i - \lambda\sum_{i=1}^n X_i - n\log\Gamma(\alpha)$$

偏导是

$$\frac{\partial l}{\partial \alpha} = n\log\lambda + \sum_{i=1}^n \log X_i - n\frac{\Gamma'(\alpha)}{\Gamma(\alpha)}$$

$$\frac{\partial l}{\partial \lambda} = \frac{n\alpha}{\lambda} - \sum_{i=1}^n X_i$$

令第二个偏导等于零,得到

$$\hat\lambda = \frac{n\hat\alpha}{\sum_{i=1}^n X_i} = \frac{\hat\alpha}{\overline X}$$

但是当把这个解代入第一个偏导时,得到 α 的最大似然估计的非线性方程:

$$n\log\hat\alpha - n\log\overline X + \sum_{i=1}^n \log X_i - n\frac{\Gamma'(\hat\alpha)}{\Gamma(\hat\alpha)} = 0$$

这个方程没有闭形式的解,必须使用迭代方法进行求解. 迭代开始之前,我们可以利用矩估计作为初始值.

在本例中,两种方法没有得到相同的估计. 利用 8.4 节例 8.4.3 的降雨量数据,mle 方法利用矩估计的初始值进行迭代计算 (割线法和对分法的组合). 估计结果是 $\hat\alpha = 0.441$ 和 $\hat\lambda = 1.96$. 在 8.4 节的例 8.4.3 中,矩方法的估计结果是 $\hat\alpha = 0.375$ 和 $\hat\lambda = 1.674$. 图 8.3 显示了 α 和 λ 两种类型估计方法的拟合曲线图. 很显然,两者差别不大,特别是伽马分布只是一种可能的模型,不能认为是完全正确的.

因为最大似然估计不存在闭形式的解,所以推导它们的精确抽样分布更是不切实际的. 因此,正如矩估计方法中的近似计算,我们利用自助法近似抽样分布. 基本理由是一样的:如果我们知道"真实"的值,比方说 α_0 和 λ_0,我们可以利用参数 α_0 和 λ_0 的伽马分布生成容量 $n = 227$ 的很多样本,得到每个样本下的最大似然估计,最后利用直方图显示计算结果,这样我们就近似估计了最大似然估计的抽样分布. 当然,由于我们不知道参数的真实值,利用最大似然估计的结果:生成 $\alpha = 0.441$ 和 $\lambda = 1.96$,容量 $n = 227$ 的 1000 个伽马分布随机变量,对于每个样本,计算 α 和 λ 的最大似然估计值. 1000 个估计值的直方图如图 8.6 所示,我们视这些直方图为最大似然估计 $\hat\alpha$ 和 $\hat\lambda$ 的近似抽样分布.

比较图 8.6 和图 8.4,我们看到最大似然估计比矩估计抽样分布的分散程度大大地减小,这说明在此情况下,最大似然估计更精确. 直方图所示的标准差是最大似然估计的估计标准误差,

我们计算得到 $s_{\hat{\alpha}} = 0.03$ 和 $s_{\hat{\lambda}} = 0.26$. 回忆 8.4 节的例 8.4.3, 矩估计方法的相应估计标准误差是 0.06 和 0.34. ∎

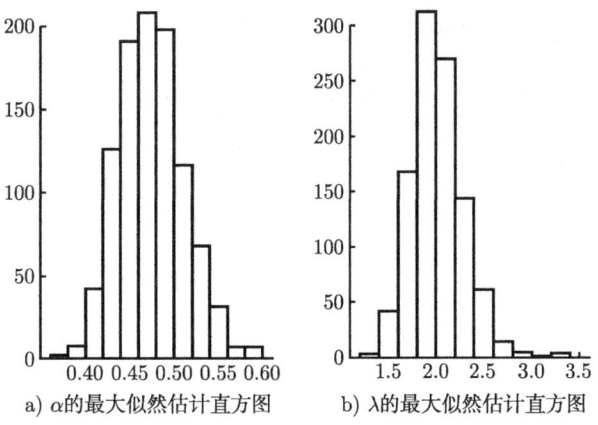

图 8.6　1000 个模拟最大似然估计值的直方图

例 8.5.4(介子衰变)　由 8.4 节例 8.4.4 给出的密度形式, 对数似然是

$$l(\alpha) = \sum_{i=1}^{n} \log(1 + \alpha X_i) - n \log 2$$

令导数等于零, 我们看到 α 的最大似然估计满足如下的非线性方程:

$$\sum_{i=1}^{n} \frac{X_i}{1 + \hat{\alpha} X_i} = 0$$

再次, 我们使用迭代技术求解 $\hat{\alpha}$. 矩估计值可以用作迭代的初始值. ∎

在例 8.5.3 和例 8.5.4 中, 为了计算最大似然估计, 我们不得不求解非线性方程. 一般地, 在涉及几个参数的一些问题中, 必须求解非线性方程组才能得到最大似然估计. 我们在这里不讨论数值方法, 详细内容可以参见 Dahlquist 和 Bjorck(1974) 的第 6 章.

8.5.1　多项单元概率的最大似然估计

最大似然方法常用来解决多项单元概率问题. 假设 $X_1, \cdots, X_m$ 是单元 $1, \cdots, m$ 内的观测数, 服从总数为 n、单元概率为 $p_1, \cdots, p_m$ 的多项分布. 我们希望利用 x 的值估计 p 的值. $X_1, \cdots, X_m$ 的联合频率函数是

$$f(x_1, \cdots, x_m | p_1, \cdots, p_m) = \frac{n!}{\prod_{i=1}^{m} x_i!} \prod_{i=1}^{m} p_i^{x_i}$$

注意, 每个 X_i 的边际分布都是 (n, p_i) 二项分布, 因此 X_i 不独立 (受限于总和 n), 它们的联合频率函数不是边际频率函数的乘积, 这与前面章节中的例子不同. 然而, 因为我们能够写出联合分布的表达式, 所以仍然可以使用最大似然方法. 假定 n 给定, 在 p_i 之和等于 1 的限制条件下, 估计 $p_1, \cdots, p_m$. 由给定的联合频率函数, 对数似然是

$$l(p_1, \cdots, p_m) = \log n! - \sum_{i=1}^{m} \log x_i! + \sum_{i=1}^{m} x_i \log p_i$$

为了条件最大化似然，我们引入拉格朗日乘子，并且最大化

$$L(p_1, \cdots, p_m, \lambda) = \log n! - \sum_{i=1}^{m} \log x_i! + \sum_{i=1}^{m} x_i \log p_i + \lambda \left(\sum_{i=1}^{m} p_i - 1 \right)$$

令偏导等于零，有如下方程组：

$$\hat{p}_j = -\frac{x_j}{\lambda}, \quad j = 1, \cdots, m$$

方程两边求和，有

$$1 = \frac{-n}{\lambda}$$

或

$$\lambda = -n$$

因此，

$$\hat{p}_j = \frac{x_j}{n}$$

这个估计是很显然的. $\hat{p}_j$ 的抽样分布由 x_j 决定, x_i 是二项的.

在某些情况下，例如经常出现在遗传学研究中，多项单元概率是其他未知参数 θ 的函数，即 $p_i = p_i(\theta)$. 此时, θ 的对数似然是

$$l(\theta) = \log n! - \sum_{i=1}^{m} \log x_i! + \sum_{i=1}^{m} x_i \log p_i(\theta)$$

例 8.5.1.1 (哈代–温伯格平衡)　如果基因频率是平衡的，那么根据哈代–温伯格定律，基因型 AA, Aa 和 aa 在总体中出现的频率分别是 $(1-\theta)^2$, $2\theta(1-\theta)$ 和 θ^2. 在 1937 年中国香港人口总体的抽样中，血型发生频率如下，其中 M 和 N 是红细胞抗原：

	血型			
	M	MN	N	总计
频率	342	500	187	1029

利用观测频率估计 θ 的方式有很多种. 例如，如果 θ^2 等于 $187/1029$, 我们得到 θ 的估计是 0.4263. 然而，从直觉上感觉这个步骤忽略了其他单元的一些信息. 如果令 X_1, X_2 和 X_3 表示三个单元的观测数，并且令 $n = 1029$, 那么 θ 的对数似然是 (读者可以验证之)：

$$l(\theta) = \log n! - \sum_{i=1}^{3} \log X_i! + X_1 \log(1-\theta)^2 + X_2 \log 2\theta(1-\theta) + X_3 \log \theta^2$$

$$= \log n! - \sum_{i=1}^{3} \log X_i! + (2X_1 + X_2) \log(1-\theta) + (2X_3 + X_2) \log \theta + X_2 \log 2$$

在最大化 $l(\theta)$ 时，由于函数 $p_i(\theta)$ 满足 $\sum_{i=1}^{3} p_i(\theta) = 1$, 因此，我们没有必要显式地引入单元概率

参数估计和概率分布拟合 189

之和为 1 的限制条件. 令导数等于零, 我们有

$$-\frac{2X_1+X_2}{1-\theta}+\frac{2X_3+X_2}{\theta}=0$$

求解最大似然估计, 得到

$$\hat{\theta}=\frac{2X_3+X_2}{2X_1+2X_2+2X_3}=\frac{2X_3+X_2}{2n}$$
$$=\frac{2\times 187+500}{2\times 1029}=0.4247$$

这个估计的精度如何?估计精确到第一、第二、第三,还是第四位小数点?我们可以利用自助法估计抽样分布和 $\hat{\theta}$ 的标准误差, 以此来解决这些问题. 自助法的逻辑如下: 如果 θ 已知, 那么三个多项单元概率 $(1-\theta)^2$, $2\theta(1-\theta)$ 和 θ^2 也已知. 为了导出 $\hat{\theta}$ 的抽样分布, 我们可以模拟出很多具有上述概率的多项随机变量, 取 $n=1029$, 然后得到每个样本的参数 θ 估计值. 它们的直方图就是抽样分布的近似表示. 当然, 我们并不知道模拟中使用的真实 θ 值, 自助法原理告诉我们可以用 $\hat{\theta}=0.4247$ 代替之, 由此得到三个单元 (M,MN,N) 的概率分别是 $0.331, 0.489$ 和 0.180. 利用这些概率模拟 1000 个多项随机样本, 每个容量总数是 1029(生成这些随机数的方法参见章末习题 35). 利用 1000 个计算机"试验"结果, 计算每一个 θ^* 的值. 估计值的直方图 (图 8.7) 可以视为 $\hat{\theta}$ 抽样分布的估计. $\hat{\theta}$ 的估计标准误差是这些 1000 个估计值的标准差: $s_{\hat{\theta}}=0.011$. ∎

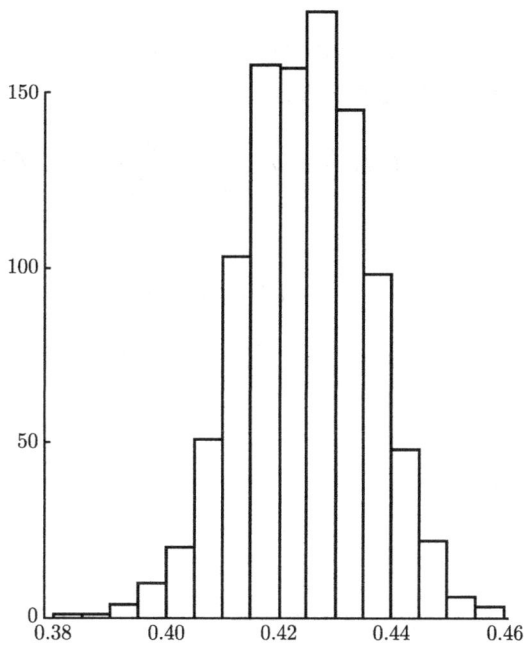

图 8.7 例 8.5.1.1 中 θ 最大似然估计的 1000 次模拟直方图

8.5.2 最大似然估计的大样本理论

这一节, 我们利用样本容量增大时的极限理论讨论最大似然估计的近似抽样分布. 我们概述

的理论显示，在合理的条件下最大似然估计是一致的. 我们还介绍最大似然估计的有用且重要的近似方差，并证明对于较大的样本容量，抽样分布近似正态.

大样本理论的严格证明需要很深的专业知识，我们只是简单陈述 i.i.d 样本和单参数情形下的一些结论，提供一些比较粗糙且具有启发性的讨论. (定理 8.5.2.1 和定理 8.5.2.2 的讨论直接跳过，这样不影响叙述的连续性. 严格证明参见 Cramér(1946).)

对于容量为 n 的 i.i.d 样本，对数似然是

$$l(\theta) = \sum_{i=1}^{n} \log f(x_i|\theta)$$

我们记 θ_0 为 θ 的真实值. 可以证明：在合适的条件下，$\hat{\theta}$ 是 θ_0 的一致估计，也就是说，当 n 趋于无穷时，$\hat{\theta}$ 依概率收敛于 θ_0.

定理 8.5.2.1　在 f 具有合适的平滑性条件下，来自i.i.d样本的最大似然估计具有一致性.

证明　下面仅仅给出简要证明. 考虑最大化

$$\frac{1}{n}l(\theta) = \frac{1}{n}\sum_{i=1}^{n}\log f(X_i|\theta)$$

当 n 趋于无穷时，大数定律说明

$$\frac{1}{n}l(\theta) \to E\log f(X|\theta) = \int \log f(x|\theta) f(x|\theta_0) \mathrm{d}x$$

因此，有理由认为对于较大的 n，最大化 $l(\theta)$ 的 θ 应该接近于最大化 $E\log f(X|\theta)$ 的 θ. (需要证明之.) 为了最大化 $E\log f(X|\theta)$，我们考虑微分：

$$\frac{\partial}{\partial \theta}\int \log f(x|\theta) f(x|\theta_0) \mathrm{d}x = \int \frac{\frac{\partial}{\partial \theta} f(x|\theta)}{f(x|\theta)} f(x|\theta_0) \mathrm{d}x$$

如果 $\theta = \theta_0$，方程变为

$$\int \frac{\partial}{\partial \theta} f(x|\theta_0) \mathrm{d}x = \frac{\partial}{\partial \theta}\int f(x|\theta_0) \mathrm{d}x = \frac{\partial}{\partial \theta}(1) = 0$$

这说明 θ_0 是稳定点，可望成为最大值点. 注意，我们运用了微分和积分运算互换，f 的光滑性假设足以保证这一点. ∎

我们现在推导一个有用的中间结论.

引理 8.5.2.1　定义 $I(\theta)$ 为

$$I(\theta) = E\left[\frac{\partial}{\partial \theta}\log f(X|\theta)\right]^2$$

在 f 满足合适的光滑性条件下，$I(\theta)$ 还可以表示为

$$I(\theta) = -E\left[\frac{\partial^2}{\partial \theta^2}\log f(X|\theta)\right]$$

证明　首先，我们注意到由于 $\int f(x|\theta)\mathrm{d}x = 1$，因此，

$$\frac{\partial}{\partial \theta} \int f(x|\theta) \mathrm{d}x = 0$$

再利用等式

$$\frac{\partial}{\partial \theta} f(x|\theta) = \left[\frac{\partial}{\partial \theta} \log f(x|\theta)\right] f(x|\theta)$$

我们有

$$0 = \frac{\partial}{\partial \theta} \int f(x|\theta) \mathrm{d}x = \int \left[\frac{\partial}{\partial \theta} \log f(x|\theta)\right] f(x|\theta) \mathrm{d}x$$

其中我们利用了微分和积分运算互换 (必须有一些假设保证交换可行.) 取上一表达式的二阶导数, 我们有

$$0 = \frac{\partial}{\partial \theta} \int \left[\frac{\partial}{\partial \theta} \log f(x|\theta)\right] f(x|\theta) \mathrm{d}x$$
$$= \int \left[\frac{\partial^2}{\partial \theta^2} \log f(x|\theta)\right] f(x|\theta) \mathrm{d}x + \int \left[\frac{\partial}{\partial \theta} \log f(x|\theta)\right]^2 f(x|\theta) \mathrm{d}x$$

由此得证. ∎

最大似然估计的大样本分布近似服从均值为 θ_0、方差为 $1/[nI(\theta_0)]$ 的正态分布. 由于这仅是一个极限结论, 只有样本容量趋于无穷时才成立, 我们说最大似然估计是**渐近无偏的**(asymptotically unbiased), 并且称极限正态分布的方差为**最大似然估计的渐近方差**(asymptotic variance of the mle).

定理 8.5.2.2   在 f 满足平滑性的条件下, $\sqrt{nI(\theta_0)}(\hat{\theta} - \theta_0)$ 的概率分布趋向于标准正态分布.

证明   下面仅是简要证明, 详细证明超出了本书范围. 由泰勒展开式,

$$0 = l'(\hat{\theta}) \approx l'(\theta_0) + (\hat{\theta} - \theta_0) l''(\theta_0)$$
$$(\hat{\theta} - \theta_0) \approx \frac{-l'(\theta_0)}{l''(\theta_0)}$$
$$n^{1/2}(\hat{\theta} - \theta_0) \approx \frac{-n^{-1/2} l'(\theta_0)}{n^{-1} l''(\theta_0)}$$

首先, 我们考虑最后表达式的分子. 根据定理 8.5.2.1, 它的期望是

$$E[n^{-1/2} l'(\theta_0)] = n^{-1/2} \sum_{i=1}^{n} E\left[\frac{\partial}{\partial \theta} \log f(X_i|\theta_0)\right] = 0$$

方差是

$$\mathrm{Var}[n^{-1/2} l'(\theta_0)] = \frac{1}{n} \sum_{i=1}^{n} E\left[\frac{\partial}{\partial \theta} \log f(X_i|\theta_0)\right]^2 = I(\theta_0)$$

接下来, 我们考虑分母:

$$\frac{1}{n} l''(\theta_0) = \frac{1}{n} \sum_{i=1}^{n} = \frac{\partial^2}{\partial \theta^2} \log f(x_i|\theta_0)$$

利用大数定律，由引理 8.5.2.1，后者收敛到

$$E\left[\frac{\partial^2}{\partial\theta^2}\log f(X|\theta_0)\right] = -I(\theta_0)$$

因此，我们有

$$n^{1/2}(\hat{\theta} - \theta_0) \approx \frac{n^{-1/2}l'(\theta_0)}{I(\theta_0)}$$

由此，

$$E[n^{1/2}(\hat{\theta} - \theta_0)] \approx 0$$

再者，

$$\text{Var}[n^{1/2}(\hat{\theta} - \theta_0)] \approx \frac{I(\theta_0)}{I^2(\theta_0)} = \frac{1}{I(\theta_0)}$$

因此，

$$\text{Var}(\hat{\theta} - \theta_0) \approx \frac{1}{nI(\theta_0)}$$

$l'(\theta_0)$ 是 i.i.d 随机变量的和，运用中心极限定理：

$$l'(\theta_0) = \sum_{i=1}^{n} \frac{\partial}{\partial\theta_0} \log f(X_i|\theta)$$

∎

定理 8.5.2.2 结论的另一个解释如下：对于 i.i.d 样本，最大似然估计是对数似然函数的最大值点，

$$l(\theta) = \sum_{i=1}^{n} \log f(X_i|\theta)$$

渐近方差是

$$\frac{1}{nI(\theta_0)} = -\frac{1}{El''(\theta_0)}$$

当 $El''(\theta_0)$ 较大时，平均来讲，$l(\theta)$ 在 θ_0 附近变化较快，最大值点的方差较小.

可以证明多维情形下的相应结论. 最大似然估计向量是渐近正态的. 渐近分布的均值是真实参数向量 θ_0，估计 $\hat{\theta}_i$ 和 $\hat{\theta}_j$ 的协方差是矩阵 $n^{-1}I^{-1}(\theta_0)$ 的 ij 元素，其中 $I(\theta)$ 是具有如下 ij 成分的矩阵：

$$E\left[\frac{\partial}{\partial\theta_i}\log f(X|\theta)\frac{\partial}{\partial\theta_j}\log f(X|\theta)\right] = -E\left[\frac{\partial^2}{\partial\theta_i\partial\theta_j}\log f(X|\theta)\right]$$

由于我们不想深入解释证明的一些技术细节，所以在此并没有指出结论成立的具体条件. 然而，值得注意的是，真实参数值 θ_0 必须是所有参数值集合的内点. 因此，这里的结论不适用于 8.5 节 $\alpha_0 = 1$ 的例 8.5.4. 同时还需要密度或频率函数 $f(x|\theta)$ 的支撑 ($f(x|\theta) > 0$ 时的定义域) 不依赖于 θ. 因此，这里的结论也不适用于估计区间 $[0,\theta]$ 上均匀分布的参数 θ.

下一节的几个例子使用了这些结论.

8.5.3 最大似然估计的置信区间

第 7 章介绍了总体均值 μ 的置信区间. 回顾 μ 的置信区间是以一定的概率包含 μ 的随机区间. 目前, 我们的兴趣在于估计概率分布的参数 θ. 我们基于 $\hat{\theta}$ 介绍 θ 的置信区间, 在本质上与第 7 章的区间具有同样功能, 这是因为它们都以非常直接的方式表达了估计 $\hat{\theta}$ 的不确定程度. 置信区间是建立在估计 θ 的样本值之上的区间. 由于样本值是随机的, 因此区间也是随机的, 包含 θ 的概率称为区间的覆盖概率. 因此, 例如, θ 的 90% 置信区间是以概率 0.9 包含 θ 的随机区间. 置信区间量化了参数估计的不确定性.

我们讨论构造最大似然估计置信区间的三种方法: 精确法、基于最大似然估计大样本性质的近似法和自助置信区间法. 正态分布参数置信区间的构造解释了精确法的使用.

例 8.5.3.1 在 8.5 节的例 8.5.2 中, 我们发现来自 i.i.d 正态样本的 μ 和 σ^2 的最大似然估计是

$$\hat{\mu} = \overline{X}$$
$$\hat{\sigma}^2 = \frac{1}{n}\sum_{i=1}^{n}(X_i - \overline{X})^2$$

μ 的置信区间基于事实

$$\frac{\sqrt{n}(\overline{X} - \mu)}{S} \sim t_{n-1}$$

其中 t_{n-1} 表示自由度 $n-1$ 的 t 分布, 及

$$S^2 = \frac{1}{n-1}\sum_{i=1}^{n}(X_i - \overline{X})^2$$

(参见 6.3 节). 令 $t_{n-1}(\alpha/2)$ 表示自由度 $n-1$ 的 t 分布超过它的概率为 $\alpha/2$ 的点. 由于 t 分布关于 0 点对称, $-t_{n-1}(\alpha/2)$ 左边的概率也是 $\alpha/2$. 那么根据定义,

$$P\left(-t_{n-1}(\alpha/2) \leqslant \frac{\sqrt{n}(\overline{X} - \mu)}{S} \leqslant t_{n-1}(\alpha/2)\right) = 1 - \alpha$$

通过不等式变形, 得到

$$P\left(\overline{X} - \frac{S}{\sqrt{n}}t_{n-1}(\alpha/2) \leqslant \mu \leqslant \overline{X} + \frac{S}{\sqrt{n}}t_{n-1}(\alpha/2)\right) = 1 - \alpha$$

根据这个方程, μ 位于区间 $\overline{X} \pm St_{n-1}(\alpha/2)/\sqrt{n}$ 内的概率是 $1 - \alpha$. 注意, 这个区间是随机的: 中心在随机点 $\overline{X}$ 处, 宽度与 S 成比例, 这里的 S 也是随机的.

我们现在回到 σ^2 的置信区间. 由 6.3 节,

$$\frac{n\hat{\sigma}^2}{\sigma^2} \sim \chi^2_{n-1}$$

其中 χ^2_{n-1} 表示自由度 $n-1$ 的卡方分布. 令 $\chi^2_m(\alpha)$ 表示自由度 m 的卡方分布超过它的概率为 α 的点. 根据定义有

$$P\left(\chi^2_{n-1}(1 - \alpha/2) \leqslant \frac{n\hat{\sigma}^2}{\sigma^2} \leqslant \chi^2_{n-1}(\alpha/2)\right) = 1 - \alpha$$

不等式变形，得到
$$P\left(\frac{n\hat\sigma^2}{\chi^2_{n-1}(\alpha/2)} \leqslant \sigma^2 \leqslant \frac{n\hat\sigma^2}{\chi^2_{n-1}(1-\alpha/2)}\right) = 1-\alpha$$
因此，σ^2 的 $100(1-\alpha)\%$ 置信区间是
$$\left(\frac{n\hat\sigma^2}{\chi^2_{n-1}(\alpha/2)}, \frac{n\hat\sigma^2}{\chi^2_{n-1}(1-\alpha/2)}\right)$$
注意，区间关于 $\hat\sigma^2$ 不对称 —— 不像前例中的形式 $\hat\sigma^2 \pm c$.

模拟解释了这些思想：利用计算机进行如下实验 20 次. 由均值 $\mu = 10$、方差 $\sigma^2 = 9$ 的正态分布生成容量 $n = 11$ 的随机样本. 由样本，计算 $\overline{X}$ 和 $\hat\sigma^2$，构造 μ 和方差 σ^2 的 90% 置信区间. 因此，最后得到 20 个 μ 的区间和 20 个 σ^2 的区间. 20 个 μ 的区间利用图 8.8 左侧图形中的垂直线表示，20 个 σ^2 的区间显示在右侧. 水平线代表真实值 $\mu = 10$ 和方差 $\sigma^2 = 9$. 由于这些区间是 90% 的置信区间，我们预期真实参数有 10% 落在区间外，因此，平均来讲，20 个区间中有 2 个不能覆盖真实参数值. 由图形，我们看到 μ 的所有区间都覆盖住了 μ，而 4 个 σ^2 的区间没有包含 σ^2. ∎

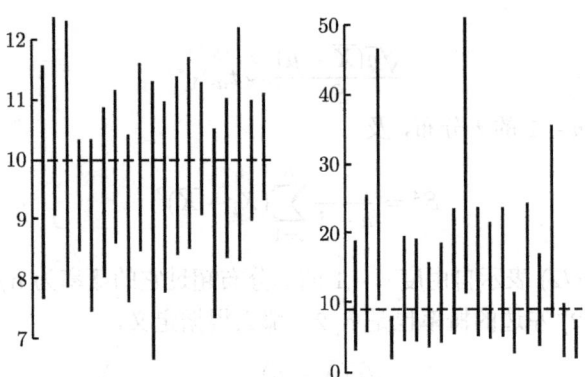

图 8.8　例 8.5.3.1 所述的 20 个 μ(左侧) 和 σ^2(右侧) 的置信区间. 水平线表示真实值

上例解释的精确法只是个例外，而不是实践中的一般法则. 精确区间的构造需要抽样分布的详细信息，以及一些技巧. 构造置信区间的第二个方法建立在上一节的大样本理论基础之上. 根据上一节的结论，$\sqrt{nI(\theta_0)}(\hat\theta - \theta_0)$ 近似服从标准正态分布. 由于 θ_0 未知，我们利用 $I(\hat\theta)$ 代替 $I(\theta_0)$，之前使用过很多次类似的替换 —— 例如，8.4 节的例 8.4.1 近似计算标准误差. 可以进一步证明 $\sqrt{nI(\hat\theta)}(\hat\theta - \theta_0)$ 也近似服从正态分布. 由于标准正态分布关于 0 对称，因此，
$$P\left(-z(\alpha/2) \leqslant \sqrt{nI(\hat\theta)}(\hat\theta - \theta_0) \leqslant z(\alpha/2)\right) \approx 1-\alpha$$
变换不等式，得到近似 $100(1-\alpha)\%$ 置信区间
$$\hat\theta \pm z(\alpha/2)\frac{1}{\sqrt{nI(\hat\theta)}}$$
我们通过一个例子解释这个方法步骤.

例 8.5.3.2 (泊松分布)　泊松分布样本容量为 n 的 λ 的最大似然估计是
$$\hat{\lambda} = \overline{X}$$
由于独立泊松随机变量的和服从泊松分布，其参数是各个和项参数之和，因此，$n\hat{\lambda} = \sum_{i=1}^{n} X_i$ 服从均值 $n\lambda$ 的泊松分布. 这样，$\hat{\lambda}$ 的抽样分布已知，尽管它依赖于未知的真实 λ 值. 利用这些事实可以得到 λ 的精确置信区间，并制作某些特殊表格 (Pearson 和 Hartley 1966).

对于大样本，置信区间推导如下. 首先，我们需要计算 $I(\lambda)$. 令 $f(x|\lambda)$ 表示具有参数 λ 的泊松随机变量的概率质量函数. 有两种计算方式. 我们可以利用定义
$$I(\lambda) = E \left[\frac{\partial}{\partial \lambda} \log f(X|\lambda) \right]^2$$
我们知道
$$\log f(x|\lambda) = x \log \lambda - \lambda - \log x!$$
因此，
$$I(\lambda) = E \left(\frac{X}{\lambda} - 1 \right)^2$$
与其直接计算这个量，不如利用 8.5.2 节引理 8.5.2.1 给出的 $I(\lambda)$ 的另一个表达式：
$$I(\lambda) = -E \left[\frac{\partial^2}{\partial \lambda^2} \log f(X|\lambda) \right]$$
由于
$$\frac{\partial^2}{\partial \lambda^2} \log f(X|\lambda) = -\frac{X}{\lambda^2}$$
$I(\lambda)$ 仅是
$$\frac{E(X)}{\lambda^2} = \frac{1}{\lambda}$$
因此，λ 的近似 $100(1-\alpha)\%$ 置信区间是
$$\overline{X} \pm z(\alpha/2) \sqrt{\frac{\overline{X}}{n}}$$

注意，此时的渐近方差就是事实上的精确方差. 然而，由于 $\overline{X}$ 的抽样分布仅是近似正态，置信区间也仅是近似的.

作为一个具体的例子，我们回到之前讨论过的问题，研究滤光片上石棉样纤维的数目. 在 8.4 节例 8.4.1 中，我们发现 $\hat{\lambda} = 24.9$，因此，$\hat{\lambda}$ 的估计标准误差是 ($n = 23$)
$$s_{\hat{\lambda}} = \sqrt{\frac{\hat{\lambda}}{n}} = 1.04$$
λ 的近似 90% 置信区间是
$$\hat{\lambda} \pm 1.65 s_{\hat{\lambda}}$$
或 $(23.2, 26.6)$. 利用独立的泊松随机变量刻画方格内的石棉数，上面的置信区间是其平均水平估计的不确定性的良好表征. ∎

利用同样的方式,可以得到随机多项观测数参数的近似置信区间. 观测不是 i.i.d 的, 所以参数估计的方差不具有形式 $1/[nI(\theta)]$. 然而,可以证明

$$\text{Var}(\hat{\theta}) \approx \frac{1}{E[l'(\theta_0)^2]} = -\frac{1}{E[l''(\theta_0)]}$$

最大似然估计是近似正态的. 例 8.5.3.3 解释了这个概念.

例 8.5.3.3 (哈代–温伯格平衡) 我们回到 8.5.1 节例 8.5.1.1 的哈代–温伯格平衡. 在那里,我们发现 $\hat{\theta} = 0.4247$. 现在,

$$l'(\theta) = -\frac{2X_1 + X_2}{1-\theta} + \frac{2X_3 + X_2}{\theta}$$

为了计算 $E[l'(\theta)^2]$, 我们可能不得不处理 X_i 的方差和协方差. 这样做不太受欢迎. 结果发现计算 $E[l''(\theta)]$ 更容易.

$$l''(\theta) = -\frac{2X_1 + X_2}{(1-\theta)^2} - \frac{2X_3 + X_2}{\theta^2}$$

由于 X_i 服从二项分布, 我们有

$$E(X_1) = n(1-\theta)^2$$
$$E(X_2) = 2n\theta(1-\theta)$$
$$E(X_3) = n\theta^2$$

经过一些代数运算, 我们发现

$$E[l''(\theta)] = -\frac{2n}{\theta(1-\theta)}$$

由于 θ 未知, 我们用 $\hat{\theta}$ 取代其位置, 得到 $\hat{\theta}$ 的估计标准误差:

$$s_{\hat{\theta}} = \frac{1}{\sqrt{-I''(\hat{\theta})}} = \sqrt{\frac{\hat{\theta}(1-\hat{\theta})}{2n}} = 0.011$$

θ 的近似 95% 置信区间是 $\hat{\theta} \pm 1.96 s_{\hat{\theta}}$, 或 $(0.403, 0.447)$. (注意, 这里 $\hat{\theta}$ 的估计标准误差与例 8.5.1.1 自助法得到的相同.) ∎

最后, 我们介绍如何使用自助法寻找近似置信区间. 假设 $\hat{\theta}$ 是参数 θ 的估计 —— 真实、未知的参数值是 θ_0 —— 且假设目前 $\triangle = \hat{\theta} - \theta_0$ 的分布是已知的. 记该分布的 $\alpha/2$ 和 $1 - \alpha/2$ 分位数是 $\underline{\delta}$ 和 $\overline{\delta}$, 即

$$P(\hat{\theta} - \theta_0 \leqslant \underline{\delta}) = \frac{\alpha}{2}$$
$$P(\hat{\theta} - \theta_0 \leqslant \overline{\delta}) = 1 - \frac{\alpha}{2}$$

那么

$$P(\underline{\delta} \leqslant \hat{\theta} - \theta_0 \leqslant \overline{\delta}) = 1 - \alpha$$

由不等式运算,

$$P(\hat{\theta} - \overline{\delta} \leqslant \theta_0 \leqslant \hat{\theta} - \underline{\delta}) = 1 - \alpha$$

参数估计和概率分布拟合　　　　　　　　　　　　　　　　　　　　　　　　　　　　197

之前假设 $\hat{\theta} - \theta_0$ 的分布已知, 通常情况下不是这样. 如果 θ_0 已知, 可以利用模拟任意近似这个分布: 对于真实值 θ_0, 利用计算机随机生成很多很多的样本观测值, 记录每个样本的差值 $\hat{\theta} - \theta_0$, 于是, 可以得到任意估计精度的两个分位数 $\underline{\delta}$ 和 $\overline{\delta}$. 由于 θ_0 未知, 自助法原理告诉我们利用 $\hat{\theta}$ 代替它: 从 $\hat{\theta}$ 值的分布中生成很多很多的样本 (比方说, 总共 B 个), 构造每个样本 θ 的估计, 比方说 $\theta_j^*, j = 1, 2, \cdots, B$. 那么 $\hat{\theta} - \theta_0$ 的分布由 $\theta^* - \hat{\theta}$ 的分布近似估计, 其分位数用来构造近似置信区间. 利用例子可以更清楚地解释这个方法.

例 8.5.3.4　　我们首先将此方法应用到哈代–温伯格平衡问题上, 基于自助法寻找 95% 近似置信区间, 并与例 8.5.3.3 中利用最大似然估计大样本理论得到的区间进行比较. 8.5.1 节例 8.5.1.1 中 θ 的 1000 次自助估计提供了 θ^* 分布的估计, 特别地, 第 25 个最大值是 0.403, 第 975 个最大值是 0.446, 它们分别是该分布的 0.025 和 0.975 分位数估计. $\theta^* - \hat{\theta}$ 的分布由 θ_i^* 与 $\hat{\theta} = 0.425$ 的差值近似估计出来, 所以这个分布 0.025 和 0.975 分位数估计如下:

$$\underline{\delta} = 0.403 - 0.425 = -0.022$$
$$\overline{\delta} = 0.446 - 0.425 = 0.021$$

因此, 95% 近似置信区间是

$$(\hat{\theta} - \overline{\delta}, \hat{\theta} - \underline{\delta}) = (0.404, 0.447)$$

由于 $\hat{\theta}$ 的估计精度在第二个小数位上, 所以该区间与例 8.5.3.3 的结果在实际应用中是等同的. ∎

例 8.5.3.5　　最后, 我们使用自助法寻找 8.5 节例 8.5.3 中伽马分布拟合参数的近似置信区间. 记得参数估计值是 $\hat{\alpha} = 0.471$ 和 $\hat{\lambda} = 1.97$. 在 α^* 的 1000 个自助值 $\alpha_1^*, \alpha_2^*, \cdots, \alpha_{1000}^*$ 中, 第 50 个最大值是 0.419, 第 950 个最大值是 0.538, 从这些值中减掉 $\hat{\alpha}$, 即可近似估计出 $\alpha^* - \hat{\alpha}$ 分布的 0.05 和 0.95 分位数, 有

$$\underline{\delta} = 0.419 - 0.471 = -0.052$$
$$\overline{\delta} = 0.538 - 0.471 = 0.067$$

因此, α_0 的 90% 近似置信区间是

$$(\hat{\alpha} - \overline{\delta}, \hat{\alpha} - \underline{\delta}) = (0.404, 0.523)$$

λ^* 的第 50 个最大值和第 950 个最大值分别是 1.619 和 2.478, λ_0 的相应 90% 近似置信区间是 $(1.462, 2.321)$. ∎

我们需要提醒读者的是, 利用自助法寻找近似置信区间的方法有很多. 我们选择上述方法的主要原因是其叙述方式的直接性. 另一种流行的方法是自助分位数方法, 直接利用 $\hat{\theta}$ 自助分布的分位数. 在上例中利用这种方法, α 的置信区间是 $(0.419, 0.538)$. 尽管伴有置信限的直接分位数方程起初看似非常有吸引力, 但是它的原理有点晦涩难懂. 如果自助分布是对称的, 那么这两个方法等价 (参见习题 38).

8.6　参数估计的贝叶斯方法

3.5.2 节的例 3.5.2.5 已经预览了贝叶斯方法, 在继续讨论之前, 我们必须再次回顾一下.

在贝叶斯方法中, 未知参数 θ 被视为随机变量, 具有 "先验分布" $f_\Theta(\theta)$——表示在观测数据之前, 我们关于参数的认知. 接下来, 我们假设 Θ 是连续型随机变量, 离散情形完全类似. 之

前的章节将 θ 视为未知常数，贝叶斯模型与其形成鲜明的对比. 对于给定的值，$\Theta = \theta$，数据具有概率分布 (密度或概率质量函数) $f_{X|\Theta}(x|\theta)$. 因此，X 和 Θ 的联合分布是

$$f_{X,\Theta}(x,\theta) = f_{X|\Theta}(x|\theta) f_\Theta(\theta)$$

X 的边际分布是

$$f_X(x) = \int f_{X,\Theta}(x,\theta) d\theta = \int f_{X|\Theta}(x|\theta) f_\Theta(\theta) d\theta$$

因此，给定数据 X 的条件下，Θ 的分布是

$$f_{\Theta|X}(\theta|x) = \frac{f_{X,\Theta}(x,\theta)}{f_X(x)} = \frac{f_{X|\Theta}(x|\theta) f_\Theta(\theta)}{\int f_{X|\Theta}(x|\theta) f_\Theta(\theta) d\theta}$$

这称为**后验分布**(posterior distribution)，它表示得到观测数据之后，我们关于参数 Θ 的重新认知. 注意，似然是 $f_{X|\Theta}(x|\theta)$，视为 θ 的函数，我们可以总结上述结论如下：

$$f_{\Theta|X}(\theta|x) \propto f_{X|\Theta}(x|\theta) \times f_\Theta(\theta)$$

后验密度 $\propto$ 似然 $\times$ 先验密度

贝叶斯范式仅涉及初等的概率运算，具有非常诱人的简单形式. 我们通过之前的例子来看其内涵.

例 8.6.1 (拟合泊松分布)　这里，未知参数是 λ，具有先验分布 $f_\Lambda(\lambda)$，数据是 n 个 i.i.d 的观测 $X_1, X_2, \cdots, X_n$，给定 λ 值，它们是泊松随机变量，具有密度

$$f_{X_i|\Lambda}(x_i|\lambda) = \frac{\lambda^{x_i} e^{-\lambda}}{x_i!}, \quad x_i = 0, 1, 2, \cdots$$

给定 λ 时的联合分布是 (由独立性) 各自给定 λ 时的边际分布的乘积

$$f_{X|\Lambda}(x|\lambda) = \frac{\lambda^{\sum_{i=1}^n x_i} e^{-n\lambda}}{\prod_{i=1}^n x_i!}$$

其中 X 表示 $(X_1, X_2, \cdots, X_n)$. 那么给定 X 时 Λ 的后验分布是

$$f_{\Lambda|X}(\lambda|x) = \frac{\lambda^{\sum_{i=1}^n x_i} e^{-n\lambda} f_\Lambda(\lambda)}{\int \lambda^{\sum_{i=1}^n x_i} e^{-n\lambda} f_\Lambda(\lambda) d\lambda}$$

($\prod_{i=1}^n x_i!$ 项相互抵消掉).

因此，为了计算后验分布，我们不得不做两件事情：指定先验分布 $f_\Lambda(\lambda)$，计算上述表达式分母中的积分. 为了便于解释，我们考虑例 8.4.1 和例 8.5.1 中的数据.

我们考虑确定先验分布的两种方法. 第一个是传统贝叶斯方法，他非常认真地表达自己的先验观点. 注意，这种表达是在观测数据 X 之前进行，通过反复思考，提供概率密度 $f_\Lambda(\lambda)$. 开展

这项工作并非易事,有时候传统不得不让步于便捷. 因此,他决定利用指定的先验均值 $\mu_1 = 15$ 和标准差 $\sigma = 5$ 来量化他的观点,同时,基于数学处理上的方便,使用伽马密度. 这种选择可以通过画出各种参数值的伽马密度曲线来辅助完成. 先验密度如图 8.9 所示. 利用 8.4 节例 8.4.3 中建立的关系式,二阶矩是 $\mu_2 = \mu_1^2 + \sigma^2 = 250$,伽马密度的参数是

$$\nu = \frac{\mu_1}{\mu_2 - \mu_1^2} = 0.6$$
$$\alpha = \nu\mu_1 = 9$$

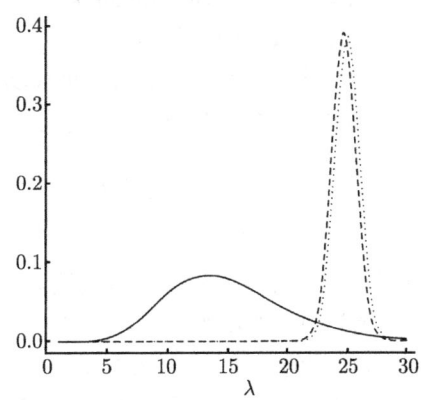

图 8.9 第一位统计学者的先验 (实线) 和后验 (虚线). 第二位统计学者的后验 (点线)

(由于 λ 已经用作泊松分布的参数符号,我们用 ν 而不是通常的 λ 表示参数.) 那么 Λ 的先验分布是

$$f_\Lambda(\lambda) = \frac{\nu^\alpha}{\Gamma(\alpha)} \lambda^{\alpha-1} e^{-\nu\lambda}$$

经过一些相约运算,后验密度是

$$f_{\Lambda|X}(\lambda|x) = \frac{\lambda^{\sum x_i + \alpha - 1} e^{-(n+\nu)\lambda}}{\int_0^\infty \lambda^{\sum x_i + \alpha - 1} e^{-(n+\nu)\lambda} d\lambda}$$

现在,将此看做贝叶斯计算中一次又一次用到的重要技巧:分母是个常数,使得表达式的积分等于 1. 由分子的形式,我们推出该比率必然是具有如下参数的伽马密度:

$$\alpha' = \sum x_i + \alpha = 582$$
$$\nu' = n + \nu = 23.6$$

这个标准技术允许统计学者避免复杂的积分运算. (务必要理解它,因为它会多次出现.) 后验密度如图 8.9 所示. 将其与先验分布比较,可以看出观测数据 X 显著地改变了 Λ 的信息状态. 后验密度更加对称,比较像正态密度 (后面显示这并非偶然). ■

根据贝叶斯范式,关于 Λ 的所有信息都包含在后验分布中. 分布的均值 (**后验均值**(posterior mean)) 是

$$\mu_{\text{post}} = \frac{\alpha'}{\nu'} = 24.7$$

Λ 最可能出现的值,**后验众数**(posterior mode),是 24.6. (验证伽马密度在 $(\alpha - 1)/\nu$ 上达到最大.) 如果只需要单个数值,这两个数中的任何一个都可以作为泊松分布未知参数的点估计.

后验分布的方差是

$$\sigma_{\text{post}}^2 = \frac{\alpha'}{\nu'^2} = 1.04$$

后验标准差是 $\sigma_{\text{post}} = 1.02$,这是变异性的简单度量——$\Lambda$ 的后验分布具有均值 24.7 和标准差 1.02. 对应于贝叶斯方法的 90% 置信区间由后验的第 5 分位数和第 95 分位数组成,经过数值计算得 $[23.02, 26.34]$. 该区间的另一个常见替身是**高后验密度**(high posterior density, HPD) 区间,构

造如下：设想在后验密度的最高点放置一水平线，将其向下移动，直到直线切割密度形成 λ 区间，包含 λ 的概率达到 90% 的区间即是. 如果后验密度是对称和单峰的，类似于图 8.9 的情形，HPD 区间会与分位数区间一致.

第二个统计学者采取了另一个较功利且不置可否的方法. 她认为 λ 的平均值不可能超过 100，利用 $[0, 100]$ 上的均匀分布简化先验表示，没有试图将其观点精确量化. 因此，后验分布是

$$f_{\Lambda|X}(\lambda|x) = \frac{\lambda^{\sum_{i=1}^n x_i} e^{-n\lambda} \frac{1}{100}}{\frac{1}{100}\int_0^{100} \lambda^{\sum_{i=1}^n x_i} e^{-n\lambda} d\lambda}, \quad 0 \leqslant \lambda \leqslant 100$$

分母不得不进行数值积分，但是这对于这样的光滑函数是易于进行的. 后验密度如图 8.9 所示. 利用数值计算，她发现后验众数是 24.9，后验均值是 25.0，后验标准差是 1.04. 从第 5 分位数到第 95 分位数的区间是 $[23.3, 26.7]$.

我们现在比较这两个结果，并与最大似然分析的结果相比较.

估　计	贝叶斯 1	贝叶斯 2	最大似然
众　数	24.6	24.9	24.9
均　值	24.7	25.0	—
标准差	1.02	1.04	1.04
上　限	26.3	26.7	26.6
下　限	23.0	23.3	23.2

比较贝叶斯 2 的结果与最大似然的结果发现，她的后验密度在 $0 \leqslant \lambda \leqslant 100$ 上与似然成比例，这是由于先验在这个区域上是平的，后验与先验乘以似然成比例. 因此，她的后验众数与最大似然估计是相同的. 没有任何理论能保证她的后验标准差与最大似然估计的近似标准误差是相同的，但由表格中的数字可以看出，它们确实相等. 两个 90% 区间非常接近.

现在比较两位贝叶斯学者的结果. 观测到尽管他的先验观点与数据不一致，但是数据强有力地修正了先验，得到的后验接近于她的后验. 即使他们的初始假设相差很大，数据也会迫使他们得到非常相似的结论. 他的先验观点确实影响了结论：他的后验均值和众数都小于她的，但这种影响是比较轻微的. (如果数据较少，或者他的先验观点更偏向于低端值，结论会有较大出入.) 后验与先验乘以似然成比例有助于理解它们之间的差别：似然近似落在 $\lambda = 22$ 和 $\lambda = 28$ 之间. (由于第二个统计学者的后验与似然成比例，这可以由图形看出. 同时参见图 8.5.) 在这个区域，他的先验衰减很慢，所以后验与似然的加权成比例，且权重慢慢衰减. 因此，第一个贝叶斯学者的后验不同于第二个的原因在于他推动左侧微升，拉动右侧下降.

尽管他们的数值结果比较相近，但是贝叶斯学派和频率学派的置信区间解释具有实质性的区别. 在贝叶斯学派框架下，Λ 是随机变量，完全可以说，"给定观测，Λ 在区间 $[23.3, 26.7]$ 内的概率是 0.90." 在频率学派框架下，这样的陈述是无意义的，因为尽管 λ 未知，但是个常数，它要么在区间 $[23.3, 26.7]$ 内，要么不在 —— 无概率可言. 在观测数据之前，区间是随机的，可以说区间包含真实参数值的概率是 0.90，但观测到数据之后，任何事情都不再具有随机性. 注意，贝叶斯情形下的区间陈述有关 λ 的信息，而不是其单独的自身信息，这是理解两种解释差异的一种良好途径.

参数估计和概率分布拟合 201

最后，我们注意第二个统计学者也可以利用分析上比较方便的伽马先验，为使先验比较扁平，必须设定非常小的 α 和 λ.

例 8.6.2(正态分布) 为了方便，重新参数化正态分布，用 $\xi = 1/\sigma^2$ 代替 σ^2，ξ 称为**精度**(precision). 我们还利用 θ 代替 μ. 那么密度是

$$f(x|\theta,\xi) = \left(\frac{\xi}{2\pi}\right)^{1/2} \exp\left(-\frac{1}{2}\xi(x-\theta)^2\right)$$

正态分布有两个参数，我们考虑参数已知和未知时的贝叶斯分析. ∎

均值未知，方差已知

我们首先考虑精度已知，$\xi = \xi_0$，均值 θ 未知的情形. 在贝叶斯讨论中，均值是随机变量 Θ. 为了便于数学上的处理，Θ 的先验分布是 $N(\theta_0, \xi_{\text{prior}}^{-1})$. 当 ξ_{prior} 非常小，即先验方差非常大时，先验分布比较扁平，或不提供信息的. 因此，如果给定 θ 时，$X = (X_1, X_2, \cdots, X_n)$ 是独立的，

$$f_{\Theta|X}(\theta|x) \propto f_{X|\Theta}(x|\theta) \times f_\Theta(\theta)$$
$$= \left(\frac{\xi_0}{2\pi}\right)^{n/2} \prod_{i=1}^{n} \exp\left(\frac{-\xi_0}{2}(x_i-\theta)^2\right) \times \left(\frac{\xi_{\text{prior}}}{2\pi}\right)^{1/2} \times \exp\left(\frac{-\xi_{\text{prior}}}{2}(\theta-\theta_0)^2\right)$$
$$\propto \exp\left(-\frac{1}{2}\left[\xi_0 \sum_{i=1}^{n}(x_i-\theta)^2 + \xi_{\text{prior}}(\theta-\theta_0)^2\right]\right)$$

这里，我们仅列出后验密度中依赖于 θ 的项. 最后的表达式显示了作为 θ 函数的后验密度形式. 后验密度与这个表达式成比例，比例常数由后验密度全积分为 1 的条件所决定.

我们现在转换分子表达式，以识别出后验密度的正态形式. 表示 $\sum(x_i-\theta)^2 = \sum(x_i-\bar{x})^2 + n(\theta-\bar{x})^2$，将不依赖于 θ 的更多项并入比例常数 (贝叶斯计算的典型转移)，我们发现

$$f_{\Theta|X}(\theta|x) \propto \exp\left(-\frac{1}{2}[n\xi_0(\theta-\bar{x})^2 + \xi_{\text{prior}}(\theta-\theta_0)^2]\right)$$

现在，注意这是形式 $\exp(-(1/2)Q(\theta))$，其中 $Q(\theta)$ 是二次多项式. 我们可以寻找到表达式 ξ_{post} 和 θ_{post}，表述如下：

$$Q(\theta) = \xi_{\text{post}}(\theta-\theta_{\text{post}})^2 + \text{不依赖于 } \theta \text{ 的项}$$

后验密度是具有后验均值 θ_{post} 和后验精度 ξ_{post} 的正态分布. 再一次，不依赖于 θ 的项不影响后验密度的形式，并入使得后验密度积分为 1 的正规化常数. 因此，我们展开 $Q(\theta)$，将 θ^2 的系数识别为后验精度，$-\theta$ 的系数为 2 倍的后验均值乘以后验精度. 按此操作，我们发现

$$\xi_{\text{post}} = n\xi_0 + \xi_{\text{prior}}$$

$$\theta_{\text{post}} = \frac{n\xi_0\bar{x} + \theta_0\xi_{\text{prior}}}{n\xi_0 + \xi_{\text{prior}}} = \bar{x}\frac{n\xi_0}{n\xi_0 + \xi_{\text{prior}}} + \theta_0\frac{\xi_{\text{prior}}}{n\xi_0 + \xi_{\text{prior}}}$$

后验密度是具有该均值和精度的正态分布. 注意，精度增加了，后验均值是样本均值和先验均值的加权平均.

为了解释这些结果，考虑 $\xi_{\text{prior}} \ll n\xi_0$ 发生时的情形，n 充分大或者 ξ_{prior} 非常小 (非常扁平

的先验) 即是这种情况. 那么后验均值会是

$$\theta_{\text{post}} \approx \bar{x}$$

这是最大似然估计, 且

$$\xi_{\text{post}} \approx n\xi_0$$

最后的方程可以写为 $\sigma_{\text{post}}^2 = \sigma_0^2/n$, 它就是非贝叶斯假定下 $\overline{X}$ 的方差. 总之, 如果使用较小 ξ_{prior} 的扁平先验, θ 的后验密度非常接近于均值 $\bar{x}$ 和方差 σ_0^2/n 的正态分布. ∎

均值已知, 方差未知

在这种情形下, 精度未知, 视为随机变量 Ξ, 具有先验密度 $f_\Xi(\xi)$. 给定 ξ, X_i 是独立的 $N(\theta_0, \xi^{-1})$. 令 $X = (X_1, X_2, \cdots, X_n)$, 那么

$$f_{\Xi|X}(\xi|x) \propto f_{X|\Xi}(x|\xi) f_\Xi(\xi) \propto \xi^{n/2} \exp\left(-\frac{1}{2}\xi \sum(x_i - \theta_0)^2\right) f_\Xi(\xi)$$

观测到密度依赖于 ξ 的方式, 为了分析方便, 我们设定先验为伽马密度: $\Xi \sim \Gamma(\alpha, \lambda)$. 那么

$$f_{\Xi|X}(\xi|x) \propto \xi^{n/2} \exp\left(-\frac{1}{2}\xi \sum(x_i - \theta_0)^2\right) \xi^{\alpha-1} e^{-\lambda \xi}$$

这是具有如下参数的伽马密度:

$$\alpha_{\text{post}} = \alpha + \frac{n}{2}$$

$$\lambda_{\text{post}} = \lambda + \frac{1}{2}\sum(x_i - \theta_0)^2$$

扁平先验的情况下 (较小的 α 和 λ), 后验均值和众数是

$$\text{后验均值} \approx \frac{1}{n}\sum(x_i - \theta_0)^2$$

$$\text{后验众数} \approx \frac{1}{n-2}\sum(x_i - \theta_0)^2$$

前者是 σ^2 的最大似然估计. 在 $\lambda \to 0, \alpha \to 0$ 的极限形式下,

$$f_{\Xi|X}(\xi|x) \propto \xi^{n/2-1} \exp\left(-\frac{1}{2}\xi\sum(x_i-\theta_0)^2\right)$$

∎

均值未知, 方差未知

在这种情形下, 有两个未知参数, 贝叶斯方法需要指定一个二维联合先验分布. 我们遵循数学处理的方便性, 取相互独立的先验

$$\Theta \sim N(\theta_0, \xi_{\text{prior}}^{-1})$$
$$\Xi \sim \Gamma(\alpha, \lambda)$$

那么, 我们有

$$f_{\Theta,\Xi|X}(\theta,\xi|x) \propto f_{X|\Theta,\Xi}(x|\theta,\xi) f_\Theta(\theta) f_\Xi(\xi)$$

$$\propto \xi^{n/2} \exp\left(-\frac{\xi}{2}\sum(x_i-\theta)^2\right) \exp\left(-\frac{\xi_{\text{prior}}}{2}(\theta-\theta_0)^2\right) \xi^{\alpha-1} \exp(-\lambda\xi)$$

由 θ 和 ξ 在第一个指数中出现的方式看出, 尽管这两个变量在先验中独立, 但在后验中可能不独立. 为了计算这个联合后验密度, 我们不得不寻找使积分等于 1 的比例常数 —— 正规化常数. 可能需要利用二维数值积分.

通常基本目标落在均值 θ 上, 贝叶斯分析有用的一面在于积出 ξ 可以"边际化"出 θ 的有关信息:

$$f_{\Theta|X}(\theta|x) = \int_0^\infty f_{\Theta,\Xi|X}(\theta,\xi|x)\,\mathrm{d}\xi$$

检查 ξ 函数的表达式 $f_{\Theta,\Xi|X}(\theta,\xi|x)$, 我们看到它是伽马密度的形式, 具有参数 $\tilde{\alpha} = \alpha + n/2$ 和 $\tilde{\lambda} = \lambda + (1/2)\sum(x_i - \theta)^2$, 所以我们可以计算这个积分. 因此, 我们发现

$$f_{\Theta|X}(\theta|x) \propto \exp\left(-\frac{\xi_{\text{prior}}}{2}(\theta - \theta_0)^2\right) \frac{\Gamma(\alpha + n/2)}{[\lambda + \frac{1}{2}\sum(x_i - \theta)^2]^{\alpha + n/2}}$$

这不是我们可以识别出的密度, 但是可以利用数值计算出来. 再一次按此操作, 利用数值积分得到正则化常数. 当 n 较大或先验十分扁平 ($\alpha, \lambda, \xi_{\text{prior}}$ 较小) 时, 可以简化一些计算. 那么

$$f_{\Theta|X}(\theta|x) \propto \left(\sum(x_i - \theta)^2\right)^{-n/2}$$

当 $\sum(x_i - \theta)^2$ 最小, 即 $\theta = \bar{x}$ 时, 后验最大. 我们将此与最大似然估计的分析结论相联系, 表示

$$\sum(x_i - \theta)^2 = \sum(x_i - \bar{x})^2 + n(\theta - \bar{x})^2$$
$$= (n-1)s^2 + n(\theta - \bar{x})^2$$
$$= (n-1)s^2 \left(1 + \frac{n(\theta - \bar{x})^2}{(n-1)s^2}\right)$$

代入上式, 不依赖于 θ 的项并入比例常数, 我们发现

$$f_{\Theta|X}(\theta|x) \propto \left(1 + \frac{1}{n-1}\frac{n(\theta - \bar{x})^2}{s^2}\right)^{-n/2}$$

现在与 t 分布的定义相比较 (6.2 节), 我们看到

$$\frac{\sqrt{n}(\Theta - \bar{x})}{s} \sim t_{n-1}$$

相应于最大似然的分析结论.

区间 $\bar{x} \pm t_{n-1}(\alpha/2)s/\sqrt{n}$ 是之前导出的 $100(1-\alpha)\%$ 置信区间, 其中心值为最大似然估计, 在贝叶斯分析中再次出现, 是后验概率 $1-\alpha$ 的区间. 然而, 正如之前的泊松情形, 它们之间的解释不同. 贝叶斯区间是给定观测数据的情况下有关 θ 状态信息的概率陈述, 视 θ 为随机变量. 频率学派的置信区间是基于观测可能值的概率陈述, 尽管 θ 未知, 但视其为常数. ∎

例 8.6.3 (哈代–温伯格平衡) 我们现在转向 8.5.1 节例 8.5.1.1 的贝叶斯讨论. 我们使用多项似然函数, 取 $[0,1]$ 上的均匀分布为先验. 因此, 后验密度与似然成比例, 如图 8.10 所示. 注意它与正态密度非常相似, 后面的章节会解释这一现象. 由于 $f_{X|\Theta}(x|\theta)$ 是 θ 的多项式 (高阶的), 原则上可以通过分析计算出正则化常数. (另外, 所有的计算都可以通过数值方法进行.)

因为先验是平的,后验正比例于似然,后验密度的最大值就是最大似然估计,$\hat{\theta} = 0.4247$. 密度的 0.025 分位数是 0.404, 0.975 分位数是 0.446. 这个结果与 8.5.3 节例 8.5.3.3 最大似然估计的近似置信区间是相同的. ∎

8.6.1 先验的进一步注释

在上一节中,我们看到如果泊松参数的先验选为伽马密度,那么其后验也是伽马密度. 类似地,当方差已知时正态均值的先验选为正态,那么其后验也是正态的. 在较早的 3.5.2 节的例 3.5.2.5 中,贝塔先验用于二项参数,其后验也是贝塔. 这些都是**共轭先验**(conjugate prior) 的例子:如果先验分布属于 G 族,以 G 中参数为条件,数据具有分布 H,那么当后验也属于 G 族时,G 就称为 H 的共轭. 其他的共轭先验出现在章末习题中. 使用共轭先验便于数学处理 (需要的积分可以在闭形式下完成),同时当先验参数变化时,可以设定很多的参数形式.

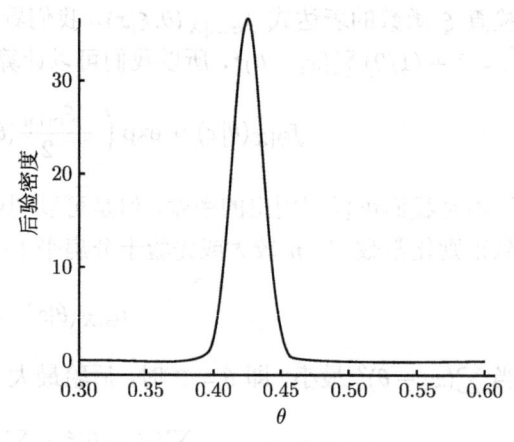

图 8.10　Θ 的后验分布

在科学应用中,通常利用扁平或"不提供信息"的先验,以便于让数据自己说话. 即使科学研究者具有很强烈的先验观点,他也想进行"客观"分析. 这可以通过使用扁平先验来完成,以期汇总在后验密度里面的结论在初始是不武断或不公正的. 如果使用信息先验,就必须使其能够适用于较广的科学界. 因此,客观先验具有假设或"万一"状态:如果初始的参数值在似然较大的区域内不同,那么观测数据后的观点可以表述为比例于似然的后验分布.

很多学者尝试较精确地定义无信息先验的概念. 需要解决的问题之一是重新参数化. 例如,精度 ξ 的先验密度取自区间 $[a,b]$ 上的均匀分布,这似乎非常合理地量化了无信息的概念. 然而,如果使用的是方差 $\sigma^2 = 1/\xi$,而不是精度,σ^2 的先验密度就不再是 $[b^{-1}, a^{-1}]$ 上的均匀分布. 我们在这里不深入阐述这些问题,只是注意仅当先验分布在似然较大的区域上有实质性差别时,θ 或 $g(\theta)$ 的参数化才会有影响.

在泊松例子中,如果 α 和 ν 都非常小,那么伽马先验十分扁平,后验比例于似然函数. 形式上,如果 α 和 ν 都设定为零,那么先验是

$$f_{\Lambda|\alpha,\nu}(\lambda) = \lambda^{-1}, \quad 0 \leqslant \lambda < \infty$$

但是这个函数的积分不等于 1 —— 它不是概率密度. 类似现象也发生在均值未知和精度已知的正态情形中,如果先验精度设定为 0,那么先验是

$$f_\Theta(\theta) \propto 1, \quad -\infty < \theta < \infty$$

也不是概率密度. 这样的先验称为**非正常先验**(improper prior)(欠妥先验).

一般地,如果在形式上使用非正常先验,后验也可能不是密度,这是由于后验密度分母表达

式 $\int f_{X|\Theta}(x|\theta) f_\Theta(\theta) d\theta$ 可能不收敛. (注意, 这个积分是关于 θ 的, 而不是 x.) 这种情况没有出现在我们的例子中. 对于泊松例子, 如果 $f_\Lambda(\lambda) \propto \lambda^{-1}$, 那么分母是

$$\int_0^\infty \lambda^{\sum x_i - 1} e^{-n\lambda} d\lambda < \infty$$

在正态情形下, 积分也有定义, 因此后验密度具有完好定义.

我们重新回顾一些使用非正常先验的例子. 在泊松例子中, 利用非正常先验 $f_\Lambda(\lambda) = \lambda^{-1}$, 得到 (正常) 后验

$$f_{\Lambda|X}(\lambda|x) \propto \lambda^{\sum x_i - 1} e^{-n\lambda}$$

这是伽马密度.

在均值和方差未知时的正态例子中, 我们可以取 θ 和 ξ 为独立的非正常先验 $f_\Theta(\theta) = 1$ 和 $f_\Xi(\xi) = \xi^{-1}$. 那么 θ 和 ξ 的联合后验是

$$f_{\Theta,\Xi|X}(\theta,\xi|x) \propto \xi^{n/2-1} \exp\left(-\frac{\xi}{2} \sum (x_i - \theta)^2\right)$$

表示 $\sum_{i=1}^n (x_i - \theta)^2 = (n-1)s^2 + n(\theta - \bar{x})^2$, 我们有

$$f_{\Theta,\Xi|X}(\theta,\xi|x) \propto \xi^{n/2-1} \exp\left(-\frac{\xi}{2}(n-1)s^2\right) \exp\left(-\frac{n\xi}{2}(\theta - \bar{x})^2\right)$$

固定 ξ, 这个表达式与给定 ξ 时 θ 的条件密度成比例. (为什么?) 由依赖于 θ 的形式, 我们看到以 ξ 为条件, θ 是具有密度 $\bar{x}$ 和精度 $n\xi$ 的正态分布. 积出 ξ, 我们可以求得 θ 的边际分布, 与之前的做法一样, 将其与 t 分布相联系.

由于非正常先验实际上不是概率密度, 很难对其进行书面解释. 然而, 后验结果可以视为来自正常先验参数的极值近似. 相应于这些极值的先验非常扁平, 以至于后验由似然决定. 那么, 仅在似然较大的区域, 先验才会有一些实质性的差别 —— 将这个区域外的非正常先验进行良好修剪, 得到的正常先验不会明显改变后验.

8.6.2 后验的大样本正态近似

我们在几个例子中看到后验分布近似正态分布, 其均值等于最大似然估计, 后验标准差接近于最大似然估计的渐近标准差. 因此, 两个方法经常得到十分匹配的结果. 在此, 我们不给出正式证明, 而只是概述一下后验分布服从近似正态, 其密度等于最大似然估计 $\hat{\theta}$, 其方差近似等于 $-[l''(\hat{\theta})]^{-1}$.

一般地, 用 x 表示观测, 后验分布是

$$\begin{aligned}
f_{\Theta|X}(\theta|x) &\propto f_\Theta(\theta) f_{X|\Theta}(x|\theta) \\
&= \exp[\log f_\Theta(\theta)] \exp[\log f_{X|\Theta}(x|\theta)] \\
&= \exp[\log f_\Theta(\theta)] \exp[l(\theta)]
\end{aligned}$$

现在，如果样本比较大，后验由似然决定，并且在似然较大的区域，先验接近于常数. 因此，近似表述如下：

$$f_{\Theta|X}(\theta|x) \propto \exp\left[l(\hat{\theta}) + (\theta - \hat{\theta})l'(\hat{\theta}) + \frac{1}{2}(\theta - \hat{\theta})^2 l''(\hat{\theta})\right] \propto \exp\left[\frac{1}{2}(\theta - \hat{\theta})^2 l''(\hat{\theta})\right]$$

最后一步是因为 $\hat{\theta}$ 是最大似然估计，$l'(\hat{\theta}) = 0$. 由于我们计算 θ 函数的后验，$l(\hat{\theta})$ 项并入比例常数. 最后，观测到最后的表达式比例于正态密度，其均值为 $\hat{\theta}$，方差为 $-[l''(\hat{\theta})]^{-1}$.

8.6.3 计算问题

现代计算方法给贝叶斯推断产生了极大的冲击. 正如我们在几个例子中看到的那样，贝叶斯的计算难度在于使后验积分等于 1 的正则化常数. 传统上，这样的计算用分析方法来完成，经常利用共轭先验，所以积分可以显式地进行. 现在，变量个数较少且性质良好的函数的数值积分比较简单.

然而，难度就在于高维问题，其积分经常需要利用复杂的蒙特卡罗方法完成. 我们在本书中不详细讨论这类方法，只是通过下面称为**吉布斯抽样**(Gibbs Sampling) 方法的例子启示一下它们的思想本质. 作为一个简单的例子，考虑均值和方差都未知的正态分布. 由 8.6 节的例 8.6.2，

$$f_{\Theta,\Xi|X}(\theta,\xi|x) \propto \xi^{n/2} \exp\left(-\frac{\xi}{2}\sum(x_i - \theta)^2\right) \exp\left(-\frac{\xi_{\text{prior}}}{2}(\theta - \theta_0)^2\right) \xi^{\alpha-1} \exp(-\lambda\xi)$$

为了简化，假设使用非正常先验：$\xi_{\text{prior}} \to 0, \alpha \to 0, \lambda \to 0$. 那么

$$f_{\Theta,\Xi|X}(\theta,\xi|x) \propto \xi^{n/2-1} \exp\left(-\frac{\xi}{2}\sum(x_i - \theta)^2\right) \propto \xi^{n/2-1} \exp\left(\frac{n\xi}{2}(\theta - \bar{x})^2\right)$$

这里，我们表示

$$\sum(x_i - \theta)^2 = \sum(x_i - \bar{x})^2 + n(\theta - \bar{x})^2$$

与 θ 无关的项并入比例常数. 为了利用蒙特卡罗研究 ξ 和 θ 的后验分布，我们从这个联合分布中抽取许多点对 (ξ_k, θ_k)，问题就在于在实际中如何去做.

吉布斯抽样可以通过如下方式完成. 注意到表达式 $f_{\Theta,\Xi|X}(\theta,\xi|x)$ 显式给定 ξ, θ 是均值 $\bar{x}$、精度 $n\xi$ 的正态分布. (固定表达式中的 ξ，识别 θ 的正态密度.) 同时，如果 θ 固定，ξ 的密度是伽马密度. 吉布斯抽样在两个条件分布之间来回交替进行：

1. 选择初始值 θ_0, $\bar{x}$ 是一个很自然的选择.
2. 从具有参数 θ_0 的伽马密度中生成 ξ_0.
3. 从具有参数 ξ_0 的正态密度中生成 θ_1.
4. 从具有参数 θ_1 的伽马密度中生成 ξ_1.
5. 按这种方式继续进行.

算法和可行性分析超出了本书的范围. 足够的"退火"期是必需的，以至于在开始记录点对 $(\xi_k, \theta_k)(k = 1, \cdots, N)$ 之前，我们需要运行这个算法几次. 记录的点对视为由后验分布得到的模拟值. 更复杂的是这些点对之间不相互独立，不过，θ_k 集合的直方图可以用来估计 Θ 的边际后验分布. Θ 的后验均值估计如下：

$$E(\Theta|X) \approx \frac{1}{N}\sum_{k=1}^{N}\theta_k$$

8.7 效率和克拉默-拉奥下界

在许多统计估计问题中,通常有很多可能的参数估计. 例如,在第 7 章,我们考虑了样本均值和比率估计,在这一章,我们考虑了矩方法和最大似然方法. 给定多个可能的估计,我们会选择使用哪一个? 从定性的角度考虑,选择抽样分布最能高度集中在真实参数值上的估计是比较明智的. 为使定义具有可操作性,我们需要给出这种集中的量化测度. 均方误差是最流行的集中测度,主要在于其分析的简单性. 作为 θ_0 的估计, $\hat{\theta}$ 的均方误差

$$\mathrm{MSE}(\hat{\theta}) = E(\hat{\theta} - \theta_0)^2 = \mathrm{Var}(\hat{\theta}) + (E(\hat{\theta}) - \theta_0)^2$$

(参见 4.2.1 节的定理 4.2.1.1.) 如果估计是无偏的 $[E(\hat{\theta}) = \theta_0]$, $\mathrm{MSE}(\hat{\theta}) = \mathrm{Var}(\hat{\theta})$. 当目前考虑的估计都是无偏时,其均方误差的比较就简化为它们方差 (或等价地,标准误差) 的比较.

给定参数 θ 的两个估计 $\hat{\theta}$ 和 $\tilde{\theta}$, $\hat{\theta}$ 相对于 $\tilde{\theta}$ 的**效率**(efficiency) 定义为

$$\mathrm{eff}(\hat{\theta}, \tilde{\theta}) = \frac{\mathrm{Var}(\tilde{\theta})}{\mathrm{Var}(\hat{\theta})}$$

因此, 如果效率小于 1, $\hat{\theta}$ 的方差大于 $\tilde{\theta}$. 这种比较在 $\hat{\theta}$ 和 $\tilde{\theta}$ 都无偏或都具有同样偏倚时才有意义. 通常, $\hat{\theta}$ 和 $\tilde{\theta}$ 的方差具有形式

$$\mathrm{Var}(\hat{\theta}) = \frac{c_1}{n}$$

$$\mathrm{Var}(\tilde{\theta}) = \frac{c_2}{n}$$

其中 n 是样本容量. 在这种情形下,效率解释为 $\hat{\theta}$ 和 $\tilde{\theta}$ 得到相同方差所必需的样本容量比率. (在第 7 章,我们比较了简单随机样本、比例分配的分层随机样本和最优分配的分层随机样本总体均值估计的效率.)

例 8.7.1 (介子衰减) 在介子衰减问题中,我们导出 α 的两个估计. 矩方法估计是

$$\tilde{\alpha} = 3\overline{X}$$

最大似然估计是非线性方程的解:

$$\sum_{i=1}^{n}\frac{X_i}{1+\hat{\alpha}X_i} = 0$$

我们需要计算这两个估计的方差.

由于样本均值的方差是 σ^2/n, 我们计算 σ^2:

$$\sigma^2 = E(X^2) - [E(X)]^2 = \int_{-1}^{1} x^2 \frac{1+\alpha x}{2}\mathrm{d}x - \frac{\alpha^2}{9} = \frac{1}{3} - \frac{\alpha^2}{9}$$

因此,矩方法估计的方差是

$$\mathrm{Var}(\tilde{\alpha}) = 9\mathrm{Var}(\overline{X}) = \frac{3-\alpha^2}{n}$$

最大似然估计 $\hat{\theta}$ 的精确方差在闭形式下无解，因此，我们利用渐近方差近似计算，
$$\mathrm{Var}(\hat{\alpha}) \approx \frac{1}{nI(\alpha)}$$
那么，将此渐近方差与 $\tilde{\alpha}$ 的方差相比较，前者对后者的比率称为**渐近相对效率**(asymptotic relative efficiency). 根据定义，
$$\begin{aligned} I(\alpha) &= E\left[\frac{\partial}{\partial \alpha}\log f(x|\alpha)\right]^2 \\ &= \int_{-1}^{1} \frac{x^2}{(1+\alpha x)^2}\left(\frac{1+\alpha x}{2}\right)\mathrm{d}x \\ &= \frac{\log\left(\frac{1+\alpha}{1-\alpha}\right) - 2\alpha}{2\alpha^3}, \quad -1 < \alpha < 1, \alpha \neq 0 \\ &= \frac{1}{3}, \quad \alpha = 0 \end{aligned}$$

因此，渐近相对效率是 (对于 $\alpha \neq 0$)
$$\frac{\mathrm{Var}(\hat{\alpha})}{\mathrm{Var}(\tilde{\alpha})} = \frac{2\alpha^3}{3-\alpha^2}\left[\frac{1}{\log\left(\frac{1+\alpha}{1-\alpha}\right) - 2\alpha}\right]$$

下表给出了 0 和 1 之间不同 α 值的效率，对称性可以得到 -1 和 0 之间的值. 当 α 趋向 1 时，效率趋于 0. 因此，当 α 接近 0 时，最大似然估计并不优于矩方法估计，但是当 α 趋向 1 时，最大似然估计远远优于它.

我们必须清楚最大似然估计使用的是渐近方差，由此我们计算了渐近相对效率，将其视为实际相对效率的近似. 为了获得给定样本容量的更精确信息，可能需要最大似然估计的模拟抽样分布. $\alpha = 1$ 时的情形可能特别有意思，上述渐近方差的公式似乎意义不大. 通过模拟研究，可以分析 n 和 α 变化时的偏倚行为 (我们证明了最大似然估计是渐近无偏的，但是有限样本容量下，它可能是有偏的)，可以将实际分布与渐近正态相比较. ∎

α	效率
0.0	1.0
0.1	0.997
0.2	0.989
0.3	0.975
0.4	0.953
0.5	0.931
0.6	0.878
0.7	0.817
0.8	0.727
0.9	0.582
0.95	0.464

在寻找最优估计时，我们或许要问是否存在任何估计 MSE 的下界. 如果这样的下界存在，它可以作为其他估计比较的基准. 如果估计达到了这个下界，我们知道它不再有改进的空间. 在估计无偏的情形时，克拉默–拉奥 (Cramér-Rao) 不等式提供了这样的一个下界，我们现在陈述并证明之.

定理 8.7.1 (克拉默–拉奥不等式) 令 $X_1, \cdots, X_n$ 是 i.i.d 的，具有密度函数 $f(x|\theta)$. 令 $T = t(X_1, \cdots, X_n)$ 是参数 θ 的无偏估计. 那么在 $f(x|\theta)$ 的光滑假设下，
$$\mathrm{Var}(T) \geqslant \frac{1}{nI(\theta)}$$

证明 令
$$Z = \sum_{i=1}^{n} \frac{\partial}{\partial \theta}\log f(X_i|\theta) = \sum_{i=1}^{n} \frac{\frac{\partial}{\partial \theta}f(X_i|\theta)}{f(X_i|\theta)}$$

在 8.5.2 节中，我们证明了 $E(Z) = 0$. 因为 Z 和 T 的绝对相关系数小于或等于 1

$$\operatorname{Cov}^2(Z, T) \leqslant \operatorname{Var}(Z) \operatorname{Var}(T)$$

8.5.2 节还证明了

$$\operatorname{Var}\left[\frac{\partial}{\partial \theta} \log f(X|\theta)\right] = I(\theta)$$

因此，

$$\operatorname{Var}(Z) = n I(\theta)$$

若证明 $\operatorname{Cov}(Z, T) = 1$，定理即得证. 由于 Z 的均值是 0，因此，

$$\operatorname{Cov}(Z, T) = E(ZT) = \int \cdots \int t(x_1, \cdots, x_n) \left[\sum_{i=1}^{n} \frac{\frac{\partial}{\partial \theta} f(x_i|\theta)}{f(x_i|\theta)}\right] \prod_{j=1}^{n} f(x_j|\theta) \mathrm{d} x_j$$

注意到

$$\sum_{i=1}^{n} \frac{\frac{\partial}{\partial \theta} f(x_i|\theta)}{f(x_i|\theta)} \prod_{j=1}^{n} f(x_j|\theta) = \frac{\partial}{\partial \theta} \prod_{i=1}^{n} f(x_i|\theta)$$

我们重新表示 Z 和 T 协方差表达式：

$$\operatorname{Cov}(Z, T) = \int \cdots \int t(x_1, \cdots, x_n) \frac{\partial}{\partial \theta} \prod_{i=1}^{n} f(x_i|\theta) \mathrm{d} x_i$$

$$= \frac{\partial}{\partial \theta} \int \cdots \int t(x_1, \cdots, x_n) \prod_{i=1}^{n} f(x_i|\theta) \mathrm{d} x_i$$

$$= \frac{\partial}{\partial \theta} E(T) = \frac{\partial}{\partial \theta}(\theta) = 1$$

得证. [注意，微分和积分互换由 $f(x|\theta)$ 的光滑性保证.] ∎

定理 8.7.1 给出了任何无偏估计的方差下界. 达到此方差下界的无偏估计称为**有效的**(efficient). 由于最大似然估计的渐近方差达到了下界，最大似然估计称为**渐近有效的**(asymptotically efficient). 然而，对于有限样本容量，最大似然估计可能不是有效的，最大似然估计不是唯一渐近有效的估计.

例 8.7.2 (泊松分布) 在 8.5.3 节的例 8.5.3.2 中，我们发现对于泊松分布，

$$I(\lambda) = \frac{1}{\lambda}$$

因此，根据定理 8.7.1，基于独立泊松随机变量 $X_1, \cdots, X_n$，对于 λ 的任何无偏估计，

$$\operatorname{Var}(T) \geqslant \frac{\lambda}{n}$$

λ 的最大似然估计是 $\overline{X} = S/n$，其中 $S = X_1 + \cdots + X_n$. 由于 S 服从参数 $n\lambda$ 的泊松分布，$\operatorname{Var}(S) = n\lambda$，$\operatorname{Var}(\overline{X}) = \lambda/n$. 因此，$\overline{X}$ 达到了克拉默–拉奥下界，我们知道不存在具有更小方差的 λ 无偏估计量. 在这个意义上，$\overline{X}$ 对于泊松分布是最优的. 但是注意定理并没有排除比 $\overline{X}$ 具有更小均方误差的 λ 的有偏估计量. ∎

8.7.1 例子：负二项分布

泊松分布通常是随机计数所考虑的第一个模型, 它具有如下性质: 分布均值等于其方差. 当发现计数的方差大于均值时, 有时利用负二项分布代替泊松分布. 我们重新参数化和推广 2.1.3 节介绍的负二项分布, 它是定义在非负整数值上面的离散分布, 其频率函数依赖于参数 m 和 k:

$$f(x|m,k) = \left(1+\frac{m}{k}\right)^{-k} \frac{\Gamma(k+x)}{x!\Gamma(k)} \left(\frac{m}{m+k}\right)^x$$

负二项分布的均值和方差具有如下形式:

$$\mu = m$$
$$\sigma^2 = m + \frac{m^2}{k}$$

很显然这个分布比泊松分布更发散 ($\sigma^2 > \mu$). 我们不去推导均值和方差. (利用矩生成函数易于得到.)

负二项分布可以用在如下一些情形中:

- 如果 k 是一个整数, 在成功概率 $p = m/(m+k)$ 的独立伯努利试验序列中, 直到第 k 次试验失败时成功次数的分布是负二项的.
- 假设 Λ 是服从伽马分布的随机变量, 对于 λ, 给定 Λ 值时, X 服从均值 λ 的泊松分布. 可以证明 X 的无条件分布是负二项的. 因此, 如果出现速率依时间或空间随机变动的情形, 可以试探性地选择负二项分布.
- 负二项分布还来源于某些类型的聚集体. 假设群体或集群数目服从泊松分布, 每个群体具有随机的个体数. 如果每个群体个体数的概率分布具有某种特殊形式 (对数序列分布), 可以证明所有个体数的分布是负二项的. 如果昆虫由沉淀物或泥块中的幼虫孵化出来, 那么负二项分布适合于模拟昆虫数目的分布.
- 假设每个人的出生率、死亡率和迁徙率是常数, 负二项分布可以用来模拟某些生灭过程的人口规模.

Anscombe(1950) 讨论了参数 m 和 k 的估计, 比较了几个估计方法的效率. 最简单的方法是矩方法, 根据之前给出的 m 和 k 与 μ 和 σ^2 的关系, m 和 k 的矩方法估计是

$$\hat{m} = \overline{X}$$
$$\hat{k} = \frac{\overline{X}^2}{\hat{\sigma}^2 - \overline{X}}$$

m 和 k 的另一个相对简单的估计方法是基于零的个数. 数目等于零的概率是

$$p_0 = \left(1+\frac{m}{k}\right)^{-k}$$

如果 m 由样本均值估计, 容量 n 的样本中有 n_0 个等于零, 那么 k 由 $\hat{k}$ 估计, 其中 $\hat{k}$ 满足

$$\frac{n_0}{n} = \left(1+\frac{\overline{X}}{\hat{k}}\right)^{-\hat{k}}$$

不但不能得到闭形式的解, 而且通过迭代也很难计算出 $\hat{k}$.

图 8.11 取自 Anscombe(1950),显示了负二项参数的两个估计方法相对于最大似然估计的渐近效率. 在图中,矩方法是方法 1,基于零个数的方法是方法 2. 方法 2 在均值较小时比较有效 —— 也就是说,当有很多零值出现时. 方法 1 在 k 增加时变得更有效.

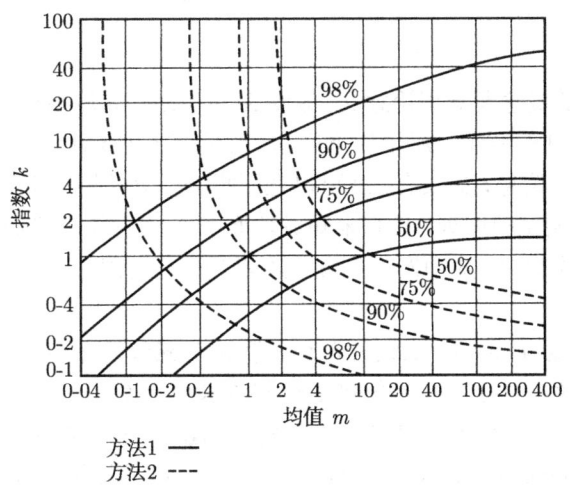

图 8.11 负二项参数估计的渐近有效性

最大似然估计是渐近有效的,但是难于计算. 在此没有写出方程. Bliss 和 Fisher (1953) 讨论了计算方法,并给出几个例子. m 的最大似然估计是样本均值,但是 k 的最大似然估计是非线性方程的解.

例 8.7.1.1 (昆虫数) 我们考虑 Bliss 和 Fisher (1953) 的一个例子. 从喷雾果园的 6 棵树上均选择 25 片叶子. 在每片叶子上,计数成年雌性红螨的个数. 直觉上,我们断定这种情形的波动性较大,不适合利用泊松分布来拟合,不同树上和同一棵树的不同位置上的危害率可能都不相同. 下面的表格显示了观测数以及利用泊松分布和负二项分布拟合的期望数. k 和 m 的最大似然估计分别是 $\hat{k}=1.025$ 和 $\hat{m}=1.146$.

每叶数	观测数	泊松分布	负二项分布
0	70	47.7	69.5
1	38	54.6	37.6
2	17	31.3	20.1
3	10	12.0	10.7
4	9	3.4	5.7
5	3	0.75	3.0
6	2	0.15	1.6
7	1	0.03	0.85
8+	0	0.00	0.95

抽检该表可以清晰地发现泊松分布不适合,有很多较小和较大的观测值超过了泊松分布的预期. ∎

在拟合负二项分布时,用到如下递归关系:

$$p_0 = \left(1 + \frac{m}{k}\right)^{-k}$$

$$p_n = \frac{k+n-1}{n}\left(\frac{m}{k+m}\right)p_{n-1}$$

8.8 充分性

这一节介绍充分性的概念及其理论意义. 假设 $X_1, \cdots, X_n$ 是取自概率分布的样本, 具有密度或频率函数 $f(x|\theta)$. 充分性的概念来源于如下问题: 有没有一个统计量 —— 函数 $T(X_1, \cdots, X_n)$, 包含样本中有关 θ 的所有信息? 如果有, 就可以在不损失信息的情况下, 将原始数据约简为统计量. 例如, 考虑独立伯努利试验序列, 具有未知成功概率 θ. 直觉告诉我们样本中有关 θ 的所有信息都包含在所有的成功次数中, 成功发生的顺序不能提供任何附加信息. 下面的定义表述了这种思想.

定义 8.8.1 统计量 $T(X_1, \cdots, X_n)$ 称为关于 θ 是**充分的** (sufficient), 如果在给定 $T = t$ 的情况下, $X_1, \cdots, X_n$ 的条件分布对于任何 t 值都不依赖于 θ.

换句话说, 给定 T 值, 我们不能从 $X_1, \cdots, X_n$ 的概率分布中得到更多的关于 θ 的信息, 此时 T 称为**充分统计量**(sufficient statistic). (形式上, 我们可以设想仅保留 T, 而扔掉所有的 X_i 不会造成任何信息损失. 通俗且更实际地来讲, 这是毫无意义的. X_i 的值可能暗示模拟不适合, 或者数据有问题. 例如, 如果在预设独立的伯努利试验序列中, 你看到 50 个 1 后面跟着 50 个 0, 你会怎么想?)

例 8.8.1 令 $X_1, \cdots, X_n$ 是独立伯努利随机变量序列, 具有 $P(X_i = 1) = \theta$. 我们验证 $T = \sum_{i=1}^{n} X_i$ 是 θ 的充分统计量.

$$P(X_1 = x_1, \cdots, X_n = x_n | T = t) = \frac{P(X_1 = x_1, \cdots, X_n = x_n, T = t)}{P(T = t)}$$

记住 X_i 仅能取值 0 和 1, 分子的概率是某个特殊样本中的 t 个 X_i 取 1, 其余 $n - t$ 个取 0 的概率. 由于 X_i 是独立的, 这个概率是边际概率的乘积, 或 $\theta^t(1-\theta)^{n-t}$. 为了计算分母, 注意 T 是取 1 的总数, 其分布是 n 次试验且成功概率为 θ 的二项分布. 因此, 问题中的比值是

$$\frac{\theta^t(1-\theta)^{n-t}}{\binom{n}{t}\theta^t(1-\theta)^{n-t}} = \frac{1}{\binom{n}{t}}$$

因此, 条件分布根本不依赖于 θ. 给定取值 1 的总数, 任何特定 t 个试验发生的概率对于任何的 θ 值都是一样的, 以至于试验集不包含关于 θ 的附加信息. ∎

8.8.1 因子分解定理

之前的充分性定义很难使用, 因为它没有指出如何去寻找充分统计量, 给定统计量 T, 由于计算条件分布非常困难, 我们很难判断 T 的充分性. 下面的因子分解定理提供了识别充分统计量的简便方法.

参数估计和概率分布拟合

定理 8.8.1.1 $T(X_1, \cdots, X_n)$ 为 θ 充分统计量的充分必要条件是联合概率函数 (密度函数或频率函数) 可以因子分解为如下形式:

$$f(x_1, \cdots, x_n | \theta) = g[T(x_1, \cdots, x_n), \theta] h(x_1, \cdots, x_n)$$

证明 我们给出离散情形的证明. (一般情形的证明比较细致, 需要正则性条件, 但是基本思想是一样的.) 首先, 假设频率函数因子分解式如定理所给. 为了简化记号, 我们令 $\mathbf{X}$ 表示 $(X_1, \cdots, X_n)$, $\mathbf{x}$ 表示 $(x_1, \cdots, x_n)$. 我们有

$$P(T=t) = \sum_{T(x)=t} P(\mathbf{X}=\mathbf{x}) = g(t, \theta) \sum_{T(x)=t} h(\mathbf{x})$$

这里, 记号表示求和是关于所有满足 $T(\mathbf{x})=t$ 的 $\mathbf{x}$. 那么有

$$P(\mathbf{X}=\mathbf{x}|T=t) = \frac{P(\mathbf{X}=\mathbf{x}, T=t)}{P(T=t)} = \frac{h(\mathbf{x})}{\sum_{T(\mathbf{X})=t} h(\mathbf{x})}$$

这个条件分布不依赖于 θ, 得证.

为了证明反方向也成立, 假设给定 T 时 $\mathbf{X}$ 的条件分布独立于 θ. 令

$$g(t, \theta) = P(T=t|\theta)$$
$$h(\mathbf{x}) = P(\mathbf{X}=\mathbf{x}|T=t)$$

那么有

$$P(\mathbf{X}=\mathbf{x}|\theta) = P(T=t|\theta) P(\mathbf{X}=\mathbf{x}|T=t) = g(t, \theta) h(\mathbf{x})$$

得证. ∎

我们用几个例子解释定理 8.8.1.1 的用处. 更多的例子见章末习题.

例 8.8.1.1 考虑独立伯努利随机变量序列 $X_1, \cdots, X_n$, 其中

$$P(X_i = x) = \theta^x (1-\theta)^{1-x}, \quad x=0 \text{ 或 } x=1$$

那么

$$\begin{aligned} f(\mathbf{x}|\theta) &= \prod_{i=1}^{n} \theta^{x_i} (1-\theta)^{1-x_i} \\ &= \theta^{\sum_{i=1}^{n} x_i} (1-\theta)^{n-\sum_{i=1}^{n} x_i} \\ &= \left(\frac{\theta}{1-\theta}\right)^{\sum_{i=1}^{n} x_i} (1-\theta)^n \end{aligned}$$

$f(\mathbf{x}|\theta)$ 通过充分统计量 $t = \sum_{i=1}^{n} x_i$ 仅依赖于 $x_1, x_2, \cdots, x_n$, $f(x|\theta)$ 具有形式 $g\left(\sum_{i=1}^{n} x_i, \theta\right) h(\mathbf{x})$, 其中 $h(\mathbf{x}) = 1$,

$$g(t, \theta) = \left(\frac{\theta}{1-\theta}\right)^t (1-\theta)^n$$

∎

例 8.8.1.2 考虑来自正态分布的随机变量, 其均值和方差未知. 我们有

$$f(\mathbf{x}|\mu,\sigma) = \prod_{i=1}^{n} \frac{1}{\sigma\sqrt{2\pi}} \exp\left[\frac{-1}{2\sigma^2}(x_i-\mu)^2\right]$$

$$= \frac{1}{\sigma^n(2\pi)^{n/2}} \exp\left[\frac{-1}{2\sigma^2}\sum_{i=1}^{n}(x_i-\mu)^2\right]$$

$$= \frac{1}{\sigma^n(2\pi)^{n/2}} \exp\left[\frac{-1}{2\sigma^2}\left(\sum_{i=1}^{n}x_i^2 - 2\mu\sum_{i=1}^{n}x_i + n\mu^2\right)\right]$$

这个表达式仅是 $\sum_{i=1}^{n} x_i$ 和 $\sum_{i=1}^{n} x_i^2$ 的函数，因此是充分统计量. 在这个例子中，我们得到一个二维充分统计量. 尽管定理 8.8.1.1 只是陈述了一维充分统计量的结论，但多维情形同样成立. ∎

因为似然，
$$f(x_1,\cdots,x_n;\theta) = g[T(x_1,\cdots,x_n),\theta]h(x_1,\cdots,x_n)$$

它仅通过 $T(x_1,\cdots,x_n)$ 依赖于数据. 最大似然估计通过最大化 $g[T(x_1,\cdots,x_n),\theta]$ 得到. 在例 8.8.1.1 中，似然是 $t = \sum_{i=1}^{n} x_i$ 的函数，最大似然估计是 $\hat{\theta} = t/n$.

类似地，在贝叶斯框架下，θ 的后验密度与其先验分布和似然的乘积成比例. 作为 θ 的函数，后验分布仅通过 $g[T(x_1,\cdots,x_n),\theta]$ 依赖于数据——θ 的后验概率对于取同样值 $T(x_1,\cdots,x_n)$ 的所有 $\{x_1,\cdots,x_n\}$ 都是一样的. 充分统计量包含了数据 $x_1, x_2, \cdots, x_n$ 中所有 θ 的信息.

无视样本容量，在相同维度参数空间下，充分统计量概率分布性质的研究推动了称为概率分布**指数族**(exponential family) 的发展. 许多常见的分布，包括正态分布、二项分布、泊松分布和伽马分布等，都是该族中的一员. 单参数指数族成员具有如下形式的密度函数或频率函数：

$$f(x|\theta) = \exp[c(\theta)T(x) + d(\theta) + S(x)], \quad x \in A$$
$$= 0, \quad x \notin A$$

其中集 A 不依赖于 θ. 假设 $X_1,\cdots,X_n$ 是来自指数族的样本，其联合概率函数是

$$f(\mathbf{x}|\theta) = \prod_{i=1}^{n} \exp[c(\theta)T(x_i) + d(\theta) + S(x_i)]$$
$$= \exp\left[c(\theta)\sum_{i=1}^{n}T(x_i) + nd(\theta)\right] \exp\left[\sum_{i=1}^{n}S(x_i)\right]$$

由此，根据因子分解定理，很显然 $\sum_{i=1}^{n} T(X_i)$ 是充分统计量.

例 8.8.1.3 伯努利分布的频率函数是

$$P(X=x) = \theta^x(1-\theta)^{1-x}, \quad x=0 \text{ 或 } x=1$$
$$= \exp\left[x\log\left(\frac{\theta}{1-\theta}\right) + \log(1-\theta)\right]$$

它是指数族中的一员，$T(x) = x$，我们已经看到 $\sum_{i=1}^{n} X_i$ 是伯努利分布的充分统计量.

k 参数指数族成员具有如下形式的密度函数或频率函数：
$$f(x|\theta) = \exp\left[\sum_{i=1}^{k} c_i(\theta)T_i(x) + d(\theta) + S(x)\right], \quad x \in A$$
$$= 0, \quad x \notin A$$

其中集 A 不依赖于 θ.

正态分布具有这种形式. 很多理论工作集中在指数族上，进一步的讨论参见 Bickel 和 Doksum(2001).

我们最后给出定理 8.8.1.1 的一个推论.

推论 8.8.1.1 如果 T 是 θ 的充分统计量，那么最大似然估计是 T 的函数.

证明 由定理 8.8.1.1，似然是 $g(T, \theta)h(\mathbf{x})$，仅通过 T 依赖于 θ. 为了最大化这个量，只需最大化 $g(T, \theta)$.

推论 8.8.1.1 和下一节的**拉奥–布莱克韦尔**(Rao-Blackwell) 定理可以看做使用最大似然估计的理论基础.

8.8.2 拉奥–布莱克韦尔定理

在之前的一节，我们实质上从定性的角度讨论了充分统计量的重要性，拉奥–布莱克韦尔定理给出了使用基于充分统计量的参数 θ 估计量的定量理由，当然前提是充分统计量存在.

定理 8.8.2.1 (拉奥–布莱克韦尔定理) 令 $\hat{\theta}$ 是 θ 的估计量，对所有的 θ，有 $E(\hat{\theta}^2) < \infty$. 假设 T 是 θ 的充分统计量，并令 $\tilde{\theta} = E(\hat{\theta}|T)$. 那么对所有的 θ，
$$E(\tilde{\theta} - \theta)^2 \leqslant E(\hat{\theta} - \theta)^2$$
除非 $\hat{\theta} = \tilde{\theta}$，否则不等式严格成立.

证明 首先注意，由迭代条件期望的性质 (4.4.1 节的定理 4.4.1.1)，
$$E(\tilde{\theta}) = E[E(\hat{\theta}|T)] = E(\hat{\theta})$$
因此，为了比较这两个估计量的均方误差，只需比较它们的方差即可. 由 4.4.1 节的定理 4.4.1.2，
$$\text{Var}(\hat{\theta}) = \text{Var}[E(\hat{\theta}|T)] + E[\text{Var}(\hat{\theta}|T)]$$
或
$$\text{Var}(\hat{\theta}) = \text{Var}(\tilde{\theta}) + E[\text{Var}(\hat{\theta}|T)]$$
因此，$\text{Var}(\hat{\theta}) > \text{Var}(\tilde{\theta})$，除非 $\text{Var}(\hat{\theta}|T) = 0$，这种情形仅当 $\hat{\theta}$ 是 T 的函数时成立，即 $\hat{\theta} = \tilde{\theta}$.

由于 $E(\hat{\theta}|T)$ 是充分统计量 T 的函数，在 T 存在的情况下，拉奥–布莱克韦尔定理给出了使用基于充分统计量的参数估计量的强烈理由. 如果估计量不是充分统计量的函数，它还有改进的空间.

假设有两个估计 $\hat{\theta}_1$ 和 $\hat{\theta}_2$，它们具有相同的期望. 假设充分统计量 T 存在，以 T 为条件，我们可以构造另外两个估计 $\tilde{\theta}_1$ 和 $\tilde{\theta}_2$. 目前介绍的理论没有发现判断两个估计孰好孰坏的蛛丝马

迹. 如果 T 的概率分布具有称为完备性的性质, 那么根据莱曼–雪飞 (Lehmann-Scheffé) 定理, $\tilde{\theta}_1$ 和 $\tilde{\theta}_2$ 是相同的. 我们不再定义完备性, 或深究这个话题, Lehmann 和 Casella(1998) 及 Bickel 和 Doksum(2001) 讨论了这个概念.

8.9 结束语

首次出现在第 7 章抽样调查中的某些关键概念在本章再次出现. 我们将一个估计视为随机变量, 其概率分布称为抽样分布. 在第 7 章中, 估计是有限总体参数的估计, 比方说均值, 而本章的估计是概率分布参数的估计. 两种情况下, 抽样分布的特征 (例如偏倚、方差和大样本近似形式) 是我们的兴趣所在. 这两章都研究了未知参数真实值的置信区间. 误差传播或线性化方法是这两章的有用工具. 这些关键概念在后面的其他章节里也是非常重要的.

这一章介绍了估计理论的重要概念和技术. 我们讨论了两种一般的估计方法——矩方法和最大似然方法. 尤其是后者, 它在统计学中具有非常强大的效用. 我们讨论和应用了最大似然估计的一些近似分布理论. 其他的理论介绍包括效率的概念、克拉默–拉奥下界和充分性的概念及其一些结论.

本章介绍了贝叶斯推断, 其观点与频率推断形成鲜明的对比, 贝叶斯学派允许参数值具有概率的不确定性, 例如, "观测到数据以后, $1.8 \leq \theta \leq 6.3$ 的概率是 95%. " 在频率推断中, θ 不是随机变量, 像这样的陈述在形式上是没有任何意义的, 应该代之于, "θ 的 95% 置信区间是 $[1.8, 6.3]$, " 同时还可能伴随一些置信区间涵义的迂回解释. 尽管它们的哲理显著不同, 但贝叶斯和频率方法有许多共通之处, 通常导出相似的结论. 尽管上述两个表述不同, 但其分析数据时的实践意义在本质上可能是相同的. 似然函数对于频率和贝叶斯推断来讲都是最基本的. 在应用中, 模型的选择, 也就是似然函数的选择, 要比随之的先验乘积或仅仅取其最大化都要重要很多. 使用扁平先验时更是如此, 事实上, 我们只是将扁平先验作为一种工具, 利用它可以将似然视作概率密度.

在这一章, 我们介绍了自助法, 用其评估估计的变异性. 随着计算机的发展, 其运行速度越来越快, 且价格越来越便宜, 模拟的使用变得越来越普遍. 作为一种通用方法, 自助法仅仅在最近才发展起来, 并且迅速成为当前统计学最重要的分析工具之一. 我们在后面的章节将会看到使用自助法的其他情形. Efron 和 Tibshirani(1993) 极好地介绍了自助法的理论和应用.

我们介绍过的自助法通常称为**参数自助法**(parametric bootstrap). 非参数自助法在第 10 章介绍. 参数自助法的思想可以抽象概括如下: 我们有数据 $\mathbf{x}$, 视作来自概率分布 $F(\mathbf{x}|\theta)$, 它依赖于参数 θ. 我们希望知道 $Eh(\mathbf{X},\theta)$, 其中 $h()$ 是某个函数. 例如, 如果来自数据的 θ 的估计是 $\hat{\theta}(\mathbf{x})$, 且 $h(\mathbf{X},\theta) = [\hat{\theta}(\mathbf{X}) - \theta]^2$, 那么 $Eh(\mathbf{X},\theta)$ 是估计的均方误差. 看另外一个例子, 如果

$$h(\mathbf{X},\theta) = \begin{cases} 1, & \text{若 } |\hat{\theta}(\mathbf{X}) - \theta| > \Delta \\ 0, & \text{否则} \end{cases}$$

那么 $Eh(\mathbf{X},\theta)$ 是 $|\hat{\theta}(\mathbf{X}) - \theta| > \Delta$ 的概率. 如果 θ 已知, 那么我们可以利用计算机由 $F(\mathbf{x}|\theta)$ 生成独立随机变量 $\mathbf{X}_1, \mathbf{X}_2, \cdots, \mathbf{X}_B$, 然后利用大数定律:

$$Eh(\mathbf{X},\theta) \approx \frac{1}{B}\sum_{i=1}^{B} h(\mathbf{X}_i,\theta)$$

选择充分大的 B，这个近似可以非常精确. 参数自助法的原理是利用 $\hat\theta$ 代替 θ 进行蒙特卡罗模拟 —— 也就是说，利用 $F(\mathbf{x}|\hat\theta)$ 生成 $\mathbf{X}_i$. 很难精确回答如下非常自然的问题: 利用 $\hat\theta$ 代替 θ 引起的误差是多少? 答案依赖于 $Eh(\mathbf{X},\theta)$ 关于 θ 的连续性 —— 如果 θ 较小的变动能带来 $Eh(\mathbf{X},\theta)$ 较大的变动，那么参数自助法的效果不好.

8.10 习题

1. 下表给出了 Berkson 数据 (8.2 节) 中 1 秒钟区间内的观测数. 泊松分布的期望数是多少? 能与观测数匹配吗?

n	观 测	n	观 测
0	5267	3	534
1	4436	4	111
2	1800	5+	21

2. 交通工程师利用泊松分布拟合畅通的道路交通, 其合理性在于车辆流速近似常数, 交通是畅通的 (这样, 车辆之间可以相互独立地进行), 给定时间或空间内车辆数的分布应该接近于泊松分布 (Gerlough 和 Schuhl 1955). 下表显示了 300 个 3 分钟区间内在某个十字路口右转的车辆数. 通过比较观测和预期值, 请评价拟合效果. 已知 300 个区间分布在每天的各个时段, 及周内的每一天.

n	频 数	n	频 数
0	14	7	14
1	30	8	10
2	36	9	6
3	68	10	4
4	43	11	1
5	43	12	1
6	30	13+	0

3. 泊松分布的早期应用之一是 Student(1907) 的误差研究, 利用血球计数器测量酵母细胞或血球数. 在这个研究中, 酵母细胞被杀死, 然后与水和明胶混合, 得到的混合物散布在玻璃上冷却. 使用 4 种不同的浓度. 观测 400 个方块上的细胞个数, 数据汇总如下:

细胞数	浓度1	浓度2	浓度3	浓度4	细胞数	浓度1	浓度2	浓度3	浓度4
0	213	103	75	0	7	0	0	1	37
1	128	143	103	20	8	0	0	0	18
2	37	98	121	43	9	0	0	1	10
3	18	42	54	53	10	0	0	0	5
4	3	8	30	86	11	0	0	0	2
5	1	4	13	70	12	0	0	0	2
6	0	2	2	54					

   a. 分别估计 4 个数据集的参数 λ.
   b. 计算每个估计值的近似 95% 置信区间.
   c. 比较观测和预期数.

4. 假设 X 是离散随机变量,具有

$$P(X=0) = \frac{2}{3}\theta$$

$$P(X=1) = \frac{1}{3}\theta$$

$$P(X=2) = \frac{2}{3}(1-\theta)$$

$$P(X=3) = \frac{1}{3}(1-\theta)$$

其中 $0 \leqslant \theta \leqslant 1$ 是参数. 如下 10 个独立的观测取自这个分布:(3,0,2,1,3,2,1,0,2,1).
   a. 计算 θ 的矩方法估计.
   b. 计算这个估计的近似标准误差.
   c. θ 的最大似然估计是什么?
   d. 最大似然估计的近似标准误差是什么?
   e. 如果 Θ 的先验分布是 $[0,1]$ 上的均匀分布,后验密度是什么?并绘出其图形. 后验的众数是多少?

5. 假设 X 是离散随机变量,具有 $P(X=1) = \theta$ 和 $P(X=2) = 1-\theta$. 取 X 的三个独立观测: $x_1 = 1, x_2 = 2, x_3 = 2$.
   a. 计算 θ 的矩方法估计.
   b. 似然函数是什么.
   c. θ 的最大似然估计是什么?
   d. 如果 Θ 的先验分布是 $[0,1]$ 上的均匀分布,后验密度是什么?

6. 假设 $X \sim \text{bin}(n,p)$.
   a. 证明: p 的最大似然估计是 $\hat{p} = X/n$.
   b. 证明: a 中的最大似然估计达到了克拉默–拉奥下界.
   c. 如果 $n=10$ 和 $n=5$,画出对数似然函数.

7. 假设 X 服从几何分布,

$$P(X=k) = p(1-p)^{k-1}$$

   假设容量 n 的样本是 i.i.d.
   a. 计算 p 的矩方法估计.
   b. 计算 p 的最大似然估计.
   c. 计算最大似然估计的渐近方差.
   d. 令 p 具有 $[0,1]$ 上的均匀先验分布,p 的后验分布是什么?后验均值是什么?

8. 在鸟类取食行为的生态研究中,记录某些鸟两次飞行之间的跳跃次数. 对于如下数据,(a) 拟合几何分布,(b) 计算 p 的近似 95% 置信区间,(c) 检验拟合优度. (d) 如果 p 使用均匀先验,后验分布是什么? 后验均值和标准差是什么?

跳跃次数	频 率	跳跃次数	频 率
1	48	7	4
2	31	8	2
3	20	9	1
4	9	10	1
5	6	11	2
6	5	12	1

9. 你如何看待如下的辩论?抽样分布的这种评论是荒谬的! 考虑 8.4 节的例 8.4.1. 研究者发现纤维的均值数为 24.9. 由于它仅仅是一个数字,怎么能够成为具有相关"概率分布"的"随机变量"呢? 我为此故弄玄虚而感到内疚!

10. 利用泊松分布的正态近似概述 8.4 节例 8.4.1 中 $\hat{\lambda}$ 的近似抽样分布. 根据这种近似,对 $\delta = 0.5, 5, 1.5, 2, 2.5$, 求 $P(|\lambda_0 - \hat{\lambda}| > \delta)$, 其中 λ_0 表示 λ 的真实值.

11. 在 8.4 节的例 8.4.1 中, 我们利用 $\hat{\lambda}$ 抽样分布的精确形式估计它的标准误差, 即

$$s_{\hat{\lambda}} = \sqrt{\frac{\hat{\lambda}}{n}}$$

这里利用了 $\sum X_i$ 服从参数 $n\lambda_0$ 的泊松分布. 现在假设我们不知道这些, 而是利用自助法, 让计算机为我们做这项工作, 由它生成 B 个参数为 $\lambda = 24.9$ 的泊松随机变量样本, 样本容量为 $n = 23$, 利用每个样本构造 λ 的最大似然估计, 最后计算估计结果集的标准差, 将其作为 $\hat{\lambda}$ 标准误差的估计值. 讨论当 $B \longrightarrow \infty$ 时, 按照这种方式估计得到的标准误差趋向于 $s_{\hat{\lambda}}$.

12. 假设你需要选择矩估计或最大似然估计中的一种方法估计 8.4 节的例 8.4.3 和 8.5 节的例 8.5.3. 你会选择哪种方法, 为什么?

13. 在 8.4 节的例 8.4.4 中, 矩方法估计是 $\hat{\alpha} = 3\overline{X}$. 在本题中, 读者将考虑 $\hat{\alpha}$ 的抽样分布.
    a. 证明: $E(\hat{\alpha}) = \alpha$, 即估计是无偏的.
    b. 证明: $\text{Var}(\hat{\alpha}) = (3 - \alpha^2)/n$. [提示: $\text{Var}(\overline{X})$ 是多少?]
    c. 利用中心极限定理导出 $\hat{\alpha}$ 抽样分布的正态近似. 据此, 如果 $n = 25, \alpha = 0$, 那么 $P(|\hat{\alpha}| > 0.5)$ 是多少?

14. 在 8.5 节的例 8.5.3 中, 你如何使用自助法估计度量如下 $\hat{\alpha}$ 的精度: (a)$P(|\hat{\alpha} - \alpha_0| > 0.05)$, (b) $E(|\hat{\alpha} - \alpha_0|)$, (c) 满足 $P(|\hat{\alpha} - \alpha_0| > \Delta) = 0.5$ 的 Δ 值.

15. 累积分布函数 F 的上四分位数是满足 $F(q_{0.25}) = 0.75$ 的点 $q_{0.25}$. 伽马分布的上四分位数依赖于 α 和 λ, 将其表示为 $q(\alpha, \lambda)$. 如果利用伽马分布拟合 8.5 节例 8.5.3 中的数据, 参数 α 和 λ 的估计分别为 $\hat{\alpha}$ 和 $\hat{\lambda}$, 那么上四分位数的估计为 $\hat{q} = q(\hat{\alpha}, \hat{\lambda})$. 解释如何利用自助法估计 $\hat{q}$ 的标准误差.

16. 考虑 i.i.d 的随机变量样本, 具有密度函数

$$f(x|\sigma) = \frac{1}{2\sigma} \exp\left(-\frac{|x|}{\sigma}\right)$$

   a. 找出 σ 的矩方法估计.
   b. 找出 σ 的最大似然估计.
   c. 找出最大似然估计的渐近方差.
   d. 找出 σ 的充分统计量.

17. 假设 $X_1, X_2, \cdots, X_n$ 是区间 $[0, 1]$ 上的 i.i.d 随机变量, 具有密度函数

$$f(x|\alpha) = \frac{\Gamma(2\alpha)}{\Gamma(\alpha)^2}[x(1-x)]^{\alpha-1}$$

其中 $\alpha > 0$ 是利用样本估计的参数. 可以证明

$$E(X) = \frac{1}{2}$$

$$\text{Var}(X) = \frac{1}{4(2\alpha + 1)}$$

a. 密度函数的形状如何依赖于 α?
b. 怎样利用矩方法估计 α?
c. α 的最大似然估计满足怎样的方程?
d. 最大似然估计的渐近方差是多少?
e. 计算 α 的充分统计量.

18. 假设 $X_1, X_2, \cdots, X_n$ 是区间 $[0,1]$ 上的 i.i.d 随机变量, 具有密度函数

$$f(x|\alpha) = \frac{\Gamma(3\alpha)}{\Gamma(\alpha)\Gamma(2\alpha)} x^{\alpha-1}(1-x)^{2\alpha-1}$$

其中 $\alpha > 0$ 是利用样本估计的参数. 可以证明

$$E(X) = \frac{1}{3}$$

$$\mathrm{Var}(X) = \frac{2}{9(3\alpha+1)}$$

a. 怎样利用矩方法估计 α?
b. α 的最大似然估计满足怎样的方程?
c. 最大似然估计的渐近方差是多少?
d. 计算 α 的充分统计量.

19. 假设 $X_1, X_2, \cdots, X_n$ 是 i.i.d 的 $N(\mu, \sigma^2)$.
a. 如果 μ 已知, 那么 σ 的最大似然估计是什么?
b. 如果 σ 已知, 那么 μ 的最大似然估计是什么?
c. 在上述情形中 (σ 已知), 是否存在更小方差的 μ 的无偏估计?

20. 假设 $X_1, X_2, \cdots, X_{25}$ 是 i.i.d 的 $N(\mu, \sigma^2)$, 其中 $\mu = 0$, $\sigma = 10$. 画出 $\overline{X}$ 和 $\hat{\sigma}^2$ 的抽样分布图.

21. 假设 $X_1, X_2, \cdots, X_n$ 是 i.i.d 的, 具有密度函数

$$f(x|\theta) = \mathrm{e}^{-(x-\theta)}, \quad x \geq \theta$$

否则, $f(x|\theta) = 0$.
a. 计算 θ 的矩方法估计.
b. 计算 θ 的最大似然估计. (提示: 注意, 仔细考虑之前不要微分. θ 取何值时, 似然是正的?)
c. 计算 θ 的充分统计量.

22. 第 2 章的习题 67 定义了威布尔分布, 有时利用这个分布拟合寿命. 说明如何利用这个分布拟合数据, 并如何计算参数估计的近似标准误差.

23. 公司生产一些产品, 并在每个产品上印有序列号. 序列号从 1 到 N, 其中 N 是已经生产的产品数, 从中随机抽取一个产品, 其序列号是 888. 问 N 的矩方法估计值是多少? N 的最大似然估计是多少?

24. 找出一枚崭新的硬币, 将其竖起并旋转. 旋转 20 次, 记下正面出现的次数. 令 π 表示正面出现的次数, 画出 π 的对数似然图. 接下来, 重复试验但步骤略有不同: 旋转硬币直到出现 10 次正面为止. 再一次, 画出 π 的对数似然图.

25. 如果将一枚图钉抛向空中, 那么结果可能是尖端朝上也可能是尖端着地. 找出一枚图钉. 在试验之前, 你认为尖端朝上的概率 π 是多少? 接下来, 抛掷图钉 20 次, 画出 π 的对数似然图. 然后进行另一个试验: 抛掷图钉, 直到尖端朝上超过 5 次为止, 由此试验, 画出 π 的对数似然图.
导出并绘出由 π 的均匀先验分布得出的后验分布. 计算后验均值和标准差, 并将后验分布与具有相同均值和标准差的正态分布相比较. 最后再抛掷图钉 20 次, 并比较所有 40 次与前 20 次得出的后验分布.

26. 为了确定动物的总体数目，捕捉 100 只动物，并标记之. 在之后一段时间，再捕捉 50 只，发现其中的 20 只带有标记. 你怎样估计总体数目？你需要对标识再捕法过程做怎样的假设？(参见 1.4.2 节的例 1.4.2.9.)

27. 假设某电子元件的寿命服从指数分布：$f(t|\tau) = (1/\tau)\exp(-t/\tau), t \geq 0$. 测试 5 个新的电子元件，第一个在 100 天时失效，没有记录更多的观测数据.
    a. τ 的似然函数是多少？
    b. τ 的最大似然估计是什么？
    c. 最大似然估计的抽样分布是什么？
    d. 最大似然估计的标准误差是多少？
    (提示：参见 3.7 节的例 3.7.1.)

28. 图 8.8 左边一幅图中的区间为什么具有不同的中心？为什么它们具有不同的长度？

29. 在图 8.8 右边一幅图中，σ^2 的估计是置信区间的中心吗？为什么有些区间很短，而另一些很长呢？产生这些区间的样本哪个使得 $\hat{\sigma}^2$ 最小？

30. 指数分布是 $f(x;\lambda) = \lambda e^{-\lambda x}$，$E(X) = \lambda^{-1}$. 累积分布函数 $F(x) = P(X \leq x) = 1 - e^{-\lambda x}$. 使用仪器采取三个观测，得到 $x_1 = 5, x_2 = 3$，但是由于 x_3 太大，超出了仪器的测量范围，只能得到 $x_3 > 10$. (仪器能够测量的最大值是 10.0.)
    a. 似然函数是多少？
    b. λ 的最大似然估计是什么？

31. George 旋转一枚硬币三次，正面没有出现. 他将硬币交给 Hilary. 她旋转硬币直到出现一次正面，共旋转了 4 次. 令 θ 表示硬币出现正面的概率.
    a. θ 的似然函数是多少？
    b. θ 的最大似然估计是什么？

32. 下面的 16 个数字来自计算机的正态随机数生成器：

    | 5.3299 | 4.2537 | 3.1502 | 3.7032 | 1.6070 | 6.3923 | 3.1181 | 6.5941 |
    | 3.5281 | 4.7433 | 0.1077 | 1.5977 | 5.4920 | 1.7220 | 4.1547 | 2.2799 |

    a. 你认为生成的正态分布的均值和方差 (μ 和 σ^2) 是多少？
    b. 给出 μ 和 σ^2 的 90%, 95% 和 99% 置信区间.
    c. 给出 σ 的 90%, 95% 和 99% 置信区间.
    d. 你认为如果减半 μ 的置信区间长度，样本需要增加多少？

33. 假设 $X_1, X_2, \cdots, X_n$ 是 i.i.d 的 $N(\mu, \sigma^2)$，其中 μ 和 σ 未知. 常数 c 应取多少时才能保证区间 $(-\infty, \overline{X} + c)$ 是 μ 的 95% 置信区间；也就是说，选择 c 使其满足 $P(-\infty < \mu \leq \overline{X} + c) = 0.95$.

34. 假设 $X_1, X_2, \cdots, X_n$ 是 i.i.d 的 $N(\mu_0, \sigma_0^2)$，其中 μ 和 σ^2 由最大似然方法估计出来，结果估计是 $\hat{\mu}$ 和 $\hat{\sigma}^2$. 假设利用自助法估计 $\hat{\mu}$ 的抽样分布.
    a. 解释 $\hat{\mu}$ 分布的自助法估计为什么是 $N\left(\hat{\mu}, \dfrac{\hat{\sigma}^2}{n}\right)$.
    b. 解释 $\hat{\mu} - \mu_0$ 分布的自助法估计为什么是 $N\left(0, \dfrac{\hat{\sigma}^2}{n}\right)$.
    c. 根据以上结果，μ 的自助法置信区间的形式是什么？它与基于 t 分布的精确置信区间相比如何？

35. (8.5.1 节例 8.5.1.1 中的自助法) 令 $U_1, U_2, \cdots, U_{1029}$ 是独立的均匀分布随机变量. 设 X_1 等于 U_i 小于 0.331 的个数，X_2 等于 0.331 和 0.820 之间的个数，X_3 等于超过 0.820 的个数. X_1, X_2 和 X_3 的联合分布为什么是概率 0.331, 0.489 和 0.180 且 $n = 1029$ 的多项分布.

36. 在 8.5.3 节例 8.5.3.5 中,利用 8.5 节例 8.5.3 给出的标准差 $s_{\hat{\alpha}}$ 和 $s_{\hat{\lambda}}$,由正态分布近似 $\hat{\alpha}$ 和 $\hat{\lambda}$ 的抽样分布,据此可以得到例中的置信区间,将此区间与例中的近似 90% 置信区间进行比较,结果如何?

37. 利用 8.5.3 节的符号,假设 $\underline{\theta}$ 和 $\overline{\theta}$ 分别是 θ^* 分布的下、上四分位数. 证明: θ 的自助法置信区间可以写成 $(2\hat{\theta} - \overline{\theta}, 2\hat{\theta} - \underline{\theta})$.

38. 继续讨论习题 37,证明:如果 θ^* 的抽样分布关于点 $\hat{\theta}$ 对称,那么自助法置信区间是 $(\underline{\theta}, \overline{\theta})$.

39. 在 8.5.3 节中,自助法置信区间的推导过程考虑了 $\hat{\theta} - \theta_0$ 的抽样分布. 假设我们初始考虑 $\hat{\theta}/\theta$ 的分布,讨论如何进行,由此最终得到的自助法区间有什么不同吗?

40. 在 8.5.1 节的例 8.5.1.1 中,你如何使用自助法估计度量如下 $\hat{\theta}$ 的精度:(a) $P(|\hat{\theta} - \theta_0| > 0.01)$,(b) $E(|\hat{\theta} - \theta_0|)$,(c) 满足 $P(|\hat{\theta} - \theta_0| > \Delta) = 0.5$ 的 Δ 值.

41. 在 8.4 节的例 8.4.3 和 8.5 节的例 8.5.3 中,α 和 λ 矩方法估计和最大似然估计的相对效率是多少?

42. 康普顿伽马射线天文台是 NASA 在 1991 年发射的一颗卫星 (http://cossc.gsfc.nasa.gov/),文件 gamma-ray 包含了由其收集的少量数据,记录了 100 个时间区间内来自天空中某区域的伽马射线数,时间区间按顺序排列,且其长度 (以秒给出) 是可变的. 假设到达时是具有常数放射率 (λ = 每秒发生的事件数) 的泊松过程,估计 λ. 估计的标准误差是多少?你如何通俗地验证放射率是常数的假设?如果使用非正常伽马先验,Λ 的后验分布是什么?

43. 文件 gamma-arrivals 包含另一个伽马射线数据集,它由 3935 个光子的两次到达时长 (间隔时间) 组成 (单位是秒).
    a. 绘制间隔时间的直方图. 伽马分布是否合理?
    b. 利用矩方法和最大似然估计分别拟合参数,这两个估计相比如何?
    c. 在直方图上画出两个拟合伽马密度. 这些拟合看起来合理吗?
    d. 利用自助法估计矩方法和最大似然参数估计的标准误差. 这两种方法的估计标准误差相比如何?
    e. 利用自助法构造矩方法和最大似然参数估计的近似置信区间. 这两种方法的置信区间相比如何?
    f. 间隔时间的分布与到达时的泊松过程模型一致吗?

44. 文件 bodytemp 包含 Shoemaker(1996) 中 65 位男性 (标记为 1) 和 65 位女性 (标记为 2) 的正常体温读数 (华氏温度) 和心率 (每分钟跳动的次数). 假设总体分布是正态的 (下一章将研究这一假设),估计男性和女性的均值和标准差. 构造均值的 95% 置信区间. 大众公认的平均体温是 98.6°F,本例与其相符吗?

45. 染色质的随机游走模型. 人类染色体是一个非常大的分子,约长 2 或 3 厘米,容纳 10 000 万个碱基对 (Mbp). 与其相比,容纳染色体的细胞核的直径仅有大约千分之一厘米的长度. 染色体被包装在线圈序列中,称为染色质,且与某些特殊的蛋白质 (组蛋白) 有关,形成一串微型珠. 它是 DNA 和蛋白质的混合物. 在细胞周期的 G0/G1 阶段,在有丝分裂和 DNA 复制开始期间,有丝分裂染色体扩散至间期核. 在此阶段,发生了很多与染色体功能相关的重要过程. 例如,DNA 易于转录,并被复制,修复 DNA 链断裂. 到下一次有丝分裂的时候,染色体已经被复制了. 这些以及其他一些过程的复杂性引起了很多问题,如染色体的大型空间组织,这些组织是如何与细胞功能联系在一起的等. 从根本上讲,在如此空间受限的环境下,解读这些过程确实令人费解.

    在规模大约为 10^{-3} Mbp 时,DNA 形成直径大约为 30 纳米的染色质纤维;在规模大约为 10^{-1} Mbp 时,染色质可以变成环状. 我们对超过这个规模的空间组织知之甚少. 现在已经提出了很多模型,涉及的范围从高度随机化的模型到高度组织化的,其中包括不规则的折叠纤维、巨环、径向循环结构、为使染色质易于转录和复制机制的系统组织、基于随机游走模型的聚合物的随机模型.

    为了了解大规模空间组织的更多信息,科学家们进行了很多次试验 (Sachs 等,1995;Yokota 等,1995).

选取人体染色体 4 中特殊位置上的较小 DNA 序列对 (约为 40kbp), 利用荧光将其标记在大量细胞中, 然后利用荧光显微镜测量这些对成员之间的距离 (测量的距离实际上是二维距离, 是序列对位置在平面上的投影之间的距离.) 这些距离的经验分布提供了大规模组织性质的相关信息.

在化学界, 利用随机游走理论模拟聚合体构型, 这已经形成一个惯例. 基于这样的模型, 二维距离应该服从瑞利 (Rayleigh) 分布

$$f(r|\theta) = \frac{r}{\theta^2} \exp\left(\frac{-r^2}{2\theta^2}\right)$$

一般来讲, 这样做的原因如下: 随机游走模型意味着 R^3 中点对位置的联合分布是多元高斯的, 利用多元高斯分布的性质, 可以证明平面上投射位置的联合分布是二元高斯的. 如同 3.6.2 节的例 3.6.2.1, 可以证明两点之间的距离服从瑞利分布.

在这道习题中, 你将利用瑞利分布拟合一些试验结果, 并检验其拟合优度. 完整的数据集包含 36 个试验, 荧光标记的序列对之间的位置间距从 10Mbp 到 192Mbp 不等. 在这样的试验条件下, 大约测量了 100~200 个二维距离. 这个习题只关心三个试验数据 (短间距、中间距和长间距). 这些试验的测量数据包含在文件 Chromatin/short, Chromatin/medium, Chromatin/long.

a. 从瑞利分布中抽取样本, θ 的最大似然估计是多少?

b. 矩方法估计是多少?

c. 最大似然估计和矩方法估计的近似方差是多少?

d. 分别绘制三个试验的似然函数图, 并计算它们的最大似然估计和近似方差.

e. 计算矩方法估计和近似方差.

f. 绘制每个试验测量数据的直方图 (利用单位面积), 并在其上画出拟合密度曲线. 拟合看似合理吗? 最大似然拟合和矩方法拟合有没有明显的差异?

g. 你的估计值与点之间的基因间距有关系吗?

h. 将每个试验的渐近方差与参数自助法得到的结果进行比较. 为此, 你需要从参数 θ 的瑞利分布中生成随机变量.

    证明如果 X 服从参数 $\theta = 1$ 的瑞利分布, 那么 $Y = \theta X$ 服从参数 θ 的瑞利分布. 因此, 只需解决如何生成 $\theta = 1$ 的瑞利随机变量的问题即可. 说明如何利用 2.3 节的命题 2.3.4 完成这项工作.

    在这个问题中, $B = 100$ 的自助法样本应该足够了. 绘制 θ^* 的直方图, 这个分布看似正态吗? 你认为大样本理论用在这里合适吗? 比较由自助法计算得到的标准差与先前得到的标准误差.

i. 利用 $B = 1000$ 个自助法样本, 构造每个试验的 θ 的近似 95% 置信区间. 将这个区间与使用大样本理论得到的区间进行比较.

46. 这道习题的数据取自北极露脊鲸总体数目研究的部分数据 (Raftery 和 Zeh 1993). 总体数目估计及其估计变异性评估的统计步骤是十分复杂的, 这道习题只分析其中的一个方面——鲸游泳速度分布的研究. 收集鲸鱼露面的位置及其相应的出没位置, 这样就可以提供每个鲸鱼速度的估计值. 将速度 $v_1, v_2, \cdots, v_{210}$(千米/小时) 转换为每游进 1 千米所需的时间 $t_1, t_2, \cdots, t_{210}$——$t_i = 1/v_i$. 然后利用伽马分布拟合 t_i 的分布. 时间包含在文件 whales 中.

a. 绘制 210 个 t_i 值的直方图. 伽马分布是看似合理的拟合模型吗?

b. 利用矩方法估计伽马分布的参数.

c. 利用最大似然估计伽马分布的参数. 这些值与之前计算的相比较如何?

d. 在直方图上方画出两个伽马密度. 拟合看似合理吗?

e. 借助矩方法估计, 利用自助法估计参数的抽样分布和标准误差.

f. 借助最大似然估计，利用自助法估计参数的抽样分布和标准误差. 与之前得到的结果相比有什么不同?

   g. 导出利用最大似然估计得到的参数的近似置信区间.

47. 帕雷托 (Pareto) 分布用在经济学模型中，其密度函数的尾部缓慢衰减:
$$f(x|x_0,\theta) = \theta x_0^\theta x^{-\theta-1}, \quad x \geqslant x_0, \quad \theta > 1$$

   假设给定 $x_0 > 0$，且 $X_1, X_2, \cdots, X_n$ 是 i.i.d 的样本.

   a. 计算 θ 的矩方法估计.

   b. 计算 θ 的最大似然估计.

   c. 计算最大似然估计的渐近方差.

   d. 导出 θ 的充分统计量.

48. 考虑使用下面的方法估计泊松分布的 λ. 观察到
$$p_0 = P(X = 0) = e^{-\lambda}$$

   设 Y 表示容量 n 的 i.i.d 样本中 0 的个数，λ 可以通过下式估计:
$$\tilde{\lambda} = -\log\left(\frac{Y}{n}\right)$$

   利用误差传播方法得到这个估计的方差和偏倚的近似表达式. 将这个估计的方差与最大似然估计的方差进行比较，计算各种 λ 值的相对效率. 注意 $Y \sim \text{bin}(n, p_0)$.

49. 在 8.4 节介子衰变的例子中，假设不是记录 $x = \cos\theta$，而是只记录电子是否向前 $(x < 0)$ 或后退 $(x > 0)$.

   a. 如何由这种类型的 n 个独立观测值估计 α? (提示: 利用二项分布)

   b. 当 $\alpha = 0, 0.1, 0.2, 0.3, 0.4, 0.5, 0.6, 0.7, 0.8, 0.9$ 时，这个估计的方差是多少? 与矩方法和最大似然估计相比，它的相对效率是多少?

50. 令 $X_1, \cdots, X_n$ 是来自参数 $\theta > 0$ 的瑞利分布的 i.i.d 样本:
$$f(x|\theta) = \frac{x}{\theta^2} e^{-x^2/(2\theta^2)}, \quad x \geqslant 0$$

   (这是 3.6.2 节例 3.6.2.1 中密度函数的另一种参数化形式)

   a. 计算 θ 的矩方法估计.

   b. 计算 θ 的最大似然估计.

   c. 计算最大似然估计的渐近方差.

51. 双指数分布是
$$f(x|\theta) = \frac{1}{2}e^{-|x-\theta|}, \quad -\infty < x < \infty$$

   对于容量 $n = 2m + 1$ 的 i.i.d 样本，证明 θ 的最大似然估计是样本的中位数.(其余的一半观测值较小，另一半较大)[提示: 方程 $g(x) = |x|$ 不可微. 画出 n 取较小值的图形，试着理解其中的原理.]

52. 令 $X_1, \cdots, X_n$ 是 i.i.d 的随机变量，具有密度函数
$$f(x|\theta) = (\theta + 1)x^\theta, \quad 0 \leqslant x \leqslant 1$$

   a. 计算 θ 的矩方法估计.

   b. 计算 θ 的最大似然估计.

   c. 计算最大似然估计的渐近方差.

   d. 导出 θ 的充分统计量.

53. 令 $X_1, \cdots, X_n$ 是 $[0, \theta]$ 上的 i.i.d 均匀随机变量.
    a. 计算 θ 的矩方法估计和它的均值及方差.
    b. 计算 θ 的最大似然估计.
    c. 导出最大似然估计的概率密度，并计算它的均值及方差. 将其与矩估计法得到的方差、偏倚和均方误差进行比较.
    d. 修正最大似然估计，使其无偏.

54. 假设从正态分布中抽取容量 15 的 i.i.d 样本，得到 $\overline{X} = 10, s^2 = 25$. 计算 μ 和 σ^2 的 90% 置信区间.

55. 对于两个因素 —— 淀粉或糖，以及绿叶或白叶，右表记录了自花授粉杂合子的后代观测数 (Fisher 1958). 根据遗传理论，以上 4 个单元概率分别为 $0.25(2+\theta), 0.25(1-\theta), 0.25(1-\theta)$ 和 0.25θ，其中 $\theta(0 < \theta < 1)$ 是与因素相链接的参数.

类　型	观　测　数
淀粉绿叶	1997
淀粉白叶	906
含糖绿叶	904
含糖白叶	32

   a. 计算 θ 的最大似然估计及其渐近方差.
   b. 根据 a 构造 θ 的 95% 置信区间.
   c. 利用自助法计算最大似然估计的近似标准差，并与 a 中结果进行比较.
   d. 利用自助法计算最大似然估计的近似 95% 置信区间，并与 b 中结果进行比较.

56. 参见习题 55，考虑 θ 的另外两个估计. (1) 第一个单元观测数的期望是 $n(2+\theta)/4$；如果这个期望数等于观测数 X_1，得到如下估计：
$$\tilde{\theta}_1 = \frac{4X_1}{n} - 2$$
(2) 对最后一个单元使用同样的步骤，得到
$$\tilde{\theta}_2 = \frac{4X_4}{n}$$
计算这些估计值. 利用 X_1 和 X_4 是二项随机变量，证明这些估计是无偏的，并写出它们的方差表达式. 评估估计的标准误差，并将它们与最大似然估计的估计标准误差进行比较.

57. 本题是关于具有未知均值的正态分布的方差估计问题，样本 $X_1, \cdots, X_n$ 是 i.i.d 的正态随机变量. 利用如下的事实 (来自 6.3 节的定理 6.3.2) 回答下面的问题：
$$\frac{(n-1)s^2}{\sigma^2} \sim \chi^2_{n-1}$$
自由度为 r 的卡方随机变量的均值和方差分别是 r 和 $2r$.
   a. 下面的哪个估计是无偏的？
$$s^2 = \frac{1}{n-1}\sum_{i=1}^{n}(X_i - \overline{X})^2, \quad \hat{\sigma}^2 = \frac{1}{n}\sum_{i=1}^{n}(X_i - \overline{X})^2$$
   b. a 中给出的哪一个估计具有较小的 MSE？
   c. ρ 取何值时，$\rho\sum_{i=1}^{n}(X_i - \overline{X})^2$ 的 MSE 最小？

58. 如果基因频率是均衡的，基因型 AA, Aa, aa 出现的概率分别是 $(1-\theta)^2, 2\theta(1-\theta)$ 和 θ^2. Plato 等 (1964) 发表了如下的 190 个人类样本中触珠蛋白型的数据：

	触珠蛋白型	
Hp1-1	Hp1-2	Hp2-2
10	68	112

  a. 计算 θ 的最大似然估计.
  b. 计算最大似然估计的渐近方差.
  c. 导出 θ 的近似 99% 置信区间.
  d. 利用自助法计算最大似然估计的近似标准差，并与 b 中结果进行比较.
  e. 利用自助法导出近似 99% 置信区间，并与 c 中结果进行比较.

59. 假设在双胞胎总体中，男性 (M) 和女性 (F) 是等可能地出现的，双胞胎相同的概率是 α. 如果双胞胎不同，那么他们的基因是相互独立的.

  a. 证明：
$$P(MM) = P(FF) = \frac{1+\alpha}{4}, \quad P(MF) = \frac{1-\alpha}{2}$$
  b. 假设抽取 n 对双胞胎，发现 n_1 对是 MM，n_2 对是 FF，n_3 对是 MF，但是并不知道哪些双胞胎是相同的. 计算 α 的最大似然估计和它的方差.

60. 令 $X_1, \cdots, X_n$ 是取自指数分布的 i.i.d 样本，具有密度函数
$$f(x|\tau) = \frac{1}{\tau}\mathrm{e}^{-x/\tau}, \quad 0 \leqslant x < \infty$$

  a. 计算 τ 的最大似然估计.
  b. 最大似然估计的精确抽样分布是什么？
  c. 利用中心极限定理导出抽样分布的正态近似.
  d. 证明：最大似然估计是无偏的，计算它的精确方差.(提示：X_i 之和服从伽马分布.)
  e. 有没有其他的具有更小方差的无偏估计？
  f. 导出 τ 的近似置信区间的形式.
  g. 导出 τ 的精确置信区间的形式.

61. 拉普拉斯成功法则. 拉普拉斯断言当事件发生了 n 次，而一次没有失败时，事件在下一次发生的概率是 $(n+1)/(n+2)$. 你能解释其合理性吗？

62. 证明伽马分布是指数分布的共轭先验. 假设队列中的等待时间服从未知参数 λ 的指数随机变量，服务 20 位顾客的随机样本所需要的平均时间是 5.1 分钟. 使用伽马分布作为先验分布. 考虑以下两种情况：(1) 伽马的均值是 0.5，标准差是 1，(2) 伽马的均值是 10，标准差是 20. 画出两个后验分布并比较它们. 计算两个后验均值并比较它们. 解释二者的区别.

63. 假设从制造过程中抽取 100 个产品，发现 3 个次品. 利用贝塔先验刻画次品的未知比例 θ. 考虑下列两种情形：(1) $a = b = 1$，(2) $a = 0.5, b = 5$. 画出两个后验分布并比较它们. 计算两个后验均值并比较它们. 解释二者的区别？

64. 继续讨论上题. 根据产品是否为次品，令 $X = 0$ 或 1. 对于选择的每一个先验分布，抽取样本之前的 X 的边际分布是什么？抽取样本之后的 X 的边际分布是什么？(提示：第二个问题用到 θ 的后验分布.)

65. 假设样容量 20 的随机样本取自正态分布，且均值未知，方差等于 1，计算得到样本均值是 $\bar{x} = 10$. 利用正态分布作为均值的先验，得到的后验均值是 15，后验标准差是 0.1. 先验的均值和标准差是多少？

66. 令篮球运动员投中的未知概率是 θ，假设 θ 的先验是 $[0,1]$ 上的均匀分布，然后他连续投篮两次. 假设两次投篮的结果相互独立.

a. θ 的后验密度是什么?

b. 估计他第三次投中的概率是多少?

67. Evans(1953) 在生态研究中收集了很多数据集, 并利用负二项分布和其他分布拟合它们. 本题用到其中的两个数据集. 第一个数据集给出了 500 个连续的 20厘米^2 方格中 海乳草 的数目, 第二个数据集选取一块 48 行宽、96 英尺长的土豆地, 并将每行截成 2 英尺长的小单元, 共得到 2304 个样本单元, 然后计数每个单元中的薯虫数目. 拟合泊松和负二项分布, 并评价它们的拟合优度. 对于这些数据来说, 矩方法应该是相当有效的.

计 数	海乳草	薯 虫	计 数	海乳草	薯 虫
0	1	190	15		12
1	15	264	16		11
2	27	304	17		6
3	42	260	18		10
4	77	294	19		2
5	77	219	20		4
6	89	183	21		1
7	57	150	22		3
8	48	104	23		4
9	24	90	24		1
10	14	60	25		1
11	16	46	26		0
12	9	29	27		0
13	3	36	28		1
14	1	19			

68. 令 $X_1, \cdots, X_n$ 是取自泊松分布的 i.i.d 样本, 具有均值 λ, 令 $T = \sum_{i=1}^{n} X_i$.

a. 证明: 给定 T 的条件下, $X_1, \cdots, X_n$ 的分布独立于 λ, 并说明 T 是 λ 的充分统计量.

b. 证明 X_1 是不充分的.

c. 利用 8.8.1 节的定理 8.8.1.1 证明 T 是充分的. 识别定理中的函数 g 和 h.

69. 利用因子分解定理 (8.8.1 节的定理 8.8.1.1) 证明: 当 X_i 是取自几何分布的 i.i.d 样本时, $T = \sum_{i=1}^{n} X_i$ 是充分统计量.

70. 利用因子分解定理导出指数分布的充分统计量.

71. 令 $X_1, \cdots, X_n$ 是 i.i.d 样本, 具有密度函数
$$f(x|\theta) = \frac{\theta}{(1+x)^{\theta+1}}, \quad 0 < \theta < \infty \text{ 且 } 0 \leqslant x < \infty$$
找出 θ 的充分统计量.

72. 证明: $\prod_{i=1}^{n} X_i$ 和 $\sum_{i=1}^{n} X_i$ 均为伽马分布的充分统计量.

73. 导出瑞利密度的充分统计量,
$$f(x|\theta) = \frac{x}{\theta^2} e^{-x^2/(2\theta^2)}, \quad x \geqslant 0$$

74. 证明二项分布属于指数族.

75. 证明伽马分布属于指数族.

第9章 假设检验和拟合优度评估

9.1 引言

我们通过一个简单的人造例子介绍本章的一些基本概念,读者必须仔细地研读它. 假设我有两枚硬币,硬币 0 出现正面的概率是 0.5,硬币 1 出现正面的概率是 0.7. 选择其中一枚硬币,抛掷 10 次,告诉你出现正面的次数,但是不告诉你它是硬币 0 还是硬币 1. 你的任务是根据正面的个数判断它是哪一枚硬币. 你的决策规则应该是什么?

令 X 表示正面的次数. 图 9.1 给出了每枚硬币的 $p(x)$.

x	0	1	2	3	4	5	6	7	8	9	10
硬币 0	0.0010	0.0098	0.0439	0.1172	0.2051	0.2461	0.2051	0.1172	0.0439	0.0098	0.0010
硬币 1	0.0000	0.0001	0.0014	0.0090	0.0368	0.1029	0.2011	0.2668	0.2335	0.1211	0.0282

图 9.1

假设你观测到两个正面,那么 $P_0(2)/P_1(2)$ 约等于 30,我们称之为**似然比**(likelihood ratio)——硬币 0 得到这个结果的可能性大约是硬币 1 的 30 倍. 这个结果支持硬币 0. 另一方面,如果有 8 个正面,似然比会是 $0.0439/0.2335 = 0.19$,它支持硬币 1. 似然比在我们介绍的方法步骤中扮演着非常重要的角色.

根据是否抛掷硬币 0 或硬币 1,我们指定两种假设 H_0 和 H_1. 我们首先介绍评估判断假设出现的贝叶斯方法. 这个方法需要在观测数据之前指定每个假设出现的先验概率 $P(H_0)$ 和 $P(H_1)$. 如果你认为我没有任何理由选择硬币 0 而舍弃硬币 1,你可以取 $P(H_0) = P(H_1) = 1/2$.

在观测到正面数之后,你的后验概率为 $P(H_0|x)$ 和 $P(H_1|x)$,前者是

$$P(H_0|x) = \frac{P(H_0, x)}{P(x)} = \frac{P(x|H_0)P(H_0)}{P(x)}$$

比率

$$\frac{P(H_0|x)}{P(H_1|x)} = \frac{P(H_0)}{P(H_1)} \frac{P(x|H_0)}{P(x|H_1)}$$

是先验概率之比和似然比的乘积. 因此,由数据提供的证据包含在似然比里面,乘以先验概率之比得到后验概率之比.

似然比的计算结果如图 9.2 所示. (图 9.2 中的数值与图 9.1 中的数值之比不能精确匹配,这是由于前者精确到小数点后 4 位.) 当 x 减少时,证据 x 越来越倾向于支持 H_0,即似然比是 x 的单调函数. 如果先验概率是相等的,那么从 0 个正面到 6 个正面,H_0 最可能出现;从 7 个正面到 10 个正面,H_1 最可能出现. 如果先验概率改变,断点就会改变. 如果让你基于数据 x 选择 H_0 或 H_1,比较合理的方法就是选择能使后验概率较大的假设. 如果

$$\frac{P(H_0|x)}{P(H_1|x)} = \frac{P(H_0)}{P(H_1)} \frac{P(x|H_0)}{P(x|H_1)} > 1$$

或等价地，如果

$$\frac{P(x|H_0)}{P(x|H_1)} > c$$

你会选择 H_0，其中临界值 c 依赖于你的先验概率. 你的决策规则可以基于似然比：如果似然比大于 c，就接受 H_0；如果似然比小于 c，就拒绝 H_0.

x	0	1	2	3	4	5	6	7	8	9	10
$\frac{P(x|H_0)}{P(x|H_1)}$	165.4	70.88	30.38	13.02	5.579	2.391	1.025	0.4392	0.1882	0.0807	0.0346

图 9.2

我们现在进一步分析一个特殊决策规则的结果，即常数 c 的特殊设定. 首先假设 $c = 1$，那么只要 $X \leqslant 6$，就接受 H_0；如果 $X > 6$，就拒绝 H_0，而接受 H_1. 我们可能犯两种错误：当 H_0 真时却拒绝它，或者当 H_0 假时却接受它. 犯这两种可能错误的概率可以计算如下：

$$P(拒绝 H_0|H_0) = P(X > 6|H_0) = 0.18$$

这里我们利用了相应于 H_0 的二项概率. 类似地，另一类错误的概率是

$$P(接受 H_0|H_1) = P(X \leqslant 6|H_1) = 0.35$$

现在假设 $c = 0.1$，这相应于 $P(H_0)/P(H_1) = 10$. 那么由图 9.2，当 $X \leqslant 8$ 时接受 H_0. 相对于平等机会，较极端的情况才能拒绝 H_0，只是因为先验概率非常倾向于 H_0. 那么两种类型的错误概率是

$$P(拒绝 H_0|H_0) = P(X > 8|H_0) = 0.01$$
$$P(接受 H_0|H_1) = P(X \leqslant 8|H_1) = 0.85$$

这样，我们看到了先验概率和两种类型错误概率之间的对应. 常数 c 控制了两种类型错误概率之间的权衡.

9.2 奈曼–皮尔逊范式

奈曼和皮尔逊 (Pearson) 没有利用贝叶斯方法构建假设检验理论，而是将其转化成决策问题进行处理，强调两类错误概率的中心地位，因此就避开了设定先验概率的必要性. 按此方式，这个方法引起一种非对称性：挑选出一个假设作为**原假设**(null hypothesis)，另一个作为**备择假设**(alternative hypothesis)，前者通常记为 H_0，后者记为 H_1 或 H_A. 稍后通过例子，我们会看到这种设定非常自然，但是就目前来讲，我们还是继续讨论上一节的例子，任意地指定 H_0 为原假设. 下面的术语是规范的：

- 当 H_0 为真时而拒绝之称为**类型 I 错误**(type I error).
- 类型 I 错误的概率称为检验的**显著性水平**(significance level)，通常记为 α.
- 当 H_0 为假时而接受之称为**类型 II 错误**(type II error)，其概率通常记为 β.

- 当 H_0 为假时而拒绝之的概率称为检验的**势 (power)**，等于 $1-\beta$.
- 在这个例子中，我们看到当似然比小于常数 c 时拒绝 H_0 等价于正面次数大于某个值 x_0 时而拒绝之. 似然比，或等价地，正面次数，称为**检验统计量**(test statistic).
- 拒绝原假设的检验统计量的值集称为**拒绝域**(rejection region)，接受原假设的值集称为**接受域**(acceptance region).
- 当原假设为真时，检验统计量的概率分布称为**零分布**(null distribution).

在这一章引言的例子中，原假设和备择假设都非常清楚地明确了出现正面次数的概率分布，分别为 bin(10,0.5) 或 bin(10,0.7). 它们称为**简单假设**(simple hypotheses). 奈曼–皮尔逊引理说明我们之前基于似然比的检验是最优的：

引理 9.2.1(奈曼–皮尔逊引理) 假设 H_0 和 H_1 是简单假设，检验在似然比小于 c 时拒绝 H_0，显著性水平是 α. 那么显著性水平小于或等于 α 的任何其他检验都具有小于或等于似然比检验的势. ∎

这个定理的关键是有很多可能的检验. 将观测的所有可能结果集分割成两部分，其中一部分是接受域，剩余一部分是其补集，观测在补集中时拒绝 H_0. 根据构造，在原假设为真时，观测落入拒绝域的概率小于或等于 α，即检验的显著性水平为 α. 在所有这些可能的分割中，基于似然比的分割最大化检验的势.

证明 令 $f(x)$ 表示观测的概率密度函数或频率函数. 检验 $H_0: f(x) = f_0(x)$ 对 $H_1: f(x) = f_A(x)$ 等价于使用决策函数 $d(x)$，其中 $d(x) = 0$ 时接受 H_0，$d(x) = 1$ 时拒绝 H_0. 由于 $d(X)$ 是伯努利随机变量，$E(d(X)) = P(d(X) = 1)$. 因此，检验的显著性水平是 $\alpha = P_0(d(X) = 1) = E_0(d(X))$，势是 $P_A(d(X) = 0) = E_A(d(X))$. 这里 E_0 表示指定 H_0 概率律下的期望，其他依此类推.

令 $d(X)$ 相应于似然比检验：如果 $f_0(x) < cf_A(x)$，那么 $d(x) = 1$，$E_0(d(X)) = \alpha$. 令 $d^*(X)$ 是另一个检验的决策函数，满足 $E_0(d^*(X)) = E_0(d(X)) = \alpha$. 我们证明 $E_A(d^*(X)) \leqslant E_A(d(X))$. 它来自于如下的关键不等式：

$$d^*(x)[cf_A(x) - f_0(x)] \leqslant d(x)[cf_A(x) - f_0(x)]$$

不等式成立是因为，如果 $d(x) = 1$，那么 $cf_A(x) - f_0(x) > 0$；如果 $d(x) = 0$，那么 $cf_A(x) - f_0(x) \leqslant 0$. 现在，上述不等式两边关于 x 积分 (或求和)，得到

$$cE_A(d^*(X)) - E_0(d^*(X)) \leqslant cE_A(d(X)) - E_0(d(X))$$

因此，

$$E_0(d(X)) - E_0(d^*(X)) \leqslant c[E_A(d(X)) - E_A(d^*(X))]$$

根据假设，这个不等式的左边非负，结论得证. ∎

例 9.2.1 令 $X_1, \cdots, X_n$ 为取自正态分布的随机样本，具有已知方差 σ^2. 考虑两个简单假设：

$$H_0: \mu = \mu_0$$

$$H_A: \mu = \mu_1$$

其中 μ_0 和 μ_1 是给定的常数. 令显著性水平 α 预先给定. 奈曼–皮尔逊引理说明在所有的显著性水平 α 的检验中, 似然比较小时拒绝 H_0 的检验具有最优势. 因此, 我们计算似然比, 它是

$$\frac{f_0(\mathbf{X})}{f_1(\mathbf{X})} = \frac{\exp\left[\frac{-1}{2\sigma^2}\sum_{i=1}^{n}(X_i-\mu_0)^2\right]}{\exp\left[\frac{-1}{2\sigma^2}\sum_{i=1}^{n}(X_i-\mu_1)^2\right]}$$

其中指数的乘积因子相互抵消. 这个统计量的较小值相应于 $\sum_{i=1}^{n}(X_i-\mu_1)^2 - \sum_{i=1}^{n}(X_i-\mu_0)^2$ 的较小值. 平方展开, 我们看到后一表达式简化为

$$2n\overline{X}(\mu_0-\mu_1) + n\mu_1^2 - n\mu_0^2$$

现在, 如果 $\mu_0-\mu_1>0$, 当 $\overline{X}$ 较小时, 似然比也较小; 如果 $\mu_0-\mu_1<0$, 当 $\overline{X}$ 较大时, 似然比较小. 更具体地, 我们考虑后一情形, 那么似然比是 $\overline{X}$ 的函数, 当 $\overline{X}$ 较大时, 似然比较小. 因此, 奈曼–皮尔逊引理告诉我们最优势检验在 $\overline{X}>x_0$ 上拒绝 H_0, 其中 x_0 是某个常数. 我们选择 x_0 是为了得到想要的检验显著性水平 α. 也就是说, x_0 的选择满足 H_0 为真时, $P(\overline{X}>x_0)=\alpha$. 在这个例子中, H_0 为真时, $\overline{X}$ 的零分布是均值 μ_0 和方差 σ^2/n 的正态分布, 因此, 由标准正态分布表可以选择 x_0. 由于

$$P(\overline{X}>x_0) = P\left(\frac{\overline{X}-\mu_0}{\sigma/\sqrt{n}} > \frac{x_0-\mu_0}{\sigma/\sqrt{n}}\right)$$

我们可以求解

$$\frac{x_0-\mu_0}{\sigma/\sqrt{n}} = z(\alpha)$$

x_0 是为了寻找检验水平 α 的拒绝域. 这里, 与通常一样, $z(\alpha)$ 表示标准正态分布的上 α 分位点, 即如果 Z 是标准正态随机变量, 那么 $P(Z>z(\alpha))=\alpha$. ■

这个例子是奈曼–皮尔逊引理的典型应用方式. 我们写下似然比, 观测其较小的值在一一对应方式下与检验统计量极值的相应关系, 在这里是 $\overline{X}$. 知道检验统计量的零分布可以选择临界值水平, 它能产生想要的显著性水平 α.

遗憾的是, 奈曼–皮尔逊引理在很多实践问题中的直接效用不大, 因为检验简单原假设对简单备择假设下的情况非常罕见. 如果假设没有完全指明概率分布, 那么该假设称为**复杂假设**(composite hypothesis). 这里有一些例子:

例 9.2.2(拟合优度检验) 令 $X_1, X_2, \cdots, X_n$ 是来自离散概率分布的样本. 原假设可能是总体的分布是具有某个未知均值的泊松分布, 备择假设可能是总体分布不是泊松的. 例如, 我们想检验利用泊松模型拟合 8.4 节例 8.4.1 的数据是否合理. 由于原假设没有明确指出 X_i 的分布, 它是复杂的. 如果原假设进一步精确陈述为具有某个未知均值的泊松分布, 那么它是简单的. 备择假设也没有明确指出分布类型, 因此它是复杂的. 我们在这一章的后面接着讨论拟合优度检验. ■

例 9.2.3(检验超感) 考虑一个假设性实验,从 52 张扑克中有替代地随机抽取 20 张,不能看,直接说出抽中扑克的花色. 令 T 是正确识别的个数. 原假设是这个人完全靠猜,备择假设是这个人具有特异功能. 原假设是简单的,这是因为 T 服从分布 bin(20,0.25). 备择假设没有明确指出 T 的分布,因此它是复杂的. 注意,备择假设甚至没有指出分布是二项的. ∎

这个例子用来进一步解释假设检验中的另外两个问题:显著性水平的设定和原假设的选择.

9.2.1 显著性水平的设定和 p 值的概念

奈曼–皮尔逊方法的一个优势在于仅需要原假设下的分布就可以构造检验. 在上述例 9.2.3 中,选择原假设为纯猜的方式,这既符合常规做法,又操作方便,我们在下一节对其进一步讨论. 在这种情形下,T 的零分布是 bin(20,0.25). 因为较大的 T 值倾向于选择备择假设,拒绝域的形式为 $\{T \geq t_0\}$,其中 t_0 满足 $P(T \geq t_0|H_0) = \alpha$,达到检验预想的显著性水平. 例如,由二项概率的计算,我们发现 $P(T \geq 12) = 0.0009$,因此对于选择的这个临界域,错误拒绝没有特异功能原假设的概率仅仅是千分之一. 注意,我们没有必要指出备择假设的概率分布形式,而是仅仅使用了这样的表述:如果备择假设是真的,与完全猜测相比,预期能够正确识别出更多的花色. 相比之下,贝叶斯方法不得不识别出备择假设的分布,以及先验概率.

检验理论需要在分析数据之前设定显著性水平 α,但是没有给出如何进行选择的指导性原则. 在实践中,α 的选择在本质上是任意的,但又严重受习惯限制. 通常使用较小的数值,比方说 0.01 和 0.05. 该范例的另一种评判认为显著性水平的设定建立在一种假设之上,即我们要么拒绝原假设要么接受之,而通常情况下并不需要这样的决策. 因此,检验理论经常用于假设模式. 例如,假设上述例子中猜对花色 9 次. 由于 $P(T \geq 9|H_0) = 0.041$,如果我们在实践中确实需要"拒绝"或者"不拒绝",那么在给定显著性水平 $\alpha = 0.05$ 的情况下,原假设会被"拒绝". 因此,这些证据通常汇总为 p 值(p-value),它是拒绝原假设的最小显著性水平. 如果正确识别 9 个花色,p 值是 0.041,如果正确识别 10 个,它是 0.014,这是由于 $P(T \geq 10|H_0) = 0.014$,等等.

用来汇总拒绝原假设证据的 p 值由杰出的统计学家 Sir Ronald Fisher 提出,但是他没有将其用在"拒绝"的假设框架下,而是将 p 值认为是在原假设为真时等于或更极端于实际观测结果的概率. 因此例如,识别出 10 个花色的情形,p 值是某人通过完全猜测,至少正确识别这么多花色的几率. p 值越小,拒绝原假设的证据越充分.

贝叶斯范例将接受和拒绝原假设的证据汇总为后验概率. 它的应用依赖于原假设和备择假设的概率模型,同时还依赖于合理配备的先验概率. 重要的是要理解 p 值不 是原假设为真时的后验概率. 再次重申,p 值是在原假设为真时等于或更极端于实际观测结果的概率. 它是个概率,但不是原假设为真时的后验概率,后者依赖于先验概率的设定. 考虑 9.1 节的例子,如果观测到 $x = 8$ 个正面,p 值是 $0.0439 + 0.0098 + 0.0010 = 0.0546$,或约为 5%. 假设先验概率相等,似然比是 $0.1882 = P(H_0|x)/(1 - P(H_0|x))$,由此导出 $P(H_0|x) = 0.1584$,或约为 16%.

9.2.2 原假设

现在应该清楚,在奈曼–皮尔逊范式中,原假设和备择假设是不对称的. 决定谁是原假设谁是备择假设不是一个数学问题,它依赖于科学背景、惯例和方便性. 当我们在这一章和后面的章

节中看到更多的例子时,这种情形就会变得越来越明朗,目前,我们只能简单评注如下:
- 在 9.2 节的例 9.2.2 中,我们选择原假设为分布是泊松的,我们选择备择假设为分布不是泊松的. 在这种情形下, 原假设比备择假设简单, 某种意义上备择假设比原假设包含更多的分布. 通常选择较简单的假设为原假设.
- 错误地拒绝一个假设可能比错误地接受另一个假设带来更严重的后果. 这样, 前者应该选作原假设, 这是因为错误拒绝它的概率可以由 α 控制. 这类例子常见于筛选新药, 通常, 在一种新药被接受并推广使用之前, 必须十分明确地断定它具有积极效用.
- 在科学调查中, 为了解释一些物理现象或效果的存在性, 原假设通常是一个简单事实的陈述, 但我们对其正确性必须持怀疑态度. 较早介绍的假设性超感实验就属于这种类型, 原假设认为识别完全靠猜, 没有超感. 除非原假设成立时检验结果极不可能, 否则就不应该怀疑原假设的合理性. 我们在第 11 章会看到该类型的其他一些例子.

9.2.3 一致最优势检验

奈曼–皮尔逊引理的最优结论需要两个假设都是简单的. 在一些情况下, 这个理论可以扩展到包含复杂假设的情形. 如果备择假设 H_1 是复杂的, 那么关于 H_1 中任一简单备择假设都是最优势的检验称为是**一致最优势的**(uniformly most powerful).

例 9.2.3.1 继续讨论 9.2 节的例 9.2.1, 考虑检验 $H_0 : \mu = \mu_0$ 对 $H_1 : \mu > \mu_0$. 在例 9.2.1 中, 我们看到对于特定的备择假设 $\mu_1 > \mu_0$, 最优势检验的拒绝域是 $\overline{X} > x_0$, 其中 x_0 依赖于 μ_0, σ, n, 但不依赖于 μ_1. 由于这个检验是最优势的, 且对每个备择假设都是一样的, 所以它是一致最优势的. ∎

同样可以讨论检验 $H_0 : \mu \leqslant \mu_0$ 对 $H_1 : \mu > \mu_0$ 也是一致最优势的, 但是检验 $H_0 : \mu = \mu_0$ 对 $H_1 : \mu \neq \mu_0$ 不是一致最优势的. 这通过进一步研究该例得到, 证明显示备择假设 $\mu > \mu_0$ 最优势检验的拒绝域处在 $\overline{X} - \mu_0$ 较大的区间上, 备择假设 $\mu < \mu_0$ 最优势检验的拒绝域处在 $\overline{X} - \mu_0$ 较小的区间上. 因此, 最优势检验对于每个备择假设是不一样的.

在一般的复杂情形下, 一致最优势检验是不存在的. 备择假设 $H_1 : \mu < \mu_0$ 和 $H_1 : \mu > \mu_0$ 称为**单边备择假设**(one-sided alternative). 备择假设 $H_1 : \mu \neq \mu_0$ 是**双边备择假设**(two-sided alternative).

9.3 置信区间和假设检验的对偶性

置信区间 (更一般地, 置信集) 和假设检验之间具有对偶性. 在这一节, 我们证明置信集可以通过"逆转"假设检验得到, 反之亦然. 在陈述一般结构之前, 我们考虑一个例子.

例 9.3.1 令 $X_1, \cdots, X_n$ 为取自正态分布的随机样本, 具有未知均值 μ 和已知方差 σ^2. 我们考虑如下的假设检验:

$$H_0 : \mu = \mu_0$$
$$H_A : \mu \neq \mu_0$$

考虑检验：在指定的水平 α 下，拒绝域是 $|\overline{X} - \mu_0| > x_0$，其中 x_0 满足如果 H_0 为真，$P(|\overline{X} - \mu_0| > x_0) = \alpha$，$x_0 = \sigma_{\overline{X}} z(\alpha/2)$。这里 $\overline{X}$ 的标准差记为 $\sigma_{\overline{X}} = \sigma/\sqrt{n}$。因此，检验的接受域是

$$|\overline{X} - \mu_0| < \sigma_{\overline{X}} z(\alpha/2)$$

或

$$-\sigma_{\overline{X}} z(\alpha/2) < \overline{X} - \mu_0 < \sigma_{\overline{X}} z(\alpha/2)$$

或

$$\overline{X} - \sigma_{\overline{X}} z(\alpha/2) < \mu_0 < \overline{X} + \sigma_{\overline{X}} z(\alpha/2)$$

μ_0 的 $100(1-\alpha)\%$ 置信区间是

$$[\overline{X} - \sigma_{\overline{X}} z(\alpha/2), \overline{X} + \sigma_{\overline{X}} z(\alpha/2)]$$

比较检验的接受域和置信区间，我们看到 μ_0 在 μ 的置信区间内的充分必要条件是检验接受原假设，换句话说，置信区间由接受原假设 $H_0 : \mu = \mu_0$ 的所有 μ_0 值完全决定。∎

我们现在解释这种对偶性在一般情况下也成立。令 θ 是概率分布族的参数，记 θ 的所有可能取值为 Θ，得到数据的随机变量由 $\mathbf{X}$ 表示。

定理 9.3.1 假设对于 Θ 中的每个值 θ_0 都有一个水平 α 的假设检验 $H_0 : \theta = \theta_0$。记检验的接受域为 $A(\theta_0)$。那么集合

$$C(\mathbf{X}) = \{\theta : \mathbf{X} \in A(\theta)\}$$

是 θ 的 $100(1-\alpha)\%$ 置信域。

证明 因为 A 是检验水平为 α 的接受域，所以

$$P[\mathbf{X} \in A(\theta_0)|\theta = \theta_0] = 1 - \alpha$$

现在，根据 $C(\mathbf{X})$ 的定义，

$$P[\theta_0 \in C(\mathbf{X})|\theta = \theta_0] = P[\mathbf{X} \in A(\theta_0)|\theta = \theta_0] = 1 - \alpha$$ ∎

定理 9.3.1 的语言叙述是：θ 的 $100(1-\alpha)\%$ 置信域由水平 α 下不拒绝 θ 等于 θ_0 假设的所有 θ_0 值构成。

定理 9.3.2 假设 $C(\mathbf{X})$ 是 θ 的 $100(1-\alpha)\%$ 置信域，即对每个 θ_0，

$$P[\theta_0 \in C(\mathbf{X})|\theta = \theta_0] = 1 - \alpha$$

那么水平 α 假设检验 $H_0 : \theta = \theta_0$ 的接受域是

$$A(\theta_0) = \{\mathbf{X}|\theta_0 \in C(\mathbf{X})\}$$

证明 检验具有水平 α 是因为

$$P(\mathbf{X} \in A(\theta_0)|\theta = \theta_0) = P(\theta_0 \in C(\mathbf{X})|\theta = \theta_0) = 1 - \alpha$$ ∎

总之，定理 9.3.2 是说如果 θ_0 在置信域内，那么接受假设 θ 等于 θ_0。

这种对偶性非常有用。在一些情形下，可能首先构造概率分布参数的置信区间，然后利用这些区间检验这些参数值的假设；在另外一些情形下，假设检验可能相对比较容易，然后决定检验的接受域，依此构造置信区间，直接推导之可能十分困难。在后面的章节中，我们会看到两种情形下的例子。

9.4 广义似然比检验

在检验简单假设对简单假设时,似然比检验是最优的. 在这一节,我们将它推广至不是简单假设的情形. 这样的检验一般不是最优的,但是它们往往是最优检验不存在时的最佳解,通常表现相当不错. 广义似然比检验有非常广的用途;它们在检验中扮演的角色类似于估计中的最大似然估计.

经常遇到这样的情况:目前考虑的假设完全确定,或部分确定,生成数据的概率分布参数值. 特别地,假设观测 $\mathbf{X} = (X_1, \cdots, X_n)$ 具有联合密度或频率函数 $f(\mathbf{x}|\theta)$,那么 H_0 确定 $\theta \in \omega_0$,其中 ω_0 是 θ 的所有可能值集的子集,H_1 确定 $\theta \in \omega_1$,其中 ω_1 与 ω_0 不交. 令 $\Omega = \omega_0 \bigcup \omega_1$. 基于数据,假设的似然比可以合理地度量它们的相对可能性. 如果假设是复杂的,计算每个似然最大值点 θ 的值,得到广义似然比

$$\Lambda^* = \frac{\max\limits_{\theta \in \omega_0}[\mathrm{lik}(\theta)]}{\max\limits_{\theta \in \omega_1}[\mathrm{lik}(\theta)]}$$

较小的 Λ^* 倾向于怀疑 H_0.

基于某些技术原因,不是利用 Λ^*,而是利用如下检验统计量:

$$\Lambda = \frac{\max\limits_{\theta \in \omega_0}[\mathrm{lik}(\theta)]}{\max\limits_{\theta \in \Omega}[\mathrm{lik}(\theta)]}$$

注意 $\Lambda = \min(\Lambda^*, 1)$,因此较小 Λ^* 相应于较小的 Λ. 似然比检验的拒绝域由较小的 Λ 值组成,例如,所有的 $\Lambda \leqslant \lambda_0$. 选择阈值 λ_0 满足预设的检验显著性水平,$P(\Lambda \leqslant \lambda_0|H_0) = \alpha$.

我们现在利用一个简单的例子解释似然比检验的构成.

例 9.4.1 (检验正态均值) 令 $X_1, \cdots, X_n$ 是 i.i.d 的,具有均值 μ 和方差 σ^2 的正态分布,其中 σ 已知. 我们希望检验 $H_0: \mu = \mu_0$ 对 $H_1: \mu \neq \mu_0$,其中 μ_0 是给定的数. θ 的角色由 μ 代替,$\omega_0 = \{\mu_0\}$,$\omega_1 = \{\mu|\mu \neq \mu_0\}$,$\Omega = \{-\infty < \mu < \infty\}$.

由于 ω_0 仅含有一个点,似然比统计量的分子是

$$\frac{1}{(\sigma\sqrt{2\pi})^n} \mathrm{e}^{-\frac{1}{2\sigma^2} \sum\limits_{i=1}^{n}(X_i-\mu_0)^2}$$

对于分母,我们不得不在 $\mu \in \Omega$ 上最大化似然,当 μ 是最大似然估计 $\overline{X}$ 时达到最大,分母是 $\mu = \overline{X}$ 时 $X_1, X_2, \cdots, X_n$ 的似然:

$$\frac{1}{(\sigma\sqrt{2\pi})^n} \mathrm{e}^{-\frac{1}{2\sigma^2} \sum\limits_{i=1}^{n}(X_i-\overline{X})^2}$$

因此,似然比统计量是

$$\Lambda = \exp\left(-\frac{1}{2\sigma^2}\left[\sum_{i=1}^{n}(X_i-\mu_0)^2 - \sum_{i=1}^{n}(X_i-\overline{X})^2\right]\right)$$

Λ 较小时拒绝等价于如下表达式较大时拒绝:

$$-2\log \Lambda = \frac{1}{\sigma^2}\left(\sum_{i=1}^{n}(X_i-\mu_0)^2 - \sum_{i=1}^{n}(X_i-\overline{X})^2\right)$$

利用等式

$$\sum_{i=1}^{n}(X_i-\mu_0)^2 = \sum_{i=1}^{n}(X_i-\overline{X})^2 + n(\overline{X}-\mu_0)^2$$

我们看到似然比检验对于较大的 $-2\log \Lambda = n(\overline{X}-\mu_0)^2/\sigma^2$ 值拒绝. 在 H_0 下, 统计量的分布是自由度为 1 的卡方分布. 由于 H_0 下, $\overline{X} \sim N(\mu_0, \sigma^2/n)$, 这意味着 $\sqrt{n}(\overline{X}-\mu_0)/\sigma \sim N(0,1)$, 因此它的平方 $-2\log \Lambda \sim \chi_1^2$. 已知检验统计量的零分布就可以构造任意显著性水平 α 的拒绝域: 当

$$\frac{n}{\sigma^2}(\overline{X}-\mu_0)^2 > \chi_1^2(\alpha)$$

时, 检验拒绝. 再一次利用自由度为 1 的卡方随机变量是标准正态随机变量的平方, 我们重新表述这个关系式, 得到检验的拒绝域是

$$|\overline{X}-\mu_0| \geqslant \frac{\sigma}{\sqrt{n}}z(\alpha/2)$$

∎

之前的推导十分正式, 但是经过仔细审查发现这个结果非常合理, 或者说, 结果太显然以至于使我们怀疑正式推导的价值: 当 $|\overline{X}-\mu_0|$ 较大时拒绝检验 $H_0:\mu=\mu_0$ 对 $H_1:\mu\neq\mu_0$. 当 $-\sigma z(\alpha/2)/\sqrt{n} \leqslant \overline{X}-\mu_0 \leqslant \sigma z(\alpha/2)/\sqrt{n}$ 时, 或等价地, 当 $\overline{X}-\sigma z(\alpha/2)/\sqrt{n} \leqslant \mu_0 \leqslant \overline{X}+\sigma z(\alpha/2)/\sqrt{n}$ 时, 不拒绝检验. 也就是说, 当 μ_0 在 μ 的 $100(1-\alpha)\%$ 置信区间内时, 不拒绝检验. 与 9.3 节的例 9.3.1 进行比较.

为使似然比检验具有显著性水平 α, 必须选择 λ_0 满足在 H_0 为真时 $P(\Lambda \leqslant \lambda_0) = \alpha$. 如果 H_0 为真时 Λ 的抽样分布已知, 我们可以确定 λ_0. 一般地, 抽样分布不是简单形式, 但在很多情形下, 下面的定理提供了零分布的基本近似.

定理 9.4.1 在相关的概率密度函数或频率函数具有光滑性的条件下, 当样本容量趋于无穷时, $-2\log\Lambda$ 的零分布趋向于自由度为 $\dim\Omega - \dim\omega_0$ 的卡方分布. ∎

证明基于二阶泰勒展开式, 这超出了本书的范围.

在定理 9.4.1 的陈述中, $\dim\Omega$ 和 $\dim\omega_0$ 分别是空间 Ω 和 ω_0 下自由参数的个数. 在例 9.4.1 中, 原假设完全指明了 μ 和 σ^2, 在 ω_0 下没有自由参数, 因此 $\dim\omega_0 = 0$. 在 Ω 下, σ 固定, 但 μ 是自由的, 所以 $\dim\Omega = 1$. 对于这个例子, $-2\log\Lambda$ 的零分布恰是 χ_1^2.

9.5 多项分布的似然比检验

在这一节, 我们介绍多项单元概率模型拟合优度的广义似然比检验. 模型的单元概率 p 的向量用假设 H_0 描述, 具体为 $p = p(\theta), \theta \in \omega_0$, 其中 θ 是可能未知的参数. 例如, 在 8.2 节, 我们考虑用泊松概率拟合表格中的单元数, 其中的泊松分布依赖于一个未知参数 (在那里称为 λ, 扮演着 θ 的角色). 我们想利用 H_1 来判断模型的合理性, H_1 除了概率非负以及加和为 1 的限制外, 单元概率是自由的. 如果有 m 个单元, Ω 由和为 1 的 m 个非负数值组成.

似然比的分子是

$$\max_{p\in\omega_0}\left(\frac{n!}{x_1!\cdots x_m!}\right)p_1(\theta)^{x_1}\cdots p_m(\theta)^{x_m}$$

其中 x_i 是 m 个单元的观测数. 根据最大似然估计的性质, 当 $\hat{\theta}$ 是 θ 的最大似然估计时, 似然达到最大. 相应的概率记为 $p_i(\hat{\theta})$.

由于 Ω 下的概率是无限制的, 分母通过无限制的最大似然估计达到最大, 或

$$\hat{p}_i = \frac{x_i}{n}$$

因此, 似然比是

$$\Lambda = \frac{\frac{n!}{x_1!\cdots x_m!}p_1(\hat{\theta})^{x_1}\cdots p_m(\hat{\theta})^{x_m}}{\frac{n!}{x_1!\cdots x_m!}\hat{p}_1^{x_1}\cdots \hat{p}_m^{x_m}} = \prod_{i=1}^{m}\left(\frac{p_i(\hat{\theta})}{\hat{p}_i}\right)^{x_i}$$

同样, 由于 $x_i = n\hat{p}_i$, 因此,

$$-2\log\Lambda = -2n\sum_{i=1}^{m}\hat{p}_i\log\left(\frac{p_i(\hat{\theta})}{\hat{p}_i}\right) = 2\sum_{i=1}^{m}O_i\log\left(\frac{O_i}{E_i}\right)$$

其中 $O_i = n\hat{p}_i$, $E_i = np_i(\hat{\theta})$ 分别表示观测数和期望数.

在 Ω 下, 单元概率允许取值自由, 具有和等于 1 的限制, 因此 $\dim\Omega = m-1$. 如果, 在 H_0 下, 概率 $p_i(\hat{\theta})$ 依赖于由数据估计出的 k 维参数 θ, $\dim\omega_0 = k$. 因此, $-2\log\Lambda$ 的大样本分布是自由度为 $m-k-1$ 的卡方分布 (单元数减去估计的参数个数再减去 1).

通常使用皮尔逊卡方统计量检验拟合优度

$$X^2 = \sum_{i=1}^{m}\frac{[x_i - np_i(\hat{\theta})]^2}{np_i(\hat{\theta})}$$

皮尔逊统计量和似然比在 H_0 下是渐近等价的. 为了解释原因, 我们利用泰勒级数进行一些启发性的讨论. 伊始,

$$-2\log\Lambda = 2n\sum_{i=1}^{m}\hat{p}_i\log\left(\frac{\hat{p}_i}{p_i(\hat{\theta})}\right)$$

如果 H_0 为真, 且 n 取值比较大, $\hat{p}_i \approx p_i(\hat{\theta})$. 函数的泰勒展开式

$$f(x) = x\log\left(\frac{x}{x_0}\right)$$

在 x_0 处是

$$f(x) = (x-x_0) + \frac{1}{2}(x-x_0)^2\frac{1}{x_0} + \cdots$$

因此

$$-2\log\Lambda \approx 2n\sum_{i=1}^{m}[\hat{p}_i - p_i(\hat{\theta})] + n\sum_{i=1}^{m}\frac{[\hat{p}_i - p_i(\hat{\theta})]^2}{p_i(\hat{\theta})}$$

由于概率和等于 1, 右边第一项等于 0, 右边第二项可以表示为

$$\sum_{i=1}^{m}\frac{[x_i - np_i(\hat{\theta})]^2}{np_i(\hat{\theta})}$$

这是由于 x_i 是观测值, 等于 $n\hat{p}_i, i = 1,\cdots,m$.

我们已经讨论了两个检验统计量的近似等式. 由于皮尔逊检验不使用计算机就可以比较容易的计算, 所以它比似然比检验用得更普遍.

我们考虑几个例子.

例 9.5.1 (哈代–温伯格平衡) 哈代–温伯格平衡首先由 8.5.1 节的例 8.5.1.1 引入. 我们现在检验这个模型能否拟合观测数据. 回顾哈代–温伯格平衡模型认为单元概率是 $(1-\theta)^2, 2\theta(1-\theta)$ 和 θ^2. 利用 θ 的最大似然估计, $\hat{\theta}=0.4247$, 用样本容量 $n=1029$ 乘以结果概率, 得到期望, 与观测数比较, 结果如下表所示:

	血 型		
	M	MN	N
观 测	342	500	187
期 望	340.6	502.8	185.6

原假设是多项分布设定为哈代–温伯格平衡频率, 具有未知参数 θ. 备择假设是多项分布, 但没有预先设定好任何形式的概率. 我们首先选择检验的显著性水平 α (回顾, 显著性水平是错误地拒绝由基因理论设定的多项单元概率假设的概率). 在这里的应用中, 没有令人信服的理由选择 α 的特殊值, 所以我们遵从常规, 令 $\alpha=0.05$. 这意味着我们的决策规则错误地拒绝 H_0 的情形仅是 5%.

我们利用皮尔逊卡方检验, 由此 X^2 作为我们的检验统计量. X^2 的零分布近似是自由度为 1 的卡方分布. (有两个独立的单元, 利用数据估计一个参数.) 因此, 由附录 B 的表 3, 自由度为 1 的卡方分布的上 5% 点是 3.84, 拒绝域是 $X^2>3.84$. 接着计算 X^2:

$$X^2 = \sum \frac{(O-E)^2}{E} = 0.0319$$

因此, 不拒绝原假设.

这个步骤有些呆板, 有时也没有必要这样做, 因为很明显, 我们完全可以没必要做出一个决策 (拒绝或者不拒绝). 同时, 这个步骤还有些随意性: 令 $\alpha=0.05$ 没有任何理由, 但是它确确实实影响着我们的决策. 如果令 $\alpha=0.01$, 由于 $\chi^2(0.01)>\chi^2(0.05)$, 所以得到的决策是一样的, 但是如果令 $\alpha=0.10$, 或 0.20 又是怎样一种情况呢? 这里就体现了 p 值的用处. 回顾, p 值是拒绝原假设的最小显著性水平. 利用计算机计算卡方分布 (或者利用正态分布表, 由于自由度为 1 的卡方分布是标准正态随机变量的平方), 自由度为 1 的卡方分布大于或等于 0.0319 的概率是 0.86, 这就是 p 值. p 值的另一种解释是如果模型正确, 出现较大或更大偏差的几率为 86%. 因此, 数据显示我们没有理由怀疑模型的拟合优度.

作为比较, 似然比统计量是

$$-2\log\Lambda = 2\sum_{i=1}^{3} O_i \log\left(\frac{O_i}{E_i}\right) = 0.0319$$

两个检验导出相同的结论.

最后, 我们注意到实际的最大似然比是 $\Lambda=\exp(-0.0319/2)=0.98$. 因此, 哈代–温伯格模型几乎是最可能的一般模型. ∎

例 9.5.2 (细菌凝块) 在检验牛奶的细菌污染时, 将 0.01 毫升的牛奶散放在 1 平方厘米的载玻片上, 放在显微镜下观察, 记录每个方格内的细菌凝块数. 乍一看, 泊松模型可以非常合理地模拟凝块分布: 据推测, 凝块在牛奶中混合均匀, 我们没有理由怀疑凝块束在一起. 然而, 经过仔细检查，我们注意到两个可能的问题. 首先，受表面张力影响，奶滴下表面上的细菌可以粘附在与其相接触的玻璃载玻片上，导致这个胶片区域内的浓度增加. 其次，胶片的厚度不均匀，中心较薄，边缘较厚，引起细菌的浓度不均匀. 下表来自 Bliss 和 Fisher(1953)，汇总了 400 个方格上的凝块数.

每方格数	0	1	2	3	4	5	6	7	8	9	10	19
频 数	56	104	80	62	42	27	9	9	5	3	2	1

为了拟合这些数据的泊松分布，我们计算最大似然估计 $\hat{\lambda}$，它是 400 个计数的均值：

$$\hat{\lambda} = \frac{0 \times 56 + 1 \times 104 + 2 \times 80 + \cdots + 19 \times 1}{400} = 2.44$$

下表显示了观测数和期望数，以及卡方检验统计量的各个成分. (最后的几个单元合并在一起，以便最小的期望数接近 5.)

观测数	56	104	80	62	42	27	9	20
期望数	34.9	85.1	103.8	84.4	51.5	25.1	10.2	5.0
X^2 的成分	12.8	4.2	5.5	5.9	1.8	0.14	0.14	45.0

卡方统计量是 $X^2 = 75.4$，具有自由度 6(有 8 个单元，利用数据估计一个参数)，完全拒绝原假设 $[\chi_6^2(0.005) = 18.55$，因此 p 值小于 0.005]. 当拟合优度检验被拒绝时，找出模型失败的原因和位置将是非常有益的. 这可以通过寻找 X^2 的较大贡献成分和单元中观测数与期望数差值的符号得出. 此处，我们看到 X^2 最大的贡献成分出自表格中的第一和最后一个单元 —— 相对于泊松分布的期望值，有太多较小和较大的计数. ∎

例 9.5.3 (Mendel 数据的 Fisher 复查) Mendal 在他的一个著名实验中用 556 个光滑、黄色的雄性豌豆与皱褶、绿色的雌性豌豆杂交. 根据现有的基因理论，后代相对频率应如下表所示.

类型	光滑、黄色	光滑、绿色	皱褶、黄色	皱褶、绿色
频率	$\frac{9}{16}$	$\frac{3}{16}$	$\frac{3}{16}$	$\frac{1}{16}$

Mendel 的记录数和期望数由下表给出：

类型	观测数	期望数	类型	观测数	期望数
光滑、黄色	315	312.75	皱褶、黄色	102	104.25
光滑、绿色	108	104.25	皱褶、绿色	31	34.75

计算似然比检验统计量，我们得到

$$-2\log \Lambda = 2\sum_{i=1}^{4} O_i \log\left(\frac{O_i}{E_i}\right) = 0.618$$

与自由度为 3 的卡方分布相比较 (在 Ω 下有三个独立的估计参数，在 ω_0 下没有独立参数)，我们得到的 p 值略小于 0.9. 皮尔逊卡方统计量是 0.604，十分接近于似然比检验的值. 我们解释 p

值的含义是即使模型是正确的，预期出现较大或更大偏差的几率大约为 90%. 因此，没有理由拒绝观测数来自具有预设概率的多项分布假设. 仅当 p 值较小时，我们才倾向于怀疑这个假设.

p 值还可以解释为我们预期出现较好或更好拟合的几率仅为 10%. 模型拟合数据太好会暗示模型的合法性，例如，如果 p 值已经达到 0.999，我们一定要小心.

Fisher 将 Mendel 所有的实验结果按照如下方式放在一起. 假设两个独立实验分别得到自由度为 p 和 r 的卡方统计量. 那么在模型正确拟合的原假设下，两个检验统计量的和服从自由度为 $p+r$ 的卡方分布. Fisher 对所有的独立实验都增加了这个卡方统计量，并将此结果与自由度为所有自由度之和的卡方发布相比较. 结果 p 值是 0.99996. 如此好的匹配在 100 000 次里面仅发生 4 次！

发生了什么事情？Mendel 有没有有意或无意地捏造数据？他有没有一个热切希望取得医学院推荐信的实验室技术员？上帝的介入赐予他的？或许最好的解释是 Mendel 试验到结果尚可就停止了. 这里的统计分析假设样本容量在搜集数据之前是固定的. ∎

Mendel 不是固数据太好而显得不真实的唯一科学家. Cyril Burt 是一位英国的心理学家，他的工作对基因影响智力的辩论有很大的冲击. 他的许多论文和相当多的数据都在设法支持此论点. Burt 在 1946 年成为第一个封爵的心理学家，然而到了 20 世纪 70 年代，他的工作受到越来越多的攻击，被别人怀疑实际上是在编造数据. 他最有名的研究之一是 40 000 对父子的智力和职业特征. Dorfman(1978) 利用皮尔逊卡方检验研究了这些智力得分的正态分布拟合，父亲和儿子的 p 值都分别大于 $1-10^{-7}$ 和 $1-10^{-6}$！Dorfman 断定"Burt 的频率分布或许是人类学测量历史上最正态的一个."

9.6 泊松散布度检验

似然比检验和皮尔逊卡方检验的实施是围绕单元概率完全自由的一般备择假设进行的. 如果我们有一个具体的备择假设，那么此备择假设的检验要比更一般的假设检验能得到更好的势. 本节介绍分布是泊松的这类检验问题，它非常有用，其构造过程可以解释另外一种广义似然比检验.

泊松分布的两个关键假设是速率为常数，且不同时间或空间上的计数是相互独立的. 这些假设通常得不到满足. 例如，假设观测树叶上的昆虫数目，叶子具有不同的大小，出现在不同树上的各个位置，侵染率在不同的位置可能不是常数. 再者，如果昆虫从成堆的卵中孵化出来，形成昆虫的聚集，独立性假设可能不成立. 如果记录随时间变化的昆虫数，研究这一现象的速率可能不是常数. 例如，道路交通研究中的汽车数一般随时间周期变化.

给定计数 $x_1,\cdots,x_n$，我们取原假设为计数服从共同参数 λ 的泊松分布，备择假设为计数也服从泊松分布，但具有不同的速率 $\lambda_1,\cdots,\lambda_n$. 在 Ω 下，有 n 个不同的速率，$\omega_0 \in \Omega$ 是速率全相等的特殊情况. 在 ω_0 下，λ 的最大似然估计是 $\hat{\lambda} = \bar{X}$. 在 Ω 下，λ_i 的最大似然估计是 $x_1,\cdots,x_n$，我们记这些估计为 $\tilde{\lambda}_i$. 因此，似然比是

$$\Lambda = \frac{\prod_{i=1}^{n} \hat{\lambda}^{x_i} e^{-\hat{\lambda}}/x_i!}{\prod_{i=1}^{n} \tilde{\lambda}_i^{x_i} e^{-\tilde{\lambda}_i}/x_i!} = \prod_{i=1}^{n} \left(\frac{\bar{x}}{x_i}\right)^{x_i} e^{x_i - \bar{x}}$$

似然比检验统计量是

$$-2\log \Lambda = -2\sum_{i=1}^{n}\left[x_i\log\left(\frac{\bar{x}}{x_i}\right) + (x_i - \bar{x})\right] = 2\sum_{i=1}^{n} x_i \log\left(\frac{x_i}{\bar{x}}\right)$$

利用泰勒级数讨论可以得到这个统计量的近似等式, 9.5 节已经给出:

$$-2\log \Lambda \approx \frac{1}{\bar{x}}\sum_{i=1}^{n}(x_i - \bar{x})^2$$

在 Ω 下, 有 n 个独立参数 $\lambda_1, \cdots, \lambda_n$, 所以 $\dim \Omega = n$. 在 ω_0 下, 仅有一个参数 λ, 所以 $\dim \omega_0 = 1$, 自由度是 $n-1$.

检验统计量的最后一个方程可以解释为 n 倍的估计方差与估计均值之比. 对于泊松分布, 方差等于均值, 对于上述讨论的备择假设类型, 方差一般大于均值. 基于这个原因, 该检验通常称为**泊松散布度检验**(Poisson dispersion test). 相比泊松分布, 如负二项分布, 过度发散的备择假设是比较敏感的, 也就是说, 它具有较好的势. 比率 $\hat{\sigma}^2/\bar{x}$ 有时用来测量聚集度.

例 9.6.1 (石棉纤维) 在 8.4 节的例 8.4.1 中, 我们考虑了方格上石棉纤维数能否用泊松分布拟合. 利用泊松散布度检验, 我们发现

$$\frac{1}{\bar{x}}\sum(x_i - \bar{x})^2 = 26.56$$

或者, 如果利用似然比检验,

$$2\sum x_i \log\left(\frac{x_i}{\bar{x}}\right) = 27.11$$

由于有 23 个观测, 共有 22 个自由度. 利用计算机计算似然比统计量的 p 值, 得到 0.21. 拒绝原假设的证据不是太有说服力, 然而, 由于样本容量较小, 检验可能具有较小的势. ∎

例 9.6.2 (细菌凝块) 在 9.5 节的例 9.5.2 中, 我们利用皮尔逊卡方检验讨论了能否利用泊松分布拟合牛奶中的细菌凝块数. 在那里, 我们发现 $\bar{x} = 2.44$. 样本方差是

$$\hat{\sigma}^2 = \frac{0^2 \times 56 + 1^2 \times 104 + \cdots + 19^2 \times 1}{400} - \bar{x}^2 = 4.59$$

方差与均值比是 1.88, 而不是 1, 检验统计量是

$$T = \frac{n\hat{\sigma}^2}{\bar{x}} = \frac{400 \times 4.59}{2.40} = 752.7$$

在原假设下, 统计量近似服从自由度为 399 的卡方分布. 由于自由度 m 的卡方随机变量是 m 个独立 $N(0,1)$ 随机变量的平方和, 中心极限定理得到对于较大的 m、自由度 m 的卡方分布近似服从正态分布. 对于卡方分布, 均值等于自由度的数目, 方差等于 2 倍的自由度. 因此, p 值可以由标准化统计量并利用标准正态分布表计算得到:

$$P(T \geq 752.7) = P\left(\frac{T - 399}{\sqrt{2 \times 399}} \geq \frac{752.7 - 399}{\sqrt{2 \times 399}}\right) \approx 1 - \Phi(12.5) \approx 0$$

因此, 毋庸置疑, 泊松分布不能拟合这个数据. ∎

9.7 悬挂根图

在这一节和下一节，我们介绍评估拟合优度的其他非正式技术，第一个就是悬挂根图. **悬挂根图**(Hanging rootograms) 使用直方图的方式显示观测值和拟合值的差. 为了解释悬挂根图及其构造，我们利用临床化学中的数据集 (Martin，Gudzinowicz 和 Fanger 1975). 下表给出了 152 个血清钾水平的实证分布. 在临床化学中，通常将这样的分布制作成包含"正态"值区间和病人化学水平的表格，以便比较确定其异常性. 表格中的分布经常用参数分布拟合，例如正态分布.

血清钾水平							
区间中点	频数	区间中点	频数	区间中点	频数	区间中点	频数
3.2	2	3.8	8	4.4	10	5.0	1
3.3	1	3.9	14	4.5	8	5.1	1
3.4	3	4.0	14	4.6	8	5.2	4
3.5	2	4.1	18	4.7	6	5.3	1
3.6	7	4.2	16	4.8	4		
3.7	8	4.3	15	4.9	1		

图 9.3a 是频数的直方图，看起来十分像钟形，但正态分布不是唯一的钟形分布. 为了更好地评估这个分布，我们必须将观测频数与正态分布拟合频数相比较. 做法如下：假设正态分布的参数 μ 和 σ 由数据通过 $\bar{x}$ 和 $\hat{\sigma}$ 估计得到，如果第 j 个区间的左端点是 x_{j-1}，右端点是 x_j，那么根据模型，观测落在这个区间内的概率是

$$\hat{p}_j = \Phi\left(\frac{x_j - \bar{x}}{\hat{\sigma}}\right) - \Phi\left(\frac{x_{j-1} - \bar{x}}{\hat{\sigma}}\right)$$

如果样本容量是 n，第 j 个区间预测或拟合数是

$$\hat{n}_j = n\hat{p}_j$$

它可以与观测数 n_j 相比较.

图 9.3b 是差值的悬挂直方图：观测数 (n_j) 减去期望数 $(\hat{n}_j)$. 由于不同单元的变异性不是常数，很难解释这些差异. 如果我们忽略估计期望数的变异性，我们有

$$\text{Var}(n_j - \hat{n}_j) = \text{Var}(n_j) = np_j(1 - p_j) = np_j - np_j^2$$

此时，p_j 是较小的，因此，

$$\text{Var}(n_j - \hat{n}_j) \approx np_j$$

因此，p_j 值较大的单元 (如果模型合适，等价于较大的 n_j 值) 具有较大的变差 $n_j - \hat{n}_j$. 在悬挂直方图中，我们预期中心要比尾部的波动性更大. 这种不相等的变异性使得我们很难评估和比较上述差值的波动，这是由于较大的偏差可能说明拟合模型的不合适，也可能仅仅来自于较大的随机变异性.

为了将观测值和期望值之差放在同一变异的水平值上，需要利用**方差稳定性变换**(variance-stabilizing transformation). (后面的章节也会用到这个变换.) 假设随机变量具有均值 μ 和方差 $\sigma^2(\mu)$，依赖于 μ. 如果 $Y = f(X)$，误差传播方法 (4.6 节) 显示

$$\text{Var}(Y) \approx \sigma^2(\mu)[f'(\mu)]^2$$

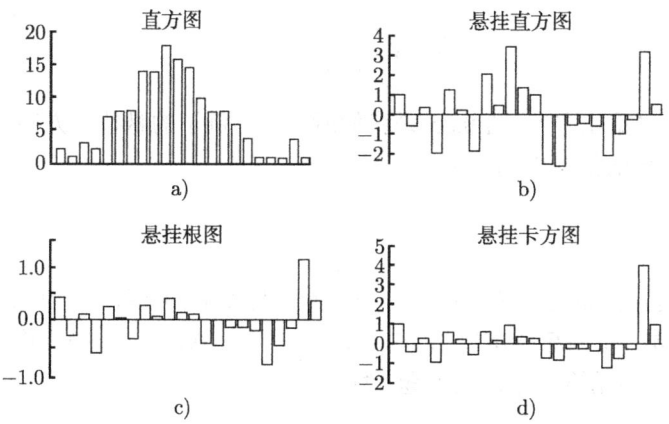

图 9.3　正态拟合血清钾数据的直方图、悬挂直方图、悬挂根图和悬挂卡方图

因此，如果选择 f 满足 $\sigma^2(\mu)[f'(\mu)]^2$ 是常数，Y 的方差不依赖于 μ. 完成这项功能的变换 f 称为方差稳定性变换.

利用这个思想考虑我们的情况：

$$E(n_j) = np_j = \mu$$
$$\mathrm{Var}(n_j) \approx np_j = \sigma^2(\mu)$$

也就是说，$\sigma^2(\mu) = \mu$，因此，如果 $\mu[f'(\mu)]^2$ 是常数，f 就是方差稳定性变换. 如果模型正确，函数 $f(x) = \sqrt{x}$ 是可行的，并且

$$E(\sqrt{n_j}) \approx \sqrt{np_j}$$
$$\mathrm{Var}(\sqrt{n_j}) \approx \frac{1}{4}$$

图 9.3c 显示了悬挂根图，图示了

$$\sqrt{n_j} - \sqrt{\hat{n}_j}$$

悬挂根图的优点是单元与单元之间的偏差具有近似相同的统计变异性. 为了评估偏差，我们可以利用经验法则，超过 2 或 3 倍标准差之外的偏差 (这里超过 1.0 或 1.5) 是"大的". 图 9.3c 中悬挂根图最突出的特点是它的右尾具有较大的偏差. 一般地，变换过轻地加权中心偏差，而强调了尾部偏差. 同时值得注意的是，尽管除去右尾处的偏差，其他位置上的都不是特别的大，但它们具有某种系统特征：正的偏差之后跟着负的偏差，最右边的尾部具有较大的正偏差. 这意味着分布中存在着某种不对称性.

根图的另一个可能的替代方法是称之为悬挂卡方图的方法，它绘出皮尔逊卡方统计量的各个成分：

$$\frac{n_j - \hat{n}_j}{\sqrt{\hat{n}_j}}$$

与之前一样，忽略期望数的变异性，$\mathrm{Var}(n_j - \hat{n}_j) \approx np_j = \hat{n}_j$，因此，

$$\text{Var}\left(\frac{n_j - \hat{n}_j}{\sqrt{\hat{n}_j}}\right) \approx 1$$

因此, 这个技术也能平稳化方差. 图 9.3d 是我们所考虑的例子的悬挂卡方图, 所有特征与悬挂根图十分相似, 但是右尾的偏差更加突出.

9.8 概率图

概率图是非常有用的定性评估理论分布拟合数据优度的图形技术. 考虑来自 [0,1] 上均匀分布的容量为 n 的样本. 记顺序样本值为 $X_{(1)} < X_{(2)} \cdots < X_{(n)}$. 这些值称为**顺序统计量**(order statistics). 可以证明 (参见第 4 章末的习题 17)

$$E(X_{(j)}) = \frac{j}{n+1}$$

这说明我们可以绘制顺序观测值 $X_{(1)}, \cdots, X_{(n)}$ 与其期望值 $1/(n+1), \cdots, n/(n+1)$ 的图形. 如果标的分布是均匀的, 那么图形近似为直线. 图 9.4 是来自均匀分布容量 100 的样本的相应图形.

现在假设 Y 是两个独立均匀随机变量之和的一半, 由其生成样本 $Y_1, \cdots, Y_{100}$. Y 的分布不再是均匀的, 但是三角的:

$$f(y) = \begin{cases} 4y, & 0 \leqslant y \leqslant \frac{1}{2} \\ 4 - 4y, & \frac{1}{2} \leqslant y \leqslant 1 \end{cases}$$

画出顺序观测 $Y_{(1)}, \cdots, Y_{(n)}$ 和点列 $1/(n+1), \cdots, n/(n+1)$ 的图形. 图 9.5 清楚地显示图形偏离了线性, 由此, 我们可以定性地描述 Y 分布偏离均匀分布的情况. 注意在图形分布的左尾 (接近 0), 顺序统计量大于均匀分布的期望, 在右尾 (接近 1) 处它们要小一些, 这说明 Y 分布的尾部比均匀分布衰减得更快 (更 "薄").

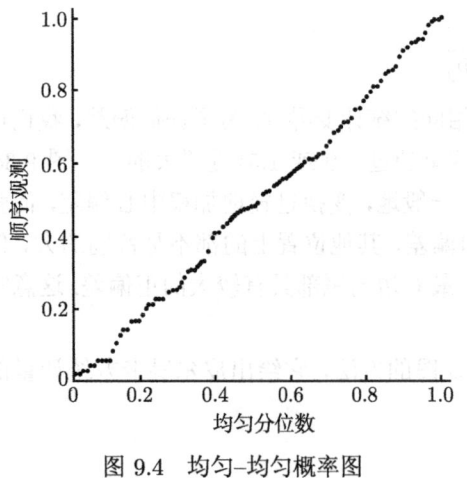

图 9.4 均匀–均匀概率图

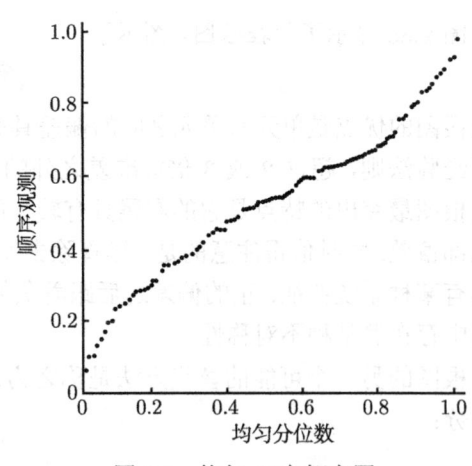

图 9.5 均匀–三角概率图

这个方法可以推广至其他的连续概率律,由 2.3 节的命题 2.3.3, 如果 X 是具有严格单增累积分布函数 F_X 的连续随机变量, 且 $Y = F_X(X)$, 那么 Y 是 $[0,1]$ 上的均匀分布. 变换 $Y = F_X(X)$ 称为**概率积分变换**(probability integral transform).

根据刚刚提及的命题, 得到如下方法. 假设 X 服从某个分布 F, 给定样本 $X_1, \cdots, X_n$, 我们画

$$F(X_{(k)}) \quad 对 \quad \frac{k}{n+1}$$

或等价地

$$X_{(k)} \quad 对 \quad F^{-1}\left(\frac{k}{n+1}\right)$$

在某些情形下, F 具有形式

$$F(x) = G\left(\frac{x-\mu}{\sigma}\right)$$

其中 μ 和 σ 分别称为位置参数和尺度参数. 正态分布具有这种形式. 我们可以画

$$\frac{X_{(k)} - \mu}{\sigma} \quad 对 \quad G^{-1}\left(\frac{k}{n+1}\right)$$

或者, 如果我们画

$$X_{(k)} \quad 对 \quad G^{-1}\left(\frac{k}{n+1}\right)$$

模型正确时, 结果图形应该近似一条直线:

$$X_{(k)} \approx \sigma G^{-1}\left(\frac{k}{n+1}\right) + \mu$$

有时, 这个方法的细微修正也是非常有用的. 例如, 不使用 $G^{-1}[k/(n+1)]$, 而是利用期望值的第 k 个最小值 $E(X_{(k)})$. 可以证明

$$E(X_{(k)}) \approx F^{-1}\left(\frac{k}{n+1}\right) = \sigma G^{-1}\left(\frac{k}{n+1}\right) + \mu$$

因此, 这种修正得到的结果与原始步骤相似.

这个方法还可以从另外一个角度看. 回顾在 2.2 节中, $F^{-1}[k/(n+1)]$ 是分布 F 的 $k/(n+1)$ 分位数, 也就是说, 它是具有分布函数 F 的随机变量小于该点的概率等于 $k/(n+1)$ 的点. 因此, 我们可以画出顺序观测值 (它可以视作观测或实证分位数) 与理论分布分位数的图形.

例 9.8.1 我们利用 100 个观测数据解释上述方法步骤, Michelson 利用这些数据测量自 1879 年 6 月 5 日至 1879 年 7 月 2 日的光速, 但从原始测量数据中减去了 299 000, 列表如下 [数据来自于 Stigler(1977)]:

850	960	880	890	890	740
940	880	810	840	900	960
880	810	780	1070	940	860
820	810	930	880	720	800
760	850	800	720	770	810
950	850	620	760	790	980
880	860	740	810	980	900
970	750	820	880	840	950
760	850	1000	830	880	910
870	980	790	910	920	870
930	810	850	890	810	650
880	870	860	740	760	880
840	880	810	810	830	840
720	940	1000	800	850	840
950	1000	790	840	850	800
960	760	840	850	810	960
800	840	780	870		

图 9.6 显示正态概率图. 图形看起来是直线, 说明正态分布能够给出合理的拟合.

值得注意的是: 本质上, 概率图是单调增的, 它们都倾向于看起来很直. 很有必要利用一些经验保证"直线度". 简单易行的模拟可以用来提高我们的判断力. 一些人觉得抓住图形, 并俯瞰绘出的图线, 若看似一条车道即可, 这通常使曲线更加清楚. ■

例 9.8.2 为了能够解释概率图, 通常观察非正态分布的样本形状图. 图 9.7 是来自双指数分布的 500 个伪随机变量的正态概率图:

$$f(x) = \frac{1}{2}e^{-|x|}, \quad -\infty < x < \infty$$

这个密度关于零点对称, 但是它的尾部以速度 $\exp(-|x|)$ 衰减, 而正态分布的衰减速度是 $\exp(-x^2)$, 所以双指数分布的衰减速度小于正态分布的. 注意, 图 9.7 左侧向下和右侧向上弯曲的方式显示, 观测值的左尾小于正态分布的期望值, 而其右尾大于正态分布的. 换句话说, 双指数分布的极端观测数大于正态分布的极端观测值. 这是由于双指数分布的尾部比正态分布的"更厚".

图 9.8 是来自伽马分布的 500 个伪随机数的正态概率图, 分布的形状参数 $\alpha = 5$, 尺度参数 $\lambda = 1$. 由图 2.11 可以看出, $\alpha = 5$ 的伽马分布是非对称的, 或有偏的, 这可以由概率图的碗状形态反映出来. ■

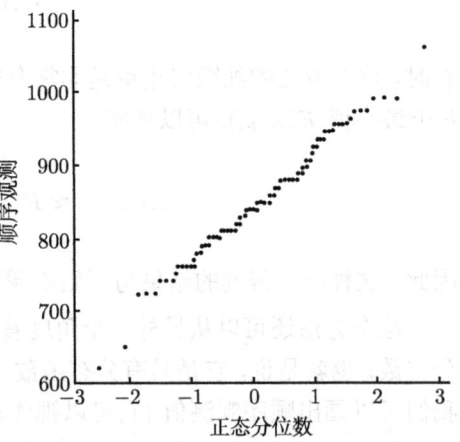

图 9.6 Michelson 数据的正态概率图

假设检验和拟合优度评估 247

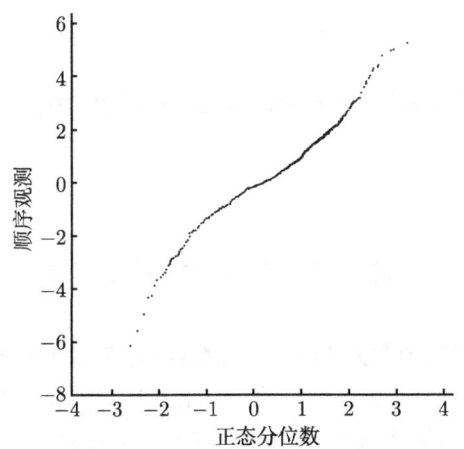

图 9.7 双指数分布的 500 个伪随机变量的正态概率图

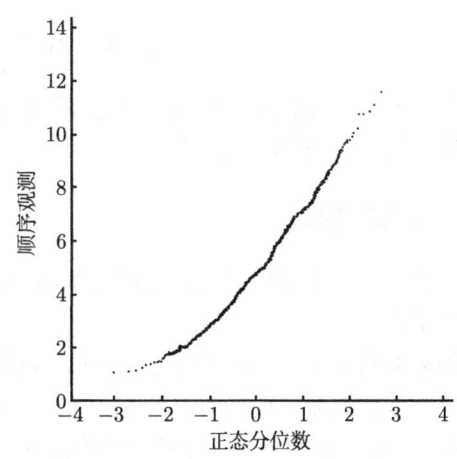

图 9.8 形状参数 $\alpha = 5$ 伽马分布的 500 个伪随机变量的正态概率图

例 9.8.3 作为一个非正态分布的例子, 图 9.9 是 8.4 节例 8.4.3 降雨量的伽马概率图.

伽马分布的参数 λ 是尺度参数, 因此, 正如我们所见过的, 它仅影响概率图的斜率, 而与直线度无关. 因此在绘制概率图时, 我们取 $\lambda = 1$ 即可, 不会造成信息的损失. 用计算机计算参数 $\alpha = 0.471$, $\lambda = 1$ 的伽马分布分位数, 图 9.9 画出降雨量观测顺序值与分位数的图形. 从定性的角度看, 拟合看起来是比较合理的, 因为图形没有系统性地偏离直线. ∎

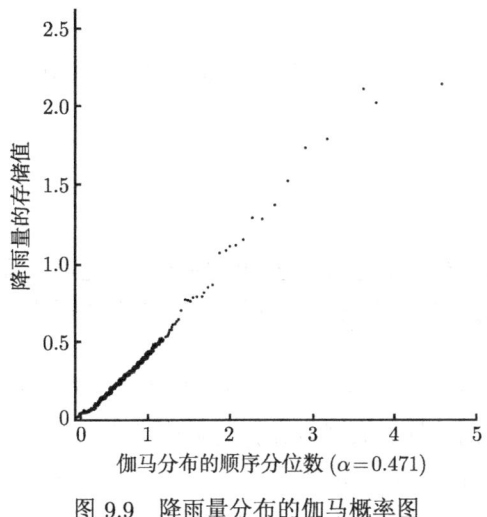

图 9.9 降雨量分布的伽马概率图

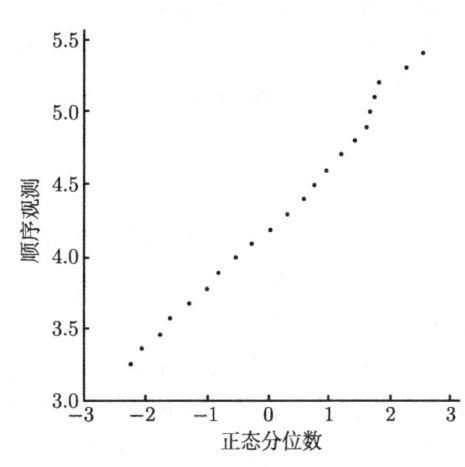

图 9.10 降雨量数据的正态概率图

概率图也可以通过分组数据构造, 比方说 9.7 节的血清钾水平数据. 因为在这种情况下, 顺序观测是根本得不到的, 上述方法必须进行修改. 假设分组给出直方图区域的界点 $x_1, x_2, \cdots, x_{m+1}$, 在区间 $[x_i, x_{i+1}]$ 内, 有 n_i 个观测值, 其中 $i = 1, \cdots, m$. 我们用 $N_j = \sum_{i=1}^{j} n_i$ 表示累积频数, 那么 $N_1 < N_2 < \cdots < N_m$, $N_m = n$, 这是总样本容量. 因此, 我们画

$$x_{j+1} \quad \text{对} \quad G^{-1}\left(\frac{N_j}{n+1}\right), \quad j=1,\cdots,m$$

例 9.8.4 图 9.10 显示 9.7 节血清钾数据的正态概率图. 累积频数通过求和每个分组区间内的频数得到. 右尾偏离一目了然. ∎

9.9 正态性检验

检验正态分布拟合优度的方法有很多. 我们在这一节讨论其中一部分, 更多的讨论参见提到的相关工作.

如果将数据分组, 每组具有观测值, 皮尔逊卡方检验可以用来评估拟合优度. 但是如果参数由未分组数据估计, 每个分组的期望值利用估计参数计算, 那么检验统计量的极限分布就不再是卡方的. 为使极限分布是卡方的, 参数必须由分组数据估计. Chernoff 和 Lehmann(1954) 已经指出这一点, Dahiya 和 Gurland (1972) 做了进一步的讨论. 一般来讲, 连续型数据的分组既显得有点牵强, 又浪费掉很多信息.

正态分布的偏离经常呈现出非对称性或偏度. 对于正态分布, 三阶中心矩是 $\int_{-\infty}^{\infty}(x-\mu)^3\varphi(x)\mathrm{d}x$, 由于密度关于 μ 对称, 所以三阶中心矩等于 0. 假设我们希望检验原假设: $X_1,\cdots,X_n$ 是具有同样均值和方差的独立正态分布随机变量. 拟合优度检验可以基于样本的**偏度系数**(coefficient of skewness),

$$b_1 = \frac{\frac{1}{n}\sum_{i=1}^n (X_i - \overline{X})}{s^3}$$

检验在较大的 $|b_1|$ 值上拒绝原假设.

偏离正态分布的对称性分布通常是重尾或轻尾的, 或中心点太尖或太扁. 这些形式的偏离可以利用样本的**峰度系数**(coefficient of kurtosis) 来探测,

$$b_2 = \frac{\frac{1}{n}\sum_{i=1}^n (X_i - \overline{X})^4}{s^4}$$

如果这些测度用作检验统计量, 在生成数据的分布是正态时, 它们的抽样分布是可以确定的. 当统计量的观测值落在抽样分布的尾部时, 拒绝正态性的假设. 抽样分布很难在闭形式下计算, 但是可以通过模拟近似.

拟合优度检验也可以基于概率图的线性性, 通过测量概率图 x 和 y 点对的相关系数 r 进行. r 值较小时拒绝这个检验. 在正态分布的假设下, r 的抽样分布通过模拟近似估计出来, 数据表格在 Filliben(1975). Ryan 和 Joiner(没有公开发表) 给出取自正态概率图的 r 的零抽样分布的数据短表, 表中列示了相关系数显著性水平 0.1, 0.05 和 0.01 的临界值:

他们还报告了检验统计量 r 对某些备择假设分布的模拟势. 例如, 取备择假设为均匀分布, 当显著性水平为 0.1 时, $n=10$ 的检验势是 0.13; $n=20$ 的是 0.20. 这有点令人沮丧——如果真实的标的分布是均匀的, 对于给定的样本容量, 拒绝原假设的可能性仅是 13% 和 20%, 其含义在于很难探测小样本的正态偏离. 从更加有利的角度来讲, 备择假设取指数分布时的 r 的势在 $n=10$ 时为 53%, $n=20$ 时为 89%.

n	0.1	0.05	0.01	n	0.1	0.05	0.01
4	0.8951	0.8734	0.8318	30	0.9707	0.9639	0.9490
5	0.9033	0.8804	0.8320	40	0.9767	0.9715	0.9597
10	0.9347	0.9180	0.8804	50	0.9807	0.9764	0.9664
15	0.9506	0.9383	0.9110	60	0.9836	0.9799	0.9710
20	0.9600	0.9503	0.9290	75	0.9865	0.9835	0.9752
25	0.9662	0.9582	0.9408				

Pearson, D'Agostino 和 Bowman(1977) 报告了几个备择假设分布较广的模拟势结果, 并给出进一步的参考.

对于 Michelson 的数据 (参见 9.8 节的例 9.8.1), 相关系数是 0.995. 由 Filliben(1975) 中的表格, 它落在零抽样分布第 50 和第 75 分位数之间, 没有理由拒绝正态性假设. 然而, 将 100 个光速观测值模拟成取自某个概率分布的 100 个独立随机变量的样本, 并利用这个模型检验拟合优度, 这显然是非常不现实的. 我们不知道这些数据收集和处理的过程. 例如, 由于观测按顺序排列, 测量过程很可能依时间顺序进行, 或相继误差可能是相关的. 也可能是 Michelson 剔除了一些很显然的坏数据.

9.10 结束语

这一章和上一章介绍了两个非常重要的概念: 估计和假设检验. 这里的拟合概率分布也对它们进行了介绍, 且本书的其他地方还会涉及这两个概念. 一般地, 观测取自依赖于参数 θ 的概率律, 估计理论关注于如何由数据估计 θ; 假设检验理论关注于检验 θ 值的假设问题. 还介绍了基于似然、最大似然估计和似然比检验的方法. 这些方法要比基于特定目的而出现在这些章节中的解释具有更一般的效用. 似然和似然比既是贝叶斯学派又是频率学派的两个关键统计概念.

这一章介绍了假设检验的基本概念和技术. 我们看到如何通过选择检验统计量和拒绝域去检验原假设, 拒绝域满足原假设为真时检验统计量落在其内的概率是检验的显著性水平 α. 拒绝域的选择由检验统计量的零分布 (至少近似) 确定. 检验统计量通常是似然比, 但有时也不尽然. 当得不到检验统计量的精确分布时, 我们可以利用卡方分布作其大样本近似. 我们还研究了检验统计量的 p 值和显著性水平的关系. 在某些情况下, p 值要比拒绝原假设与否的决策更能灵活地汇总证据.

随着灵活的计算机程序和便宜计算机越来越容易获得, 统计学越来越多地使用图方法. 本章的后一部分介绍了两个图技术: 悬挂根图和概率图. 其他的图技术在第 10 章进行介绍. 这些不正式的技术通常比正式的技术 (如假设检验) 更有实际用途. 确实, 拟合优度检验通常是人为设计的 —— 参数分布通常仅用来模拟数据值的分布, 很显然, 先天性的真实数据不是来自这个分布. 如果得到足够多的数据, 拟合优度一定拒绝假设. 与其检验大家认为不成立的假设, 不如定性地洞悉模型适合之处, 以及模型失败的地方和原因.

第 7 章和第 8 章已经阐述了本章的一些概念. 在第 7 章, 我们介绍了有限总体参数的置信区间; 在第 8 章, 我们考虑了概率分布参数的置信区间. 这一章介绍了假设检验, 并讨论了假设检验和置信区间之间的关系. 第 7 章利用误差传播方法分析比率估计的统计性质, 本章将其用于方差稳定性变换中.

9.11 习题

1. 独立地抛掷硬币 10 次，检验的原假设是正面出现的概率等于 $\frac{1}{2}$，备择假设是正面出现的概率不等于 $\frac{1}{2}$. 如果正面出现 0 次或者 10 次时拒绝检验的假设.
   a. 检验的显著性水平是多少？
   b. 如果事实上正面出现的概率是 0.1，检验的势是多少？

2. 下列的假设哪一个是简单的，哪一个是复杂的？
   a. X 服从 $[0,1]$ 上的均匀分布.
   b. A 骰子是无偏的.
   c. X 服从均值 0 和方差 $\sigma^2 > 10$ 的正态分布.
   d. X 服从均值 $\mu = 0$ 的正态分布.

3. 假设 $X \sim \text{bin}(100, p)$. 考虑检验：对于 $|X - 50| > 10$，拒绝 $H_0: p = 0.5$ 而接受 $H_A: p \neq 0.5$. 利用正态近似二项分布，回答下面的问题：
   a. α 是多少？
   b. 画出势与 p 的函数关系图.

4. 令 X 具有如下分布当中的一个：

X	H_0	H_A	X	H_0	H_A
x_1	0.2	0.1	x_3	0.3	0.1
x_2	0.3	0.4	x_4	0.2	0.4

   a. 比较 X 每一个可能值的似然比 Λ，并依照 Λ 对 x_i 排序.
   b. 水平 $\alpha = 0.2$ 时，H_0 对 H_1 的似然比检验是多少？水平 $\alpha = 0.5$ 时的检验是多少？
   c. 如果先验概率是 $P(H_0) = P(H_A)$，哪些结果支持 H_0？
   d. 相应于 $\alpha = 0.2$ 和 $\alpha = 0.5$ 的决策法则，先验概率是多少？

5. 判断对错，并陈述原因：
   a. 统计检验的显著性水平等于原假设为真时的概率.
   b. 如果检验的显著性水平减小了，势就会增加.
   c. 如果检验在显著性水平 α 下拒绝假设，那么原假设为真的概率等于 α.
   d. 错误地拒绝原假设的概率等于检验的势.
   e. 当检验统计量落在检验的拒绝域时，类型 I 错误出现.
   f. 类型 II 错误比类型 I 错误更严重.
   g. 检验的势由检验统计量的零分布确定.
   h. 似然比是随机变量.

6. 考虑 9.1 节抛硬币的例子. 假设不是抛 10 次，而是抛到出现正面为止，记录下总的抛掷次数 X.
   a. 如果先验概率是相等的，哪些结果支持 H_0，哪些结果支持 H_1？
   b. 假设 $P(H_0)/P(H_1) = 10$. 哪些结果支持 H_0？
   c. 如果 $X \geq 8$，拒绝 H_0 的显著性水平是多少？
   d. 这个检验的势是多少？

7. 令 $X_1, \cdots, X_n$ 是取自泊松分布的样本. 导出检验：$H_0: \lambda = \lambda_0$ 对 $H_A: \lambda = \lambda_1$ 的似然比，其中 $\lambda_1 > \lambda_0$.

利用独立泊松随机变量之和服从泊松分布的原理解释如何确定显著性水平 α 的拒绝域.

8. 证明: 对于检验 $H_0 : \lambda = \lambda_0$ 对 $H_A : \lambda > \lambda_0$ 来说, 习题 7 的检验是一致最优势的.

9. 令 $X_1, \cdots, X_{25}$ 是取自正态分布的样本, 总体方差等于 100. 找出检验 $H_0 : \mu = 0$ 对 $H_A : \mu = 1.5$ 在水平 $\alpha = 0.10$ 下的拒绝域. 该检验的势是多少? 在 $\alpha = 0.01$ 时重复该过程.

10. 假设随机样本 $X_1, \cdots, X_n$ 具有密度函数 $f(x \mid \theta)$, T 是 θ 的充分统计量. 证明 $H_0 : \theta = \theta_0$ 对 $H_A : \theta = \theta_1$ 的似然比检验是 T 的函数. 如果在 H_0 下, T 的分布是已知的, 解释怎样使检验的拒绝域具有显著性水平 α.

11. 假设 $X_1, \cdots, X_{25}$ 是取自方差 100 的正态分布样本. 在 0.10 和 0.05 的显著性水平下, 画出 $H_0 : \mu = 0$ 对 $H_A : \mu \neq 0$ 的似然比检验的势与 μ 的函数关系图. 在样本容量为 100 时重复该过程. 比较这两个图, 并解释之.

12. 令 $X_1, \cdots, X_n$ 是取自指数分布的随机样本, 具有密度函数 $f(x \mid \theta) = \theta \exp[-\theta x]$. 导出 $H_0 : \theta = \theta_0$ 对 $H_A : \theta \neq \theta_0$ 的似然比检验, 并证明拒绝域的形式是 $\{\overline{X} \exp[-\theta_0 \overline{X}] \leqslant c\}$.

13. 将习题 12 具体化, 假设 $\theta_0 = 1, n = 10, \alpha = 0.05$. 为了使用这个检验, 必须求出合适的 c 值.
    a. 证明: 拒绝域的形式是 $\{\overline{X} \leqslant x_0\} \bigcup \{\overline{X} \geqslant x_1\}$, 其中 x_0 和 x_1 由 c 决定.
    b. 解释当 $\theta_0 = 1$ 时, 为什么要选择满足 $P(\overline{X} \exp(-\overline{X}) \leqslant c) = 0.05$ 的 c.
    c. 解释当 $\theta_0 = 1$ 时, 为什么 $\sum_{i=1}^{10} X_i$, 从而 $\overline{X}$ 服从伽马分布. 如何利用这点知识选择 c?
    d. 假设你没有想到上面的事实. 解释如何通过计算机生成的随机数 (模拟) 确定 c 的一个优良近似.

14. 假设在 H_0 下, 测量值 X 是 $N(0, \sigma^2)$, 在 H_1 下, X 是 $N(1, \sigma^2)$, 且先验概率 $P(H_0) = 2 \times P(H_1)$. 正如 9.1 节中, 如果 $P(H_0 \mid x) > P(H_1 \mid x)$, 则接受原假设 H_0. 对于 $\sigma^2 = 0.1, 0.5, 1.0, 5.0$:
    a. X 取何值, H_0 将会被接受?
    b. 从长远的角度看, 如果 H_0 在 $\frac{2}{3}$ 的时间内为真, 那么接受 H_0 的时间比例是多少?

15. 假设在 H_0 下, 测量值 X 是 $N(0, \sigma^2)$, 在 H_1 下, X 是 $N(1, \sigma^2)$, 且先验概率 $P(H_0) = P(H_1)$. 对于 $\sigma = 1$ 和 $x \in [0, 3]$, 作图并比较 (1) 检验 H_0 的 p 值, $(2) P(H_0 \mid x)$. p 值可以解释为 H_0 为真的概率吗? 选择 σ 的其他值重复该过程.

16. 在前面的习题中, $\sigma = 1$, 如果 H_0 为真, p 值小于 0.05 的概率是多少? 如果 H_1 为真, 概率又是多少?

17. 令 $X \sim N(0, \sigma^2)$, 考虑检验 $H_0 : \sigma = \sigma_0$ 对 $H_A : \sigma = \sigma_1$, 其中 $\sigma_1 > \sigma_0$. σ_0 和 σ_1 的值是固定的.
    a. 作为 x 的函数的似然比是什么? 哪些值支持 H_0? 检验水平为 α 的拒绝域是什么?
    b. 样本 $X_1, X_2, \cdots, X_n$ 的分布如上, 重复回答上一个问题.
    c. 上一个问题中的检验是 $H_0 : \sigma = \sigma_0$ 对 $H_A : \sigma > \sigma_0$ 的一致最优势检验吗?

18. 令 $X_1, X_2, \cdots, X_n$ 是取自双指数分布的 i.i.d 随机变量, 具有密度 $f(x) = \frac{1}{2} \lambda \exp(-\lambda \mid x \mid)$. 导出假设 $H_0 : \lambda = \lambda_0$ 对 $H_1 : \lambda = \lambda_1$ 的似然比检验, 其中 λ_0 和 $\lambda_1 > \lambda_0$ 是确定的数. 它是备择假设 $H_1 : \lambda > \lambda_0$ 的一致最优势检验吗?

19. 在 H_0 下, 随机变量具有累积分布函数 $F_0(x) = x^2, 0 \leqslant x \leqslant 1$; 在 H_1 下, 它具有累积分布函数 $F_1(x) = x^3, 0 \leqslant x \leqslant 1$.
    a. 如果这两个假设具有相同的先验概率, x 取何值才能使 H_0 的后验概率大于 H_1 的?
    b. H_0 对 H_1 的似然比检验的形式是什么?
    c. 检验水平 α 的拒绝域是什么?
    d. 检验的势是什么?

20. 考虑两个 $[0,1]$ 上的概率密度函数：$f_0(x) = 1$ 和 $f_1(x) = 2x.$，在原假设 $H_0 : X \sim f_0(x)$ 对备择假设 $X \sim f_1(x)$ 的所有检验中，取显著性水平 $\alpha = 0.10$，检验的势能有多大？

21. 假设单个观测 X 是取自 $[0, \theta]$ 上的均匀密度，考虑检验 $H_0 : \theta = 1$ 对 $H_1 : \theta = 2$.
    a. 找出显著性水平 $\alpha = 0$ 的检验. 它的势是多少？
    b. 对于 $0 < \alpha < 1$，考虑当 $X \in [0, \alpha]$ 时拒绝假设的检验. 它的显著性水平和势是多少？
    c. 当 $X \in [1-\alpha, 1]$ 时拒绝假设，检验的显著性水平和势是多少？
    d. 找出和前面的问题具有相同显著性水平和势的另一个检验.
    e. 似然比检验能确定唯一的拒绝域吗？
    f. 如果原假设和备择假设互换 ——$H_0 : \theta = 2$ 对 $H_1 : \theta = 1$，结果将是怎样？

22. 8.5.3 节的例 8.5.3.1 导出了正态分布方差的置信区间. 利用 9.3 节的定理 9.3.2，基于样本 $X_1, X_2, \cdots, X_n$，推导假设 $H_0 : \sigma^2 = \sigma_0^2$ 在显著性水平 α 下的接受域. 如果 $\sigma_0 = 1$，$n = 15$，$\alpha = 0.05$，精确表述拒绝域.

23. 假设正态分布均值 μ 的 99% 置信区间为 $(-2.0, 3.0)$. $H_0 : \mu = -3$ 对 $H_A : \mu \neq -3$ 的检验在 0.01 的显著性水平下会被拒绝吗？

24. 令 X 是二项随机变量，具有 n 次试验，成功的概率为 p.
    a. 检验 $H_0 : p = 0.5$ 对 $H_A : p \neq 0.5$ 的广义似然比是多少？
    b. 证明：$|X - n/2|$ 取较大值时，拒绝该假设.
    c. 利用 X 的零分布，说明如何决定拒绝域 $|X - n/2| > k$ 的显著性水平.
    d. 如果 $n = 10$ 和 $k = 2$，检验的显著性水平是多少？
    e. 如果 $n = 100$ 和 $k = 10$，利用二项分布的正态近似计算出显著性水平.
    该分析是**符号检验**(sign test) 的基础，其典型应用类似如下：试验药物利用试验用的白鼠进行评估. 在 n 对同窝白鼠中，一只使用药物，另一只使用安慰剂. 一段时间之后，测量药效的生理反应. 令 X 表示药物见效的对数，即使用药物的一只比其同窝白鼠表现出较好的药效. 如果没有药效，则 X 分布的一个简单模型是 $p = 0.5$ 的二项分布. 那么在断定药物有效之前，试验数据必须使原假设站不住脚.

25. 计算 9.5 节例 9.5.2 的似然比，并比较似然比检验和皮尔逊 χ^2 统计量检验的结果.

26. 判断对错：
    a. 广义似然比统计量 Λ 总是小于等于 1.
    b. 如果 p 值是 0.03，那么在 0.02 的显著性水平下拒绝相应的检验.
    c. 如果检验在 0.06 的显著性水平下被拒绝，则 p 值小于等于 0.06.
    d. 检验的 p 值就是原假设正确的概率.
    e. 利用似然比检验简单对简单的假设时，p 值等于似然比.
    f. 如果自由度为 4 的 χ^2 检验统计量的值为 8.5，则 p 值小于 0.05.

27. 自由度为 7 的 χ^2 检验统计量取什么值时能使 p 值小于等于 0.10？

28. 假设检验统计量 T 的零分布是标准正态的.
    a. 如果 $|T|$ 取较大值时拒绝该检验，则 $T = 1.50$ 的 p 值是多少？
    b. 如果 T 取较大值时拒绝检验，回答相同的问题.

29. 假设如果 $T > t_0$，检验统计量 T 在水平 α 时拒绝假设. 假设 g 是单调递增函数，并且令 $S = g(T)$. 如果 $S > g(t_0)$，检验在显著性水平等于 α 时拒绝原假设吗？

30. 假设原假设为真，检验统计量 T 的分布，比方说，是连续的，具有累积分布函数 F，且 T 取较大值时拒绝该检验. 令 V 表示检验的 p 值.
    a. 证明 $V = 1 - F(T)$.

b. 推断 V 的零分布是均匀的. (提示：参见 2.3 节的命题 2.3.3)

c. 如果原假设为真，p 值大于 0.1 的概率是多少？

d. 证明：如果 $V < \alpha$，检验在显著性水平为 α 时拒绝原假设.

31. 如果自由度分别为 1, 5, 10 和 20，为使检验在显著性水平 $\alpha = 0.1$ 时拒绝原假设，广义似然比 Λ 应取什么值？

32. 物体的发光强度是可以测量的. 假设有两种类型的物体：A 和 B. 如果物体是 A 类型的，则测量结果是均值为 100, 标准差为 25 的正态分布；如果物体是 B 类型的，则测量结果是均值为 125, 标准差为 25 的正态分布. 得到单一测量值 $X = 120$.

    a. 似然比是多少？

    b. 如果 A 和 B 的先验概率是相等的 (都是 $\frac{1}{2}$)，则物体是 B 类型的后验概率是多少？

    c. 假设制定了决策规则，$X > 125$ 时将物体判入类型 B. 与这一规则相联系的显著性水平是多少？

    d. 该检验的势是多少？

    e. 当 $X = 120$ 时，p 值是多少？

33. 有事实表明临近死亡的人能够推迟死亡时间，直到一些重要的事情发生以后，比如结婚或孩子出生. Phillips 和 King(1988) 研究了在 1966 年到 1984 年之间加利福尼亚州逾越节 (一个重要的犹太节日) 附近的死亡模式. 他们比较了 1919 个犹太姓人在逾越节前一周和逾越节后一周死亡的人数. 在这些人中，有 922 个死于逾越节的前一周，997 个死于逾越节的后一周. 这一差异的显著性可以利用统计计算进行评估. 我们将节前和节后的死亡人数看成组成表格的两个单元. 如果没有节日影响，落入每一个单元的死亡概率都是 $\frac{1}{2}$. 因此，为了证明具有节日效应，必须证明这一简单模型不能拟合这些数据. 利用皮尔逊 χ^2 检验或者似然比检验来检验模型的拟合优度. 用祖先为中国人和日本人的男性重复这一分析过程，有 418 个人死于逾越节的前一周，434 个人死于后一周. 后一个分析与前一个分析相比，两者的关联是什么？

34. 对于第 8 章习题 55 给出的数据，检验遗传模型的拟合优度.

35. 对于第 8 章习题 58 给出的数据，检验遗传模型的拟合优度.

36. 美国国家卫生统计中心 (1970) 给出了美国 1970 年各月自杀人数的分布情况，数据如下表所示. 这能够表明自杀率随季节变化，或者数据与自杀率等于常数的假设相一致吗？(提示：在后一假设下，将各月的自杀人数模拟成具有适当概率的多项随机变量，并进行拟合优度检验. 检查一下偏差 $Q_i - E_i$ 的符号，看看是否存在某种模式.)

月份	自杀人数	天/月	月份	自杀人数	天/月	月份	自杀人数	天/月
1 月	1867	31	5 月	2097	31	9 月	1928	30
2 月	1789	28	6 月	1981	30	10 月	2032	31
3 月	1944	31	7 月	1887	31	11 月	1978	30
4 月	2094	30	8 月	2024	31	12 月	1859	31

37. 下表给出了 1970 年各月的意外伤亡人数. 能否说明死亡率随着时间偏离了一致性？也就是说，该死亡率存在季节模式吗？如果是这样，描述该模式，并推测其中的原因.

月份	死亡人数	月份	死亡人数	月份	死亡人数
1 月	1668	5 月	1341	9 月	1332
2 月	1407	6 月	1338	10 月	1363
3 月	1370	7 月	1406	11 月	1410
4 月	1309	8 月	1446	12 月	1526

38. Yip 等 (2000) 研究了 1982 年到 1996 年英格兰和威尔士自杀率的季节变化,收集的数据如下表所示:

月份	1月	2月	3月	4月	5月	6月	7月	8月	9月	10月	11月	12月
男性	3755	3251	3777	3706	3717	3660	3669	3626	3481	3590	3605	3392
女性	1362	1244	1496	1452	1448	1376	1370	1301	1337	1351	1416	1226

男性和女性的数据都表现出季节性吗?

39. 有很多民间故事讲述了盈月对人和其他动物的影响. 在盈月期间, 动物是不是更容易咬人? 在一项这样的尝试性研究中, Bhattacharjee 等 (2000) 收集了某个医疗机构处理被动物 (包括猫、老鼠、马和狗) 咬伤的病例. 95% 的咬伤是由人类最好的朋友 — 狗 — 造成的. 月亮周期被划分为 10 个阶段, 每个阶段被咬伤的人数如下表所示. 29 日是盈月. 咬伤事件是否存在时间趋势?

太阴日	16,17,18	19,20,21	22,23,24	25,26,27	28,29,1	2,3,4	5,6,7	8,9,10	11,12,13	14,15
咬伤人数	137	150	163	201	269	155	142	146	148	110

40. 对于具有两个单元的多项分布, 考虑检验的拟合优度. 用 X_1 和 X_2 表示每一个单元中的观察数, 并令假设的概率为 p_1 和 p_2. 皮尔逊卡方统计量等于

$$\sum_{i=1}^{2} \frac{(X_i - np_i)^2}{np_i}$$

证明其可以表示为

$$\frac{(X_1 - np_1)^2}{np_1(1-p_1)}$$

因为 X_1 是二项分布, 在原假设下, 下式近似成立:

$$\frac{X_1 - np_1}{\sqrt{np_1(1-p_1)}} \sim N(0,1)$$

所以左边表达式的平方近似服从自由度为 1 的 χ^2 分布.

41. 令 $X_i \sim \text{bin}(n_i, p_1)$ (其中 $i = 1, \cdots, m$) 是独立的. 导出原假设

$$H_0 : p_1 = P_2 = \cdots = p_m$$

对备择假设: p_i 不全相等的似然比检验. 检验统计量的大样分布是什么?

42. 测试尼龙棒的脆性 (Bennett 和 Franklin, 1954). 280 根尼龙棒在相同的条件下铸造而成, 并在每根尼龙棒的 5 个部位进行测试. 假定每一根棒的成分都是均匀的, 其断裂数服从 5 次试验的二项分布, 失败概率 p 未知. 如果这些棒具有相同的均匀强度, 那么所有棒的 p 应该是相同的; 如果它们具有不同的强度, p 应该随棒而变. 因此, 原假设是这些 p 都相同. 下表总结了试验结果:

断裂数/棒	频数	断裂数/棒	频数	断裂数/棒	频数
0	157	2	35	4	1
1	69	3	17	5	1

a. 在给定的假设下, 表中数据包含了 280 个独立的二项随机变量的观察值. 计算 p 的最大似然估计.
b. 合并最后三个单元, 利用皮尔逊 χ^2 统计量检验观测的频率分布与二项分布的一致性.
c. 应用上一题导出的检验过程.

43. **a.** 在 1965 年,报纸报道了一个高中生在 17 950 次抛硬币试验中得到了 9207 次正面和 8743 次反面. 这和原假设 $H_0: p = \frac{1}{2}$ 具有显著性差异吗?
    b. 国家标准局的统计学家 Jack Youden 联系到这个高中生,询问他进行试验的精确程度如何 (Youden, 1974). 为了节省时间,这个学生一次抛 5 枚硬币,他的弟弟记录下观测结果,如下表所示:

正面次数	频 数	正面次数	频 数	正面次数	频 数
0	100	2	1080	4	655
1	524	3	1126	5	105

数据与所有硬币都是质地均匀的 $\left(p = \frac{1}{2}\right)$ 假设一致吗?

c. 假设所有 5 枚硬币具有相同的正面概率,但是没必要等于 $\frac{1}{2}$,数据与该假设一致吗? (提示: 利用二项分布.)

44. 对于第 8 章习题 58,导出并进行假设: $H_0: \theta = \frac{1}{2}$ 对 $H_1: \theta \neq \frac{1}{2}$ 的似然比检验.

45. 在一项经典的遗传学研究中, Geissler(1889) 研究了萨克森州 (Saxony) 的医院记录, 汇总了性别比例的数据. 下表给出了 6115 个有 12 个孩子的家庭中男孩数量的汇总结果. 如果连续出生的孩子性别是独立的, 并且概率是不随时间变化的常数, 在 12 个孩子的家庭中, 男孩数应该是具有 12 次试验的二项随机变量, 成功概率 p 未知. 如果每个家庭的男孩出生概率是相同的, 则下表代表了 6115 个二项随机变量的发生情况. 检验数据是否符合模型? 模型为什么会失败?

数	频 数	数	频 数	数	频 数
0	7	4	829	8	670
1	45	5	1112	9	286
2	181	6	1343	10	104
3	478	7	1033	11	24
				12	3

46. 如果 $\hat{p} = X/n$, 其中 $X \sim \text{bin}(n, p)$, 证明: $Y = \sin^{-1}\sqrt{\hat{p}}$ 是方差稳定性变换.
47. 令 X 服从均值为 λ 的泊松分布. 证明: $Y = \sqrt{X}$ 是方差稳定性变换.
48. 假设 $E(X) = \mu$ 和 $\text{Var}(X) = c\mu^2$, 其中 c 是常数. 导出一个方差稳定性变换.
49. 一位英国自然学家收集了布谷鸟蛋长度的数据, 测量结果精确到 0.5 毫米. 通过 (a) 构造直方图并叠加正态密度, (b) 在正态概率纸上作图和 (c) 构造悬挂根图, 这三种方法检验分布的正态性.

长 度	频 数	长 度	频 数	长 度	频 数
18.5	0	21.5	152	24.5	21
19.0	1	22.0	392	25.0	12
19.5	3	22.5	288	25.5	2
20.0	33	23.0	286	26.0	0
20.5	39	23.5	100	26.5	1
21.0	156	24.0	86		

50. Burr(1974) 给出了下列由鼓风炉冶炼的铁中锰含量的百分比数据. 选取 24 天的数据, 单独分析每天的 5 个铸件. 利用正态概率图和悬挂根图检验分布的正态性. (作为下一章内容的前奏, 你也可以随意检验一

下锰的百分比含量在各天之间是否近似常数，或它们是否具有某种显著性的时间趋势.)

Day1	Day2	Day3	Day4	Day5	Day6	Day7	Day8	Day9	Day10	Day11	Day12
1.40	1.40	1.80	1.54	1.52	1.62	1.58	1.62	1.60	1.38	1.34	1.50
1.28	1.34	1.44	1.50	1.46	1.58	1.64	1.46	1.44	1.34	1.28	1.46
1.36	1.54	1.46	1.48	1.42	1.62	1.62	1.38	1.46	1.36	1.08	1.28
1.38	1.44	1.50	1.52	1.58	1.76	1.72	1.42	1.38	1.58	1.08	1.18
1.44	1.46	1.38	1.58	1.70	1.68	1.60	1.38	1.34	1.38	1.36	1.28
1.26	1.52	1.50	1.42	1.32	1.16	1.24	1.30	1.30	1.48	1.32	1.44
1.50	1.50	1.42	1.32	1.40	1.34	1.22	1.48	1.52	1.46	1.22	1.28
1.52	1.46	1.38	1.48	1.40	1.40	1.20	1.28	1.76	1.48	1.72	1.10
1.38	1.34	1.36	1.36	1.26	1.16	1.30	1.18	1.16	1.42	1.18	1.06
1.50	1.40	1.38	1.38	1.26	1.54	1.36	1.28	1.28	1.36	1.36	1.10

51. 查看图 9.6 的概率图，并解释为什么有很多水平点带集.
52. 下表给出了一些矿物样本中钾的两种同位素的丰度比 (H. Ku, 私人通信). 首先利用直方图并叠加正态密度，然后利用概率图检验每个比例是否服从正态分布.

$^{39}K/^{41}K$	$^{41}K/^{40}K$	$^{39}K/^{41}K$	$^{41}K/^{40}K$	$^{39}K/^{41}K$	$^{41}K/^{40}K$
13.8645	576.369	13.8689	578.277	13.8724	576.017
13.8695	578.012	13.8593	574.708	13.8665	574.881
13.8659	575.597	13.8742	573.630	13.8566	578.508
13.8622	575.244	13.8703	576.069	13.8555	576.796
13.8696	575.567	13.8472	575.637	13.8534	580.394
13.8604	576.836	13.8555	575.971	13.8685	576.772
13.8672	576.236	13.8439	576.403	13.8694	576.501
13.8598	575.291	13.8646	576.179	13.8599	574.950
13.8641	576.478	13.8702	575.129	13.8605	577.614
13.8673	576.992	13.8606	577.084	13.8619	574.506
13.8597	578.335	13.8622	576.749	13.9641	576.317
13.8604	576.767	13.8588	576.669	13.8597	575.665
13.8591	576.571	13.8547	575.869	13.8617	575.815
13.8472	576.617	13.8597	577.793	13.861	576.109
13.863	575.885	13.8663	577.770	13.8615	576.144
13.8566	576.651	13.8597	577.697	13.8469	576.820
13.8503	575.974	13.8604	576.299	13.8582	576.672
13.8553	577.255	13.8634	575.903	13.8645	576.169
13.8642	574.664	13.8658	574.773	13.8713	575.390
13.8613	576.405	13.8547	577.391	13.8593	575.108
13.8706	574.306	13.8519	577.057	13.8522	576.663
13.8601	577.095	13.863	577.286	13.8489	578.358
13.866	576.957	13.8581	575.510	13.8609	575.371
13.8655	576.434	13.8644	576.509	13.857	575.851
13.8612	575.211	13.8665	574.300	13.8566	575.644
13.8598	576.630	13.8648	575.846	13.864	574.462

53. Hoaglin(1980) 介绍了"泊松度图"——一种评价拟合优度的简单可视方法. 取自泊松分布的容量为 n 的样本, 它的期望频率是

$$E_k = nP(X=k) = ne^{-\lambda}\frac{\lambda^k}{k!}$$

或者

$$\log E_k = \log n - \lambda + k\log\lambda - \log k!$$

因此, $\log(O_k) + \log k!$ 与 k 的关系图应接近一条直线, 具有斜率 λ 和截距 $\log n - \lambda$. 构造第 8 章习题 1、习题 2 和习题 3 中数据的泊松度图. 说明其接近直线的程度.

54. 如果 $Y = \log(X)$ 服从正态分布, 则随机变量 X 服从对数正态分布. 对数正态往往用在重尾偏态分布中.
    a. 计算对数正态分布的密度函数.
    b. 检验对数正态能否大致拟合以下的数据 (Robson 1929), 这些数据是以毫米为单位记录的分类学上不同 8 足动物的背长.

110	15	60	54	19	115	73
190	57	43	44	18	37	43
55	19	23	82	175	50	80
65	63	36	16	10	17	52
43	70	22	95	20	41	17
15	12	11	29	29	61	22
40	17	26	30	16	116	28
32	33	29	27	16	55	8
11	49	82	85	20	67	27
44	16	6	35	17	26	32
76	150	21	5	6	51	75
23	29	64	22	47	9	10
28	18	84	52	130	50	45
12	21	73				

55. a. 由正态分布生成容量分别为 25, 50 和 100 的样本. 作出概率图. 多次重复该过程, 把握标的分布确是正态分布时概率图的行为特征.
    b. 取自由度为 10 的 χ^2 分布, 重复 a.
    c. 取 $Y = Z/U$, 其中 $Z \sim N(0,1)$ 和 $U \sim U[0,1]$, 且 Z 和 U 独立, 重复 a.
    d. 取均匀分布, 重复 a.
    e. 取指数分布, 重复 a.
    f. 你能区分 a 中的正态分布和后面的非正态分布吗?

56. 假定样本取自对称分布, 且其尾部比正态分布衰减更慢. 该样本的正态概率图的定性形状是什么?

57. 柯西分布具有概率密度函数

$$f(x) = \frac{1}{\pi}\left(\frac{1}{1+x^2}\right), \quad -\infty < x < \infty$$

样本取自该分布, 其正态概率图的定性形状是什么?

58. 说明如何构造指数分布 $F(x) = 1 - e^{-\lambda x}$ 的概率图. Berkson(1966) 记录了事件间隔的时间, 并用指数分布拟合它们.(在泊松过程中, 事件间隔的时间是指数分布.) 下面的表格来源于 Berkson 的论文. 绘制指数概率图, 并评价它的"直线度".

时间区间 (秒)	观测频数	时间区间 (秒)	观测频数	时间区间 (秒)	观测频数
0~60	115	1130~1714	468	9590~11 304	550
60~120	104	1714~2125	531	11 304~13 719	465
120~180	99	2125~2567	461	13 719~14 347	104
181~243	106	2567~3044	526	14 347~15 049	97
243~306	113	3044~3562	506	15 049~15 845	101
306~369	104	3562~4130	509	15 845~16 763	104
369~432	101	4130~4758	520	16.763~17 849	92
432~497	106	4758~5460	540	17.849~19 179	102
497~562	104	5460~6255	542	19 179~20 893	103
562~628	96	6255~7174	499	20.893~23 309	110
628~698	512	7174~8260	494	23 309~27 439	112
689~1130	524	8260~9590	500	27 439+	100

59. 构造上一个习题中数据的悬挂根图, 以此比较观察分布和指数分布.

60. 指数分布广泛应用于可靠性研究中, 如寿命模型, 主要原因是其简单的数学运算. Barlow, Toland 和 Freeman(1984) 分析了芳纶 49 环氧树脂 (一种用在航天飞机上的原料) 的强度数据. 下面的表格给出了 90% 应力级下 76 股材料的寿命 (以小时计).

90% 应力级下的寿命									
0.01	0.01	0.02	0.02	0.02	0.92	0.95	0.99	1.00	1.01
0.03	0.03	0.04	0.05	0.06	1.02	1.03	1.05	1.10	1.10
0.07	0.07	0.08	0.09	0.09	1.11	1.15	1.18	1.20	1.29
0.10	0.10	0.11	0.11	0.12	1.31	1.33	1.34	1.40	1.43
0.13	0.18	0.19	0.20	0.23	1.45	1.50	1.51	1.52	1.53
0.24	0.24	0.29	0.34	0.35	1.54	1.54	1.55	1.58	1.60
0.36	0.38	0.40	0.42	0.43	1.63	1.64	1.80	1.80	1.81
0.52	0.54	0.56	0.60	0.60	2.02	2.05	2.14	2.17	2.33
0.63	0.65	0.67	0.68	0.72	3.03	3.03	3.24	4.20	4.69
0.72	0.72	0.73	0.79	0.79	7.89				
0.80	0.80	0.83	0.85	0.90					

   a. 构造数据与指数分布分位数的概率图, 定性地评估指数分布的合理性. 你能解释图形的奇怪形状吗?
   b. 利用悬挂根图将数据与指数分布进行比较.

61. 文件 haliburton 和 macdonalds 给出了这两家公司 1975 年到 1999 年月度的股票收益率.
   a. 制作收益率的直方图, 并叠加拟合正态密度. 评论拟合质量. 哪只股票波动更大?
   b. 制作正态概率图, 再一次评论拟合质量.

62. 利用泊松散度检验分析伽马射线观测数据 —— 第 8 章的习题 42. 考虑到不同长度的时间间隔, 你不得不修正 9.5 节的似然比检验过程.

63. 构造第 8 章习题 46 中数据的伽马概率图.

64. 文件 bodytemp 取自 Shoemaker(1996), 包含 65 名男性 (用 1 表示) 和 65 名女性 (用 2 表示) 正常的体温读数 (华氏温度) 和心跳速率 (每分钟跳动次数).
   a. 利用正态概率图评估男性和女性体温的正态性. 为了判断这些图形的内在变异性, 从具有相同均值和标准差的正态分布中模拟几个样本,作正态概率图. 你的结论是什么?

b. 对心跳速率重复前面的过程.

c. 对于男性,检验体温均值为 98.6° 的原假设对均值不等于 98.6° 的备择假设. 对女性做同样的检验. 你的结论是什么?

65. 该题继续分析第 8 章习题 45 中的染色体数据,并考虑进一步检验拟合优度.

a. 拟合优度也可以利用概率图进行检验,即理论分布的分位数与经验分布的分位数的关系图. 按照 9.8 节的讨论,证明观测的顺序统计量 $X_{(k)}$ 与参数 $\theta = 1$ 的瑞利分布分位数的关系图足以说明该问题. 构造三个这样的概率图,如果你观察到拟合的某些系统性不足,请说明之. 为了感知偶然性可能带来的某种变异性,模拟瑞利分布的几个数据集,并制作相应的概率图.

b. 利用卡方拟合优度检验正式地检验拟合优度. 比较直方图中的频数和瑞利模型得到的预测值. 你可能需要合并直方图中的某些单元,以至于每个单元的期望值不少于 5 个.

第 10 章 数 据 汇 总

10.1 引言

这一章处理数据的描述和汇总方法, 其中的数据都是以单个样本、多个样本或成批形式出现的. 这些方法大部分以图形的方式展示数据, 可以用其揭示数据结构, 而原始数据要么列示在纸张上, 要么作为计算机文档记录在磁带或磁盘中. 在不使用随机模型的情况下, 这些方法完全可以达到描述性分析的目的. 如果适当考虑随机模型, 那么关注点也是集中在方法模型的内涵上. 例如, 算数均值 $\bar{x}$ 经常用来汇总一组数字集合 $x_1, x_2, \cdots, x_n$, 它表示 "代表值" (10.4 节在这个方面讨论它的一些优点和缺点.) 在一些情形下, 可以将一组数字集视作具有相同均值 μ 和方差 σ^2 的 n 个独立随机变量 $X_1, X_2, \cdots, X_n$ 的实现. $\bar{x}$ 的变异性问题就可以通过这种方式来解决 —— 均值 $\bar{x}$ 视作 μ 的估计, 由之前的工作, 我们知道随机模型导出 $E(\overline{X}) = \mu$, $\operatorname{Var}\overline{X} = \sigma^2/n$.

我们首先讨论随机变量累积分布函数在数据形式下的类似方法. 这些方法可以用于展示数据值的分布. 接着, 我们讨论直方图和相关的图形展示, 它们扮演着随机变量概率密度或频率函数的角色, 从另外一个不同的角度展示不同于累积分布函数的数据值分布. 我们接着讨论数据的简单数值汇总, 依此来表示数据的代表或中心值, 以及量化数据的发散程度. 这些统计量比累积分布函数和直方图提供了更加浓缩的汇总信息. 我们特别注意极端数据点的作用, 并对其进行度量. 接下来, 我们介绍箱形图, 它通过一种简单的图形方式将中心值、散度和分布形状等信息汇总起来. 最后, 介绍散点图方法, 用其揭示变量相关性的信息.

10.2 基于累积分布函数的方法

10.2.1 经验累积分布函数

假设 $x_1, x_2, \cdots, x_n$ 是一组数据. (单词样本通常用作 x_i 独立同分布地来自某个分布函数的情形, 单词组暗含着没有假定随机模型.) **经验累积分布函数**(empirical cumulative distribution function, ecdf) 定义为

$$F_n(x) = \frac{1}{n}(\#x_i \leqslant x)$$

(按照这种定义形式, F_n 是右连续的, 前苏联和东欧通常定义 ecdf 为左连续.)

用 $x_{(1)} \leqslant x_{(2)} \leqslant \cdots \leqslant x_{(n)}$ 表示顺序数据. 那么, 如果 $x < x_{(1)}$, $F_n(x) = 0$; 如果 $x_{(1)} \leqslant x < x_{(2)}$, $F_n(x) = 1/n$; 如果 $x_{(k)} \leqslant x < x_{(k+1)}$, $F_n(x) = k/n$; 等等. 如果观测值 x 是单一的, F_n 在 x 点的跃度是 $1/n$; 如果观测值 x 有 r 个, F_n 在 x 点的跃度是 r/n.

ecdf 是随机变量累积分布函数在数据形式下的对应类似函数: $F(x)$ 给出了 $X \leqslant x$ 的概率, $F_n(x)$ 给出了小于或等于 x 的数据比例.

例 10.2.1.1 作为 ecdf 使用的例子，我们考虑取自 White、Riethof 和 Kushnir(1960) 蜂蜡化学性质的研究数据. 这个研究的目的是通过一些化学试验，探测蜂蜡中人造蜡的存在性. 例如，添加微晶蜡可以提高蜂蜡的熔点. 如果所有的纯蜂蜡具有相同的熔点，那么确定熔点可以探测蜂蜡的稀释性. 然而，熔点和蜂蜡的其他化学性质随着蜂巢的不同而不同. 作者得到 59 个纯蜂蜡的样本，测量几个化学性质，检验测量值的变异性. 这 59 个熔点 (°C) 列表如下. 作为这些测量值的汇总，图 10.1 画出了它们的 ecdf.

63.78	63.45	63.58	63.08	63.40	64.42	63.27	63.10
63.34	63.50	63.83	63.63	63.27	63.30	63.83	63.50
63.36	63.86	63.34	63.92	63.88	63.36	63.36	63.51
63.51	63.84	64.27	63.50	63.56	63.39	63.78	63.92
63.92	63.56	63.43	64.21	64.24	64.12	63.92	63.53
63.50	63.30	63.86	63.93	63.43	64.40	63.61	63.03
63.68	63.13	63.41	63.60	63.13	63.69	63.05	62.85
63.31	63.66	63.60					

图 10.1 很方便地汇总了熔点的本质变异性. 例如，我们可以由图形看出大约 90% 的样本熔点小于 64.2 °C, 大约 12% 的样本熔点小于 63.2 °C.

White、Riethof 和 Kushnir 证明了添加 5% 的微晶蜡可以提高蜂蜡的熔点 0.85 °C, 添加 10% 可以提高 2.22 °C. 由图 10.1, 我们可以看出很难探测添加 5% 的微晶蜡, 特别是对于熔点较低的蜂蜡, 但是添加 10% 是可以探测出来的. 进一步计算, 研究者用正态分布拟合熔点分布. 模型的合理性如何? ∎

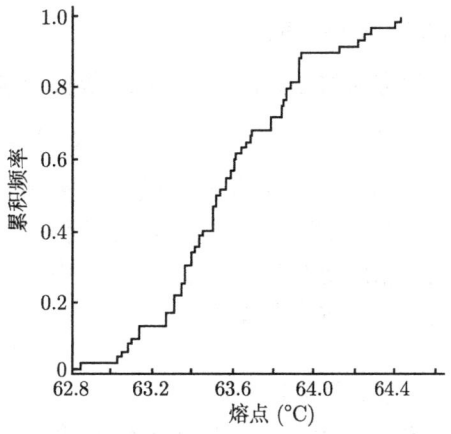

图 10.1 蜂蜡熔点的经验累积分布函数

当 $X_1, \cdots, X_n$ 来自连续分布函数 F 的随机样本时, 我们简略地考虑一下 ecdf 的基本统计性质. 出于分析的目的, 为了方便, 将 F_n 表示如下:

$$F_n(x) = \frac{1}{n} \sum_{i=1}^{n} I_{(-\infty, x]}(X_i)$$

其中

$$I_{(-\infty, x]}(X_i) = \begin{cases} 1, & \text{若} X_i \leqslant x \\ 0, & \text{若} X_i > x \end{cases}$$

随机变量 $I_{(-\infty, x]}(X_i)$ 是独立的伯努利随机变量:

$$I_{(-\infty, x]}(X_i) = \begin{cases} 1, & \text{具有概率} F(x) \\ 0, & \text{具有概率} 1 - F(x) \end{cases}$$

因此, $nF_n(x)$ 是二项随机变量 (n 次试验, 成功概率 $F(x)$), 因此,

$$E[F_n(x)] = F(x)$$

$$\text{Var}[F_n(x)] = \frac{1}{n}F(x)[1-F(x)]$$

作为 $F(x)$ 的估计, $F_n(x)$ 是无偏估计, 满足 $F(x) = 0.5$ 的 x, 即中位数, 使得估计方差达到最大. 当 x 变得非常大或非常小时, 方差趋向于零.

在前面的段落中, 我们考虑固定 x 时的 $F_n(x)$, 得到的结论可以用来构造任意给定 x 值的 $F(x)$ 的置信区间. 进一步分析随机函数 F_n 的随机行为, 即同时考虑所有的 x. 结果多少有点令人惊讶, 如果 F 是连续的, 那么

$$\max_{-\infty < x < \infty} |F_n(x) - F(x)|$$

的分布不依赖于 F. 这个结果可以用来构造 F_n 的同时置信带, 并检验拟合优度. [进一步的讨论参见 Bickel 和 Doksum(1977) 的 9.6 节.] 必须认识到同时置信带和单个置信区间的区别, 单个置信区间可以利用二项分布构造, 以一定的概率 (比方说, $1-\alpha$) 覆盖单个点处的 F, 但是所有这样的区间同时覆盖 F 的概率不一定是 $1-\alpha$. 我们在之后的章节会遇到这种类型的其他一些现象.

10.2.2 生存函数

生存函数(survival function) 等价于累积分布函数, 定义为

$$S(t) = P(T > t) = 1 - F(t)$$

其中 T 是具有 cdf 为 F 的随机变量. 在应用中, 数据由直到失败或死亡的时间组成, 因此是非负的, 通常习惯上分析生存函数, 而不是累积分布函数, 尽管两者给出的信息是等价的. 这种类型的数据出现在医学和可靠性研究中. 在这些研究领域中, $S(t)$ 仅仅是寿命超过 t 的概率. 我们同时还关心 S 的样本形式,

$$S_n(t) = 1 - F_n(t)$$

它给出了数据超过 t 的比例.

例 10.2.2.1 作为一个例子, 我们利用感染不同剂量结核菌的豚鼠寿命考虑生存函数的利用 (Bjerkdal 1960). 在一项研究中, 每组 72 个动物, 共 5 组, 以递增的剂量接种结核菌, 同时还利用 107 个动物组成的控制组. 我们按增加的剂量顺序分别用 I, II, III, IV 和 V 标记接种组. 观察这些动物 2 年, 记录下它们的死亡时间 (按天). 数据如下. 注意接种较少剂量的动物并没有全部死亡.

			控制组寿命				
18	36	50	52	86	87	89	91
102	105	114	114	115	118	119	120
149	160	165	166	167	167	173	178
189	209	212	216	273	278	279	292
341	355	367	380	382	421	421	432
446	455	463	474	506	515	546	559
576	590	603	607	608	621	634	634
637	638	641	650	663	665	688	725
735							

			剂量 I 寿命				
76	93	97	107	108	113	114	119
136	137	138	139	152	154	154	160
164	164	166	168	178	179	181	181
183	185	194	198	212	213	216	220
225	225	244	253	256	259	265	268
268	270	283	289	291	311	315	326
326	361	373	373	376	397	398	406
452	466	592	598				
			剂量 II 寿命				
72	72	78	83	85	99	99	110
113	113	114	114	118	119	123	124
131	133	135	137	140	142	144	145
154	156	157	162	162	164	165	167
171	176	177	181	182	187	192	196
211	214	216	216	218	228	238	242
248	256	257	262	264	267	267	270
286	303	309	324	326	334	335	358
409	473	550					
			剂量 III 寿命				
10	33	44	56	59	72	74	77
92	93	96	100	100	102	105	107
107	108	108	108	109	112	113	115
116	120	121	122	122	124	130	134
136	139	144	146	153	159	160	163
163	168	171	172	176	183	195	196
197	202	213	215	216	222	230	231
240	245	251	253	254	254	278	293
327	342	347	361	402	432	458	555
			剂量 IV 寿命				
43	45	53	56	56	57	58	66
67	73	74	79	80	80	81	81
81	82	83	83	84	88	89	91
91	92	92	97	99	99	100	100
101	102	102	102	103	104	107	108
109	113	114	118	121	123	126	128
137	138	139	144	145	147	156	162
174	178	179	184	191	198	211	214
243	249	329	380	403	511	522	598
			剂量 V 寿命				
12	15	22	24	24	32	32	33
34	38	38	43	44	48	52	53
54	54	55	56	57	58	58	59
60	60	60	60	61	62	63	65
65	67	68	70	70	72	73	75
76	76	81	83	84	85	87	91
95	96	98	99	109	110	121	127
129	131	143	146	146	175	175	211
233	258	258	263	297	341	341	376

经验生存函数图 (图 10.2) 很方便地提供了数据的汇总,绘出了超过给定时间的生存比例,而没有必要知道存活期超过研究终止时间的实际寿命. 与表格清单相比, 这个图形更加有效地展示了数据信息.

Bjerkdahl 的基本兴趣之一是比较增加的剂量对具有不同抗体水平豚鼠的效应. 例如, 比较组Ⅲ和组Ⅴ, 我们看到两组最弱豚鼠 (比方说 10% 最弱的) 的寿命差约为 50 天, 而较强壮动物的寿命差增加到 100 天左右. ∎

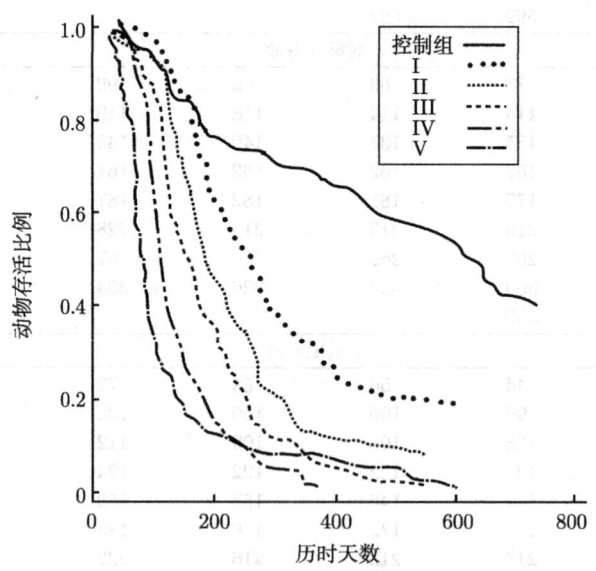

图 10.2 豚鼠寿命的生存函数. 出于视觉清晰的目的, 间隔增加了线: 实线相应于控制组, 点线是组 I, 短虚线是组 II, 长虚线是组Ⅲ, 点长划线是组Ⅳ, 短长划线是组 V

生存图还可以用来非正式地检测**危险函数**(hazard function), 它可以解释为个体已经存活了给定时间后的即时死亡率. 如果个体已经存活了时间 t, 并假设密度函数在 t 处连续, 那么它在时间区间 $(t, t+\delta)$ 内死亡的概率是

$$P(t \leqslant T \leqslant t+\delta | T \geqslant t) = \frac{P(t \leqslant T \leqslant t+\delta)}{P(T \geqslant t)} = \frac{F(t+\delta) - F(t)}{1 - F(t)} \approx \frac{\delta f(t)}{1 - F(t)}$$

危险函数定义为

$$h(t) = \frac{f(t)}{1 - F(t)}$$

可以视作 t 时刻存活个体的即时死亡率. 如果 T 是制造组件的寿命, 很自然地将 $h(t)$ 认为是即时或特定年龄的失效率. 它还可以表示为

$$h(t) = -\frac{\mathrm{d}}{\mathrm{d}t}\log[1 - F(t)] = -\frac{\mathrm{d}}{\mathrm{d}t}\log S(t)$$

这说明危险函数是对数生存函数斜率的相反数.

例如, 考虑指数函数:

数据汇总

$$F(t) = 1 - e^{-\lambda t}$$
$$S(t) = e^{-\lambda t}$$
$$f(t) = \lambda e^{-\lambda t}$$
$$h(t) = \lambda$$

即时死亡率是常数. 如果指数分布用来模拟元件失效的存活时间, 那么元件失效的概率不依赖于它的年龄. 这是指数分布"无记忆"特征 (2.2.1 节) 的结果. 另一种模型具有 U 型的危险函数, 由于制造过程中的瑕疵很快凸显出来, 新的元件具有较高的失效率; 中间年龄段的元件失效率减低, 接着, 随着磨损的出现, 旧元件的失效率开始增加.

经验生存函数和它的对数可以用顺序观测值表示. 为了简单, 假设没有限制条件, 顺序失效时是 $T_{(1)} < T_{(2)} < \cdots < T_{(n)}$. 那么, 如果 $t = T_{(i)}$, $F_n(t) = i/n$, $S_n(t) = 1 - i/n$. 由于 $\log S_n(t)$ 在 $t \geqslant T_{(n)}$ 上没有定义, 通常将其定义为 $S_n(t) = 1 - i/(n+1)$, 其中 $T_{(i)} \leqslant t < T_{(i+1)}$.

例 10.2.2.2 图 10.3 图示了例 10.2.2.1 数据的对数经验生存函数. 我们画的是 $\log[1 - i/(n+1)]$ 和顺序生存时间 $T_{(i)}$ 的图形. 由这些曲线的斜率, 我们看出危险函数起初非常小. 随着剂量水平的增加, 即时死亡率既增长的很快又达到很高的水平. 死亡率的增加出现在较早年龄段的高剂量组别中, 似乎较大 (斜率较大). (为了更好地观察这些结论, 将图形放在可以"俯视"的角度.) ∎

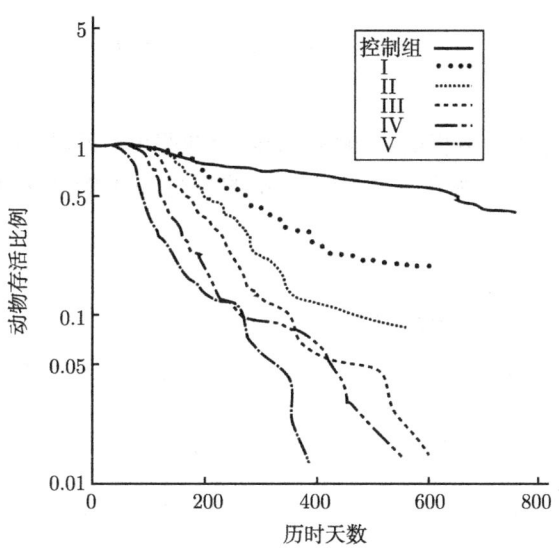

图 10.3 豚鼠寿命的对数生存函数. 出于视觉清晰的目的, 点间增加了线: 实线相应于控制组, 点线是组 I, 短虚线是组 II, 长虚线是组 III, 点长划线是组 IV, 短长划线是组 V

当解释类似图 10.3 所示的图形时, 我们发现牢记经验对数生存函数的变异性是非常有用的. 利用误差传播方法 (4.6 节), 我们有

$$\mathrm{Var}[\log[1 - F_n(t)]] \approx \frac{\mathrm{Var}[1 - F_n(t)]}{[1 - F(t)]^2} = \frac{1}{n}\left(\frac{F(t)[1 - F(t)]}{[1 - F(t)]^2}\right) = \frac{1}{n}\left(\frac{F(t)}{1 - F(t)}\right)$$

利用这个表达式, 我们看到 t 值较大, 即 $1 - F(t)$ 非常小时, 经验对数生存函数极端地不稳定. 因此, 在实践中, 需要剔除最后几个数据点. (注意, 图 10.3 中对数生存函数在较大时间处的较大波动.)

10.2.3 分位数–分位数图

分位数–分位数 ——Q-Q 图(Quantile-Quantile plots) 用来比较分布函数. 如果 X 是具有严格单增分布函数 F 的连续型随机变量, 2.2 节定义分布的第 p 分位数为满足下式的 x 值:

$$F(x) = p$$

或

$$x_p = F^{-1}(p)$$

在 Q-Q 图中, 绘制一个分布分位数和另外一个分布分位数的图形. 出于讨论的目的, 假设一个 cdf(F) 模拟控制组的观测, 另一个 (G) 模拟接受某些试验的群组观测. 令具有 cdf F 的 x 表示控制组的观测, 具有 cdf G 的 y 表示试验组的观测. 试验具有的最简单效应是同幅度增加试验组中每个成员的期望响应值, 比方说 h 个单位, 也就是说, 最弱和最强个体的响应值都变化 h, 那么 $y_p = x_p + h$, Q-Q 图是斜率为 1、截距为 h 的直线. 我们证明分位数的这种关系意味着累积分布函数具有关系 $G(y) = F(y - h)$. 这个等式成立, 是因为对于每个 $0 \leqslant p \leqslant 1$,

$$p = G(y_p) = F(x_p) = F(y_p - h)$$

如图 10.4 所示.

另外一种试验效应可能是乘积的: 响应 (如寿命或强度) 乘以一个常数 c. 那么分位数的关系是 $y_p = cx_p$, Q-Q 图是斜率为 c、截距为 0 的直线. cdf 的关系是 $G(y) = F(y/c)$ (参见图 10.5).

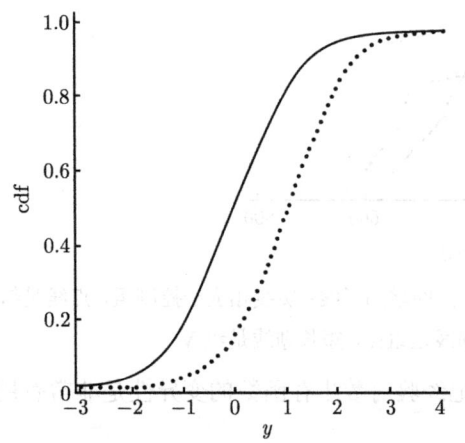

图 10.4 加法的试验效应. 实线是 $F(y)$, 虚线是 $G(y) = F(y - h)$

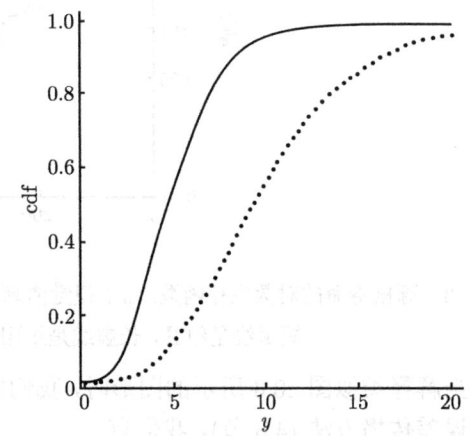

图 10.5 乘法的试验效应. 实线是 $F(y)$, 虚线是 $G(y) = F(y/c)$

可以将加法模型的试验效应简单总结为"试验增加寿命 2 莫 (mo)."对于乘法模型,我们可以这样说"试验增加寿命 25%."

当然,试验效应可能远比这两种简单模型的复杂. 例如, 有些试验有利于弱者,但却损害强者. 相对于正常的教育方案,将重点放在初等或基本技巧上面的教育方法预期具有这种效应.

给定一批数据,或来自概率分布的样本,构造顺序统计量的分位数. 给定 n 个观测,顺序统计量是 $X_{(1)},\cdots,X_{(n)}$, 数据的 $k/(n+1)$ 分位数分配给 $X_{(k)}$. (这一常规不是唯一的,有时,分配给 $X_{(k)}$ 的分位数定义为 $(k-0.5)/n$. 对于描述分析来讲,它与我们使用的定义区别不大.) 在第 9 章构造概率图时,我们绘制了上面刚刚定义的样本分位数和理论分布 (如正态分布) 分位数的图形,并利用这些图形非正式地评估拟合优度.

为了比较两组容量为 n 的数据,顺序统计量分别为 $X_{(1)},\cdots,X_{(n)}$ 和 $Y_{(1)},\cdots,Y_{(n)}$, 利用点对 $(X_{(i)},Y_{(i)})$ 简单构造 Q-Q 图. 如果组数据不是等容量的,可以利用插值过程. 章末习题描述了插值中间分位数的方法.

例 10.2.3.1 Cleveland 等 (1974) 利用 Q-Q 图研究空气污染. 他们绘制了周日和平日各种变量值分布的分位数–分位数图 (图 10.6). 臭氧最大值的 Q-Q 图显示最高的分位数出现在平日,但其他的所有分位数都在周日较大. 对于一氧化碳、氮氧化物和气雾剂,分位数的差别随着浓度的增加而增大. 太阳辐射非常高和非常低的分位数在周日和平日近似相同 (大概相应于非常晴朗和乌云密布的日期),但是对于中间的分位数,周日的分位数较大. ■

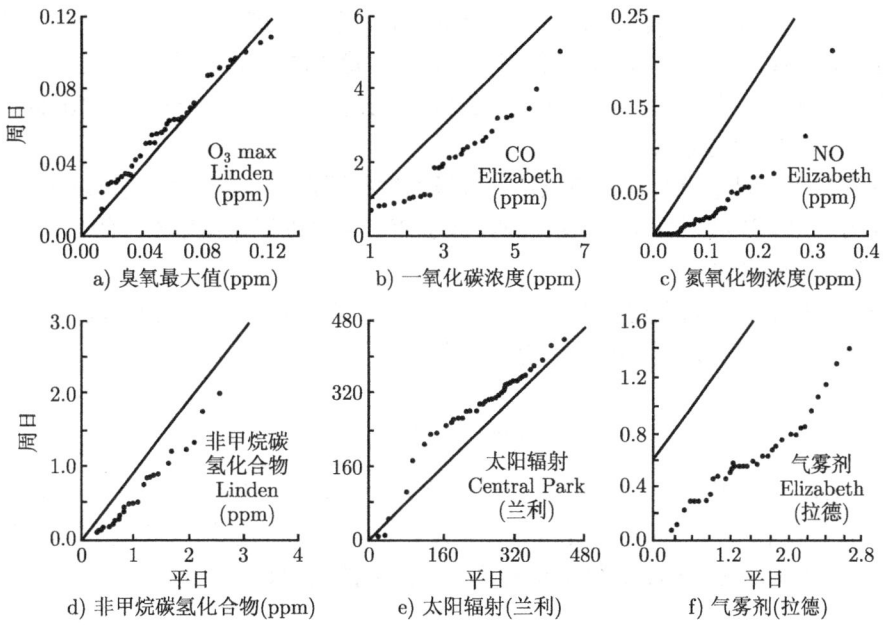

图 10.6 空气污染变量的 Q-Q 图

例 10.2.3.2 图 10.7 是 Bjerkdahl 组Ⅲ和组Ⅴ的 Q-Q 图 (参见 10.2.2 节的例 10.2.2.1). 图形显示分位数的差别随着分位数的增加而增大, 这与我们之前的观察是一致的. Bjerkdahl 由其数据分析断定, 效应的增加与动物三个级别的抗体水平 (弱、中、强) 成比例, 也就是说, 试验效应是我们较早定义的乘法模型. 如果情况确实如此, Q-Q 图将是一条直线. 在 200 天的时间内, 组Ⅲ动物的寿命近似组Ⅴ动物的 2 倍, 但是超过 100 天之后, 差别近似常数. 因此, 在比较两组动物寿命时, Q-Q 图提供了一种简单且有效的方法. ∎

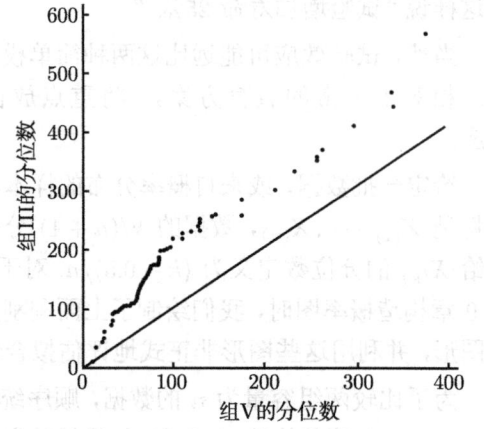

图 10.7 Bjerkdahl(1960) 组Ⅲ和组Ⅴ的 Q-Q 图. 作为参照, 增加 $y = x$ 直线

Q-Q 图进一步的讨论和例子参见 Wilk 和 Gnanadesikan(1968).

10.3 直方图、密度曲线和茎叶图

直方图是历史悠久的显示数据的方法, 之前我们已经做了介绍. 它展示数据分布形状的方式类似于密度函数显示概率. 将数据区域分成几个区间或频带, 画出落入每个频带的观测数或比例. 如果频带不是等尺寸的, 结果直方图可能会误导大众. 经常推荐的方法是画出用频带宽度度量的观测比率, 如果使用这个步骤, 直方图下方的面积是 1.

图 10.8 显示了 10.2.1 节例 10.2.1.1 中蜂蜡熔点的三个直方图, 它们的频带宽度依次增大. 如果带宽太小, 直方图就会太粗糙; 如果频带太宽, 图形就会过度光滑, 形状模糊不清. 频带宽度的选择通常比较直观, 需要在直方图过度粗糙和过度光滑之间寻求一种平衡. Rudemo(1982) 讨论了自动选择频带宽度的方法.

直方图通常用来显示没有任何随机模型假设的数据图形 —— 例如, 美国城市的人口. 如果将数据建模为来自某连续型分布的随机样本, 那么直方图可以视作概率密度的估计. 从这个角度来看, 直方图是不光滑的.

光滑概率密度估计可以通过如下方式构造. 令 $w(x)$ 是非负对称的加权函数, 中心在零点, 积分等于 1. 例如, $w(x)$ 可以取标准正态密度. 函数

$$w_h(x) = \frac{1}{h} w\left(\frac{x}{h}\right)$$

是 w 的校正版本. 当 h 趋于 0 时, w_h 在 0 点附近变得更加集中和尖峰. 当 h 趋于无穷时, w_h 变得越来越发散和扁平. 如果 $w(x)$ 是标准正态密度, 那么 $w_h(x)$ 是具有标准差 h 的正态密度. 如果 $X_1, \cdots, X_n$ 是来自概率密度函数 f 的样本, 那么 f 的估计是

$$f_h(x) = \frac{1}{n} \sum_{i=1}^{n} w_h(x - X_i)$$

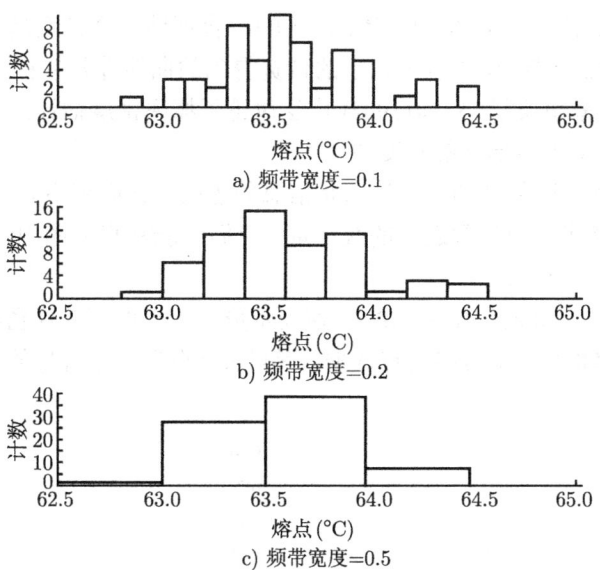

图 10.8 蜂蜡熔点的直方图

这个估计称为**核概率密度估计**(kernel probability density estimate), 由集中在观测上的小"山"叠加而成. 当 $w(x)$ 是标准正态密度的情形时, $w_h(x - X_i)$ 是具有均值 X_i 和标准差 h 的正态密度.

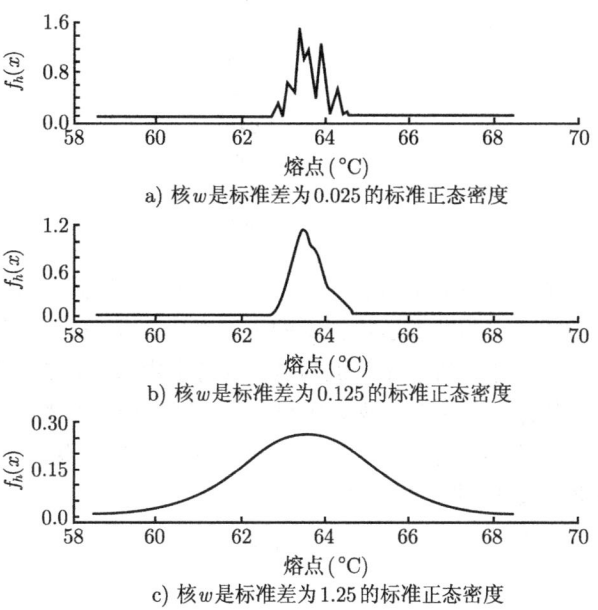

图 10.9 熔点数据的概率密度估计. 注意纵向刻度是不同的

参数 h 是估计函数的**带宽**(bandwidth), 控制着函数的光滑性, 对应于直方图的频带带宽. 如果 h 太小, 估计就会太粗糙; 如果它太大, f 的形状就会被涂抹掉太多. 图 10.9 显示了蜂蜡熔点

不同 h 值的概率密度估计 (来自 10.2.1 节例 10.2.1.1). 合理地选择带宽是非常重要的, 正如直方图频带宽度的选择. 我们由图 10.9 看出太小的带宽得到的曲线非常粗糙, 太大的带宽掩盖了函数形状, 并且过度分散概率质量. Scott(1992) 广泛讨论了概率密度估计, 包括自动化和数据驱动的带宽选择方法, 以及多维情形下的密度估计.

直方图或概率密度函数估计的一个缺点是信息的丢失, 它们都不允许重构原始数据. 再者, 直方图不允许我们计算诸如中位数之类的统计量, 我们仅能从直方图中辨出中位数位于哪个频带中, 而不能得到它的实际值.

茎叶图(stem-and-leaf plots)(Tukey 1977) 在表示形状信息的同时保留数值信息. 通过一个例子很容易定义这种类型的图形, 蜂蜡熔点数据的茎叶图 (小数点在冒号的左边):

		茎	叶
1	1	628	:5
1	0	629	:
4	3	630	:358
7	3	631	:033
9	2	632	:77
18	9	633	:001446669
23	5	634	:01335
	10	635	:0000113668
26	7	636	:0013689
19	2	637	:88
17	6	638	:334668
11	5	639	:22223
6	0	640	:
6	1	641	:2
5	3	642	:147
2	0	643	:
2	2	644	:02

选择熔点的前三个数字形成茎, 列示在第三列. 每个茎上的叶来自具有该茎的所有数值的第 4 位数字. 例如, 第一个茎是 628, 它的叶表示数据中的数字 62.85. 第三个茎是 630, 它的叶表示数字 63.03, 63.05 和 63.08. 茎叶图可以利用计算机构造, 也易于由人工绘制. 第二列中的数字给出每个茎上的叶子树. 第一列中的数字便于计算顺序统计量, 例如分位数和中位数; 从图形的顶端开始, 连续向下至包含中位数的茎, 列示了从最小观测值开始的累积观测数. 然后对称地, 计数过程由包含中位数的茎扩展到数据的最大观测值.

简单易行的茎叶图不适合于变化幅度包含几个数量级的数据. 在这种情形下, 最好绘制对数数据的茎叶图.

10.4 位置度量

10.2 节和 10.3 节关注累积分布函数和密度函数的数据形式及其相关曲线, 它们传递着数据分布形状的视觉信息. 这一节和 10.5 节, 我们讨论数据的简单数值汇总, 主要用在数据不足以构建直方图或 cdf, 或需要更精确汇总时的情形.

位置度量(measure of location) 是一组数据中心的测量值. 如果数据是同一个量不同的测量结果, 通常希望利用位置度量代替单个观测值, 以便更精确地表示测量尺寸. 在其他情形下, 位置度量用作数据的简单汇总 —— 例如, "考试的平均分是 72." 在这一节, 我们讨论几个常见的位置度量及其优缺点.

10.4.1 算术平均

最常用的位置度量是算术平均

$$\bar{x} = \frac{1}{n} \sum_{i=1}^{n} x_i$$

为了对其进行解释, 我们考虑 Hampson 和 Walker(1961) 做过的一个试验. 他们测量了 26 次铂升华的温度, 数据列示如下:

铂的升华温度 (kcal/mol)							
136.3	136.6	135.8	135.4	134.7	135.0	134.1	143.3
147.8	148.8	134.8	135.2	134.9	146.5	141.2	135.4
134.8	135.8	135.0	133.7	134.4	134.9	134.8	134.5
134.3	135.2						

这 26 次测量结果都试图度量 "真实" 的升华温度, 我们看到它们相互之间有变异性. 直觉告诉我们, 相比于任何单个的测量数据, 这批数据的位置或中心度量更能精确地估计升华温度.

对于测量过程的变异性, 常用统计模型如下:

$$X_i = \mu + \beta + \varepsilon_i$$

(参见 4.2.1 节.) 这里, X_i 是第 i 个测量值, μ 是升华温度的真实值, β 代表测量步骤的偏倚, ε_i 是随机误差. 通常假设 ε_i 是具有均值 0 和方差 σ^2 的独立同分布随机变量. 位置度量的有效性可以通过比较模型的表现来判断 (例如, 均方误差). 注意在此模型下, 单独的这些数据不能告诉我们测量步骤误差 β 的任何信息, 有时它的重要性不亚于随机变异性.

观测数据依照试验顺序按行的形式列示在表格中. 当需要观测顺序时, 按照顺序画出它们的图形可以提供更多的信息, 如图 10.10 所示. 我们由图可以看出起初的几个观测比较高. 图形

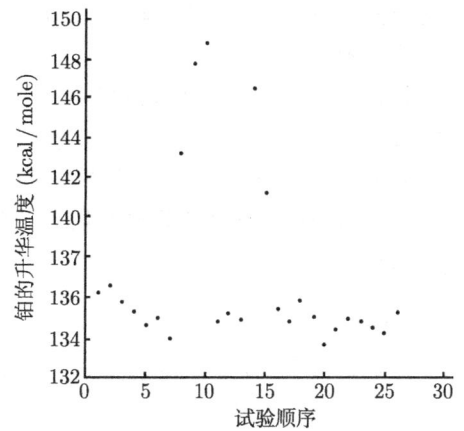

图 10.10 依照时间顺序排列的铂升华温度观测图

最引人注意的地方是 5 个极端观测值的出现, 并且是以三个和两个观测组的形式出现. 偏离主体数据太远的观测称为**离群值**(outliers). 离群值经常出现, 无论你的研究进行得多么缜密. 例如, 此时的离群值可能由不适合的校准设备引起的. 离群值也可能由记录和抄写错误, 或设备故障引

起. 探测离群值非常重要,因为它们可能对后继计算产生不当的影响. 图形表示是探测离群值的有效方法. 仔细复查数据和获得数据的环境通常可以发现离群值产生的原因. 尽管通常无法解释离群值的畸变, 但对它们的检查和起因的探索有时能使研究者加深理解眼下的研究问题.

图 10.10 也使我们怀疑上述测量误差模型能否合理地模拟这个数据集. 离群值不是随机地分散开, 而是以两个和三个观测组的形式出现, 这使得我们有点难以相信模型的独立性假设.

茎叶图提供了数据的另一种汇总 (小数点在冒号处):

1	1	133:7
4	3	134:134
11	7	134:5788899
	6	135:002244
9	2	135:88
7		136:3
6	1	136:6

高:141.2 143.3 146.5 147.8 148.8

在这个茎叶图上,离群观测被隔离出来,并标记为高.

在 Hampson 和 Walker 的分析中,他们把 7 个最大观测和最小观测放在一边,计算剩余观测的平均值,得到 134.9. 利用所有的观测,计算得到的算术平均是 137.05. 由茎叶图和图 10.10 注意到,这个数大于主体数据,很显然不是这组数据"中心"的较好描述性测度. 用其作为升华温度真实值的估计显然是不适合的.

如果将数据视为来自概率律的样本, 如上述的测量误差模型, 利用第 7 章的中心极限定理可以得到总体均值的近似 $100(1-\alpha)\%$ 置信区间. 区间具有形式

$$\bar{x} \pm z(\alpha/2) s_{\bar{x}}$$

直接将这个公式应用到铂数据, 取 $\alpha = 0.05$, 我们得到区间 137.05 ± 1.71, 或 $(135.3, 138.8)$. 注意区间落入茎叶图的位置!

尽管此处展示的例子可能有点极端, 但它解释了样本均值对离群观测的敏感性. 事实上, 改变单个数值, 数据组的算术平均可以任意大或者小. 因此, 如果盲目使用, 而不仔细关心数据, 算术平均能够产生误导的结果. 若数据以文档的形式存储在磁盘或磁带中, 当自动获取数据, 而不进行视觉上的检查时, 这种危险更会加大. 基于此种原因, **稳健**(robust) 或对离群值不敏感的位置度量是非常重要的.

10.4.2 中位数

如果样本容量是奇数, **中位数**(median) 定义为顺序观测的中间值; 如果样本容量是偶数, 中位数是两个中间值的平均. 很显然, 移动极端值根本不影响样本中位数, 因此中位数十分稳健. 铂数据的中位数是 135.1, 由茎叶图可以看出, 它比均值更能合理地代表中心度量.

当数据是来自连续型概率律的样本时, 样本中位数可以视作总体中位数 η 的估计, η 的简单置信区间可以构造出来. 我们现在解释这个区间具有形式

$$(X_{(k)}, X_{(n-k+1)})$$

这个区间的覆盖概率是

$$P(X_{(k)} \leqslant \eta \leqslant X_{(n-k+1)}) = 1 - P(\eta < X_{(k)} \text{ 或 } \eta > X_{(n-k+1)})$$
$$= 1 - P(\eta < X_{(k)}) - P(\eta > X_{(n-k+1)})$$

这是由于事件互斥. 为了计算这些项, 我们首先注意到

$$P(\eta > X_{(n-k+1)}) = \sum_{j=0}^{k-1} P(j \text{个观测大于} \eta)$$

$$P(\eta < X_{(k)}) = \sum_{j=0}^{k-1} P(j \text{个观测小于} \eta)$$

因此, 根据定义, 中位数满足

$$P(X_i > \eta) = P(X_i < \eta) = \frac{1}{2}$$

由于 n 个观测 $X_1, \cdots, X_n$ 是独立同分布的, 超过中位数的观测个数服从 n 次试验, 每次试验成功概率为 $\frac{1}{2}$ 的二项分布. 因此,

$$P(\text{恰好} j \text{个观测大于} \eta) = \frac{1}{2^n} \binom{n}{j}$$

且

$$P(\eta > X_{(n-k+1)}) = \frac{1}{2^n} \sum_{j=0}^{k-1} \binom{n}{j}$$

那么利用对称性, 我们得到上述区间覆盖概率是

$$1 - \frac{1}{2^{n-1}} \sum_{j=0}^{k-1} \binom{n}{j}$$

这些概率可以利用下式由累积二项分布表求得:

$$\frac{1}{2^n} \sum_{j=0}^{k-1} \binom{n}{j} = P(Y \leqslant k-1)$$

其中 Y 是 n 次试验, 每次试验成功概率为 $\frac{1}{2}$ 的二项随机变量.

例 10.4.2.1 作为一个具体的例子, 取 $n = 26$, 我们有如下累积二项概率:

k	$P(Y \leqslant k)$	k	$P(Y \leqslant k)$
5	0.0012	8	0.0378
6	0.0047	9	0.0843
7	0.0145		

如果选择 $k=8$, 那么
$$P(Y<k)=0.0145$$
由于 $P(Y<k)=P(Y>n-k+1)$, $P(Y>19)=0.0145$. 由于 $2\times 0.0145 = 0.029$, 区间 $(X_{(8)}, X_{(19)})$ 是 97% 置信区间. 注意, 这个置信区间是精确的, 而不是近似的, 不依赖于标的 cdf 的具体形式, 仅依赖于 cdf 是连续的这一假设, 观测是独立的.

对于铂数据, 这个置信区间是 $(134.8, 135.8)$. 将此区间与基于样本均值的区间比较. (但是注意到, 我们有理由怀疑铂数据的独立性假设, 因此这些计算应该视作解释性的数值练习.) ∎

10.4.3 截尾均值

另一个简单和稳健的位置度量是**截尾均值**(trimmed mean). $100\alpha\%$ 的截尾均值易于计算: 按顺序排列数据, 丢掉最小的 $100\alpha\%$ 和最大的 $100\alpha\%$ 观测数据, 计算剩余数据的算术平均. 一般建议选择 α 的值在 0.1 到 0.2 之间. 形式上, 我们可以将截尾均值表示为

$$\bar{x}_\alpha = \frac{x_{([n\alpha]+1)}+\cdots+x_{(n-[n\alpha])}}{n-2[n\alpha]}$$

其中 $[n\alpha]$ 表示不超过 $n\alpha$ 的最大整数. 注意中位数可以视作 50% 截尾均值.

对于 10.4.1 节所示的铂数据, 丢掉最大和最小的 5 个观测 $(0.2\times 26 = 5.2)$, 平均剩余观测, 得到它的 20% 截尾均值. 结果是 135.29, 对于同样的这个数据集, 中位数是 135.1, 均值是 137.05.

10.4.4 M 估计

当标的分布是正态时, 样本均值是位置参数 μ 的最大似然估计. 等价地, 样本均值最小化对数似然的相反数, 或

$$\sum_{i=1}^{n}\left(\frac{X_i-\mu}{\sigma}\right)^2$$

这是最简单情形下的**最小二乘估计**(least squares estimate.)(我们将在曲线拟合的章节里更加详细地讨论最小二乘估计.) 由于 X_i 关于 μ 的偏离可以通过两者的平方差测量, 所以离群值严重影响这个估计. 与其相比, 中位数最小化 (参见章末习题 34)

$$\sum_{i=1}^{n}\left|\frac{X_i-\mu}{\sigma}\right|$$

这里, 没有过度加权大的偏差, 并且该性质导致中位数是稳健的.

Huber(1981) 提出了一类估计 ——**M 估计**(M estimates), 它最小化

$$\sum_{i=1}^{n}\Psi\left(\frac{X_i-\mu}{\sigma}\right)$$

其中权函数 Ψ 是均值和中位数的权函数的折中. 类目繁多的权函数被相继提出. Huber 讨论的权函数在零点附近是二次的, 超过阈值 k 之后变为线性的. 因此, $k=\infty$ 相应于均值, $k=0$ 对应

中位数. 通常选择 $k = 1.5$. 这种选择可以减弱偏离中心 1.5σ 以上的观测的影响力. 在实践中, 必须使用诸如 10.5 节所讨论的 σ 的稳健估计.

M 估计的计算是个非线性最小化问题, 必须通过迭代来完成 (例如, 利用牛顿–拉弗森 (Newton-Raphson) 方法). 如果 M 是凸函数, 最小值是唯一的. 这类操作的计算机程序相当简单, 常见于各种统计软件包中. 我们考虑的铂数据的 M 估计 ($k = 1.5$) 是 135.38, 接近于中位数 (135.1) 和截尾均值 (135.29), 但是非常不同于均值 (137.05).

10.4.5 位置估计的比较

我们介绍了几个位置估计 (其他的还有很多). 哪一个是最好的? 对于这个问题, 没有一个简单的答案. 必须牢记利用位置估计估计了什么, 这样做的目的是什么. 如果标的分布是对称的, 截尾均值、样本均值、样本中位数和 M 估计都估计对称中心. 然而, 如果标的分布不是对称的, 4 个统计量估计了 4 个不同的总体参数: 总体均值、总体中位数、总体截尾均值和由权函数 Ψ 确定的 cdf 的泛函. 而且, 没有任何一个估计对所有的对称分布都是最好的. 生活不那么简单. 有人利用模拟方法比较了各种分布的估计. Andrews 等 (1972) 报告了对称分布的大量模拟结果. 他们的结果显示 10% 或 20% 截尾均值在整体上十分有效: 它的方差从不大于普通均值的方差 (即使高斯情形下也是如此, 尽管此时的均值是最优的), 尤其是当标的分布相对于高斯分布是重尾时, 其方差更是相当的小. 尽管中位数十分稳健, 但在正态情形下, 它比截尾均值具有更大的方差. 截尾均值和中位数的简单性相当吸引人, 易于解释给缺乏正式统计训练的非专业人士. M 估计在 Andrews 等人的模拟研究中表现十分好, 它们确实能够很自然地推广到其他问题中, 比如曲线拟合. 但是它们的计算有点难度, 也缺乏即时的直觉魔力. 为了简单汇总数据, 通常计算多个位置度量, 并比较它们的结果.

10.4.6 自助法评估位置度量的变异性

如果我们将观测 $x_1, x_2, \cdots, x_n$ 视作具有共同分布函数 F 的独立随机变量的实现, 计算出容量 n 的样本的位置估计, 对其变异性和抽样分布的研究是完全适宜的. 假设我们表示位置参数为 $\hat{\theta}$, 必须牢记 $\hat{\theta}$ 是随机变量 $X_1, X_2, \cdots, X_n$ 的函数, 因此它具有概率分布, 其抽样分布由 n 和 F 确定. 我们很想知道这个抽样分布, 但是面临两个问题: (1) 我们不知道 F, (2) 即使知道 F, $\hat{\theta}$ 可能是 $X_1, X_2, \cdots, X_n$ 的复杂函数, 寻找它的分布超出了我们的分析能力.

首先, 我们解决第二个问题. 目前假设 F 已知. 不利用复杂程度难以想象的分析计算, 我们如何找到 $\hat{\theta}$ 的概率分布? 计算机拯救了我们 —— 利用模拟来实现. 我们由 F 生成很多很多容量 n 的样本, 比方说总数 B, 利用每一个样本计算 $\hat{\theta}$ 的值. 结果值 $\theta_1^*, \theta_2^*, \cdots, \theta_B^*$ 的经验分布是 $\hat{\theta}$ 分布函数的近似, B 越大, 近似效果越好. 如果我们想知道 $\hat{\theta}$ 的标准差, 可以利用值集 $\theta_1^*, \theta_2^*, \cdots, \theta_B^*$ 很好地近似计算它, 并且 B 取任意大时, 这种近似任意精确.

如果 F 已知, 所有的这一切都很好, 但是我们并不知道 F. 所以我们应该怎么做呢? 自助法将经验 cdf F_n 视作 F 的近似, 从 F_n 中抽样. 也就是说, F_n 用来代替上一段的 F. 我们通过何种方式从 F_n 中抽样? F_n 是一个离散概率分布, 赋予每个观测值 $x_1, x_2, \cdots, x_n$ 的概率是 $1/n$. 因此, 来自 F_n 的容量 n 的样本是从集合 $x_1, x_2, \cdots, x_n$ 中有替代抽取的容量 n 的样本. 我们从观测数据中有替代抽取 B 个容量 n 的样本,生成 $\theta_1^*, \theta_2^*, \cdots, \theta_B^*$. 那么 $\hat\theta$ 标准差的估计是

$$s_{\hat\theta} = \sqrt{\frac{1}{B}\sum_{i=1}^{B}(\theta_i^* - \bar\theta^*)^2}$$

其中 $\bar\theta^*$ 是 $\theta_1^*, \theta_2^*, \cdots, \theta_B^*$ 的均值.

例 10.4.6.1 我们利用铂数据解释这个思想,利用自助法近似抽样分布的 20% 截尾均值和其标准误差. 为此,从 26 个值集中有替代地随机抽取容量 $n = 26$ 的 1000 个样本. 1000 个截尾均值的直方图显示在图 10.11 中. 这 1000 个值的标准差是 0.64,它是 20% 截尾均值的估计标准误差. 直方图很有意思 —— 注意尾部偏向右侧. 我们看到一些截尾均值远离主体数据,发生这种情况的原因是有替代抽取的一些样本包含了重复的 5 个极端值 (参见图 10.10). 计算机的计算结果告诉我们,如果从 F_n 中抽样,20% 截尾均值不像我们预期的那么稳定,其分布的尾部非常厚,容量 26 的样本包含很多离群值.

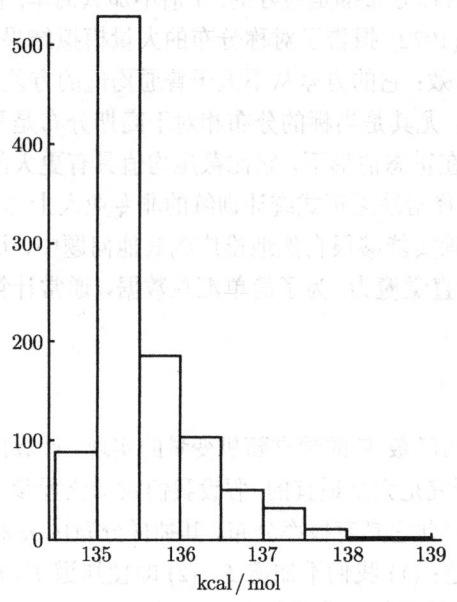 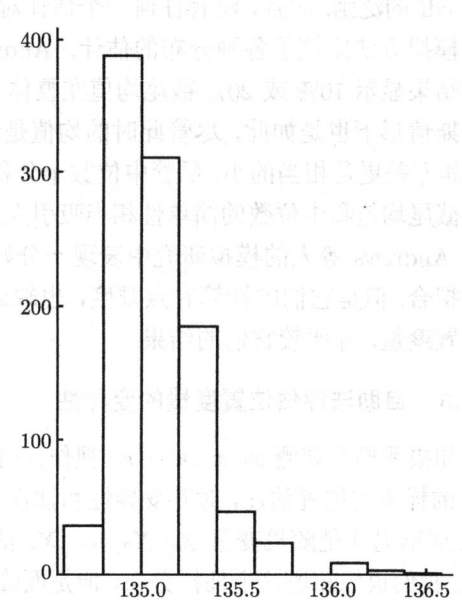

图 10.11 1000 个 20% 截尾均值的直方图   图 10.12 1000 个自助法中位数的直方图

如第 8 章所述,我们可以利用自助法分布构造近似的 90% 置信区间. 我们依照 8.5.3 节的例 8.5.3.4 和例 8.5.3.5,此时读者可以回顾一下这个例子. 记样本的截尾均值为 $\hat\theta = 135.29$,记 1000 个顺序自助法截尾均值为 $\theta_{(1)}^* \leqslant \theta_{(2)}^* \leqslant \cdots \leqslant \theta_{(1000)}^*$. 那么自助法分布的 0.05 分位数是 $\underline\theta = \theta_{(50)}^* = 134.00$,0.95 分位数是 $\bar\theta = \theta_{(950)}^* = 136.93$. 利用 8.5.3 节例子中的符号,近似 90% 置信区间是 $(\hat\theta - \bar\delta, \hat\theta - \underline\delta)$,其中

$$\hat\theta - \bar\delta = \hat\theta - (\bar\theta - \hat\theta) = 2\hat\theta - \bar\theta = 133.65$$

和

$$\hat{\theta} - \underline{\delta} = \hat{\theta} - (\underline{\theta} - \hat{\theta}) = 2\hat{\theta} - \underline{\theta} = 135.58$$

图 10.12 是 1000 个自助法中位数的直方图. 它的发散程度小于截尾均值直方图. 中位数的标准差是 0.24, 大大低于截尾均值的. 自助法模拟告诉我们, 当从这样一个分布中抽样的时候, 中位数更加稳健于 20% 截尾均值. ∎

这些自助法估计的精度如何? 很难用一种明确的简洁方式回答这个问题. 本质上, 精度依赖于两个因素: (1) 作为 F 估计的 F_n 的精度, (2) $\hat{\theta}$ 的分布关于 F 的依赖性. 例如, 如果 F 变化时, $\hat{\theta}$ 的分布改变很小, 那么 F_n 不必是 F 非常好的估计, 而如果 $\hat{\theta}$ 对 F 非常敏感, 那么 F_n 不得不是 F 的好估计, 因此为使自助法精确地近似, 样本容量必须要大.

10.5 散度度量

散度或规模度量给出了一组数据"分散状态"的数值表示. 数据的简单汇总通常包括位置度量和散度度量. 最普通的度量是样本标准差 s, 它是样本方差的平方根:

$$s^2 = \frac{1}{n-1}\sum_{i=1}^{n}(X_i - \overline{X})^2$$

利用除数 $n-1$, 而不是更显然的除数 n, 其缘由在于如果观测是独立同分布的, 且具有方差 σ^2, 那么 s^2 是总体方差的无偏估计. (但是 s 不是 σ 的无偏估计, 因为平方根是非线性函数.) 如果容量 n 足够大, 使用 n 或 $n-1$ 的结果相差不大.

如果观测是来自正态分布的样本, 具有方差 σ^2, 那么

$$\frac{(n-1)s^2}{\sigma^2} \sim \chi_{n-1}^2$$

这个分布结果可以用来构造正态情形下的 σ^2 置信区间 (与 8.5.3 节例 8.5.3.1 比较), 但是对于偏离正态分布时的情形不稳健.

像样本均值一样, 样本标准差对于离群观测比较敏感. 两个简单的稳健散度度量是**四分位差**(interquartile range, IQR), 或两个样本分位数的差 (第 25 和第 75 分位数) 和**中位数绝对偏差**(median absolute deviation from the median, MAD). 如果数据 $x_1, \cdots, x_n$ 具有中位数 $\tilde{x}$, MAD 定义为数值 $|x_i - \tilde{x}|$ 的中位数. 这两个散度的度量——IQR 和 MAD, 分别除以 1.35 和 0.675, 就可以转化成正态分布的 σ 的估计. David(1981) 讨论了寻找总体四分位差的置信区间的方法, 推理过程类似于 10.4.2 节介绍的总体中位数置信区间的构造.

我们比较铂数据的所有三个散度度量:

$$s = 4.45$$
$$\frac{\text{IQR}}{1.35} = 1.26$$
$$\frac{\text{MAD}}{0.675} = 0.934$$

两个稳健估计是相似的. 由之前图示的铂数据茎叶图, 我们看到 IQR 和 MAD 都给出了数据主体部分的散度度量, 而标准差严重受离群值影响.

10.6 箱形图

箱形图(boxplot) 由 Tukey 编制出来，它利用图形方式显示位置度量 (中位数)、散度度量 (四分位差) 和可能出现的离群点，同时还表明分布的对称性或偏度状态. 图 10.13 是铂数据的箱形图.

箱形图的构造过程概述如下：

1. 在中位数、上分位数和下分位数处画三条水平线，增加垂直线，制作成一个箱子.
2. 从上分位数向上画一条垂直线，直到偏离上分位数 1.5 倍 (IQR) 距离内的最大极值点. 同样，从下分位数向下划一条类似的垂直线. 在这些垂直线的末尾增加短的水平线.
3. 用星号或点 (* 或 ·) 标识超出垂直线端点的每个数据点.

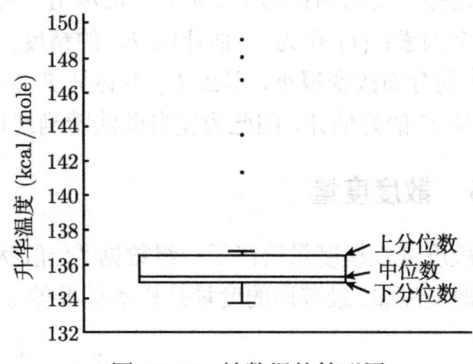

图 10.13 铂数据的箱形图

制作箱形图没有统一的标准化程序，但基本步骤如上所列，或许附带一些额外点缀和小的变化. 因此，箱形图显示了数据中心 (中位数)、数据散度 (四分位差) 和出现的离群点，同时还能表征数据分布的对称性或非对称性 (相对于分位数的中位数位置). 在图 10.13 中，铂数据的 5 个离群值清晰可见，我们看出分布的中心部分稍微偏向较高的值.

例 10.6.1 图 10.14 取自 Chambers 等 (1983). 图示数据是 Bayonne,N.J. 自 1969 年 10 月至 1972 年 10 月二氧化硫日最大浓度 (每十亿分之). 因此，有 36 组容量大约 30 的样本数据. 研究者论定：

箱形图 …… 显示多种数据性质的能力相当惊人. 二氧化硫浓度随时间普遍下降，这是由于该地区逐渐转用低硫燃料. 最大分位数的下降幅度最显著. 同时，由于冬天使用加热油，这些月份的浓度比较高. 另外，箱形图显示分布偏向较高的值，当浓度的一般水平较高时，分布的散度 …… 也比较大.

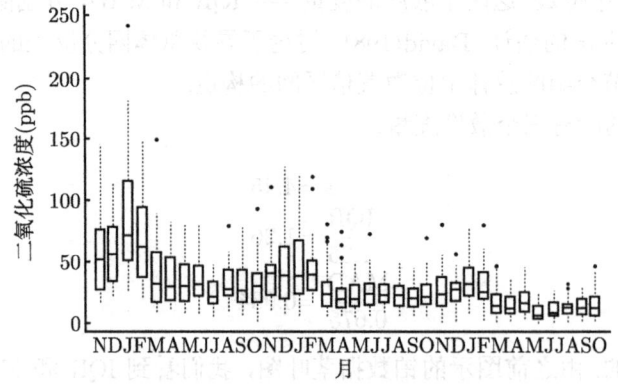

图 10.14 二氧化硫最大浓度的箱形图

很显然,箱形图可以非常有效地展示和汇总数据. 正如此例,箱形图一般用来比较多组数据,接下来的两章就是以此为目的.

10.7 利用散点图探索关系

在统计中,很多有兴趣的问题都涉及对变量间关系的理解. 散点图是基于点对 (x_i, y_i) 集显示两变量实证关系的基本方法:只需要在 xy 平面上画出这些点. 这种基本图示可以通过多种方式扩展开来,我们利用几个例子解释之.

例 10.7.1 Allison 和 Cicchetti(1976) 检验了哺乳动物睡眠行为的可能关联关系. 图 10.15 是总睡眠时间与脑重量的散点图. 除了脑重较大的两个哺乳动物睡觉时间较少外,图形没有显示出其他的任何关系. 事实上,它们之间是有关系的,由于脑重量的数量级别变化较大 —— 小短尾鼩的脑重 0.14 克,在另一个极端情形中,非洲象的脑重是 5712 克,这种关系被图形掩盖掉了. 因此,绘制睡眠与对数脑重量的图形能给我们提供更多的信息,图形注释起到进一步的帮助作用 —— 如图 10.16 所示. 很显然,具有较重脑的哺乳动物倾向于睡眠较少.

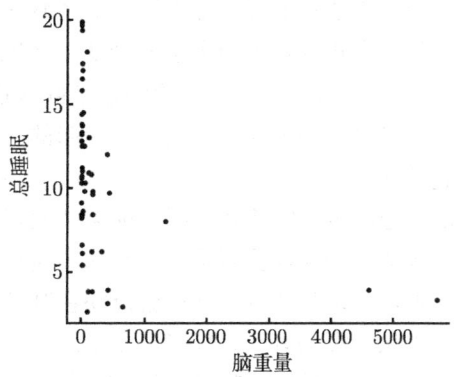

图 10.15 哺乳动物睡眠与脑重量的散点图

本例和其他一些变量数据 (大象的睡眠时间是多少?) 可以从网址 http://lip.stat.cmu.edu/datasets/ sleep 中得到.

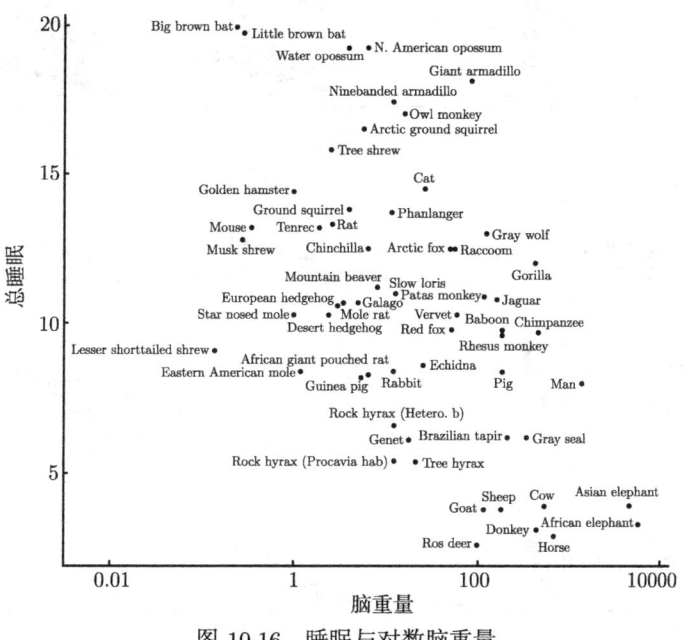

图 10.16 睡眠与对数脑重量

通常利用相关系数简单地量化概况变量间的关系强度. 点对 (x_i, y_i) 的皮尔逊相关系数是

$$r = \frac{\sum(x_i - \bar{x})(y_i - \bar{y})}{\sqrt{\sum(x_i - \bar{x})^2 \sum(y_i - \bar{y})^2}}$$

这个统计量度量线性关系的强度. 脑重和睡眠时间的相关系数是 -0.36, 对数脑重量和睡眠时间之间的相关系数是 -0.56. 它们的差别是由于我们利用了非线性变换, 而相关系数仅度量线性关系的强度. 皮尔逊相关系数的替身是秩相关系数: 脑重由其顺序秩 $(1, 2, \cdots)$ 代替, 睡眠时间亦是, 然后, 计算秩对的皮尔逊相关系数. 我们例子的秩相关系数是 -0.39. 秩相关系数的一些优点是它对离群值不敏感, 具有单调变换不变性 (因此, 秩相关系数与使用脑重或其对数与否无关).

散布图矩阵在检验多于两个变量之间的关系时非常有用, 通过下例解释如下.

例 10.7.2 感应线圈探测器是嵌入道路路面的钢丝圈, 它们的功能是探测电感的变化, 而这是由经过它上面的车辆金属引起的. 在连续时间区间内, 探测器报告经过的车辆数和车辆覆盖它的时间百分比. 车辆的个数称为流, 覆盖百分比称为占用率. 这样的探测器常用来测量高速路的交通状况, 但是会受到各种类型故障的影响. 交通管理中心必须识别出错误的探测数据. 探测故障的一个关键因素是几个高速车道特定位置上的测量结果应该是高度相关的 —— 一个车道上交通流的增加和降低往往会反映在其他车道上. 图 10.17 显示了 4 个车道特定位上探测器测量结果的散布图矩阵 (Bickel 等, 2004). 车道 3 和 4 的探测结果在所有时间内都是高度相关的, 在某些时段, 但不是所有的, 都与车道 1 和 2 的相关. 很显然, 车道 1 和 2 上的探测器在测量这些结果的过程中出现了故障. ∎

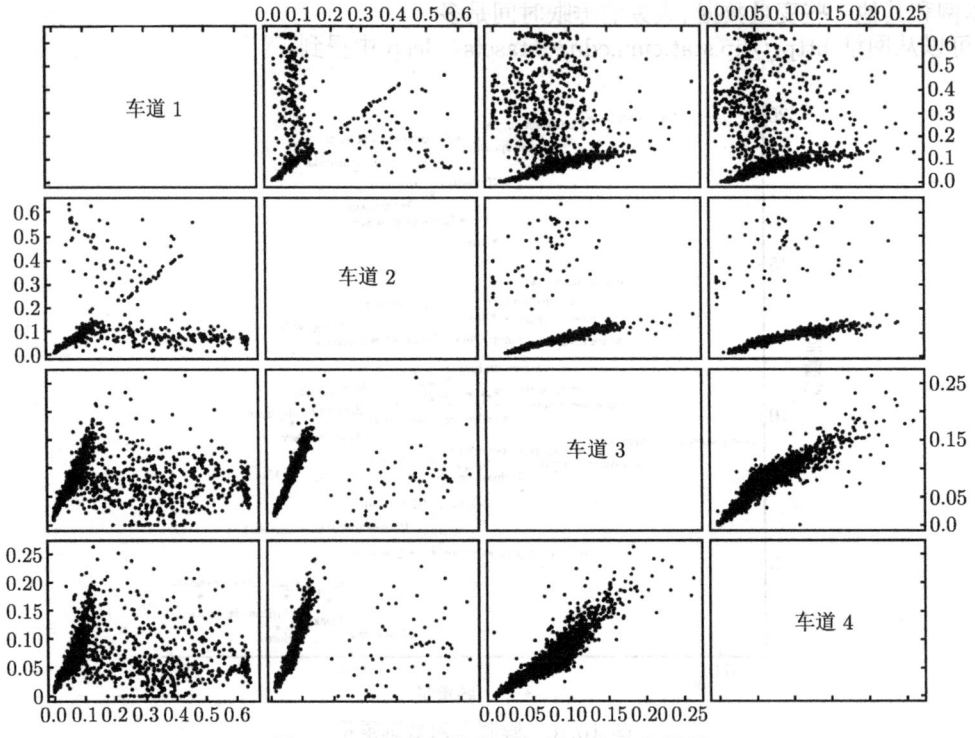

图 10.17　4 个车道上毗邻环的占有率测量

10.8 结束语

本章介绍了几个汇总数据的方法, 其中的一些在本质上是图形的. 在假设数据具有随机模型的情况下, 讨论了这些汇总统计量抽样分布的一些性质. 汇总在实践中是非常重要的, 融智的数据汇总通常足以完成我们收集数据的目的, 较正式的技术, 比方说置信区间或假设检验, 有时仅能有限度地增添研究者的理解力. 有效的数据汇总还能指出"坏"数据或意想不到的数据, 如果盲目地利用计算机处理这些数据, 上述问题都可能被忽视.

我们看到自助法作为抽样分布及其函数 (比如标准差) 的近似方法再一次出现. 借助于当前功能强大且价格便宜的计算机资源, 自助法是较近期发展起来的统计方法论. 近似置信区间的介绍基于第 8 章引入的自助法, 利用 $\theta^* - \hat{\theta}$ 的自助分布近似 $\hat{\theta} - \theta_0$ 的分布, 依此构建近似置信区间. 我们注意另外一个流行的方法可以得到区间 $(\underline{\theta}, \overline{\theta})$, 这种方法称为自助分位数方法 (记号的定义参见 8.5.3 节的例 8.5.3.1), 其原理很难理解. 构造自助法置信区间的更精确方法已经由研究者提出, 并还处在研究中, 但我们不去追述这些进展.

10.9 习题

1. 画出如下这批数据的 ecdf 图形: $1, 14, 10, 9, 11, 9$.
2. 假设 $X_1, X_2, \cdots, X_n$ 是独立的 $U[0,1]$ 随机变量.

   a. 草图 $F(x)$ 和 $F_n(x)$ 的标准差.

   b. 利用计算机生成容量 16 的很多样本; 对于每个样本, 画出 $F_n(x)$ 和 $F_n(x) - F(x)$ 的图形. 将你的答案与 a 比较.
3. 由图 10.1, 熔点分布的上分位数、下分位数和中位数大约是多少?
4. 10.2.1 节认为随机变量 $I_{(-\infty, x]}(X_i)$ 是独立的, 为什么是这样?
5. 令 $X_1, \cdots, X_n$ 是来自分布 F 的样本 (i.i.d), F_n 表示 ecdf. 证明:
$$\mathrm{Cov}[F_n(u), F_n(v)] = \frac{1}{n}[F(m) - F(u)F(v)]$$

   其中 $m = \min(u, v)$. 说明 $F_n(u)$ 和 $F_n(v)$ 是正相关的: 如果 $F_n(u)$ 超过 $F(u)$, 那么 $F_n(v)$ 倾向于超过 $F(v)$.
6. White、Riethof 和 Kushnir(1960) 对蜂蜡进行了各种化学试验. 特别地, 他们测量了蜂蜡样本中烃的百分比含量.

   a. 数据由下表给出, 绘制烃的百分比含量的 ecdf 图、直方图和正态概率图. 计算 $0.90, 0.75, 0.50, 0.25$ 和 0.10 分位数. 分布看似高斯分布吗?

14.27	14.80	12.28	17.09	15.10	12.92	15.56	15.38
15.15	13.98	14.90	15.91	14.52	15.63	13.83	13.66
13.98	14.47	14.65	14.73	15.18	14.49	14.56	15.03
15.40	14.68	13.33	14.41	14.19	15.21	14.75	14.41
14.04	13.68	15.31	14.32	13.64	14.77	14.30	14.62
14.10	15.47	13.73	13.65	15.02	14.01	14.92	15.47
13.75	14.87	15.28	14.43	13.96	14.57	15.49	15.13
14.23	14.44	14.57					

b. 微晶蜡中烃的平均百分比含量是 85%. 假设利用 1% 的微晶蜡稀释蜂蜡, 这能被检测出来吗? 3% 或 5% 的稀释又会怎么样呢? (这些问题是蜂蜡研究主要关心的问题.)

7. 比较图 10.2 中的组 I 和组 V. 粗略地讲, 10% 最弱的、中等的和 10% 最强壮的动物寿命有什么不同?

8. 考虑容量 100 的样本, 取自参数为 $\lambda = 1$ 的指数分布.

   a. 草图经验对数生存函数 $\log S_n(t)$ 的近似标准差与 t 的函数关系图.

   b. 利用计算机生成一些容量 100 的样本, 画出每个样本的经验对数生存函数, 并与 a 的答案比较.

9. 利用误差传播方法导出对数生存函数的近似偏倚, 问哪里的偏倚较大, 它的符号是什么?

10. 令 $X_1, \cdots, X_n$ 是取自累积分布函数 F 的样本, 利用 $X_{(1)}, X_{(2)}, \cdots, X_{(n)}$ 表示顺序统计量. 假设 F 是连续的, 其密度函数为 f. 根据 3.7 节的定理 3.7.1, $X_{(k)}$ 的密度函数是

$$f_k(x) = n \binom{n-1}{k-1} [F(x)]^{k-1}[1-F(x)]^{n-k} f(x)$$

   a. 样本取自 $[0, 1]$ 上的均匀分布, 计算 $X_{(k)}$ 的均值和方差. 你需要用到 $X_{(k)}$ 密度函数的全积分等于 1. 证明:

$$\text{均值} = \frac{k}{n+1}$$

$$\text{方差} = \frac{1}{n+2}\left(\frac{k}{n+1}\right)\left(1 - \frac{k}{n+1}\right)$$

   b. 样本取自 F, 容量为 n, $Y_{(k)}$ 是第 k 个顺序统计量, 计算其近似均值和方差. 为此, 令

$$X_i = F(Y_i)$$

或

$$Y_i = F^{-1}(X_i)$$

X_i 是取自 $U[0,1]$ 分布的样本. (为什么?) 利用误差传播公式,

$$Y_{(k)} = F^{-1}(X_{(k)}) \approx F^{-1}\left(\frac{k}{n+1}\right) + \left(X_{(k)} - \frac{k}{n+1}\right)\frac{\mathrm{d}}{\mathrm{d}x}F^{-1}(x)|_{k/(n+1)}$$

并讨论

$$EY_{(k)} \approx F^{-1}\left(\frac{k}{n+1}\right)$$

$$\text{Var}(Y_{(k)}) \approx \frac{k}{n+1}\left(1 - \frac{k}{n+1}\right)\frac{1}{(f\{F^{-1}[k/(n+1)]\})^2}\left(\frac{1}{n+2}\right)$$

   c. 利用 a 和 b 的结果证明第 p 个样本分位数的方差可以近似为

$$\frac{1}{nf^2(x_p)}p(1-p)$$

其中 x_p 是第 p 个分位点.

   d. 样本取自 $N(\mu, \sigma^2)$, 容量为 n, 利用 c 的结果计算其中位数的近似方差, 并与样本均值的方差进行比较.

11. 计算
$$F(t) = 1 - e^{-\alpha t^\beta}, \quad t \geqslant 0$$
的危险函数.

12. 令 f 表示密度函数, h 是非负随机变量的危险函数. 证明:
$$f(t) = h(t)e^{-\int_0^t h(s)\mathrm{d}s}$$
也就是说, 危险函数唯一地确定密度函数.

13. 给出具有递增失效率的概率分布的例子.

14. 给出具有递减失效率的概率分布的例子.

15. 一名囚犯被告知他将在未来 24 小时内的某个随机时间点被释放. 令 T 表示他被释放的时间. T 的危险函数是什么? t 为何值时它达到最大值或最小值? 如果囚犯已经等待了 5 个小时, 与接下来的 1 小时相比, 他是不是更有可能在接下来的几分钟内被释放?

16. 假设 F 是 $N(0,1)$, G 是 $N(1,1)$, 草图 Q-Q 图. 将 G 改为 $N(1,4)$ 后重复这个过程.

17. 假设 F 是参数 $\lambda = 1$ 的指数分布, G 是参数 $\lambda = 2$ 的指数分布. 画出 Q-Q 图.

18. 癌症的某种化学疗法可以延长重症病人的寿命, 但也会缩短轻症病人的寿命. 假设使用安慰剂, 试验治疗的疗效, 画出 Q-Q 草图, 以显示其定性行为.

19. 考虑两个 cdf:
$$F(x) = x, \quad 0 \leqslant x \leqslant 1$$
$$G(x) = x^2, \quad 0 \leqslant x \leqslant 1$$
草图 F 对 G 的 Q-Q 图.

20. 草图出你所认为的人类死亡率危险函数的定性模式.

21. 考虑 Bjerkdahl 的数据 (参见 10.2.2 节的例 10.2.2.1), 制作试验组中其他点对的 Q-Q 图. 乘法效应模型合理吗?

22. 检验 Bjerkdahl 数据 (参见 10.2.2 节的例 10.2.2.1) 中组 V 的生存函数, 粗略勾画出直方图的定性形状, 然后再制作一个直方图, 与你的猜测进行比较.

23. 在本文 Q-Q 图的例子中, 我们只讨论了等容量批量数据的分位数情况. 样本容量等于 n 的两批数据, $k/(n+1)$ 分位数可以估计为 $X_{(k)}$ 和 $Y_{(k)}$, 因此我们只需要画出 $X_{(k)}$ 对 $Y_{(k)}$ 的图形即可. 写出第 p 分位数的线性插值公式, 其中 $k/(n+1) \leqslant p \leqslant (k+1)/(n+1)$. 现在, 假设批量数据的容量不等, 分别是 m 和 n, 比方说 $m < n$. 此时的 Q-Q 图可以构造如下: 首先固定较小数据集的 $k/(m+1)$ 分位数, 然后将其内插至较大的数据集中.

利用插值方法计算下面一批数据的上分位数和下分位数: 1, 2, 3, 4, 5, 6.

24. 证明: 9.9 节讨论的概率图是经验分布 F_n 与理论分布 F 的 Q-Q 图.

25. 10.2.3 节认为如果 $y_p = cx_p$, 则 $G(y) = F(y/c)$, 证明其合理性.

26. Hampson 和 Walker 也测量了铑和铱的升华热. 利用两个数据集分别进行下列计算:

   a. 制作直方图.
   b. 制作茎叶图.
   c. 制作箱形图.
   d. 按照试验顺序绘出观测值.
   e. 将测量误差视作独立同分布的, 依据数据判断这个统计模型合理吗?
   f. 计算均值、10% 和 20% 截尾均值、中位数, 并比较它们.

g. 计算样本均值的标准误差，导出相应的近似 90% 置信区间.
h. 基于中位数，计算覆盖率尽可能接近 90% 的置信区间.
i. 利用自助法近似 10% 和 20% 截尾均值的抽样分布及其标准误差，并进行比较.
j. 利用自助法近似中位数的抽样分布和它的标准误差，并与上面截尾均值的结果进行比较.
k. 基于截尾均值，近似计算 90% 置信区间，并与前面得到的均值和中位数的区间进行比较.

铱 (千卡/摩尔)								
136.6	145.2	151.5	162.7	159.1	159.8	160.8	173.9	160.1
160.4	161.1	160.6	160.2	159.5	160.3	159.2	159.3	159.6
160.0	160.2	160.1	160.0	159.7	159.5	159.5	159.6	159.5
铑 (千卡/摩尔)								
126.4	135.7	132.9	131.5	131.1	131.1	131.9	132.7	
133.3	132.5	133.0	133.0	132.4	131.6	132.6	132.2	
131.3	131.2	132.1	131.1	131.4	131.2	131.1	131.1	
134.2	133.8	133.3	133.5	133.4	133.5	133.0	132.8	
132.6	133.3	133.5	133.5	132.3	132.7	132.9	134.1	

27. 人口统计学家将危险函数称为"年龄别死亡率"或死亡率. 目前为止，老年病学的多数研究者认为死亡率随着年龄的增长而增大，这是生物界普遍公认的事实. 然而是否存在着基因程式的寿命上限呢? 这一问题曾经在学术界和医疗界引发了激烈的辩论. James Carey 和他的同事 (Carey 等，1992) 利用仪器繁殖无毒地中海果蝇，然后将其释放，以接受加利福尼亚地中海果蝇的侵染. 他们繁殖了 100 多万只果蝇，并记录下它们的死亡模式. 数据文件 medflies 包含了果蝇的存活数目，其初始总数为 1 203 646 只，并按照天数排列出对应的存活年龄. 利用这些数据估计年龄别死亡率，并绘制其图形. 死亡率随着年龄的增长而增大吗？

28. 容量 $n = 3$ 的样本取自连续概率分布，$P(X_{(1)} < \eta < X_{(2)})$ 是多少? 其中 η 是分布的中位数. $P(X_{(1)} < \eta < X_{(3)})$ 是多少?

29. 26 个铂升华温度的测量值中有 5 个异常值 (见图 10.10). 令 N 是自助法样本 (重复抽样) 中异常值的数目.
    a. 解释为什么 N 的分布是二项分布?
    b. 计算 $P(N \geqslant 10)$.
    c. 在 1000 个自助法样本中，你预期有多少个包含 10 个或以上的异常值?
    d. 自助法样本完全由异常值组成的概率是多少?

30. 在 10.4.6 节的例 10.4.6.1 中，计算得到截尾均值的 90% 自助法置信区间是 $(133.65, 135.58)$. 将这些值与 10.4.1 节列表中的数据值进行比较，注意 133.65 小于最小观测值. 解释为什么自助法置信区间向这个方向扩展了这么多.

31. 我们看到自助法需要从原观测值中重复抽样.
    a. 如果原样本的容量是 n，那么共有多少个重复样本?
    b. 出于教学的目的，不妨假设 $n = 3$，我们有如下的观测值：1, 3, 4. 列示所有可能的重复样本.
    c. 现在假定我们想计算样本均值的自助法分布. 计算上述各例的样本均值，并利用这些结果构造样本均值的自助法分布.
    d. 根据自助法分布，样本均值的标准误差是什么? 并与通常估计的标准误差 $s_{\overline{X}}$ 相比较.

32. 解释如何利用自助法近似 MAD 的抽样分布?

33. 如果 100 个批量数据中的一个数据任意增大, 下列哪些统计量会随其任意增大: 均值, 中位数, 10% 截尾均值, 标准差, MAD, 四分位差.
34. 证明: 如果 $\Psi(x) = |x|$, 那么中位数是 M 估计. 对于对称密度函数而言, 它是均值的最大似然估计吗?
35. 你预期可以用星号在箱形图上标记出多少比例的正态观测值?
36. 解释为什么 IQR 和 MAD 分别除以 1.35 和 0.675 以后可以用来估计正态样本的 σ.
37. 利用习题 6 中的数据:
    a. 计算均值、中位数及 10% 和 20% 截尾均值.
    b. 计算均值的近似 90% 置信区间.
    c. 计算中位数的覆盖率接近 90% 的置信区间.
    d. 利用自助法计算截尾均值的近似标准误差.
    e. 利用自助法计算截尾均值的近似 90% 置信区间.
    f. 计算并比较测量值的标准差、四分位差和 MAD.
    g. 利用自助法导出上四分位数的近似抽样分布及其标准误差.
38. 柯西分布具有密度函数
$$f(x) = \frac{1}{\pi}\left(\frac{1}{1+x^2}\right), \quad -\infty < x < \infty$$

它关于零点对称. 这个分布有非常厚的尾, 此时的算术平均是位置参数的较坏估计. 利用 100 个容量 25 的柯西样本, 模拟算术平均和中位数的分布, 并进行比较. 由 3.6.1 节的例 3.6.1.2, 如果 Z_1 和 Z_2 相互独立且服从 $N(0,1)$ 分布, 那么它们的商服从柯西分布. (这给出了一种生成柯西随机变量的简单方法.)

39. Simiu 和 Filliben(1975) 统计分析了极端飓风, 数据包含在文件 windspeed 10.1 中. 构建箱形图, 检验和比较不同城市和不同年份的分布形式.

40. Olson、Simpson 和 Eden(1975) 讨论了人工降雨试验, 分析了试验获得的数据. 如果云层满足一定的条件, 它将被认为是"可催雨的". 对于可催雨的云层, 随机决策是否实际催雨. 将未催雨云层视为控制云. 下面的表格分别列出了 26 个催雨和 26 个未催雨云层的降雨量. 绘制降雨量与降雨量, 以及对数降雨量与对数降雨量的 Q-Q 图. 如果存在催雨效应, 那么这些图形对其说明了什么?

催雨云层							控制云						
129.6	31.4	2745.6	489.1	430.0	302.8	119.0	4.1	26.1	26.3	87.0	95.0	372.4	0.01	17.3	24.4
92.4	17.5	200.7	274.7	274.7	7.7	1656.0	978.0	11.5	321.2	68.5	81.2	47.3	28.6	830.1	345.5
198.6	703.4	1697.8	334.1	118.3	255.0	115.3	242.5	1202.6	36.6	4.9	4.9	41.1	29.0	163.0	244.3
32.7	40.6							147.8	21.7						

据你的分析结果, 你认为如何比较催雨云层和未催雨云层的降雨量箱形图? 你认为如何比较对数降雨量的箱形图? 画出箱形图, 是否确认你的判断?

41. 利用中位数置信区间同样的推理过程, 构造分位数 x_p 的非参数置信区间.
42. 在降雨量内在变异性的研究中, 利用雨量计网络测量了南伊利诺伊州 1960 年到 1964 年 (Changnon 和 Huff, LeCam 和 Neyman, 1967) 的夏季暴雨降雨量. 文件 Illinois60,···, Illinois64 包含了按年份记录的平均暴雨降雨量 (英寸).
    a. 每次暴雨降雨量的分布是有偏的还是对称的?
    b. 每次平均暴雨降雨量是多少? 每次暴雨降雨量的中位数是多少? 利用 a 的结果, 解释这些测量值为什么不一样.
    c. 你可能听过这样的说法: "10% 的暴雨占了雨水的 90%", 作图说明数据的这种关系.

d. 利用箱形图比较不同年份的降雨量.

e. 哪一年比较多雨, 哪一年比较干旱? 多雨年是由于暴雨次数比较多, 还是因为每次暴雨的降雨量较大, 还是二者兼有?

43. Barlow、Toland 和 Freeman(1984) 研究了芳纶 49 环氧树脂钢缆承受持续应力的寿命. (在持续应力环境下, 航天飞机使用芳纶环氧树脂球罐.) 文件 kevlar70、kevlar80 和 kevlar90 包含了 70%, 80% 和 90% 应力级下钢缆的失效时间 (按小时). 这些数据表明寿命分布的性质和增加的应力效应是什么?

44. Hopper 和 Seeman(1994) 研究了 41 对中年妇女双胞胎的骨密度和吸烟之间的关系. 在每对双胞胎中, 一个是轻度吸烟者, 另一个是重度吸烟者, 利用吸烟使用包–年测量, 它是每年消费香烟的包数. 在腰椎部、股骨颈 (臀部) 和骨骨处测量骨质密度. 除了测量吸烟, 还记录了其他变量, 例如饮酒、饮茶和咖啡. 数据包含在文件 bonden 中, 文档信息在文件 bonedendoc 中. 利用图方法比较重度和轻度吸烟双胞胎的骨密度. 其他变量与骨密度有关系吗? 在完成分析之后, 将你的结论与论文中的进行比较.

45. 2000 年美国总统选举非常接近, 竞争非常激烈. George.W.Bush 最终被最高法院任命为总统. 在这些事件中, 佛罗里达的棕榈滩县的投票比较混乱, 即所谓的蝶形选票, 如下图所示.

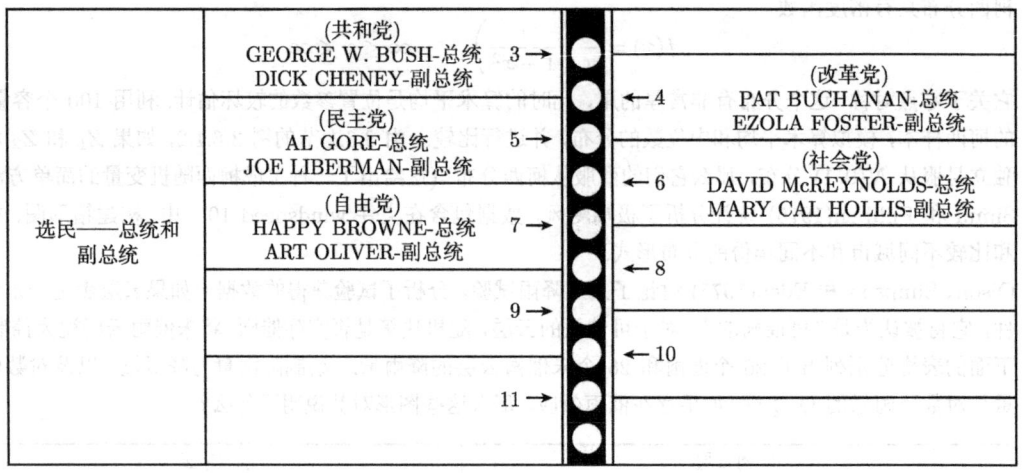

注意在这张选票上, 民主党排在左边第二行, 支持他们的选民必须按第三个孔 —— 而按第二个孔是将选票投给改革党 (Pat Buchanan). 选举结束后, 很多疯狂的民主党支持者声称他们无意将选票投给 Buchanan—— 一个右翼候选人.

文件 PalmBeach 包含了相关的数据: 2000 年佛罗里达各县 Buchanan 和其他 4 位总统候选人的得票数, 2000 年总得票数, 1996 年三位总统候选人的得票数, 1996 年在对共和党初选时 Buchanan 的得票数, Buchanan 改革党的注册人数, 各县总的注册人数. 这些数据支持那些选举人关于他们被选票形式误导的说法吗? 从制作两个散点图开始: 一个是 2000 年 Buchanan 的得票数与 Bush 的得票数, 一个是 2000 年和 1996 年初选时 Buchanan 的得票数.

46. 文件 bodytemp 取自 Shoemaker(1996), 包含 65 名男性 (用 1 表示) 和 65 名女性 (用 2 表示) 正常的体温读数 (华氏温度) 和心跳速率 (每分钟跳动次数).

a. 制作男性和女性的心跳速率与体温的散点图. 评论二者存在关系与否.

b. 通过计算皮尔逊相关系数和秩相关系数来量化它们之间的关系强度.

c. 男性与女性的关系相同吗? 利用图形检验这个问题: 制作既显示男性又显示女性的散点图, 使用不同的符号标识男性和女性.

47. 美国怀俄明州黄石国家公园的老忠实间歇泉因其喷发规律而得名. 文件 oldfaithful 包含连续 8 天的喷发持续时间 (按分钟) 和两次喷发之间的时间间隔.

   a. 利用喷发持续时间和时间间隔的直方图, 以及其他的图表方法检验老忠实喷泉的忠实性, 总述你的发现.

   b. 喷发持续时间和时间间隔之间有关系吗?

48. 在 1970 年, 议会设立抽彩征兵法用以支持不受欢迎的越南战争. 将所有可能的 366 个生日放进转鼓的塑料胶囊中, 然后逐一进行选择. 第一天选中的合法男性首先服役, 然后是第二天选中的, 依此类推. 这种做法受到了一些人的批评, 他们认为政府没能公正地抽彩征兵, 那些出生在年末的男性更容易被选中去服役. 确实如此, 后来的调查发现生日按月放入鼓中, 没有完全混合. 文件 1970lottery 的各列分别是月、月码、一年中的天数、征兵号.

   a. 绘制征兵号与天数的图形. 你能看出什么趋势吗?

   b. 计算皮尔逊相关系数和秩相关系数. 它们说明了什么?

   c. 相关在统计上显著吗? 一种评估方法是置换检验. 随机置换征兵号, 计算这个随机置换与天数的相关系数. 重复进行 100 次, 看看有多少相关系数大于由原数据得到的相关系数. 如果你对这 100 次结果不满意, 试着进行 1 000 次.

   d. 按月绘制征兵号的平行箱形图, 你能看出什么模式吗?

49. 意大利从西班牙、突尼斯和一些其他国家进口橄榄油, 然后重新包装并打上"从意大利进口"的标签再出口. 不同产地的橄榄油味道不同. 能否基于脂肪酸的组合区分橄榄油的地域和区域? Forina 等 (1983) 考虑了这个问题. 数据包含 8 种脂肪酸的构成比例 (棕榈酸、棕榈油酸、硬脂酸、油酸、亚油酸、亚麻酸、阿聚糖酸、二十烯酸), 它们是从 572 种意大利橄榄油的脂质成分中发现的. 共收集了 9 个区域, 其中 4 个来自意大利南部 (北阿普利亚、南阿普利亚、卡拉布利亚和西西里岛), 2 个来自撒丁岛 (内陆和海岸), 3 个来自意大利北部 (翁布里亚、东利古利亚和西利古利亚). 文件 olive 包含如下样本变量:

   - 地域: 南部、北部或撒丁岛
   - 地区 (较大地域内的亚地域): 北阿普利亚, 南阿普利亚, 卡拉布利亚, 西西里岛, 内陆, 海岸, 翁布里亚、东利古利亚和西利古利亚
   - 棕榈酸比例
   - 棕榈油酸比例
   - 硬脂酸比例
   - 油酸比例
   - 亚油酸比例
   - 亚麻酸比例
   - 阿聚糖酸比例
   - 二十烯酸比例

   检验数据, 利用脂肪酸的构成区分橄榄油的地域和地区.

   a. 按照地域内的区域分组, 制作每个区域百分比的均值和中位数表.

   b. 利用平行箱形图补充上述分析. 哪个变量看起来能区分地域?

   c. 变量对有可能更清晰地区分不同的地域. 利用那些看起来利于分析的变量制作散点图. 根据散点图的显示, 变量能在多大程度上将地域区分开?

   d. 地域内的各个区域能在多大程度上被区分开?

e. 通过交互地旋转点云，可以同时检验两个以上变量之间的关系. 利用软件 ggobi 尝试一下，可以通过网址 http://www.ggobi.org/ 下载到这个软件.

50. 在加州的萨克拉门托市，80 号州际公路的东行方向上安装着环形探测器，文件 flow-occ 包含了该环形探测器搜集到的 2003 年 3 月 14~20 日的交通数据. (来源：http//pems.eecs.berkeley.edu/) 它记录了每个车道连续 5 分钟内的流量 (汽车的数量) 和占用率 (车辆在圈上的时间比). (背景资料参见 10.7 节的例 10.7.2) 共有 1740 个这样的 5 分钟区间. 1 车道在最左边, 2 车道在中间, 3 车道在最右边.

   a. 画出每个车道流量和占用率的时间序列图. 解释你看到的模式. 你能从图中推断出周内各天的位置吗？
   b. 利用平行箱形图比较三个车道的车流量. 哪个车道的车最多？
   c. 利用散点图检验三个车道的流量关系. 你能解释观察到的模式吗？这种形式的陈述——"2 车道的流量比 3 车道的高出 50% 还多" 能精确描述它们之间的关系吗？
   d. 占用率可以视作拥挤程度的度量. 计算每个车道占用率的均值和中位数. 你认为占据率的分布是对称的还是有偏的？为什么？
   e. 改变频带个数，制作占据率的直方图. 多少个频带能更好地展示分布的形状？具有异常特征吗？如果有，如何解释它们？
   f. 利用图形支持或反驳观点："当一个车道拥挤时，其他的车道也是."
   g. 车流量可以用来度量系统的吞吐量. 这个系统的吞吐量如何依赖交通的拥挤情况？考虑下面的猜测："当路面上的车辆非常少时，车流量较小，交通拥挤状况也是如此. 增加一些车辆可能会增加交通拥挤的程度，但不至于降低车辆的速度，因此车流量也会增加. 超过某个点后，增加占用率 (拥挤) 将会降低车辆速度，但是由于总体上车量更多，所以流量仍旧持续增长."你认为这个猜测合理吗？绘制单个车道流量和占用率的关系图. 这个猜测正确吗？你能解释你所观察到的现象吗？流量和占用率的关系在所有车道中都相同吗？
   h. 本题和下面的习题需要利用动态图形，例如 http://www.ggobi.org/. 制作所有变量的时序图. 考虑 1 车道. 制作占用率的一维图形，改变平滑度，直到你能观察出一些不同的模式. 利用刷子决定时序图中模式出现的时机. 对车流量采取同样的操作，并检验其他车道的情况.
   i. 选择一个车道，制作车流量和占用率的一维图形，并绘制车流量与占用率的散点图. 利用刷子同时识别三个车道的区域. 你所看到的有意义吗？
   j. 利用车流量和占用率的散点图，检验散点图在什么时候出现不同的区域. 特别地，识别时序图，找出车流量下降的临界点.
   k. 你已经看到了所有的变量，三个车道的流量和占用率高度相关，但是由于散点图是二维的，你只能检验那些成对变量之间的关系. 在这些散点图中，点对之间的关系倾向于呈现曲线形式. 在更高的维度空间中，情况又会怎样？
      i. 检验三个流量之间的关系. 在三个维度中，这些点仍然倾向于曲线分布 (一维情形)，或者倾向于集中在二维流形上，或者分散在三维空间中吗？
      ii. 检验三个占用率之间的关系. 在三个维度中，这些点仍然倾向于曲线分布 (一维情形)，或者倾向于集中在二维流形上，或者分散在三维空间中吗？
      iii. 这些点在 6 维空间 (三个车流量和三个占用率) 中是怎样分布的？不同区域出现的时间是什么？
   l. 一位出租车司机声称，当交通瘫痪时，快车道会最先瘫痪，因此他会迅速开到右车道上. 你能从数据中看出这种现象吗？

第 11 章 两样本比较

11.1 引言

这一章考虑分布不同的样本比较方法，特别是推断分布如何不同的统计方法. 在很多应用中，样本取自不同的条件，有关这些条件的可能效应正是推断所要检验的内容. 我们主要关心倾向于增加或降低响应平均水平的效应.

例如，在章末的习题中，我们将考虑一些试验，用其确定人工降雨增加 (如果能) 降雨量的幅度. 在人工降雨试验中，选择一些暴雨进行催雨，另一些暴雨不进行催雨，测量每次暴雨的降雨量. 这个量随暴雨不同而变化很大，在面对这种内在变异性时，很难说明催雨具有对称效应. 催雨暴雨的平均降雨量可能稍微高于未催雨暴雨的平均降雨量，但是有人怀疑二者的差异不是偶然性造成的，其令人信服的理由何在？我们将介绍解决这类问题的统计方法，利用统计模型将降雨量视作随机变量. 我们还会看到随机化过程如何允许我们进行试验效应的统计推断，即使不将观测模拟成来自总体或概率律的样本也是如此.

这一章分析本质上连续的测量值 (例如温度)；第 13 章分析定性数据. 本章最后介绍一些一般的试验设计方法和原理.

11.2 两独立样本比较

在许多试验中，两个样本可以视为相互独立的. 例如，在医学研究中，一部分调查对象被分配给特殊的试验，另一部分独立的样本被分配给控制 (或安慰剂) 试验. 这可以通过将个体随机分配到安慰剂组和试验组来完成. 在后面的章节中，我们讨论适用于配对，或具有相依形式的样本比较方法，比如，接受试验的每个人与控制组中具有同样体重的个体搭配.

很多试验都是这样，如果重复进行测量，其结果不完全一样. 为了处理这样的问题，经常采用如下统计模型：将控制组的观测模型化为具有共同分布 F 的独立随机变量，将试验组的观测模型化为既相互独立，又独立于控制组，且具有它们自己的共同分布 G 的随机变量. 因此，分析数据意味着推断 F 和 G 的比较结果. 在许多试验中，试验的基本效应是改变响应的整体水平，以至于分析集中在 F 和 G 的均值或其他位置参数的差别上. 当仅有少量数据时，进行更多的操作是不现实的.

11.2.1 基于正态分布的方法

在这一节，我们假设样本 $X_1, \cdots, X_n$ 取自正态分布，具有均值 μ_X 和方差 σ^2，样本 $Y_1, \cdots, Y_m$ 取自另一个正态分布，具有均值 μ_Y 和相同方差 σ^2，且两个样本独立. 如果我们认为 X 接受了试验，Y 是控制组，那么试验效应的表征就是差异 $\mu_X - \mu_Y$. $\mu_X - \mu_Y$ 的自然估计是 $\overline{X} - \overline{Y}$，事实上，它是最大似然估计. 由于 $\overline{X} - \overline{Y}$ 可以表示为独立正态分布随机变量的线性组合，它具有正

态分布:
$$\overline{X} - \overline{Y} \sim N\left[\mu_X - \mu_Y, \sigma^2\left(\frac{1}{n} + \frac{1}{m}\right)\right]$$

如果 σ^2 已知, $\mu_X - \mu_Y$ 的置信区间可以基于

$$Z = \frac{(\overline{X} - \overline{Y}) - (\mu_X - \mu_Y)}{\sigma\sqrt{\frac{1}{n} + \frac{1}{m}}}$$

它服从标准正态分布. 置信区间具有形式

$$(\overline{X} - \overline{Y}) \pm z(\alpha/2)\sigma\sqrt{\frac{1}{n} + \frac{1}{m}}$$

这个置信区间与第 7 章和第 8 章介绍的区间具有同样的形式 —— 统计量 (这里是 $\overline{X} - \overline{Y}$) 加上或减去标准差的倍数.

一般地, σ^2 是未知的, 必须利用数据通过计算**合并样本方差** (pooled sample variance) 估计出来,

$$s_p^2 = \frac{(n-1)s_X^2 + (m-1)s_Y^2}{m + n - 2}$$

其中 $s_X^2 = (n-1)^{-1}\sum_{i=1}^{n}(X_i - \overline{X})^2$, s_Y^2 具有类似形式. 注意, s_p^2 是 X 和 Y 样本方差的加权平均, 权重与自由度成比例. 这个加权是合理的, 因为如果一个样本大于另一个, 那么来自这个样本的 σ^2 估计更可靠, 应该得到更高的权重. 下面的定理给出了统计量的分布, 用于构造置信区间和进行假设检验.

定理 11.2.1.1 假设 $X_1, \cdots, X_n$ 是具有正态分布的独立随机变量, 具有均值 μ_X 和方差 σ^2, $Y_1, \cdots, Y_m$ 是具有正态分布的独立随机变量, 具有均值 μ_Y 和方差 σ^2, 且 Y_i 独立于 X_i. 统计量

$$t = \frac{(\overline{X} - \overline{Y}) - (\mu_X - \mu_Y)}{s_p\sqrt{\frac{1}{n} + \frac{1}{m}}}$$

服从自由度为 $m + n - 2$ 的 t 分布.

证明 根据 6.2 节 t 分布的定义, 我们必须证明这个统计量是标准正态随机变量和独立卡方随机变量与其自由度 $n + m - 2$ 比值平方根的商. 首先, 由 6.3 节例 6.3.2, 我们注意到 $(n-1)s_X^2/\sigma^2$ 和 $(m-1)s_Y^2/\sigma^2$ 是卡方随机变量, 分别具有自由度 $n-1$ 和 $m-1$, 且由于 X_i 与 Y_i 独立, 它们两者也是独立的. 因此, 它们的和是具有自由度 $m + n - 2$ 的卡方分布. 现在, 我们将统计量表示为 U/V 的形式, 其中

$$U = \frac{(\overline{X} - \overline{Y}) - (\mu_X - \mu_Y)}{\sigma\sqrt{\frac{1}{n} + \frac{1}{m}}}$$

$$V = \sqrt{\left[\frac{(n-1)s_X^2}{\sigma^2} + \frac{(m-1)s_Y^2}{\sigma^2}\right]\frac{1}{m + n - 2}}$$

U 服从标准正态分布, 由之前的讨论, V 是卡方随机变量与其自由度比值的平方根. U 和 V 的独立性来自 6.3 节的推论 6.3.1.

为了方便性和提示性, 利用下面的记号表示 $\overline{X}-\overline{Y}$ 的估计标准差 (或标准误差):

$$s_{\overline{X}-\overline{Y}} = s_p\sqrt{\frac{1}{n}+\frac{1}{m}}$$

$\mu_X - \mu_Y$ 的置信区间作为定理 11.2.1.1 的推论如下:

推论 11.2.1.1 在定理 11.2.1.1 的假设下, $\mu_X - \mu_Y$ 的 $100(1-\alpha)\%$ 置信区间是

$$(\overline{X}-\overline{Y}) \pm t_{m+n-2}(\alpha/2)s_{\overline{X}-\overline{Y}}$$

例 11.2.1.1 使用两种方法 A 和 B, 确定冰融化的潜热 (Natrella 1963). 研究者想找出两种方法的差异是多少. 下面的表格给出了从 $-0.72\,°C$ 冰到 $0\,°C$ 水每质量克的总热量卡的变化:

方法 A	方法 B	方法 A	方法 B
79.98	80.02	79.97	79.97
80.04	79.94	80.05	
80.02	79.98	80.03	
80.04	79.97	80.02	
80.03	79.97	80.00	
80.03	80.03	80.02	
80.04	79.95		

很显然, 由表格和箱形图 (图 11.1) 可以看出两种方法有差异 (我稍后对其进行严格检验). 如果假设定理 11.2.1.1 的条件成立, 我们可以构造 95% 置信区间, 估计两种方法之间的差异程度. 由表格, 我们计算出

$$\overline{X}_A = 80.02 \quad S_a = 0.024$$

$$\overline{X}_B = 79.98 \quad S_b = 0.031$$

$$s_p^2 = \frac{12 \times S_a^2 + 7 \times S_b^2}{19} = 0.0007178$$

$$s_P = 0.027$$

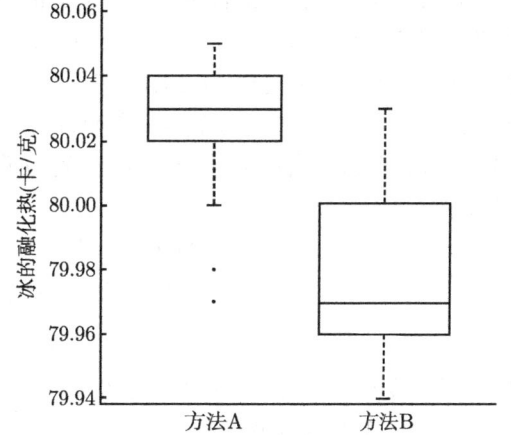

图 11.1 方法 A 和方法 B 融化热测量结果的箱形图

两种方法平均差的估计是 $\overline{X}_A - \overline{X}_B = 0.04$, 其估计标准误差是

$$s_{\overline{X}_A - \overline{X}_B} = s_p\sqrt{\frac{1}{13}+\frac{1}{8}} = 0.012$$

由附录 B 的表 4, 自由度 19 的 t 分布的 0.975 分位数是 2.093, 因此 $t_{19}(0.025) = 2.093$, 95% 置信区间是 $(\overline{X}_A - \overline{Y}_B) \pm t_{19}(0.025)s_{\overline{X}_A - \overline{X}_B}$, 或 $(0.015, 0.065)$. 估计标准误差和置信区间量化了点估计 $\overline{X}_A - \overline{X}_B = 0.04$ 的不确定性.

我们讨论两样本的假设检验问题. 尽管目前的假设不同于第 9 章, 但是一般的概念框架是一样的 (此时, 读者应回顾一下上述框架). 在目前的情形下, 检验的原假设是

$$H_0: \mu_X = \mu_Y$$

这断定 X 和 Y 的分布没有区别. 例如, 如果一组是试验组, 另一组是控制组, 那么这个假设认为没有试验效果. 为了得到具有试验效果的结论, 必须拒绝原假设.

对于两样本情形, 共有三个常用的备择假设:

$$H_1: \mu_X \neq \mu_Y$$
$$H_2: \mu_X > \mu_Y$$
$$H_3: \mu_X < \mu_Y$$

其中第一个是**双边备择假设**(two-sided alternative), 其余的两个是**单边备择假设**(one-sided alternative). 如果偏离在原则上可以出现在任何一个方向上, 那么第一个假设是合理的; 如果认为任何偏离只能出现在其中一个方向上, 那么后两者是合理的. 在实践中, 这样的先验信息通常不易取得, 为了谨慎起见, 像例 11.2.1.1 那样进行双边检验.

用于判断是否拒绝原假设的检验统计量是

$$t = \frac{\overline{X} - \overline{Y}}{s_{\overline{X}-\overline{Y}}}$$

t 统计量等于 $\overline{X} - \overline{Y} (\neq 0)$ 与其估计标准差倒数的乘积. 它在两样本比较中扮演的角色类似于拟合优度检验中的卡方统计量. 正如在卡方统计量取较大值时拒绝原假设, 在这里, 我们也是在 t 取极大值时拒绝原假设. 由定理 11.2.1.1, 在原假设 H_0 为真时, t 的分布——零分布, 是自由度为 $m+n-2$ 的卡方分布. 知道这个零分布允许我们确定检验水平 α 时的拒绝域, 正如知道卡方统计量的分布 (具有适当自由度的卡方分布) 可以确定检验拟合优度的拒绝域. 上述三个备择假设的拒绝域是

对于 $H_1, |t| > t_{n+m-2}(\alpha/2)$

对于 $H_2, t > t_{n+m-2}(\alpha)$

对于 $H_3, t < -t_{n+m-2}(\alpha)$

注意不同备择假设拒绝域的尾部特征, 以及知道 t 的零分布时, 如何确定任意 α 值的拒绝域.

例 11.2.1.2 我们继续讨论例 11.2.1.1. 为了检验 $H_0: \mu_A = \mu_B$ 对双边备择假设, 我们构造和计算如下的检验统计量:

$$t = \frac{\overline{X}_A - \overline{X}_B}{s_p\sqrt{\frac{1}{n} + \frac{1}{m}}} = 3.33$$

由附录 B 的表 4, $t_{19}(0.005) = 2.861 < 3.33$. 因此, 双边检验在水平 $\alpha = 0.01$ 时拒绝原假设. 如果试验条件不变, 不小于观测数据之差的概率不超过 0.01——也就是说, p 值小于 0.01. 毫无疑问, 两种方法之间有差异. ∎

在第 9 章, 我们叙述了假设检验和置信区间之间的一般对偶理论. 在本节介绍的检验和置信区间方法的情况下, t 检验拒绝原假设当且仅当置信区间不包含零点 (参见章末习题 10).

我们现在解释 H_0 对 H_1 检验等价于似然比检验. (这里的概略推导十分冗长，读者应参考相关论文，且时刻握笔在手.) Ω 是所有可能的参数值集合：

$$\Omega = \{-\infty < \mu_X < \infty, -\infty < \mu_Y < \infty, 0 < \sigma < \infty\}$$

未知参数是 $\theta = (\mu_X, \mu_Y, \sigma)$. 在 H_0 下，$\theta \in \omega_0$，其中 $\omega_0 = \{\mu_X = \mu_Y, 0 < \sigma < \infty\}$. 两个样本 $X_1, \cdots, X_n$ 和 $Y_1, \cdots, Y_m$ 的似然是

$$\text{lik}(\mu_X, \mu_Y, \sigma^2) = \prod_{i=1}^{n} \frac{1}{\sqrt{2\pi\sigma^2}} e^{-(1/2)[(X_i - \mu_X)^2/\sigma^2]} \prod_{j=1}^{m} \frac{1}{\sqrt{2\pi\sigma^2}} e^{-(1/2)[(Y_j - \mu_Y)^2/\sigma^2]}$$

对数似然是

$$l(\mu_X, \mu_Y, \sigma^2) = -\frac{(m+n)}{2}\log 2\pi - \frac{(m+n)}{2}\log \sigma^2 - \frac{1}{2\sigma^2}\left[\sum_{i=1}^{n}(X_i - \mu_X)^2 + \sum_{j=1}^{m}(Y_j - \mu_Y)^2\right]$$

我们必须最大化 ω_0 和 Ω 下的似然，然后计算两个最大化似然的比值，或它们对数的差值.

在 ω_0 下，我们有来自正态分布的容量 $m+n$ 的样本，具有未知密度 μ_0 和未知方差 σ_0^2. 因此，μ_0 和 σ_0^2 的最大似然估计是

$$\hat{\mu}_0 = \frac{1}{m+n}\left(\sum_{i=1}^{n} X_i + \sum_{j=1}^{m} Y_j\right)$$

$$\hat{\sigma}_0^2 = \frac{1}{m+n}\left[\sum_{i=1}^{n}(X_i - \hat{\mu}_0)^2 + \sum_{j=1}^{m}(Y_j - \hat{\mu}_0)^2\right]$$

经过一些消除运算，相应的最大化似然值是

$$l(\hat{\mu}_0, \hat{\sigma}_0^2) = \frac{m+n}{2}\log 2\pi - \frac{m+n}{2}\log \hat{\sigma}_0^2 - \frac{m+n}{2}$$

为了求解 Ω 下的最大似然估计 $\hat{\mu}_X$，$\hat{\mu}_Y$ 和 $\hat{\sigma}_1^2$，我们首先微分对数似然，得到方程

$$\sum_{i=1}^{n}(X_i - \hat{\mu}_X) = 0$$

$$\sum_{j=1}^{m}(Y_j - \hat{\mu}_Y) = 0$$

$$-\frac{m+n}{2\hat{\sigma}_1^2} + \frac{1}{2\hat{\sigma}_1^4}\left[\sum_{i=1}^{n}(X_i - \hat{\mu}_X)^2 + \sum_{j=1}^{m}(Y_j - \hat{\mu}_Y)^2\right] = 0$$

由此，最大似然估计是

$$\hat{\mu}_X = \overline{X}$$

$$\hat{\mu}_Y = \overline{Y}$$

$$\hat{\sigma}_1^2 = \frac{1}{m+n}\left[\sum_{i=1}^n (X_i - \hat{\mu}_X)^2 + \sum_{j=1}^m (Y_j - \hat{\mu}_Y)^2\right]$$

当将其代入对数似然时，我们得到

$$l(\hat{\mu}_X, \hat{\mu}_Y, \hat{\sigma}_1^2) = -\frac{m+n}{2}\log 2\pi - \frac{m+n}{2}\log \hat{\sigma}_1^2 - \frac{m+n}{2}$$

因此，似然比的对数是

$$\frac{m+n}{2}\log\left(\frac{\hat{\sigma}_1^2}{\hat{\sigma}_0^2}\right)$$

似然比检验在下式取较大值时拒绝原假设：

$$\frac{\hat{\sigma}_0^2}{\hat{\sigma}_0^2} = \frac{\sum_{i=1}^n (X_i - \hat{\mu}_0)^2 + \sum_{j=1}^m (Y_j - \hat{\mu}_0)^2}{\sum_{i=1}^n (X_i - \overline{X})^2 + \sum_{j=1}^m (Y_j - \overline{Y})^2}$$

我们现在寻找这个比值分子的另外一个表达式，利用等式

$$\sum_{i=1}^n (X_i - \hat{\mu}_0)^2 = \sum_{i=1}^n (X_i - \overline{X})^2 + n(\overline{X} - \hat{\mu}_0)^2$$

$$\sum_{j=1}^m (Y_j - \hat{\mu}_0)^2 = \sum_{j=1}^m (Y_j - \overline{Y})^2 + m(\overline{Y} - \hat{\mu}_0)^2$$

我们得到

$$\hat{\mu}_0 = \frac{1}{m+n}(n\overline{X} + m\overline{Y}) = \frac{n}{m+n}\overline{X} + \frac{m}{m+n}\overline{Y}$$

因此，

$$\overline{X} - \hat{\mu}_0 = \frac{m(\overline{X} - \overline{Y})}{m+n}$$

$$\overline{Y} - \hat{\mu}_0 = \frac{n(\overline{Y} - \overline{X})}{m+n}$$

因此，比值分子的另一个表达式是

$$\sum_{i=1}^n (X_i - \overline{X})^2 + \sum_{j=1}^m (Y_j - \overline{Y})^2 + \frac{mn}{m+n}(\overline{X} - \overline{Y})^2$$

在下式取较大值时拒绝检验：

$$1 + \frac{mn}{m+n}\left(\frac{(\overline{X} - \overline{Y})^2}{\sum_{i=1}^n (X_i - \overline{X})^2 + \sum_{j=1}^m (Y_j - \overline{Y})^2}\right)$$

或者等价地,对于下式的较大值:

$$\frac{|\overline{X}-\overline{Y}|}{\sqrt{\sum_{i=1}^{n}(X_i-\overline{X})^2+\sum_{j=1}^{m}(Y_j-\overline{Y})^2}}$$

除了不依赖于数据的常数外,它是 t 统计量. 因此,似然比检验等价于 t 检验,得证.

我们使用的假设满足两个总体具有相同的方差. 如果两个方差假设成不等的,$\mathrm{Var}(\overline{X}-\overline{Y})$ 的自然估计是

$$\frac{s_X^2}{n}+\frac{s_Y^2}{m}$$

如果这个估计用作 t 统计量的分母,那么其分布不再是 t 分布,但是可以证明它的分布能用 t 分布近似,自由度按照如下方式计算,然后再舍入到最近的整数:

$$\mathrm{df}=\frac{[(s_X^2/n)+(s_Y^2/m)]^2}{\frac{(s_X^2/n)^2}{n-1}+\frac{(s_Y^2/m)^2}{m-1}}$$

例 11.2.1.3 我们重述例 11.2.1.2,但是不再假设方差相等. 利用上述公式,我们发现自由度是 12,而不是 19. t 统计量是 3.12. 由于自由度 12 的 t 分布的 0.995 分位数是 3.055 (附录 B 的表 4),所以检验在水平 $\alpha=0.01$ 时依旧拒绝原假设. ∎

如果标的分布不是正态的,并且样本容量非常大,根据中心极限定理,使用 t 分布或正态分布是合理的,置信区间的概率水平和假设检验是渐近有效的. 可是,在这种情况下,t 分布和正态分布还是具有轻微的差别. 然而,当样本容量较小,分布不是正态时,基于正态性假设的结论可能是无效的. 遗憾的是,如果样本容量较小,除非偏差相当严重,否则很难有效地检验正态性假设的合理性,正如我们在第 9 章所看到的那样.

11.2.1.1 一个例子 —— 保铁性研究

试验的目的是确定两种类型铁 (Fe^{2+} 和 Fe^{3+}) 的存留状态是否不同. (如果一种形式的铁存留状态特别的好,那么最好用其作为膳食滋补品.) 研究者将 108 只老鼠随机地分成 6 组,每组 18 只,3 个组使用三种不同浓度的 Fe^{2+}:10.2, 1.2 和 0.3 毫摩尔,另外 3 个组使用相同三种浓度的 Fe^{3+}. 老鼠通过口服吃下这些铁,并用射线标记这些铁,以便利用计数器测量初始喂服的剂量. 之后,再次测量每只老鼠,计算存留铁的百分比. 两种形式铁的数据列示在下表中. 我们研究 1.2 毫摩尔浓度的数据. (在第 12 章,我们讨论同时分析所有组的方法.)

Fe^{3+}			Fe^{2+}			Fe^{3+}			Fe^{2+}		
10.2	1.2	0.3	10.2	1.2	0.3	10.2	1.2	0.3	10.2	1.2	0.3
0.71	2.20	2.25	2.20	4.04	2.71	3.64	6.25	10.52	6.18	7.06	10.62
1.66	2.93	3.93	2.69	4.16	5.43	3.74	7.25	13.46	6.22	7.78	13.80
2.01	3.08	5.08	3.54	4.42	6.38	3.74	7.90	13.57	6.33	9.23	15.99
2.16	3.49	5.82	3.75	4.93	6.38	4.39	8.85	14.76	6.97	9.34	17.90
2.42	4.11	5.84	3.83	5.49	8.32	4.50	11.96	16.41	6.97	9.91	18.25
2.42	4.95	6.89	4.08	5.77	9.04	5.07	15.54	16.96	7.52	13.46	19.32
2.56	5.16	8.50	4.27	5.86	9.56	5.26	15.89	17.56	8.36	18.4	19.87
2.60	5.54	8.56	4.53	6.28	10.01	8.15	18.3	22.82	11.65	23.89	21.60
3.31	5.68	9.44	5.32	6.97	10.08	8.24	18.59	29.13	12.45	26.39	22.25

作为数据的汇总,箱形图 (图 11.2) 显示数据向右偏度很大. 这对于具有下界零的百分比或其他变量并不奇怪. 来自 Fe^{2+} 组的三个观测标记为可能的离群值, Fe^{2+} 组的中位数稍微大于 Fe^{3+} 组的中位数, 但是两个分布大幅度地重叠在一起.

这些数据的另一种视图由正态概率图提供 (图 11.3). 这些图形也显示分布的偏度. 很显然, 对于这个问题, 我们应该怀疑使用正态分布理论的合理性 (例如, t 检验), 尽管合并的样本容量相当的大 (36).

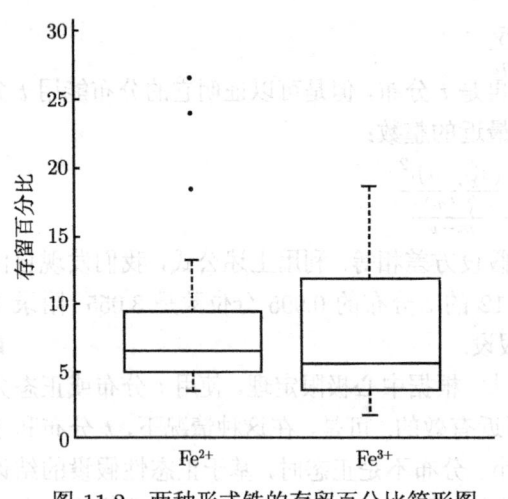

图 11.2 两种形式铁的存留百分比箱形图

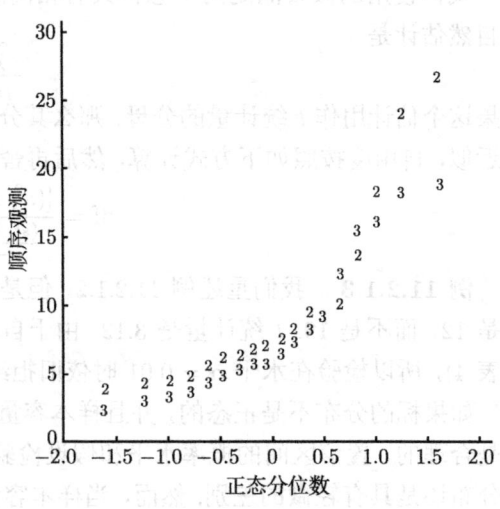

图 11.3 铁存留数据的正态概率图

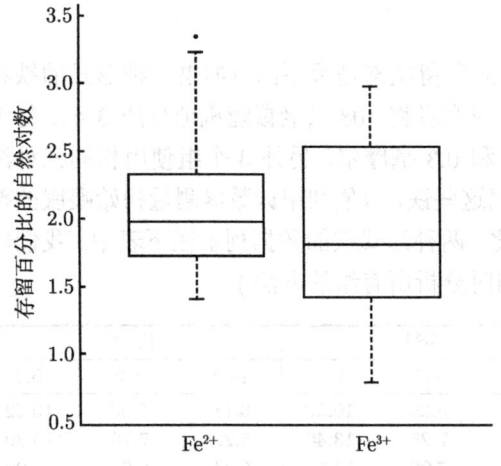

图 11.4 铁存留百分比自然对数的箱形图

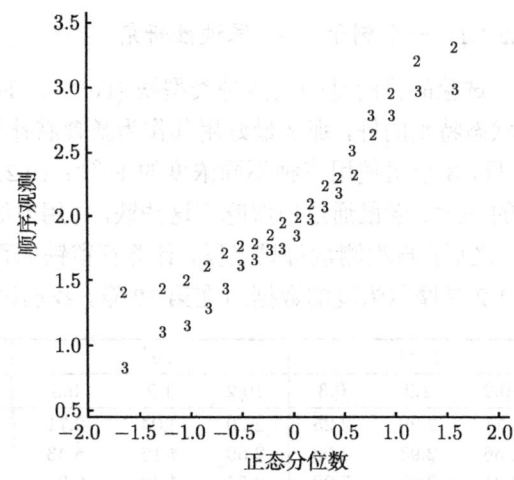

图 11.5 铁存留数据自然对数的正态概率图

Fe^{2+} 组的均值和标准差是 9.63 和 6.69; 对于 Fe^{3+} 组, 均值是 8.20, 标准差是 5.45. 为了检验两个均值相等的假设, 我们利用总体标准差可以不等的 t 检验. 如 11.2.1 节后面叙述的计算方法, 近似自由度是 32, t 统计量的值是 0.702, 其双边检验的 p 值是 0.49. 如果两个总体具有相同的均值,不小于这个 t 统计量的发生时是 49%. 因此,没有充分的证据拒绝原假设. 两个总体均值之差的 95% 置信区间是 $(-2.7, 5.6)$. 但是 t 检验假设标的总体分布是正态的,我们已经看到有理由怀疑这个假设的正确性.

有时候主张在利用正态理论之前,利用变换将偏度数据转换为具有较对称形状的数据. 比如对数或平方根变换可以有效地对称化偏度分布,这是由于它们扩展较小值,压缩较大值. 图 11.4 和图 11.5 显示了铁存留数据自然对数的箱形图和正态概率图. 这个变换非常成功地对称化这些分布,概率图与图 11.3 相比更加接近于线性,尽管一些曲度还是比较明显的.

如下模型对于对数变换来讲是比较自然的:

$$X_i = \mu_X(1 + \varepsilon_i), \quad i = 1, \cdots, n$$
$$Y_j = \mu_Y(1 + \delta_j), \quad j = 1, \cdots, m$$
$$\log X_i = \log \mu_X + \log(1 + \varepsilon_i)$$
$$\log Y_j = \log \mu_Y + \log(1 + \delta_j)$$

这里,ε_i 和 δ_j 是具有均值 0 的独立随机变量. 这个模型意味着,如果误差的方差是 σ^2,那么

$$E(X_i) = \mu_X$$
$$E(Y_j) = \mu_Y$$
$$\sigma_X = \mu_X \sigma$$
$$\sigma_Y = \mu_Y \sigma$$

或

$$\frac{\sigma_X}{\mu_X} = \frac{\sigma_Y}{\mu_Y}$$

如果 ε_i 和 δ_j 具有相同的分布,$\mathrm{Var}(\log X) = \mathrm{Var}(\log Y)$. 分布的标准差与其均值的比值称为**变异系数**(coefficient of variation, CV),它将标准差表示为均值的百分比. 变异系数有时候用百分比表示. 对于目前考虑的铁存留数据,Fe^{2+} 组和 Fe^{3+} 组的 CV 分别是 0.69 和 0.67,这些值十分接近. 这些数据相当"嘈杂"——两个组的标准差约等于均值的 70%.

对于变换之后的铁存留数据,均值和标准差如下表所示:

	Fe^{2+}	Fe^{3+}
均值	2.09	1.90
标准差	0.659	0.574

对于变换之后的数据,t 统计量是 0.917,其 p 值是 0.37. 再一次,没有理由拒绝原假设. 95% 置信区间是 $(-0.61, 0.23)$. 利用之前的模型,它是

$$\log \mu_X - \log \mu_Y = \log\left(\frac{\mu_X}{\mu_Y}\right)$$

的置信区间,这个区间是

$$-0.61 \leqslant \log\left(\frac{\mu_X}{\mu_Y}\right) \leqslant 0.23$$

或
$$0.54 \leqslant \frac{\mu_X}{\mu_Y} \leqslant 1.26$$

有时候也使用其他的一些变化,比如将所有的值放大一定的倍数. 使用变换的态度因人而异: 有些人将其视为统计和数据分析的有用工具, 而另外一些人怀疑它们操纵数据.

11.2.2 势

为了确定样本容量的大小,试验设计中很重要的一部分就是势的计算. 检验的势是当原假设不真时拒绝它的概率. 两样本 t 检验的势依赖于 4 个因素:

1. 真实值之差 $\Delta = |\mu_X - \mu_Y|$. 这个差越大, 势就越大.
2. 完成检验的显著性水平 α. 显著性水平越大, 检验的势越大.
3. 总体标准差 σ, 它是屏蔽"信号"的"噪声"水平. 标准差越小, 势越大.
4. 样本容量 n 和 m. 样本容量越大, 势越大.

在继续讨论之前, 读者应该尝试从直觉上理解这些陈述的正确性. 下面我们对其进行量化表示.

检验的显著性水平、标准差对备择假设

$$H_1 : \mu_X - \mu_Y = \Delta$$

的预期势决定了检验所必需的样本容量.

为了精确计算 t 检验的势, 需要知道非中心 t 分布的特殊制表. 但是如果样本容量相当大, 我们可以基于正态分布进行势的近似计算, 解释如下.

假设 σ, α 和 Δ 给定, 样本容量都是 n. 那么

$$\mathrm{Var}(\overline{X} - \overline{Y}) = \sigma^2 \left(\frac{1}{n} + \frac{1}{n} \right) = \frac{2\sigma^2}{n}$$

$H_0 : \mu_X = \mu_Y$ 对 $H_1 : \mu_X \neq \mu_Y$ 的水平为 α 的检验是基于检验统计量

$$Z = \frac{\overline{X} - \overline{Y}}{\sigma\sqrt{2/n}}$$

这个检验的拒绝域是 $|Z| > z(\alpha/2)$, 或

$$|\overline{X} - \overline{Y}| > z(\alpha/2)\sigma\sqrt{\frac{2}{n}}$$

如果 $\mu_X - \mu_Y = \Delta$, 检验的势是检验统计量落入拒绝域的概率, 或

$$P\left[|\overline{X} - \overline{Y}| > z(\alpha/2)\sigma\sqrt{\frac{2}{n}}\right] = P\left[\overline{X} - \overline{Y} > z(\alpha/2)\sigma\sqrt{\frac{2}{n}}\right] + P\left[\overline{X} - \overline{Y} < -z(\alpha/2)\sigma\sqrt{\frac{2}{n}}\right]$$

上式是由于两事件互斥. 右边的两个概率都通过标准化进行计算. 对于第一个, 我们有

$$P\left[\overline{X} - \overline{Y} > z(\alpha/2)\sigma\sqrt{\frac{2}{n}}\right] = P\left[\frac{(\overline{X} - \overline{Y}) - \Delta}{\sigma\sqrt{2/n}} > \frac{z(\alpha/2)\sigma\sqrt{2/n} - \Delta}{\sigma\sqrt{2/n}}\right]$$

$$=1-\Phi\left[z(\alpha/2)-\frac{\Delta}{\sigma}\sqrt{\frac{n}{2}}\right]$$

其中 Φ 是标准正态的 cdf. 类似地,第二个概率是

$$\Phi\left[-z(\alpha/2)-\frac{\Delta}{\sigma}\sqrt{\frac{n}{2}}\right]$$

因此,检验统计量落入拒绝域的概率等于

$$1-\Phi\left[z(\alpha/2)-\frac{\Delta}{\sigma}\sqrt{\frac{n}{2}}\right]+\Phi\left[-z(\alpha/2)-\frac{\Delta}{\sigma}\sqrt{\frac{n}{2}}\right]$$

通常,当 Δ 偏离零时,其中一项相对于另一项可以忽略不计. 例如,如果 Δ 大于零,第一项占主要地位. 对于固定的 n, 这个表达式可以视为 Δ 的函数;或对于固定的 Δ, 它可以视作 n 的函数.

例 11.2.2.1   作为一个例子,我们考虑近似于理想化的铁存留试验. 假设我们有来自两个正态分布的容量 18 的样本,它们的标准差都是 5, 当以显著性水平 0.05 检验原假设时,我们计算各种 Δ 值的势. 计算结果如图 11.6 所示. 我们由图中看到如果存留率的均值之差仅是 1%, 拒绝原假设的概率非常小,仅仅 9%. 存留率的均值之差为 5% 时,我们能得到比较满意的势,85%.

假设我们想以概率 0.9 探测出 $\Delta=1$ 的差,必需的样本容量是多少? 利用势表达式中的主体项,样本容量满足:

$$\Phi\left(1.96-\frac{\Delta}{\sigma}\sqrt{\frac{n}{2}}\right)=0.1$$

由正态分布表, $0.1=\Phi(-1.28)$, 因此,

$$1.96-\frac{\Delta}{\sigma}\sqrt{\frac{n}{2}}=-1.28$$

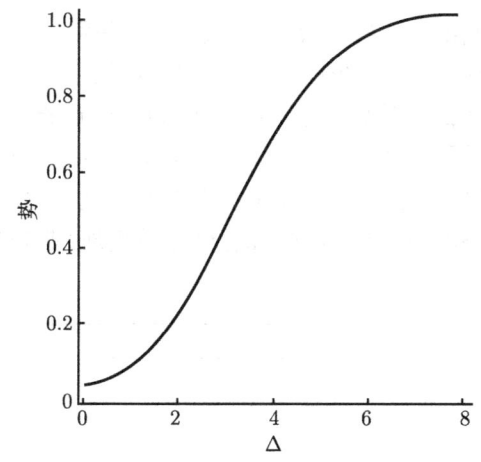

图 11.6 势与 Δ 的图形

求解 n, 我们发现必需的样本容量是 525! 这显然是不可行的. 事实上,如果希望试验能探测出这样的差值,必须修改试验技术,减少 σ. ∎

11.2.3 非参数方法:曼恩-惠特尼检验

非参数方法没有假设数据具有特定的分布形式. 它们的很多方法都是利用秩代替观测数据进行分析. 利用这种替代,分析结果关于任何单调变换都是不变的. 与之相比,我们看到如果分析观测的对数,而不是原有尺寸的观测, t 检验的 p 值会有所改变. 利用秩代替数据进行分析还可以减轻离群值的影响.

为了便于讨论，我们在具体的行文中叙述**曼恩－惠特尼检验**(Mann-Whitney test)(有时也称为威尔科克森秩和检验). 假设我们有 $m+n$ 个试验单元，用来分配试验组和控制组. 分配以随机的方式进行：随机选择 n 个单元分配为控制组，剩余的 m 个单元分配为试验组. 我们检验的原假设是试验没有效应. 如果原假设为真，那么两种试验条件下试验结果的任何差异都来自随机化因素.

检验统计量计算如下. 首先，我们将所有的 $m+n$ 个观测放在一起组成一个组，按递增顺序排列 (为了简单，我们假设没有相同秩，尽管相同秩存在的情况下结论也成立). 然后，我们计算来自控制组观测的秩和. 如果这个和太小或太大，我们就拒绝原假设.

解释这个步骤工作原理的最直接方法是考虑一个非常小的例子. 假设试验组和控制组进行比较：4 个试验对象中，随机选择两个分配到试验组，另外两个是控制组，观测到如下响应结果 (观测的秩显示在括号中):

试 验 组	控 制 组
1(1)	6(4)
3(2)	4(3)

控制组的秩和是 $R=7$，试验组的秩和是 3. 这种差异能够提供试验组和控制组之间具有系统性差异的可信证据吗？或者仅仅是偶然因素造成的吗？为了回答这个问题，我们考虑这样的差异发生在试验根本没有任何效应，以至于试验结果的差异完全来自于特殊的随机化因素条件下——这是原假设，并计算其概率. 曼恩－惠特尼检验的关键思想是在原假设为真时，我们可以显式地计算 R 的分布，这是由于当原假设为真时，观测的每一个秩分配都是等可能的，我们总共可以枚举出 $4!=24$ 个这样的分配. 特别地，控制组的 $\binom{4}{2}=6$ 个秩分配也是等可能地出现，如下表所示:

秩	R
{1,2}	3
{1,3}	4
{1,4}	5
{2,3}	5
{2,4}	6
{3,4}	7

由此表，我们看出在原假设为真时，R 的分布 (它的零分布) 是:

r	3	4	5	6	7
$P(R=r)$	$\frac{1}{6}$	$\frac{1}{6}$	$\frac{1}{3}$	$\frac{1}{6}$	$\frac{1}{6}$

特别地，$P(R=7)=\frac{1}{6}$，因此从纯随机的角度来看，这个差异在 6 次中就发生一次.

前段的小例子是专门为教学目的而设计的，其要点是我们原则上可以对任何样本容量 m 和 n 进行类似计算. 假设试验组中有 n 个观测，控制组中有 m 个观测. 如果原假设为真，那么 $m+n$

个观测的每一个秩分配都是等可能的,因此,控制组 $\binom{m+n}{n}$ 个可能的秩分配也是等可能的. 对于每一个这样的分配,我们可以计算秩和,因此确定检验统计量——控制组的秩和的零分布.

重要的是要注意,我们没有假设控制组和试验组的观测是取自概率分布的样本. 概率仅仅伴随着试验组和控制组试验单元的随机分配而出现 (这与抽样调查中概率的出现方式类似). 我们还应该注意,尽管我们选择了控制组的秩和作为检验统计量,但是也可以使用其他的任何检验统计量,并按照同样的方式计算其零分布. 秩和易于计算,并对倾向于增大或减少响应的试验效应比较敏感. 同时,其零分布不得不一次性计算出来,并制作成表. 在操作实际数值时,零分布会依赖于这些特殊的数值.

秩和的零分布表使用广泛,并且形式多变. 注意,由于两个秩和之和是从 1 到 $m+n$ 的整数和, 它是 $[(m+n)(m+n+1)/2]$, 所以已知一个秩和可以得到另一个秩和. 一些表格依照较小分组的秩和编制,一些依照两个秩和中较小者编制 (后一方案的优点是仅需要分布的单尾出现在表格中). 附录的表 8 利用了额外的对称性. 令 n_1 是较小的样本容量, R 是其秩和, $R' = n_1(m+n+1) - R$, $R^* = \min(R, R')$. 表给出了 R^* 的临界值. (幸运的是,随着人们越来越多地使用计算机,这样的烦琐表格大部分都过时了.)

当将控制组值 $X_1, \cdots, X_n$ 视为来自某一概率分布 F 的样本,试验组值 $Y_1, \cdots, Y_m$ 视为来自某一分布 G 的样本比较恰当时,曼恩–惠特尼检验是原假设 $H_0: F = G$ 的检验. 推理是完全相同的:在 H_0 下,合并的 $m+n$ 个观测值的任何秩分配都是等可能的,等等.

我们在这里假设观测中没有相同秩. 如果相同秩次较少,将相同秩观测分配为平均秩 (相同秩观测的秩平均),不会过度影响显著性水平.

例 11.2.3.1 我们利用较早考虑的冰融化潜热数据 (11.2.1 节的例 11.2.1.1) 解释曼恩–惠特尼检验. 样本容量比较小 (13 和 8),因此在不知道正态分布假设是否合理的先验信息下,利用非参数检验似乎更安全一些. 下面的表格展示了每种方法的观察秩 (参见 11.2.1 节例 11.2.1.1 的原始数据):

方法 A	方法 B	方法 A	方法 B
7.5	11.5	4.5	4.5
19.0	1.0	21.0	
11.5	7.5	15.5	
19.0	4.5	11.5	
15.5	4.5	9.0	
15.5	15.5	11.5	
19.0	2.0		

注意相同秩的处理方式. 例如,4 个观测取值 79.97,秩分别为 3, 4, 5 和 6,赋予每个相同秩 $4.5 = (3+4+5+6)/4$.

附录 B 的表 8 使用如下. 较小样本的秩和是 $R = 51$.

$$R' = 8(8 + 13 + 1) - R = 125$$

因此, $R^* = 51$. 由表格, 53 是 $\alpha = 0.01$ 的双边检验的临界值,60 是 $\alpha = 0.05$ 的临界值. 因此,

在显著性水平 0.01 下，曼恩－惠特尼检验拒绝原假设.

令 T_Y 表示 $Y_1, Y_2, \cdots, Y_m$ 的秩和. 利用第 7 章的结果，我们可以很容易地计算出原假设 $F = G$ 下的 $E(T_Y)$ 和 $\mathrm{Var}(T_Y)$.

定理 11.2.3.1 如果 $F = G$，那么
$$E(T_Y) = \frac{m(m+n+1)}{2}$$
$$\mathrm{Var}(T_Y) = \frac{mn(m+n+1)}{12}$$

证明 在原假设下，从由整数 $\{1, 2, \cdots, m+n\}$ 组成的总体中无重复地抽取容量 m 的随机样本，T_Y 是这个样本的和，因此 T_Y 等于 m 乘以样本的平均数. 由 7.3.1 节的定理 7.3.1.1 和定理 7.3.1.2，
$$E(T_Y) = m\mu$$
$$\mathrm{Var}(T_Y) = m\sigma^2 \left(\frac{N-m}{N-1} \right)$$

其中 $N = m + n$ 是总体的容量，μ 和 σ^2 分别是总体均值和方差. 现在，利用等式
$$\sum_{k=1}^{N} k = \frac{N(N+1)}{2}$$
$$\sum_{k=1}^{N} k^2 = \frac{N(N+1)(2N+1)}{6}$$

我们发现对于总体 $\{1, 2, \cdots, m+n\}$，
$$\mu = \frac{N+1}{2}$$
$$\sigma^2 = \frac{N^2 - 1}{12}$$

经过代数简化以后，定理得证. ∎

与 t 检验不同的是，曼恩－惠特尼检验不依赖于正态性假设. 由于实际数值由它们的秩代替，检验对离群值不敏感，而 t 检验是敏感的. 已经证明即使正态性假设成立，曼恩－惠特尼检验的势也几乎接近于 t 检验，因此它广受欢迎，尤其是小样本情况下.

也可以从另外一个不同的角度推导曼恩－惠特尼检验. 假设 X 是来自 F 的样本，Y 是来自 G 的样本，作为试验效应的度量，考虑估计
$$\pi = P(X < Y)$$

其中 X 和 Y 是分别来自分布函数 F 和 G 的独立分布随机变量. π 是来自分布 F 的观测小于来自分布 G 的独立观测的概率.

例如，如果 F 和 G 表示两种生产条件下制造的元件的寿命，π 是一种类型的元件寿命长于另外一种类型的概率. 比较所有的 n 个 X 值和所有的 m 个 Y 值，计算 X 小于 Y 的比例可以得到 π 的估计：

$$\hat{\pi} = \frac{1}{mn} \sum_{i=1}^{n} \sum_{j=1}^{m} Z_{ij}$$

其中

$$Z_{ij} = \begin{cases} 1, & \text{若 } X_i < Y_j \\ 0, & \text{其他} \end{cases}$$

为了看出 $\hat{\pi}$ 与较早介绍的秩和之间的关系,我们发现利用下面的表达式比较方便:

$$V_{ij} = \begin{cases} 1, & \text{若 } X_{(i)} < Y_{(j)} \\ 0, & \text{其他} \end{cases}$$

很显然,

$$\sum_{i=1}^{n} \sum_{j=1}^{m} Z_{ij} = \sum_{i=1}^{n} \sum_{j=1}^{m} V_{ij}$$

这是因为 V_{ij} 仅仅是 Z_{ij} 的重新排序. 同时,

$$\sum_{i=1}^{n} \sum_{j=1}^{m} V_{ij} = (\text{小于} Y_{(1)} \text{的} X \text{数}) + (\text{小于} Y_{(2)} \text{的} X \text{数}) + \cdots + (\text{小于} Y_{(m)} \text{的} X \text{数})$$

如果利用 R_{yk} 表示组合样本中 $Y_{(k)}$ 的秩,那么小于 $Y_{(1)}$ 的 X 数是 $R_{y1} - 1$,小于 $Y_{(2)}$ 的 X 数是 $R_{y2} - 2$,依此类推. 因此,

$$\sum_{i=1}^{n} \sum_{j=1}^{m} V_{ij} = (R_{y1} - 1) + (R_{y2} - 2) + \cdots + (R_{ym} - m)$$

$$= \sum_{i=1}^{m} R_{yi} - \sum_{i=1}^{m} i = \sum_{i=1}^{m} R_{yi} - \frac{m(m+1)}{2} = T_y - \frac{m(m+1)}{2}$$

因此,$\hat{\pi}$ 可以表示为 Y 的秩和 (或者 X 的秩和,由于两个秩和加起来等于常数).

由定理 11.2.3.1,我们有如下推论.

推论 11.2.3.1 令 $U_Y = \sum_{i=1}^{n} \sum_{j=1}^{m} Z_{ij}$,则在原假设 $H_0 : F = G$ 下,

$$E(U_Y) = \frac{mn}{2}$$
$$\text{Var}(U_Y) = \frac{mn(m+n+1)}{12}$$

对于大于 10 的 m 和 n,U_Y 的零分布可以由正态分布很好地近似,

$$\frac{U_Y - E(U_Y)}{\sqrt{\text{Var}(U_Y)}} \sim N(0,1)$$

(注意,尽管 U_Y 是随机变量的和,但由于它们不是独立的,所以上式不能利用普通的中心极限定理直接导出.) 类似地,由于 X 或 Y 的秩和与 U_Y 仅相差一个常数,所以这两个秩和的分布也可以利用正态分布进行近似.

例 11.2.3.2 参见例 11.2.3.1，我们利用正态分布近似方法 B 的秩和分布. 对于 $n = 13$ 和 $m = 8$，我们由定理 11.2.3.1，在原假设下，

$$E(T) = \frac{8(8+13+1)}{2} = 88$$

$$\sigma_T = \sqrt{\frac{8 \times 13(8+13+1)}{12}} = 13.8$$

T 是方法 B 的秩和，即 51，正规化检验统计量是

$$\frac{T - E(T)}{\sigma_T} = -2.68$$

由正态分布表，双边检验的 p 值是 0.007，所以正如我们利用精确分布的情形，在水平 $\alpha = 0.01$ 的情况下，检验拒绝原假设. 对于这个数据集，我们已经看到等方差假设的 t 检验、无此假设的 t 假设、精确曼恩－惠特尼检验和近似曼恩－惠特尼检验都在水平 $\alpha = 0.01$ 的情况下拒绝原假设. ∎

反推曼恩－惠特尼检验可以形成置信区间. 我们考虑"漂移"模型：$G(x) = F(x - \Delta)$. 这个模型是说试验 (Y) 效应在没有进行试验 (X) 的响应变量上增加常数 Δ. (这是一个非常简单的模型，我们已经在很多情形下看到它是不合适的.) 我们现在推导 Δ 的置信区间. 为了检验 $H_0: F = G$，我们利用了统计量 U_Y，它是 $X_i - Y_j$ 小于零的个数. 为了检验假设：漂移参数是 Δ，我们可以类似地使用

$$U_Y(\Delta) = \#[X_i - (Y_j - \Delta) < 0] = \#(Y_j - X_i > \Delta)$$

可以证明 $U_Y(\Delta)$ 的零分布关于 $mn/2$ 对称：对于所有的整数 k，

$$P\left(U_Y(\Delta) = \frac{mn}{2} + k\right) = P\left(U_Y(\Delta) = \frac{mn}{2} - k\right)$$

假设 $k = k(\alpha)$ 满足 $P(k \leqslant U_Y(\Delta) \leqslant mn - k) = 1 - \alpha$，那么这样的 $U_Y(\Delta)$ 接受水平 α 的检验. 利用置信区间和假设检验的对偶性，因此，Δ 的 $100(1-\alpha)\%$ 置信区间是

$$C = \{\Delta | k \leqslant U_Y(\Delta) \leqslant mn - k\}$$

C 由接受原假设的 Δ 值集组成.

我们可以得到这个置信区间的显式表达式. 令 $D_{(1)}, D_{(2)}, \cdots, D_{(mn)}$ 表示 mn 个差值 $Y_j - X_i$ 的顺序统计量. 我们将证明

$$C = [D_{(k)}, D_{(mn-k+1)}]$$

为此，首先假设 $\Delta = D_{(k)}$，那么

$$U_Y(\Delta) = \#(X_i - Y_j + \Delta < 0) = \#(Y_j - X_i > \Delta) = mn - k$$

类似地，如果 $\Delta = D_{(mn-k+1)}$，那么

$$U_Y(\Delta) = \#(Y_j - X_i > \Delta) = k - 1$$

(你可以考虑 $m = 3$, $n = 2$, $k = 2$ 的情形，这会有益于理解上述过程.)

例 11.2.3.3 我们回到铁存留数据 (11.2.1.1 节). 之前的分析利用 t 检验, 采用总体是正态分布的假设, 事实上, 上述假设看似十分可疑. 曼恩－惠特尼检验不是采用这个假设. Fe^{2+} 组的秩和用作检验统计量 (使用 U 统计量同样简单). 秩和是 362. 利用正态分布近似秩和的零分布, 我们得到 p 值是 0.36. 再一次, 没有充分的证据拒绝原假设, 即没有不同的存留状态. 两个分布之间漂移的 95% 置信区间是 $(-1.6, 3.7)$, 它大幅度地覆盖了零点. 注意, 这个区间比基于 t 分布的区间要短, 后者膨胀是由于较大的观测对样本方差的贡献作用. ∎

我们利用两样本问题的自助法结束本节. 同以前一样, 假设 $X_1, X_2, \cdots, X_n$ 和 $Y_1, Y_2, \cdots, Y_m$ 是两个独立的样本, 分别来自于分布 F 和 G. 利用 $\hat{\pi}$ 估计 $\pi = P(X < Y)$. $\hat{\pi}$ 的标准误差如何估计出来? π 的近似置信区间如何构造出来? (注意定理 11.2.3.1 的计算与此没有直接关系, 因为它们是在假设 $F = G$ 下进行的.)

问题可以按照如下的方式解决: 首先假设目前已知 F 和 G, 然后通过模拟估计 $\hat{\pi}$ 的抽样分布及其标准误差. 从 F 中生成容量为 n 的样本, 从 G 中生成容量为 m 的独立样本, 计算出 $\hat{\pi}$ 的结果值. 重复这个步骤很多次, 比方说 B 次, 生成 $\hat{\pi}_1, \hat{\pi}_2, \cdots, \hat{\pi}_B$. 这些值的直方图表示了 $\hat{\pi}$ 的抽样分布, 它们的标准差就是 $\hat{\pi}$ 的标准误差的估计.

当然, 由于 F 和 G 是未知的, 所以这个步骤不能实现. 但是正如前面的章节, 可以利用经验分布 F_n 和 G_m 近似代替它们的位置. 这意味着首先从 $X_1, X_2, \cdots, X_n$ 中重复地随机选择 n 个值, 从 $Y_1, Y_2, \cdots, Y_m$ 中重复地随机选择 m 个值, 然后计算 $\hat{\pi}$ 的结果值, 由此得到 $\hat{\pi}$ 的自助值. 按照这种方式生成自助样本 $\hat{\pi}_1, \hat{\pi}_2, \cdots, \hat{\pi}_B$.

11.2.4 贝叶斯方法

我们考虑模型的贝叶斯方法, 它明确规定 X_i 是 i.i.d 的正态随机变量, 具有均值 μ_X 和精度 ξ; Y_j 是 i.i.d 的正态随机变量, 具有均值 μ_Y 和精度 ξ, 且与 X_i 相互独立. 一般地, 分配给 (μ_X, μ_Y, ξ) 的先验联合分布乘以似然, 然后正规化为积分等于 1 就可以导出 (μ_X, μ_Y, ξ) 的三维联合后验分布. 从联合分布中积出 ξ 可以得到 (μ_X, μ_Y) 的边际联合分布, 利用 3.6.1 节的另一个积分可以得到 $\mu_X - \mu_Y$ 的边际分布. 因此, 这些过程不得不进行很多积分. 高维贝叶斯问题已经可以用特殊的蒙特卡罗方法解决, 但是我们在这里不考虑它们.

利用非正常先验可以得到近似结果. 我们取 (μ_X, μ_Y, ξ) 是独立的. 给定均值 μ_X 和 μ_Y 的非正常先验是 $(-\infty, \infty)$ 上的常数, 给定 ξ 的非正常先验是 $f_\Xi(\xi) = \xi^{-1}$. 因此, 后验比例于似然乘以 ξ^{-1}:

$$f_{\text{post}}(\mu_X, \mu_Y, \xi) \propto \xi^{\frac{n+m}{2}-1} \exp\left(-\frac{\xi}{2}\left[\sum_{i=1}^n (x_i - \mu_X)^2 + \sum_{j=1}^m (y_j - \mu_Y)^2\right]\right)$$

接下来, 利用 $\sum_{i=1}^n (x_i - \mu_X)^2 = (n-1)s_x^2 + n(\mu_X - \bar{x})^2$, 以及 y_j 的类似表达式, 我们有

$$f_{\text{post}}(\mu_X, \mu_Y, \xi) \propto \xi^{\frac{n+m}{2}-1} \exp\left(-\frac{\xi}{2}[(n-1)s_x^2 + (m-2)s_y^2]\right)$$
$$\times \exp\left(-\frac{n\xi}{2}(\mu_X - \bar{x})^2\right) \exp\left(-\frac{m\xi}{2}(\mu_Y - \bar{y})^2\right)$$

作为 μ_X 和 μ_Y 的函数表达式，我们由此看到对于固定的 ξ，μ_X 和 μ_Y 服从独立的正态分布，具有均值 $\bar{x}$ 和 $\bar{y}$，精度 $n\xi$ 和 $m\xi$. 因此，它们的差 $\mu_X - \mu_Y$ 服从均值 $\bar{x} - \bar{y}$ 和方差 $\xi^{-1}(n^{-1} + m^{-1})$ 的正态分布．

类似于 8.6 节的讨论，进一步分析可以证明 $\Delta = \mu_X - \mu_Y$ 的边际后验分布能与 t 分布相关：

$$\frac{\Delta - (\bar{x} - \bar{y})}{s_p\sqrt{n^{-1} + m^{-1}}} \sim t_{n+m-2}$$

尽管其形式类似于 11.2.1 节的定理 11.2.1.1，但是解释是不同的：$\bar{x} - \bar{y}$ 和 s_p 在定理 11.2.1.1 中是随机的，但是在这里是固定的，$\Delta = \mu_X - \mu_Y$ 在这里是随机的，但在定理 11.2.1.1 中是固定的. 贝叶斯的形式体系利用概率陈述给定观测数据的 Δ．

因此 $\Delta > 0$ 的后验概率可以利用 t 分布计算出来. 令 T 表示服从 t_{m+n-2} 分布的随机变量. 那么利用 X 和 Y 表示观测

$$P(\Delta > 0|X, Y) = P\left(\frac{\Delta - (\bar{x} - \bar{y})}{s_p\sqrt{n^{-1} + m^{-1}}} \geqslant \frac{-(\bar{x} - \bar{y})}{s_p\sqrt{n^{-1} + m^{-1}}} \bigg| X, Y\right)$$

$$= P\left(T \geqslant \frac{\bar{y} - \bar{x}}{s_p\sqrt{n^{-1} + m^{-1}}}\right)$$

在 11.2.1 节的例 11.2.1.1 中，令 X 表示方法 A 的测量值，Y 表示方法 B 的测量值，我们发现

$$P(\Delta > 0|X, Y) = t_{19}(-3.33) = 0.998$$

这个后验概率非常接近于 1.0，因此，很难怀疑方法 A 的均值大于方法 B 的均值.

11.2.1 节计算的置信区间在形式上类似，但在贝叶斯模型下具有不同的解释，它断定

$$P(0.015 \leqslant \Delta \leqslant 0.065|X, Y) = 0.95$$

在区域上积分后验 t 分布，包含 Δ 的概率是 95%.

11.3 配对样本比较

在 11.2 节，我们分析了两个独立样本的比较问题. 在很多试验中，样本是配对的. 例如，在医疗试验中，按照年龄或体重或条件的严重性匹配试验对象，然后将每对中的一个成员随机地分配到试验组，另一个分配到控制组. 在生物研究中，配对的试验对象可能是同窝出生的幼崽. 在一些应用中，配对由同一物体测量"之前"和"之后"的数据组成. 由于配对导致样本是相依的，不能运用 11.2 节的分析过程.

配对可以是一种有效的试验技术，我们现在通过比较配对设计和未配对设计来解释. 首先，我们考虑配对设计. 我们将配对表示为 (X_i, Y_i)，其中 $i = 1, \cdots, n$，假设 X 和 Y 分别具有均值 μ_X 和 μ_Y，方差 σ_X^2 和 σ_Y^2. 我们假设不同的配对是独立分布的，$\text{Cov}(X_i, Y_i) = \sigma_{XY}$. 我们讨论差值 $D_i = X_i - Y_i$，它们是相互独立的，具有

$$E(D_i) = \mu_X - \mu_Y$$

$$\mathrm{Var}(D_i) = \sigma_X^2 + \sigma_Y^2 - 2\sigma_{XY} = \sigma_X^2 + \sigma_Y^2 - 2\rho\sigma_X\sigma_Y$$

其中 ρ 是配对样品之间的相关系数. $\mu_X - \mu_Y$ 的自然估计是平均差 $\overline{D} = \overline{X} - \overline{Y}$. 利用 D_i 的性质, 得到

$$E(\overline{D}) = \mu_X - \mu_Y$$
$$\mathrm{Var}(\overline{D}) = \frac{1}{n}(\sigma_X^2 + \sigma_Y^2 - 2\rho\sigma_X\sigma_Y)$$

另一方面, 假设试验取 n 个 X 的样本, n 个 Y 的独立样本. 那么 $\mu_X - \mu_Y$ 可以利用 $\overline{X} - \overline{Y}$ 估计,

$$E(\overline{X} - \overline{Y}) = \mu_X - \mu_Y$$
$$\mathrm{Var}(\overline{X} - \overline{Y}) = \frac{1}{n}(\sigma_X^2 + \sigma_Y^2)$$

比较两个估计的方差, 我们看到, 如果相关系数是正的, 即如果 X 和 Y 是正相关的, 那么 $\overline{D}$ 的方差较小. 在这个环境下, 配对是更有效的试验设计. 在 $\sigma_X = \sigma_Y = \sigma$ 的简单情形下, 两个方差可以更简单地表示如下: 在配对形式下,

$$\mathrm{Var}(\overline{D}) = \frac{2\sigma^2(1-\rho)}{n}$$

在未配对形式下,

$$\mathrm{Var}(\overline{X} - \overline{Y}) = \frac{2\sigma^2}{n}$$

相对效率是

$$\frac{\mathrm{Var}(\overline{D})}{\mathrm{Var}(\overline{X} - \overline{Y})} = 1 - \rho$$

例如, 如果相关系数是 0.5, 在每次试验中, n 对试验对象的配对设计可以达到与 $2n$ 对未配对设计相同的精度. 如果估计 σ^2 的自由度充分地大, 上述额外的精度可以缩短置信区间, 增加检验的势.

我们接下来基于正态分布介绍配对设计的数据分析方法, 然后再介绍非参数和基于秩的方法.

11.3.1 基于正态分布的方法

在这一节, 我们假设差值是来自正态分布的样本, 具有

$$E(D_i) = \mu_X - \mu_Y = \mu_D$$
$$\mathrm{Var}(D_i) = \sigma_D^2$$

一般地, σ_D 是未知的, 推断是基于

$$t = \frac{\overline{D} - \mu_D}{s_{\overline{D}}}$$

它服从 t 分布, 具有自由度 $n-1$. 依据类似的推理, μ_D 的 $100(1-\alpha)\%$ 置信区间是

$$\overline{D} \pm t_{n-1}(\alpha/2) s_{\overline{D}}$$

在显著性水平下,原假设 $H_0: \mu_D = 0$(检验没有试验效应的自然原假设) 的双边检验具有拒绝域

$$|\overline{D}| > t_{n-1}(\alpha/2) s_{\overline{D}}$$

如果样本容量 n 较大,利用中心极限定理可以导出置信区间和假设检验的近似合理性;如果样本容量较小,且差值的真实分布偏离正态很远,所述的概率水平可能会出现相当大的误差.

例 11.3.1.1 为了研究吸烟对血小板聚集的效应,Levine(1973) 抽取了 11 个人在吸烟之前和之后的血样数据,测量了血小板聚集的程度. 血小板参与血凝块的形成,已知吸烟者比不吸烟者更容易遭受包含血液凝块在内的机体功能紊乱. 数据如下面的表格所示,它给出了所有血小板在遭受刺激之后聚集的最大百分比.

前	后	差	前	后	差
25	27	2	53	57	4
25	29	4	53	80	27
27	37	10	52	61	9
44	56	12	60	59	−1
30	46	16	28	43	15
67	82	15			

由差值列,$\overline{D} = 10.27$ 和 $s_{\overline{D}} = 2.40$. $\overline{D}$ 的不确定性利用 $s_{\overline{D}}$ 或置信区间进行量化. 由于 $t_{10}(0.05) = 1.812$,90% 置信区间是 $\overline{D} \pm 1.812 s_{\overline{D}}$,或 $(5.9, 14.6)$. 我们还可以形式地检验前后均值相同的原假设. t 统计量是 $10.27/2.40 = 4.28$,由于 $t_{10}(0.005) = 3.169$,双边检验的 p 值小于 0.01. 很难怀疑吸烟增加血小板聚集.

实际的试验要比我们介绍的内容复杂很多. 一些试验对象还吸由生菜叶子卷成的香烟,"吸"没有点火的香烟. (你应该思考为什么需要进行这些附加的试验.)

图 11.7 是后值与前值的散点图. 它们是相关的,具有相关系数 0.90. 在这种情形下,配对是一种自然且有效的试验设计方法. ∎

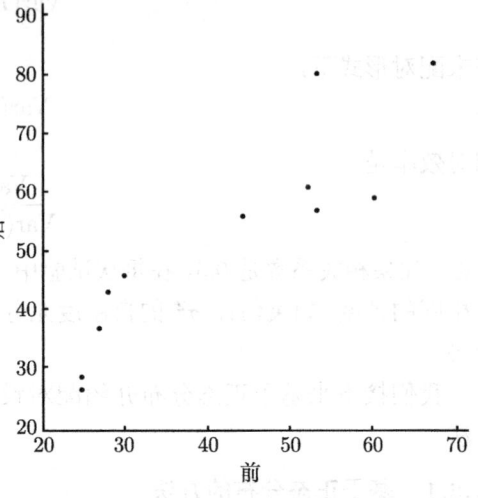

图 11.7 吸烟之后与之前的血小板凝聚图

11.3.2 非参数方法:符号秩检验

基于秩的非参数检验可以构造配对样本的检验方法. 我们利用一个非常小的例子解释这个计算过程. 假设共有 4 对,分别相应于"前"和"后"测量值,列示在下表中:

前	后	差	|差|	秩	符号秩
25	27	2	2	2	2
29	25	−4	4	3	−3
60	59	−1	1	1	−1
27	37	10	10	4	4

检验统计量的计算步骤如下:
1. 计算差 D_i、差的绝对值和后者的秩.
2. 将差的符号用在秩上,得到符号秩.
3. 计算具有正的符号的秩和 W_+. 根据表格,这个秩和是 $W_+ = 2 + 4 = 6$.

符号秩检验 (signed rank test)(有时称为威尔科克森符号秩检验)的思想在直觉上是比较简单的. 如果两个配对条件没有差别,我们预期大约一半的 D_i 是正的,一半是负的, W_+ 不会太小或太大. 如果一个条件比另一个条件倾向于得到较大的观测值,那么 W_+ 将易于取更极端的值. 因此,我们可以利用 W_+ 作为检验统计量,取极端值时拒绝原假设.

在继续讨论之前,我们需要更精确地指明利用符号秩检验的原假设: H_0 陈述为 D_i 的分布是关于零点对称的. 如果将配对试验单元中的成员随机地分配试验和控制条件,那么假设是真的,试验根本没有任何效应.

像往常一样,为了定义显著性水平 α 的检验拒绝域,我们需要知道原假设为真时 W_+ 的抽样分布. 拒绝域位于这个零分布的尾部,满足检验具有显著性水平 α. 零分布可以计算如下: 如果 H_0 为真, 哪一个对成员相应于试验,哪一个相应于控制是没有区别的. 差 $X_i - Y_i = D_i$ 与差 $Y_i - X_i = -D_i$ 具有相同的分布, 因此 D_i 的分布关于零点对称. 因此, D 的第 k 个最大值等可能地取正或取负, 整数 $1, \cdots, n$(秩) 的任何特殊的符号分配都是等可能的. 这样的分配共有 2^n 种, 我们可以计算每个分配的 W_+. 我们得到 2^n 个值 (不全相同) 的列表, 每个发生的概率都是 $1/2^n$. 因此, 每个不同值 W_+ 的概率可以计算出来, 给出想要的零分布.

先前的讨论假设 D_i 是取自某些连续概率分布的样本. 如果我们不希望将 X_i 和 Y_i 视作随机变量, 试验和控制的分配过程是随机进行的, 那么检验没有试验效应的假设可以完全按照相同的方式进行, 只不过推断是基于随机化导出的分布, 正如曼恩-惠特尼检验.

很多计算机软件包可以计算 W_+ 的零分布, 也可以得到其分布表.

符号秩检验是成对样本 t 检验的非参数版本. 不像 t 检验, 它不依赖于正态性假设. 由于利用秩代替差, 所以它对离群值不敏感, 而 t 检验是敏感的. 已经证明了即使当正态性假设成立时, 符号秩检验也接近于 t 检验的势. 因此, 非参数方法广受欢迎, 尤其是小样本情况下更是如此.

例 11.3.2.1 符号秩检验可以用于之前考虑的血小板聚集数据 (11.3.1 节的例 11.3.1.1). 在这种情形下, 由于 W_- 接近于 1, 所以 W_- 易于操作, 而不是 W_+. 利用附录 B 的表 9, 双边检验在 $\alpha = 0.01$ 时是显著的. ■

如果样本容量超过 20, 可以利用零分布的正态近似. 为此, 我们计算 W_+ 的均值和方差.

定理 11.3.2.1 在原假设 D_i 是独立的且关于零点对称的情况下,

$$E(W_+) = \frac{n(n+1)}{4}$$

$$\text{Var}(W_+) = \frac{n(n+1)(2n+1)}{24}$$

证明 为了便于计算，我们将 W_+ 表示如下：
$$W_+ = \sum_{k=1}^{n} k I_k$$

其中
$$I_k = \begin{cases} 1, & \text{如果第 } k \text{ 个最大值 } |D_i| \text{ 具有 } D_i > 0 \\ 0, & \text{其他} \end{cases}$$

在 H_0 下，I_k 是独立的伯努利随机变量，具有 $p = \frac{1}{2}$，因此，
$$E(I_k) = \frac{1}{2}$$
$$\text{Var}(I_k) = \frac{1}{4}$$

因此，我们有
$$E(W_+) = \frac{1}{2} \sum_{k=1}^{n} k = \frac{n(n+1)}{4}$$
$$\text{Var}(W_+) = \frac{1}{4} \sum_{k=1}^{n} k^2 = \frac{n(n+1)(2n+1)}{24}$$

得证. ∎

如果一些差值等于零，最常用的技术是抛弃这些观测值. 如果具有相同秩，那么每个 $|D_i|$ 设定为相同秩次的平均值. 如果相同秩的个数不是太多，那么检验的显著性水平影响不大. 如果果具有大量的相同秩，就必须进行修正. 有关这方面内容的进一步信息可以参见 Hollander 和 Wolfe(1973) 或 Lehmann(1975).

11.3.3 例子：测量鱼的汞水平

Kacprzak 和 Chvojka(1976) 比较了两个测量鱼的汞水平方法. 新方法称为"选择性还原"，与已经存在的旧方法 (称为"高锰酸钾方法") 进行比较. 选择性还原的一个优点是它可以同时测量无机汞和甲基汞. 利用两种技术测量了 25 条幼年黑枪鱼的汞含量. 下表给出了每个方法的 25 个观测值 (汞的百万分之一) 和差值.

鱼	选择性还原	高锰酸钾	差	符号秩	鱼	选择性还原	高锰酸钾	差	符号秩
1	0.32	0.39	0.07	+15.5	14	0.31	0.30	−0.01	−2.5
2	0.40	0.47	0.07	15.5	15	0.62	0.60	0.02	−6.5
3	0.11	0.11	0.00		16	0.52	0.53	0.01	+2.5
4	0.47	0.43	−0.04	−11	17	0.77	0.85	0.08	+17.5
5	0.32	0.42	0.10	+19	18	0.23	0.21	−0.02	−6.5
6	0.35	0.30	−0.05	−13.5	19	0.30	0.33	0.03	+9.0
7	0.32	0.43	0.11	+20	20	0.70	0.57	−0.13	−21
8	0.63	0.98	0.35	+23	21	0.41	0.43	0.02	+6.5
9	0.50	0.86	0.36	+24	22	0.53	0.49	−0.04	−11
10	0.60	0.79	0.19	+22	23	0.19	0.20	0.01	+2.5
11	0.38	0.33	−0.05	−13.5	24	0.31	0.35	0.04	+11
12	0.46	0.45	−0.01	−2.5	25	0.48	0.40	−0.08	−17.5
13	0.20	0.22	0.02	+6.5					

在分析这样的数据时, 通常需要检查差值是否以某种方式依赖于测量值的水平或尺寸, 这可以给我们提供非常有用的信息. 差值与高锰酸钾值的图形如图 11.8 所示. 这个图形非常有趣, 似乎较小的差值出现在高锰酸钾值取值较小时, 较大的差值出现在高锰酸钾值取值较大时. 令人惊讶的是, 所有的差值都是正的, 并且 4 个最高的高锰酸钾值对应的差值也较大. 研究者没有解释这些现象. 通常波动的幅度随着观测值水平的增加而增加, 百分误差可以维持在常数附近, 但实际误差不是这样. 基于此, 通常分析具有这类性质的数据的对数阶.

因为观测是成对的 (每条鱼进行两次测量), 我们利用配对的 t 检验进行参数检验. 样本容量足够大, 以至于检验对非正态性是稳健的. 均值差是 0.04, 差值的标准差是 0.116. t 统计量是 1.724, 具有自由度 24, 相应的双边检验的 p 值是 0.094.

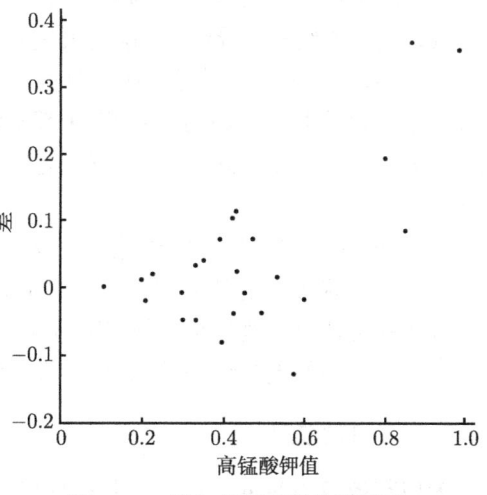

图 11.8 差与高锰酸钾值的图形

尽管 p 值非常小, 但是反对 $H_0: \mu_D = 0$ 的证据不是压倒性的. 检验在显著性 0.05 的水平下不能拒绝原假设.

符号秩显示在上述表格中的最后一列. 注意将单个零差值搁置在一边, 同时注意相同秩处理的方式. 检验统计量 W_+ 是 194.5. 在 H_0 下, 它的均值和方差分别是

$$E(W_+) = \frac{24 \times 25}{4} = 150$$

$$\text{Var}(W_+) = \frac{24 \times 25 \times 49}{24} = 1225$$

由于 n 大于 20, 我们利用正规化检验统计量, 或

$$Z = \frac{W_+ - E(W_+)}{\sqrt{\text{Var}(W_+)}} = 1.27$$

利用正态近似, 双边检验的 p 值是 0.20, 没有强烈的证据拒绝原假设. 可以纠正相同秩的存在状态, 但是在这种情况下, 纠正仅仅等价于将 W_+ 的标准差由 35 变为 34.95.

无论参数检验还是非参数检验都得到相同的结论, 认为两种测量方法之间不存在系统性的差异. 然而, 定性的图表技术却暗示两种方法在较高的汞浓度下可能存在一定的差异.

11.4 试验设计

这一节内容包括试验研究中设计的一些基本原理及其解释说明, 并利用案例研究介绍它们.

11.4.1 乳腺动脉结扎术

具有冠状动脉疾病的病人在运动时遭受胸痛的折磨, 这是由于闭缩的动脉不能给心脏提供足够的氧气. 结扎乳腺动脉的试验简单时尚, 其基本思想是绑上这些动脉可以迫使更多的血液流

向心脏. 这个步骤的优点是手术非常简单,《读者杂志》上面的一篇文章 (Ratcliffe 1957) 大肆鼓吹它的疗效. 两年以后, 发表了一项更加详细的研究结果 (Cobb 等 1959). 在这项研究中, 按照下面的方式确定控制组和试验组: 当准病人进入手术时, 外科医生在打结乳腺动脉之前首先做出一些必要的初始切口. 在这一点上, 医生打开一个密封的信封, 里面包含进一步的手术指示, 即是否完成打结动脉手术. 病人和其主治医生都不知道是否真正的实施了手术. 研究表明在手术之后控制组 (没有结扎术) 和试验组 (结扎术) 之间没有本质的区别, 尽管有一些显示控制组的效果要好一些.

Ratcliffe 和 Cobb 的研究结论不一样, 这是因为在较早的研究中, 试验没有控制组, 因此没有一个衡量手术改进的基准. 病人报告的改进效果可能是由于安慰剂效应, 我们接下来讨论它. 后一项研究设计随机地分配控制和试验组, 向病人和其主治医生隐瞒了治疗的实际过程, 这样就避免了可能出现的无意识偏见. 这样的设计称为双盲, 随机化控制试验.

11.4.2 安慰剂效应

安慰剂效应 (placebo effect) 是指任何治疗所产生的效果, 包括安慰剂 (dummy pills), 这时病人认为他已经实施了有效的治疗. 安慰剂效应使得很多试验研究必须使用双盲设计.

安慰剂效应并不是完全由心理因素造成的, 这已经在 Levine, Gordon 和 Fields(1978) 的有趣试验中得到了验证. 一组试验对象需要将他们的牙齿拔掉. 在拔牙期间, 他们接受一氧化二氮和局部麻醉. 在恢复室里, 他们用数值评估所体验到的痛感. 手术两个小时之后, 试验对象接受安慰剂治疗, 再一次要求他们评估所体验到的痛感. 一个小时之后, 一些试验对象接受安慰剂治疗, 一些接受纳洛酮 (一种吗啡拮抗剂) 治疗. 大家知道在大脑中有很多特殊的吗啡感受器, 人体也能分泌一些内啡肽, 将这些感受器联结在一起. 纳洛酮阻碍吗啡感受器. 这项研究发现, 当对安慰剂响应积极的试验对象接受纳洛酮时, 他们所体验的痛感是增加的, 其痛感水平类似于那些对安慰剂没有反应的病人. 这说明那些对安慰剂有反应的试验对象分泌了内啡肽, 其作用被随后的纳洛酮阻碍了.

心理学家 Claude Steele(2002) 解释了一个安慰剂效应的例子, 他在哈佛大学进行了一次数学测验, 测试对象是一组男生和女生组成的本科生. 一组 (试验组) 被告知测验是无关性别的, 另一组 (控制组) 没有得到这样的消息. 控制组的男生比女生表现好. 在试验组中, 男生和女生表现同样好. 试验组的男生比控制组的男生表现糟糕一些.(*Economist*, 2002 年 2 月 21 日)

11.4.3 拉纳克郡牛奶试验

一项著名的研究 —— 拉纳克郡牛奶试验, 解释了将个体 (或其他的试验单元) 随机地分配到试验组和控制组的重要性. 在 1930 年的春天, 试验在苏格兰的拉纳克郡进行, 确定为学龄儿童提供免费牛奶的效应. 在每个参与的学校中, 一些儿童 (试验组) 饮用免费的牛奶, 另一些 (控制组) 没有饮用. 起初随机地将儿童分配到控制组或试验组, 然而, 可以允许老师根据他们的判断交换试验组和控制组中的儿童, 以便平衡组中营养不良和营养良好的个体.

Gosset(1931) 以 Student 的名字 (如学生 t 检验) 发表了一篇有趣的论文, 大肆批判这项试验. 检查数据发现在试验伊始, 控制组的儿童较重且较高. Student 推测老师调整 (可能是无意识的) 了初始的随机化进程, 将很多营养不良的儿童放进了试验组. 在儿童穿着衣服的情况下称量体重进一步增加了研究的复杂性. 试验数据是增加的体重, 测量是在春天后期进行, 而不是春天早期或者冬天后期. 富裕儿童或许是营养良好的, 且比穷儿童穿着更重的冬天服装. 因此, 服装差异使得富裕儿童的体重增加大打折扣, 这或许影响了试验组和控制组的比较关系.

11.4.4 门腔分术

肝硬化是由于血流受阻而导致肝脏中的血压升高到一定的危险水平, 酗酒者易于患上这种病. 血管可能破裂, 从而引起死亡. 外科医生试图减轻血流受阻的程度, 将门静脉 (滋补肝脏) 与腔静脉 (回流心脏的主脉之一) 连接起来, 因此这样可以减少通过肝脏的血流. 这个步骤称为门腔分术, 在 Grace、Muench 和 Chalmers(1966) 发表 51 项研究的检验结果时, 它已经被使用了 20 多年. 他们检验了每项研究的设计条件 (使用或没有使用控制组, 使用或没有使用随机化), 和研究者的结论 (分类为显著热衷、适度热衷和不热衷). 结果汇总在下表中, 数据本身就说明了问题.

设 计	热衷		
	显著热衷	适度热衷	不热衷
没有控制组	24	7	1
非随机化控制组	10	3	2
随机化控制组	0	1	3

使用控制组和不使用控制组的试验差异是相当惊人的, 这是由于安慰剂效应可能发挥了作用. 随机化分配的重要性可以通过比较随机化和非随机化控制试验进行解释. 随机化可以帮助我们规避某些微妙的无意识偏见, 它们可能偷偷地潜入我们所进行的试验. 例如, 医师可能易于向比普通人更稳健的病人建议手术. 善于表达的病人更有可能影响组别分配的决定.

11.4.5 FD&C Red No.40

这里的讨论依照 Lagakos 和 Mosteller(1981). 在 20 世纪 70 年代中后期, 研究者进行了很多试验, 以确定广泛使用的食物颜料 FD&C Red No.40 是否具有致癌效应. 其中的一项试验使用了 500 只雄性和 500 只雌性老鼠. 每个性别都分成 5 个组: 2 个控制组、1 个低剂量组、1 个中剂量组和 1 个高剂量组. 老鼠按照如下的方式进行繁殖: 雄性和雌性进行配对, 在交配之前和之后喂服 Red No.40 预定的剂量. 在妊娠和断奶期间坚持同样的喂服习惯. 每窝至少有 3 只雄性和雌性幼崽, 随机地选择 3 只雄性和 3 只雌性幼崽, 继续它们父母的喂服剂量. 在 109~111 周之后, 杀掉所有存活的老鼠. 网状内皮瘤存在与否是我们特别关心的. 尽管一些试验组之间具有显著性的差别, 但结果还是十分令人困惑的. 例如, 两个雄性控制组的发生率具有显著性的差别, 在雄性老鼠中, 中剂量组具有较低的发生率.

很多科学家被邀请参与检验这个和其他试验的结果, 其中就包括 Lagakos 和 Mosteller, 他们询问关闭老鼠的笼子是如何安排的. 共有三个笼架, 前排的 7 个笼子组成 5 行, 后排的 7 个笼子组成 5 行. 每个笼子里面装 5 只老鼠. 按照如下的系统方式分配老鼠: 第一个雄性控制组在笼架 1 前排的顶端, 第一个雌性控制组在笼架 1 前排的底端, 等等, 最后是高剂量雌性试验组,它在笼架 3 后排的底端 (图 11.9). Lagakos 和 Mosteller 证明笼子位置可以产生试验效应, 这不能由性别和剂量进行解释. 笼子位置的随机化分配可以剔除这个混杂效应. Lagakos 和 Mosteller 还建议一些试验设计方法, 以便系统性地控制笼子位置的效应.

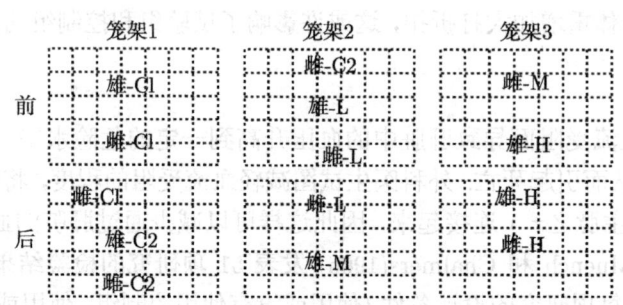

图 11.9　架子上老鼠笼子的位置

由于同窝老鼠接受相同的试验, 相同性别的同窝老鼠关闭在相同或相邻的笼子里, 所以同窝效应也有可能使分析过程更加复杂. 在同窝效应存在的情况下, 来自同窝的老鼠与不同窝的老鼠相比, 显示出较小的变异性, 这减少有效的样本容量 —— 在极端情况下, 同窝老鼠的反应完全一样, 有效的样本容量是老鼠的窝数, 而不是所有的老鼠数. 解决这类问题的一个方法是仅使用每窝老鼠中的一只.

另一个问题是可能出现的选择偏见. 由于出现在试验中的老鼠只可能来自每窝至少 3 只雄性和雌性的同窝幼崽, 父母不太健康的后代被排除在试验之外. 这或许是一个非常严肃的问题, 因为服用 Red No.40 可能影响父母的健康和分娩过程. 例如, 在高剂量老鼠中, 如果只有最强壮的老鼠才能生产出足够多的一窝老鼠, 那么它们的后代要比控制组的后代更强壮.

11.4.6　关于随机化的进一步评注

随机化过程除了能够防止偏袒部分试验对象外, 还可以平衡试验中的各种因素, 这些因素有影响, 但是不能在试验中对其进行显式的控制. 时间通常是这样的一个因素, 背景变量 (如温度、设备的校正、线的电压和化学构成等) 可以随时间慢慢地改变. 因此, 在某个时间段进行的试验中, 随机化分配依时间的试验组和控制组是非常重要的. 然而, 时间不是需要随机化的唯一因素. 在农业试验中, 试验田的位置通常需要进行随机化分配. 在检验动物的生物试验中, 动物的笼子位置可能具有试验效应, 如上面的一节所释.

尽管随机化试验在其他领域里比较罕见, 但在社会科学中也得到了运用 (*Economist*, 2002 年 2 月 28 日). 随机化试验可以用来评估驾驶员培训、刑事司法系统和减少的班级规模等社会问题. 在评价阅读的 "全语言" 方法时 (教给儿童利用上下文语境进行阅读, 而不是利用断字), 美国国家阅读委员会在 2000 年进行了 52 次随机化研究, 结果显示有效的阅读提示需要朗读. 在 "直面恐惧" 的随机化研究中, 将问题少年引见给监狱囚犯, 结果显示这样的程序实际上增加了后继被捕的可能性.

一般地, 如果根据预测, 一个变量具有显著性的效应, 那么试验设计应该将其包含在控制因素中. 这一章的配对设计可以用来控制单个因素. 为了控制多于一个因素的情况, 可以使用因子设计, 第 12 章将会进行简要介绍.

11.4.7 研究生招生的观测研究、混杂和偏见

我们不可能总是进行控制试验或利用随机化试验. 例如, 在评估一些药物疗效时, 如果我们坚信某种疗效是非常优越的, 那么这时再使用随机化控制试验就是不道德的. 对于心理学感兴趣的很多问题 (例如, 父母管教方式的效应), 我们不可能运用控制试验. 在这些情形下, 通常使用观测研究. 检查医院记录可以比较不同治疗方法的效果, 或分析不同教养模式的儿童的心理记录. 尽管这样的研究可能是有价值的, 但结果却很少是明确的. 因为没有随机化, 总是有可能出现这样的情况: 进行比较的组别在其他方面而不是它们的 "试验" 方面存在差异.

作为一个例子, 我们考虑美国加州大学伯克利分校在研究生招生时的性别偏见研究 (Bickel 和 O'Connell 1975). 在 1973 年的秋季学期, 8442 个男生申请参加了伯克利分校研究生招生研究项目, 其中 44% 被录取了; 申请加入的女生有 4321 个, 其中 35% 被录取了. 如果男生和女生在除了性别之外的其他每个方面都是相同的, 那么这是存在性别偏见的有力证据. 然而, 这不是一个控制的、随机化试验, 没有为申请者随机地分配性别. 我们将会看到, 男申请者和女申请者在其他方面存在着差异, 这会影响招生结果.

下面的表格显示了伯克利分校最受欢迎的 6 个专业的入学率.

专业	男生		女生	
	申请人数	录取百分比	申请人数	录取百分比
A	825	62	108	82
B	560	63	25	68
C	325	37	593	34
D	417	33	375	35
E	191	28	393	34
F	373	6	341	7

如果比较录取百分比, 其结果似乎没有不公正地对待女生. 但是当计算 6 个专业的联合录取率时, 我们发现录取了 44% 的男生, 仅仅录取了 30% 的女生, 这似乎是矛盾的. 矛盾存在的原因在于女生更倾向于申请入学率较低的专业 (从 C 到 F), 男生更倾向于申请入学率较高的专业 (A 和 B). 试验没有控制这个因素, 因为研究在本质上是观测的, 它与感兴趣的因素 (性别) "混杂" 在一起. 如果有可能, 随机化可以平衡掉混杂因素.

混杂在咖啡饮用效应研究中也起到非常重要的作用. 很多研究声称饮用咖啡和冠状动脉疾病之间存在显著性的关系. 很显然, 在这里不可能使用随机化的控制试验 —— 对于随机选择的个体, 我们不可能告诉他或她在试验组里面, 并且必须在接下来的 5 年内每天饮用 10 杯咖啡. 此外, 我们知道大量咖啡饮用者也比普通人吸食更多的香烟, 因此吸烟与饮用咖啡混杂在一起. Hennekens 等 (1976) 综述了这个领域中的多项研究.

11.4.8 审前调查

另外一个问题是进行 "审前调查", 有时也会使观测研究和控制试验存在缺陷. 例如, 假设进行避孕药的效应研究. 在这种情形下, 我们不可能将妇女随机地分配到试验组或安慰剂组, 但是

可以进行非随机化研究，根据诸如年龄和病史等因素仔细地匹配控制组和试验组. 跟踪研究两组一段时间，记录每个试验对象的很多变量值，例如血压、心理测量和各种医疗问题的发生率等. 在研究终止之后，比较两组的每一个变量，比方说，我们可能发现黑色素瘤的发生率存在着"显著性的差异". 这种"显著性发现"的问题在于：假设在 0.05 水平下进行 100 次独立的两样本 t 检验，事实上，所有的原假设都是真的. 我们预期 5 个检验能够得到"显著性"的结果. 尽管每个检验都具有类型 I 错误的概率是 0.05，但作为一个集合，它们的同时显著性水平不是 $\alpha = 0.05$. 联合显著性水平是至少一个原假设被拒绝的概率：

$$\alpha = P\{至少一个 H_0 被拒绝\} = 1 - P\{没有 H_0 被拒绝\} = 1 - 0.95^{100} = 0.994$$

因此，即使所有的原假设都是真的，我们也会以较高的概率发现至少一次"显著性的"结果.

对于这类问题，没有简单的解决之道. 一种可能的方法是将审前调查的结论仅仅视作进一步试验的建议. 另外，本着同样的精神，将数据随机地分成两半，一半用作审前调查，另一半被安全地锁定，未经审查. 然后，将第一半得到的"显著性"结论在第二半上进行检验. 第三种方法是利用较小的显著性水平进行单个假设检验. 为了理解它的工作原理，假设所有的 n 个原假设是真的，在水平 α 下检验每个原假设. 令事件 R_i 表示拒绝第 i 个原假设，α^* 表示类型 I 错误的总概率. 那么

$$\alpha^* = P\{R_1 \text{ 或 } R_2 \text{ 或 } \cdots \text{ 或 } R_n\} \leqslant P\{R_1\} + P\{R_2\} + \cdots + P\{R_n\} = n\alpha$$

因此，如果在水平 α/n 下检验每个原假设，总的显著性水平小于或等于 α. 这通常称为**邦费罗尼方法**(Bonferroni method).

11.5 结束语

这一章关心两样本的比较问题. 在这种背景下，扩展和利用了之前章节介绍的估计和假设检验的基本统计概念. 这一章还显示了如何利用通俗的描述性方法和数据分析技术提供更多的正式数据分析方法. 第 12 章将扩展这一章的技术，处理多样本问题. 第 13 章关心定性数据分析中出现的类似问题.

我们考虑了两种类型的试验方法：两个独立样本和配对样本. 对于独立样本的情形，我们介绍了基于正态性假设的 t 检验，以及考虑不等方差的修正 t 检验. 基于秩的曼恩－惠特尼检验是一种非参数方法，也就是说，它不依赖于特殊分布的假设. 类似地，对于配对设计，我们介绍了参数 t 检验、非参数检验和符号秩检验.

我们讨论了基于正态性假设的方法和秩方法，后者没有假设分布的正态性. 令人惊奇的是，结果发现即使正态性假设成立，相对于 t 检验而言，秩方法具有很强的检验势. Lehmann(1975) 证明如果分布是正态的，秩检验相对 t 检验的效率——即得到相同势的样本容量之比——通常约等于 0.95. 因此，利用容量 100 的样本，秩检验在 95 个观测中与 t 检验具有相同的势. 相对防范非正态性的开支而言，搜集额外的 5 个观测数据将是很小的代价.

这一章再一次出现了自助法. 事实上，这项最近发展起来的技术可以应用于很多统计问题. 与之前的章节相比，前几章利用单个分布生成自助法样本，这里我们利用两个经验分布生成自助法样本.

这一章最后讨论了试验设计, 重点强调了研究中引入控制组和随机化的重要性. 讨论了与观测研究相关的可能问题. 最后指出利用单个数据集进行比较时所遇到的困难. 这样的多重问题还会再一次出现在第 12 章.

11.6 习题

1. 利用计算机生成 4 个正态随机数, 其中分布的均值和方差是预先设定好的: 1.1650, 0.6268, 0.0751, 0.3516. 另外再生成 5 个正态随机数, 此时分布的方差是相同的, 但均值可能不同: 0.3035, 2.6961, 1.0591, 2.7971, 1.2641(均值可能确实不同也可能相同).
    a. 你认为随机正态生成数的均值是多少? 你认为均值之差是多少?
    b. 你认为随机生成数的方差是多少?
    c. 估计均值之差的估计标准误差是多少?
    d. 构造随机生成数均值之差的 90% 置信区间.
    e. 在这种情况下, 均值相等的单边检验与双边检验之间, 哪一个更合适?
    f. 检验的原假设是均值相等, 其双边检验的 p 值是多少?
    g. 原假设: 均值相等, 与双边检验的备择假设在 $\alpha = 0.1$ 的显著性水平下会被拒绝吗?
    h. 假设已知正态分布的方差是 $\sigma^2 = 1$. 你对前面问题的回答将会做出怎样改变?

2. 利用相同数量的观测估计两个正态分布的均值之差, 已知分布的方差相等, 如果减半总体标准差和翻番样本容量是可行的, 那么哪一个能使估计效果更好?

3. 在 11.2.1 节中, 我们考虑了 $\mathrm{Var}(\overline{X} - \overline{Y})$ 的两种估计方法. 在两个总体方差相等的假设下, 用下式来估计这个量:
$$s_p^2 \left(\frac{1}{n} + \frac{1}{m} \right)$$
在没有方差相等的假设下, 则用
$$\frac{s_X^2}{n} + \frac{s_Y^2}{m}$$
证明: 若 $m = n$, 则这两个估计是等价的.

4. 答复如下的疑问:
    使用 t 分布绝对是荒谬的 —— 又一个蓄意神秘化的例子! 当总体是正态的且具有相同方差时, 它才是正确的. 如果样本容量非常小, 以至于在实践中 t 分布不同于正态分布, 你将不能检验这些假设.

5. 答复如下的疑问:
    这里是另一个刻意神秘化的例子 —— 阐述和检验原假设的思想. 考虑 11.2.1 节中的例 11.2.1.1. 在我看来, 任意两种方法测量结果的期望值完全相等是不可思议的. 可以肯定的是, 两者至少具有一些细微的差别. 那么检验 $H_0 : \mu_X = \mu_Y$ 的意义何在?

6. 答复如下的疑问:
    我有两批数, 知道相应的 $\overline{x}$ 和 $\overline{y}$. 当我仅通过观察就能知道它们是否相等时, 为什么还要检验它们是否相等呢?

7. 在 11.2.1 节的行文中, 下列假设用在何处? $(1) X_1, X_2, \cdots, X_n$ 是独立的随机变量; $(2) Y_1, Y_2, \cdots, Y_n$ 是独立的随机变量; $(3) X$ 和 Y 是独立的.

8. 利用 4 个试验样本检验降压药的效果, 方法如下: 随机选择两个试验样本进入控制组, 两个进入试验组. 在利用药物进行治疗的过程中, 连续 10 天测量试验组和控制组中每个试验对象的血压.

a. 为了检验治疗是否有效，你认为使用 $n = m = 20$ 的两样本 t 检验合适吗？

   b. 你认为使用 $n = m = 20$ 的曼恩-惠特尼检验合适吗？

9. 参照 11.2.1.1 节的数据，利用图形方法、参数检验和非参数检验比较浓度 10.2 和 0.3 毫摩尔的保铁性．汇总你的结论．

10. 验证 $H_0 : \mu_X = \mu_Y$ 对 $H_A : \mu_X \neq \mu_Y$ 的两样本 t 检验在水平 α 下拒绝原假设，当且仅当 $\mu_X - \mu_Y$ 的置信区间不包括零点．

11. 解释如何修改 11.2.1 节的 t 检验，使其检验 $H_0 : \mu_X = \mu_Y + \Delta$ 对 $H_A : \mu_X \neq \mu_Y + \Delta$，其中 Δ 是指定的．

12. 第 9 章解释了假设检验和置信区间之间的等价性．第 10 章导出了中位数 η 的非参数置信区间．解释如何利用这个置信区间检验假设 $H_0 : \eta = \eta_0$．在 $\eta_0 = 0$ 的情况下，证明如果在配对试验的样本差值中利用这个方法，其过程等价于**符号检验** (sign test)．符号检验计数了正的差值数，并利用结论：在原假设为真的情况下，正差值数的分布是具有 $(n, 0.5)$ 的二项分布．将符号检验用在 11.3.3 节列出的汞水平测量数据．

13. 令 $X_1, \cdots , X_{25}$ 是 i.i.d 的 $N(0.3, 1)$．在 $\alpha = 0.05$ 的显著性水平下，考虑检验原假设 $H_0 : \mu = 0$ 对 $H_A : \mu > 0$．比较符号检验和基于正态理论检验的势，假定 σ 已知．

14. 假设 $X_1, \cdots , X_n$ 是 $N(\mu, \sigma^2)$ 的独立同分布．检验原假设 $H_0 : \mu = \mu_0$，经常使用 t 检验：

$$t = \frac{\overline{X} - \mu_0}{s_{\overline{X}}}$$

在 H_0 的条件下，t 服从自由度为 $n-1$ 的 t 分布．证明：H_0 的似然比检验等价于 t 检验．

15. 假设 n 个测量值是在试验条件取得的，另外的 n 个测量值是在独立的控制条件下取得的．我们认为在两种条件下，单个观测值的标准差约为 10．n 应取多大才能使 $\mu_X - \mu_Y$ 的 95% 置信区间的长度等于 2? 由于 n 非常大，因此利用正态分布而不是 t 分布．

16. 参照习题 15，如果 $\mu_X - \mu_Y = 2$ 和 $\alpha = 0.10$，n 应取多大才能使 $H_0 : \mu_X = \mu_Y$ 对单边备择假设 $H_A : \mu_X > \mu_Y$ 的检验势等于 0.5．

17. 考虑习题 16 所述的原假设 $H_0 : \mu_X = \mu_Y$，进行双边检验．画出 (a)$\alpha = 0.05, n = 20$；(b)$\alpha = 0.10, n = 20$；(c)$\alpha = 0.05, n = 40$；(d)$\alpha = 0.10, n = 40$ 的势曲线图．比较这些曲线．

18. 比较两个独立样本来看总体均值是否不同．如果在试验中总共可以获得 m 个试验对象，如何在两个样本中分配这些对象，以使 (a)$\mu_X - \mu_Y$ 具有最短的置信区间和 (b)$H_0 : \mu_X = \mu_Y$ 的检验势尽可能的大？假定两个样本中的观测值服从相同方差的正态分布．

19. 设计一项试验，用来比较控制组的均值和试验组的独立样本均值．假设每组有 25 个样本，观测值近似服从正态分布，每组内单个观测的标准差都是 $\sigma = 5$．

   a. $\overline{Y} - \overline{X}$ 的标准误差是多少？

   b. 在 $\alpha = 0.05$ 显著性水平下，原假设 $H_0 : \mu_Y = \mu_X$ 对备择假设 $H_A : \mu_Y > \mu_X$ 的检验拒绝域是什么？

   c. 如果 $\mu_Y = \mu_X + 1$，检验的势是多少？

   d. 假设检验的 p 值等于 0.07．在 $\alpha = 0.10$ 的显著性水平下，检验被拒绝吗？

   e. 如果备择假设是 $H_A : \mu_Y \neq \mu_X$，则拒绝域是什么？若 $\mu_Y = \mu_X + 1$，则势是多少？

20. 利用贝叶斯模型考虑 11.3.1 节的例 11.3.1.1．与例中一样，差值使用正态模型，期望差和精度也使用非正常先验（如 8.6 节未知均值和方差的情形）．计算期望差是正的后验概率．构造期望差的 90% 后验置信区间．

21. 一项研究比较不同复合材料制造的发动机轴承 (McCool 1979). 检验每种类型的轴承 10 个. 下表给出了使用的寿命 (以百万圈为单位):

类型 I	类型 II	类型 I	类型 II
3.03	3.19	12.51	4.69
5.53	4.26	12.95	12.78
5.60	4.47	15.21	6.79
9.30	4.53	16.04	9.37
9.92	4.67	16.84	12.75

   a. 利用正态理论检验假设: 两种类型的轴承没有差别.
   b. 利用非参数方法检验相同的假设.
   c. 在这种情形下, 你认为 a 和 b 两种方法哪一种更好?
   d. 估计型 I 轴承比型 II 更耐用的概率 π.
   e. 利用自助法估计 $\hat{\pi}$ 的抽样分布和其标准误差.
   f. 利用自助法计算 π 的近似 90% 置信区间.

22. 一项试验用来比较动物饲料钙含量的两种测量方法. 标准方法利用滴定法得到的草酸钙沉淀, 非常费时. 新方法利用火焰光度测定钙含量, 时间很快. 文件 calcium 包含了利用两种方法测量的钙含量百分比, 样本选自 118 个日常的饲料样本 (Heckman 1960). 分析数据看一下两种方法是否具有系统差异. 利用参数和非参数检验及图示法.

23. 令 $X_1, \cdots, X_n$ 是 i.i.d 的, 具有累积分布函数 F, $Y_1, \cdots, Y_m$ 是 i.i.d 的, 具有累积分布函数 G. 检验的假设是 $F = G$. 为了简便, 假设 $m + n$ 是偶数, 所以在 X 和 Y 的合并样本中, $(m+n)/2$ 个观测值小于中位数, $(m+n)/2$ 个大于中位数.

   a. 作为检验统计量, 考虑小于合并样本中位数的 X 数: T. 证明在原假设下, T 服从超几何分布:
   $$P(T = t) = \frac{\binom{(m+n)/2}{t}\binom{(m+n)/2}{n-t}}{\binom{m+n}{n}}$$
   解释如何构造这个检验的拒绝域.
   b. 在漂移模型 $G(x) = F(x - \Delta)$ 下, 说明如何构造 F 的中位数和 G 的中位数之差的置信区间. (提示: 利用顺序统计量.)
   c. 将 a 和 b 的结果应用到习题 21 的数据.

24. 在 $m = 3$ 和 $n = 2$ 的情况下, 导出曼恩－惠特尼统计量 U_Y 的精确零分布.

25. 参见 11.2.1 节的例 11.2.1.1, (a) 如果方法 B 的最小观测值 (79.94) 取作任意小, t 检验仍旧拒绝吗? (b) 如果方法 B 的最大观测值 (80.03) 取作任意大, t 检验仍旧拒绝吗? (c) 对曼恩－惠特尼检验回答相同的问题.

26. 令 $X_1, \cdots, X_n$ 是取自 $N(0, 1)$ 分布的样本, $Y_1, \cdots, Y_n$ 是取自 $N(1, 1)$ 分布的样本, 且两样本独立.
   a. 确定 X 秩和的期望.
   b. 确定 X 秩和的方差.

27. 在 $n = 4$ 的情况下, 找出 W_+ 的精确零分布.

28. 对于 $n=10, 20$ 和 30, 利用表格计算双边符号秩检验的 0.05 和 0.01 临界值, 然后利用正态近似进行相同的计算. 比较得到的值.

29. (均值的置换检验) 这里是假设检验的另一种观点, 我们利用 11.2.1 节的例 11.2.1.1 解释之. 我们要问如果按照下述方式理解, 由方法 A 和 B 产生的测量结果是否相同或可换. 试验共有 $13+8=21$ 个测量值, 其中 8 个分配给方法 B 的方式有 $\binom{21}{8}$, 或者大约 2×10^5 种. 在样本均值特别不同的情况下, 我们观测到的分配形式在所有的分配中不寻常吗?

    a. 这也不是不可想象的, 但是生成所有的 $\binom{21}{8}$ 个分割也许是比较过分的要求. 所以仅从这些分割中选择部分随机样本, 比方说容量 1000 的样本, 制作 $\overline{X}_A - \overline{X}_B$ 的结果值的直方图. 实际观测的 $\overline{X}_A - \overline{X}_B$ 落在这个分布哪个位置? 与 11.2.1 节例 11.2.1.2 的结果进行比较.

    b. 这个步骤以何种方式与曼恩–惠特尼检验相似?

30. 利用自助法估计 $\overline{X}_A - \overline{X}_B$ 的标准误差和置信区间, 并与 11.2.1 节例 11.2.1.2 的结果进行比较.

31. 在 11.2.3 节, 如果 $F=G$, $E(\hat{\pi})$ 和 $\text{Var}(\hat{\pi})$ 是多少? 在估计 π 时, 使用相等的样本容量 $m=n$ 具有优势吗? 还是没有区别?

32. 如果 $X \sim N(\mu_X, \sigma_X^2)$, Y 是独立的 $N(\mu_Y, \sigma_Y^2)$ 分布, 利用 μ_X, μ_Y, σ_X 和 σ_Y 如何表示 $\pi = P(X < Y)$?

33. 在正态情况下比较两个方差, 令 $X_1, \cdots, X_n$ 是 i.i.d 的, 服从 $N(\mu_X, \sigma_X^2)$, $Y_1, \cdots, Y_m$ 是 i.i.d 的, 服从 $N(\mu_Y, \sigma_Y^2)$, 且 X 和 Y 是独立的样本. 证明在 $H_0 : \sigma_X = \sigma_Y$ 下,

$$\frac{s_X^2}{s_Y^2} \sim F_{n-1, m-1}$$

    a. 构造 H_0 单边检验和双边检验的拒绝域.

    b. 构造比率 σ_X^2 / σ_Y^2 的置信区间.

    c. 将 a 和 b 的结果应用到 11.2.1 节的例 11.2.1.1.(注意: 该检验和置信区间关于正态假设的偏离不是稳健的.)

34. 这道习题比较配对和未配对设计的势函数. 对于下面的两种设计, 制图并比较检验 $H_0 : \mu_X = \mu_Y$ 的势曲线.

    a. 配对: $\text{Cov}(X_i, Y_i) = 50$, $\sigma_X = \sigma_Y = 10$, $i=1, \cdots, 25$.

    b. 未配对: $X_1, \cdots, X_{25}$ 和 $Y_1, \cdots, Y_{25}$ 是独立的, 方差与 a 中相同.

35. 一项试验用来测定臭氧效应 (烟雾的一种成分). 将一组 22 只 70 天大的小鼠放在充满臭氧的环境中生活 7 天, 记录下增加的体重. 将另一组 23 只同样大的小鼠放在没有臭氧的环境中生活相同的时间, 记录下增加的体重. 数据 (以克为单位) 由下表给出. 分析数据确定臭氧的效应. 总述你的结论.[这个问题来自 Doksum 和 Sievers(1976), 他们给出了有趣的分析过程.]

控制组			臭氧组		
41.0	38.4	24.9	10.1	6.1	20.4
25.9	21.9	18.3	7.3	14.3	15.5
13.1	27.3	28.5	−9.9	6.8	28.2
−16.9	17.4	21.8	17.9	−12.9	14.0
15.4	27.4	19.2	6.6	12.1	15.7
22.4	17.7	26.0	39.9	−15.9	54.6
29.4	21.4	22.7	−14.7	44.1	−9.0
26.0	26.6		−9.0		

36. Lin, Sutton 和 Qurashi(1979) 比较了用来分析氨苄青霉素剂量的微生物法和羟胺法. 在一系列试验中, 利用两种方法分析成对药片. 下表中的数据给出了使用这两种方法测得的氨苄青霉素的百分数含量.

$\bar{X}-\bar{Y}$ 和 $s_{\bar{X}-\bar{Y}}$ 是多少？如果错误地忽视了配对，并假定两个样本是独立的，那么 $\bar{X}-\bar{Y}$ 的标准差的估计会是多少？分析数据，判断两种方法是否存在系统性差异。

微生物法	羟胺法	微生物法	羟胺法
97.2	97.2	69.5	65.8
105.8	97.8	20.5	21.2
99.5	96.2	95.2	94.8
100.0	101.8	90.8	95.8
93.8	88.0	96.2	98.0
79.2	74.0	96.2	99.0
72.0	75.0	91.0	100.2
72.0	67.5		

37. Stanley 和 Walton(1961) 进行了一项控制临床试验，研究药物三氟拉嗪对慢性精神分裂症患者的效用. 在两间封闭的病房中对慢性精神分裂症患者进行试验. 在每一间病房中，按照年龄、住院时长和行为评价得分将病人分成两组. 每对的其中一个成员服用三氟拉嗪，另一个服用安慰剂. 只有医院的药剂师知道哪一个成员服用了真药. 下表给出了试验之初和 3 个月之后病人的行为评价得分. 得分越高越好.

病房 A				病房 B			
三氟拉嗪		安慰剂		三氟拉嗪		安慰剂	
之前	之后	之前	之后	之前	之后	之前	之后
2.3	3.1	2.4	2.0	1.9	1.45	1.9	1.91
2.0	2.1	2.2	2.6	2.3	2.45	2.4	2.54
1.9	2.45	2.1	2.0	2.0	1.81	2.0	1.45
3.1	3.7	2.9	2.0	1.6	1.72	1.5	1.45
2.2	2.54	2.2	2.4	1.6	1.63	1.5	1.54
2.3	3.72	2.4	3.18	2.6	2.45	2.7	1.54
2.8	4.54	2.7	3.0	1.7	2.18	1.7	1.54
1.9	1.61	1.9	2.54				
1.1	1.63	1.3	1.72				

a. 对于每间病房，检验三氟拉嗪是否与病人得分的提高有关联.

b. 检验两间病房之间病人改善是否存在差别.[这些数据也出现在 Lehmann(1975) 中，他讨论了病房合并数据的分析方法.]

38. Bailey, Cox 和 Springer(1978) 使用高压液相色谱法测定食品染料中各种中间产物和副产品的数量. 下表给出了在两种物质中添加和发现的染料 FD&C 黄色 5 号的百分数. 有证据表明发现的数量与添加的数量具有系统差异吗？

对氨基苯磺酸		吡唑啉酮 -T	
添加百分数	发现百分数	添加百分数	发现百分数
0.048	0.060	0.035	0.031
0.096	0.091	0.087	0.084
0.20	0.16	0.19	0.16
0.19	0.16	0.19	0.17
0.096	0.091	0.16	0.15
0.18	0.19	0.032	0.040
0.80	0.070	0.060	0.076
0.24	0.23	0.13	0.11
0	0	0.080	0.082
0.040	0.042	0	0
0.060	0.056		

39. 一项试验用来检验减少电话线故障的方法 (Welch 1987). 利用 14 个配对区域. 下表显示了控制区域和检验区域的故障率数据:

检 验	控 制	检 验	控 制
676	88	466	286
206	570	497	1098
230	605	512	982
256	617	794	2346
280	653	428	321
433	2913	452	615
337	924	512	519

    a. 绘制差值与控制组故障率的关系图, 概述你观察到的现象.
    b. 计算平均差和其标准差, 以及置信区间.
    c. 计算中位数之差、置信区间, 并与前面的结果进行比较.
    d. 检验检验组和控制组之间的明显差异是否来自偶然性, 你认为 t 检验和非参数方法哪一个更合适? 为什么? 实施两种检验并进行比较.

40. 磁场的生物效应是当前关心和研究的一个议题. 早期研究强磁场对小鼠发育的影响 (Barnothy 1964), 10 笼小鼠放在平均强度为 80 Oe/cm 的区域中辐射 12 天, 其中每个笼子装有 3 只 30 天大的白化雌性小鼠. 另外的 30 只小鼠放在相同的 10 个笼子里, 放置在没有磁场的区域中充当控制组. 下表显示了每个笼子中小鼠的体重增量 (以克为单位).

    a. 利用平行的圆点图显示数据.(画出两条平行的数值线, 在其中一条线上点出控制组的体重增量, 在另一条线上点出试验组的.)
    b. 构造平均体重增量之差的 95% 置信区间.
    c. 利用 t 检验评估观测差值的统计显著性. 检验的 p 值是多少?
    d. 利用非参数检验重复上过程.
    e. 体重增加的中位数之差是多少?
    f. 利用自助法估计中位数之差的标准误差.
    g. 根据抽样分布的自助法近似分布, 构造体重增加的中位数之差的置信区间.

存在磁场	没有磁场	存在磁场	没有磁场
22.8	23.5	9.0	25.2
10.2	31.0	14.2	24.5
20.8	19.5	19.8	23.8
27.0	26.2	14.5	27.8
19.2	26.5	14.8	22.0

41. 霍奇斯－莱曼漂移估计 (Hodges-Lehmann shift estimate) 定义为 $\hat{\Delta} = \text{median}(X_i - Y_j)$, 其中 $X_1, X_2, \cdots, X_n$ 是取自分布 F 的独立观测, $Y_1, Y_2, \cdots, Y_m$ 是取自分布 G 的独立观测, 且与 X_i 独立.

    a. 证明: 如果 F 和 G 是正态分布, 那么 $E(\hat{\Delta}) = \mu_X - \mu_Y$.
    b. 为什么 $\hat{\Delta}$ 关于离群值是稳健的?
    c. 上一个习题的 $\hat{\Delta}$ 是多少, 如何将其与均值和中位数之差进行比较?
    d. 利用自助法近似 $\hat{\Delta}$ 的抽样分布, 并计算它的标准误差.
    e. 由自助法近似抽样分布, 构造 $\hat{\Delta}$ 的近似 90% 置信区间.

42. 利用第 10 章习题 40 的数据.
    a. 随机选择降雨云和非降雨云, 估计降雨云降雨量多于非降雨云降雨量的概率 π.
    b. 利用自助法估计 $\hat{\pi}$ 的标准误差.
    c. 利用自助法构造 π 的近似置信区间.
43. 假设 $X_1, X_2, \cdots, X_n$ 和 $Y_1, Y_2, \cdots, Y_m$ 是两个独立的样本. 作为两个样本位置差异的度量, 我们利用 20% 截尾均值之差. 解释如何利用自助法估计这个差值的标准误差.
44. Linus Pauling 在 1968 年发表的一篇论文激起了人们关于维生素 C 对一般精神病和特殊精神分裂症作用的研究兴趣. 这道习题的数据取自精神分裂症病人的血浆水平和尿中维生素 C 排泄量的研究 (Subotičanec 等人 1986). 选择 20 个精神分裂症病人和 15 个诊断为不同精神病因的控制组病人进行研究, 他们同住一家医院, 且住院时间超过 2 个月. 在试验之前, 所有研究对象的饮食都是一样的. 在早饭之前和排空膀胱之后, 从每个调查对象中抽取 2 毫升的静脉血样, 以确定维生素 C 的含量. 然后每个调查对象服用溶解在水中的 1 克抗坏血酸. 在试验期间中, 所有的食物都不含有抗坏血酸. 在接下来的 6 小时, 收集所有调查对象的尿样, 检验维生素 C 含量. 在服用维生素 C 2 个小时以后还要抽取第二个血样. 下面两个表格显示了血浆浓度 (毫克/分升).

精神分裂症		非精神分裂症		精神分裂症		非精神分裂症	
0 小时	2 小时	0 小时	2 小时	0 小时	2 小时	0 小时	2 小时
0.55	1.22	1.27	2.00	0.26	1.08	0.50	2.08
0.60	1.54	0.09	0.41	0.10	1.19	0.62	1.58
0.21	0.97	1.64	2.37	0.42	0.64	0.19	0.86
0.09	0.45	0.23	0.41	0.11	0.30	0.66	1.92
1.01	1.54	0.18	0.79	0.14	0.24	0.91	1.54
0.24	0.75	0.12	0.94	0.20	0.89		
0.37	1.12	0.85	1.72	0.09	0.24		
1.01	1.31	0.69	1.75	0.32	1.68		
0.26	0.92	0.78	1.60	0.24	0.99		
0.30	1.27	0.63	1.80	0.25	0.67		

a. 画图比较两个不同时间的试验组和控制组, 并比较两次测量的浓度差值.
b. 利用 t 检验评估 0 小时和 2 小时两组具有差异的支持力度, 以及 2 小时与 0 小时测量之差的差异信度.
c. 利用曼恩-惠特尼检验检验 b 中假设.

下表给出了尿中维生素 C 的含量, 其中包括两个组的总量和每千克体重的毫克数:

精神分裂症		非精神分裂症		精神分裂症		非精神分裂症	
总量	毫克/千克	总量	毫克/千克	总量	毫克/千克	总量	毫克/千克
16.6	0.19	289.4	3.96	62.8	0.68	102.2	1.50
33.3	0.44	0.0	0.00	0.2	0.01	108.2	1.98
34.1	0.39	620.4	7.95	13.0	0.15	36.9	0.49
0.0	0.00	0.0	0.00	0.0	0.00	122.0	1.72
119.8	1.75	8.5	0.10	0.0	0.000	101.9	1.52
0.1	0.01	5.5	0.09	5.9	0.10		
25.3	0.27	43.2	0.91	0.1	0.01		
359.3	5.99	91.7	1.00	6.0	0.07		
6.6	0.10	200.9	3.46	32.1	0.42		
0.4	0.01	113.8	2.01	0.0	0.00		

d. 利用描述统计量和图形技术比较两个组的总排泄量和毫克/千克体重. 数据看似服从正态分布吗?

e. 利用 t 检验比较两个组中的这两个变量. 正态性假设合理吗?
f. 利用曼恩-惠特尼检验比较这两个组. 该结果与 e 中得到的结果相比如何?

在服用抗坏血酸之前,多种因素决定了精神分裂症患者血浆中较低的维生素 C 含量. 尽管提供给所有病人的食物量是相同的,但我们不能排除食物摄入量的个体差异. 更有趣的可能性原因在于较差的再吸收或较高的抗坏血酸利用能力. 为了回答这个问题,利用 15 个精神分裂症患者和 15 个控制组患者进行另外一项试验. 在进行抗坏血酸载荷试验之前,所有的调查对象连续服用 70 毫克的抗坏血酸 4 周. 下表显示了在服用 1 克抗坏血酸以后,血浆中维生素 C(毫克/分升) 的浓度和 6 小时内尿液中的维生素 C 排泄量 (毫克).

精神分裂症患者		控制组		精神分裂症患者		控制组	
血浆	尿液	血浆	尿液	血浆	尿液	血浆	尿液
0.72	86.20	1.02	190.14	0.67	0.09	1.15	164.98
1.11	21.55	0.86	149.76	1.05	113.23	0.86	99.65
0.96	182.07	0.78	285.27				
1.23	88.28	1.38	244.93	1.28	34.38	0.61	86.29
0.76	76.58	0.95	184.45	0.54	8.44	1.01	142.23
0.75	18.81	1.00	135.34	0.77	109.03	0.77	144.60
1.26	50.02	0.47	157.74	1.11	144.44	0.77	265.40
0.64	107.74	0.60	125.65	0.51	172.09	0.94	28.26

g. 利用图形和描述统计量比较两组的血浆浓度和尿液排泄量.
h. 利用 t 检验比较两组中的这两个变量. 正态性假设合理吗?
i. 利用曼恩-惠特尼检验比较这两组.

45. 本题和下面的两题是基于 Le Cam 和 Neyman(1967) 的讨论和数据,它是专门用来分析人工影响天气试验. 这个例子解释了试验设计原理在这个领域使用的一些方式方法. 自 1957 年夏天到 1960 年夏天,在亚利桑那州的山区进行了一系列随机化的人工降雨试验. 对连续日进行配对,随机选择其中的一天来催雨. 催雨从正午开始历时 2~4 小时,使用 29 个计量表组成的网络测量下午的降雨量. 这 4 年的数据由下表给出 (以英寸为单位). 表中的观察值按时间顺序列出.

a. 分析每年的数据,以及各年的合并数据,观察是否存在催雨效应. 利用图形描述方法得到一些定性感觉,并利用假设检验评估结果的显著性.
b. 为什么随机选择催雨日,而不是仅仅交替选择催雨日和不催雨日? 为什么这些天要全部配对,而不是仅随机决定哪一天催雨?

1957		1958		1959		1960		1957		1958		1959		1960	
催雨	未催雨	催雨	未催雨	催雨	未催雨	催雨	未催雨	催雨	未催雨	催雨	未催雨	催雨	未催雨	催雨	未催雨
0	0.154	0.152	0.013	0.015	0	0	0.010	0.101	0.002	0.122	0.046	0.053	0.090	0	0
0.154	0	0	0	0	0	0	0	0.169	0.318	0.101	0.007	0	0	0	0
0.003	0.008	0	0.445	0	0.086	0.042	0.057	0.139	0.096	0.012	0.019	0	0.078	0.008	0
0.084	0.033	0.02	0	0.21	0.006	0	0	0.172	0	0.002	0	0.090	0.121	0.040	0.060
0.002	0.035	0.007	0.079	0	0.115	0	0.093	0	0	0.066	0	0.028	1.027	0.003	0.102
0.157	0.007	0.013	0.006	0.004	0.090	0	0.183	0	0.050	0.040	0.012	0	0.104	0.011	0.041
0.010	0.140	0.161	0.008	0.110	0	0.152	0					0.032	0.023		
0	0.022	0	0.001									0.133	0.172		
0.002	0	0.274	0.001	0.055	0							0.083	0.002		
0.078	0.074	0.001	0.025	0.004	0.076							0	0		

46. 美国国家气象局的 ACN 人工降雨项目在俄勒冈州和华盛顿州进行. 人工降雨是通过飞机撒干冰来完成

的, 只有那些被认为催雨时机"成熟"的云才有资格进行催雨. 在每种情况下, 是否催雨的决定是随机做出的, 催雨概率是 $\frac{2}{3}$. 这得到 22 次催雨云和 13 次控制组的未催雨云. 这个项目考虑三种类型的目标, 本题处理其中的两种. 类型 I 的目标是在催雨中顺风的较大地理区域; 类型 II 的目标是类型 I 目标的一部分, 其在理论上对人工降雨具有最大的敏感性. 下表给出了催雨组和控制组的平均降水量 (以英寸为单位), 并以时间顺序列出. 有没有证据说明催雨对两种类型的目标都具有效应? 这个试验设计在哪些方面不同于习题 45?

控制组		催雨组		控制组		催雨组	
类型 I	类型 II	类型 I	类型 II	类型 I	类型 II	类型 I	类型 II
0.0080	0.0000	0.1218	0.0200	0.2126	0.2450	0.0788	0.0666
0.0046	0.0000	0.0403	0.0163	0.1435	0.1529	0.0365	0.0133
0.0549	0.0053	0.1166	0.1560			0.2409	0.2897
0.1313	0.0920	0.2375	0.2885			0.0408	0.0425
0.0587	0.0220	0.1256	0.1483			0.2204	0.2191
0.1723	0.1133	0.1400	0.1019			0.1847	0.0789
0.3812	0.2880	0.2439	0.1867			0.3332	0.3570
0.1720	0.0000	0.0072	0.0233			0.0676	0.0760
0.1182	0.1058	0.0707	0.1067			0.1097	0.0913
0.1383	0.2050	0.1036	0.1011			0.0952	0.0400
0.0106	0.0100	0.1632	0.2407			0.2095	0.1467

47. 在 1963 年和 1964 年期间, 法国进行了一项人工降雨试验, 其设计方法稍微不同于前面的两道习题. 选定 1500 千米的目标区域, 与其等长的相邻区域设计为控制区域. 利用 33 个地面发射器发射碘化银对目标区域进行催雨. 利用计量表网络测量每个合适的 "汛期" 的降雨量, 这里的汛期定义为在特定时长的干旱之间连续发生降雨的一个序列时期. 当预报员认为天气形势有利于催雨时, 他通过电话向服务站下达命令, 然后服务站打开一个密封的信封, 里面包含是否进行催雨的指令. 信封是利用随机数表提前准备好的. 下表给出了催雨和未催雨时期内目标区域和控制区域的降雨量 (以英寸为单位).

   a. 分析按时间顺序列出的数据, 查看催雨是否具有效果.
   b. 法国研究人员为使正态理论更可行, 利用了平方根变换分析数据. 你认为这里的平方根是个有效的变换吗?
   c. 思考这个设计的性质. 特别地, 使用控制区域的好处是什么? 为什么不仅仅比较目标区域的催雨和未催雨时期?

催雨		未催雨		催雨		未催雨	
目标	控制	目标	控制	目标	控制	目标	控制
1.6	1.0	1.1	2.2	5.5	4.7	21.4	15.9
28.1	27.0	3.5	5.2	70.2	29.1	6.1	19.5
7.8	0.3	2.6	0.0	0.7	1.9	24.3	16.3
4.0	6.0	2.6	2.0	38.6	34.7	20.9	6.3
9.6	12.6	9.8	4.9	11.3	10.2	60.2	47.0
0.2	0.5	5.6	8.5	3.3	2.7	15.2	10.8
18.7	8.7	0.1	3.5	8.9	2.8	2.7	4.8
16.5	21.5	0.0	1.1	11.1	4.3	0.3	0.0
4.6	13.9	17.7	11.0	64.3	38.7	12.2	5.7
9.3	6.7	19.4	19.8	16.6	11.1	2.2	5.1
3.5	4.5	8.9	5.3	7.3	6.5	23.3	30.6
0.1	0.7	10.6	8.9	3.2	3.0	9.9	3.7
11.5	8.7	10.2	4.5	23.9	13.6		
0.0	0.0	16.0	13.0	0.6	0.1		
9.3	10.7	9.7	21.1				

48. 蛋白尿 —— 尿液中出现的过量蛋白质 —— 是糖尿病患者出现肾功能障碍的征兆. Taguma 等 (1985)

研究了卡托普利治疗蛋白尿的效果. 在卡托普利治疗 8 周之前和之后, 测量 12 名患者的尿蛋白. 治疗前后的尿蛋白含量 (单位: 克/24 小时) 由下表给出. 你认为卡托普利的药效如何? 考虑使用参数和非参数方法, 分析原始阶和对数阶的数据.

治疗前	治疗后	治疗前	治疗后
24.6	10.1	8.2	6.5
17.0	5.7	7.9	0.7
16.0	5.6	5.8	6.1
10.4	3.4	5.4	4.7
8.2	6.5	5.1	2.0
7.9	0.7	4.7	2.9

49. 埃及研究人员 Kamal 等 (1991) 选取了在开罗市中心遭受汽车尾气污染的 126 名警官样本, 发现血铅的平均浓度等于 29.2 微克/分升, 其标准差是 7.5 微克/分升. 从 Abbasia 市郊选取 50 个警察样本, 测量的平均浓度为 18.2 微克/分升, 标准差为 5.8 微克/分升. 构造总体之差的置信区间, 并检验原假设: 总体之间无差异.

50. 文件 bodytemp 包含了 65 名男性 (用 1 表示) 和 65 名女性 (用 2 表示) 的正常体温读数 (华氏温度) 和心跳速率 (每分钟的跳动次数), 数据取自 Shoemaker(1996).
    a. 利用正态理论, 构造男性和女性之间平均体温差值的 95% 置信区间. 使用正态性假设合理吗?
    b. 利用正态理论, 构造男性和女性之间平均心跳速率差值的 95% 置信区间. 使用正态性假设合理吗?
    c. 利用参数和非参数检验比较体温和心跳速率. 你会得到怎样的结论?

51. 在幼儿中, 中耳炎 (中耳的发炎症状) 的一个常见症状是液体长时间停留在中耳中, 称为中耳积液. 假设积液在母乳喂养的婴儿中停留的时长倾向于小于奶瓶喂养的婴儿. Rosner(2006) 介绍了 24 对婴儿的研究结果, 其试验按照性别、社会经济地位和使用的药物类型匹配婴儿. 每组中的一个婴儿是奶瓶喂养的, 另一个是母乳喂养的. 文件 ears 给出了第一阶段中耳炎后中耳积液的持续时间 (以天为单位).
    a. 利用图形方法检验数据, 并概述你的结论.
    b. 为了检验没有差别的假设, 你认为用参数检验还是非参数检验更合适? 实施检验. 你的结论是什么?

52. 媒体经常介绍试验结果的简报. 对于挑剔的读者或听众来讲, 这样的报道经常出现一些没有回答的问题. 说明如下解释的可能陷阱.
    a. 据报道病房有窗户的病人比没有窗户的病人康复得要快.
    b. 对于不吸烟的妻子, 其丈夫吸烟的患癌率是丈夫不吸烟的 2 倍.
    c. 在北卡罗来纳州历时两年的研究中, 发现该州所有的工业事故中有 75% 发生在不吃早餐的工人身上.
    d. 学校联合办学计划涉及使用校车将孩子从少数民族学校运送到非少数民族 (主要是白人) 学校. 这个计划是自愿参加的. 研究发现在标准化测验中, 参与公车接送的学生比不参与接送的同龄学生得分低.
    e. 当让一组学生配对新生婴儿与其母亲的照片时, 正确率是 36%.
    f. 一项调查发现适量饮用啤酒的人要比完全不喝酒的人更健康.
    g. 对超过 45 000 名的瑞典士兵进行历时 15 年的研究, 发现大麻的重度吸食者患精神分裂症的可能性是不使用者的 6 倍.
    h. 威斯康星大学的一项研究表明在结婚 10 年内, 有 38% 的婚前同居者离婚了, 相比之下, 没有 "试婚期" 的离婚率只有 27%.

i. 根据杜克大学医学中心对大约 4000 个北卡罗来纳州老年人的调查研究,与不参加或很少参加的礼拜的人相比,每周都参加礼拜的人多活 6 年的可能性增加 46%.

53. 在 Levine 的试验中 (11.3.1 节的例 11.3.1.1),解释为什么调查对象还要抽由生菜叶子卷成的香烟和未燃香烟.

54. 这个例子取自一篇有趣的论文: Joiner(1981),数据来源于 Ryan,Joiner 和 Ryan(1976). 美国国家标准与技术研究所向生产厂家和其他各方提供多种标准尺度,这些单位利用这些标准尺度校准他们的检验设备. 为使这些参照尺寸尽可能地同质,美国国家标准与技术研究所做出了巨大的努力. 在一项试验中,将一根长的同质钢杆切成 4 英寸长的小段,从中随机选取 20 根测定氧含量. 对每一段测量 2 次. 这 40 个测量值在 5 天内完成,每天测量 8 次. 为了避免可能的与时间相关的趋势偏见,随机化测量顺序. 文件 steelrods 包含这些测量结果. 在这些数据中存在着不可预见的系统变异性. 你能利用合适的图找到它吗?如果这些测量值没有依时间随机化,这种效应能检测出来吗?

第 12 章 方差分析

12.1 引言

第 11 章关注于在两样本试验设计中所出现的数据分析问题. 试验通常涉及两个以上的样本, 它们可以同时比较几个试验组, 例如同时比较不同的药物和其他因素 (如性别). 本章介绍这种试验的统计分析方法. 我们讨论的方法称为方差分析, 与这个短语含义不同的是, 我们主要关心数据均值之间的比较, 而不是它们的方差. 我们考虑两个最基本的多样本设计: 单因子试验设计和二因子试验设计. 本章介绍基于正态分布的方法和非参数方法.

12.2 单因子试验设计

单因子试验设计 (one-way layout) 是一种试验设计方法, 它在每个试验组下都进行独立的观测. 因此, 我们将要介绍的技术是两个独立样本比较方法 (第 11 章的内容) 的推广.

在这一节, 我们利用 Kirchhoefer(1979) 的数据, 他研究了药片中马来酸氯苯那敏的测量值. 混合物的测量值具有 4 毫克的标称剂量, 由 7 个实验室测量完成, 每个实验室进行 10 次测量. 数据如下表所示. 数据共有两种可能的变异性: 实验室内部的变异性和实验室之间的变异性.

实验室 1	实验室 2	实验室 3	实验室 4	实验室 5	实验室 6	实验室 7
4.13	3.86	4.00	3.88	4.02	4.02	4.00
4.07	3.85	4.02	3.88	3.95	3.86	4.02
4.04	4.08	4.01	3.91	4.02	3.96	4.03
4.07	4.11	4.01	3.95	3.89	3.97	4.04
4.05	4.08	4.04	3.92	3.91	4.00	4.10
4.04	4.01	3.99	3.97	4.01	3.82	3.81
4.02	4.02	4.03	3.92	3.89	3.98	3.91
4.06	4.04	3.97	3.90	3.89	3.99	3.96
4.10	3.97	3.98	3.97	3.99	4.02	4.05
4.04	3.95	3.98	3.90	4.00	3.93	4.06

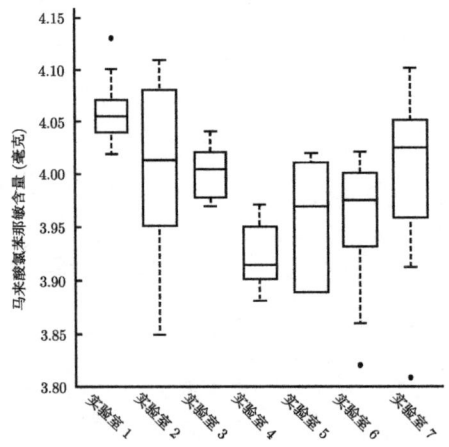

图 12.1　7 个实验室测量的药片中马来酸氯苯那敏含量的箱形图

图 12.1 是这些数据的箱形图,显示 7 个实验室之间的中位数具有一些变异性,同时四分位数差也具有一些变异性. 从图形中似乎可以看出,实验室之间存在某种程度的系统性差异,某些实验室的变异性小于其他实验室的. 我们讨论如下的问题: 不同实验室测量值的均值之差显著吗?这种差异是由于偶然性导致的吗?

12.2.1 正态理论和 F 检验

我们首先讨论方差分析和 F 检验,试验共有 I 组,每组包含 J 个样本. I 个组被统称为试验或水平. (在上面的例子中, $I=7$, $J=10$. 我们稍后讨论不等样本容量的情形.)

我们首先定义一些符号,并介绍基本模型. 令

$$Y_{ij} = \text{第 } i \text{ 个试验组的第 } j \text{ 个观测}$$

我们的模型假设观测被随机误差污染,不同观测之间的误差是相互独立的. 统计模型是

$$Y_{ij} = \mu + \alpha_i + \varepsilon_{ij}$$

这里 μ 是总的均值水平, α_i 是第 i 个试验组的不同效应, ε_{ij} 是第 i 个试验组中第 j 个观测的随机误差. 假定误差是独立的,服从正态分布,具有均值零和方差 σ^2. α_i 是规范的:

$$\sum_{i=1}^{I} \alpha_i = 0$$

第 i 个试验组的期望响应是 $E(Y_{ij}) = \mu + \alpha_i$. 因此, 如果 $\alpha_i = 0 (i=1, \cdots, I)$, 那么所有的试验具有相同的期望响应, 一般地, $\alpha_i - \alpha_j$ 是试验组 i 和 j 的期望之差. 我们将推导原假设为所有均值都相等的检验.

方差分析基于如下的等式:

$$\sum_{i=1}^{I}\sum_{j=1}^{J}(Y_{ij}-\overline{Y}_{..})^2 = \sum_{i=1}^{I}\sum_{j=1}^{J}(Y_{ij}-\overline{Y}_{i.})^2 + J\sum_{i=1}^{I}(\overline{Y}_{i.}-\overline{Y}_{..})^2$$

其中

$$\overline{Y}_{i.} = \frac{1}{J}\sum_{j=1}^{J} Y_{ij}$$

是第 i 个试验组的观测平均值,

$$\overline{Y}_{..} = \frac{1}{IJ}\sum_{i=1}^{I}\sum_{j=1}^{J} Y_{ij}$$

是总平均值. 上面第一个等式中出现的项称为平方和,等式利用符号可以表示为

$$SS_{TOT} = SS_W + SS_B$$

总之,这表示总的平方和等于组内平方和加上组间平方和. 术语反映了 SS_W 是试验组内数据变异性的度量, SS_B 是试验之中或之间的均值变异性的度量.

为了构建等式，我们将左边表示为

$$\sum_{i=1}^{I}\sum_{j=1}^{J}(Y_{ij}-\overline{Y}_{..})^2 = \sum_{i=1}^{I}\sum_{j=1}^{J}[(Y_{ij}-\overline{Y}_{i.})+(\overline{Y}_{i.}-\overline{Y}_{..})]^2$$

$$= \sum_{i=1}^{I}\sum_{j=1}^{J}(Y_{ij}-\overline{Y}_{i.})^2 + \sum_{i=1}^{I}\sum_{j=1}^{J}(\overline{Y}_{i.}-\overline{Y}_{..})^2$$

$$+ 2\sum_{i=1}^{I}\sum_{j=1}^{J}(Y_{ij}-\overline{Y}_{i.})(\overline{Y}_{i.}-\overline{Y}_{..})$$

$$= \sum_{i=1}^{I}\sum_{j=1}^{J}(Y_{ij}-\overline{Y}_{i.})^2 + \sum_{i=1}^{I}\sum_{j=1}^{J}(\overline{Y}_{i.}-\overline{Y}_{..})^2$$

$$+ 2\sum_{i=1}^{I}\left[(\overline{Y}_{i.}-\overline{Y}_{..})\sum_{j=1}^{J}(Y_{ij}-\overline{Y}_{i.})\right]$$

因为偏离均值的偏差和等于零，所以最后表达式中的最后一项消失了.

我们将会看到，方差分析的基本思想是比较各种平方和的大小. 我们可以利用下面的引理计算之前定义的平方和的期望值.

引理 12.2.1.1 令 $X_i(i=1,\cdots,n)$ 是独立随机变量, 满足 $E(X_i)=\mu_i$, $\mathrm{Var}(X_i)=\sigma^2$. 那么

$$E(X_i-\overline{X})^2 = (\mu_i-\overline{\mu})^2 + \frac{n-1}{n}\sigma^2$$

其中

$$\overline{\mu} = \frac{1}{n}\sum_{i=1}^{n}\mu_i$$

证明 我们利用如下事实: 对于任何具有有限方差的随机变量 U, $E(U^2) = [E(U)]^2 + \mathrm{Var}(U)$ 成立. 由此立即得到引理中等式右边的第一项. 对于第二项, 我们不得不计算 $\mathrm{Var}(X_i-\overline{X})$:

$$\mathrm{Var}(X_i-\overline{X}) = \mathrm{Var}(X_i) + \mathrm{Var}(\overline{X}) - 2\mathrm{Cov}(X_i,\overline{X})$$

和

$$\mathrm{Var}(X_i) = \sigma^2$$
$$\mathrm{Var}(\overline{X}) = \frac{1}{n}\sigma^2$$
$$\mathrm{Cov}(X_i,\overline{X}) = \mathrm{Cov}\left(X_i, \frac{1}{n}\sum_{j=1}^{n}X_j\right) = \frac{1}{n}\sigma^2$$

(由于 X 是独立的, 这里我们用到如果 $i\neq j$, $\mathrm{Cov}(X_i,X_j)=0$.) 将这些结论放在一起, 引理得证. ∎

将引理 12.2.1.1 用至上面讨论的平方和, 得到如下的定理.

定理 12.2.1.1 在本节开始陈述的模型假设下,
$$E(SS_W) = \sum_{i=1}^{I}\sum_{j=1}^{J} E(Y_{ij}-\overline{Y}_{i.})^2 = \sum_{i=1}^{I}\sum_{j=1}^{J} \frac{J-1}{J}\sigma^2 = I(J-1)\sigma^2$$

证明 这里我们利用了引理 12.2.1.1, X_i 的角色被 Y_{ij} 代替, $\overline{X}$ 的角色被 $\overline{Y}_{i.}$ 代替. 由于 $E(Y_{ij}) = E(\overline{Y}_i) = \mu + \alpha_i$, 即得第二行. 为了计算 $E(SS_B)$, 我们利用 $\overline{Y}_{i.}$ 和 $\overline{Y}_{..}$ 代替 X_i 和 $\overline{X}$, 再一次使用引理:

$$E(SS_B) = J\sum_{i=1}^{I} E(\overline{Y}_{i.}-\overline{Y}_{..})^2 = J\sum_{i=1}^{I}\left[\alpha_i^2 + \frac{(I-1)\sigma^2}{IJ}\right] = J\sum_{i=1}^{I}\alpha_i^2 + (I-1)\sigma^2 \qquad \blacksquare$$

SS_W 可以用来估计 σ^2. 这个估计是
$$s_p^2 = \frac{SS_W}{I(J-1)}$$
它是无偏的. 下标 p 代表合并的. 由于 SS_W 可以写作
$$SS_W = \sum_{i=1}^{I}(J-1)s_i^2$$
其中 s_i^2 是第 i 组的样本方差, 所以将 I 个组的观测合并在一起估计 σ^2.

如果所有 α_i 都等于零, 那么 $SS_B/(I-1)$ 的期望也是 σ^2. 因此, 在这种情形下, $SS_W/[I(J-1)]$ 和 $SS_B/(I-1)$ 应该是近似相等的. 如果一些 α_i 不等于零, SS_B 就会膨胀. 我们接下来介绍比较两个平方和的方法, 找到检验如下原假设的检验统计量: 所有的 α_i 都相等. 在误差服从正态分布的假设下, 可以计算平方和的概率分布.

定理 12.2.1.2 如果误差是独立的, 并且服从正态分布, 具有均值 0 和方差 σ^2, 那么 SS_W/σ^2 服从卡方分布, 具有自由度 $I(J-1)$. 另外, 如果所有的 α_i 都等于零, 那么 SS_B/σ^2 服从卡方分布, 具有自由度 $I-1$, 且独立于 SS_W.

证明 我们首先考虑 SS_W. 利用 6.3 节的定理 6.3.2,
$$\frac{1}{\sigma^2}\sum_{j=1}^{J}(Y_{ij}-\overline{Y}_{i.})^2$$
服从自由度为 $J-1$ 的卡方分布. SS_W 共有 I 个这样的和, 并且由于观测是相互独立的, 所以这些和也是相互独立的. 每一个自由度为 $J-1$ 的独立卡方随机变量之和服从自由度为 $I(J-1)$ 的卡方分布. 注意 $\text{Var}(\overline{Y}_{i.}) = \sigma^2/J$, 6.3 节的定理 6.3.2 也可以应用至 SS_B.

我们接下来证明两个平方和是相互独立的. SS_W 是向量 U 的函数, U 具有元素 $Y_{ij} - \overline{Y}_{i.}$, 其中 $i = 1, \cdots, I$, $j = 1, \cdots, J$. SS_B 是向量 V 的函数, 由于 $\overline{Y}_{..}$ 可以利用 $\overline{Y}_{i.}$ 求得, V 具有元素 $\overline{Y}_{i.}$, 其中 $i = 1, \cdots, I$, 因此, 只需证明这两个向量相互独立即可. 首先, 如果 $i \neq i'$, 由于 $Y_{ij} - \overline{Y}_{i.}$ 和 $\overline{Y}_{i'}$ 是不同观测的函数, 所以它们两个是相互独立的. 其次, 由 6.3 节的定理 6.3.1 知, $Y_{ij} - \overline{Y}_{i.}$ 和 $\overline{Y}_{i.}$ 是独立的. 定理得证. $\blacksquare$

统计量
$$F = \frac{SS_B/(I-1)}{SS_W/[I(J-1)]}$$

用来检验如下的原假设：

$$H_0: \alpha_1 = \alpha_2 = \cdots = \alpha_I = 0$$

由定理 12.2.1.1, F 统计量分母的期望值等于 σ^2, 分子的期望是 $J(I-1)^{-1}\sum_{i=1}^{I}\alpha_i^2 + \sigma^2$. 因此, 如果原假设是真的, F 统计量应该接近于 1, 而如果它是假的, 统计量应该较大. 如果原假设是假的, 分子反映了不同组别之间以及组内的变异性, 而分母仅仅反映了组内的变异性. 因此, 检验对于较大的 F 值拒绝假设. 通常, 为了应用这个检验, 我们必须知道检验统计量的零分布.

定理 12.2.1.3　在误差服从正态分布的假设下, F 的零分布是 F 分布, 具有自由度 $(I-1)$ 和 $I(J-1)$.

证明　由于在 H_0 下, F 是两个独立卡方随机变量由其自由度相除之后的比值, 利用定理 12.2.1.2 和 F 分布的定义 (6.2 节) 即得定理成立. ∎

F 分布的百分位点已被制作成广泛使用的表格. 可以证明, 在正态性假设下, F 检验等价于似然比检验.

例 12.2.1.1　我们可以利用 12.2 节的药片数据解释 F 统计量的应用. 为此, 我们采用显式的统计模型刻画图 12.1 所观测到的变异性. 根据这个模型, 每个实验室具有一个未知的均值水平, 在实验室内的 10 个观测中, 偏离均值水平的偏差是独立的、服从正态分布的随机变量. 在这个模型的帮助下, 我们将会判断未知的实验室均值是否全部相等, 由此判断图 12.1 所示的实验室之间的变异性是否完全由偶然性导致.

计算上述定义的平方和, 将其列示在称为**方差分析表**的表格中：

来源	df	SS	MS	F
实验室	6	0.125	0.021	5.66
误差	63	0.231	0.0037	
总计	69	0.356		

在这个表格中, SS_W 是误差平方和, SS_B 是实验室平方和. MS 代表均方, 等于平方和除以它们的自由度. 表头为 F 的列给出了 F 统计量的值, 它用来检验原假设: 在 7 个实验室之间没有系统性的差异. F 统计量具有自由度 6 和 63, 值为 5.66. 附录 B 的表 5 没有包含这个特殊的自由度组合, 但是检验自由度为 6 和 60 的临界值可以很清晰地发现, p 值小于 0.01. 因此, 我们可以断定不同实验室的测量均值是显著不同的.

图 12.2 是方差模型分析的残差的正态概率图 (只需从每个实验室的观测值中减掉其相应的均值就可以得到残差). 图中显示在分布的低尾处数据偏离了正态性, 但是数据没有显示出严重的非正态性. ∎

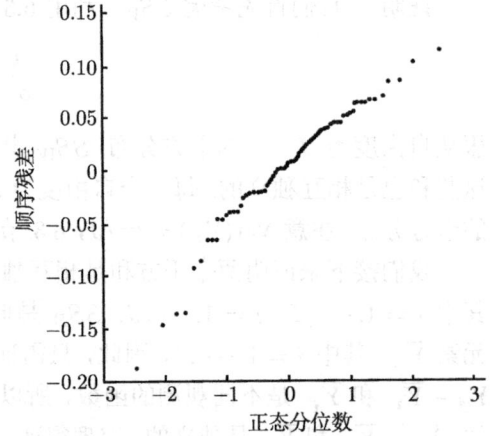

图 12.2　药片数据的单因子试验设计方差分析的残差正态概率图

我们现在概述一下各个试验组的观测数没有必要全相等的情形. 这种情形下的唯一难度是代数运算上的, 从概念上来讲, 其分析与等样本容量的情形完全相同. 假设试验 i 共有 J_i 个观测, 其中 $i=1,\cdots,I$. 基本的等式仍然成立. 也就是说, 我们有

$$\sum_{i=1}^{I}\sum_{j=1}^{J_i}(Y_{ij}-\overline{Y}_{..})^2 = \sum_{i=1}^{I}\sum_{j=1}^{J_i}(Y_{ij}-\overline{Y}_{i.})^2 + \sum_{i=1}^{I}J_i(\overline{Y}_i-\overline{Y}_{..})^2$$

类似于简单情形下的推理过程, 我们可以证明

$$E(SS_W) = \sigma^2 \sum_{i=1}^{I}(J_i - 1)$$

$$E(SS_B) = (I-1)\sigma^2 + \sum_{i=1}^{I}J_i\alpha_i^2$$

这些平方和的自由度分别是 $\sum_{i=1}^{I}J_i - 1$ 和 $I-1$. 类似于定理 12.2.1.2 的证明, 我们可以导出标准化平方和服从卡方分布, 在没有试验差异的原假设下, 均方比服从 F 分布.

为了结束本节, 我们回顾一下模型的基本假设, 并评论它们的重要性. 模型是

$$Y_{ij} = \mu + \alpha_i + \varepsilon_{ij}$$

我们的假设如下:
1. ε_{ij} 服从正态分布. 像 t 检验一样, 对于来自适度的非正态分布的大样本而言, F 检验也是近似合理的.
2. 误差方差 σ^2 是常数. 在很多应用中, 误差方差在不同的组中具有不同的值. 例如, 图 12.1 显示一些实验室的测量精度好于其他实验室的. 幸运的是, 如果每组具有相同的观测数, F 检验不会受到多大的影响.
3. ε_{ij} 是独立的. 这个假设对于正态理论和后面介绍的非参数分析都是非常重要的.

12.2.2 多重比较问题

例 12.2.1.1 中 F 检验的应用具有虎头蛇尾的特点. 我们判断不同实验室的测量均值不全相等, 但是检验没有给出它们如何不同的信息, 尤其是没有指出哪一对是显著不同的. 在很多应用中, 原假设是个 "稻草人", 我们没有认真地对待它. 实际关心的是比较成对的试验组, 以及估计试验均值和它们的差值. 一个天真的做法是利用 t 检验比较所有的试验均值对. 11.4 节已经指出了这种做法的难度: 尽管每单个比较具有类型 I 错误的概率是 α, 但是同时考虑所有比较集却不是. 在这一节, 我们讨论这个问题的两种解决方法 —— 图基 (Tukey) 方法和邦费罗尼 (Bonferroni) 方法. 更多的讨论可以参见 Miller(1981).

12.2.2.1 图基方法

图基方法可以用来构建所有均值对差异的置信区间, 它们同时具有一系列的覆盖概率. 那么, 利用置信区间和检验的对偶性可以确定哪些特殊的组对是显著性不同的.

如果样本容量是全部相等的，误差服从常数方差的正态分布，那么中心化样本均值 $\overline{Y}_{i\cdot}-\mu_i$ 是独立的，服从正态分布，具有均值 0 和方差 σ^2/J，可以利用 s_p^2/J 估计这个方差. 图基方法基于下面随机变量的概率分布：

$$\max_{i_1,i_2}\frac{|(\overline{Y}_{i_1\cdot}-\mu_{i_1})-(\overline{Y}_{i_2\cdot}-\mu_{i_2})|}{s_p/\sqrt{J}}$$

其中最大值是关于所有点对 i_1 和 i_2 取的. 这个分布称为**学生化全距分布**(studentized range distribution)，具有参数 I(比较的样本数) 和 $I(J-1)$ (s_p 中的自由度). 用 $q_{I,I(J-1)}(\alpha)$ 表示分布的上 100α 百分点. 现在，

$$P\left[|(\overline{Y}_{i_1\cdot}-\mu_{i_1})-(\overline{Y}_{i_2\cdot}-\mu_{i_2})|\leqslant q_{I,I(J-1)}(\alpha)\frac{s_p}{\sqrt{J}}, \text{对所有的 } i_1 \text{ 和 } i_2\right]$$

$$=P\left[\max_{i_1,i_2}|(\overline{Y}_{i_1\cdot}-\mu_{i_1})-(\overline{Y}_{i_2\cdot}-\mu_{i_2})|\leqslant q_{I,I(J-1)}(\alpha)\frac{s_p}{\sqrt{J}}\right]$$

根据定义，后者概率等于 $1-\alpha$. 其思想是所有的差值小于某个数值当且仅当最大的差值如此. 上述概率陈述可以直接转化为一系列置信区间，它们在置信水平 $100(1-\alpha)\%$ 下对所有的差 $\mu_{i_1}-\mu_{i_2}$ 同时成立. 区间是

$$(\overline{Y}_{i_1\cdot}-\overline{Y}_{i_2\cdot})\pm q_{I,I(J-1)}(\alpha)\frac{s_p}{\sqrt{J}}$$

利用置信区间和假设检验的对偶性，如果 $(\overline{Y}_{i_1\cdot}-\overline{Y}_{i_2\cdot})$ 的 $100(1-\alpha)\%$ 置信区间不包含零点，也就是说，如果

$$|\overline{Y}_{i_1\cdot}-\overline{Y}_{i_2\cdot}|>q_{I,I(J-1)}(\alpha)\frac{s_p}{\sqrt{J}}$$

那么在水平 α 下，拒绝 μ_{i_1} 和 μ_{i_2} 之间没有差异的原假设. 此外，同时考虑所有的这些假设检验时，它们的显著性水平是 α.

例 12.2.2.1 利用 12.2 节的药片数据解释图基方法. 我们按照观测均值的降序排列实验室如下：

实验室	均值	实验室	均值
1	4.062	5	3.957
3	4.003	6	3.955
7	3.998	4	3.920
2	3.997		

s_p 是 12.2.1 节例 12.2.1.1 的方差分析表中误差均方的平方根：$s_p=0.06$. 学生化全距分布的自由度是 7 和 63. 利用附录 B 的表 6 中自由度 7 和 60 近似计算，得到 $q_{7,60}(0.05)=4.31$，如果上述表中的均值之差超过

$$q_{7,63}(0.05)\frac{s_p}{\sqrt{J}}=0.082$$

那么它们在 0.05 水平下具有显著性的差异. 因此，实验室 1 的均值与实验室 4、5 和 6 的均值具有显著性的差异，实验室 3 的均值显著地大于实验室 4 的均值. 其他的比较在 0.05 水平下是不显著的.

方差分析

在 95% 的置信水平下,图 12.1 所示的其他均值水平的差异不能被判断为显著地不等于零. 尽管这些实验室之间的差异肯定存在,但我们不能由此可靠地确定出差异的符号.

有趣的是,我们注意到为了同时进行多重比较,我们不得不付出一定的代价. 如果我们利用合并的样本方差分别进行 t 检验,那么均值差大于

$$t_{63}(0.025)s_p\sqrt{\frac{2}{J}} = 0.053$$

时,实验室具有显著性的差异. ∎

12.2.2.2 邦费罗尼方法

11.4.8 节简要介绍了邦费罗尼方法,其思想非常简单. 如果检验 k 个原假设,那么在水平 α/k 下检验每个原假设可以确保总的类型 I 错误的发生率至多是 α. 等价地,如果构造 k 个置信区间都具有 $100(1-\alpha/k)\%$ 的置信水平,那么它们以至少 $100(1-\alpha)\%$ 的置信水平同时成立.

尽管这种方法是粗略的,但它比较简单,且是万能的. 如果 k 不是太大,邦费罗尼方法的效果出奇的好.

例 12.2.2.2 为了将邦费罗尼方法用在药片数据中,我们注意在 7 个实验室中,共有 $k = \binom{7}{2} = 21$ 对两两比较. 成对比较的同时 95% 置信区间组是

$$(\overline{Y}_{i_1\cdot} - \overline{Y}_{i_2\cdot}) \pm s_p \frac{t_{63}(0.025/21)}{\sqrt{5}}$$

对于这样的 t 分布值,已经准备了特殊的表格. 利用附录 B 的表 7,我们发现

$$t_{60}\left(\frac{0.025}{20}\right) = 3.16$$

我们利用它近似 $t_{63}(0.025/21)$,得到置信区间

$$(\overline{Y}_{i_1\cdot} - \overline{Y}_{i_2\cdot}) \pm 0.085$$

我们用其近似上述置信区间. 鉴于邦费罗尼方法的粗略性质,其结果与图基方法导出的区间惊人得接近,在那里,图基方法置信区间的半宽度是 0.082. 在这里,我们也断定实验室 1 得到的测量值显著地高于实验室 4、5 和 6. ∎

相比图基方法,邦费罗尼方法的一个显著优点是它不需要每个试验组都具有相同的样本容量.

12.2.3 非参数方法:克鲁斯卡尔–沃利斯检验

曼恩–惠特尼检验在概念上非常简单,而克鲁斯卡尔–沃利斯 (Kruskal-Wallis) 检验正是对它的推广. 假定观测是独立的,但不具有特殊的分布形式,例如正态. 将观测合并在一起,并计算它们的秩. 令

$$R_{ij} = \text{组合样本中 } Y_{ij} \text{ 的秩}$$

令

$$\overline{R}_{i\cdot} = \frac{1}{J_i}\sum_{j=1}^{J_i} R_{ij}$$

是第 i 组的平均秩. 令

$$\overline{R}_{..} = \frac{1}{N}\sum_{i=1}^{I}\sum_{j=1}^{J_i} R_{ij} = \frac{N+1}{2}$$

其中 N 是总的观测数. 如方差分析, 令

$$SS_B = \sum_{i=1}^{I} J_i(\overline{R}_{i.} - \overline{R}_{..})^2$$

是 $\overline{R}_{i.}$ 的散度度量. SS_B 可以用来检验原假设: 生成观测的各个试验组的概率分布是等同的. SS_B 越大, 反对原假设的证据越充分. 正如曼恩-惠特尼检验一样, 对于各种 I 和 J_i 的组合, 可以枚举出检验统计量的精确零分布. 零分布常见于很多计算机软件包. Lehmann(1975) 给出了相应的表格, 读者可以参见其中的内容. 当 $I = 3, J_i \geqslant 5$ 或 $I > 3, J_i \geqslant 4$ 时, SS_B 正规化版本的卡方近似是相当精确的. 在原假设 (I 个组的概率分布是相同的) 为真时, 统计量

$$K = \frac{12}{N(N+1)}SS_B$$

近似服从卡方分布, 具有自由度 $I-1$. 利用秩进行相应的方差分析可以计算出 SS_B, 然后乘以 $12/[N(N+1)]$ 得到 K 的值. 可以证明 K 也能表示为

$$K = \frac{12}{N(N+1)}\left(\sum_{i=1}^{I} J_i \overline{R}_{i.}^2\right) - 3(N+1)$$

它更易于进行手工计算.

例 12.2.3.1 对于药片数据, $K = 29.51$. 参考附录 B 的表 3, 我们看到自由度为 6 的 p 值小于 0.005. 非参数分析也显示实验室之间具有系统性的差异. ∎

Miller(1981) 详细讨论了非参数方法的多重比较过程. 邦费罗尼方法不需要特别的讨论, 它可以适用于曼恩-惠特尼检验可行的所有比较问题.

像曼恩-惠特尼检验一样, 克鲁斯卡尔-沃利斯检验不需要正态性假设, 因而比 F 检验具有更广泛的适用性, 尤其是在小样本情形下更是如此. 此外, 因为数据由它们的秩代替, 所以离群值对非参数检验的影响小于 F 检验. 在有些应用中, 数据由秩组成 —— 例如, 在品酒分析中, 通常根据个人判断按秩排列酒样 —— 这时很自然地使用克鲁斯卡尔-沃利斯检验.

12.3 二因子试验设计

二因子试验设计(two-way layout) 是涉及两个因素的试验设计, 每个因素具有两个或两个以上的水平. 例如, 其中一个因素的水平可以是各种药物, 另一个因素的水平可以是性别. 如果一个因素具有 I 个水平, 另一个具有 J 个水平, 那么共有 $I \times J$ 个组合. 我们假定每个组合抽取 K 个观测值. (这一章的最后一节将概括这种试验设计方法的优点.)

下一节定义二因子试验设计估计时所需要的一些参数. 之后的章节介绍基于正态理论和非参数方法的统计模型.

12.3.1 可加性参数化

为了介绍和解释这一节的思想, 我们利用电灶能源消耗研究 (Fechter 和 Porter 1978) 中的部分数据. 下面的表格显示了在三天烹饪中使用电灶所消耗的平均千瓦时 (均值来自几个厨师的烹饪耗能).

菜单日	灶 1	灶 2	灶 3
1	3.97	4.24	4.44
2	2.39	2.61	2.82
3	2.76	2.75	3.01

我们根据不同电灶和不同菜单日的效应描述表格中数据的变异性. 用 Y_{ij} 表示第 i 行第 j 列的数值, 我们首先计算总平均值

$$\hat{\mu} = \overline{Y}_{..} = \frac{1}{9}\sum_{i=1}^{3}\sum_{j=1}^{3} Y_{ij} = 3.22$$

它度量了每个菜单日的代表性能耗.

菜单日均值是关于所有的电灶取平均, 等于

$$\overline{Y}_{1.} = 4.22$$
$$\overline{Y}_{2.} = 2.61$$
$$\overline{Y}_{3.} = 2.84$$

我们将菜单日的差异效应定义为当日均值与总均值之差, 并用 $\hat{\alpha}_i$ 表示这些差异效应, 其中 $i = 1, 2$ 或 3.

$$\hat{\alpha}_1 = \overline{Y}_{1.} - \overline{Y}_{..} = 1.00$$
$$\hat{\alpha}_2 = \overline{Y}_{2.} - \overline{Y}_{..} = -0.61$$
$$\hat{\alpha}_3 = \overline{Y}_{3.} - \overline{Y}_{..} = -0.38$$

(注意, 除了舍入误差, $\hat{\alpha}_i$ 的和等于零.) 总之, 在菜单日 1, 能耗超过平均值 1 千瓦时, 等等.

电灶均值是关于所有的菜单日取平均, 等于

$$\overline{Y}_{.1} = 3.04$$
$$\overline{Y}_{.2} = 3.20$$
$$\overline{Y}_{.3} = 3.42$$

电灶的差异效应是

$$\hat{\beta}_1 = \overline{Y}_{.1} - \overline{Y}_{..} = -0.18$$
$$\hat{\beta}_2 = \overline{Y}_{.2} - \overline{Y}_{..} = -0.02$$
$$\hat{\beta}_3 = \overline{Y}_{.3} - \overline{Y}_{..} = 0.20$$

电灶效应小于菜单日效应.

表格中的数据利用上述模型进行描述,它是总平均水平加上电灶和菜单日的差异效应. 这是简单的**加法模型**(additive model).

$$\hat{Y}_{ij} = \hat{\mu} + \hat{\alpha}_i + \hat{\beta}_j$$

这里,我们利用 $\hat{Y}_{ij}$ 表示利用加法模型得到的 Y_{ij} 的拟合值或预测值. 根据这个加法模型,三个电灶之间的差值在所有的菜单日是相同的. 例如,对于 $i=1,2,3$,

$$\hat{Y}_{i1} - \hat{Y}_{i2} = (\hat{\mu} + \hat{\alpha}_i + \hat{\beta}_1) - (\hat{\mu} + \hat{\alpha}_i + \hat{\beta}_2) = \hat{\beta}_1 - \hat{\beta}_2$$

图 12.3 显示情况并非如此. 如果差值在所有的菜单日是完全相等的,那么三条线应该是完全平行的. 菜单日 1 和 2 之间的差值看起来几乎相同 —— 两条线几乎平行. 但是在菜单日 3 上,电灶 2 和 3 之间的差值增加,电灶 1 和 2 之间的差值缩减. 这种现象称为菜单日和电灶的**交互**(interaction)—— 菜单日 3 对电灶 1 能耗的不利影响似乎强于电灶 2.

加法模型的残差是观测值与拟合值之差 $Y_{ij} - \hat{Y}_{ij}$,如下表所示:

菜单日	灶 1	灶 2	灶 3
1	−0.07	0.04	0.02
2	−0.04	0.02	0.01
3	0.10	−0.07	−0.03

除了菜单日 3 的残差,其余残差相对于主效应都是比较小的.

交互效应可以嵌入模型,使数据拟合得更精确. 单元 ij 的残差是

$$\begin{aligned}Y_{ij} - \hat{\mu} - \hat{\alpha}_i - \hat{\beta}_j &= Y_{ij} - \overline{Y}_{..} - (\overline{Y}_{i.} - \overline{Y}_{..}) - (\overline{Y}_{.j} - \overline{Y}_{..}) \\ &= Y_{ij} - \overline{Y}_{i.} - \overline{Y}_{.j} + \overline{Y}_{..} \\ &= \hat{\delta}_{ij}\end{aligned}$$

注意

$$\sum_{i=1}^{3} \hat{\delta}_{ij} = \sum_{j=1}^{3} \hat{\delta}_{ij} = 0$$

例如,

$$\begin{aligned}\sum_{i=1}^{3} \hat{\delta}_{ij} &= \sum_{i=1}^{3}(Y_{ij} - \overline{Y}_{i.} - \overline{Y}_{.j} + \overline{Y}_{..}) \\ &= 3\overline{Y}_{.j} - 3\overline{Y}_{..} - 3\overline{Y}_{.j} + 3\overline{Y}_{..} \\ &= 0\end{aligned}$$

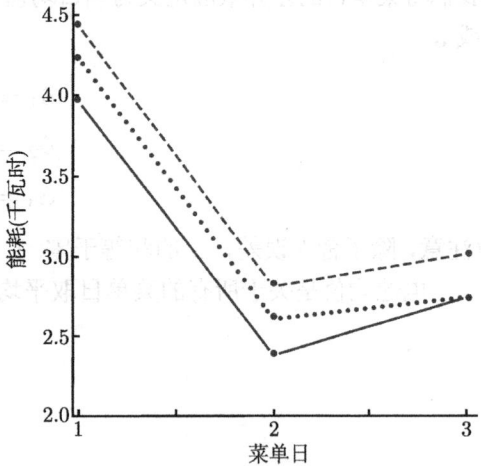

图 12.3 三个电灶的能耗与菜单日的关系图. 虚线是电灶 3,点线是电灶 2,实线是电灶 1

在上面的残差表格中,由于舍入误差的出现,行和与列和不完全等于零. 因此,模型

$$Y_{ij} = \hat{\mu} + \hat{\alpha}_i + \hat{\beta}_j + \hat{\delta}_{ij}$$

拟合数据更精确, 它仅是表格中所列数据的另一种表示形式.

加法模型是简单的, 且易于解释, 尤其是在交互效应不存在的情况下. 有时利用数据变换提高加法模型的适用性. 例如, 对数变换可以将乘法模型转换成加法模型. 变换也可以用来平稳化方差 (使方差不依赖于均值), 且使正态理论更可行. 当然, 我们不能保证一个给定的变化可以达到所有的目的.

这一节的讨论集中在参数化和加法模型的解释上, 完全类似于方差分析所使用的方法. 我们没有考虑随机误差的可能性及其影响参数推断的效果, 下一节将着手解决这些问题.

12.3.2 二因子试验设计的正态理论

在这一节, 我们假定二因子试验设计的每个单元具有 $K > 1$ 个观测. 每个单元具有相同观测数的设计称为是**平衡的**(balanced). 令 Y_{ijk} 表示单元 ij 的第 k 个观测, 统计模型是

$$Y_{ijk} = \mu + \alpha_i + \beta_j + \delta_{ij} + \varepsilon_{ijk}$$

我们假定随机误差 ε_{ijk} 是独立的, 服从正态分布, 具有均值 0 和常数方差 σ^2. 因此, $E(Y_{ijk}) = \mu + \alpha_i + \beta_j + \delta_{ij}$. 参数满足如下限制条件:

$$\sum_{i=1}^{I} \alpha_i = 0$$

$$\sum_{j=1}^{J} \beta_j = 0$$

$$\sum_{i=1}^{I} \delta_{ij} = \sum_{j=1}^{J} \delta_{ij} = 0$$

我们现在导出未知参数的最大似然估计. 由于单元 ij 的观测服从正态分布, 具有均值 $\mu + \alpha_i + \beta_j + \delta_{ij}$ 和方差 σ^2, 且所有的观测是独立的, 因此对数似然是

$$l = -\frac{IJK}{2}\log(2\pi\sigma^2) - \frac{1}{2\sigma^2}\sum_{i=1}^{I}\sum_{j=1}^{J}\sum_{k=1}^{K}(Y_{ijk} - \mu - \alpha_i - \beta_j - \delta_{ij})^2$$

在上述给定的限制性条件下, 最大化似然得到如下的估计 (参见章末习题 17):

$$\hat{\mu} = \overline{Y}_{...}$$

$$\hat{\alpha}_i = \overline{Y}_{i..} - \overline{Y}_{...}, \quad i = 1, \cdots, I$$

$$\hat{\beta}_j = \overline{Y}_{.j.} - \overline{Y}_{...}, \quad j = 1, \cdots, J$$

$$\hat{\delta}_{ij} = \overline{Y}_{ij.} - \overline{Y}_{i..} - \overline{Y}_{.j.} + \overline{Y}_{...}$$

正如 12.3.1 节的讨论.

如同单因素方差分析，二因素方差分析也是比较各种平方和. 平方和如下：

$$SS_A = JK \sum_{i=1}^{I} (\overline{Y}_{i..} - \overline{Y}_{...})^2$$

$$SS_B = IK \sum_{j=1}^{J} (\overline{Y}_{.j.} - \overline{Y}_{...})^2$$

$$SS_{AB} = K \sum_{i=1}^{I} \sum_{j=1}^{J} (\overline{Y}_{ij.} - \overline{Y}_{i..} - \overline{Y}_{.j.} + \overline{Y}_{...})^2$$

$$SS_E = \sum_{i=1}^{I} \sum_{j=1}^{J} \sum_{k=1}^{K} (Y_{ijk} - \overline{Y}_{ij.})^2$$

$$SS_{TOT} = \sum_{i=1}^{I} \sum_{j=1}^{J} \sum_{k=1}^{K} (Y_{ijk} - \overline{Y}_{...})^2$$

平方和满足这个代数等式：

$$SS_{TOT} = SS_A + SS_B + SS_{AB} + SS_E$$

这个等式可以证明如下：首先写出

$$Y_{ijk} - \overline{Y}_{...} = (Y_{ijk} - \overline{Y}_{ij.}) + (\overline{Y}_{i..} - \overline{Y}_{...}) + (\overline{Y}_{.j.} - \overline{Y}_{...})$$
$$+ (\overline{Y}_{ij.} - \overline{Y}_{i..} - \overline{Y}_{.j.} - \overline{Y}_{...})$$

然后两边平方，求和，验证叉积项消失.

下面的定理给出了这些平方和的期望.

定理 12.3.2.1 在误差是独立的，且具有均值 0 和方差 σ^2 的假设下，

$$E(SS_A) = (I-1)\sigma^2 + JK \sum_{i=1}^{I} \alpha_i^2$$

$$E(SS_B) = (J-1)\sigma^2 + IK \sum_{j=1}^{J} \beta_j^2$$

$$E(SS_{AB}) = (I-1)(J-1)\sigma^2 + K \sum_{i=1}^{I} \sum_{j=1}^{J} \delta_{ij}^2$$

$$E(SS_E) = IJ(K-1)\sigma^2$$

证明 SS_A、SS_B 和 SS_E 的结论来自 12.2.1 节的引理 12.2.1.1. 将引理应用到 SS_{TOT}，我们有

$$E(SS_{TOT}) = E \sum_{i=1}^{I} \sum_{j=1}^{J} \sum_{k=1}^{K} (Y_{ijk} - \overline{Y}_{...})^2$$

$$=(IJK-1)\sigma^2 + \sum_{i=1}^{I}\sum_{j=1}^{J}\sum_{k=1}^{K}(\alpha_i+\beta_j+\delta_{ij})^2$$

$$=(IJK-1)\sigma^2 + JK\sum_{i=1}^{I}\alpha_i^2 + IK\sum_{j=1}^{J}\beta_j^2 + K\sum_{i=1}^{I}\sum_{j=1}^{J}\delta_{ij}^2$$

在最后一步, 我们利用了参数的限制条件. 例如, 涉及 α_i 和 β_j 的叉积是

$$\sum_{i=1}^{I}\sum_{j=1}^{J}\sum_{k=1}^{K}\alpha_i\beta_j = K\left(\sum_{i=1}^{I}\alpha_i\right)\left(\sum_{j=1}^{J}\beta_j\right) = 0$$

由于

$$E(SS_{TOT}) = E(SS_A) + E(SS_B) + E(SS_{AB}) + E(SS_E)$$

即得 $E(SS_{AB})$ 的表达式. ∎

下面的定理给出了这些平方和的分布.

定理 12.3.2.2 假定误差是独立的, 服从正态分布, 具有均值 0 和方差 σ^2, 那么

a. SS_E/σ^2 服从卡方分布, 具有自由度 $IJ(K-1)$.

b. 在原假设

$$H_A: \alpha_i = 0, i = 1, \cdots, I$$

下, SS_A/σ^2 服从卡方分布, 具有自由度 $I-1$.

c. 在原假设

$$H_B: \beta_j = 0, j = 1, \cdots, J$$

下, SS_B/σ^2 服从卡方分布, 具有自由度 $J-1$.

d. 在原假设

$$H_{AB}: \delta_{ij} = 0, i = 1, \cdots, I, j = 1, \cdots, J$$

下, SS_{AB}/σ^2 服从卡方分布, 具有自由度 $(I-1)(J-1)$.

e. 这些平方和的分布是独立的.

证明 这里不给出定理的完整证明. SS_A, SS_B 和 SS_E 的结论仿照 12.2.1 节定理 12.2.1.2 的证明过程. SS_{AB} 的结论需要一些额外的讨论. ∎

正如单因子试验设计的简单情形, 各种原假设的 F 检验需要将合适的平方和与误差平方和进行比较. 均方是平方和除以它们的自由度, F 统计量是均方的比值. 当这样的比值明显大于 1 时, 显示相应的效应存在. 例如, 由定理 12.3.2.1, $E(MS_A) = \sigma^2 + (JK/(I-1))\sum_i \alpha_i^2$, $E(MS_E) = \sigma^2$, 因此, 如果比率 MS_A/MS_E 较大, 那么说明某些 α_i 不是非零的. F 统计量的零分布是具有自由度 $(I-1)$ 和 $IJ(K-1)$ 的 F 分布, 知道这个零分布我们就可以评估比率的显著性.

例 12.3.2.1 作为一个例子, 我们回到 11.2.1 节讨论的铁存留试验. 在完整的试验中, 有 $I=2$ 种形式的铁, $J=3$ 种剂量水平, 每个单元具有 $K=18$ 个观测. 在 11.2.1 节, 我们讨论了数据的对数变换, 它可以使数据更接近正态, 达到平稳化方差的目的. 图 12.4 显示了原始阶数

据的箱形图,图 12.5 显示了对数阶数据的箱形图. 对数数据的分布更加对称,四分位数差的变化也较小. 图 12.6 是未变换数据的单元标准差与其均值的关系图,它显示出误差方差随均值增加而增加. 图 12.7 是对数数据的单元标准差与其均值的关系图,它显示出变换成功地平稳化了方差. 注意,定理 12.3.2.2 的其中一个假设就是误差具有相同的方差.

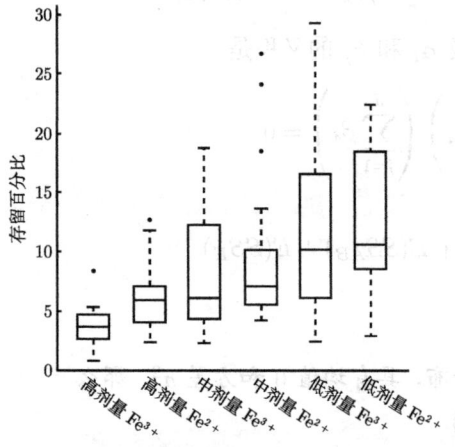

图 12.4　两种形式的铁在三种剂量水平下的铁存留的箱形图

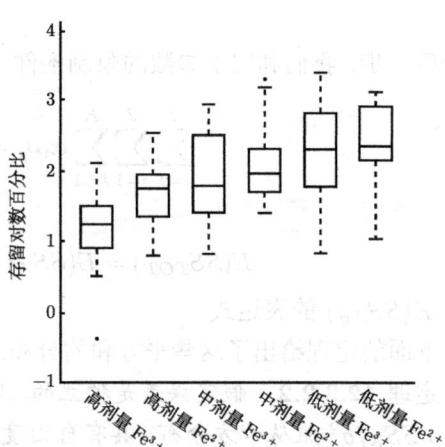

图 12.5　铁存留的对数数据的箱形图

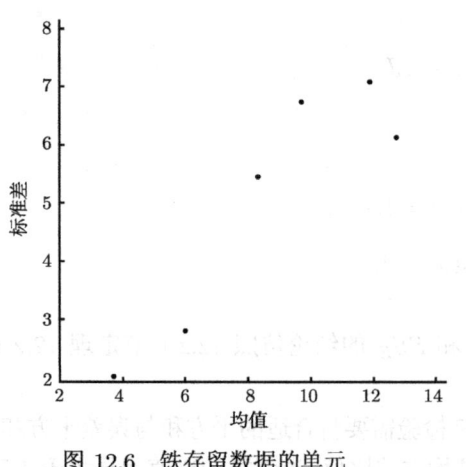

图 12.6　铁存留数据的单元标准差与单元均值图

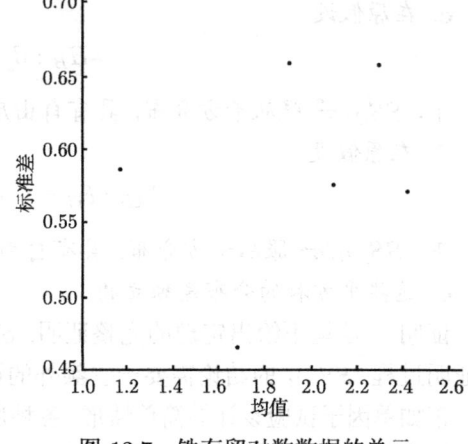

图 12.7　铁存留对数数据的单元标准差与单元均值图

图 12.8 是两种形式铁的变换数据单元均值与剂量水平的关系图. 它显示 Fe^{2+} 的存留量可能多于 Fe^{3+} 的. 如果两者没有交互效应,那么两条曲线除了随机误差外应该是平行的. 尽管图形显示两种形式的铁存留量之差随着剂量水平的增加而增加,但两条曲线还是大致平行的. 为了验证之,我们进行交互效应的定量检验.

在下面的方差分析表中,SS_A 是铁形式的平方和,SS_B 是剂量的平方和,SS_{AB} 是交互的平方和. 适当的均方除以误差均方得到 F 统计量.

方差分析表

来源	df	SS	MS	F
铁形式	1	2.074	2.074	5.99
剂量	2	15.588	7.794	22.53
交互	2	0.810	0.405	1.17
误差	102	35.296	0.346	
总计	107	53.768		

为了检验铁形式的效应, 我们利用统计量

$$F = \frac{SS_{IRON}/1}{SS_E/102} = 5.99$$

检验

$$H_A : \alpha_1 = \alpha_2 = 0$$

利用计算机估算具有自由度 1 和 102 的 F 分布, p 值小于 0.025. 铁形式具有显著性的效应. 差值 $\alpha_1 - \alpha_2$ 的估计是

$$\overline{Y}_{1..} - \overline{Y}_{2..} = 0.28$$

这个差值的置信区间可以按照如下过程导出. 注意由于 $\overline{Y}_{1..}$ 和 $\overline{Y}_{2..}$ 是不同观测值的平均, 所以它们是不相关的, 并且

$$\operatorname{Var}(\overline{Y}_{1..}) = \operatorname{Var}(\overline{Y}_{2..}) = \frac{\sigma^2}{JK}$$

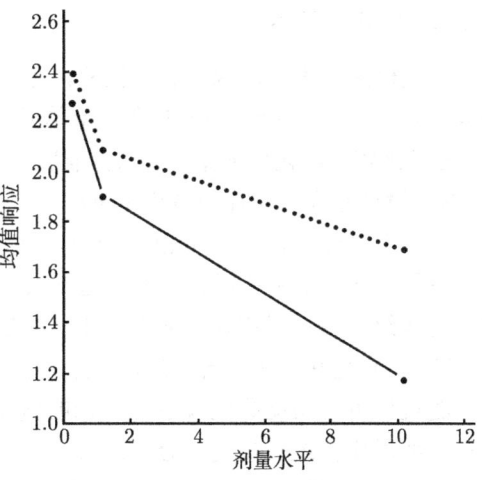

图 12.8 对数数据的单元均值与剂量水平关系图. 虚线是 Fe^{2+}, 实线是 Fe^{3+}

因此,

$$\operatorname{Var}(\overline{Y}_{1..} - \overline{Y}_{2..}) = \frac{2\sigma^2}{JK}$$

利用误差的均方估计 σ^2, $\operatorname{Var}(\overline{Y}_{1..} - \overline{Y}_{2..})$ 的估计是

$$s^2_{\overline{Y}_{1..} - \overline{Y}_{2..}} = \frac{2 \times 0.346}{54} = 0.0128$$

利用自由度 $IJ(K-1)$ 的 t 分布可以构建置信区间, 其形式为

$$(\overline{Y}_{1..} - \overline{Y}_{2..}) + \pm t_{IJ(K-1)}(\alpha/2) s_{\overline{Y}_{1..} - \overline{Y}_{2..}}$$

自由度是 102, 为了得到 95% 置信区间, 我们利用附录 B 表 4 中的 $t_{120}(0.025) = 1.98$ 近似计算, 导出区间 $0.28 \pm 1.98\sqrt{0.0128}$ 或 $(0.06, 0.5)$.

记得我们使用的是对数阶. 对数阶的加法效应 0.28 相应于线性阶的乘法效应 $e^{0.28} = 1.32$, 区间 $(0.06, 0.5)$ 相应于 $(e^{0.06}, e^{0.50})$ 或 $(1.06, 1.65)$. 因此, 我们估计 Fe^{2+} 增加铁存量 1.32 倍, 这个倍数的不确定性利用置信区间 $(1.06, 1.65)$ 表示.

检验剂量效应的 F 统计量是显著的,但这个效应是事先预期的,不是我们主要关心的效应. 为了检验假设 H_{AB} "没有交互效应",我们考虑如下的 F 统计量:

$$F = \frac{SS_{AB}/(I-1)(J-1)}{SS_E/IJ(K-1)} = 1.17$$

利用计算机估算具有自由度 2 和 102 的 F 分布,p 值是 0.31,所以没有充分的证据拒绝原假设. 因此,偶然性可以很容易地使图 12.8 所示的两条线偏离平行状态.

总的来说,两种形式的铁存留百分比相差 6% ～ 65% 的比率,这个差异依赖于剂量的证据是不充分的. ∎

12.3.3 随机化区组设计

随机化区组设计起源于农业试验,为了比较 I 种不同化肥的效应,选择相对同质的 J 个地块或区组,将每个区组分成 I 个试验单元. 在每个区组内,将化肥随机地分配到每个试验单元中. 为了比较区组内的肥效,必须控制区组间的变异性,否则由其形成的"噪声"会影响试验结果. 这个设计是配对设计的多样本推广.

营养学家可以利用随机化区组设计比较试验动物关于三种不同饮食的效果. 为了控制动物的遗传变异,营养学家从每胎动物中选择其中的一个,共得到三个,然后随机地分配它们的饮食. 随机化区组设计可以用在很多领域中. 如果试验耗时相当长的时间,那么区组可以选作一段时间. 在工业试验中,区组通常是批量原材料.

随机化可以帮助我们规避无意识的偏见,可以形成推断的基础. 原则上,正如 11.2.3 节曼恩-惠特尼检验统计量的零分布的推导过程,我们也可以利用置换方法导出检验统计量的零分布. 参数方法通常可以很好地近似置换分布.

作为随机化区组设计中响应变量的模型,我们利用

$$Y_{ij} = \mu + \alpha_i + \beta_j + \varepsilon_{ij}$$

其中 α_i 是第 i 个试验的差异效应,β_j 是第 j 个区组的差异效应,ε_{ij} 是独立的随机误差. 这是 12.3.2 节的模型,但没有附加区组与试验之间具有交互效应的假设,兴趣主要集中在 α_i 上.

由 12.3.2 节的定理 12.3.2.1,如果没有交互项,

$$E(MS_A) = \sigma^2 + \frac{J}{I-1} \sum_{i=1}^{I} \alpha_i^2$$

$$E(MS_B) = \sigma^2 + \frac{I}{J-1} \sum_{j=1}^{J} \beta_j^2$$

$$E(MS_{AB}) = \sigma^2$$

因此,σ^2 可以利用 MS_{AB} 进行估计. 此外,由于均方的分布是独立的,实施 F 检验就可以检验 H_A 或 H_B. 例如,为了检验

$$H_A : \alpha_i = 0, i = 1, \cdots, I$$

利用统计量

$$F = \frac{MS_A}{MS_{AB}}$$

由 12.3.2 节的定理 12.3.2.2，在 H_A 下，统计量服从自由度为 $I-1$ 和 $(I-1)(J-1)$ 的 F 分布. 我们可以类似地检验 H_B，但这通常不是关心的焦点. 注意，如果与假设相反，试验具有交互效应，那么

$$E(MS_{AB}) = \sigma^2 + \frac{1}{(I-1)(J-1)} \sum_{i=1}^{I} \sum_{j=1}^{J} \delta_{ij}^2$$

MS_{AB} 倾向于高估 σ^2. 这样会使 F 统计量变小，得到的检验结果相对比较保守，也就是说，出现类型 I 错误的实际概率小于预想的.

例 12.3.3.1 我们考虑药物的止痒试验研究 (Beecher 1959). 5 种药物与安慰剂和没有用药进行比较，选择年龄 20~30 岁的 10 名男性志愿者作为试验样本. (注意这一试验样本集限定了推断的范围，例如，从统计的观点来讲，我们不能将这个试验结果外推到老年妇女. 医疗诊断是任何这种外推的唯一合理化理由.) 每个志愿者每天进行一次试验，时间顺序是随机的. 因此，个体是"区组". 试验样本通过静脉注射接受药物 (或安慰剂)，然后利用黎豆荚毛 (一种有效的刺痒剂) 在他们的前臂上诱导出瘙痒. 记录下试验样本的持续瘙痒时间. 更详细的信息参见 Beecher(1959). 下面的表格给出了瘙痒的持续时间 (以秒为单位):

试验对象	没有药物	安慰剂	罂粟碱	吗啡	氨茶碱	戊巴比妥	苯吡二胺
BG	174	263	105	199	141	108	141
JF	224	213	103	143	168	341	184
BS	260	231	145	113	78	159	125
SI	255	291	103	225	164	135	227
BW	165	168	144	176	127	239	194
TS	237	121	94	144	114	136	155
GM	191	137	35	87	96	140	121
SS	100	102	133	120	222	134	129
MU	115	89	83	100	165	185	79
OS	189	433	237	173	168	188	317
平均值	191.0	204.8	118.2	148.0	144.3	176.5	167.2

图 12.9 显示了 6 个试验组和 1 个控制组 (没有药物) 的响应值的箱形图. 尽管箱形图因没有考虑区组而可能不是这些数据理想的可视化方法，但图 12.9 确实显示了一些有趣的数据信息. 图形说明所有的药物都有一定的作用，但罂粟碱的效用是最大的. 中位数之间的差异具有很大的散度，同时还有一些离群点. 有趣的是，安慰剂响应值具有最大的波动幅度，这或许是因为一些试验对象对安慰剂有反应，一些没有.

我们接下来构建这个试验的方差分析表:

来源	df	SS	MS	F
药物	6	53013	8835	2.85
试验对象	9	103280	11476	3.71
交互	54	167130	3095	
总计	69	323422		

检验药物差异的 F 统计量等于 2.85, 具有自由度 6 和 54, 相应的 p 值小于 0.025. 试验并不感兴趣于原假设: 试验对象之间没有差异.

图 12.10 是二因素方差分析模型的残差概率图. 单元 ij 的残差是

$$r_{ij} = Y_{ij} - \hat{\mu} - \hat{\alpha}_i - \hat{\beta}_j = Y_{ij} - \overline{Y}_{i.} - \overline{Y}_{.j} + \overline{Y}_{..}$$

概率图稍微呈现出弓形的特点, 这说明残差的分布具有一定的偏度. 但是, 因为 F 检验对于适度的正态偏离是稳健的, 所以我们不用过度担心这个问题.

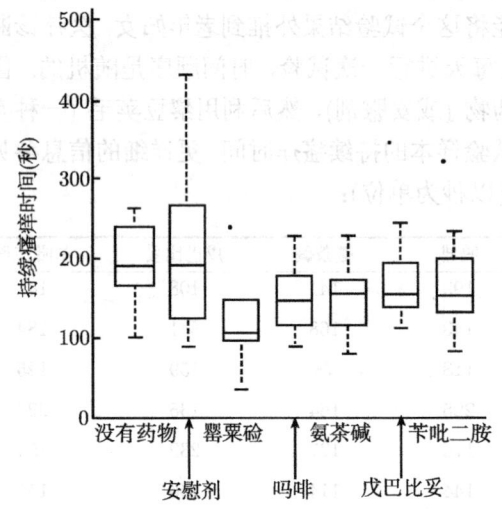

图 12.9 在 7 种试验下, 持续瘙痒时间的箱形图

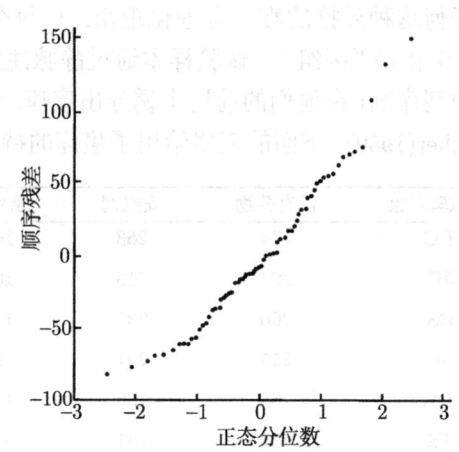

图 12.10 持续瘙痒时间数据的二因素方差

图基方法可以用于多重比较. 假定我们希望比较药物均值 $\overline{Y}_{1.}, \cdots, \overline{Y}_{7.}(I = 7)$, 它们具有期望 $\mu + \alpha_i (i = 1, \cdots, I)$, 每个期望都是 $J = 10$ 个独立观测值的平均. 利用自由度 54 的 MS_{AB} 估计误差方差. 所有药物均值之差的同时 95% 置信区间具有半宽度

$$\frac{q_{7,54}(0.05)s}{\sqrt{J}} = 4.31 \sqrt{\frac{3095}{10}} = 75.8$$

[这里, 我们利用附录 B 表 6 中的 $q_{7,60}(0.05)$ 近似 $q_{7,54}(0.05)$.] 检查均值表格, 在 95% 的置信水平下, 我们仅能断定与安慰剂效应相比, 罂粟碱可以减轻瘙痒. ∎

12.3.4 非参数方法: 弗里德曼检验

这一节介绍随机化区组设计的非参数方法. 像我们讨论的其他非参数方法一样, 弗里德曼 (Friedman) 检验依赖于秩, 并且没有假设正态性. 检验是非常简单的. 对于 J 个区组, 按秩排列

每个区组内的观测值. 试验 (I) 中的因素没有效应, 正如普通的方差分析一样, 计算下面的统计量:

$$SS_A = J \sum_{i=1}^{I} (\overline{R}_{i.} - \overline{R}_{..})^2$$

在原假设 (没有试验效应, 仅有的效应来自区组内的随机化) 下, 原则上可以计算出统计量的置换分布. 对于类似于瘙痒试验的样本容量, 分布的卡方近似完全够了.

$$Q = \frac{12J}{I(I+1)} \sum_{i=1}^{I} (\overline{R}_{i.} - \overline{R}_{..})^2$$

的零分布近似服从自由度为 $I-1$ 的卡方分布.

例 12.3.4.1 我们利用瘙痒试验数据实施弗里德曼检验, 首先按秩排列每个试验对象的持续瘙痒时间, 制表如下:

	没有药物	安慰剂	罂粟碱	吗啡	氨茶碱	戊巴比妥	苄吡二胺
BG	5	7	1	6	3.5	2	3.5
JF	6	5	1	2	3	7	4
BS	7	6	4	2	1	5	3
SI	6	7	1	4	3	2	5
BW	3	4	2	5	1	7	6
TS	7	3	1	5	2	4	6
GM	7	5	1	2	3	6	4
SS	1	2	5	3	7	6	4
MU	5	3	2	4	6	7	1
OS	4	7	5	2	1	3	6
平均值	5.10	4.90	2.30	3.50	3.05	4.90	4.25

注意按照通用的方法, 我们利用平均秩处理相同秩. 利用上述表格, 没有药物、安慰剂和戊巴比妥具有最高的平均秩. 利用这些平均秩, 我们发现 $\overline{R} = 4$, $\sum (\overline{R}_{i.} - \overline{R}_{..})^2 = 6.935$, $Q = 14.86$. 由附录 B 的表 3, 自由度为 6 的 p 值小于 0.025. 非参数分析也拒绝没有药物效应的原假设. ■

Miller(1981) 讨论了多重比较形式下的弗里德曼检验步骤. 当将这些方法应用到瘙痒试验数据中时, 得到的结论与参数分析的结论是一致的.

12.4 结束语

这一章考虑的最复杂的试验设计是二因子试验设计, 更一般地, **因子设计**(factorial design) 包含几个因素, 每个单元具有一个或多个观测. 对于这样的设计, 交互概念变得更加复杂 —— 各种顺序的交互都有. 比如, 三因素试验具有双因素和三因素交互. 既有趣又有益的是, 我们可以利用每单元仅有一个观测数据的三因子试验设计估计双因素交互效应.

为了洞悉因子设计为什么是有效的, 我们考虑二因子试验设计, 每个因素具有 5 个水平, 没有交互效应, 每个单元具有一个观测. 对于这个设计, 任一因素的两水平比较都是基于 10 个观测. 传统的设计方法是首先进行试验比较因素 A 的水平, 然后再进行另一个试验比较因素 B 的水平. 在这种情形下, 为了达到与二因子试验设计相同的精度, 每个试验需要 25 个观测, 总共需要 50 个观测. 因子设计具有经济可行性, 它可以利用相同的观测比较因素 A 的水平和因素 B 的水平.

随着因素个数的增加, 因子设计的优势更加明显. 例如, 在四因素试验中, 每个因素具有两个水平 (例如, 某种化学药品存在与否就是这种情况), 每个单元一个观测, 共有 16 个观测可以用来比较任一因素的两个水平. 此外, 可以证明双因素和三因素交互也可以从中估计出来. 相比之下, 如果分别进行试验研究每个因素, 共需要 64 个观测才能达到同样的精度.

随着因素个数的增加, 因子试验所必需的观测数越来越倾向于每个单元仅需一个观测. 为了降低试验成本, 我们可以利用系统方法指定某些单元为空, 这样仍旧可以估计出主效应和某些交互效应. 这样的方法称为**部分因子设计**(fractional factorial design).

同样, 在随机化区组设计中, 单个的区组不足以满足所有的试验. 例如, 在试验比较很多的化学试验中, 试验的区组 —— 同质的批量原材料 —— 可能不够大. 在这样的情况下, 可以利用**不完整区组设计**(incomplete block design) 保留区组的优势.

方差分析的基本理论假设包括误差是独立的, 服从正态分布, 具有常数方差. 因为我们不能在实践中完全验证这些假设的合理性, 只可能探测出严重违背假设的情况, 所以很自然地要问这个方法关于假设偏离的稳健性如何. 我们不可能给出一个完整和肯定的答复. 一般来讲, 独立性假设是最重要的 (非参数方法也是如此). F 检验在适度偏离正态的情况下是稳健的; 如果设计是平衡的, F 检验关于不等误差的方差也是稳健的.

若读者需要进一步阅读, 我们推荐 Box、Hunter 和 Hunter(1978).

12.5 习题

1. 在无试验效应的原假设下, 模拟如图 12.1 所示的观测值, 即模拟均值为 4、方差为 0.0037 的 7 组正态分布随机数, 每组 10 个观测. 制作如图 12.1 所示的 7 组数据的箱形图, 操作多次. 图形显示了随机波动引起的变异; 你能观察出某些实验室之间存在着均值差异或散度差异吗?
2. 证明: 如果 $I = 2$, 那么 11.2.1 节定理 11.2.1.1 的估计 s_p^2 是 12.2.1 节给出的 s_p^2.
3. 对于具有 $I = 2$ 试验组的单因素方差分析, 证明: F 统计量是 t^2, 其中 t 是两样本情况下的常用 t 统计量.
4. 在单因子试验设计中, 对于单元观测数不等的情况, 证明类似于 12.2.1 节的定理 12.2.1.1 和定理 12.2.1.2 的相应定理.
5. 导出单因子试验设计原假设的似然比检验, 证明它等价于 F 检验.
6. 证明下述形式的邦费罗尼不等式:

$$P\left(\bigcap_{i=1}^n A_i\right) \geqslant 1 - \sum_{i=1}^n P(A_i^c)$$

(如果你乐意, 可以使用维恩 (Venn) 图.) 在同时置信区间中, A_i 是什么, A_i^c 是什么?
7. 如 12.2.1 节定理 12.2.1.2 所述, 证明 $SS_B/\sigma^2 \sim \chi_{I-1}^2$.
8. 在 12.2.2.1 节的例 12.2.2.1 中, 构造实验室 1 与实验室 4、5 和 6 的均值之差的同时置信区间.

9. 比较附录 B 中 t 分布和学生化全距表. 例如, 考虑相应于 $t_{0.95}$ 的列, 将其乘以 $\sqrt{2}$, 观察到你得到的数据出现在 $q_{0.90}$ 表中的 $t = 2$ 列上. 为什么会是这样?

10. 假设单因子试验设计共有 10 种试验, 每种试验有 7 个观测值. 利用图基方法和邦费罗尼方法构造两均值之差的同时置信区间, 区间长度之比是多少? 不考虑多重比较, 使用 t 分布构造置信区间, 那么上述置信区间的长度与其比较如何?

11. 考虑假设的二因子试验设计, 具有 4 个因素 (A, B, C, D), 每个因素有三个水平 (I, II, III). 制作没有交互项的单元均值表格.

12. 考虑假设的二因子试验设计, 具有 3 个因素 (A, B, C), 每个因素有两个水平 (I, II). 有没有可能存在交互效应, 但是没有主效应?

13. 证明: 对于两组比较, 克鲁斯卡尔－沃利斯检验等同于曼恩－惠特尼检验.

14. 证明: 对于两组比较, 弗里德曼检验等同于符号检验.

15. 证明: 12.2.3 节给出的 K 的两种形式相等.

$$K = \frac{12}{N(N+1)} \sum_{i=1}^{I} J_i (\overline{R}_{i\cdot} - \overline{R}_{\cdot\cdot})^2$$
$$= \frac{12}{N(N+1)} \left(\sum_{i=1}^{I} J_i \overline{R}_{i\cdot}^2 \right) - 3(N+1)$$

16. 证明二因子试验设计的平方和等式:

$$SS_{TOT} = SS_A + SS_B + SS_{AB} + SS_E$$

17. 求出二因子试验设计模型中参数 $\alpha_i, \beta_j, \delta_{ij}, \mu$ 的最大似然估计.

18. 下表给出了 7 个菜单日 5 个煤气灶的能源消耗. (单位是等价千瓦时; 0.239 千瓦时 =1英尺^3 的天然气), 仿照 12.3 节中的讨论, 估计主效应并讨论交互作用.

菜单日	灶 1	灶 2	灶 3	灶 4	灶 5
1	8.25	8.26	6.55	8.21	6.69
2	5.12	4.81	3.87	4.81	3.99
3	5.32	4.37	3.76	4.67	4.37
4	8.00	6.50	5.38	6.51	5.60
5	6.97	6.26	5.03	6.40	5.60
6	7.65	5.84	5.23	6.24	5.73
7	7.86	7.31	5.87	6.64	6.03

19. 介绍平衡的三元配置的参数化模型. 定义主效应、因素和三因素交互作用, 并对它们进行解释. 参数满足的线性约束是什么?

20. 本题介绍单因子试验设计的**随机效应模型**(random effects model). 考虑平衡的单因子试验设计, 其中用于比较的 I 个组视作取自更大总体的样本. 随机效应模型是

$$Y_{ij} = \mu + A_i + \varepsilon_{ij}$$

其中 A_i 是随机的, 且相互独立, 具有 $E(A_i) = 0$, $\text{Var}(A_i) = \sigma_A^2$. ε_{ij} 相互独立, 且与 A_i 独立, 满足 $E(\varepsilon_{ij}) = 0$, $\text{Var}(\varepsilon_{ij}) = \sigma_\varepsilon^2$.

为了解释这些思想, 我们考虑 Davies(1960) 的一个例子. 研究染料不同制造批次的强度 (着色力) 变异性. 在严格的控制条件下, 利用标准染料浓度印染布块, 测量染料强度, 根据标准比较它们的视觉结

果. 技术员对结果进行数值打分. 从 6 批染料中抽取大量的样本, 充分混合每个样本, 再从每个样本中抽取 6 个组成子样本. 将这 36 个子样本以随机顺序递交到实验室, 在 7 周之内进行上述的检验. 下表给出了染料的强度百分比.

批次	子样本 1	子样本 2	子样本 3	子样本 4	子样本 5	子样本 6
I	94.5	93.0	91.0	89.0	96.5	88.0
II	89.0	90.0	92.5	88.5	91.5	91.5
III	88.5	93.5	93.5	88.0	92.5	91.5
IV	100.0	99.0	100.0	98.0	95.0	97.5
V	91.5	93.0	90.0	92.5	89.0	91.0
VI	98.5	100.0	98.0	100.0	96.5	98.0

这些数据具有两种变异源: 批间变异和测量变异. 我们希望样本的充分混合已经消除掉子样本之间的变异. 考虑随机效应模型

$$Y_{ij} = \mu + A_i + \varepsilon_{ij}$$

其中 μ 是总体均值, A_i 是第 i 批样本的随机效应, ε_{ij} 是第 i 批样本中第 j 个子样本的测量误差. 我们假设 A_i 是相互独立的, 并独立于测量误差, 具有 $E(A_i) = 0$ 和 $Var(A_i) = \sigma_A^2$. 假定 ε_{ij} 是相互独立的, 具有均值 0, 方差 σ_ε^2. 因此,

$$Var(Y_{ij}) = \sigma_A^2 + \sigma_\varepsilon^2$$

Y_{ij} 的较大变异可能由批量间的较大变异、测量的较大误差或者二者共同引起的. 改变制造过程, 增加批次的同质性可以降低前者的变异, 小心控制评分过程可以降低后者的变异.

a. 证明对于这个模型,

$$E(MS_W) = \sigma_\varepsilon^2$$
$$E(MS_B) = \sigma_\varepsilon^2 + J\sigma_A^2$$

因此, 可以利用数据估计出 σ_ε^2 和 σ_A^2. 计算这些估计值.

b. 假设样本没有充分混合, 但是每个子样本含有重复测量值, 构建包含子样本间变异性的模型. 如何估计这个模型的参数值?

21. 利用 4 个试验检验四氯化碳 (蠕虫杀手) 的效用, 每个试验选择 10 只老鼠, 让其感染蚴 (Armitage 1983). 8 天后, 利用四氯化碳治疗其中的 5 只, 另外 5 只留作控制组. 在这两天后, 杀掉所有的老鼠, 记数老鼠身上的蠕虫数. 下表给出了 4 个控制组的蠕虫数目. 尽管组间的显著性差异不是我们所预期的, 但它们有可能来自试验条件的改变, 这些发现可以促使我们在以后的工作中更加严格地控制试验条件, 以期得到更高的试验精度. 利用图技术和 F 检验来检验这 4 个组间是否存在显著差异. 也可以利用非参数技术.

组 I	组 II	组 III	组 IV	组 I	组 II	组 III	组 IV
279	378	172	381	198	265	282	471
338	275	335	346	303	286	250	318
334	412	335	340				

22. 参见 12.2 节, 文件 tablets 给出了另一个制造商所生产的马来酸氯苯那敏片的测量数据. 实验室之间具有系统性差异吗? 如果有, 哪一对具有显著性差异? 这些数据与 12.2 节另一个制造商的数据有什么不同?

23. 在研究促黄体激素 (LH) 的释放情况时, 将雄性和雌性老鼠分别放在常光下, 以及 14 小时光照和 10 小时黑暗下进行比较. 给出促黄体释放因子 (LRF) 的不同剂量: 控制组 (生理盐水), 10, 50, 250 和 1250 纳克. 随后测量血样中的 LH 水平 (每毫升血清中纳克数). 分析文件 LHfemale 和 LHmale 中的雄性和雌性老鼠数据, 判断光制和 LRF 对 LH 释放的效应. 利用图技术和更正规的分析方法进行分析.

24. 利用不同的方法测量谷类产品中尼克酸的含量, 一项协作研究分析这些方法的精度和同质性 (Campbell 和 Pelletier 1962). 选择同质的面包和面筋样本, 每 100 克中分别掺有尼克酸 0, 2, 4 或 8 毫克, 将部分样本分别送至 12 个实验室, 按照规定的试验步骤分三天检验尼克酸的含量. 文件 niacin 给出了相关的数据 (每 100 克中的毫克数). 对面包和面筋数据进行双因素方差分析, 并讨论结果. (有两个数据缺失, 利用相应的单元均值代之.)

25. 本题介绍 Youden(1962) 中的例子. 一锭镁合金被拉成 100 米长的方棒, 其横截面的边长为 4.5 厘米. 将长棒切成 100 段, 每段长 1 米. 随机抽取 5 段, 再从其上切下 1.2 厘米厚的检测片. 对于这样的每个标本, 以特殊的几何模式选择 10 个测试点. 测量每个测试点的两个镁含量 (研究者一次测量所有的 50 个点, 然后再进行一系列的重复测量). 试验的总目的是检验镁含量在不同棒条和不同位置处的同质性. 分析数据文件 magnesium(给出的是镁的百分比乘以 1000), 判断棒条之间和位置之间是否存在显著性的差异. 这些数据有几个意想不到的性质 —— 你能找到它们吗?

26. 利用异氟醚、氟烷和环丙烷麻醉 10 条狗, 测量血浆肾上腺素的浓度 (用纳克每毫升表示). 测量结果由下表给出 (Perry 等 1974). 试验效果有差异吗? 利用参数和非参数方法进行分析.

	狗 1	狗 2	狗 3	狗 4	狗 5	狗 6	狗 7	狗 8	狗 9	狗 10
异氟醚	0.28	0.51	1.00	0.39	0.29	0.36	0.32	0.69	0.17	0.33
氟烷	0.30	0.39	0.63	0.68	0.38	0.21	0.88	0.39	0.51	0.32
环丙烷	1.07	1.35	0.69	0.28	1.24	1.53	0.49	0.56	1.02	0.30

27. 检验三种小鼠的"攻击性". 品种分别是 A/J、C57 和 F2(前两种的杂交). 将一只小鼠放在 1 平方米的盒子中, 将盒子分成 49 个相等的方形. 将老鼠放在盒子的中央, 数出 5 分钟内老鼠移动的方格数. 分析文件 C57、AJ 和 F2, 利用邦费罗尼方法检验品种间是否具有显著的差别.

28. 检验三种类型的跑表样本. 测量直至部分元件失灵时转动的千圈数 (通–断–重启), 结果由下表给出 (Natrella 1963). 检验类型之间是否具有显著性差异, 如果有, 判断哪些类型具有显著性差异. 利用参数和非参数技术.

类型 I	类型 II	类型 III	类型 I	类型 II	类型 III
1.7	13.6	13.4	25.1	61.1	
1.9	19.8	20.9	30.5		
6.1	25.2	25.1	42.1		
12.5	46.2	29.7	82.5		
16.5	46.2	46.9			

29. 半导体的性能取决于二氧化硅层的厚度. 一项试验 (Czitrom 和 Reece 1997) 在三个炉位置测量三种类型硅片 (原始的硅片、内部回收的硅片和外部回收的硅片) 的层厚. 数据包含在文件 waferlayers 中. 进行双因素方差分析, 检验主效应和交互作用的显著性. 制作图 12.3 所示的图形. 层厚度的比较依赖于炉

子位置吗?

30. 10 种亚麻籽生长在 6 种不同的地块上 (Adguna 和 Labuschagne, 2002). 文件 Linseed 包含了产量 (千克/公顷) 数据. 你能断定各类亚麻籽具有不同产量吗? 利用图基方法比较不同种类的亚麻籽.

31. 第 10 章的习题 39 涉及 21 个城市 35 年中最大的风速表. 你认为加法模型 (无交互作用) 能较好地拟合表中数据吗? 为什么能或不能? 检验之.

32. 已知增加生殖次数可以导致雌性果蝇的寿命降低. Patridge 和 Farquhar(1981) 研究了这种现象在雄性果蝇中是否也存在. Hanley 和 Shapiro(1994) 也分析了这些数据. 试验分成 5 个试验组, 每一组包含 25 个随机分配的雄性果蝇. 在其中的一个试验组中, 雄性果蝇每天与 8 只未受孕过的雌性果蝇放置在一起. 在另一次试验组中, 雄性果蝇每天与一只未受孕过的雌性果蝇放置在一起. 共有三个控制组: 雄性与 8 只新受孕的雌性果蝇放置在一起, 雄性与 1 只新受孕的雌性果蝇放置在一起, 以及雄性果蝇单独放置. (新受精的雌性果蝇通常在两天内不进行交配.)

   数据包含在文件 fruitfly 中, 用行表示每个雄性果蝇的信息, 文件格式如下:

    第 1 列: 雌性数量

    第 2 列: 雌性类型 ——0 表示新受孕、1 表示未受孕、9 表示没有雌性

    第 3 列: 按天表示的寿命

    第 4 列: 胸部的长度 (毫米), 出生时确定的

    第 5 列: 睡眠时间的百分比

 a. 计算每组寿命的描述统计量, 并进行比较. 用平行箱形图显示数据. 从定性角度来讲, 你得到怎样的结论?

 b. 对睡眠时间百分比进行同样的分析.

 c. 制作寿命与胸部长度的散点图. 胸长可以预测寿命吗? 随机化能够平衡掉不同组间的胸长吗?

 d. 利用 F 检验检验组别之间的寿命差异. 利用图基方法和邦费罗尼法比较所有的均值对. 总结你的结论.

 e. 利用克鲁斯卡尔-沃利斯检验和邦费罗尼法重复该分析.

 f. 未受孕过的雌性如何影响雄性果蝇的睡眠?

33. 饮食如何影响寿命? 关于动物的研究表明限制热量的摄入可以增加寿命. Weindruch 等人利用雌性小鼠的 6 个试验组进行了一项试验. 数据包含在文件 diet-and-longevity 中, Ramsey 和 Shafer(2002) 也分析了这些数据. 各个试验组如下:

1. NP: 小鼠尽可能多地摄入标准饮食.
2. N/N85: 小鼠在断奶之前和之后进行正常喂养. 断奶之后, 摄入的热量是每周 85 千卡, 这是正常的平均水平.
3. N/R50: 小鼠在断奶之前进行正常喂养; 断奶之后, 摄入量的热量限制在每周 50 千卡.
4. R/R50: 小鼠在断奶之前和之后每周喂养 50 千卡.
5. lopro: 小鼠在断奶之前进行正常喂养, 在断奶之后限制每周 50 千卡的饮食, 随着年龄的增长减少饮食中的蛋白含量.
6. N/R40: 小鼠在断奶之前正常喂养, 断奶之后喂服每周 40 千卡的饮食.

   除了绘制平行箱形图, 构建均值相等的整体检验外, 很多有趣的科学问题涉及一些具体的比较. 例如, 为了判断从每周标准的 85 千卡到每周 50 千卡寿命是否减少, 需要比较 N/N85 组和 N/R50 组. 回答下面的问题需要比较哪些组?

 a. 断奶之前的饮食限制有效用吗?

b. 蛋白质的减少有效用吗?

c. 降低到每周 40 千卡有效用吗?

设计你想进行的比较, 利用合适的邦费罗尼修正实施这些比较. 包含 NP 组的目的是什么?

34. 下表给出了试验中动物的存活时间 (以小时为单位), 该试验设计包含三种毒药, 4 种试验方法, 每个单元有 4 个观测值.

   a. 利用双因素方差分析检验两个主因素和它们交互的效应.

   b. Box 和 Cox(1964) 分析了数据的倒数, 指出存活时间的倒数可以解释为死亡率. 进行双因素方差分析, 并与 a 中的结果进行比较. 评述标准双因素方差分析模型的拟合优度, 以及两个分析中的交互效应.

毒药	试验方法							
	A		B		C		D	
I	3.1	4.5	8.2	11.0	4.3	4.5	4.5	7.1
	4.6	4.3	8.8	7.2	6.3	7.6	6.6	6.2
II	3.6	2.9	9.2	6.1	4.4	3.5	5.6	10.0
	4.0	2.3	4.9	12.4	3.1	4.0	7.1	3.8
III	2.2	2.1	3.0	3.7	2.3	2.5	3.0	3.6
	1.8	2.3	3.8	2.9	2.4	2.2	3.1	3.3

35. 卵泡刺激素 (FSH) 的浓度可以利用生物测定方法进行测量. 其基本思想是, 当将 FSH 加到某些微生物上时, 一定比例的雌激素就会分泌出来. 因此, 根据标定结果, 测量分泌的雌激素可以得到 FSH 的数量. 然而, 在血清样本中确定 FSH 的水平是非常困难的, 因为血清中的某些因素影响雌激素的分泌, 所以这会搞杂生物测定的结果. 一项试验用来检验聚乙二醇 (PEG) 预处理血清的效用, 我们希望它能沉淀一些抑制物质.

三种试验方法应用到预先准备好的微生物上: 没有血清、PEG 处理过的没有 FSH 的血清和未处理的没有 FSH 的血清. FSH 共有 8 种剂量: 4, 2, 1, 0.5, 0.25, 0.125, 0.06 或 0.0mIU/µl, 每种微生物选择其中的一种. 对于每个血清剂量组合, 有三种微生物, 对其培育三天后, 利用放射免疫分析法化验微生物中的雌激素. 下表给出了测量结果 (单位是纳克雌激素每毫升). 分析这些数据, 判断 PEG 在多大程度上移除了血清的抑制物质. 写出简单的汇总报告, 记录你的分析结论.

剂量	没有血清	PEG 处理的血清	未处理的血清	剂量	没有血清	PEG 处理的血清	未处理的血清
0.00	1814.4	372.7	1745.3	0.50	14 538.8	6074.3	4471.9
0.00	3043.2	350.1	2470.0	0.50	14 214.3	12 273.9	2772.1
0.00	3857.1	426.0	1700.0	0.50	16 934.5	14 240.9	5782.3
0.06	2447.9	628.3	1919.2	1.00	19 719.8	17 889.9	11 588.7
0.06	3320.9	655.0	1605.1	1.00	20 801.4	11 685.7	8249.5
0.06	3387.6	700.0	2796.0	1.00	32 740.7	11 342.4	18 481.5
0.12	4887.8	1701.8	1929.7	2.00	16 453.8	11 843.5	10 433.5
0.12	5171.2	2589.4	1537.3	2.00	28 793.8	18 320.7	8181.0
0.12	3370.7	1117.1	1692.7	2.00	19 148.5	23 580.6	11 104.0
0.25	10 255.6	4114.6	1149.1	4.00	17 967.0	12 380.0	10 020.0
0.25	9431.8	2761.5	743.4	4.00	18 768.6	20 039.0	8448.5
0.25	10 961.2	1975.8	948.5	4.00	19 946.9	15 135.6	10 482.8

第13章 分类数据分析

13.1 引言

本章介绍计数形式的分类数据分析方法. 我们主要讨论二维表格, 其行和列代表类别. 假设表格中的行表示各种头发颜色, 它的列表示各种眼睛颜色, 每个单元中的数目是落入相应交叉类别中的人数. 我们可能感兴趣于行类和列类之间的相依性, 即头发颜色与眼睛颜色相关吗?

我们需要强调的是本章考虑的数据都是计数数据, 而不是第 12 章中的连续度量. 因此, 在这一章中, 我们大量使用多项分布和卡方分布.

13.2 费舍尔精确检验

我们利用下面的例子介绍费舍尔 (Fisher) 精确检验. Rosen 和 Jerdee(1974) 进行了几次试验, 选择参加管理研究院的男性银行主管作为研究对象. 作为他们训练的一部分, 主管们不得不对文件测试筐中的公文做出决策. 研究者将试验材料放入文件测试筐中. 在一项试验中, 主管们拿到一个人事档案, 不得不决定是提拔这个员工还是存留档案, 并面试另外的候选人. 通过随机选择, 24 个主管检查标有男性员工的档案, 24 个检查标有女性员工的档案; 除此之外, 档案都是一样的. 结果汇总在下面的表格中:

	男性	女性
提拔	21	14
存档	3	10

根据这个结果, 好像存在性别歧视 ——24 个男性中提拔了 21 个, 但是 24 个女性中仅有 14 个获得提拔. 然而, 有些人反驳性别歧视的存在, 认为这个结果是偶然性导致的, 也就是说, 即使不存在歧视, 并且主管完全不关心员工的性别, 仅仅由于偶然性而产生这些观测差异的概率也是非常大的. 用另外一种方式重新表述这个观点如下: 48 个主管中的 35 个选择提拔员工, 而其中的 13 个选择不提拔, 在 35 个获得提拔的员工中, 有 21 个是男性员工, 这仅是主管随机分配男性和女性档案的直接结果.

反驳性别歧视的辩论力度必须通过概率计算进行评估. 如果可能是随机因素导致了这种性别失调, 那么很难反驳这个观点; 然而, 如果所有可能的随机结果仅有一小部分导致这种性别失调, 那么这个观点就论据不足. 我们取没有性别歧视作为原假设, 即观测中的任何差异都是随机因素造成的. 我们将表格中的计数 (同时增加两个边) 表述如下:

N_{11}	N_{12}	$n_{1.}$
N_{21}	N_{22}	$n_{2.}$
$n_{.1}$	$n_{.2}$	$n_{..}$

根据原假设，表格的两个边是固定的：有 24 个女性，24 个男性，选择提拔的主管有 35 个，选择不提拔的主管有 13 个。同时，表格内的计数结果由随机因素决定 (由于它们是随机的，所以用大写字母表示)，并受边际条件的限制。在这些限制条件下，表格内的计数仅有 1 个自由度，如果固定任何一个内部计数，其他的都可以确定出来。

考虑计数 N_{11}，它是获得提拔的男性员工数。在原假设为真的情况下，从 35 次成功和 13 次失败的总体中无重复地抽取 24 次，其中成功次数的分布就是 N_{11} 的分布，也就是说，由随机因素导出的 N_{11} 的分布是超几何的。$N_{11} = n_{11}$ 的概率是

$$p(n_{11}) = \frac{\binom{n_{1.}}{n_{11}}\binom{n_{2.}}{n_{21}}}{\binom{n_{..}}{n_{.1}}}$$

我们利用 N_{11} 作为检验原假设的检验统计量。上述超几何概率分布是 N_{11} 的零分布，列表在此。N_{11} 的极值拒绝双边检验。

n_{11}	11	12	13	14	15	16	17	18	19	20	21	22	23	24
$p(n_{11})$	0.000	0.000	0.004	0.21	0.072	0.162	0.241	0.241	0.162	0.072	0.021	0.004	0.000	0.000

由这个表格，$\alpha = 0.05$ 时双边检验的拒绝域包含如下 N_{11} 值：11, 12, 13, 14, 21, 22, 23 和 24。N_{11} 的观测值落在这个区域，所以检验在 0.05 的水平下拒绝原假设。在员工提拔中，由于偶然性而产生类似观测或更极端性别失调的概率仅有 0.05，所以有非常充足的证据表明性别歧视是存在的。

13.3　卡方齐性检验

假设我们自 J 个多项分布中选取独立的观测，每个分布具有 I 个单元，我们想检验多项分布的单元概率是否相等，即检验多项分布的齐性。

作为一个例子，我们考虑文学风格方面的量化研究。很多研究者用单词数标识文学风格，并构建这些单词数的概率模型。统计技术也可以应用到这些计数上，并用来研究著作权纠纷。Morton(1978) 给出了一个有趣的记述，我们从中摘取如下的例子。

在 Jane Austen 过世之后，她留给后人的小说《Sanditon》仅仅完成了一部分，但她写完了剩余部分的摘要框架。狂热的文学崇拜者努力地学习 Austen 的风格，完成了小说的后一部分，出版了混合本。Morton 计数了几部著作中各种单词的出现次数，它们是：《Sense and Sensibility》的第 1、3 章，《Emma》的第 1、2、3 章，《Sanditon》的第 1、6 章 (由 Austen 撰写)，以及《Sanditon》的第 12、24 章 (由她的崇拜者撰写)。Morton 得到的 6 个单词的计数结果由下表给出：

单词	Sense and Sensibility	Emma	Sanditon I	Sanditon II
a	147	186	101	83
an	25	26	11	29
this	32	39	15	15
that	94	105	37	22
with	59	74	28	43
without	18	10	10	4
总计	375	440	202	196

我们比较出现这些单词的相对频率，检验 Austen 不同著作中单词用法的一致性，以及她的崇拜者在模仿其文学风格时的成功程度．基于此，我们使用模型：《Sense and Sensibility》的 6 个计数视作多项随机变量的一次实现，具有未知的单元概率和 375 个总数；其他著作的计数可以类似地视作独立的多项随机变量．

因此，我们必须考虑比较 J 个多项分布，每一个都具有 I 个类. 如果用 π_{ij} 表示第 j 个多项分布中第 i 个类的概率，检验的原假设是

$$H_0: \pi_{i1} = \pi_{i2} = \cdots = \pi_{iJ}, \quad i = 1, \cdots, I$$

我们可以将其视作拟合优度检验：由原假设描述的模型适合数据吗？为了检验拟合优度，如第 9 章，我们利用似然比统计量或皮尔逊卡方统计量，比较观测值和期望值. 我们假设数据由每个多项分布的独立样本组成，并用 n_{ij} 表示第 j 个多项分布中第 i 个类的计数值.

在 H_0 下，J 个多项分布在第 i 个类中的概率都是相同的，比方说 π_i. 下面的定理证明 π_i 的最大似然估计仅是 $n_{i.}/n_{..}$，这个估计是显然的. 这里，$n_{i.}$ 是第 i 类的总数，$n_{..}$ 是累计总数，$n_{.j}$ 是第 j 个多项的总数.

定理 13.3.1 在 H_0 下，参数 $\pi_1, \pi_2, \cdots, \pi_I$ 的最大似然估计是

$$\hat{\pi}_i = \frac{n_{i.}}{n_{..}}, \quad i = 1, \cdots, I$$

其中 $n_{i.}$ 是第 i 类的总数，$n_{..}$ 是所有响应总数.

证明 由于多项分布是独立的，

$$\text{lik}(\pi_1, \pi_2, \cdots, \pi_I) = \prod_{j=1}^{J} \binom{n_{.j}}{n_{1j} n_{2j} \cdots n_{Ij}} \pi_1^{n_{1j}} \pi_2^{n_{2j}} \cdots \pi_I^{n_{Ij}}$$

$$= \pi_1^{n_{1.}} \pi_2^{n_{2.}} \cdots \pi_I^{n_{I.}} \prod_{j=1}^{J} \binom{n_{.j}}{n_{1j} n_{2j} \cdots n_{Ij}}$$

我们考虑在 $\sum_{i=1}^{I} \pi_i = 1$ 的限制条件下，最大化对数似然函数. 引入拉格朗日乘子，我们需要最大化

$$l(\pi, \lambda) = \sum_{j=1}^{J} \log \binom{n_{.j}}{n_{1j} n_{2j} \cdots n_{Ij}} + \sum_{i=1}^{I} n_{i.} \log \pi_i + \lambda \left(\sum_{i=1}^{I} \pi_i - 1 \right)$$

现在，

$$\frac{\partial l}{\partial \pi_i} = \frac{n_{i.}}{\pi_i} + \lambda, \quad i = 1, \cdots, I$$

或者

$$\hat{\pi}_i = -\frac{n_{i.}}{\lambda}$$

两边求和，应用限制条件，我们得到 $\lambda = -n_{..}$，且 $\hat{\pi}_i = n_{i.}/n_{..}$，得证. ∎

对于第 j 个多项分布,第 i 类的期望数是相应单元的估计概率乘以第 j 个多项分布的观测总数,或者

$$E_{ij} = \frac{n_{.j} n_{i.}}{n_{..}}$$

因此,皮尔逊卡方统计量是

$$X^2 = \sum_{i=1}^{I} \sum_{j=1}^{J} \frac{(O_{ij} - E_{ij})^2}{E_{ij}} = \sum_{i=1}^{I} \sum_{j=1}^{J} \frac{(n_{ij} - n_{i.} n_{.j}/n_{..})^2}{n_{i.} n_{.j}/n_{..}}$$

对于大样本,这个统计量的近似零分布是卡方的. (通常建议:支撑这个近似结论所必需的样本容量应该满足期望数都大于 5.) 自由度是从独立的计数数目中减去由数据估计的独立参数个数. 由于总数固定,每个二项分布具有 $I-1$ 个独立的观测,且 $I-1$ 个独立的参数被估计出来. 因此,自由度是

$$df = J(I-1) - (I-1) = (I-1)(J-1)$$

我们现在将这个方法应用到 Austen 著作的单词数中. 首先,我们考虑 Austen 不同著作之间的一致性. 下表给出了观测值,并在其下方给出了每个表格单元的期望值.

单词	Sense and Sensibility	Emma	Sanditon I	单词	Sense and Sensibility	Emma	Sanditon I
a	147	186	101	that	94	105	37
	160.0	187.8	86.2		87.0	102.1	46.9
an	25	26	11	with	59	74	28
	22.9	26.8	12.3		59.4	69.7	32.0
this	32	39	15	without	18	10	10
	31.7	37.2	17.1		14.0	16.4	7.5

观测值显得非常接近期望值,卡方统计量的值是 12.27. 自由度为 10 的卡方分布的 10% 分位点是 15.99,25% 的分位点是 12.54. 因此,数据与模型一致,三本著作中的单词数是多项随机变量的实现,具有相同的标的概率. Austen 使用这些单词的相对频率没有随着著作的变化而变化.

为了比较 Austen 和她的模仿者,根据上述发现,我们将 Austen 所有的著作放在一起. 下面的表格显示了模仿者和 Austen 的观测频数和期望频数:

单词	模仿者	Austen	单词	模仿者	Austen
a	83	434	that	22	236
	83.5	433.5		41.7	216.3
an	29	62	with	43	161
	14.7	76.3		33.0	171.0
this	15	86	without	4	38
	16.3	84.7		6.8	35.2

自由度为 3 的卡方统计量是 32.81,给出的 p 值小于 0.001. 模仿者没有成功地仿效 Austen 的文学风格. 为了说明哪些差异比较大,逐个检验单元的卡方统计量贡献是有益的,制表如下:

单词	模仿者	Austen	单词	模仿者	Austen
a	0.00	0.00	that	9.30	1.79
an	13.90	2.68	with	3.06	0.59
this	0.11	0.02	without	1.14	0.22

检查上面的两个表格,我们看到 Austen 使用单词 an 的相对频率小于她的模仿者,她使用 that 的相对频率比较大.

13.4 卡方独立性检验

这一节同样介绍卡方检验,与上一节非常相似,但是目的却稍有不同. 我们再一次使用一个例子.

Kiser 和 Schaefer(1949) 对出现在杂志《Who's Who》中的妇女进行人口研究,编制至少结婚一次的 1436 个妇女的数据表如下:

教育程度	结婚一次	结婚超过一次	总计
大学	550	61	611
没上大学	681	144	825
总计	1231	205	1436

婚姻状况和教育程度之间有关系吗?具有大学文凭的妇女中,$\frac{61}{611}=10\%$ 的结婚超过一次;没有大学文凭的妇女中,$\frac{144}{825}=17\%$ 的结婚超过一次. 另外,注意结婚超过一次的妇女中,$\frac{61}{205}=30\%$ 的具有大学文凭,而那些结婚仅一次的妇女中,$\frac{550}{1231}=45\%$ 的具有大学文凭,由此或许能够回答上述问题. 对于 1436 个妇女组成的这个样本,具有大学文凭与结婚一次是正相关的,但是我们不可能由这些数据做出因果推断. 婚姻稳定性可能受教育水平影响,或者两者都有可能受其他因素影响,比如社会地位.

有关这项研究的评论家们在任何情形下都可以断定婚姻状况和教育水平之间是"统计上不显著的". 由于数据不是来自任何总体的样本,没有运用任何随机因素,概率和统计的作用尚不清楚. 有人或许可能反驳说:数据可以自己说话,没有任何几率机制在运作. 然后,评论家用另外一种方式重新反驳到:"如果我选取 1436 个人组成一个样本,并将其交叉分成两类,事实上,它们在样本抽取的总体中没有任何关系,我可以找到强于或更强于表格中观测到的相关关系. 为什么我要相信你的表格中的任何实际关联关系呢?"尽管这种说法似乎并不引入注目,但是通常在可以假设随机机制存在的情形中利用统计检验.

我们讨论表格中交叉分类的统计分析,样本容量为 n,表格具有 I 行和 J 列. 这样的形状称为**列联表**(contingency table). 观测 n_{ij}(其中 $i=1,\cdots,I, j=1,\cdots,J$) 的联合分布是单元概率(记为 π_{ij}) 的多项分布. 令

$$\pi_{i\cdot} = \sum_{j=1}^{J} \pi_{ij}$$

分类数据分析

$$\pi_{.j} = \sum_{i=1}^{I} \pi_{ij}$$

表示观测落入第 i 行和第 j 列的边际概率. 如果行类和列类是相互独立的, 那么

$$\pi_{ij} = \pi_{i.}\pi_{.j}$$

因此, 我们考虑检验下面的原假设:

$$H_0: \pi_{ij} = \pi_{i.}\pi_{.j}, \quad i=1,\cdots,I, \quad j=1,\cdots,J$$

对备择假设: π_{ij} 是自由的. 在 H_0 下, π_{ij} 的最大似然估计是

$$\hat{\pi}_{ij} = \hat{\pi}_{i.}\hat{\pi}_{.j} = \frac{n_{i.}}{n} \times \frac{n_{.j}}{n}$$

(参见章末习题 10). 在备择假设下, π_{ij} 的最大似然估计是

$$\tilde{\pi}_{ij} = \frac{n_{ij}}{n}$$

这些估计可以用来构造似然比检验或等价的渐近皮尔逊卡方检验,

$$X^2 = \sum_{i=1}^{I}\sum_{j=1}^{J} \frac{(O_{ij}-E_{ij})^2}{E_{ij}}$$

这里 O_{ij} 是观测计数 (n_{ij}). 期望计数 E_{ij} 是拟合计数:

$$E_{ij} = n\hat{\pi}_{ij} = \frac{n_{i.}n_{.j}}{n}$$

因此, 皮尔逊卡方统计量是,

$$X^2 = \sum_{i=1}^{I}\sum_{j=1}^{J} \frac{(n_{ij}-n_{i.}n_{.j}/n)^2}{n_{i.}n_{.j}/n}$$

卡方统计量自由度的计算方式如 9.5 节所释. 在 Ω 下, 单元概率之和等于 1, 但是其他都是自由的, 因此共有 $IJ-1$ 个独立的参数. 在原假设下, 边际概率由数据估计出来, 由此确定出 $(I-1)+(J-1)$ 个独立参数. 因此,

$$\text{df} = IJ-1-(I-1)-(J-1) = (I-1)(J-1)$$

回到人口研究中 1436 个妇女组成的数据集, 我们计算期望值, 并构造出下面的表格:

教育程度	结婚一次	结婚超过一次
大学	550	61
	523.8	87.2
没上大学	681	144
	707.2	117.8

卡方统计量是 16.01, 具有 1 个自由度, 给出的 p 值小于 0.001. 我们拒绝独立性的假设, 断定婚姻状况和教育程度之间有关系.

这里用来检验独立性的卡方统计量与上一节用来检验齐性的卡方统计量在形式和自由度上都是一样的. 然而, 假设是不同的, 抽样方案是不同的. 齐性检验是在列 (或行) 边际固定的条

件下进行推导的, 独立性检验是在仅固定所有总和的条件下推导的. 因为检验统计量的计算方式是一样的, 并且具有相同的自由度, 所以它们之间的区别通常是含糊不清的. 再者, 齐性和独立的概念是密切相关的, 很容易混淆. 独立性可以视作条件分布的齐性, 例如, 如果教育水平和婚姻状况是独立的, 那么给定教育水平时婚姻状况的条件概率是齐性的 ——P(结婚一次|大学) = P(结婚一次|没上大学).

13.5 配对设计

配对设计在涉及分类数据的试验中非常有效; 对于涉及连续数据的试验, 配对可以控制外部的变异源, 提升统计检验的势. 然而, 分析这样的数据必须使用合适的技术. 这一节利用一个扩展的例子解释这些概念.

例 13.5.1 Vianna, Greenwald 和 Davies(1971) 搜集数据比较一组霍奇金病患者中进行过扁桃体切除术的百分比, 并增加了可比较的控制组:

	扁桃体切除术	没有扁桃体切除术
霍奇金病	67	34
控制组	43	64

这个表格显示 66% 的霍奇金病患者进行过扁桃体切除术, 与之相对照的控制组是 40%. 齐性卡方检验给出的卡方统计量是 14.26, 自由度为 1, 它是高度显著的. 研究者推测扁桃体在某种方式上可以起到预防霍奇金病的防护屏障作用.

Johnson 和 Johnson(1972) 选择了 85 位霍奇金病患者, 他们都有未患此病的同性兄弟, 且两者的年龄差在 5 岁以内. 这些研究者给出了下面的表格:

	扁桃体切除术	没有扁桃体切除术
霍奇金病	41	44
控制组	33	52

他们计算的卡方统计量是 1.53, 是不显著的. 因此, 他们的发现似乎与 Vianna、Greenwald 和 Davies 的相矛盾.

发表 Johnson 和 Johnson 结果的杂志编辑收到很多来信, 信中指出那些研究者们在分析时犯了一个的错误, 忽视了配对. 齐性卡方检验背后的假设是比较独立的多项样本, 而 Johnson 和 Johnson 的样本是不独立的, 因为兄弟是成对的. 一旦我们建立了配对表, 就能找到 Johnson 和 Johnson 数据的合理分析方法.

		兄弟	
		没有扁桃体切除术	扁桃体切除术
患者	没有扁桃体切除术	37	7
	扁桃体切除术	15	26

数据可以视作来自多项分布的样本, 容量为 85, 具有 4 个单元. 我们可以将概率列表如下:

π_{11}	π_{12}	$\pi_{1\cdot}$
π_{21}	π_{22}	$\pi_{2\cdot}$
$\pi_{\cdot 1}$	$\pi_{\cdot 2}$	1

合理的原假设是病人及其兄弟进行扁桃体切除术与否的概率一样, 即 $\pi_{1.} = \pi_{.1}$ 和 $\pi_{2.} = \pi_{.2}$, 或

$$\pi_{11} + \pi_{12} = \pi_{11} + \pi_{21}$$
$$\pi_{12} + \pi_{22} = \pi_{21} + \pi_{22}$$

这些方程简化为 $\pi_{12} = \pi_{21}$.

因此, 相关的原假设是

$$H_0 : \pi_{12} = \pi_{21}$$

在原假设下, 非对角线上的概率是相等的, 在备择假设下, 它们不相等. 对角线上的概率没有区分原假设和备择假设. 我们推导这个假设的检验, 称为**麦克尼马尔检验**(McNemar's test). 在 H_0 下, 单元概率的最大似然估计是 (参见章末习题 10)

$$\hat{\pi}_{11} = \frac{n_{11}}{n}$$
$$\hat{\pi}_{22} = \frac{n_{22}}{n}$$
$$\hat{\pi}_{12} = \hat{\pi}_{21} = \frac{n_{12} + n_{21}}{2n}$$

来自 n_{11} 和 n_{22} 单元的卡方统计量的贡献等于零. 剩余的统计量是

$$X^2 = \frac{[n_{12} - (n_{12}+n_{21})/2]^2}{(n_{12}+n_{21})/2} + \frac{[n_{21} - (n_{12}+n_{21})/2]^2}{(n_{12}+n_{21})/2} = \frac{(n_{12}-n_{21})^2}{n_{12}+n_{21}}$$

我们计算自由度: 在 Ω 中, 有三个参数, 这是由于 4 个单元概率受限于和为 1 的条件. 在原假设下, 增加一个附加限制条件 $\pi_{12} = \pi_{21}$, 同时有两个自由参数. 因此, 卡方统计量有 1 个自由度. 对于现实配对的数据表, $\chi^2 = 2.91$, 相应的 p 值是 0.09. 这令人怀疑原假设的正确性, 与 Johnson 和 Johnson 的原始分析结果相反. ∎

例 13.5.2 (手机和驾驶) 驾驶时使用手机是导致车祸的原因吗? 这个问题很难通过实证进行研究. 观测研究需要比较使用者和不使用者的事故率, 而这受限于众多的混杂原因, 比如年龄、性别、时间和驾驶地点. 随机化控制试验随机地指定驾驶者使用或不使用手机, 这是行不通的, 其部分原因是蓄意将人们暴露在潜在的危险情况下是不道德的. 双盲很显然是不可能的. Redelmeier 和 Tibshirani(1997) 进行了一项非常聪明的研究, 设计如下. 他们找出 699 个驾驶员, 这些驾驶员既有手机, 同时还卷入了汽车碰撞事故. 然后, 他们利用账单决定每个人在碰撞之前 10 分钟内是否使用过手机, 同时还收集了上周同一时间段内的相应数据. (更详细的讨论参见引用的论文.) 因此, 每个人充当自己的控制组, 剔除了各种混杂因素. 结果列示如下表:

碰撞	碰撞前		总计
	使用电话	没有使用电话	
使用电话	13	157	170
没有使用电话	24	505	529
总计	37	662	699

由此表，在碰撞发生的日期中，24% 的驾驶者在碰撞前使用过手机，与之相比较的是 5% 的没有使用手机. 麦克尼马尔检验可以用来检验没有关系的原假设:

$$X^2 = \frac{(157-24)^2}{157+24} = 97.7$$

因此，毫无疑问，这种关联是统计显著的. 然而，作者指出这个结论并不一定说明驾驶时使用手机就能引起更多的事故. 例如，很有可能在情绪低落时，驾驶者更有可能使用手机，因为情绪低落也会较少留意驾驶. ∎

13.6 优势比

如果事件 A 发生的概率是 $P(A)$，A 发生的**优势**(odds) 定义为

$$\text{odds}(A) = \frac{P(A)}{1-P(A)}$$

由于这说明

$$P(A) = \frac{\text{odds}(A)}{1+\text{odds}(A)}$$

例如，优势为 2(或 2 对 1)，相应的 $P(A) = 2/3$.

现在，假设事件 X 表示一个人暴露在潜在有害剂中，事件 D 表示这个人感染上这种疾病. 我们用 $\overline{X}$ 和 $\overline{D}$ 表示补事件. 给定他受有害剂影响的条件下，染上这种疾病的优势是

$$\text{odds}(D|X) = \frac{P(D|X)}{1-P(D|X)}$$

给定他没有受有害剂影响的条件下，染上这种疾病的优势是

$$\text{odds}(D|\overline{X}) = \frac{P(D|\overline{X})}{1-P(D|\overline{X})}$$

优势比(odds ratio)

$$\Delta = \frac{\text{odds}(D|X)}{\text{odds}(D|\overline{X})}$$

度量了暴露对于后继疾病的影响程度.

我们考虑利用抽样来估计优势和优势比，总体的联合概率和边际概率如下表定义:

	$\overline{D}$	D	
$\overline{X}$	π_{00}	π_{01}	$\pi_{0\cdot}$
X	π_{10}	π_{11}	$\pi_{1\cdot}$
	$\pi_{\cdot 0}$	$\pi_{\cdot 1}$	1

利用这个符号，

$$P(D|X) = \frac{\pi_{11}}{\pi_{10}+\pi_{11}}$$

$$P(D|\overline{X}) = \frac{\pi_{01}}{\pi_{00}+\pi_{01}}$$

因此，

$$\text{odds}(D|X) = \frac{\pi_{11}}{\pi_{10}}$$
$$\text{odds}(D|\overline{X}) = \frac{\pi_{01}}{\pi_{00}}$$

优势比是
$$\Delta = \frac{\pi_{11}\pi_{00}}{\pi_{01}\pi_{10}}$$

上面表格中对角线上的概率乘积除以非对角线上的概率乘积.

现在, 为了研究疾病与暴露之间的关系, 我们考虑三种抽样方法. 首先, 我们考虑自整个总体中抽取随机样本, 由此可以直接估计出所有的概率. 然而, 如果疾病是罕见的, 为了保证样本中包含大量的患病个体, 总的样本容量必须足够大.

第二个抽样方法称为**前瞻性研究**(prospective study)——抽取固定数目的暴露和未暴露个体, 比较这两个组的疾病发生率. 在这种情况下, 数据允许我们估计和比较 $P(D|X)$ 和 $P(D|\overline{X})$, 因此, 也可以比较优势比. 例如, 利用患病个体的暴露比例估计 $P(D|X)$. 然而, 注意个体概率 π_{ij} 不能由数据估计出来, 因为暴露和未暴露个体的边际值已经由抽样设计任意地固定下来.

第三个抽样方法 ——**回顾性研究**(retrospective study)—— 是抽取固定数目的患病和未患病个体, 比较两个组的暴露发生率. 上一节讨论的 Vianna、Greenwald 和 Davies(1971) 就是这种类型的研究. 利用这个数据, 我们可以利用暴露个体中患病和未患病的比例直接估计出 $P(X|D)$ 和 $P(X|\overline{D})$. 因为患病和未患病的边际计数是固定的, 我们不能估计联合概率, 或重要的条件概率 $P(D|X)$ 和 $P(D|\overline{X})$. 然而, 如下所示, 我们可以估计出优势比 Δ. 注意到

$$P(X|D) = \frac{\pi_{11}}{\pi_{01} + \pi_{11}}$$
$$1 - P(X|D) = \frac{\pi_{01}}{\pi_{01} + \pi_{11}}$$
$$\text{odds}(X|D) = \frac{\pi_{11}}{\pi_{01}}$$

类似地,
$$\text{odds}(X|\overline{D}) = \frac{\pi_{10}}{\pi_{00}}$$

由此, 我们看出上面定义的似然比也可以表示为
$$\Delta = \frac{\text{odds}(X|D)}{\text{odds}(X|\overline{D})}$$

特别地, 假设这类研究中的计数如下表所示:

	$\overline{D}$	D
$\overline{X}$	n_{00}	n_{01}
X	n_{10}	n_{11}
	$n_{.0}$	$n_{.1}$

那么，估计条件概率和优势比为，

$$\hat{P}(X|D) = \frac{n_{11}}{n_{\cdot 1}}$$

$$1 - \hat{P}(X|D) = \frac{n_{01}}{n_{\cdot 1}}$$

$$\widehat{\text{odds}}(X|D) = \frac{n_{11}}{n_{01}}$$

类似地，

$$\widehat{\text{odds}}(X|\overline{D}) = \frac{n_{10}}{n_{00}}$$

所以，优势比的估计是

$$\hat{\Delta} = \frac{n_{00}n_{11}}{n_{01}n_{10}}$$

对角线计数的乘积除以非对角线计数的乘积.

作为一个例子，考虑上一节的数据表，显示 Vianna、Greenwald 和 Davies 的研究数据. 优势比的估计是

$$\hat{\Delta} = \frac{67 \times 64}{43 \times 34} = 2.93$$

根据这个研究，扁桃体切除术可以使感染霍奇金病的优势增加 3 倍.

除了具有点估计 $\hat{\Delta} = 2.93$ 外，附加这个估计的近似标准误差是非常有用的，这可以显示估计的不确定性. 由于 $\hat{\Delta}$ 是计数的非线性函数，利用分析推导标准误差看来是有些难度. 然而，模拟 (自助法) 的便利性再一次帮助了我们. 为了利用模拟近似估计 $\hat{\Delta}$ 的分布，我们需要根据 Vianna、Greenwald 和 Davies 数据表中的计数统计模型生成随机数. 第一行和第一列 N_{11} 的计数模型是二项分布，具有 $n = 101$，概率 π_{11}；第二行和第二列的计数 N_{22} 是独立的二项分布，具有 $n = 107$，概率 π_{22}. 因此，随机变量的分布

$$\hat{\Delta} = \frac{N_{11}N_{22}}{(101 - N_{11})(107 - N_{22})}$$

由两个二项分布决定，我们可以从中抽取大量的样本来任意地近似它.

由于概率 π_{11} 和 π_{22} 未知，它们由观测值 $\hat{\pi}_{11} = 67/101 = 0.663$ 和 $\hat{\pi}_{22} = 64/107 = 0.598$ 估计出来. 利用计算机生成二项随机变量 N_{11} 和 N_{22} 的 1000 次实现，图 13.1 显示了 1000 个 $\hat{\Delta}$ 值的结果直方图. 这 1000 个值的标准差是 0.89，可以将其用作我们观测估计 $\hat{\Delta} = 2.93$ 的估计标准误差.

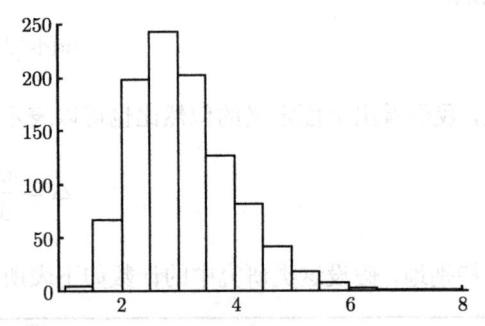

图 13.1　优势比 Δ 的 1000 次自助估计值的直方图

13.7 结束语

这一章介绍了双向分类问题,它是列联表的最简单形式. 实践中经常出现更高阶的分类问题,这样就会产生更复杂的依赖模式. 例如,对于三向表,其中的因素记为 A,B 和 C,我们考虑给定 C 的条件下,检验 A 和 B 是否独立.

相依性可以通过**对数线性模型**(log linear model) 进行识别. 如果双向表中的行类和列类是独立的,那么

$$\pi_{ij} = \pi_i \pi_j$$

或

$$\log \pi_{ij} = \log \pi_i + \log \pi_j$$

我们利用 α_i 表示 $\log \pi_i$,β_j 表示 $\log \pi_j$. 那么,如果存在相依性,$\log \pi_{ij}$ 可以表示为

$$\log \pi_{ij} = \alpha_i + \beta_j + \gamma_{ij}$$

这个形式模仿第 12 章介绍的加法方差模型的分析过程. 这个思想很容易推广到三阶列联表. 例如,三向表的一种可能模型是

$$\log \pi_{ijk} = \alpha_i + \beta_j + \gamma_k + \delta_{ij} + \varepsilon_{ik} + \phi_{jk}$$

它允许二阶相关,但没有三阶相关. 对数线性模型的参数可以运用最大似然估计和似然比检验估计出来. Agresti(1996) 处理了这些分类数据问题,以及与此相关的其他一些议题.

13.8 习题

1. 已知成人型糖尿病由基因高度决定. 有项研究比较了这类糖尿病患者样本和非糖尿病患者样本中的某个特殊等位基因的频数. 数据如下表所示:

	糖尿病患者	正常人
Bb 或 bb	12	4
BB	39	49

这两组中等位基因的相对频率显著不同吗?

2. Phillips 和 Smith(1990) 进行了一项研究,调查人们能否暂时地将死亡日期推迟到重大场合之后. 家中年长的妇女在中秋节仪式上起到非常重要的作用. Phillips 和 Smith 比较了年纪大的犹太妇女和年纪大的中国妇女的死亡模式,这些妇女都是在紧邻节日之前和之后的几个星期内自然死亡,数据取自 1960—1984 年美国加州的记录结果. 比较图中所示的死亡模式. (周 −1 是节前的那个星期,周 1 是节后的,等等.)

周	中国人	犹太人	周	中国人	犹太人
−2	55	141	1	70	139
−1	33	145	2	49	161

3. Overfield 和 Klauber(1980) 公布了下面的数据,探讨爱斯基摩人样本中肺结核发病率与血型之间的关系. 疾病和血型在 ABO 血型系统或 MN 血型系统中有任何关联吗?

严重性	ABO 系统				MN 系统		
	O	A	AB	B	MM	MN	NN
中晚期	7	5	3	13	21	6	1
早期	27	32	8	18	54	27	5
不存在	55	50	7	24	74	51	11

4. 在称为中部城镇的著名社会学研究中，Lynd 和 Lynd(1956) 问卷调查了 784 名白人高中生. 问卷要求学生在给出的 10 个特征中选择出最需要其父亲具有的两个特征. 下面的表格显示了特征"是大学毕业生"由男生和女生评定的需要程度. 男生和女生在评价这个特征时有区别吗？

	男 生	女 生
提 及	86	55
未提及	283	360

5. Dowdall(1974)[Haberman(1978) 也进行了讨论] 研究了罗得岛上种族背景对妇女角色态度的影响. 调查对象是年龄介于 15~64 之间的妇女，并回答她们是否认为参加工作是妇女的所有权利，而不是其丈夫工作，他们只负责照顾家庭和孩子. 下面的表格按照调查对象的种族划分了调查数据. 响应值和种族之间有关系吗？如果有，请描述之.

人 种	是	否	人 种	是	否
意大利人	78	47	爱尔兰人	43	30
北欧人	56	29	法裔加拿大人	36	22
其他欧洲人	43	29	法国人	42	23
英国人	53	32	葡萄牙人	29	7

6. 一般认为在空军中队中，男性飞行员更容易生女孩. Snyder(1961) 搜集了军事战斗机飞行员的数据. 飞行员孩子的性别按照受孕月份的三种飞行任务类型进行制表，如下图所示. 三组之间有显著性区别吗？在 1950 年的美国，男女出生性别比是 105.37：100. 数据与这个性别比一致吗？

父亲行为	女 孩	男 孩
战斗飞行	51	38
运输飞行	14	16
无飞行	38	46

7. 初等统计学的考试分数按照学生的专业进行分类. 分数和专业之间有关系吗：

	专业				专业		
分数	心理学	生物学	其他	分数	心理学	生物学	其他
A	8	15	13	C	15	4	7
B	14	19	15	D-F	3	1	4

8. 随机化双盲试验用来比较几种药物在减缓术后恶心时的效果. 所有的病人都用氧化亚氮和乙醚进行麻醉. 下面的表格显示了病人在使用几种药物和安慰剂的情况下于术后第一个 4 小时内出现恶心的次数 (Beecher 1959). 比较药物之间及与安慰剂之间的差异.

	患者数	恶心次数		患者数	恶心次数
安慰剂	165	95	苯巴比妥 (100 毫克)	67	35
氯丙嗪	152	52	苯巴比妥 (150 毫克)	85	37
茶苯海明	85	52			

9. 本习题考虑 Jane Austen 和其模仿者的更多数据 (Morton 1978). 下面的表格给出了单词 *such* 先于 (PB) 和没有先于 (NPB) 单词 *a*、单词 *I* 跟在 (FB) 和没有跟在 (NFB) 单词 *and* 之后, 以及单词 *on* 先于 (PB) 和没有先于 (NPB) 单词 *the* 的相对频数.

单词	Sense and Sensibility	Emma	Sanditon I	Sanditon II
a PB *such*	14	16	8	2
a NPB *such*	133	180	93	81
and FB *I*	12	14	12	1
and NFB *I*	241	285	139	153
the PB *on*	11	6	8	17
the NPB *on*	259	265	221	204

Austen 不同著作中的风格习惯一致吗? 其模仿者有没有成功地效仿她的文学风格?

10. 验证单元概率 π_{ij} 的最大似然估计就是 13.4 节独立性检验和 13.5 节麦克尼马尔检验中所给出的表达式.
11. (a) 导出齐性的似然比检验. (b) 计算 13.3 节例中的似然比检验统计量, 并与皮尔逊卡方统计量相比较. (c) 导出独立性的似然比检验. (d) 计算 13.4 节例中的似然比检验统计量, 并与皮尔逊卡方统计量相比较.
12. 证明: 麦克尼马尔检验几乎可以等价地将响应结果评分为 0 或 1, 并计算结果数据的配对样本 t 检验.
13. 社会学家正在研究家庭规模的影响因素. 他找到成对的姐妹, 且都已结婚, 确定每个姐妹是否生有 0, 1, 2, 或更多个孩子. 他想比较姐姐和妹妹. 解释下面假设的含义并回答如何检验它们.
   a. 妹妹的孩子数目独立于姐姐的.
   b. 姐姐和妹妹的家庭规模分布是一样的. 有没有可能一个假设是真的, 而另一个是假的? 解释之.
14. Lazarsfeld、Berelson 和 Gaudet(1948) 展示了下面的表格, 研究政治选举的关注度与教育和年龄之间的关系:

关注度	没有接受高中教育		高中及以上教育程度	
	45 岁以下	45 岁以上	45 岁以下	45 岁以上
大	71	217	305	180
小	305	652	869	259

由于共有三个因素 (教育、年龄和兴趣), 联合考虑这些表格要比本章介绍的表格复杂.
   a. 简略地检查一下这些表格, 分析政治选举的关注度与年龄和教育程度的依赖关系. 这些数字说明了什么?
   b. 推广本章的检验思想, 检验两个假设, H_1: 给定教育水平, 年龄和关注度是不相关的; H_2: 给定年龄, 教育程度与关注度是不相关的.
15. 重读 11.4.5 节, 其中讨论了 FD&C 红色 40 号效应研究中的方法论问题. 下面的表格给出了每组患有 RE 肿瘤的小鼠个数.

	雄性发生数					雌性发生数				
	控制组 1	控制组 2	低剂量	中剂量	高剂量	控制组 1	控制组 2	低剂量	中剂量	高剂量
患有肿瘤数	25	10	20	9	17	33	25	32	26	22
总数	100	100	99	100	99	100	99	99	99	100

利用卡方检验比较雄性和雌性不同组别的发生率. 哪些组别的差异是显著的? 假设你不知道笼子位置效应的可能性, 由此分析你会得出怎样的结论?

16. 市场研究团队进行一项调查, 研究个性与小型车喜好程度之间的关系. 从大城市中抽取 250 个成年人样本, 回答完成 16 项自我认知问卷, 并基于认知类型将他们分成三派: 谨慎的保守派、混合的中间派和自信的冒险派. 然后, 分别让他们给出小型车的总体意见: 喜欢、中立和不喜欢. 个性和小型车喜好程度之间有关系吗? 如果有, 关系的性质是什么?

态 度	个性类型		
	谨慎派	中间派	冒险派
喜欢	79	58	49
中立	10	8	9
不喜欢	10	34	42

17. 在血型和各种疾病之间关系的研究中, Woolf(1955) 收集到伦敦和曼彻斯特如下的数据:

	伦敦		曼彻斯特	
	控制组	消化性溃疡	控制组	消化性溃疡
血型 A	4219	579	3775	246
血型 O	4578	911	4532	361

首先, 分别考虑两个城市的数据. 血型和消化性溃疡之间有关系吗? 如果有, 请评估它们的关系强度. 来自伦敦和曼彻斯特的数据具有可比性吗?

18. 从两家医院得到年龄至少 48 岁的 317 名病人记录, 且她们都被诊断为患子宫内膜癌 (Smith 等 1975). 每个病例都匹配了来自两个机构的控制组, 它们有宫颈癌、卵巢癌或外阴癌. 根据诊断年龄 (4 年之内) 和诊断年份 (2 年之内), 将每个控制组匹配到相应的子宫内膜癌病例. 这类设计称为**回顾性病例控制研究**(retrospective case-control study), 经常用在随机化试验不可行的医疗研究中. 下面的表格给出了病例和控制组的个数, 且调查对象在癌症诊断之前至少服用了 6 个月的雌激素. 雌激素使用和子宫内膜癌之间有没有显著关系? 你有没有看出回顾性病例控制研究可能具有的一些缺点?

		控制组	
		使用雌激素	未使用
病例	使用雌激素	39	113
	未使用	15	150

19. 利用心理学试验调查焦虑能否使人寻求独处或陪同 (Schacter 1959; Lehmann 1975). 将 30 个试验对象随机地分成容量分别为 13 和 17 的两组. 试验者被告知他们要遭受电击, 但告诉其中一组的是电击会很痛; 另一组是电击比较轻, 不痛. 前者是 "高度焦虑" 组, 后者是 "低度焦虑" 组. 两组都被告知在试验开始之前需要等待 10 分钟, 每个调查对象可以选择独自等待或与其他的调查对象一起等待. 结果如下:

	一起等待	独自等待
高度焦虑	12	5
低度焦虑	4	9

利用费舍尔精确检验检验高度和低度焦虑群组之间是否有显著性的差异.

20. 为 13.6 节介绍的内容定义三种样本设计形式下的适当记号 (简单随机样本、前瞻性研究和回顾性研究).
   a. 说明如何估计优势比 Δ.
   b. 利用误差传播方法近似计算 $\text{Var}(\log(\hat{\Delta}))$ (有时用 $\log(\hat{\Delta})$ 代替 $\hat{\Delta}$).

21. 对于习题 1，相关的优势比是多少？其估计是多少？

22. 一项研究用来识别医生建议或不建议病人戒烟的影响因素 (Cummings 等 1987). 这项研究与培训计划有关，它主要培训医生劝告病人戒烟的方式，并在纽约州布法罗市的家庭医学门诊中心实施. 研究总体包括 1984 年 2 月和 5 月之间在中心就诊家庭主治医生的抽烟病人.

   a. 我们首先考虑病人的某些特征是否与建议或不建议有关. 下面的表格显示按照性别划分的结果：

	建 议	不 建 议
男 性	48	47
女 性	80	136

   建议戒烟的男性比例是多少？建议戒烟的女性比例是多少？这些比例的标准误差是多少？它们差异的标准误差是多少？检验比例中的差异是否统计显著.

   接下来考虑按种族划分：白人以及其他类型对非裔美国人：

	建 议	不 建 议
白 人	26	34
非裔美国人	102	149

   建议非裔美国人和白人戒烟的比例是多少？这些比例的标准误差是多少？比例之差的标准误差是多少？差异是统计显著的吗？

   最后考虑日抽烟数与建议与否之间的关系：

	建 议	不 建 议
< 15	64	112
15 ~ 25	39	54
> 25	25	16

   对于这三个组别，建议戒烟的比例分别是多少？比例的标准误差是多少？比例之差是统计显著的吗？

   b. 接下来考虑医生的某些特征与建议与否的决定之间的关系. 首先，医生的性别：

	建 议	不 建 议
男 性	78	94
女 性	50	89

   男性和女性医生建议戒烟的病人比例是多少？比例的标准误差和它们的差是多少？差异是统计显著的吗？

   下面的表格显示了根据医生抽烟与否而划分的结果：

	建 议	不 建 议
抽 烟	13	37
不抽烟	115	146

在就诊抽烟医生的那些病人中，建议戒烟的比例是多少？在就诊不抽烟医生的病人中，建议戒烟的比例又是多少？比例的标准误差和它们的差是多少？差异是统计显著的吗？

最后，这个表格给出了按照医生年龄而划分的结果：

	建 议	不 建 议
< 30	88	128
30 ∼ 39	28	37
> 39	12	18

在三个年龄分类中，检验戒烟的比例是多少？它们的标准误差是多少？差异是统计显著的吗？

23. 剧烈运动会增加心肌梗死的风险吗？Mittleman 等 (1993) 研究了这个问题，检验遭受心肌梗死的 1228 个病人的行为. 决定每个病人在梗死之前的一个小时内有没有参加重体力劳动, 以及前一天相同时间内有没有参加重体力劳动. 结果如下表所示：

前一天	梗死日		
	劳累	没有劳累	总计
劳累	4	9	13
没有劳累	50	1165	1215
总计	54	1174	1228

这项研究能解释重体力劳动与心肌梗死之间有关联吗？这项研究的设计与 13.5 节例 13.5.2 中手机的设计有关吗？

24. 在体育竞赛中穿红色衣服有利吗？根据 Hill 和 Barton(2005)：

尽管其他颜色也在动物表演中出现，但仅有红色的出现和其强度才主导着雄性激素和睾酮水平. 在人类中，发怒与皮肤变红有关，这是由于血流加快而致，然而，在同样受到威胁的情形下，恐惧与增加的苍白有关. 因此，在侵略性的互动中，增加的红色可以反映相对的主导性. 由于相对于自然刺激来讲，人工刺激可以激发先天性的反映，我们检验红色服装能否影响人类体育竞技的成绩.

在 2004 年奥林匹克运动会中，4 种搏击运动 (拳击、跆拳道、古典式摔跤和自由式摔跤) 的选手随机地选择红色或蓝色服装 (或身体护具). 如果颜色不影响竞赛结果，穿红色服装的获胜人数与穿蓝色的获胜人数在统计上应该没有区别.

因此，他们制作出这些竞赛中胜者穿戴颜色的表格如下：

运 动	红 色	蓝 色	运 动	红 色	蓝 色
拳击	148	120	古典式摔跤	25	23
自由式摔跤	27	24	跆拳道	45	35

文件 red-blue.txt 给出了一些补充信息.

a. 令 π_R 表示穿红色服装而获胜的概率. 原假设是 $\pi_R = \frac{1}{2}$，备择假设是 π_R 在每个运动项目中都是一样的，但是此时 $\pi_R \neq \frac{1}{2}$，请对此进行检验.

b. 原假设是 $\pi_R = \frac{1}{2}$，备择假设是允许 π_R 在不同的运动项目中不一样，但是不等于 $\frac{1}{2}$，请对此进行

c. 这些假设检验是否等价于检验原假设 $\pi_R = \frac{1}{2}$ 对备择假设 $\pi_R \neq \frac{1}{2}$, 利用所有运动项目总的获胜人数数据.

d. 有没有证据表明穿戴红色更有利于某些运动项目?

e. 根据胜者和败者赛点的分析结果, Hill 和 Barton 断定颜色在势均力敌的比赛中起到非常重要的作用. 赛点数据包含在文件 red-blue.xls 中. 分析这个数据, 看你是否同意他们的观点.

25. 医师健康研究是一项随机的、双盲的、具有安慰剂控制组的试验, 试验设计的目的是确定低剂量阿司匹林 (每两天 325 毫克) 能否降低心血管疾病的死亡率. 试验随机地选择 11037 个医师服用阿司匹林, 11034 个服从安慰剂.

a. 下面的表格显示心血管病例的发生数. 有关阿司匹林的效应, 你能得出怎样的结论?

	阿司匹林	安慰剂
心肌梗死		
致命	10	26
非致命	129	213
中风		
致命	9	6
非致命	110	92

b. 下面的表格详述了心血管疾病的死亡情况. 有关阿司匹林的效应, 你能得出怎样的结论?

起 因	阿司匹林	安 慰 剂
急性心肌梗死	10	28
其他缺血性心脏病	24	25
突然死亡	22	12
中风	10	7
其他心血管疾病	15	11

26. 糖尿病患者利用胰岛素泵控制血糖水平, 但是可能产生副作用 —— 糖尿病酮症酸中毒 (DKA). Mecklenburg 等 (1984) 收集了泵治疗前后出现 DKA 的数据, 如下表所示. 检验 DKA 发生率在治疗前后是否一样.

治 疗 后	治 疗 前	
	没有 DKA	DKA
没有 DKA	128	7
DKA	19	7

27. 下表中的数据取自《纽约时报》中的一篇文章 (2001 年 4 月 20 日), "受害人的种族影响杀手的判决". 数据来自 1993—1997 年间北卡罗来纳州所有凶杀案的研究, 在这些案件中, 谋杀可以判处死刑. 这个数据在反对美国使用死刑的辩论中起到很重要的作用, 而美国也是唯一使用死刑的发达西方国家. 定性地, 你从数据中得到怎样的结论? 对于 1993—1997 年北卡罗来纳州的杀人犯数据来讲, 如果利用卡方检验检验受害者种族和被告种族的组合独立于被告是否获得死刑, 讨论这样做是否合适.

被告的种族	受害者的种族	死 刑	没有死刑
不是白种人	白种人	33	251
白种人	白种人	33	508
不是白种人	不是白种人	29	587
白种人	不是白种人	4	76

28. 在 13.3 节，卡方齐性检验用在 4 部著作的单词观测频率上. 检验利用了实际的计数结果 (例如，在《Sense and Sensibility》中，单词 "a" 出现了 147 次). 假设在表格中不使用计数，而使用相对频率 (例如，$147/375 = 0.39$)，利用相对频率而不是计数来计算卡方统计量. 卡方统计量的值会是一样吗？如果利用百分比又会怎样呢？

29. 假设公司希望检验性别与工作满意度之间的关系，将工作满意度分成 4 个类别：非常满意、有点满意、有点不满意和非常不满意. 公司计划调查 100 名员工的观点. 如果你是公司的统计学家，是利用卡方独立性检验还是齐性检验？

第14章 线性最小二乘

14.1 引言

为了拟合点 (x_i, y_i) 图的直线,其中 $i = 1, \cdots, n$,$y = \beta_0 + \beta_1 x$ 的斜率和截距必须利用数据通过某种方式计算出来. 为了拟合 p 阶多项式,必须确定 $p+1$ 个系数. 除了线性和多项式函数,其他的函数形式也可以用来拟合数据,为此,亦必须确定相应于这些函数形式的参数.

在拟合曲线问题中,确定参数的最常见方法 (但绝非仅有) 是最小二乘方法. 这种方法的基本原理是最小化预测值或拟合值 (由曲线给定) 与实际观测值之间的偏差平方和. 例如,假设利用直线拟合点 (x_i, y_i),其中 $i = 1, \cdots, n$,y 称为**因变量**(dependent variable),x 称为**自变量**(independent variable),我们想利用 x 来预测 y. (术语自变量和因变量的用法不同于它们的概率含义.) x 和 y 有时也分别称为**预测变量**(predictor variable) 和**响应变量**(response variable). 应用最小二乘方法,我们选择直线的斜率和截距,使其最小化

$$S(\beta_0, \beta_1) = \sum_{i=1}^{n}(y_i - \beta_0 - \beta_1 x_i)^2$$

注意选取的 β_0 和 β_1 最小化垂直偏差或预测误差的平方和 (参见图 14.1). 这个步骤关于 y 和 x 是不对称的.

用来拟合数据的曲线通常视作校正仪器过程中的一部分. 例如,Bailey、Cox 和 Springer(1978) 讨论了利用高压层析法测量食品染料和其他物质浓度的方法. 对于色料 FD&C 黄色 5 号几个已知的浓度,测量相应于对氨基苯磺酸的色谱峰面积. 图 14.2 显示了峰面积与 FD&C 黄色的关系图. 粗略查验发现,这个图形看起来非常线性.

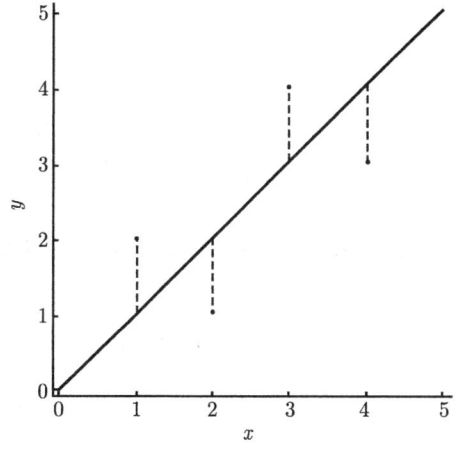

图 14.1 最小二乘线最小化点到直线的垂直距离 (虚线) 的平方和

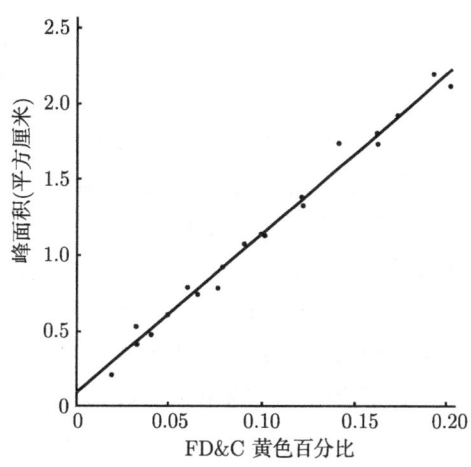

图 14.2 对氨基苯磺酸峰面积与 FD&C 黄色百分比关系的数据点和最小二乘线

一旦建立了直线方程，就可以利用峰面积的测量值估计染料的浓度.

为了寻找 β_0 和 β_1，我们计算

$$\frac{\partial S}{\partial \beta_0} = -2\sum_{i=1}^{n}(y_i - \beta_0 - \beta_1 x_i)$$

$$\frac{\partial S}{\partial \beta_1} = -2\sum_{i=1}^{n} x_i(y_i - \beta_0 - \beta_1 x_i)$$

令这些偏导数等于零，我们有最小化值 $\hat{\beta}_0$ 和 $\hat{\beta}_1$，满足

$$\sum_{i=1}^{n} y_i = n\hat{\beta}_0 + \hat{\beta}_1 \sum_{i=1}^{n} x_i$$

$$\sum_{i=1}^{n} x_i y_i = \hat{\beta}_0 \sum_{i=1}^{n} x_i + \hat{\beta}_1 \sum_{i=1}^{n} x_i^2$$

求解 $\hat{\beta}_0$ 和 $\hat{\beta}_1$，我们得到

$$\hat{\beta}_0 = \frac{\left(\sum_{i=1}^{n} x_i^2\right)\left(\sum_{i=1}^{n} y_i\right) - \left(\sum_{i=1}^{n} x_i\right)\left(\sum_{i=1}^{n} x_i y_i\right)}{n\sum_{i=1}^{n} x_i^2 - \left(\sum_{i=1}^{n} x_i\right)^2}$$

$$\hat{\beta}_1 = \frac{n\sum_{i=1}^{n} x_i y_i - \left(\sum_{i=1}^{n} x_i\right)\left(\sum_{i=1}^{n} y_i\right)}{n\sum_{i=1}^{n} x_i^2 - \left(\sum_{i=1}^{n} x_i\right)^2}$$

章末习题 10 要求读者推导如下有用的等价表达式：

$$\hat{\beta}_0 = \bar{y} - \hat{\beta}_1 \bar{x}$$

$$\hat{\beta}_1 = \frac{\sum_{i=1}^{n}(x_i - \bar{x})(y_i - \bar{y})}{\sum_{i=1}^{n}(x_i - \bar{x})^2}$$

拟合直线绘制在图 14.2 中，其参数由上述表达式确定，分别为 $\hat{\beta}_0 = 0.073$ 和 $\hat{\beta}_1 = 10.8$. 这是一个"合理的"拟合吗？由于数据中存在很明显的"噪声"，我们对 $\hat{\beta}_0$ 和 $\hat{\beta}_1$ 的这些值有多少信心？我们将在后面的章节里回答这些问题.

比直线更复杂的函数形式也经常用来拟合数据. 例如，为了合理地确定入学新生大学数学课程的分班情况，可利用能够预测一年级微积分表现的有关数据. 假设可以利用分班考试成绩、高中平均成绩和大学理事会定量评分，并且用 x_1, x_2 和 x_3 分别表示这些值. 我们可以尝试利用以下形式预测学生的一年级微积分成绩 y：

$$y \approx \beta_0 + \beta_1 x_1 + \beta_2 x_2 + \beta_3 x_3$$

其中 β_i 由前几年学生的表现数据估计出来. 可以评价这个方程的可靠度，如果它是足够可靠的，那么我们可以将其用在入学新生的辅导方案中.

在生物和化学工作中，通常拟合如下形式的衰减曲线：
$$f(t) = Ae^{-\alpha t} + Be^{-\beta t}$$
注意，f 是参数 A 和 B 的线性函数，是参数 α 和 β 的非线性函数. 由数据 $(y_i, t_i), i = 1, \cdots, n$，其中，例如，$y_i$ 是 t_i 时刻物质的测量浓度，利用最小二乘方法，参数被确定为下式的最小化值：
$$S(A, B, \alpha, \beta) = \sum_{i=1}^{n} (y_i - Ae^{-\alpha t_i} - Be^{-\beta t_i})^2$$
在拟合周期现象时，出现如下形式的函数：
$$f(t) = A\cos\omega_1 t + B\sin\omega_1 t + C\cos\omega_2 t + D\sin\omega_2 t$$
这个函数是参数 A，B，C 和 D 的线性形式，是参数 ω_1 和 ω_2 的非线性形式.

当用于拟合的函数是未知参数的线性形式时，最小化相对简单，因为计算偏导数并令其为零就可以得到闭形式下可解的一组联立线性方程组. 这种重要的特殊情形称为**线性最小二乘**(linear least squares). 如果用于拟合的函数不是未知参数的线性形式，必须求解非线性方程组才能找到系数. 一般地，得不到闭形式下的解，所以必须利用迭代步骤.

就我们的实际应用来讲，线性最小二乘问题的一般构造如下：函数
$$f(x_1, x_2, \cdots, x_{p-1}) = \beta_0 + \beta_1 x_1 + \beta_2 x_2 + \cdots + \beta_{p-1} x_{p-1}$$
涉及 p 个未知参数 $\beta_0, \beta_1, \beta_2, \cdots, \beta_{p-1}$，适合于拟合 n 个数据点，
$$y_1, x_{11}, x_{12}, \cdots, x_{1,p-1}$$
$$y_2, x_{21}, x_{22}, \cdots, x_{2,p-1}$$
$$\vdots$$
$$y_n, x_{n1}, x_{n2}, \cdots, x_{n,p-1}$$

函数 $f(x)$ 称为 y 关于 x 的**线性回归**(linear regression). 我们总是假设 $p < n$，也就是说，未知参数的个数小于观测个数. 拟合直线显然遵循这种形式. 二次函数可以通过设 $x_1 = x, x_2 = x^2$ 的方式来拟合. 在上述三角拟合问题中，如果频率是已知的，我们可以令 $x_1 = \cos\omega_1 t, x_2 = \sin\omega_1 t, x_3 = \cos\omega_2 t, x_4 = \sin\omega_2 t$，将未知振幅 A, B, C, D 识别为 β_i. 如果频率未知，必须由数据确定出来，那么问题就变为非线性的.

很多函数起初不是未知参数的线性形式，但是通过合适的变化可以将其转换成线性形式. 这种类型函数的一个例子是如下的阿列纽斯 (Arrhenius) 方程，它常出现在化学和生物化学中，
$$\alpha = Ce^{-e_A/(KT)}$$
这里，α 是化学反应的速率，C 是称为频率因子的未知常数，e_A 是反应的活化能，K 是波尔兹曼常数，T 是绝对温度. 如果反应在几个温度上进行，测量响应的速率，利用这个方程拟合数据，就可以估计出活化能和频率因子. 上述函数是参数 C 的线性形式，e_A 的非线性形式，但是
$$\log\alpha = \log C - e_A \frac{1}{KT}$$
是 $\log C$ 和 e_A 的线性表达式. 作为一个例子，图 14.3 显示了在涉及原子氧的反应中对数速率与 $1/T$ 的图形，取自 Huie 和 Herron(1972). 图 14.4 是速率与温度的图形，相反，它是相当非线性的.

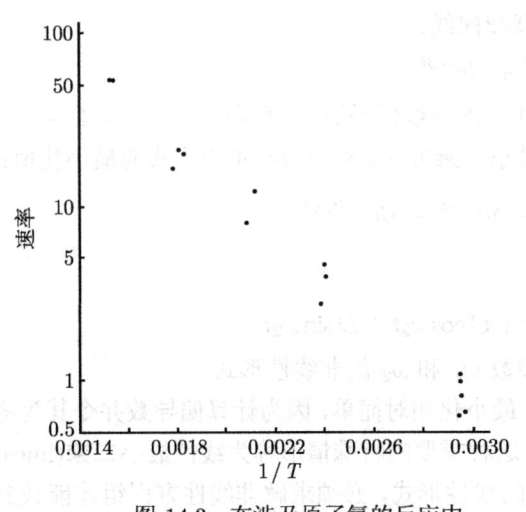

图 14.3 在涉及原子氧的反应中，
对数速率与 $1/T$ 的图形

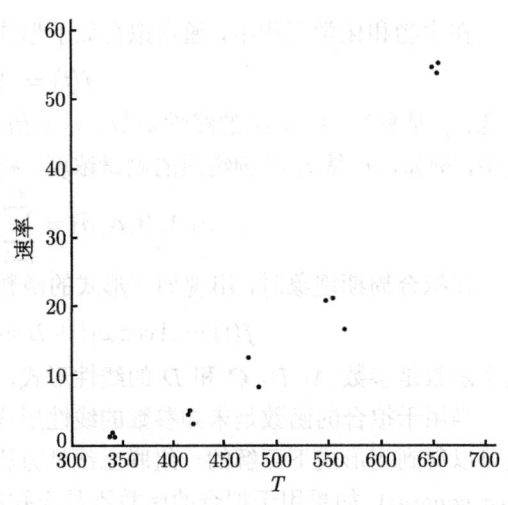

图 14.4 在涉及原子氧的反应中，
速率与温度的图形

14.2 简单线性回归

这一节讨论数据拟合直线的常见问题. 本章后面的章节将推广本节的结论. 首先, 讨论最小二乘估计的统计性质. 然后, 介绍评估拟合优度的方法, 这主要通过残差检验. 最后, 展示回归和相关的关系.

14.2.1 估计斜率和截距的统计性质

到目前为止, 我们只是从合理性的角度提出了最小二乘方法, 而没有给出任何统计模型的明确讨论. 因此, 我们没能解决与此相关的一些问题, 例如在"噪声"存在的情况下, 斜率和截距的可靠性问题. 为了解决这个问题, 我们必须给噪声设定一个统计模型. 最简单的模型 (我们将其视作标准的统计模型) 规定 y 的观测值是 x 的线性函数加上随机噪声项：

$$y_i = \beta_0 + \beta_1 x_i + e_i, \quad i = 1, \cdots, n$$

这里的 e_i 是独立的随机变量, 具有 $E(e_i) = 0, \mathrm{Var}(e_i) = \sigma^2$. x_i 被假设为固定的.

在 14.1 节中, 我们推导了斜率 $\hat{\beta}_1$ 和截距 $\hat{\beta}_0$ 的公式. 查阅那里的方程发现, 它们都是 y_i 的线性函数, 从而也是 e_i 的线性函数. $\hat{\beta}_0$ 和 $\hat{\beta}_1$ 分别是 β_0 和 β_1 的估计. 因此, 标准统计模型使得 $\hat{\beta}_0$ 和 $\hat{\beta}_1$ 的均值和方差的计算变得比较简单.

定理 14.2.1.1 在标准统计模型的假设下, 最小二乘估计是无偏的: $E(\hat{\beta}_j) = \beta_j, j = 0, 1$.

证明 根据假设, $E(y_i) = \beta_0 + \beta_1 x_i$. 因此, 由 14.1 节 $\hat{\beta}_0$ 的方程式,

$$E(\hat{\beta}_0) = \frac{\left(\sum_{i=1}^n x_i^2\right)\left(\sum_{i=1}^n E(y_i)\right) - \left(\sum_{i=1}^n x_i\right)\left(\sum_{i=1}^n x_i E(y_i)\right)}{n\sum_{i=1}^n x_i^2 - \left(\sum_{i=1}^n x_i\right)^2}$$

$$= \frac{\left(\sum_{i=1}^{n} x_i^2\right)\left(n\beta_0 + \beta_1 \sum_{i=1}^{n} x_i\right) - \left(\sum_{i=1}^{n} x_i\right)\left(\beta_0 \sum_{i=1}^{n} x_i + \beta_1 \sum_{i=1}^{n} x_i^2\right)}{n\sum_{i=1}^{n} x_i^2 - \left(\sum_{i=1}^{n} x_i\right)^2}$$

$$= \beta_0$$

β_1 的证明类似. ■

注意定理 14.2.1.1 的证明过程不依赖于 e_i 独立且具有同方差的假设，仅依赖于误差可加及 $E(e_i) = 0$ 的假设.

由标准统计模型知，$\text{Var}(y_i) = \sigma^2, \text{Cov}(y_i, y_j) = 0$，其中 $i \neq j$. 这使得我们可以直接计算 $\hat{\beta}_i$ 的方差.

定理 14.2.1.2 在标准统计模型的假设下，

$$\text{Var}(\hat{\beta}_0) = \frac{\sigma^2 \sum_{i=1}^{n} x_i^2}{n \sum_{i=1}^{n} x_i^2 - \left(\sum_{i=1}^{n} x_i\right)^2}$$

$$\text{Var}(\hat{\beta}_1) = \frac{n\sigma^2}{n \sum_{i=1}^{n} x_i^2 - \left(\sum_{i=1}^{n} x_i\right)^2}$$

$$\text{Cov}(\hat{\beta}_0, \hat{\beta}_1) = \frac{-\sigma^2 \sum_{i=1}^{n} x_i}{n \sum_{i=1}^{n} x_i^2 - \left(\sum_{i=1}^{n} x_i\right)^2}$$

证明 由 14.1 节给出的 $\hat{\beta}_1$ 表达式

$$\hat{\beta}_1 = \frac{\sum_{i=1}^{n}(x_i - \bar{x})(y_i - \bar{y})}{\sum_{i=1}^{n}(x_i - \bar{x})^2} = \frac{\sum_{i=1}^{n}(x_i - \bar{x})y_i}{\sum_{i=1}^{n}(x_i - \bar{x})^2}$$

分子等式来自于乘积项展开并利用 $\sum(x_i - \bar{x}) = 0$. 那么，我们有

$$\text{Var}(\hat{\beta}_1) = \frac{\sigma^2}{\sum_{i=1}^{n}(x_i - \bar{x})^2}$$

这个可以化为想要的表达式. 其他的表达式可以类似导出. 我们将在后面给出更一般的证明. ■

由定理 14.2.1.2 看出，斜率和截距的方差依赖于 x_i 和误差方差 σ^2. x_i 是已知的，因此，为了估计斜率和截距的方差，我们仅需要估计 σ^2. 在标准统计模型中，由于 σ^2 是 y_i 偏离线 $\beta_0 + \beta_1 x_i$ 的期望平方偏差，因此很自然地，σ^2 的估计可以基于数据关于拟合直线的平均平方偏差. 我们定义**残差平方和**(residual sum of squares, RSS) 为

$$\text{RSS} = \sum_{i=1}^{n}(y_i - \hat{\beta}_0 - \hat{\beta}_1 x_i)^2$$

我们将在 14.4.3 节中证明

$$s^2 = \frac{\text{RSS}}{n-2}$$

是 σ^2 的无偏估计. 除数使用 $n-2$，而不是 n，这是因为需要利用数据估计出两个参数，得到 $n-2$ 的自由度.

因此，利用 s^2 代替 σ^2，可以估计出定理 14.2.1.2 给出的 $\hat{\beta}_0$ 和 $\hat{\beta}_1$ 的方差，由此得到的估计记为 $s^2_{\hat{\beta}_0}$ 和 $s^2_{\hat{\beta}_1}$.

如果误差 e_i 是独立的正态随机变量，那么估计的斜率和截距是独立正态分布随机变量的线性组合，其分布也是正态的. 更一般地，如果 e_i 是独立的，x_i 满足一定的条件，对于较大的 n，利用中心极限定理得到，估计的斜率和截距是近似正态分布的. 正态性假设或其近似使得置信区间和假设检验的构造变得可能. 那么可以证明

$$\frac{\hat{\beta}_i - \beta_i}{s_{\hat{\beta}_i}} \sim t_{n-2}$$

这允许使用 t 分布构造置信区间和假设检验.

例 14.2.1.1 我们将这些步骤应用到色谱峰面积的 21 个数据点上. 下面的表格展示了拟合的一些统计量 (软件包的回归程序输出的表格与此类似):

系 数	估 计	标准误差	t 值
β_0	0.0729	0.0297	2.45
β_1	10.77	0.27	40.20

误差的估计标准差是 $s = 0.068$. 截距的标准误差是 $s_{\hat{\beta}_0} = 0.0297$. 基于自由度为 19 的 t 分布，截距 β_0 的 95% 置信区间是

$$\hat{\beta}_0 \pm t_{19}(0.025)s_{\hat{\beta}_0}$$

或 $(0.011, 0.135)$. 同样，斜率 β_1 的 95% 置信区间是

$$\hat{\beta}_1 \pm t_{19}(0.025)s_{\hat{\beta}_1}$$

或 $(10.21, 11.33)$. 为了检验原假设 $H_0: \beta_0 = 0$，我们利用 t 统计量 $\hat{\beta}_0/s_{\hat{\beta}_0} = 2.45$. 检验在显著性水平 $\alpha = 0.05$ 下拒绝原假设，所以有很强有力的证据证明截距非零.

14.2.2 拟合度评估

作为评估拟合质量的一个辅助工具，我们广泛使用残差，它是观测值和拟合值之间的差:

$$\hat{e}_i = y_i - \hat{\beta}_0 - \hat{\beta}_1 x_i$$

检验残差最有用的方式是图形. 残差与 x 值的图形可以揭示系统性的失配, 或数据与拟合模型不一致的方式. 理想情况下, 残差与 x 值之间不存在任何关系, 它们的图形在水平方向上看起来比较模糊, 没有出现某些系统性规律.

例 14.2.2.1 图 14.5 是色谱峰面积数据的残差图. 残差没有明显地偏离随机性, 因此这个图形再一次验证了图 14.2 给出的感觉, 利用线性函数模拟例中的关系是合理的. ∎

接下来, 我们考虑残差图呈现某种弯曲的一个例子.

例 14.2.2.2 下面表格中搜集的数据用于环境影响的研究, 检验河流深度和其流速的关系 (Ryan, Joiner 和 Ryan 1976).

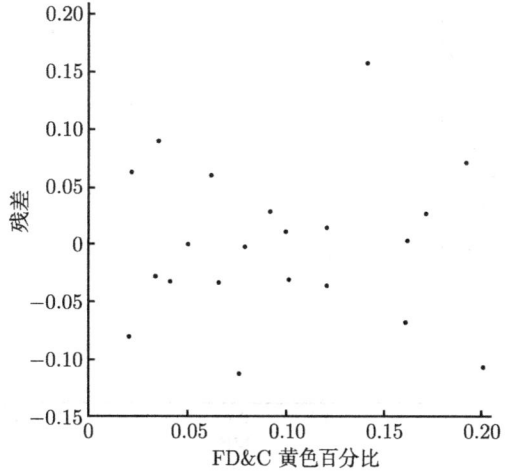

图 14.5 色谱峰面积数据的残差图

深度	流速	深度	流速
0.34	0.636	0.41	0.924
0.29	0.319	0.76	7.350
0.28	0.734	0.73	5.890
0.42	1.327	0.46	1.979
0.29	0.487	0.40	1.124

流速与深度的图形说明它们之间的关系是非线性的 (图 14.6). 这在残差与深度的弓形图 (图 14.7) 中更是一目了然. 为了从实证的角度线性化这些关系, 我们经常使用变换. 图 14.8 是对数速率与对数深度的关系图, 图 14.9 显示了相应拟合的残差图. 没有出现明显的失配迹象. (后面的例子将探讨把流速表示为深度的二次函数的可能性.)

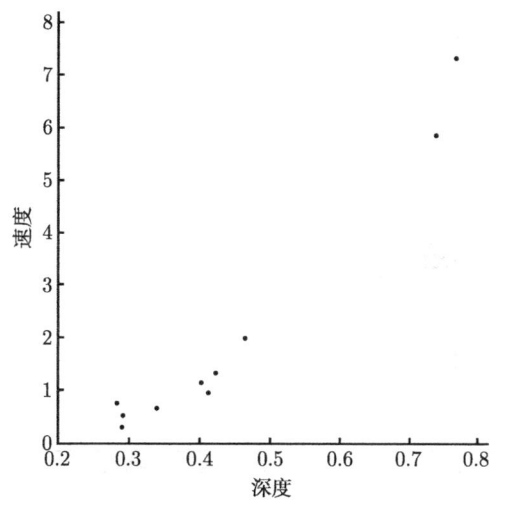

图 14.6 流速与河流深度的关系图

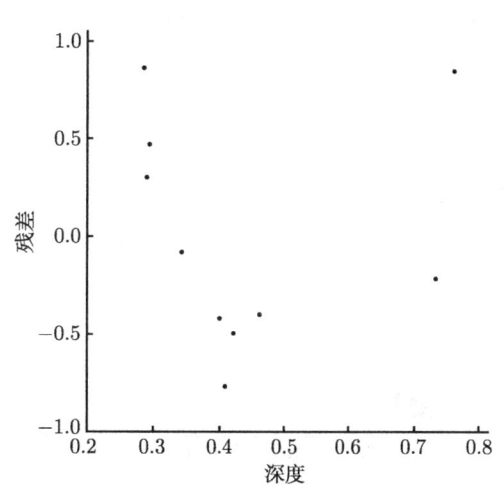

图 14.7 流速关于深度的回归残差图

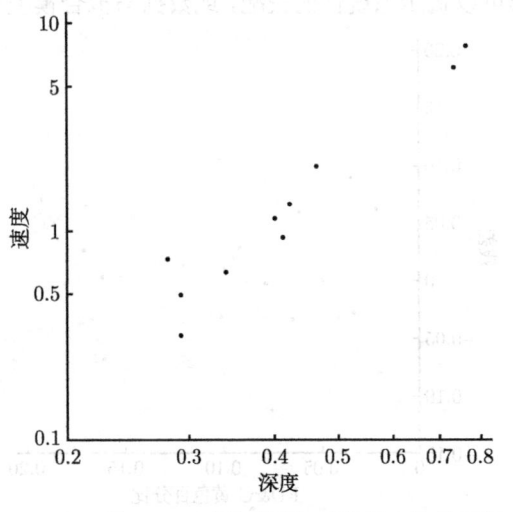

图 14.8 对数流速与对数深度的关系图

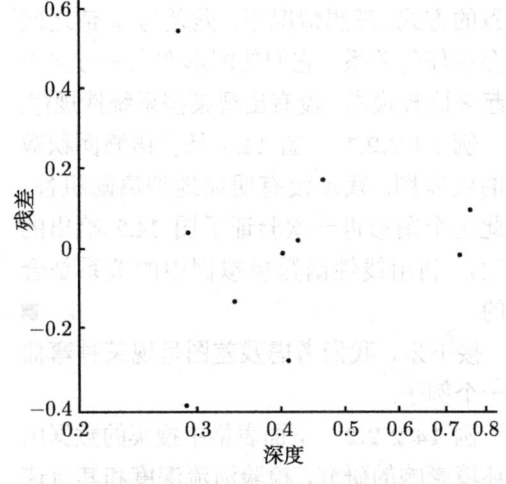

图 14.9 对数流速关于对数深度的回归残差图

我们看到标准统计模型的假设之一是误差的方差是常数,且不依赖于 x. 具有这种性质的误差称为是**同方差的** (homoscedastic). 如果误差的方差不是常数, 这样的误差称为是**异方差的** (heteroscedastic). 事实上, 如果误差方差不是常数, 基于 s^2 是 σ^2 估计假设的标准误差和置信区间可能会误导.

例 14.2.2.3 第 7 章末的习题 65 展示了 301 个县总人口和乳腺癌死亡人数的数据. 死亡数 (y) 与人口 (x) 的散点图如图 14.10 所示. 这个图形似乎符合简单模型的形式, 死亡数与总体容量成比例, 或 $y \approx \beta x$. (我们在下面将检验截距是否为零.) 据此, 我们利用最小二乘拟合数据的零截距模型, 得到 $\hat{\beta} = 3.559 \times 10^{-3}$. (拟合零截距的模型, 请参见章末习题 15.) 图 14.11 显示了死亡数关于总人口回归的残差与总人口的图形. 由于很难由图形的左侧观察出一些有价值的

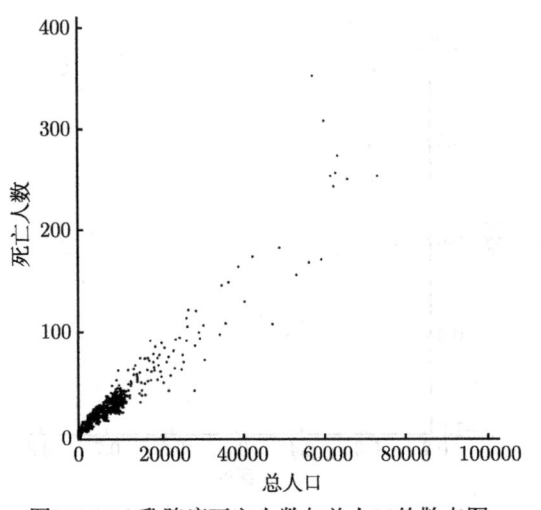

图 14.10 乳腺癌死亡人数与总人口的散点图

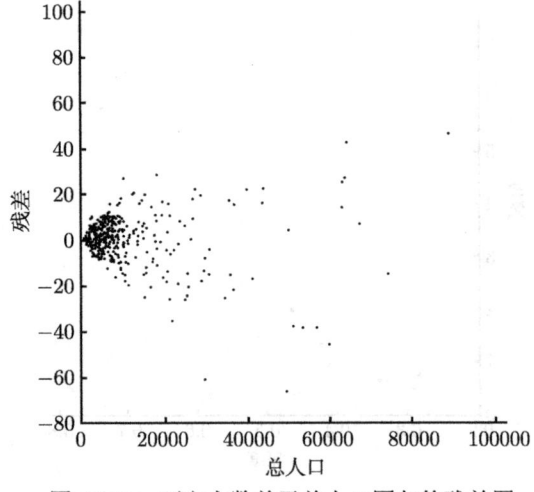

图 14.11 死亡人数关于总人口回归的残差图

信息，图 14.12 绘出残差与对数人口数的关系图，由此可以清楚地看出，误差方差不是常数，而是随着总体容量的增加而增加.

图 14.12 的残差图没有显示出弯曲，但表明方差不是常数. 对于计数数据，变异性通常随均值而增加，为了平稳化方差，往往使用平方根变换. 由此，我们拟合形式为 $\sqrt{y} \approx \gamma \sqrt{x}$ 的模型. 图 14.13 显示了这种拟合的残差图. 这里的残差变异性更接近于常数；β 由斜率 $\hat{\gamma}$ 的平方估计出来，在本例中，它是 $\tilde{\beta} = \hat{\gamma}^2 = 3.471 \times 10^{-3}$.

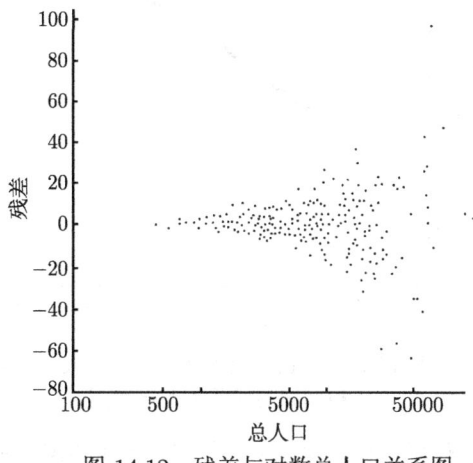

图 14.12 残差与对数总人口关系图

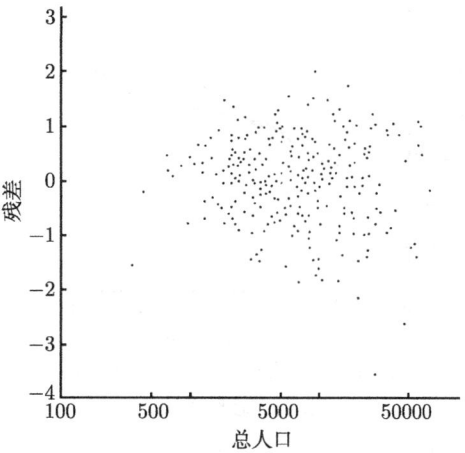

图 14.13 死亡人数平方根关于总人口平方根的回归残差图

最后，我们注意按照如下方式可以检验零截距模型. 在平方根尺度下，计算斜率和截距都存在的线性回归模型，得到截距是 0.066，具有标准误差 $s_{\hat{\gamma}_0} = 9.74 \times 10^{-2}$. 检验 $H_0 : \gamma_0 = 0$ 的 t 统计量是

$$t = \frac{\hat{\gamma}_0}{s_{\hat{\gamma}_0}} = 0.68$$

对于这些数据，不能拒绝原假设. ∎

残差的正态概率图可以用来显示正态性的重大偏离程度和离群值的存在性. 最小二乘估计量对离群值不稳健，这极大地影响着估计系数、它们的估计误差和 s，特别是当相应的 x 值在数据的极值范围时更是如此. 然而，有可能出现这种情况：具有极端 x 值的离群值会将直线拉向自身，产生较小的残差，如图 14.14 所示.

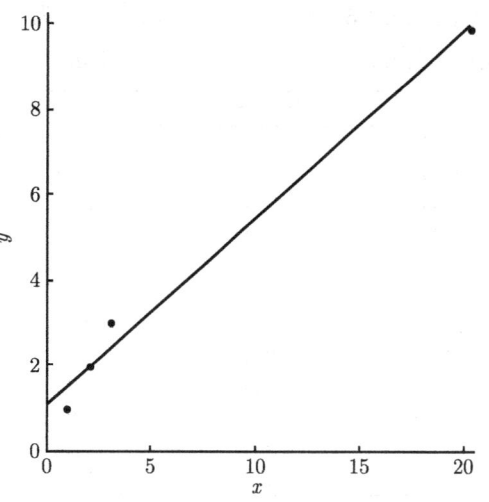

图 14.14 极端 x 值对拟合直线产生很大的影响力，并在那个点上产生较小的残差

例 14.2.2.4 图 14.15 和图 14.16 来自例 14.2.2.3 拟合的残差正态概率图. 对于图 14.15，残

差是来自零截距的普通线性回归; 对于图 14.16, 残差是来自具有平方根变换的零截距模型. 注意, 图 14.16 中的分布更接近于正态 (尽管有少许偏度), 图 14.15 中的分布比正态分布的尾部更厚, 这是由于较大的偏差来自于人口稠密的县.

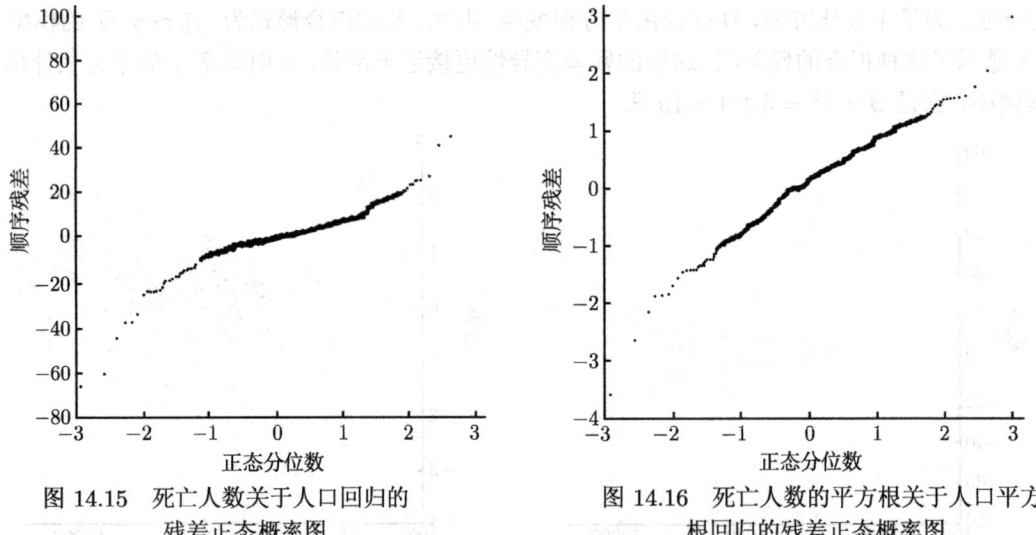

图 14.15 死亡人数关于人口回归的残差正态概率图

图 14.16 死亡人数的平方根关于人口平方根回归的残差正态概率图

有些变量虽然不在模型中, 但可能具有一定影响作用, 为此, 绘制残差与其之间的图形亦是非常有益的. 如果数据在一段时间内被收集, 残差与时间的图形可以揭示意想不到的时间相依性. 我们以一个扩展的例子结束本节.

例 14.2.2.5 Houck(1970) 研究了作为温度函数的铋 I-II 过渡压力. 数据列在下表中 (残差已校正为标准差等于 1——14.4.4 节将进一步讨论这个过程).

压力 (bar)	温度 (°C)	标准化残差	压力 (bar)	温度 (°C)	标准化残差
25366	20.8	1.67	24751	34.0	−0.57
25356	20.9	1.48	24771	34.1	0.19
25336	21.0	0.97	24424	42.7	0.46
25256	21.9	0.40	24444	42.7	1.11
25267	22.1	0.22	24419	42.7	0.30
25306	22.1	1.46	24117	49.9	0.15
25237	22.4	−0.35	24102	50.1	−0.08
25267	22.5	0.74	24092	50.1	−0.42
25138	24.8	−0.34	25202	22.5	−1.33
25148	24.8	−0.02	25157	23.1	−1.97
25143	25.0	0.08	25157	23.0	−2.10
24731	34.0	−1.20			

由图 14.17(表格数据的图形), 关系看起来是相当线性的. 最小二乘直线是

$$\text{压力} = 26172(\pm 21) - 41.3(\pm 0.6) \times \text{温度}$$

其中参数的估计标准误差由括号内的数给出. 残差标准差是 $s = 32.5$, 具有自由度 21. 斜率的近似 95% 置信区间是

$$\hat{\beta}_1 \pm s_{\hat{\beta}_1} t_{21}(0.025)$$

或 (40.05, 42.55).

为了检查模型拟合的好坏,我们看一下标准化残差与温度的关系图 (图 14.18). 这个图形相当奇怪. 乍看之下,好像较大的变异性出现在较低的温度上. (记住在 $\hat{\beta}$ 统计性质的推导过程中,假设误差方差是常数.) 残差图形的楔形外观有另外一种可能的解释.

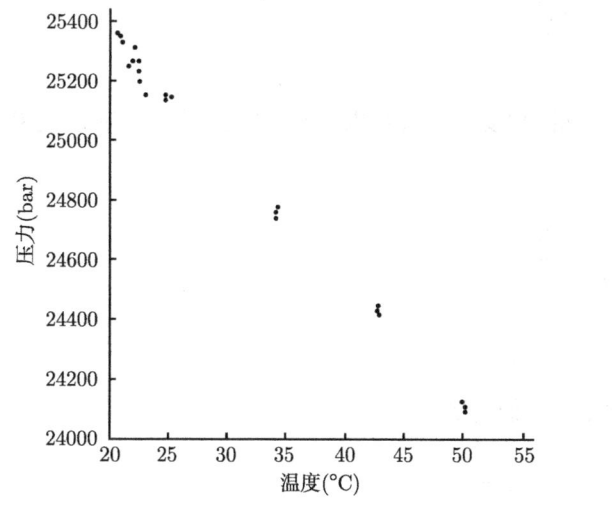

图 14.17 铋 I-II 过渡压力与温度的关系图　　　　图 14.18 标准化残差与温度的关系图

表格揭示数据显然是通过如下方式采集的:三个测量在大约 21°C 左右,5 个在 22°C 左右,三个在 25°C 左右,三个在 34°C 左右,三个在 43°C 左右,三个在 50°C 左右,三个在 23°C 左右. 很可能按照它们在表格中列示的顺序取得测量结果. 我们可以将残差图上的这些测量组圈在一起,注意它们之间的偏移. 取自 23°C 左右的最后三个测量值尤其突出. 取自 43°C 的三个似乎偏离了 34°C 和 50°C 处的路线. 这种模式的合理解释如下:将试验设备设定在给定的温度下,进行几次测量;然后将设备调节到另外一个温度下,再进行更多的测量,等等;在每次设定的温度下,试验都会产生误差,并影响着那个温度下的每个测量结果. 校准误差是一种可能性.

标准统计模型假设每个点的误差是独立的,没有提供这种现象的——表示. 前面给出的 $\hat{\beta}_0$ 和 $\hat{\beta}_1$ 的标准误差以及 $\hat{\beta}_1$ 的置信区间显然是值得怀疑的. (然而,记得即使误差是相依的,估计 $\hat{\beta}_0$ 和 $\hat{\beta}_1$ 也是无偏的.)

14.2.3 相关和回归

通过最小二乘方法,在相关分析和拟合直线之间建立了很密切的关系. 我们介绍一些记号:

$$s_{xx} = \frac{1}{n}\sum_{i=1}^{n}(x_i - \bar{x})^2, \quad s_{yy} = \frac{1}{n}\sum_{i=1}^{n}(y_i - \bar{y})^2, \quad s_{xy} = \frac{1}{n}\sum_{i=1}^{n}(x_i - \bar{x})(y_i - \bar{y})$$

x 和 y 之间的相关系数是

$$r = \frac{s_{xy}}{\sqrt{s_{xx}s_{yy}}}$$

最小二乘直线的斜率是 (参见章末习题 10)

$$\hat{\beta}_1 = \frac{s_{xy}}{s_{xx}}$$

因此,

$$r = \hat{\beta}_1 \sqrt{\frac{s_{xx}}{s_{yy}}}$$

特别地,相关系数是 0 当且仅当斜率是 0.

为了进一步研究相关和回归之间的关系,标准化变量将会带来一些启发性. 如果在回归方程 $\hat{y} = \hat{\beta}_0 + \hat{\beta}_1 x$ 中系数表示为

$$\hat{\beta}_0 = \bar{y} - \hat{\beta}_1 \bar{x},\ \hat{\beta}_1 = \frac{\sum_{i=1}^{n}(x_i - \bar{x})(y_i - \bar{y})}{\sum_{i=1}^{n}(x_i - \bar{x})^2}$$

$\hat{\beta}_1$ 由如上的 r 表示出,那么经过一些运算之后,我们得到

$$\frac{\hat{y} - \bar{y}}{\sqrt{s_{yy}}} = r \frac{x - \bar{x}}{\sqrt{s_{xx}}}$$

(读者应该验证这个计算.) 这个方程可以解释如下:假设 $r > 0$,预测变量 x 大于其平均 1 倍的标准差,那么 y 的预测值就大于其平均 r 倍的标准差, $r \leqslant 1$. 因此,与预测元相比,预测值偏离其平均更小倍数的标准差. 以标准差为单位,它比预测元更接近于其平均.

术语回归起源于 Sir Francis Galton (1822—1911) 的工作,他是著名的遗传学家,主要研究种子及其后代的尺寸和父亲及其儿子的身高之间的关系. 在两种情形下,他发现父母身高大于平均身高时,他们后代的身高倾向于小于其父母的身高;父母身高小于平均身高时,他们后代的身高倾向于大于其父母的身高. 他将这种现象称为"向平均数方向回归". 这正是回归直线预测的原理,如上一段所述.

例 14.2.3.1 图 14.19(取自 Freedman, Pisani 和 Purves, 1998) 是 1078 对父亲和儿子身高的散点图. 父亲的平均身高是 67.7 英寸,具有 2.74 英寸的标准差;儿子的平均身高和标准差分别为 68.7 英寸和 2.81 英寸;相关系数是 0.501. 图中实线是回归线,虚线是直线

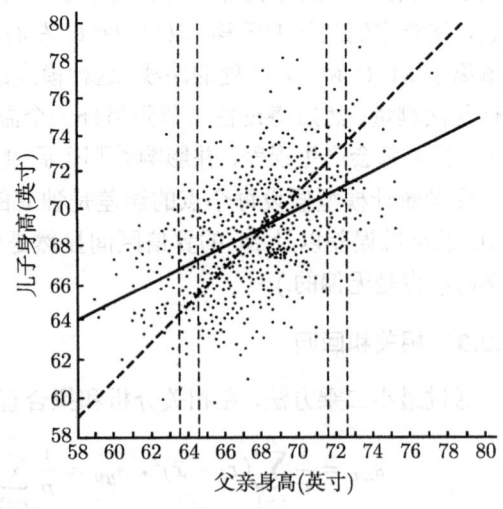

图 14.19 1078 个儿子身高与其父亲身高的散点图

$y = x+1$(由于儿子的身高比父亲的平均高出 1 英寸). 注意, 预测儿子的身高 = 父亲的身高 +1 在左侧不足预测和右侧过度预测的方式.

在右边的垂直带内, 父亲的身高最接近 72 英寸; 儿子在这个带内的平均身高是 71 英寸 —— 比其父亲矮 1 英寸. 回归线是

$$\frac{\hat{y} - 68.7}{2.81} = 0.5 \times \frac{x - 67.7}{2.74}$$

计算 $x = 72$ 时这个表达式的值, 得到儿子身高的预测值是 70.9 英寸, 这与带内的实际平均非常接近.

在左边的垂直带内, 父亲的身高最接近 64 英寸; 儿子在这个带内的平均身高是 67 英寸 —— 比其父亲高 3 英寸. 由回归线的预测是 66.8 英寸.

例 14.2.3.2 棒球运动已广泛收集统计资料并对其进行研究, 棒球记录的统计分析称为"赛伯计量学"(参见 Albert 和 Bennett, 2003.) 分析显示与球员的进攻效率有关的关键统计量之一是其上垒的时间百分比. 图 14.20 的左面显示了美国联盟球员在 2001 和 2002 赛季至少出场 100 次的垒上百分比. 球员在两个连续赛季的表现存在很强的相关关系 ($r = 0.62$). 图的右面显示了两赛季之差 (2002–2001) 与 2001 赛季表现的图形. 观察发现散点图具有负的斜率 —— 在 2001 赛季表现较差的球员倾向于在 2002 赛季表现较好, 而在 2001 赛季表现较好的球员倾向于在 2002 赛季表现较差. ∎

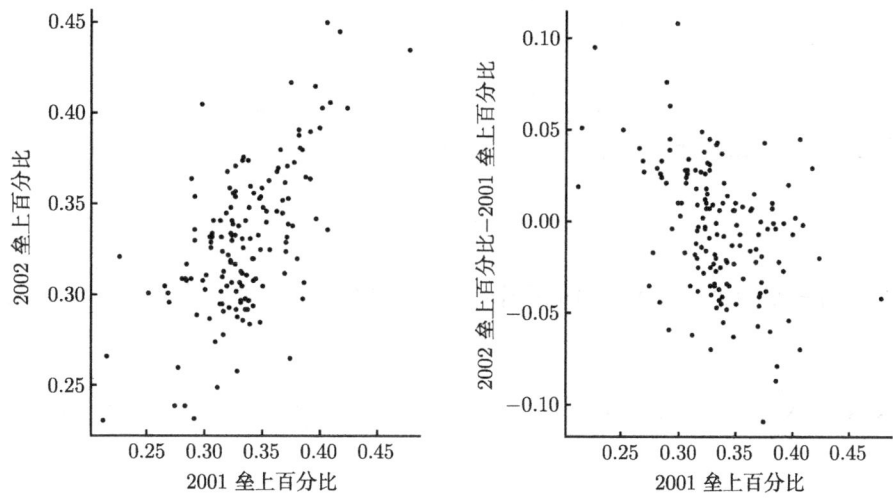

图 14.20 左面是 148 个美国联盟球员 2002 赛季与其 2001 赛季垒上百分比的散点图. 在右面, 绘制了两赛季变化与 2001 垒上百分比的散点图

我们已经在 4.4.1 节例 4.4.1.2 中遇到了回归现象, 在那里我们看到, 如果 X 和 Y 服从二元正态分布, 具有 $\sigma_X = \sigma_Y = 1$, 那么给定 X 时 Y 的条件期望没有落在联合密度椭圆等高线的主轴上, 相反, $E(Y|X) = \rho X$. 4.4.2 节例 4.4.2.2 也讨论了回归向均值.

我们在测验 – 重新测验情形中必须考虑回归效应. 例如, 假设一组学前儿童在 4 岁时进行 IQ 测验, 并在 4 岁时进行另外一次测验. 两次测验的结果肯定是相关的, 根据上述分析, 第一次

测验表现较差的儿童倾向于在第二次测验中得分较高. 如果基于第一次测验的结果, 选择低分儿童接受补充教育援助, 那么他们的收益可能会错误地归因于该计划. 在这种情形下, 必须引入可比较的控制组, 以使试验设计更加严格有效.

14.3 线性最小二乘的矩阵方法

对于比拟合直线更复杂的一些问题, 利用线性代数进行线性最小二乘分析是非常有用的. 除了提供紧凑的符号, 线性代数的概念框架还能衍生出理论和实践的双重理解. 数值分析的发展使得获取高质量的软件包变得可能, 例如, 参见 LINPACK(www.netlib.org/linpack).

假设模型形式为

$$y = \beta_0 + \beta_1 x_1 + \cdots + \beta_{p-1} x_{p-1}$$

用其拟合数据, 我们将数据表示为

$$y_i, x_{i1}, x_{i2}, \cdots, x_{i,p-1}, \quad i = 1, \cdots, n$$

观测 y_i (其中 $i = 1, \cdots, n$) 用向量 $\boldsymbol{Y}$ 表示, 未知参数 $\beta_0, \cdots, \beta_{p-1}$ 用向量 $\boldsymbol{\beta}$ 表示, 令 $\boldsymbol{X_{n \times p}}$ 表示矩阵

$$\boldsymbol{X} = \begin{bmatrix} 1 & x_{11} & x_{12} & \cdots & x_{1,p-1} \\ 1 & x_{21} & x_{22} & \cdots & x_{2,p-1} \\ \vdots & \vdots & \vdots & & \vdots \\ 1 & x_{n1} & x_{n2} & \cdots & x_{n,p-1} \end{bmatrix}$$

对于给定的 $\boldsymbol{\beta}$, 拟合值或预测值向量 $\hat{\boldsymbol{Y}}$ 可以写为

$$\underset{n \times 1}{\hat{\boldsymbol{Y}}} = \underset{n \times p}{\boldsymbol{X}} \underset{p \times 1}{\boldsymbol{\beta}}$$

(通过具体写出方程组的第一行可以验证这个等式.) 那么最小二乘问题可以表示如下: 寻找 $\boldsymbol{\beta}$, 使其最小化

$$S(\boldsymbol{\beta}) = \sum_{i=1}^{n} (y_i - \beta_0 - \beta_1 x_{i1} - \cdots - \beta_{p-1} x_{i,p-1})^2 = \|\boldsymbol{Y} - \boldsymbol{X\beta}\|^2 = \|\boldsymbol{Y} - \hat{\boldsymbol{Y}}\|^2$$

(如果 $\boldsymbol{u}$ 是向量, $\|\boldsymbol{u}\|^2 = \sum_{i=1}^{n} u_i^2$.)

例 14.3.1 我们考虑为点 (y_i, x_i) (其中 $i = 1, \cdots, n$) 拟合直线 $y = \beta_0 + \beta_1 x$. 此时,

$$\boldsymbol{Y} = \begin{bmatrix} y_1 \\ y_2 \\ \vdots \\ y_n \end{bmatrix}, \boldsymbol{\beta} = \begin{bmatrix} \beta_0 \\ \beta_1 \end{bmatrix}, \boldsymbol{X} = \begin{bmatrix} 1 & x_1 \\ 1 & x_2 \\ \vdots & \vdots \\ 1 & x_n \end{bmatrix}$$

线性最小二乘

和

$$Y - X\beta = \begin{bmatrix} y_1 - \beta_0 - \beta_1 x_1 \\ y_2 - \beta_0 - \beta_1 x_2 \\ \vdots \\ y_n - \beta_0 - \beta_1 x_n \end{bmatrix}$$

回到一般情况,如果关于 β_k 微分 S,令其导数等于 0,我们看到最小化值 $\hat{\beta}_0, \cdots, \hat{\beta}_{p-1}$ 满足 p 个线性方程:

$$n\hat{\beta}_0 + \hat{\beta}_1 \sum_{i=1}^n x_{i1} + \cdots + \hat{\beta}_{p-1} \sum_{i=1}^n x_{i,p-1} = \sum_{i=1}^n y_i$$

$$\hat{\beta}_0 \sum_{i=1}^n x_{ik} + \hat{\beta}_1 \sum_{i=1}^n x_{i1} x_{ik} + \cdots + \hat{\beta}_{p-1} \sum_{i=1}^n x_{ik} x_{i,p-1} = \sum_{i=1}^n y_i x_{ik}, k = 1, \cdots, p-1$$

这 p 个方程可以用矩阵形式表示为

$$X^T X \hat{\beta} = X^T Y$$

称为**正规方程**(normal equation). 如果 $X^T X$ 是奇异的,那么形式解是

$$\hat{\beta} = (X^T X)^{-1} X^T Y$$

我们强调这是一个形式解,从计算的角度来讲,构造正规方程有时甚至是不明智的,这是由于在形成 $X^T X$ 的过程中,乘法运算可能会引入预想不到的舍入误差. 章末习题 8 和 9 介绍了另外一种寻找最小二乘解 $\hat{\beta}$ 的方法.

下面的引理给出了正规方程解的存在唯一性标准.

引理 14.3.1 $X^T X$ 是奇异的当且仅当 X 的秩是 p.

证明 首先假设 $X^T X$ 是奇异的. 存在一个非零向量 u 满足 $X^T X u = 0$. 方程左边乘以 u^T,我们有

$$0 = u^T X^T X u = (Xu)^T (Xu)$$

因此 $Xu = 0$, X 的列是线性相关的,其秩小于 p.

接下来,假设 X 的秩小于 p,因此存在一个非零向量 u 满足 $Xu = 0$. 那么 $X^T X u = 0$, 从而 $X^T X$ 是奇异的. ∎

例如,假设用直线拟合点 (y_i, x_i),其中 $i = 1, 2, 3$. 那么设计阵是

$$X = \begin{pmatrix} 1 & x_1 \\ 1 & x_2 \\ 1 & x_3 \end{pmatrix}$$

如果 $x_1 = x_2 = x_3$,由于两列相互成比例,所以矩阵是奇异的. 这种情况下,我们可以试着给单个点拟合一条直线. 读者应该计算出 $X^T X$,并验证它的奇异性.

向量 $\hat{\beta} = (X^T X)^{-1} X^T Y$ 是拟合参数的向量,相应于拟合值或预测值 y 的向量是 $\hat{Y} = X\hat{\beta}$. 残差 $Y - \hat{Y} = Y - X\hat{\beta}$ 是观测值与拟合值的差. 我们将利用这些残差来检验拟合优度.

例 14.3.2 回到例 14.3.1 的拟合直线问题，我们有

$$\boldsymbol{X}^{\mathrm{T}}\boldsymbol{X} = \begin{bmatrix} 1 & \cdots & 1 \\ x_1 & \cdots & x_n \end{bmatrix} \begin{bmatrix} 1 & x_1 \\ \vdots & \vdots \\ 1 & x_n \end{bmatrix} = \begin{bmatrix} n & \sum_{i=1}^{n} x_i \\ \sum_{i=1}^{n} x_i & \sum_{i=1}^{n} x_i^2 \end{bmatrix}$$

$$(\boldsymbol{X}^{\mathrm{T}}\boldsymbol{X})^{-1} = \frac{1}{n\sum_{i=1}^{n} x_i^2 - \left(\sum_{i=1}^{n} x_i\right)^2} \begin{bmatrix} \sum_{i=1}^{n} x_i^2 & -\sum_{i=1}^{n} x_i \\ -\sum_{i=1}^{n} x_i & n \end{bmatrix}$$

$$\boldsymbol{X}^{\mathrm{T}}\boldsymbol{Y} = \begin{bmatrix} \sum_{i=1}^{n} y_i \\ \sum_{i=1}^{n} x_i y_i \end{bmatrix}$$

因此，

$$\hat{\boldsymbol{\beta}} = \begin{bmatrix} \hat{\beta}_0 \\ \hat{\beta}_1 \end{bmatrix}$$

$$= (\boldsymbol{X}^{\mathrm{T}}\boldsymbol{X})^{-1} \boldsymbol{X}^{\mathrm{T}} \boldsymbol{Y}$$

$$= \frac{1}{n\sum_{i=1}^{n} x_i^2 - \left(\sum_{i=1}^{n} x_i\right)^2} \begin{bmatrix} \sum_{i=1}^{n} x_i^2 & -\sum_{i=1}^{n} x_i \\ -\sum_{i=1}^{n} x_i & n \end{bmatrix} \begin{bmatrix} \sum_{i=1}^{n} y_i \\ \sum_{i=1}^{n} x_i y_i \end{bmatrix}$$

$$= \frac{1}{n\sum_{i=1}^{n} x_i^2 - \left(\sum_{i=1}^{n} x_i\right)^2} \begin{bmatrix} \left(\sum_{i=1}^{n} y_i\right)\left(\sum_{i=1}^{n} x_i^2\right) - \left(\sum_{i=1}^{n} x_i\right)\left(\sum_{i=1}^{n} x_i y_i\right) \\ n\sum_{i=1}^{n} x_i y_i - \left(\sum_{i=1}^{n} x_i\right)\left(\sum_{i=1}^{n} y_i\right) \end{bmatrix}$$

这与之前的计算是一致的.

14.4 最小二乘估计的统计性质

在这一节，我们介绍向量 $\hat{\boldsymbol{\beta}}$ 的一些统计性质，它是在误差向量的一些假设之下利用最小二乘方法计算出来的. 为此，我们必须利用随机向量分析的一些概念和记号.

14.4.1 向量值随机变量

在 14.3 节，我们推导了矩阵和向量形势下的最小二乘估计表达式. 我们现在介绍处理随机向量的一些方法和记号，这些向量的元素都是随机变量. 这些概念将用于推导最小二乘估计的统计性质.

我们考虑随机向量

$$\boldsymbol{Y} = \begin{bmatrix} Y_1 \\ Y_2 \\ \vdots \\ Y_n \end{bmatrix}$$

其元素是具有联合分布的随机变量, 且

$$E(Y_i) = \mu_i$$

和

$$\mathrm{Cov}(Y_i, Y_j) = \sigma_{ij}$$

均值向量(mean vector) 定义为仅是均值的向量, 或

$$E(\boldsymbol{Y}) = \boldsymbol{\mu}_Y = \begin{bmatrix} \mu_1 \\ \mu_2 \\ \vdots \\ \mu_n \end{bmatrix}$$

$\boldsymbol{Y}$ 的**协方差矩阵**(covariance matrix) 记为 $\boldsymbol{\Sigma}$, 定义为 $n \times n$ 矩阵, 其 ij 元素是 σ_{ij}, 这是 Y_i 和 Y_j 的协方差. 注意 $\boldsymbol{\Sigma}$ 是对称矩阵.

假设

$$\underset{m \times 1}{\boldsymbol{Z}} = \underset{m \times 1}{\boldsymbol{c}} + \underset{m \times n}{\boldsymbol{A}} \underset{n \times 1}{\boldsymbol{Y}}$$

是另外一个随机向量, 由固定向量 $\boldsymbol{c}$ 和随机向量 $\boldsymbol{Y}$ 的固定线性变换 $\boldsymbol{A}$ 构造而成. 下面的两个定理证明 $\boldsymbol{Z}$ 的均值向量和协方差矩阵如何通过 $\boldsymbol{Y}$ 的均值向量和协方差矩阵以及矩阵 $\boldsymbol{A}$ 来确定. 每个定理后面紧跟着两个示例, 不利用矩阵代数就能很容易地推导出这些例子的结论, 但是他们解释了矩阵形式的运作过程.

定理 14.4.1.1 如果 $\boldsymbol{Z} = \boldsymbol{c} + \boldsymbol{A}\boldsymbol{Y}$, 其中 $\boldsymbol{Y}$ 是随机向量, $\boldsymbol{A}$ 是一固定矩阵, $\boldsymbol{c}$ 是一固定向量, 那么

$$E(\boldsymbol{Z}) = \boldsymbol{c} + \boldsymbol{A}E(\boldsymbol{Y})$$

证明 $\boldsymbol{Z}$ 的第 i 个元素是

$$Z_i = c_i + \sum_{j=1}^n a_{ij} Y_j$$

利用期望的线性性质,

$$E(Z_i) = c_i + \sum_{j=1}^n a_{ij} E(Y_j)$$

用矩阵形式表述这些方程即得证.

例 14.4.1.1 作为一个简单的例子，我们考虑 $Z = \sum_{i=1}^{n} a_i Y_i$ 的情形. 利用矩阵符号，这可以表述为 $\boldsymbol{Z} = \boldsymbol{a}^{\mathrm{T}} \boldsymbol{Y}$. 根据定理 14.4.1.1,

$$E(\boldsymbol{Z}) = \boldsymbol{a}^{\mathrm{T}} \boldsymbol{\mu} = \sum_{i=1}^{n} a_i \mu_i$$

正如我们所知.

例 14.4.1.2 作为另外一个例子，我们考虑移动平均. 假设 $Z_i = Y_i + Y_{i+1}$, $i = 1, \cdots, n-1$. 利用矩阵符号将此表示为 $\boldsymbol{Z} = \boldsymbol{A}\boldsymbol{Y}$, 其中 $\boldsymbol{A}$ 是矩阵

$$\begin{bmatrix} 1 & 1 & 0 & 0 & \cdots & 0 & 0 \\ 0 & 1 & 1 & 0 & \cdots & 0 & 0 \\ \vdots & \vdots & \vdots & \vdots & & \vdots & \vdots \\ 0 & 0 & 0 & 0 & \cdots & 1 & 1 \end{bmatrix}$$

利用定理 14.4.1.1 计算 $E(\boldsymbol{Z})$, 很容易看到 $\boldsymbol{A}\boldsymbol{\mu}$ 的第 i 元素是 $\mu_i + \mu_{i+1}$.

定理 14.4.1.2 在定理14.4.1.1的假设下，如果 $\boldsymbol{Y}$ 的协方差矩阵是 $\boldsymbol{\Sigma}_{YY}$, 那么 $\boldsymbol{Z}$ 的协方差矩阵是

$$\boldsymbol{\Sigma}_{ZZ} = \boldsymbol{A} \boldsymbol{\Sigma}_{YY} \boldsymbol{A}^{\mathrm{T}}$$

证明 常数 c 不影响协方差.

$$\mathrm{Cov}(Z_i, Z_j) = \mathrm{Cov}\left(\sum_{k=1}^{n} a_{ik} Y_k, \sum_{l=1}^{n} a_{jl} Y_l\right) = \sum_{k=1}^{n} \sum_{l=1}^{n} a_{ik} a_{jl} \mathrm{Cov}(Y_k, Y_l) = \sum_{k=1}^{n} \sum_{l=1}^{n} a_{ik} \sigma_{kl} a_{jl}$$

最后一个表达式是所需矩阵的 ij 元素. ∎

例 14.4.1.3 继续讨论例 14.4.1.1, 假设 Y_i 是不相关的，具有常方差 σ^2. $\boldsymbol{Y}$ 的协方差矩阵可以表示为 $\boldsymbol{\Sigma}_{YY} = \sigma^2 \boldsymbol{I}$, 其中 $\boldsymbol{I}$ 是单位阵. 定理 14.4.1.2 中 $\boldsymbol{A}$ 的角色由 $\boldsymbol{a}^{\mathrm{T}}$ 扮演. 因此, Z 在这种情况下是 1×1 矩阵，其协方差矩阵是

$$\boldsymbol{\Sigma}_{ZZ} = \sigma^2 \boldsymbol{a}^{\mathrm{T}} \boldsymbol{a} = \sigma^2 \sum_{i=1}^{n} a_i^2$$

∎

例 14.4.1.4 假设例 14.4.1.2 中的 Y_i 具有协方差矩阵 $\sigma^2 \boldsymbol{I}$. 那么 $\boldsymbol{\Sigma}_{ZZ} = \sigma^2 \boldsymbol{A}^{\mathrm{T}} \boldsymbol{A}$, 或

$$\sigma^2 \begin{bmatrix} 2 & 1 & 0 & 0 & \cdots & 0 \\ 1 & 2 & 1 & 0 & \cdots & 0 \\ 0 & 1 & 2 & 1 & \cdots & 0 \\ \vdots & \vdots & \vdots & \vdots & & \vdots \\ 0 & 0 & 0 & 0 & \cdots & 2 \end{bmatrix}$$

∎

线性最小二乘

尽管不熟悉的符号可能带来一些困难,但这两个定理的证明还是比较简单的. 然而, 在处理随机变量的集合时, 利用矩阵和向量的优点之一是这些符号比较紧凑, 一旦掌握了它就很容易仿效之, 这是因为所有的下标都被隐藏起来.

令 A 是对称的 $n \times n$ 矩阵, x 是 n 维向量. 表达式

$$\mathbf{x}^{\mathrm{T}} \mathbf{A} \mathbf{x} = \sum_{i=1}^{n} \sum_{j=1}^{n} x_i a_{ij} x_j$$

称为**二次型**(quadratic form). 我们接下来计算 x 是随机向量时的二次型的期望.

定理 14.4.1.3 令 X 是 n 维随机向量, 具有均值 μ 和协方差 Σ, A 是一固定矩阵. 那么

$$E(\boldsymbol{X}^{\mathrm{T}} A X) = \mathrm{trace}(\boldsymbol{A}\boldsymbol{\Sigma}) + \boldsymbol{\mu}^{\mathrm{T}} \boldsymbol{A} \boldsymbol{\mu}$$

证明 方阵的迹定义为它的对角线元素之和. 因为

$$E(X_i X_j) = \sigma_{ij} + \mu_i \mu_j$$

所以有

$$E\left(\sum_{i=1}^{n}\sum_{j=1}^{n} X_i X_j a_{ij}\right) = \sum_{i=1}^{n}\sum_{j=1}^{n} \sigma_{ij} a_{ij} + \sum_{i=1}^{n}\sum_{j=1}^{n} \mu_i \mu_j a_{ij} = \mathrm{trace}(\boldsymbol{A}\boldsymbol{\Sigma}) + \boldsymbol{\mu}^{\mathrm{T}} \boldsymbol{A} \boldsymbol{\mu} \quad \blacksquare$$

例 14.4.1.5 考虑 $E\left[\sum_{i=1}^{n}(X_i - \overline{X})^2\right]$, 其中 X_i 是不相关的随机变量, 具有共同的均值 μ. 我们认识到这是向量 AX 的平方长度, 其中 A 是某个矩阵. 为了弄清楚 A 的形式, 我们首先注意到 $\overline{X}$ 可以表示为

$$\overline{X} = \frac{1}{n} \mathbf{1}^{\mathrm{T}} \boldsymbol{X}$$

其中 $\mathbf{1}$ 是由所有 1 构成的向量. 因此, 所有元素都是 $\overline{X}$ 的向量可以写作 $(1/n)\mathbf{1}\mathbf{1}^{\mathrm{T}}\boldsymbol{X}$, A 可以写为

$$\boldsymbol{A} = \boldsymbol{I} - \frac{1}{n}\mathbf{1}\mathbf{1}^{\mathrm{T}}$$

因此,

$$\sum_{i=1}^{n}(X_i - \overline{X})^2 = \|\boldsymbol{A}\boldsymbol{X}\|^2 = \boldsymbol{X}^{\mathrm{T}}\boldsymbol{A}^{\mathrm{T}}\boldsymbol{A}\boldsymbol{X}$$

矩阵 A 具有一些特殊的性质. 特别地, A 是对称的, 且 $A^2 = A$, 这可以通过 A 乘 A 简单验证之, 注意 $\mathbf{1}^{\mathrm{T}}\mathbf{1} = n$. 因此,

$$\boldsymbol{X}^{\mathrm{T}}\boldsymbol{A}^{\mathrm{T}}\boldsymbol{A}\boldsymbol{X} = \boldsymbol{X}^{\mathrm{T}}\boldsymbol{A}\boldsymbol{X}$$

根据定理 14.4.1.3,

$$E(\boldsymbol{X}^{\mathrm{T}} A X) = \sigma^2 \mathrm{trace}(\boldsymbol{A}) + \boldsymbol{\mu}^{\mathrm{T}}\boldsymbol{A}\boldsymbol{\mu}$$

由于 μ 可以写作 $\boldsymbol{\mu} = \mu\mathbf{1}$, 可以验证 $\boldsymbol{A}\boldsymbol{\mu} = 0$, 同时, 迹 $A = n-1$, 所以上述期望是 $\sigma^2(n-1)$. $\blacksquare$

如果 $Y_{p\times 1}$ 和 $Z_{m\times 1}$ 是随机向量，Y 和 Z 的叉积协方差矩阵(cross-covariance matrix) 定义为 ij 元素为 $\sigma_{ij} = \text{Cov}(Y_i, Z_j)$ 的 $p\times m$ 矩阵 $\boldsymbol{\Sigma}_{YZ}$.

叉积协方差矩阵的元素量化了 Y 和 Z 元素的线性关系强度. 除以 Y_i 和 Z_j 标准差的乘积之后，可以将 Y_i 和 Z_j 的协方差转化为它们的相关系数.

定理 14.4.1.4 令 X 是具有协方差矩阵 $\boldsymbol{\Sigma}_{XX}$ 的随机向量. 如果

$$Y = \underset{p\times n}{A} X$$

和

$$Z = \underset{m\times n}{B} X$$

其中 A 和 B 是固定矩阵，Y 和 Z 的叉积协方差矩阵是

$$\boldsymbol{\Sigma}_{YZ} = A\boldsymbol{\Sigma}_{XX}B^{\text{T}}$$

证明 证明过程依照定理 14.4.1.2(读者应该独自证明之). ∎

例 14.4.1.6 令 X 是 n 维随机向量，具有 $E(X) = \mu\mathbf{1}$，$\boldsymbol{\Sigma}_{XX} = \sigma^2 I$. 令 $Y = \overline{X}$，Z 是第 i 个元素为 $X_i - \overline{X}$ 的向量. 我们将计算 $\boldsymbol{\Sigma}_{ZY}$，它是 $n\times 1$ 矩阵. 利用矩阵形式，

$$Z = \left(I - \frac{1}{n}\mathbf{11}^{\text{T}}\right)X,\quad Y = \frac{1}{n}\mathbf{1}^{\text{T}}X$$

由定理 14.4.1.4，

$$\boldsymbol{\Sigma}_{ZY} = \left(I - \frac{1}{n}\mathbf{11}^{\text{T}}\right)(\sigma^2 I)\left(\frac{1}{n}\mathbf{1}\right)$$

进行完乘法运算之后，上式变为 $n\times 1$ 零矩阵. 因此，均值 $\overline{X}$ 与 $X_i - \overline{X}(i = 1,\cdots, n)$ 中的任何一个都不相关. 在 X 的元素都是正态随机变量的情况下，由于此时的不相关就是独立，所以这个结论也即 6.3 节的定理 6.3.1，因此 $\overline{X}$ 和 S^2 是独立的 (6.3 节的推论 6.3.1).

14.4.2 最小二乘估计的均值和协方差

一旦利用最小二乘方法为数据拟合了某个函数，就很有必要考虑拟合以及估计参数的稳定性问题，这是由于如果重新进行一次测量，它们的值通常会有轻微的差别. 为了解决噪声存在情况下最小二乘估计的变异性问题，我们利用如下的模型：

$$Y_i = \beta_0 + \sum_{j=1}^{p-1}\beta_j x_{ij} + e_i,\quad i = 1,\cdots, n$$

其中 e_i 是随机误差，具有

$$E(e_i) = 0,\ \text{Var}(e_i) = \sigma^2,\ \text{Cov}(e_i, e_j) = 0,\quad i\neq j$$

利用矩阵符号，我们有

$$\underset{n\times 1}{Y} = \underset{n\times p}{X}\underset{p\times 1}{\boldsymbol{\beta}} + \underset{n\times 1}{e}$$

和

$$E(e) = 0,\ \boldsymbol{\Sigma}_{ee} = \sigma^2 I$$

总之，测量值 y 等于函数的真实值加上随机的、具有常数方差的不相关误差项. 注意在这个模型中，X 是固定的，不是随机的. 由 14.4.1 节的定理 14.4.1.1 即得如下有用的定理.

定理 14.4.2.1 在误差项具有零均值的假设之下，最小二乘估计是无偏的.

证明 β 的最小二乘估计是

$$\hat{\boldsymbol{\beta}} = (\boldsymbol{X}^{\mathrm{T}}\boldsymbol{X})^{-1}\boldsymbol{X}^{\mathrm{T}}\boldsymbol{Y} = (\boldsymbol{X}^{\mathrm{T}}\boldsymbol{X})^{-1}\boldsymbol{X}^{\mathrm{T}}(\boldsymbol{X}\boldsymbol{\beta}+\boldsymbol{e}) = \boldsymbol{\beta} + (\boldsymbol{X}^{\mathrm{T}}\boldsymbol{X})^{-1}\boldsymbol{X}^{\mathrm{T}}\boldsymbol{e}$$

由 14.4.1 节的定理 14.4.1.1，

$$E\hat{\boldsymbol{\beta}} = \boldsymbol{\beta} + (\boldsymbol{X}^{\mathrm{T}}\boldsymbol{X})^{-1}\boldsymbol{X}^{\mathrm{T}}E(\boldsymbol{e}) = \boldsymbol{\beta} \qquad \blacksquare$$

我们应该注意定理 14.4.2.1 的证明过程仅用到误差具有零均值的假设. 因此，即使误差是相关的，具有非常数的方差，最小二乘估计也是无偏的. $\hat{\boldsymbol{\beta}}$ 的协方差矩阵也可以计算出来，下面定理的证明过程确实依赖于误差协方差结构的假设.

定理 14.4.2.2 在误差具有零均值、常数方差 σ^2 且不相关的假设之下，最小二乘估计 $\hat{\boldsymbol{\beta}}$ 的协方差矩阵是

$$\boldsymbol{\Sigma}_{\hat{\beta}\hat{\beta}} = \sigma^2(\boldsymbol{X}^{\mathrm{T}}\boldsymbol{X})^{-1}$$

证明 由 14.4.1 节的定理 14.4.1.2，$\hat{\boldsymbol{\beta}}$ 的协方差矩阵是

$$\boldsymbol{\Sigma}_{\hat{\beta}\hat{\beta}} = (\boldsymbol{X}^{\mathrm{T}}\boldsymbol{X})^{-1}\boldsymbol{X}^{\mathrm{T}}\boldsymbol{\Sigma}_{ee}\boldsymbol{X}(\boldsymbol{X}^{\mathrm{T}}\boldsymbol{X})^{-1} = \sigma^2(\boldsymbol{X}^{\mathrm{T}}\boldsymbol{X})^{-1}$$

由于 $\boldsymbol{e}$ 的协方差矩阵是 $\sigma^2\boldsymbol{I}$，因此 $\boldsymbol{X}^{\mathrm{T}}\boldsymbol{X}$ 是对称的，由此 $(\boldsymbol{X}^{\mathrm{T}}\boldsymbol{X})^{-1}$ 亦然. $\blacksquare$

这些定理推广了 14.2.1 节的定理 14.2.1.1 和定理 14.2.1.2. 注意使用矩阵代数是如何简化推导过程的.

例 14.4.2.1 我们回到拟合直线的情形. 由 14.3 节例 14.3.2 中 $(\boldsymbol{X}^{\mathrm{T}}\boldsymbol{X})^{-1}$ 的计算，我们有

$$\boldsymbol{\Sigma}_{\hat{\beta}\hat{\beta}} = \frac{\sigma^2}{n\sum_{i=1}^n x_i^2 - \left(\sum_{i=1}^n x_i\right)^2} \begin{bmatrix} \sum_{i=1}^n x_i^2 & -\sum_{i=1}^n x_i \\ -\sum_{i=1}^n x_i & n \end{bmatrix}$$

因此，

$$\mathrm{Var}(\hat{\beta}_0) = \frac{\sigma^2 \sum_{i=1}^n x_i^2}{n\sum_{i=1}^n x_i^2 - \left(\sum_{i=1}^n x_i\right)^2}$$

$$\mathrm{Var}(\hat{\beta}_1) = \frac{n\sigma^2}{n\sum_{i=1}^n x_i^2 - \left(\sum_{i=1}^n x_i\right)^2}$$

$$\mathrm{Cov}(\hat{\beta}_0, \hat{\beta}_1) = \frac{-\sigma^2 \sum_{i=1}^{n} x_i}{n \sum_{i=1}^{n} x_i^2 - \left(\sum_{i=1}^{n} x_i\right)^2}$$

14.4.3 σ^2 的估计

为了利用上一节介绍的方差公式 (例如，用其构造置信区间), σ^2 必须已知或被估计出来. 在这一节, 我们介绍 σ^2 的估计.

因为 σ^2 是误差 e_i 的平方期望值, 所以很自然地使用残差平方的样本平均值. 残差向量是

$$\hat{e} = Y - \hat{Y} = Y - X\hat{\beta} = Y - X(X^{\mathrm{T}}X)^{-1}X^{\mathrm{T}}Y$$

或

$$\hat{e} = Y - PY$$

其中 $P = X(X^{\mathrm{T}}X)^{-1}X^{\mathrm{T}}$ 是 $n \times n$ 矩阵.

P 的两个有用性质由下面的引理给出 (读者应该能够写出其证明过程.)

引理 14.4.3.1 令 P 如前所定义, 那么

$$P = P^{\mathrm{T}} = P^2, \quad (I - P) = (I - P)^{\mathrm{T}} = (I - P)^2$$

由于 P 具有引理所示的性质, 它是一个投影矩阵 —— 也就是说, P 投影在由 X 的列所张成的 $\mathbf{R}^n$ 的子空间上. 因此, 从几何角度, 我们可以将拟合值 $\hat{Y}$ 视作 Y 在 X 的列所张成的子空间上的投影. 不过, 我们不会深究这种几何解释的具体含义.

利用引理 14.4.3.1, 残差平方和是

$$\sum_{i=1}^{n}(Y_i - \hat{Y}_i)^2 = \|Y - PY\|^2 = \|(I-P)Y\|^2 = Y^{\mathrm{T}}(I-P)^{\mathrm{T}}(I-P)Y = Y^{\mathrm{T}}(I-P)Y$$

利用 14.4.1 节的定理 14.4.1.3, 我们可以计算下面二次型的期望值:

$$E[Y^{\mathrm{T}}(I-P)Y] = [E(Y)]^{\mathrm{T}}(I-P)[E(Y)] + \sigma^2 \mathrm{trace}(I-P)$$

现在 $E(Y) = X\beta$, 所以

$$(I - P)E(Y) = [I - X(X^{\mathrm{T}}X)^{-1}X^{\mathrm{T}}]X\beta = \mathbf{0}$$

此外,

$$\mathrm{trace}(I - P) = \mathrm{trace}(I) - \mathrm{trace}(P)$$

利用迹的循环性质, 即 $\mathrm{trace}(AB) = \mathrm{trace}(BA)$, 我们有

$$\mathrm{trace}(P) = \mathrm{trace}[X(X^{\mathrm{T}}X)^{-1}X^{\mathrm{T}}] = \mathrm{trace}[X^{\mathrm{T}}X(X^{\mathrm{T}}X)^{-1}] = \mathrm{trace}\left(\underset{p\times p}{I}\right) = p$$

由于 $\text{trace}(\boldsymbol{I}_{n\times n}) = n$，因此，我们已经证明了

$$E(\|\boldsymbol{Y} - \hat{\boldsymbol{Y}}\|^2) = (n-p)\sigma^2$$

且也证明了如下的定理.

定理 14.4.3.1 在误差不相关且具有常数方差 σ^2 的假设之下，σ^2 的无偏估计是

$$s^2 = \frac{\|\boldsymbol{Y} - \hat{\boldsymbol{Y}}\|^2}{n-p}$$

残差平方和 $\|\boldsymbol{Y} - \hat{\boldsymbol{Y}}\|^2$ 通常记为 RSS.

14.4.4 残差和标准化残差

模型拟合好坏的信息都包含在残差向量中，

$$\hat{\boldsymbol{e}} = \boldsymbol{Y} - \hat{\boldsymbol{Y}} = (\boldsymbol{I} - \boldsymbol{P})\boldsymbol{Y}$$

正如我们拟合直线时所做的那样，我们利用残差检验预设的函数形式能否妥善地拟合数据，以及潜在的统计分析的假设条件 (比如误差是不相关的，具有常数方差).

残差的协方差矩阵是

$$\boldsymbol{\Sigma}_{\hat{e}\hat{e}} = (\boldsymbol{I} - \boldsymbol{P})(\sigma^2 \boldsymbol{I})(\boldsymbol{I} - \boldsymbol{P})^{\mathrm{T}} = \sigma^2(\boldsymbol{I} - \boldsymbol{P})$$

这里我们利用了 14.4.3 节中的引理 14.4.3.1. 我们看到残差之间是相关的，不同的残差具有不同的方差. 为使残差之间可以进行相互比较，通常将它们标准化. 同时，标准化将残差转化为相应于标准正态分布 (具有均值 0 和方差 1) 的常见标度，因此使它们的数量更易解释. 第 i 标准化残差是

$$\frac{Y_i - \hat{Y}_i}{s\sqrt{1 - p_{ii}}}$$

其中 p_{ii} 是 $\boldsymbol{P}$ 的第 i 个对角线元素.

下面的定理给出了残差的进一步性质.

定理 14.4.4.1 如果误差具有协方差矩阵 $\sigma^2 \boldsymbol{I}$，残差与拟合值是不相关的.

证明 残差是

$$\hat{\boldsymbol{e}} = (\boldsymbol{I} - \boldsymbol{P})\boldsymbol{Y}$$

拟合值是

$$\hat{\boldsymbol{Y}} = \boldsymbol{P}\boldsymbol{Y}$$

由 14.4.1 节的定理 14.4.1.4，$\hat{\boldsymbol{e}}$ 和 $\hat{\boldsymbol{Y}}$ 的叉积协方差矩阵是

$$\boldsymbol{\Sigma}_{\hat{e}\hat{Y}} = (\boldsymbol{I} - \boldsymbol{P})(\sigma^2 \boldsymbol{I})\boldsymbol{P}^{\mathrm{T}} = \sigma^2(\boldsymbol{P}^{\mathrm{T}} - \boldsymbol{P}\boldsymbol{P}^{\mathrm{T}}) = 0$$

这个结论来自 14.4.3 节的引理 14.4.3.1. ∎

在 14.2.2 节，我们考虑了残差与拟合值的关系图 (见图 14.9). 根据这个定理，这样的图形中不应该存在线性相关关系.

14.4.5 β 的推断

在这一节，我们接着讨论最小二乘估计 $\hat{\beta}$ 的统计性质. 除了之前设定的假设, 我们还假设误差 e_i 是独立的, 且服从正态分布. 在这种情况下, 由于 $\hat{\beta}$ 的成分是独立正态分布随机变量的线性组合, 它们也都服从正态分布.

特别地, $\hat{\beta}$ 的每个元素 $\hat{\beta}_i$ 是具有均值 β_i 和方差 $\sigma^2 c_{ii}$ 的正态分布, 其中 $C = (X^T X)^{-1}$. 因此 $\hat{\beta}_i$ 的标准误差可以估计如下:

$$s_{\hat{\beta}_i} = s\sqrt{c_{ii}}$$

这个结论可以用来构造置信区间和假设检验, 它们在正态性及其近似假设下是精确的 (由于 $\hat{\beta}_i$ 可以表示为独立随机变量 e_i 的线性组合, 在 X 的适当假设下, 中心极限定理保证了近似结果的合理性).

在正态性假设之下, 可以证明

$$\frac{\hat{\beta}_i - \beta_i}{s_{\hat{\beta}_i}} \sim t_{n-p}$$

尽管我们不会推导这个结论. 由此, β_i 的 $100(1-\alpha)\%$ 置信区间是

$$\hat{\beta}_i \pm t_{n-p}(\alpha/2) s_{\hat{\beta}_i}$$

为了检验原假设 $H_0 : \beta_i = \beta_{i0}$, 其中 β_{i0} 是一个固定的数, 我们可以利用检验统计量

$$t = \frac{\hat{\beta}_i - \beta_{i0}}{s_{\hat{\beta}_i}}$$

在 H_0 为真时, 这个统计量服从自由度为 $n-p$ 的 t 分布. 用于检验的最常见原假设是 $H_0 : \beta_i = 0$, 这说明 x_i 没有预测值.

我们将在多项式回归中解释这些概念.

例 14.4.5.1 (峰面积) 我们回到 14.2.2 节的例 14.2.2.1, 考虑峰面积关于 FD&C 黄色 5 号百分比的回归. 我们由图 14.5 的残差图已经看到直线拟合似乎比较合理. 考虑扩展这个模型, 使其变为二次的:

$$y = \beta_0 + \beta_1 x + \beta_2 x^2$$

其中 y 是峰面积, x 是 FD&C 黄色 5 号的百分比. 下面的表格给出了拟合的统计量:

系 数	估 计	标准误差	t 值
β_0	0.058	0.054	1.07
β_1	11.17	1.20	9.33
β_2	-1.90	5.53	-0.35

为了检验假设 $H_0 : \beta_2 = 0$, 我们可以用 -0.35 作为 t 统计量的值, 它不能拒绝 H_0. 因此, 这个检验与残差分析的结果类似, 没有给出需要二次项的证据.

例 14.4.5.2 在 14.2.2 节的例 14.2.2.1 中,我们由河流流速关于深度线性回归的残差图看到拟合的模型不合适数据. 二次模型的统计量由下表给出:

系 数	估 计	标准误差	t 值
β_0	1.68	1.06	1.59
β_1	-10.86	4.52	-2.40
β_2	23.54	4.27	5.51

这里,线性和二次项都是统计显著的,图 14.21 的残差图没有显示系统性失配的迹象.

我们看到 $\hat{\beta}$ 的估计协方差矩阵是

$$\hat{\Sigma}_{\hat{\beta}\hat{\beta}} = s^2(\boldsymbol{X}^{\mathrm{T}}\boldsymbol{X})^{-1}$$

系数的相应相关矩阵是

$$\begin{bmatrix} 1.00 & -0.99 & 0.97 \\ -0.99 & 1.00 & -0.99 \\ 0.97 & -0.99 & 1.00 \end{bmatrix}$$

(注意相关矩阵不依赖于 s,因此完全由 $\boldsymbol{X}$ 决定.) 相关矩阵显示 $\hat{\beta}$ 元素的波动性是高度相关的. 线性系数 $\hat{\beta}_1$ 与常数项和二次项都是负相关的,这反过来导致常数项和二次项之间是正相关的. 这也部分解释了为什么当

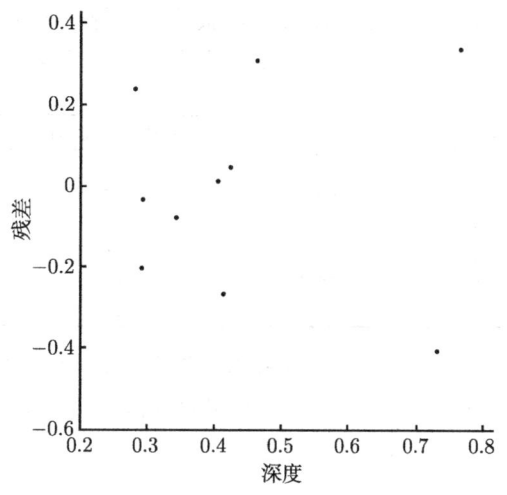

图 14.21 流速关于河流深度的二次回归的残差图

二次项不在模型中时常数和线性系数变化如此之多 (它们变为 $\hat{\beta}_0 = -3.98$ 和 $\hat{\beta}_1 = 13.83$). ∎

$\hat{\beta}$ 的估计协方差矩阵可以用作其他用途. 假设 $\boldsymbol{x}_0$ 是预测变量向量,我们希望估计 $\boldsymbol{x}_0$ 处的回归函数值. 显然的估计是

$$\hat{\mu}_0 = \boldsymbol{x}_0^{\mathrm{T}}\hat{\boldsymbol{\beta}}$$

这个估计的方差是

$$\mathrm{Var}(\hat{\mu}_0) = \boldsymbol{x}_0^{\mathrm{T}}\boldsymbol{\Sigma}_{\hat{\beta}\hat{\beta}}\boldsymbol{x}_0 = \sigma^2\boldsymbol{x}_0^{\mathrm{T}}(\boldsymbol{X}^{\mathrm{T}}\boldsymbol{X})^{-1}\boldsymbol{x}_0$$

用 s^2 代替 σ^2 可以估计出这个方差,导出 μ_0 的置信区间是

$$\hat{\mu}_0 \pm t_{n-p}(\alpha/2)s_{\hat{\mu}_0}$$

注意 $\mathrm{Var}(\hat{\mu}_0)$ 依赖于 $\boldsymbol{x}_0$. 章末的习题 13 进一步研究了这种相依性.

14.5 多元线性回归:一个例子

这一节简单介绍多元回归问题. 我们考虑统计模型

$$y_i = \beta_0 + \beta_1 x_{i1} + \beta_2 x_{i2} + \cdots + \beta_{p-1} x_{i,p-1} + e_i \quad i = 1, \cdots, n$$

如前，$\beta_0, \beta_1, \cdots, \beta_{p-1}$ 是未知参数，e_i 是独立的随机变量，具有均值 0 和方差 σ^2. β_i 有一个简单的解释：β_k 是 x_k 增加一个单位而其他 x 固定不变时 y 期望值的变化. 通常，x 是不同变量的测量值，但是多项式回归可以纳入这个模型体系，只需令 $x_{i2} = x_{i1}^2, x_{i3} = x_{i1}^3$, 等等.

我们通过一个例子 (Weindling 1977) 介绍和解释几个概念. 其他的例子包含在章末的习题中. 心脏导管插入术有时被用在患有先天性心脏缺陷儿童的病理治疗上. 将直径 3 毫米的铁氟龙管 (导管) 插入股骨区域的主要静脉或动脉中，并推至心脏，以获取心脏生理机能和功能能力的相关信息. 导管的长度一般由医生的专业判断确定. 在包含 12 个儿童的小型研究中，确定所需导管精确长度的方法是利用荧光显微镜检测导管的尖端是否已达到肺动脉. 记录下病人的身高和体重. 本例的目的是看导管长度由这两个变量确定的精确程度如何. 数据由下表给出：

身高 (英寸)	体重 (英镑)	到肺动脉的距离 (厘米)	身高 (英寸)	体重 (英镑)	到肺动脉的距离 (厘米)
42.8	40.0	37.0	43.0	38.5	37.0
63.5	93.5	49.5	22.5	8.5	20.0
37.5	35.5	34.5	37.0	33.0	33.5
39.5	30.0	36.0	23.5	9.5	30.5
45.5	52.0	43.0	33.0	21.0	38.5
38.5	17.0	28.0	58.0	79.0	47.0

由于这是一个非常小的样本，必须视结论为试探性的.

图 14.22 展示了所有变量对的散点图，为它们之间的关系提供了有用的视觉表示. 我们在后续的分析中将参考这些图形.

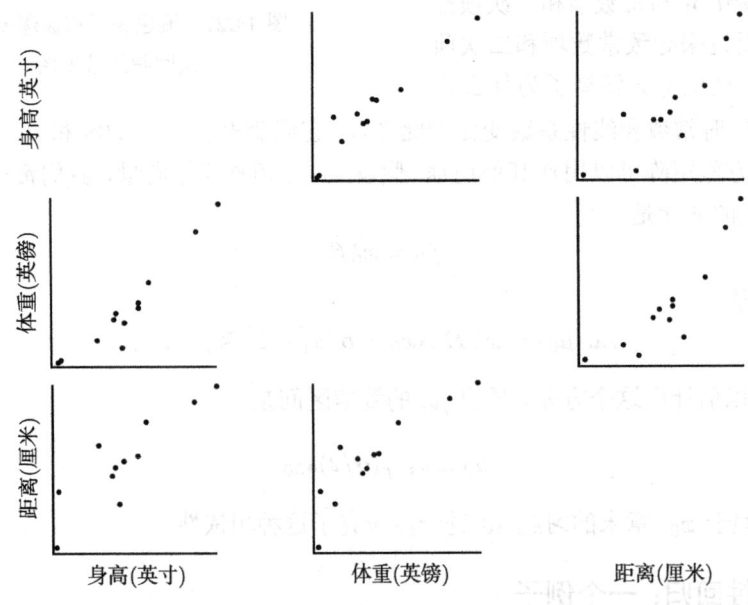

图 14.22 显示身高、体重和导管长度的所有变量对的散点图

线性最小二乘　　　　　　　　　　　　　　　　　　　　　　　　　　　399

我们首先考虑仅通过身高和仅通过体重预测长度. 简单线性回归的结果制表如下：

	身高	体重
$\hat{\beta}_0$	12.1(±4.3)	25.6(±2.0)
$\hat{\beta}_1$	0.60(±0.10)	0.28(±0.04)
s	4.0	3.8
r^2	0.78	0.80

括号中数字给出了 $\hat{\beta}_0$ 和 $\hat{\beta}_1$ 的标准误差. 为了检验原假设 $H_0:\beta_1=0$，合适的检验统计量是 $t=\beta_1/s_{\hat{\beta}_1}$. (这些原假设在这个问题中没有任何实际意义,我们显示这些检验只是为了辅助教学.) 很显然, 在这种情况下, 原假设被拒绝掉. 来自两个模型的预测是类似的, 拟合直线残差的标准差分别是 4.0 和 3.8, 平方相关系数是 0.78 和 0.80.

图 14.23 是简单线性回归的标准化残差与其自变量的散点图. 残差与体重图显示出某种程度的弯曲, 这在图 14.22 底部中间的散点图中也是很明显的. 这个拟合最大的标准化残差来自最轻和最矮的儿童 (见数据表格的第 8 行).

我们接下来考虑长度关于身高和体重两者的多元回归, 由于很可能利用两个变量而不是仅仅其中之一得到较好的预测. 最小二乘方法导出如下的关系式：

$$\text{身高} = 21(\pm 8.8) + 0.20(\pm 0.36) \times \text{身高} + 0.19(\pm 0.17) \times \text{体重}$$

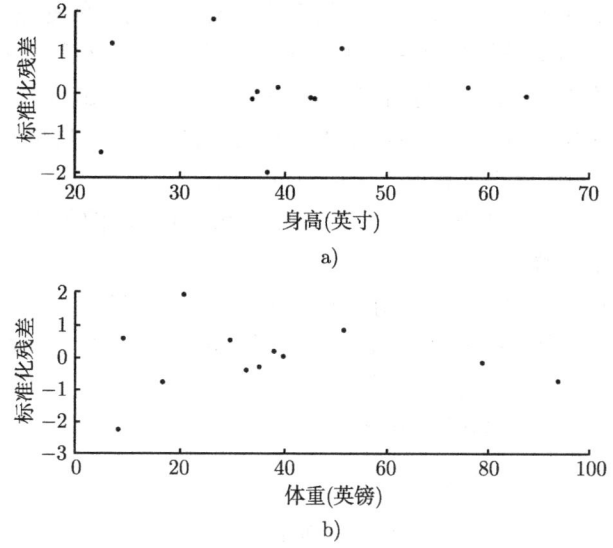

图 14.23　导管长度的简单线性回归的标准化残差与其自变量身高和体重图

其中系数的标准误差出现在括号内. 残差的标准差是 3.9.

平方多元相关系数(squared multiple correlation coefficient), 或**可决系数**(coefficient of determination), 有时用来粗略地度量最小二乘拟合的关系强度. 这个系数简单地定义为因变量和拟合

值之间的平方相关. 可以证明平方多元相关系数, 记为 R^2, 可以表示为

$$R^2 = \frac{s_y^2 - s_{\hat{e}}^2}{s_y^2}$$

由于它是因变量方差和拟合残差方差之差与因变量方差的比率, 所以可以将其解释为因变量的变异由自变量贡献的比例. 对于导管的例子, $R^2 = 0.81$.

考虑上述表格所示的系数和其标准误差. 我们惊奇地发现身高和体重系数的标准误差相对于它们的系数而言是非常大的. 利用 t 检验也不会拒绝假设 $H_1 : \beta_1 = 0$ 或 $H_2 : \beta_2 = 0$ 中的任何一个. 然而在简单线性回归中实施如上同样的检验, 系数却是高度显著的. 有关这种现象的部分解释是简单回归和多元回归中的系数具有不同的含义. 在多元回归中, β_1 是身高增加一个单位而体重固定不变时导管长度期望值的变化, 在描述长度与身高和体重关系的平面上, 它仅是沿身高轴的斜率, 较大的标准误差说明这个斜率没有很好地被解析出来. 要知道为什么, 考虑图 14.22 身高与体重的散点图. 最小二乘方法利用一个平面拟合导管的长度值, 它们相应于图形中的身高和体重点对. 由此图形可以非常直观地看出, 拟合平面的斜率沿着数据点直线的解析度相对较好, 但沿着身高或体重固定的直线的解析度较差. 设想如果相应于身高和体重点对的长度值是扰动的, 拟合平面如何移动? 强线性相关的变量称为高度**共线性**(collinear) 的, 例如, 本例中的身高和体重. 如果身高和体重值正好落在了一条直线上, 那么我们根本不能确定一个平面. 事实上, X 不是列满秩的.

身高与体重的图形还应该起到预警这类研究预测问题的作用. 很明显, 对于与原始拟合所用数据相差甚远的任何身高和体重点对来讲, 我们不希望做出它们的预测. 实证关系都是建立在观测数据区域上, 如果我们将其外推到没有观测数据的区域中, 任何这种关系模式都有可能破裂.

与仅仅拟合身高或体重相比, 同时拟合身高和体重并没有使 s 减少太多, 甚至没有较少. (事实上, 仅拟合体重比同时拟合身高和体重给出了更小的 s 值. 这似乎自相矛盾. 但是记得前者自由度为 10, 后者为 9, s 是残差平方和的平方根除以自由度.) 再次, 图 14.22 部分解释了这个现象的原因, 它显示体重可以由身高很好地进行预测. 因此, 在身高的预测方程上增加体重获益较少, 我们不应该为此感到奇怪.

最后, 图 14.24 显示多元回归残差与身高和体重的两幅图, 图形与图 14.23 非常相似.

这个简单的例子说明回归系数的解释是有问题的, 由于给定变量的系数依赖于回归中的其他变量 —— 当其他的变量进入或剔除出模型时, 这个系数变化很大, 甚至改变符号. Tukey 和 Mosteller(1977) 在影响学生成绩的研究中给出了一个利用多元回归的例子. 变量是

$y = 6$ 年级学生的语言成绩

$x_1 =$ 每名学生的员工薪水

$x_2 =$ 白领父亲的百分比

$x_3 =$ 社会经济地位

$x_4 =$ 教师的平均语言成绩

$x_5 =$ 母亲的平均教育程度 (1 单位 $=2$ 学年)

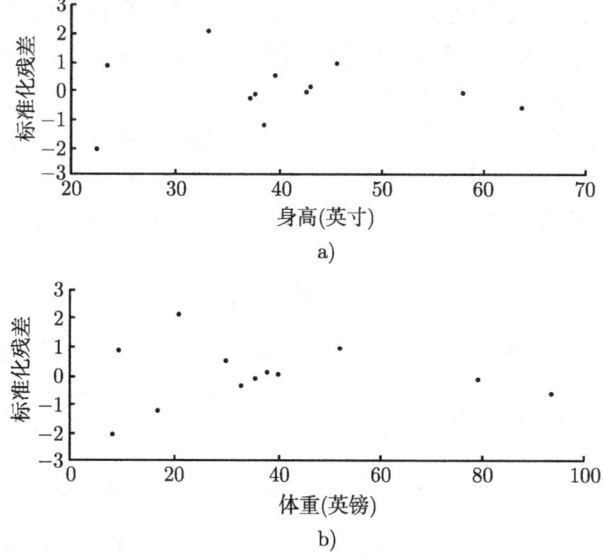

图 14.24 导管长度关于身高和体重的多元回归的标准
化残差与其自变量身高和体重图

拟合多元回归得到

$$y = 19.9 - 1.79x_1 + 0.0432x_2 + 0.556x_3 + 1.11x_4 - 1.79x_5$$

难道政策建议最好支付给教师较少的薪水且不允许母亲受教育吗？很显然，很多预测元之间高度相关，同时也与不在模型中变量相关，从字面上将系数看做相应变量增加一个单位而其他变量固定不变时的效应，这种解释是荒谬的. 还要注意这是观测研究，不是控制试验.

14.6 条件推断、无条件推断和自助法

这一章推导的最小二乘估计的统计性质都是在线性模型的假设下进行的，它连接自变量 $\mathbf{X}$ 和因变量 $\mathbf{Y}$ 的形式为

$$\mathbf{Y} = \mathbf{X}\boldsymbol{\beta} + \mathbf{e}$$

在这个公式中，自变量被假设为固定的，随机性仅来自于误差 e. 这个模型似乎适合于某些试验条件，例如 14.1 节的例子，利用固定的颜料百分比 $\mathbf{X}$，测量色谱仪上的峰面积 $\mathbf{Y}$. 然而，考虑 14.2.2 节的例 14.2.2.2，河流的流速与其深度有关，数据由来自 10 个河流的测量结果组成，将这些河流的深度模型视为固定的而将流速模型视为随机的似乎有些牵强. 在这一节，我们讨论 $\mathbf{X}$ 和 $\mathbf{Y}$ 都是随机时的模型结论，并利用自助法量化这类模型参数估计的不确定性.

首先，我们必须介绍一些符号. 设计矩阵记为随机矩阵 $\boldsymbol{\Xi}$，其具体实现与前面一样，记为 $\mathbf{X}$. $\boldsymbol{\Xi}$ 的行记为 $\boldsymbol{\xi}_1, \boldsymbol{\xi}_2, \cdots, \boldsymbol{\xi}_n$，实现 $\mathbf{X}$ 的行为 $\mathbf{x}_1, \mathbf{x}_2, \cdots, \mathbf{x}_n$. 我们利用模型 $E(Y|\boldsymbol{\xi} = \mathbf{x}) = \mathbf{x}\boldsymbol{\beta}$，$\text{Var}(Y|\boldsymbol{\xi} = \mathbf{x}) = \sigma^2$ 代替模型 $Y_i = \mathbf{x}_i\boldsymbol{\beta} + e_i$，其中 $\mathbf{x}_i$ 是固定的，e_i 是随机的，具有均值 0 和方差 σ^2. 在固定的 $\mathbf{X}$ 模型下，e_i 是相互独立的，在随机的 $\mathbf{X}$ 模型下，Y 和 $\boldsymbol{\xi}$ 具有联合分布 (给

定 ξ 时 Y 的条件分布具有上述指定的均值和方差), 数据被模型化为取自这个联合分布的 n 个独立随机向量 $(Y_1, \xi_1), (Y_2, \xi_2), \cdots, (Y_n, \xi_n)$. 之前的模型可以看做这个新模型的条件版本 —— 分析是在观测值 $\boldsymbol{x}_1, \boldsymbol{x}_2, \cdots, \boldsymbol{x}_n$ 的条件下进行.

在这个新的无条件的模型下, 我们现在推导最小二乘参数估计的一些结论. 首先, 我们看到在旧的模型中, $\boldsymbol{\beta}$ 的最小二乘估计是无偏的 (14.4.2 节的定理 14.4.2.1), 在新模型的框架下, 我们将这个结论表示为 $E(\hat{\boldsymbol{\beta}}|\boldsymbol{\Xi} = \boldsymbol{X}) = \boldsymbol{\beta}$. 我们在新模型下可以利用 4.4.1 节的定理 4.4.1.1 计算 $E(\hat{\boldsymbol{\beta}})$:

$$E(\hat{\boldsymbol{\beta}}) = E(E(\hat{\boldsymbol{\beta}}|\boldsymbol{\Xi})) = E(\boldsymbol{\beta}) = \boldsymbol{\beta}$$

其中外部期望是关于 $\boldsymbol{\Xi}$ 的分布. 因此, 最小二乘估计在新的模型下也是无偏的.

我们接下来考虑最小二乘估计的方差. 由 14.4.2 节的定理 14.4.2.2, $\mathrm{Var}(\hat{\beta}_i|\boldsymbol{\Xi} = \boldsymbol{X}) = \sigma^2(\boldsymbol{X}^\mathrm{T}\boldsymbol{X})_{ii}^{-1}$. 这是条件方差. 为了计算无条件方差, 我们可以利用 4.4.1 节的定理 4.4.1.2, 据此

$$\mathrm{Var}(\hat{\beta}_i) = \mathrm{Var}(E(\hat{\beta}_i|\boldsymbol{\Xi})) + E(\mathrm{Var}(\hat{\beta}_i|\boldsymbol{\Xi})) = \mathrm{Var}(\beta_i) + E(\sigma^2(\boldsymbol{\Xi}^\mathrm{T}\boldsymbol{\Xi})_{ii}^{-1}) = \sigma^2 E(\boldsymbol{\Xi}^\mathrm{T}\boldsymbol{\Xi})_{ii}^{-1}$$

这是随机向量 $\xi_1, \xi_2, \cdots, \xi_n$ 的高度非线性函数, 一般很难从分析的角度计算出来.

因此, 对于新的无条件模型, 最小二乘估计仍是无偏的, 但它们的方差 (以及协方差) 是不同的. 令人惊奇的是, 结果发现我们介绍的置信区间在它们指定的覆盖水平下仍旧成立. 令 $C(\boldsymbol{X})$ 表示在旧模型中介绍的 β_j 的 $100(1-\alpha)\%$ 置信区间. 利用 I_A 表示事件 A 的示性变量, 我们可以将这些事实表示如下: 这是 $100(1-\alpha)\%$ 置信区间, 因为

$$E(I_{\{\beta_j \in C(\boldsymbol{X})\}}|\boldsymbol{\Xi} = \boldsymbol{X}) = 1 - \alpha$$

也就是说, 覆盖的条件概率是 $1-\alpha$. 因为覆盖的条件概率对 $\boldsymbol{\Xi}$ 的每一个值都是一样的, 覆盖的无条件概率也是 $1-\alpha$:

$$E I_{\{\beta_j \in C(\boldsymbol{\Xi})\}} = E(E(I_{\{\beta_j \in C(\boldsymbol{\Xi})\}}|\boldsymbol{\Xi})) = E(1-\alpha) = 1-\alpha$$

这个非常有用的结论说明我们可以利用旧的固定 $\boldsymbol{X}$ 模型构造置信区间, 由此构造的区间在新的随机 $\boldsymbol{X}$ 模型下也具有同样精度的覆盖.

我们通过讨论如何利用自助法估计参数估计的变异性来结束本节, 并且这种讨论是在新的模型假设之下进行, 据此, 参数估计, 比方说 $\hat{\theta}$, 是基于 n 个 i.i.d 随机向量 $(Y_1, \xi_1), (Y_2, \xi_2), \cdots, (Y_n, \xi_n)$. 根据语境, 有很多种感兴趣的参数 θ. 例如, θ 可以是回归系数之一 β_i; θ 可以是 $E(Y|\xi = \boldsymbol{x}_0)$, 即自变量在固定水平 $\boldsymbol{x}_0$ 时的期望响应 (见习题 13); 在简单线性回归中, θ 可以是满足 $E(Y|\xi = x_0) = \mu_0$ 的 x_0 值, 其中 μ_0 是某个固定的数; 在简单线性回归中, θ 可以是 Y 和 ξ 的相关系数. 现在, 如果我们知道了随机向量 (Y, ξ) 的概率分布, 我们就可以按照如下方式模拟参数的抽样分布: 利用计算机, 从分布中抽取 B(非常大) 个 n 元组 $(Y_1, \xi_1), (Y_2, \xi_2), \cdots, (Y_B, \xi_B)$, 对于每次抽取都计算参数估计值 $\hat{\theta}$, 这样得到 $\hat{\theta}_1, \hat{\theta}_2, \cdots, \hat{\theta}_B$, 这些集合的经验分布就是 $\hat{\theta}$ 抽样分布的近似. 特别地, 这个集合的标准差是 $\hat{\theta}$ 标准误差的近似.

当然, 这个方法的前提是已知随机向量 (Y, ξ) 的分布, 然而这在现实中是不可能的. 自助法原理是利用观测的经验分布 $(Y_1, \boldsymbol{x}_1), (Y_2, \boldsymbol{x}_2), \cdots, (Y_n, \boldsymbol{x}_n)$ 去近似这个未知分布 —— 也就是

说, 从 $(Y_1, \boldsymbol{x}_1), (Y_2, \boldsymbol{x}_2), \cdots, (Y_n, \boldsymbol{x}_n)$ 中有替代地抽取 B 个容量为 n 的样本. 例如, 为了从 n 个 $(Y_1, X_1), (Y_2, X_2), \cdots, (Y_n, X_n)$ 数据对中近似相关系数 r 的抽样分布, 我们可以从这些点对中有替代地抽取 B 个容量为 n 的样本, 利用每个样本计算其相关系数, 得到 $r_1^*, r_2^*, \cdots, r_B^*$. 那么, 这些数据的标准差就可以用来估计 r 的标准误差.

14.7 局部线性平滑

我们利用一个例子介绍本节的内容. 扼要重述一下 10.7 节例 10.7.2 的内容, 记得感应线圈探测器是嵌入道路路面的钢丝圈. 利用探测器的输出结果, 交通管理中心可以得到通过车辆个数 (流) 和车辆覆盖探测器的时间百分比 (占用率) 的报告. 如果探测器有故障或者根本不能工作, 我们可以利用其他车道上的流和占用率来估计它的流和占用率. 例如, 这样的估计可以用来汇总交通模式.

图 14.25 是某条高速公路上车道 3 与车道 1 的占有率图形. 车道 1 是最左边的车道, 车道 3 是最右边的. 这两个车道很显然是高度相关的, 但不是线性相关. 虚线是占用率 3= 占用率 1 的线, 实线是回归直线. 数据系统地偏离了这两个关系. 有趣的是, 当占用率较低时, 车道 3 的值大部分都是大于车道 1 的, 随着占用率的增加, 车道 1 的值变得较大, 而当占用率增加到较高时, 两者几乎相等. 这些非常高的占用率相应于道路极端拥挤的情况, 此时两个车道的交通条件是非常相似的.

现在, 假设我们想在给定车道 1 占用率的条件下估计车道 3 的期望占用率, 例如, 由于探测器发生故障, 车道 3 的数据缺失, 此时可以利用车道 1 的数据值估计车道 3 的. 首先, 注意到尽管两者的关系很显然不是全局线性的, 但却是局部线性的 —— 在车道 1 的较小值域内, 车道 3 和车道 1 之间的关系是接近线性的, 如图 14.26 所示.

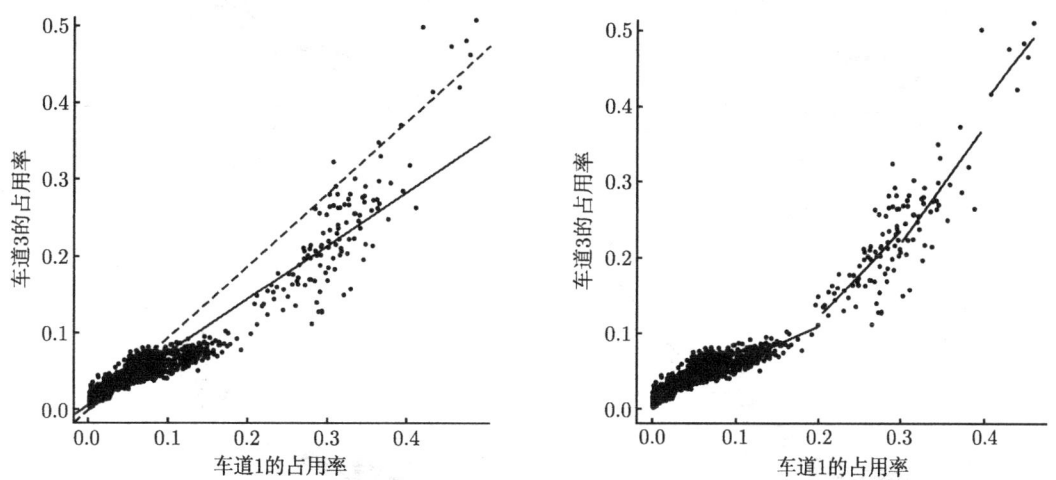

图 14.25　车道 3 与车道 1 的占用率. 虚线是 $y = x$, 实线是最小二乘拟合

图 14.26　区域 $0 \leqslant x \leqslant 0.1, 0.1 < x \leqslant 0.2, 0.2 < x \leqslant 0.3$, $0.3 < x \leqslant 0.4$ 和 $0.4 < x \leqslant 0.5$ 上的线性关系拟合

为与通用符号一致, 我们用 x 和 y 分别表示车道 1 和车道 3 的占用率, 假设我们想估计点

x_0 处的 y 值. 局部线性说明我们选择"带宽"h(例如,$h=0.05$),在 $x_0-h \leqslant x \leqslant x_0+h$ 的范围内拟合 y 和 x 之间的线性关系. 这等于寻找 β_0 和 β_1,使其最小化

$$S(\beta_0,\beta_1) = \sum_{i=1}^{n}(y_i-\beta_0-\beta_1 x_i)^2 w_h(x_i-x_0)$$

其中权函数 $w_h(u)$ 在 $-h \leqslant u \leqslant h$ 上等于 1,其他为 0. 那么相应于 x_0 的拟合值是 $\beta_0+\beta_1 x_0$. 例如,如果 $x_0=0.25$ 和 $h=0.05$,区域 $0.2 \leqslant x \leqslant 0.3$ 上的拟合线如图 14.26 所示,$x_0=0.25$ 的拟合值是那个点处回归线的高度.

权函数 $w_h(u)$ 是矩形的 —— 它给 $x_0-h \leqslant x_i \leqslant x_0+h$ 内的所有点对 (y_i,x_i) 赋予相同的权重. 与其为领域内的点对分配同样的权重,倒不如使用偏离 x_0 的衰减权重. 令 $w_h(u)$ 是具有均值 0 和标准差 h 的概率密度函数即可实现这个功能,例如高斯密度. 这个估计可以利用值 x_0 的稠密网格计算,在每个网格点上使用权函数 $w_h(x_i-x_0)$,它是集中在 x_0 上的密度.

4 种带宽 h 选择的拟合结果如图 14.27 所示. 注意对于较小的值 $h=0.01$,平滑曲线的波动很大,由于在这样小的带宽下,用于拟合的点比较少. 相反,较大的值 $h=0.25$ 得到非常光滑的曲线,但是曲线过度光滑,没能追踪到局部趋势的轨迹. 中间值 $h=0.025$ 在追踪局部趋势的过程中似乎做得最好. 同时还注意到曲线是连续的,这是因为 $S(\beta_0,\beta_1)$ 是 x_0 的连续函数.

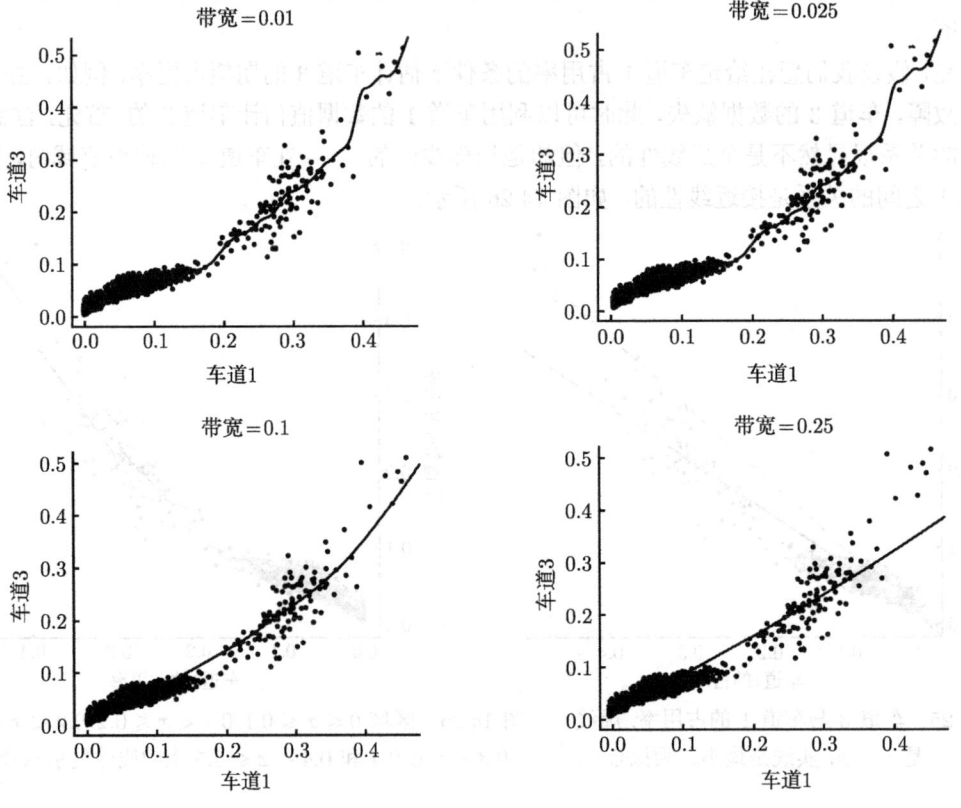

图 14.27 利用增长带宽的高斯权函数的局部线性估计

注意占用率不是均匀分布的，而是较小的占用率比较大的更稠密一些. 因此，与较高的占用率相比，集中在较低占用率的带宽 $h = 0.025$ 区域内包含更多的点. 由此，在某种意义上，这个平滑在占用率中不是均匀的. 替代固定带宽平滑的常用方法是让带宽依赖于占用率，其方式是将点的恒定分数 f 包含在带宽中. 因此，例如，如果分数是 $f = 0.10$，相应于自变量值 x_0 的带宽 $h(x_0)$ 满足 10% 的 x 值在区间 $x_0 \pm h(x_0)$ 内.

通常利用光滑散点图的视觉检查合理地选择带宽，如图 14.27 所示. 尽管在某些情况下，需要从数据中自动地选择带宽. 交叉验证是一个通用的步骤，选择分数 f 的算法如下：

指定 f 的可能值序列：$f_1, f_2, \cdots, f_M$.

对于每一个 $k = 1, 2, \cdots, M$.

  对于 $i = 1, 2, \cdots, n$，剔除数据点 (y_i, x_i)，使用带宽 f_k 平滑剩余的数据，并利用结果预测 y_i. 记预测值为 $\hat{y}_{(-i)}$.

  计算交叉验证得分，$CV(f_k) = \sum_{i=1}^{n} (\hat{y}_{(-i)} - y_i)^2$.

选择带宽，使其最小化 $CV(f)$.

图 14.28 显示了光滑函数 f 和高斯权函数的交叉验证结果. 左边的一幅图显示交叉验证得分. 它在较小的 f 值上是高的，因为此时的光滑曲线在局部依赖较少的观测值，所以它非常波动. 得分在较大的 f 值上也是高的，这导致过度光滑. 最小化分数是 $f = 0.28$，相应的光滑曲线显示在图形的右面，很显然，它很好地估计了局部趋势.

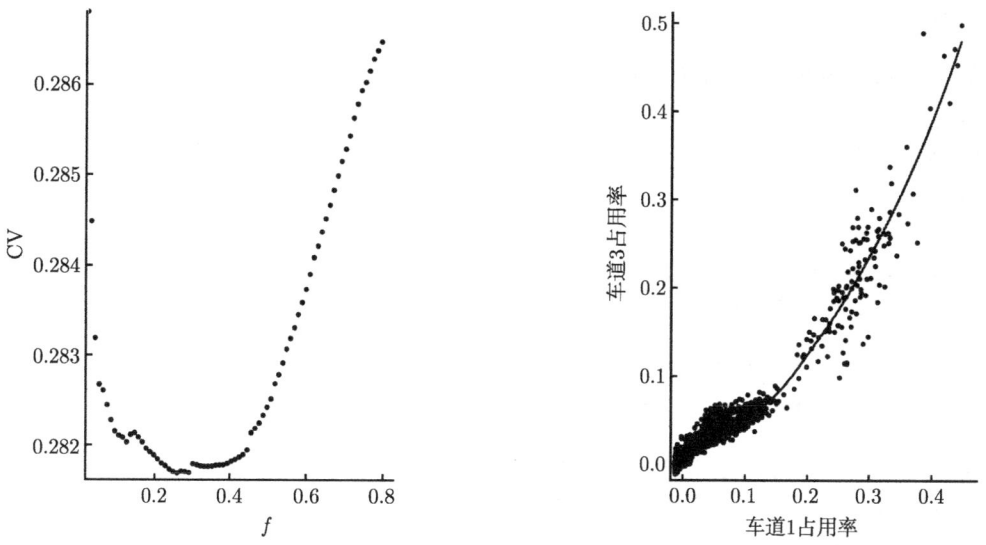

图 14.28　左图：函数 f 的交叉验证得分. 右图：最小化 f 值 ($f = 0.28$) 的局部线性拟合

14.8　结束语

我们仅仅介绍了线性最小二乘问题的理论和技术. 如果未知参数以非线性的方式进入预测方程，最小化就不能利用典型的闭形式进行求解，必须借助于迭代方法. 同时，通常也得不到系数标准误差在闭形式下的表达式,线性化通常用来得到近似的标准误差,也可以利用自助法.

正如之前所述,最小二乘估计关于离群值是不稳健的. 回归分析有稳健的方法. 第 10 章 M 估计的讨论建议最小化

$$\sum_{i=1}^{n} \Psi(Y_i - \hat{Y}_i)$$

其中 Ψ 是稳健的权函数. 注意最小二乘估计相应于 $\Psi(x) = x^2$. 选择 $\Psi(x) = |x|$ 给出中位数的曲线拟合方法.

在某些应用中,很多自变量被考虑进入预测方程. 已经提出了很多变量选择的技术,这个领域的研究仍然十分活跃.

在简单线性回归中,数据的极值点 x 对拟合直线的影响非常大. 在多元回归中,类似的现象也会出现,但是通常不能如此轻松地探测出来. 基于此,提出了几个"影响"的测度. 好的软件包通常将有影响的观测标记出来.

我们没有充分讨论工具校正所引起的误差问题. 例如,假设测量温度的工具是要校正的. 读取几个已知温度 (自变量) 的仪表指示数,利用最小二乘方法拟合仪表读数 (因变量) 和温度之间的函数关系,在这之后,利用仪表工具读取一个未知温度下的仪表指示数,并利用拟合关系预测出这个未知温度. 误差是怎样在函数系数的估计中传播的?也就是说,什么是估计温度的不确定性?这是一个逆问题,其分析过程不太简单.

14.9 习题

1. 通过变换和定义新的变量将下面的关系转化为线性的.
   a. $y = a/(b + cx)$
   b. $y = ae^{-bx}$
   c. $y = ab^x$
   d. $y = x/(a + bx)$
   e. $y = 1/(1 + e^{bx})$

2. 绘制如下 y 与 x 点对的图形:

x	0.34	1.38	−0.65	0.68	1.40	−0.88	−0.30	−1.18	0.50	−1.75
y	0.27	1.34	−0.53	0.35	1.28	−0.98	−0.72	−0.81	0.64	−1.59

   a. 利用最小二乘方法拟合直线 $y = a + bx$,并画出草图.
   b. 利用最小二乘方法拟合直线 $x = c + dy$,并画出草图.
   c. a 和 b 部分的直线一样吗?如果不一样,为什么?

3. 假设 $y_i = \mu + e_i$,其中 $i = 1, \cdots, n$,e_i 是独立的误差,具有均值 0 和方差 σ^2. 证明 $\bar{y}$ 是 μ 的最小二乘估计.

4. 考虑标准的线性回归模型,新生的 GPA 线性地依赖于高中的 GPA:$Y_i = \beta_0 + \beta_1 x_i + e_i, i = 1, 2, \cdots, n$. 假设女生和男生使用不同的截距,将模型写为

$$Y_i = I_F(i)\beta_F + I_M(i)\beta_M + \beta_1 x_i + e_i$$

其中 $I_F(i)$ 和 $I_M(i)$ 是示性变量,依据第 i 个人的性别是女生或男生与否而取值 0 和 1. 给出这类模型的设计矩阵形式.

5. 三个物体在直线的三点 $p_1 < p_2 < p_3$ 处. 未给出这些物体的精确位置, 一个测量员进行了如下的测量:
   a. 他站在原点处分别测量原点到 p_1, p_2, p_3 的距离,记为 Y_1, Y_2, Y_3.
   b. 他移动到 p_1 点,分别测量 p_1 到 p_2 和 p_3 的距离,记为 Y_4, Y_5.
   c. 他又移动到 p_2 点,测量 p_2 到 p_3 的距离,记为 Y_6.
   因此他共得到了 6 个测量值,都受误差的影响. 为了估计 p_1, p_2, p_3, 他决定利用最小二乘法并结合所有测量值进行估计. 利用矩阵符号, 清楚解释如何利用最小二乘估计进行计算 (无需进行实际运算).

6. 有两个质量未知的物品,质量分别记作 w_1 和 w_2, 将它们按如下方式放在一个易出差错的天平上称重: (1) 单独称物品 1, 测得重量为 3 克; (2) 单独称物品 2, 测得重量为 3 克; (3) 将物体放入不同的托盘测量质量之差 (物品 1 的质量减去物品 2 的质量), 结果为 1 克; (4) 称得两物品的总质量为 7 克. 根据这些测量值估计物品的真实质量.
   a. 建立线性模型 $\boldsymbol{Y} = \boldsymbol{X}\boldsymbol{\beta} + \boldsymbol{e}$. (提示: $\boldsymbol{X}$ 的元素取值为 0 或 ± 1.)
   b. 计算 w_1 和 w_2 的最小二乘估计.
   c. 计算 σ^2 的估计.
   d. 计算 b 部分最小二乘估计的估计标准误差.
   e. 估计 $w_1 - w_2$ 和其标准误差.
   f. 检验原假设 $H_0 : w_1 = w_2$.

7. (加权最小二乘法) 假设在模型 $Y_i = \beta_0 + \beta_1 x_i + e_i$ 中, 误差均值为 0 且相互独立, 但是 $\text{Var}(e_i) = \rho_i^2 \sigma^2$, 其中 ρ_i 是已知常数, 因此误差不是等方差的. 当 y_i 是 x_i 处多个观测值的平均值时, 这种情况就会出现; 在这种情形下, 如果 y_i 是 n_i 个独立观测值的平均值, 那么 $\rho_i^2 = 1/n_i$ (为什么?). 因为方差不等, 所以本章介绍的定理就不再适用; 直觉上, 方差较大的观测值对 β_0 和 β_1 估计值的影响应该小于方差较小的观测值. 问题可以变换如下:

$$\rho_i^{-1} y_i = \rho_i^{-1} \beta_0 + \rho_i^{-1} \beta_1 x_i + \rho_i^{-1} e_i$$

或

$$z_i = u_i \beta_0 + v_i \beta_1 + \delta_i$$

其中

$$u_i = \rho_i^{-1} \quad v_i = \rho_i^{-1} x_i \quad \delta_i = \rho_i^{-1} e_i$$

   a. 证明新的模型满足标准统计模型的假设.
   b. 计算 β_0 和 β_1 的最小二乘估计.
   c. 证明: 同 b 的做法一样, 在新的模型中应用最小二乘分析等价于最小化

$$\sum_{i=1}^{n}(y_i - \beta_0 - \beta_1 x_i)^2 \rho_i^{-2}$$

   这是加权最小二乘的准则; 观测值的方差越大, 权重越小.
   d. 计算 b 部分估计的方差.

8. (QR 法) 计算 $\hat{\boldsymbol{\beta}}$ 的最小二乘估计有一种替代方法, 即 QR 法. 本题概述它的基本思想. 这种方法的优点是避免构造矩阵 $\boldsymbol{X}^{\mathrm{T}}\boldsymbol{X}$, 从而减少可能出现的舍入误差. 这种方法的重要组成部分是如果 $\boldsymbol{X}_{n \times p}$ 有 p 个线性独立列, 它可以因子分解为形式

$$\boldsymbol{X}_{n \times p} = \boldsymbol{Q}_{n \times p} \boldsymbol{R}_{p \times p}$$

其中 Q 的列是正交的 ($Q^TQ = I$)，R 是上三角 ($r_{ij} = 0, i > j$) 和非奇异的。[这种分解与格拉姆 - 施密特正交化过程之间的关系可以参见 Strang(1980) 的讨论。]

证明 $\hat{\beta} = (X^TX)^{-1}X^TY$ 也可以表示为 $\hat{\beta} = R^{-1}Q^TY$ 或 $R\hat{\beta} = Q^TY$。由于 R 是上三角的，所以利用后向代换可以从最后这个方程中求解出 $\hat{\beta}$，无需 R 的逆。

9. (楚里斯基分解) 本题介绍一种使用普遍且有效的最小二乘估计的计算方法。假设 X^TX 的逆存在，且 X^TX 是正定矩阵，可以因子分解为 $X^TX = R^TR$，其中 R 是上三角矩阵。这种因子化称为**楚里斯基分解**(Cholesky decomposition)。证明最小二乘估计可以通过求解下列方程得到
$$R^Tv = X^TY$$
$$R\hat{\beta} = v$$
其中 v 定义完好。由于 R 是上三角的，所以利用后向代换就可以求解这些方程组，而无需显式地计算矩阵的逆。

10. 证明：直线斜率和截距的最小二乘估计可以表示为
$$\hat{\beta}_0 = \bar{y} - \hat{\beta}_1\bar{x}$$
和
$$\hat{\beta} = \frac{\sum_{i=1}^{n}(x_i - \bar{x})(y_i - \bar{y})}{\sum_{i=1}^{n}(x_i - \bar{x})^2}$$

11. 证明：如果 $\bar{x} = 0$，那么在标准统计模型的假设下，估计的斜率和截距是不相关的。

12. 利用习题 10 的结果，证明：利用最小二乘法拟合的直线穿过点 $(\bar{x}, \bar{y})$。

13. 假设利用最小二乘法对 n 个点拟合直线，且标准统计模型成立，我们希望估计这条线在新点 x_0 处的值。利用 μ_0 表示直线上的值，估计值为
$$\hat{\mu}_0 = \hat{\beta}_0 + \hat{\beta}_1 x_0$$

   a. 导出 $\hat{\mu}_0$ 的方差表达式。

   b. 草图 $\hat{\mu}_0$ 的标准差与 $x_0 - \bar{x}$ 的函数关系图。曲线形状在直觉上应该是合理的。

   c. 在正态性假设下，导出 $\mu_0 = \beta_0 + \beta_1 x_0$ 的 95% 置信区间。

14. 习题 13 讨论了如何构造点 x_0 对应的直线值的置信区间。假设我们想预测新观测值 x_0 的函数值 Y_0，
$$Y_0 = \beta_0 + \beta_1 x_0 + e_0$$

   利用估计量
$$\hat{Y} = \hat{\beta}_0 + \hat{\beta}_1 x_0$$

   a. 计算 $\hat{Y}_0 - Y_0$ 的方差表达式，并与习题 13a 中 $\hat{\mu}_0$ 的方差表达式进行比较。假设 e_0 独立于原始的观测值，且方差为 σ^2。

   b. 假设 e_0 服从正态分布，求出 $\hat{Y}_0 - Y_0$ 的分布。利用这个结果导出满足 $P(Y_0 \in I) = 1 - \alpha$ 的区间 I，这个区间被称作 $100(1-\alpha)\%$ 预测区间。

15. 对点 (x_i, y_i) 拟合直线 $y = \beta x$，其中 $i = 1, \cdots, n$。计算 β 的最小二乘估计。

16. 考虑对点 (x_i, y_i) 拟合曲线 $y = \beta_0 x + \beta_1 x^2$，其中 $i = 1, \cdots, n$。

   a. 利用矩阵形式导出 β_0 和 β_1 的最小二乘估计表达式。

   b. 求出估计的协方差矩阵表达式。

17. 本题扩展了 14.2.3 节的内容，令 X 和 Y 是随机变量，具有
$$E(X) = \mu_x \quad E(Y) = \mu_y$$
$$\text{Var}(X) = \sigma_x^2 \quad \text{Var}(Y) = \sigma_y^2$$
$$\text{Cov}(X,Y) = \sigma_{xy}$$
考虑利用 X 预测 Y，预测值为 $\hat{Y} = \alpha + \beta X$，其中 α 和 β 最小化 $E(Y - \hat{Y})^2$，即期望平方预测误差。
   a. 证明 α 和 β 的最小值是
$$\beta = \frac{\sigma_{xy}}{\sigma_x^2}$$
$$\alpha = \mu_y - \beta \mu_x$$
   [提示: $E(Y - \hat{Y})^2 = (EY - E\hat{Y})^2 + \text{Var}(Y - \hat{Y})$.]
   b. 证明对于这样的 α 和 β
$$\frac{\text{Var}(Y) - \text{Var}(Y - \hat{Y})}{\text{Var}(Y)} = r_{xy}^2$$

18. 假设
$$Y_i = \beta_0 + \beta_1 x_i + e_i, \quad i = 1, \cdots, n$$
其中 e_i 是独立的，服从正态分布，具有均值 0 和方差 σ^2，计算 β_0 和 β_1 的最大似然估计，并验证它们是最小二乘估计. (提示：在这些假设条件下，Y_i 是独立的，服从均值为 $\beta_0 + \beta_1 x_i$，方差为 σ^2 的正态分布. 写出 Y_i 的联合密度函数和似然.)

19. a. 证明残差向量正交于 $\boldsymbol{X}$ 的各列.
    b. 利用这个结果证明如果模型包含截距，那么残差和等于零，因此这个和的期望值也是零.

20. 假定列 $\boldsymbol{X}, \boldsymbol{X}_1, \cdots, \boldsymbol{X}_p$ 是正交的，即 $\boldsymbol{X}_i^\text{T} \boldsymbol{X}_j = 0, i \neq j$. 证明最小二乘估计的协方差矩阵是对角的.

21. 假设对区间 $[-1,1]$ 上的 n 个点 $x_1, \cdots, x_n$ 拟合模型
$$Y_i = \beta_0 + \beta_1 x_i + \varepsilon_i$$
其中 ε_i 是独立的，具有相同的方差 σ^2. 为最小化 $\text{Var}(\hat{\beta}_1)$，应该如何选择 x_i？

22. 假设家庭收入与消费的关系是线性的，对于收入处在第 90 个百分位上的那些家庭，你认为等于或大于消费的第 90 个百分位的家庭比例是多少: (a) 恰好是 50%, (b) 小于 50%, (c) 大于 50%？验证你的答案.

23. 假设期中考试分数与期末考试分数的相关系数是 0.5, 且两次考试具有相同的均值 75 和标准差 10.
    a. 如果学生的期中成绩是 95 分，你预测他的期末成绩是多少？
    b. 如果学生的期末成绩是 85 分，你预测他的期中成绩是多少？

24. 假设利用重标 (rescaled) 变量 $u_{ij} = K_j x_{ij}$ 代替最小二乘估计中的自变量 (例如，厘米转化为米). 证明 $\hat{Y}$ 不发生改变. $\hat{\beta}$ 会改变吗？(提示: 利用旧的设计矩阵表示新的.)

25. 假设在简单最小二乘估计问题中，重复设定每个自变量 x_i，生成两个独立的观测值 Y_{i1}, Y_{i2}. 利用每对重复的平均响应值 $\overline{Y}_i = (Y_{i1} + Y_{i2})/2$ 关于 x_i 回归，这样能否计算出最小二乘估计的斜率和截距，为什么能或不能？

26. 假设 Z_1, Z_2, Z_3, Z_4 是随机变量，具有 $\text{Var}(Z_i) = 1, \text{Cov}(Z_i, Z_j) = \rho, i \neq j$. 利用 14.4.1 节介绍的矩阵技术，证明 $Z_1 + Z_2 + Z_3 + Z_4$ 与 $Z_1 + Z_2 - Z_3 - Z_4$ 是不相关的.

27. 对于 14.4.2 节的标准线性模型，证明
$$\sigma^2 I = \Sigma_{\hat{Y}\hat{Y}} + \Sigma_{\hat{e}\hat{e}}$$

计算
$$n\sigma^2 = \sum_{i=1}^n \text{Var}(\hat{Y}_i) + \sum_{i=1}^n \text{Var}(\hat{e}_i)$$

28. 假设 $X_1,\cdots,X_n$ 相互独立, 具有均值 μ_i 和相同的方差 σ^2. 令 $Y = \sum_{i=1}^n a_i X_i$.

    a. 令 $Z = \sum_{i=1}^n b_i X_i$, 利用 14.4.1 节的定理 14.4.1.4, 计算 $\text{Cov}(Y,Z)$.

    b. 利用 14.4.1 节的定理 14.4.1.3, 计算 $E\left(\sum_{i=1}^n \sum_{j=1}^n X_i X_j\right)$.

29. 假定 X_1 和 X_2 是不相关的随机变量, 具有方差 σ^2, 利用矩阵方法证明 $Y = X_1 + X_2$ 和 $Z = X_1 - X_2$ 是不相关的. (提示: 计算 $\sum_{YZ}$.)

30. 令 $X_1,\cdots,X_n$ 是随机变量, 具有 $\text{Var}(X_i) = \sigma^2, \text{Cov}(X_i,X_j) = \rho\sigma^2, i \neq j$. 利用矩阵方法计算 $\text{Var}(\overline{X})$.

31. 令 Z 是随机向量, 由 4 个元素组成, 协方差矩阵为 $\sigma^2 I$. 令 $U = Z_1 + Z_2 + Z_3 + Z_4$ 和 $V = (Z_1 + Z_2) - (Z_3 + Z_4)$. 利用矩阵方法计算 $\text{Cov}(U,V)$.

32. 令 X 是 n 维随机向量, Y 是随机向量, 具有 $Y_1 = X_1, Y_i = X_i - X_{i-1}, i = 1,2\cdots,n$.

    a. 如果 X_i 是独立的随机变量, 方差为 σ^2, 计算 Y 的协方差矩阵.

    b. 如果 Y_i 是独立的随机变量, 方差为 σ^2, 计算 X 的协方差矩阵.

33. **a.** 令 $X \sim N(0,1), E \sim N(0,1)$, 且相互独立, 令 $Y = X + \beta E$. 证明:
    $$r_{xy} = \frac{1}{\sqrt{\beta^2 + 1}}$$

    b. 总体的相关系数为 $-0.9, -0.5, 0, 0.5, 0.9$, 利用 a 的结果生成容量 20 的二元样本 (x_i,y_i), 并计算样本的相关系数.

    c. 让同伴生成 b 项的散点图, 然后猜测相关系数.

34. 如习题 33, 利用相关系数 0.8 生成容量 50 的二元样本. 计算估计的回归线和残差值. 画出残差对 X 和残差对 Y 的图形, 并解释之.

35. 研究者利用两个变量 X_1 和 X_2 进行多元回归, 预测变量 Y. 她提议生成一个新变量 $X_3 = X_1 + X_2$, 利用这三个变量进行多元回归预测 Y. 说明她将会碰到麻烦, 原因是设计矩阵不是满秩的.

36. 文件 bismuth 包含铋 II-I 相变时的相变压, 它是温度 (°C) 的函数 (见 14.2.2 节的例 14.2.2.5). 拟合压力和温度之间的线性关系, 检验残差, 并评论之.

37. 氮化钡的解离压力反应被记录为温度的函数 (Orcutt 1970). 热力学第二定律给出了近似的关系式
    $$\ln(\text{压力}) = A + \frac{B}{T}$$
    其中 T 是绝对温度. 利用数据文件 barium, 估计 A 和 B, 以及它们的标准误差. 构造 A 和 B 的近似 95% 置信区间. 检验残差, 并评论之.

38. 在不同温度 (T) 下测量蓝宝石棒的杨氏模量 (g)(Ku 1969), 其观测值列示在文件 sapphire 中. 拟合线性关系式 $g = \beta_0 + \beta_1 T$, 构造相关系数的置信区间. 检验残差.

39. 作为核保障计划的一部分, 例行测量容器的容量. 体积是由测量容器顶部和底部的压力差间接得到的. 容器是圆柱形的, 但其内部的几何结构非常复杂, 由各种管子和搅拌桨构成. 如果没有这些复杂的部件, 压力和体积应该具有线性关系. 为了测定相对于体积的压力, 在容器内放置已知数量的液体 (x), 读取相应的压力数 (y). 数据文件 tankvolume 来自 Knafl 等 (1984). 体积单位是千升, 压力单位是帕斯卡.

a. 绘制压力与体积的关系图. 它们的关系呈现出线性吗?
b. 计算压力关于体积的线性回归, 绘制残差与体积的关系图. 残差图说明了什么?
c. 试着将压力拟合成体积的二次函数. 你认为这种拟合如何?

40. 下面的数据是测力环的测量值, 测力环是一种测量压力的仪器 (Hockersmith 和 Ku 1969).
    a. 绘制负载与变形之间的关系图. 图形看起来是线性的吗?
    b. 拟合变形关于负载的线性函数, 绘制残差与负载的关系图. 残差图显示拟合具有系统性缺陷吗?
    c. 拟合变形关于负载的二次函数, 估计系数和它们的标准误差. 作出残差图, 拟合看起来合理吗?

				变形			
负载	Run 1	Run 2	Run 3	负载	Run 1	Run 2	Run 3
10 000	68.32	68.35	68.30	60 000	411.30	411.35	411.28
20 000	136.78	136.68	136.80	70 000	480.65	480.60	480.63
30 000	204.98	205.02	204.98	80 000	549.85	549.85	549.83
40 000	273.85	273.85	273.80	90 000	619.00	619.02	619.10
50 000	342.70	342.63	342.63	1000 000	688.70	688.62	688.58

41. 文件 chestnut 包含 27 棵栗树的胸径 (DBH, 尺) 和树龄 (年)(Chapman 和 Demeritt 1936). 试着拟合 DBH 关于树龄的线性函数. 检验残差. 你能否找出 DBH 和/或树龄的变换, 使得它们之间的线性关系更加明显?

42. 研究发现在某些路段上汽车的制动距离 (y) 是速度的函数 (Brownlee 1960). 数据如下表所示. 分别拟合 y 和 $\sqrt{y}$ 关于速度的线性函数, 检验每种情况的残差. 哪一种拟合得更好? 你能给出其中的物理原因吗? 并解释之.

速度 (米/小时)	制动距离 (英尺)	速度 (米/小时)	制动距离 (英尺)
20.5	15.4	40.5	73.1
20.5	13.3	48.8	113.0
30.5	33.9	57.8	142.6

43. Chang(1945) 研究了阿米巴囊肿在水中的沉淀率, 试图发明一种净化水的方法. 下表给出了囊肿的直径, 以及囊肿在三个温度下于 720 微摩的静水中的沉淀时间. 表中每个值都是几个观测值的平均数, 其观测数目在圆括号中给出. 所需时间是直径的线性函数还是二次函数? 你能找出合适的拟合模型吗? 如何比较三种温度的沉降速度? (见习题 7.)

	囊肿沉淀时间 (秒)				囊肿沉淀时间 (秒)		
直径 (微摩)	10°C	25°C	28°C	直径 (微摩)	10°C	25°C	28°C
11.5	217.1(2)	138.2(1)	128.4(2)	17.3	96.4(8)	61.3(6)	59.7(6)
13.1	168.3(3)	109.3(3)	103.1(4)	18.7	80.8(5)	56.2(4)	50.0(4)
14.4	136.6(11)	89.1(13)	82.7(11)	20.2	70.4(2)	46.3(1)	41.4(2)
15.8	114.6(17)	73.0(11)	70.5(18)				

44. Cogswell(1973) 研究了测量儿童呼吸阻力的方法. 文件 asthma 列出了哮喘病儿童的呼吸阻力和身高 (厘米), 文件 cystfibr 包含了囊胞性纤维症儿童的结果数据. 在每组中, 呼吸阻力和身高是否存在统计上显著的相关关系?

45. 文件 reading 包含在连续两年的标准测验中, 几个学校三年级学生的平均阅读分数. 具有"回归效应"吗?

46. 小的石棉纤维浓度的测量在环境健康问题研究方面,以及制定和实施合适的法规政策方面都是非常重要的. 电子显微镜可以更精确地测量这种纤维的浓度,但由于某些现实原因,有时用到光学显微镜. Kiefer 等 (1987) 使用扫描电子显微镜 (SEM) 和相衬显微镜 (PCM) 分别测量了 30 块样本石棉,并比较了石棉纤维浓度的测量值. 数据在文件 asbestos 中. 以精确的 SEM 测量值为自变量,PCM 测量值为因变量,研究两种测量方法的关系.

47. 航测法可以用来估计加拿大哈得逊湾西部区域夏日牧场的雪雁数量,为了估计雪雁的数量,小型飞机盘旋在牧场上空,当一群雪雁降落时,经验丰富的观察者估计雁群中的雪雁数. 为了检验这种方法的可靠性,飞机装载两名经验丰富的观察者飞过 45 群雪雁,每位观察者独立地估计每群雪雁的数量. 同时带回每群雪雁的照片,以便得到它们的准确数量 (Weisberg 1985). 数据在文件 geese 中.

   a. 画出观察数 Y 与照片数 x 的散点图. 这些图形显示简单线性回归模型合适吗?

   b. 计算线性回归. 残差的标准误差是多少,它们的含义是什么,并且如何比较它们? 拟合回归线看起来不同吗? 作残差和残差绝对值与照片数的图形. 残差显示拟合具有系统性缺陷吗? 残差的方差看似是常数吗?

   c. 利用计数的平方根变换重复上述过程,这种变换能平稳化方差吗?

   d. 你现在已经利用两种方式计算了拟合. 如何比较它们?

   e. 回答下面的问题,"观测者估计雪雁数量的准确性如何?""比较这两个观测者如何?"

48. 选择宾夕法尼亚州阿勒格尼国家公园中的 31 棵黑樱桃树样,测量高于地面 4.5 英尺部分的体积、高度和直径. 收集这些数据,寻找一种估计树体积的简单方法. 建立体积与高度和直径的关系模型. 数据矩阵的各列分别按直径、高度和体积顺序排列 (Ryan,Joiner 和 Ryan 1976). 数据在文件 treevolume 中.

49. 文件 flow-occ 包含了三个车道上环形探测器收集的数据 (见 14.7 节). 检验车道 3 与车道 1 的流量关系. 绘制散点图,拟合回归线. 线性关系看似准确吗? 有没有系统性偏离? 拟合多个带宽的局部线性关系. 识别过小的带宽和过大的带宽. 哪个带宽看似能够很好地平衡过度波动和过度光滑?

50. 文件 binary59683 包含了天体源依时间变化的光度测量值. 时间以天为单位 (儒略日期),亮度利用"光度"度量. 根据这个测量系统,最亮的星体具有光度 −1.4,最弱的可视星体具有光度 6,因此光度越大,星体越暗.

   a. 绘制光度与时间的图形,你能观察出什么结构吗?

   b. 物体实际上是一个蚀双星系统 (两个星体围绕彼此旋转),具有周期 $P = 0.407528$ 天. 定义 $s = t \bmod P$,即 s 与 t 同余,画出光度与 s 的图形,你能定性地解释"光曲线"的形状吗?

   c. 光曲线包含很多有关双星系统的信息. 利用局部线性平滑估计这个光曲线.

   d. 稍微改变周期,看看光曲线怎样变化? 对此多做几次. 你能给出计算未知周期的方法吗? 由数据估计出来的周期的精度如何?

   数据来自依巴谷任务. 更多的信息、光曲线和互动演示可以参见 http://www.rssd.esa.int/SA-general/Projects/Hipparcos/education.html.

51. 下表是迪斯尼、麦当劳、斯伦贝谢、哈利波顿股票在 1998 年 1 月至 5 月的月收益率. 拟合多元回归,由其他股票预测迪斯尼股票的收益率. 残差的标准差是多少? R^2 是多少?

迪斯尼	麦当劳	斯伦贝谢	哈利波顿	迪斯尼	麦当劳	斯伦贝谢	哈利波顿
0.08088	−0.01309	−0.08463	−0.13373	0.16834	0.03125	0.09571	0.09227
0.04737	0.15958	0.02884	0.03616	−0.09082	0.06206	−0.05723	−0.13242
−0.04634	0.09966	0.00165	0.07919				

接着，利用已经建立的回归方程，预测 1999 年 1 月至 5 月的月收益率，并与下面所示的实际值进行比较. 预测误差的标准差是多少？如何解释与 1998 年结果的对比？将其解释为基本关系在一年内发生了改变合理吗？

迪斯尼	麦当劳	斯伦贝谢	哈利波顿	迪斯尼	麦当劳	斯伦贝谢	哈利波顿
0.1	0.02604	0.02695	0.00211	0.02008	−0.06483	0.06127	0.10714
0.06629	0.07851	0.02362	−0.04	−0.08268	−0.09029	−0.05773	−0.02933
−0.11545	0.06732	0.23938	0.35526				

52. 文件 bodytemp 包含了 65 名男性 (用 1 表示) 和 65 名女性 (用 2 表示) 的正常体温读数 (华氏温度) 和心跳速率 (每分钟的跳动次数)，数据取自 Shoemaker(1996).
    a. 对于男性和女性，绘制心率与体温的散点图. 评述具有或不具有的关系.
    b. 男性中的关系与女性的相同吗？利用图形回答这个问题. 绘制同时显示男性和女性的散点图，并用不同的符号标识出男性和女性.
    c. 对于男性，拟合线性回归，利用体温预测心率. 画出残差与体温的图形，评论关系是否是线性的. 计算估计的斜率和标准误差.
    d. 对于女性重复上述过程.
    e. 检验男性和女性的斜率是否相等. (提示：考虑斜率之差.)
    f. 检验截距是否相等.

53. 美国怀俄明州黄石国家公园的老忠实间歇泉因其喷发规律而得名. 文件 oldfaithful 包含连续 8 天的喷发持续时间 (按分钟) 和两次喷发之间的时间间隔. 公园为游客张贴出预测的喷涌时间. 利用目前的喷发持续时间能否准确地预测下次喷发的间歇时间？
    a. 利用线性回归合适吗？
    b. 如果喷发持续时间是 2 分钟，你预测下次喷发的间歇时间是多少？你如何量化预测的精度？当喷发持续时间是 4.5 分钟时，重复这些分析.

54. 在 1970 年，议会设立抽彩征兵法用以支持不受欢迎的越南战争. 将所有可能的 366 个生日放进转鼓的塑料胶囊中，然后逐一进行选择. 第一天选中的合法男性首先服役，然后是第二天选中的，依此类推. 这种做法受到了一些人的批评，他们认为政府没能公正地抽彩征兵，那些出生在年末的男性更容易被选中去服役. 确实如此，后来的调查发现生日按月放入鼓中，没有完全混合. 文件 1970lottery 的各列分别是月、月码、一年中的天数和征兵号.
    a. 画出征兵号和天数的图形. 你能观察出什么趋势吗？
    b. 在散点图上拟合线性回归线.
    c. 在散点图上拟合局部线性平滑. 试着变换带宽，重复操作.

55. 当将汽油灌入汽车油箱时，烃类气体被挤出油箱，排放到大气中，造成很严重的大气污染. 因此，通常在汽油泵上安装蒸汽回收装置. 在实际操作中，很难检验这种回收装置的作用，因为能够测量到的蒸汽数量仅仅是蒸汽装置实际回收的，而不知道是否有蒸汽漏出. 因此为了估计这种装置的效用，很有必要利用那些与其有关的可测变量估计油箱的总蒸汽量. 在这道习题中，你将试着利用实验室得到的数据建立这样的一种预测关系. 文件 gasvapor 记录了这些变量：油箱的初始温度 (°F)、灌入汽油的温度 (°F)、油箱的初始蒸汽压 (psi)、灌入汽油的蒸汽压 (psi) 和排放的烃类气体 (g). 我们的目的是预测排放的烃类气体.

   首先，随机选择 40 个观测值，将其放在一边. 你基于剩余的观测建立预测关系，并用之前预留的观测检验它的强度. (比较有益的是, 课堂上的每个同学都预留出这 40 个观测值, 然后比较结果.)

a. 利用散点图观察变量之间的关系. 评论哪些关系比较强. 基于这些信息, 你认为模型中的哪些变量是重要的? 这些图形显示变换有用吗? 有没有离群值出现?

b. 试着拟合几个模型, 选出你认为较好的两个模型.

c. 利用这两个模型, 预测你所保留的 40 个观测值的响应值, 并利用预测值和观测值的图形, 通过预测误差和其自变量的图形比较预测值与观测值. 均方预测误差方根概括预测强度:

$$\text{RMSPE} = \sqrt{\frac{1}{40}\sum_{i=1}^{40}(Y_i - \hat{Y}_i)^2}$$

其中 Y_i 是第 i 个观测值, $\hat{Y}_i$ 是相应的预测值.

56. 洛杉矶污染控制区的多个观测站在每小时都记录空气的污染水平和各种气象条件. 这个机构试图构建数学/统计模型, 以便预测污染水平, 更好地理解大气污染的复杂性. 很显然, 收集和分析的数据量是非常大的, 但本题只考虑其中的一小部分数据集. 文件 airpollution 包含了氧化剂 (一种光化学污染物) 的最高水平和 4 种气象变量——风速、温度、湿度和日晒 (阳光量的度量)——在上午的平均值. 文件包含了一个夏季中的 30 天数据.

a. 检验氧化剂水平与其他 4 个气象变量的关系, 以及这些气象变量之间的相互关系. 利用部分或全部气象变量能在多大程度上预测氧化剂的最高水平? 哪些变量看起来更重要一些?

b. 本章的标准统计模型假定误差是随机的, 且相互独立. 在跨时间收集的数据中, 一点误差可能与之前的误差具有很好的相关性. 这种现象称作**序列相关**(serial correlation), 由于它的存在, 本章介绍的系数标准误差的估计可能是不正确的. 但是, 参数估计仍旧是无偏的. (为什么?) 拟合残差中具有序列相关?

附录A 常用分布

A.1 离散分布

二项分布

$$p(k) = \binom{n}{k} p^k (1-p)^{n-k}, \quad k = 0, 1, \cdots, n$$

$$E(X) = np$$

$$\mathrm{Var}(X) = np(1-p)$$

$$M(t) = (1 - p + pe^t)^n$$

几何分布

$$p(k) = p(1-p)^{k-1}, \quad k = 1, \cdots$$

$$E(X) = \frac{1}{p}$$

$$\mathrm{Var}(X) = \frac{1-p}{p^2}$$

$$M(t) = \frac{e^t p}{1 - (1-p)e^t}$$

负二项分布

$$p(k) = \binom{k-1}{r-1} p^r (1-p)^{k-r}, \quad k = r, r+1, \cdots$$

$$E(X) = \frac{r}{p}$$

$$\mathrm{Var}(X) = \frac{r(1-p)}{p^2}$$

$$M(t) = \left(\frac{e^t p}{1 - (1-p)e^t} \right)^r$$

泊松分布

$$p(k) = \frac{\lambda^k e^{-\lambda}}{k!}, \quad k = 0, 1, \cdots$$

$$E(X) = \lambda$$

$$\mathrm{Var}(X) = \lambda$$

$$M(t) = e^{\lambda(e^t - 1)}$$

A.2 连续分布

正态分布

$$f(x) = \frac{1}{\sigma\sqrt{2\pi}} e^{-\frac{1}{2\sigma^2}(x-\mu)^2}, \quad -\infty < x < \infty$$

$$E(X) = \mu$$

$$\text{Var}(X) = \sigma^2$$

$$M(t) = e^{\mu t} e^{\sigma^2 t^2 / 2}$$

伽马分布

$$f(x) = \frac{\lambda^\alpha}{\Gamma(\alpha)} x^{\alpha-1} e^{-\lambda x}, \quad x \geqslant 0$$

$$E(X) = \frac{\alpha}{\lambda}$$

$$\text{Var}(X) = \frac{\alpha}{\lambda^2}$$

$$M(t) = \left(\frac{\lambda}{\lambda - t}\right)^\alpha, \quad t < \lambda$$

指数分布 (伽马分布在 $\alpha = 1$ 时的特殊形式)

自由度为 n 的卡方分布 $\left(\text{伽马分布在 } \alpha = n/2, \lambda = \dfrac{1}{2} \text{ 时的特殊形式}\right)$

均匀分布

$$f(x) = 1, \quad 0 \leqslant x \leqslant 1$$

$$E(X) = \frac{1}{2}$$

$$\text{Var}(X) = \frac{1}{12}$$

$$M(t) = \frac{e^t - 1}{t}$$

贝塔分布

$$f(x) = \frac{\Gamma(a+b)}{\Gamma(a)\Gamma(b)} x^{a-1}(1-x)^{b-1}, \quad 0 \leqslant x \leqslant 1$$

$$E(X) = \frac{a}{a+b}$$

$$\text{Var}(X) = \frac{ab}{(a+b)^2(a+b+1)}$$

$M(t)$是没有用的

附录 B 表

表 1　二项概率

表中的值是 $\sum_{x=0}^{k} p(x)$. (四舍五入至小数点后三位.)

$n=5$

k \ p	0.01	0.05	0.10	0.20	0.30	0.40	0.50	0.60	0.70	0.80	0.90	0.95	0.99
0	0.951	0.774	0.590	0.328	0.168	0.078	0.031	0.010	0.002	0.000	0.000	0.000	0.000
1	0.999	0.977	0.919	0.737	0.528	0.337	0.188	0.087	0.031	0.007	0.000	0.000	0.000
2	1.000	0.999	0.991	0.942	0.837	0.683	0.500	0.317	0.163	0.058	0.009	0.001	0.000
3	1.000	1.000	1.000	0.993	0.969	0.913	0.812	0.663	0.472	0.263	0.081	0.023	0.001
4	1.000	1.000	1.000	1.000	0.998	0.990	0.969	0.922	0.832	0.672	0.410	0.226	0.049

$n=10$

k \ p	0.01	0.05	0.10	0.20	0.30	0.40	0.50	0.60	0.70	0.80	0.90	0.95	0.99
0	0.904	0.599	0.349	0.107	0.028	0.006	0.001	0.000	0.000	0.000	0.000	0.000	0.000
1	0.996	0.914	0.736	0.376	0.149	0.046	0.011	0.002	0.000	0.000	0.000	0.000	0.000
2	1.000	0.988	0.930	0.678	0.383	0.167	0.055	0.012	0.002	0.000	0.000	0.000	0.000
3	1.000	0.999	0.987	0.879	0.650	0.382	0.172	0.055	0.011	0.001	0.000	0.000	0.000
4	1.000	1.000	0.998	0.967	0.850	0.633	0.377	0.166	0.047	0.006	0.000	0.000	0.000
5	1.000	1.000	1.000	0.994	0.953	0.834	0.623	0.367	0.150	0.033	0.002	0.000	0.000
6	1.000	1.000	1.000	0.999	0.989	0.945	0.828	0.618	0.350	0.121	0.013	0.001	0.000
7	1.000	1.000	1.000	1.000	0.998	0.988	0.945	0.833	0.617	0.322	0.070	0.012	0.000
8	1.000	1.000	1.000	1.000	1.000	0.998	0.989	0.954	0.851	0.624	0.264	0.086	0.004
9	1.000	1.000	1.000	1.000	1.000	1.000	0.999	0.994	0.972	0.893	0.651	0.401	0.096

$n=15$

k \ p	0.01	0.05	0.10	0.20	0.30	0.40	0.50	0.60	0.70	0.80	0.90	0.95	0.99
0	0.860	0.463	0.206	0.035	0.005	0.000	0.000	0.000	0.000	0.000	0.000	0.000	0.000
1	0.990	0.829	0.549	0.167	0.035	0.005	0.000	0.000	0.000	0.000	0.000	0.000	0.000
2	1.000	0.964	0.816	0.398	0.127	0.027	0.004	0.000	0.000	0.000	0.000	0.000	0.000
3	1.000	0.995	0.944	0.648	0.297	0.091	0.018	0.002	0.000	0.000	0.000	0.000	0.000
4	1.000	0.999	0.987	0.836	0.515	0.217	0.059	0.009	0.001	0.000	0.000	0.000	0.000
5	1.000	1.000	0.998	0.939	0.722	0.403	0.151	0.034	0.004	0.000	0.000	0.000	0.000
6	1.000	1.000	1.000	0.982	0.869	0.610	0.304	0.095	0.015	0.001	0.000	0.000	0.000
7	1.000	1.000	1.000	0.996	0.950	0.787	0.500	0.213	0.050	0.040	0.000	0.000	0.000
8	1.000	1.000	1.000	0.999	0.985	0.905	0.696	0.390	0.131	0.018	0.000	0.000	0.000
9	1.000	1.000	1.000	1.000	0.996	0.966	0.849	0.597	0.278	0.061	0.002	0.000	0.000
10	1.000	1.000	1.000	1.000	0.999	0.991	0.941	0.783	0.485	0.164	0.013	0.001	0.000
11	1.000	1.000	1.000	1.000	1.000	0.998	0.982	0.909	0.703	0.352	0.056	0.005	0.000
12	1.000	1.000	1.000	1.000	1.000	1.000	0.996	0.973	0.873	0.602	0.184	0.036	0.000
13	1.000	1.000	1.000	1.000	1.000	1.000	1.000	0.995	0.965	0.833	0.451	0.171	0.010
14	1.000	1.000	1.000	1.000	1.000	1.000	1.000	1.000	0.995	0.965	0.794	0.537	0.140

$n = 20$ (续)

k \ p	0.01	0.05	0.10	0.20	0.30	0.40	0.50	0.60	0.70	0.80	0.90	0.95	0.99
0	0.818	0.358	0.122	0.002	0.001	0.000	0.000	0.000	0.000	0.000	0.000	0.000	0.000
1	0.983	0.736	0.392	0.069	0.008	0.001	0.000	0.000	0.000	0.000	0.000	0.000	0.000
2	0.999	0.925	0.677	0.206	0.035	0.004	0.000	0.000	0.000	0.000	0.000	0.000	0.000
3	1.000	0.984	0.867	0.411	0.107	0.016	0.001	0.000	0.000	0.000	0.000	0.000	0.000
4	1.000	0.997	0.957	0.630	0.238	0.051	0.006	0.000	0.000	0.000	0.000	0.000	0.000
5	1.000	1.000	0.989	0.804	0.416	0.126	0.021	0.002	0.000	0.000	0.000	0.000	0.000
6	1.000	1.000	0.998	0.913	0.608	0.250	0.058	0.006	0.000	0.000	0.000	0.000	0.000
7	1.000	1.000	1.000	0.968	0.772	0.416	0.132	0.021	0.001	0.000	0.000	0.000	0.000
8	1.000	1.000	1.000	0.990	1.887	0.596	0.252	0.057	0.005	0.000	0.000	0.000	0.000
9	1.000	1.000	1.000	0.997	0.952	0.755	0.412	0.128	0.017	0.001	0.000	0.000	0.000
10	1.000	1.000	1.000	0.999	0.983	0.872	0.588	0.245	0.048	0.003	0.000	0.000	0.000
11	1.000	1.000	1.000	1.000	0.995	0.943	0.748	0.404	0.113	0.010	0.000	0.000	0.000
12	1.000	1.000	1.000	1.000	0.999	0.979	0.868	0.584	0.228	0.032	0.000	0.000	0.000
13	1.000	1.000	1.000	1.000	1.000	0.994	0.942	0.750	0.392	0.087	0.002	0.000	0.000
14	1.000	1.000	1.000	1.000	1.000	0.998	0.979	0.874	0.584	0.196	0.011	0.000	0.000
15	1.000	1.000	1.000	1.000	1.000	1.000	0.994	0.949	0.762	0.370	0.043	0.003	0.000
16	1.000	1.000	1.000	1.000	1.000	1.000	0.999	0.984	0.893	0.589	0.133	0.016	0.000
17	1.000	1.000	1.000	1.000	1.000	1.000	1.000	0.996	0.965	0.794	0.323	0.075	0.001
18	1.000	1.000	1.000	1.000	1.000	1.000	1.000	0.999	0.992	0.931	0.608	0.264	0.017
19	1.000	1.000	1.000	1.000	1.000	1.000	1.000	1.000	0.999	0.988	0.878	0.642	0.182

$n = 25$

k \ p	0.01	0.05	0.10	0.20	0.30	0.40	0.50	0.60	0.70	0.80	0.90	0.95	0.99
0	0.778	0.277	0.072	0.004	0.000	0.000	0.000	0.000	0.000	0.000	0.000	0.000	0.000
1	0.974	0.642	0.271	0.027	0.002	0.000	0.000	0.000	0.000	0.000	0.000	0.000	0.000
2	0.998	0.873	0.537	0.098	0.009	0.000	0.000	0.000	0.000	0.000	0.000	0.000	0.000
3	1.000	0.966	0.764	0.234	0.033	0.002	0.000	0.000	0.000	0.000	0.000	0.000	0.000
4	1.000	0.993	0.902	0.421	0.090	0.009	0.000	0.000	0.000	0.000	0.000	0.000	0.000
5	1.000	0.999	0.967	0.617	0.193	0.029	0.002	0.000	0.000	0.000	0.000	0.000	0.000
6	1.000	1.000	0.991	0.780	0.341	0.074	0.007	0.000	0.000	0.000	0.000	0.000	0.000
7	1.000	1.000	0.998	0.891	0.512	0.154	0.022	0.001	0.000	0.000	0.000	0.000	0.000
8	1.000	1.000	1.000	0.953	0.677	0.274	0.054	0.004	0.000	0.000	0.000	0.000	0.000
9	1.000	1.000	1.000	0.983	0.811	0.425	0.115	0.013	0.000	0.000	0.000	0.000	0.000
10	1.000	1.000	1.000	0.994	0.902	0.586	0.212	0.034	0.002	0.000	0.000	0.000	0.000
11	1.000	1.000	1.000	0.998	0.956	0.732	0.345	0.078	0.006	0.000	0.000	0.000	0.000
12	1.000	1.000	1.000	1.000	0.983	0.846	0.500	0.154	0.017	0.000	0.000	0.000	0.000
13	1.000	1.000	1.000	1.000	0.994	0.922	0.655	0.268	0.044	0.002	0.000	0.000	0.000
14	1.000	1.000	1.000	1.000	0.998	0.966	0.788	0.414	0.098	0.006	0.000	0.000	0.000
15	1.000	1.000	1.000	1.000	1.000	0.987	0.885	0.575	0.189	0.017	0.000	0.000	0.000
16	1.000	1.000	1.000	1.000	1.000	0.996	0.946	0.726	0.323	0.047	0.000	0.000	0.000
17	1.000	1.000	1.000	1.000	1.000	0.999	0.978	0.846	0.488	0.109	0.002	0.000	0.000
18	1.000	1.000	1.000	1.000	1.000	1.000	0.993	0.926	0.659	0.220	0.009	0.000	0.000
19	1.000	1.000	1.000	1.000	1.000	1.000	0.998	0.971	0.807	0.383	0.033	0.001	0.000
20	1.000	1.000	1.000	1.000	1.000	1.000	1.000	0.991	0.910	0.579	0.098	0.007	0.000
21	1.000	1.000	1.000	1.000	1.000	1.000	1.000	0.998	0.967	0.766	0.236	0.034	0.000
22	1.000	1.000	1.000	1.000	1.000	1.000	1.000	1.000	0.991	0.902	0.463	0.127	0.002
23	1.000	1.000	1.000	1.000	1.000	1.000	1.000	1.000	0.998	0.973	0.729	0.358	0.026
24	1.000	1.000	1.000	1.000	1.000	1.000	1.000	1.000	1.000	0.996	0.928	0.723	0.222

表 2 累积正态分布 —— 对于正态曲线，对应于 z_P 的 P 值

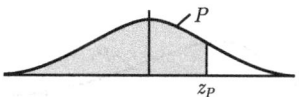

z 是标准正态变量。$-z_p$ 的 P 值等于 1 减去 $+z_p$ 的 P 值，例如，-1.62 的 P 值等于 $1-0.9474=0.0526$。

z_p	0.00	0.01	0.02	0.03	0.04	0.05	0.06	0.07	0.08	0.09
0.0	0.5000	0.5040	0.5080	0.5120	0.5160	0.5199	0.5239	0.5279	0.5319	0.5359
0.1	0.5398	0.5438	0.5478	0.5517	0.5557	0.5596	0.5636	0.5675	0.5714	0.5753
0.2	0.5793	0.5832	0.5871	0.5910	0.5948	0.5987	0.6026	0.6064	0.6103	0.6141
0.3	0.6179	0.6217	0.6255	0.6293	0.6331	0.6368	0.6406	0.6443	0.6480	0.6517
0.4	0.6554	0.6591	0.6628	0.6664	0.6700	0.6736	0.6772	0.6808	0.6844	0.6879
0.5	0.6915	0.6950	0.6985	0.7019	0.7054	0.7088	0.7123	0.7157	0.7190	0.7224
0.6	0.7257	0.7291	0.7324	0.7357	0.7389	0.7422	0.7454	0.7486	0.7517	0.7549
0.7	0.7580	0.7611	0.7642	0.7673	0.7704	0.7734	0.7764	0.7794	0.7823	0.7852
0.8	0.7881	0.7910	0.7939	0.7967	0.7995	0.8023	0.8051	0.8078	0.8106	0.8133
0.9	0.8159	0.8186	0.8212	0.8238	0.8264	0.8289	0.8315	0.8340	0.8365	0.8389
1.0	0.8413	0.8438	0.8461	0.8485	0.8508	0.8531	0.8554	0.8577	0.8599	0.8621
1.1	0.8643	0.8665	0.8686	0.8708	0.8729	0.8749	0.8770	0.8790	0.8810	0.8830
1.2	0.8849	0.8869	0.8888	0.8907	0.8925	0.8944	0.8962	0.8980	0.8997	0.9015
1.3	0.9032	0.9049	0.9066	0.9082	0.9099	0.9115	0.9131	0.9147	0.9162	0.9177
1.4	0.9192	0.9207	0.9222	0.9236	0.9251	0.9265	0.9279	0.9292	0.9306	0.9319
1.5	0.9332	0.9345	0.9357	0.9370	0.9382	0.9394	0.9406	0.9418	0.9429	0.9441
1.6	0.9452	0.9463	0.9474	0.9484	0.9495	0.9505	0.9515	0.9525	0.9535	0.9545
1.7	0.9554	0.9564	0.9573	0.9582	0.9591	0.9599	0.9608	0.9616	0.9625	0.9633
1.8	0.9641	0.9649	0.9656	0.9664	0.9671	0.9678	0.9686	0.9693	0.9699	0.9706
1.9	0.9713	0.9719	0.9726	0.9732	0.9738	0.9744	0.9750	0.9756	0.9761	0.9767
2.0	0.9772	0.9778	0.9783	0.9788	0.9793	0.9798	0.9803	0.9808	0.9812	0.9817
2.1	0.9821	0.9826	0.9830	0.9834	0.9838	0.9842	0.9846	0.9850	0.9854	0.9857
2.2	0.9861	0.9864	0.9868	0.9871	0.9875	0.9878	0.9881	0.9884	0.9887	0.9890
2.3	0.9893	0.9896	0.9898	0.9901	0.9904	0.9906	0.9909	0.9911	0.9913	0.9916
2.4	0.9918	0.9920	0.9922	0.9925	0.9927	0.9929	0.9931	0.9932	0.9934	0.9936
2.5	0.9938	0.9940	0.9941	0.9943	0.9945	0.9946	0.9948	0.9949	0.9951	0.9952
2.6	0.9953	0.9955	0.9956	0.9957	0.9959	0.9960	0.9961	0.9962	0.9963	0.9964
2.7	0.9965	0.9966	0.9967	0.9968	0.9969	0.9970	0.9971	0.9972	0.9973	0.9974
2.8	0.9974	0.9975	0.9976	0.9977	0.9977	0.9978	0.9979	0.9979	0.9980	0.9981
2.9	0.9981	0.9982	0.9982	0.9983	0.9984	0.9984	0.9985	0.9985	0.9986	0.9986
3.0	0.9987	0.9987	0.9987	0.9988	0.9988	0.9989	0.9989	0.9989	0.9990	0.9990
3.1	0.9990	0.9991	0.9991	0.9991	0.9992	0.9992	0.9992	0.9992	0.9993	0.9993
3.2	0.9993	0.9993	0.9994	0.9994	0.9994	0.9994	0.9994	0.9995	0.9995	0.9995
3.3	0.9995	0.9995	0.9995	0.9996	0.9996	0.9996	0.9996	0.9996	0.9996	0.9997
3.4	0.9997	0.9997	0.9997	0.9997	0.9997	0.9997	0.9997	0.9997	0.9997	0.9998

表 3 χ^2 分布的百分位数 —— 相应于 P 值的 χ^2_P 值

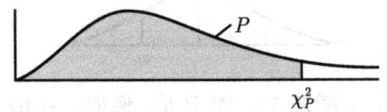

df	$\chi^2_{0.005}$	$\chi^2_{0.01}$	$\chi^2_{0.025}$	$\chi^2_{0.05}$	$\chi^2_{0.10}$	$\chi^2_{0.90}$	$\chi^2_{0.95}$	$\chi^2_{0.975}$	$\chi^2_{0.99}$	$\chi^2_{0.995}$
1	0.000039	0.00016	0.00098	0.0039	0.0158	2.71	3.84	5.02	6.63	7.88
2	0.0100	0.0201	0.0506	0.1026	0.2107	4.61	5.99	7.38	9.21	10.60
3	0.0717	0.115	0.216	0.352	0.584	6.25	7.81	9.35	11.34	12.84
4	0.207	0.297	0.484	0.711	1.064	7.78	9.49	11.14	13.28	14.86
5	0.412	0.554	0.831	1.15	1.61	9.24	11.07	12.83	15.09	16.75
6	0.676	0.872	1.24	1.64	2.20	10.64	12.59	14.45	16.81	18.55
7	0.989	1.24	1.69	2.17	2.83	12.02	14.07	16.01	18.48	20.28
8	1.34	1.65	2.18	2.73	3.49	13.36	15.51	17.53	20.09	21.96
9	1.73	2.09	2.70	3.33	4.17	14.68	16.92	19.02	21.67	23.59
10	2.16	2.56	3.25	3.94	4.87	15.99	18.31	20.48	23.21	25.19
11	2.60	3.05	3.82	4.57	5.58	17.28	19.68	21.92	24.73	26.76
12	3.07	3.57	4.40	5.23	6.30	18.55	21.03	23.34	26.22	28.30
13	3.57	4.11	5.01	5.89	7.04	19.81	22.36	24.74	27.69	29.82
14	4.07	4.66	5.63	6.57	7.79	21.06	23.68	26.12	29.14	31.32
15	4.60	5.23	6.26	7.26	8.55	22.31	25.00	27.49	30.58	32.80
16	5.14	5.81	6.91	7.96	9.31	23.54	26.30	28.85	32.00	34.27
18	6.26	7.01	8.23	9.39	10.86	25.99	28.87	31.53	34.81	37.16
20	7.43	8.26	9.59	10.85	12.44	28.41	31.41	34.17	37.57	40.00
24	9.89	10.86	12.40	13.85	15.66	33.20	36.42	39.36	42.98	45.56
30	13.79	14.95	16.79	18.49	20.60	40.26	43.77	46.98	50.89	53.67
40	20.71	22.16	24.43	26.51	29.05	51.81	55.76	59.34	63.69	66.77
60	35.53	37.48	40.48	43.19	46.46	74.40	79.08	83.30	88.38	91.95
120	83.85	86.92	91.58	95.70	100.62	140.23	146.57	152.21	158.95	163.64

对于较大的自由度,

$$\chi^2_P = \frac{1}{2}(z_P + \sqrt{2v-1})^2$$

近似成立, 其中 $v=$ 自由度, z_P 由表 2 给出.

表 4 t 分布的百分位数

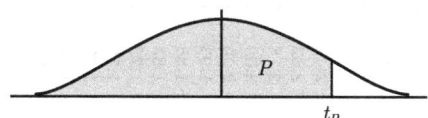

df	$t_{0.60}$	$t_{0.70}$	$t_{0.80}$	$t_{0.90}$	$t_{0.95}$	$t_{0.975}$	$t_{0.99}$	$t_{0.995}$
1	0.325	0.727	1.376	3.078	6.314	12.706	31.821	63.657
2	0.289	0.617	1.061	1.886	2.920	4.303	6.965	9.925
3	0.277	0.584	0.978	1.638	2.353	3.182	4.541	5.841
4	0.271	0.569	0.941	1.533	2.132	2.776	3.747	4.604
5	0.267	0.559	0.920	1.476	2.015	2.571	3.365	4.032
6	0.265	0.553	0.906	1.440	1.943	2.447	3.143	3.707
7	0.263	0.549	0.896	1.415	1.895	2.365	2.998	3.499
8	0.262	0.546	0.889	1.397	1.860	2.306	2.896	3.355
9	0.261	0.543	0.883	1.383	1.833	2.262	2.821	3.250
10	0.260	0.542	0.879	1.372	1.812	2.228	2.764	3.169
11	0.260	0.540	0.876	1.363	1.796	2.201	2.718	3.106
12	0.259	0.539	0.873	1.356	1.782	2.179	2.681	3.055
13	0.259	0.538	0.870	1.350	1.771	2.160	2.650	3.012
14	0.258	0.537	0.868	1.345	1.761	2.145	2.624	2.977
15	0.258	0.536	0.866	1.341	1.753	2.131	2.602	2.947
16	0.258	0.535	0.865	1.337	1.746	2.120	2.583	2.921
17	0.257	0.534	0.863	1.333	1.740	2.110	2.567	2.898
18	0.257	0.534	0.862	1.330	1.734	2.101	2.552	2.878
19	0.257	0.533	0.861	1.328	1.729	2.093	2.539	2.861
20	0.257	0.533	0.860	1.325	1.725	2.086	2.528	2.845
21	0.257	0.532	0.859	1.323	1.721	2.080	2.518	2.831
22	0.256	0.532	0.858	1.321	1.717	2.074	2.508	2.819
23	0.256	0.532	0.858	1.319	1.714	2.069	2.500	2.807
24	0.256	0.531	0.857	1.318	1.711	2.064	2.492	2.797
25	0.256	0.531	0.856	1.316	1.708	2.060	2.485	2.787
26	0.256	0.531	0.856	1.315	1.706	2.056	2.479	2.779
27	0.256	0.531	0.855	1.314	1.703	2.052	2.473	2.771
28	0.256	0.530	0.855	1.313	1.701	2.048	2.467	2.763
29	0.256	0.530	0.854	1.311	1.699	2.045	2.462	2.756
30	0.256	0.530	0.854	1.310	1.697	2.042	2.457	2.750
40	0.255	0.529	0.851	1.303	1.684	2.021	2.423	2.704
60	0.254	0.527	0.848	1.296	1.671	2.000	2.390	2.660
120	0.254	0.526	0.845	1.289	1.658	1.980	2.358	2.617
∞	0.253	0.524	0.842	1.282	1.645	1.960	2.326	2.576

表 5 F 分布的百分位数

a) $F_{0.90}(n_1, n_2)$, 其中 $n_1=$ 分子的自由度, $n_2=$ 分母的自由度

n_2 \ n_1	1	2	3	4	5	6	7	8	9	10	12	15	20	24	30	40	60	120	∞
1	39.86	49.50	53.59	55.83	57.24	58.20	58.91	59.44	59.86	60.19	60.71	61.22	61.74	62.00	62.26	62.53	62.79	63.06	63.33
2	8.53	9.00	9.16	9.24	9.29	9.33	9.35	9.37	9.38	9.39	9.41	9.42	9.44	9.45	9.46	9.47	9.47	9.48	9.49
3	5.54	5.46	5.39	5.34	5.31	5.28	5.27	5.25	5.24	5.23	5.22	5.20	5.18	5.18	5.17	5.16	5.15	5.14	5.13
4	4.54	4.32	4.19	4.11	4.05	4.01	3.98	3.95	3.94	3.92	3.90	3.87	3.84	3.83	3.82	3.80	3.79	3.78	3.76
5	4.06	3.78	3.62	3.52	3.45	3.40	3.37	3.34	3.32	3.30	3.27	3.24	3.21	3.19	3.17	3.16	3.14	3.12	3.10
6	3.78	3.46	3.29	3.18	3.11	3.05	3.01	2.98	2.96	2.94	2.90	2.87	2.84	2.82	2.80	2.78	2.76	2.74	2.72
7	3.59	3.26	3.07	2.96	2.88	2.83	2.78	2.75	2.72	2.70	2.67	2.63	2.59	2.58	2.56	2.54	2.51	2.49	2.47
8	3.46	3.11	2.92	2.81	2.73	2.67	2.62	2.59	2.56	2.54	2.50	2.46	2.42	2.40	2.38	2.36	2.34	2.32	2.29
9	3.36	3.01	2.81	2.69	2.61	2.55	2.51	2.47	2.44	2.42	2.38	2.34	2.30	2.28	2.25	2.23	2.21	2.18	2.16
10	3.29	2.92	2.73	2.61	2.52	2.46	2.41	2.38	2.35	2.32	2.28	2.24	2.20	2.18	2.16	2.13	2.11	2.08	2.06
11	3.23	2.86	2.66	2.54	2.45	2.39	2.34	2.30	2.27	2.25	2.21	2.17	2.12	2.10	2.08	2.05	2.03	2.00	1.97
12	3.18	2.81	2.61	2.48	2.39	2.33	2.28	2.24	2.21	2.19	2.15	2.10	2.06	2.04	2.01	1.99	1.96	1.93	1.90
13	3.14	2.76	2.56	2.43	2.35	2.28	2.23	2.20	2.16	2.14	2.10	2.05	2.01	1.98	1.96	1.93	1.90	1.88	1.85
14	3.10	2.73	2.52	2.39	2.31	2.24	2.19	2.15	2.12	2.10	2.05	2.01	1.96	1.94	1.91	1.89	1.86	1.83	1.80
15	3.07	2.70	2.49	2.36	2.27	2.21	2.16	2.12	2.09	2.06	2.02	1.97	1.92	1.90	1.87	1.85	1.82	1.79	1.76
16	3.05	2.67	2.46	2.33	2.24	2.18	2.13	2.09	2.06	2.03	1.99	1.94	1.89	1.87	1.84	1.81	1.78	1.75	1.72
17	3.03	2.64	2.44	2.31	2.22	2.15	2.10	2.06	2.03	2.00	1.96	1.91	1.86	1.84	1.81	1.78	1.75	1.72	1.69
18	3.01	2.62	2.42	2.29	2.20	2.13	2.08	2.04	2.00	1.98	1.93	1.89	1.84	1.81	1.78	1.75	1.72	1.69	1.66
19	2.99	2.61	2.40	2.27	2.18	2.11	2.06	2.02	1.98	1.96	1.91	1.86	1.81	1.79	1.76	1.73	1.70	1.67	1.63
20	2.97	2.59	2.38	2.25	2.16	2.09	2.04	2.00	1.96	1.94	1.89	1.84	1.79	1.77	1.74	1.71	1.68	1.64	1.61
21	2.96	2.57	2.36	2.23	2.14	2.08	2.02	1.98	1.95	1.92	1.87	1.83	1.78	1.75	1.72	1.69	1.66	1.62	1.59
22	2.95	2.56	2.35	2.22	2.13	2.06	2.01	1.97	1.93	1.90	1.86	1.81	1.76	1.73	1.70	1.67	1.64	1.60	1.57
23	2.94	2.55	2.34	2.21	2.11	2.05	1.99	1.95	1.92	1.89	1.84	1.80	1.74	1.72	1.69	1.66	1.62	1.59	1.55
24	2.93	2.54	2.33	2.19	2.10	2.04	1.98	1.94	1.91	1.88	1.83	1.78	1.73	1.70	1.67	1.64	1.61	1.57	1.53
25	2.92	2.53	2.32	2.18	2.09	2.02	1.97	1.93	1.89	1.87	1.82	1.77	1.72	1.69	1.66	1.63	1.59	1.56	1.52
26	2.91	2.52	2.31	2.17	2.08	2.01	1.96	1.92	1.88	1.86	1.81	1.76	1.71	1.68	1.65	1.61	1.58	1.54	1.50
27	2.90	2.51	2.30	2.17	2.07	2.00	1.95	1.91	1.87	1.85	1.80	1.75	1.70	1.67	1.64	1.60	1.57	1.53	1.49
28	2.89	2.50	2.29	2.16	2.06	2.00	1.94	1.90	1.87	1.84	1.79	1.74	1.69	1.66	1.63	1.59	1.56	1.52	1.48
29	2.89	2.50	2.28	2.15	2.06	1.99	1.93	1.89	1.86	1.83	1.78	1.73	1.68	1.65	1.62	1.58	1.55	1.51	1.47
30	2.88	2.49	2.28	2.14	2.05	1.98	1.93	1.88	1.85	1.82	1.77	1.72	1.67	1.64	1.61	1.57	1.54	1.50	1.46
40	2.84	2.44	2.23	2.09	2.00	1.93	1.87	1.83	1.79	1.76	1.71	1.66	1.61	1.57	1.54	1.51	1.47	1.42	1.38
60	2.79	2.39	2.18	2.04	1.95	1.87	1.82	1.77	1.74	1.71	1.66	1.60	1.54	1.51	1.48	1.44	1.40	1.35	1.29
120	2.75	2.35	2.13	1.99	1.90	1.82	1.77	1.72	1.68	1.65	1.60	1.55	1.48	1.45	1.41	1.37	1.32	1.26	1.19
∞	2.71	2.30	2.08	1.94	1.85	1.77	1.72	1.67	1.63	1.60	1.55	1.49	1.42	1.38	1.34	1.30	1.24	1.17	1.00

b) $F_{0.95}(n_1, n_2)$, 其中 $n_1 =$ 分子的自由度, $n_2 =$ 分母的自由度

n_2 \ n_1	1	2	3	4	5	6	7	8	9	10	12	15	20	24	30	40	60	120	∞
1	161.4	199.5	215.7	224.6	230.2	234.0	236.8	238.9	240.5	241.9	243.9	245.9	248.0	249.1	250.1	251.1	252.2	253.3	254.3
2	18.51	19.00	19.16	19.25	19.30	19.33	19.35	19.37	19.38	19.40	19.41	19.43	19.45	19.45	19.46	19.47	19.48	19.49	19.50
3	10.13	9.55	9.28	9.12	9.01	8.94	8.89	8.85	8.81	8.79	8.74	8.70	8.66	8.64	8.62	8.59	8.57	8.55	8.53
4	7.71	6.94	6.59	6.39	6.26	6.16	6.09	6.04	6.00	5.96	5.91	5.86	5.80	5.77	5.75	5.72	5.69	5.66	5.63
5	6.61	5.79	5.41	5.19	5.05	4.95	4.88	4.82	4.77	4.74	4.68	4.62	4.56	4.53	4.50	4.46	4.43	4.40	4.36
6	5.99	5.14	4.76	4.53	4.39	4.28	4.21	4.15	4.10	4.06	4.00	3.94	3.87	3.84	3.81	3.77	3.74	3.70	3.67
7	5.59	4.74	4.35	4.12	3.97	3.87	3.79	3.73	3.68	3.64	3.57	3.51	3.44	3.41	3.38	3.34	3.30	3.27	3.23
8	5.32	4.46	4.07	3.84	3.69	3.58	3.50	3.44	3.39	3.35	3.28	3.22	3.15	3.12	3.08	3.04	3.01	2.97	2.93
9	5.12	4.26	3.86	3.63	3.48	3.37	3.29	3.23	3.18	3.14	3.07	3.01	2.94	2.90	2.86	2.83	2.79	2.75	2.71
10	4.96	4.10	3.71	3.48	3.33	3.22	3.14	3.07	3.02	2.98	2.91	2.85	2.77	2.74	2.70	2.66	2.62	2.58	2.54
11	4.84	3.98	3.59	3.36	3.20	3.09	3.01	2.95	2.90	2.85	2.79	2.72	2.65	2.61	2.57	2.53	2.49	2.45	2.40
12	4.75	3.89	3.49	3.26	3.11	3.00	2.91	2.85	2.80	2.75	2.69	2.62	2.54	2.51	2.47	2.43	2.38	2.34	2.30
13	4.67	3.81	3.41	3.18	3.03	2.92	2.83	2.77	2.71	2.67	2.60	2.53	2.46	2.42	2.38	2.34	2.30	2.25	2.21
14	4.60	3.74	3.34	3.11	2.96	2.85	2.76	2.70	2.65	2.60	2.53	2.46	2.39	2.35	2.31	2.27	2.22	2.18	2.13
15	4.54	3.68	3.29	3.06	2.90	2.79	2.71	2.64	2.59	2.54	2.48	2.40	2.33	2.29	2.25	2.20	2.16	2.11	2.07
16	4.49	3.63	3.24	3.01	2.85	2.74	2.66	2.59	2.54	2.49	2.42	2.35	2.28	2.24	2.19	2.15	2.11	2.06	2.01
17	4.45	3.59	3.20	2.96	2.81	2.70	2.61	2.55	2.49	2.45	2.38	2.31	2.23	2.19	2.15	2.10	2.06	2.01	1.96
18	4.41	3.55	3.16	2.93	2.77	2.66	2.58	2.51	2.46	2.41	2.34	2.27	2.19	2.15	2.11	2.06	2.02	1.97	1.92
19	4.38	3.52	3.13	2.90	2.74	2.63	2.54	2.48	2.42	2.38	2.31	2.23	2.16	2.11	2.07	2.03	1.98	1.93	1.88
20	4.35	3.49	3.10	2.87	2.71	2.60	2.51	2.45	2.39	2.35	2.28	2.20	2.12	2.08	2.04	1.99	1.95	1.90	1.84
21	4.32	3.47	3.07	2.84	2.68	2.57	2.49	2.42	2.37	2.32	2.25	2.18	2.10	2.05	2.01	1.96	1.92	1.87	1.81
22	4.30	3.44	3.05	2.82	2.66	2.55	2.46	2.40	2.34	2.30	2.23	2.15	2.07	2.03	1.98	1.94	1.89	1.84	1.78
23	4.28	3.42	3.03	2.80	2.64	2.53	2.44	2.37	2.32	2.27	2.20	2.13	2.05	2.01	1.96	1.91	1.86	1.81	1.76
24	4.26	3.40	3.01	2.78	2.62	2.51	2.42	2.36	2.30	2.25	2.18	2.11	2.03	1.98	1.94	1.89	1.84	1.79	1.73
25	4.24	3.39	2.99	2.76	2.60	2.49	2.40	2.34	2.28	2.24	2.16	2.09	2.01	1.96	1.92	1.87	1.82	1.77	1.71
26	4.23	3.37	2.98	2.74	2.59	2.47	2.39	2.32	2.27	2.22	2.15	2.07	1.99	1.95	1.90	1.85	1.80	1.75	1.69
27	4.21	3.35	2.96	2.73	2.57	2.46	2.37	2.31	2.25	2.20	2.13	2.06	1.97	1.93	1.88	1.84	1.79	1.73	1.67
28	4.20	3.34	2.95	2.71	2.56	2.45	2.36	2.29	2.24	2.19	2.12	2.04	1.96	1.91	1.87	1.82	1.77	1.71	1.65
29	4.18	3.33	2.93	2.70	2.55	2.43	2.35	2.28	2.22	2.18	2.10	2.03	1.94	1.90	1.85	1.81	1.75	1.70	1.64
30	4.17	3.32	2.92	2.69	2.53	2.42	2.33	2.27	2.21	2.16	2.09	2.01	1.93	1.89	1.84	1.79	1.74	1.68	1.62
40	4.08	3.23	2.84	2.61	2.45	2.34	2.25	2.18	2.12	2.08	2.00	1.92	1.84	1.79	1.74	1.69	1.64	1.58	1.51
60	4.00	3.15	2.76	2.53	2.37	2.25	2.17	2.10	2.04	1.99	1.92	1.84	1.75	1.70	1.65	1.59	1.53	1.47	1.39
120	3.92	3.07	2.68	2.45	2.29	2.17	2.09	2.02	1.96	1.91	1.83	1.75	1.66	1.61	1.55	1.50	1.43	1.35	1.25
∞	3.84	3.00	2.60	2.37	2.21	2.10	2.01	1.94	1.88	1.83	1.75	1.67	1.57	1.52	1.46	1.39	1.32	1.22	1.00

(续)

c) $F_{0.975}(n_1, n_2)$，其中 $n_1=$ 分子的自由度，$n_2=$ 分母的自由度

n_2 \ n_1	1	2	3	4	5	6	7	8	9	10	12	15	20	24	30	40	60	120	∞
1	647.8	799.5	864.2	899.6	921.8	937.1	948.2	956.7	963.3	968.6	976.7	984.9	993.1	997.2	1001	1006	1010	1014	1018
2	38.51	39.00	39.17	39.25	39.30	39.33	39.36	39.37	39.39	39.40	39.41	39.43	39.45	39.46	39.46	39.46	39.48	39.49	39.50
3	17.44	16.04	15.44	15.10	14.88	14.73	14.62	14.54	14.47	14.42	14.34	14.25	14.17	14.12	14.08	14.04	13.99	13.95	13.90
4	12.22	10.65	9.98	9.60	9.36	9.20	9.07	8.98	8.90	8.84	8.75	8.66	8.56	8.51	8.46	8.41	8.36	8.31	8.26
5	10.01	8.43	7.76	7.39	7.15	6.98	6.85	6.76	6.68	6.62	6.52	6.43	6.33	6.28	6.23	6.18	6.12	6.07	6.02
6	8.81	7.26	6.60	6.23	5.99	5.82	5.70	5.60	5.52	5.46	5.37	5.27	5.17	5.12	5.07	5.01	4.96	4.90	4.85
7	8.07	6.54	5.89	5.52	5.29	5.12	4.99	4.90	4.82	4.76	4.67	4.57	4.47	4.42	4.36	4.31	4.25	4.20	4.14
8	7.57	6.06	5.42	5.05	4.82	4.65	4.53	4.43	4.36	4.30	4.20	4.10	4.00	3.95	3.89	3.84	3.78	3.73	3.67
9	7.21	5.71	5.08	4.72	4.48	4.32	4.20	4.10	4.03	3.96	3.87	3.77	3.67	3.61	3.56	3.51	3.45	3.39	3.33
10	6.94	5.46	4.83	4.47	4.24	4.07	3.95	3.85	3.78	3.72	3.62	3.52	3.42	3.37	3.31	3.26	3.20	3.14	3.08
11	6.72	5.26	4.63	4.28	4.04	3.88	3.76	3.66	3.59	3.53	3.43	3.33	3.23	3.17	3.12	3.06	3.00	2.94	2.88
12	6.55	5.10	4.47	4.12	3.89	3.73	3.61	3.51	3.44	3.37	3.28	3.18	3.07	3.02	2.96	2.91	2.85	2.79	2.72
13	6.41	4.97	4.35	4.00	3.77	3.60	3.48	3.39	3.31	3.25	3.15	3.05	2.95	2.89	2.84	2.78	2.72	2.66	2.60
14	6.30	4.86	4.24	3.89	3.66	3.50	3.38	3.29	3.21	3.15	3.05	2.95	2.84	2.79	2.73	2.67	2.61	2.55	2.49
15	6.20	4.77	4.15	3.80	3.58	3.41	3.29	3.20	3.12	3.06	2.96	2.86	2.76	2.70	2.64	2.59	2.52	2.46	2.40
16	6.12	4.69	4.08	3.73	3.50	3.34	3.22	3.12	3.05	2.99	2.89	2.79	2.68	2.63	2.57	2.51	2.45	2.38	2.32
17	6.04	4.62	4.01	3.66	3.44	3.28	3.16	3.06	2.98	2.92	2.82	2.72	2.62	2.56	2.50	2.44	2.38	2.32	2.25
18	5.98	4.56	3.95	3.61	3.38	3.22	3.10	3.01	2.93	2.87	2.77	2.67	2.56	2.50	2.44	2.38	2.32	2.26	2.19
19	5.92	4.51	3.90	3.56	3.33	3.17	3.05	2.96	2.88	2.82	2.72	2.62	2.51	2.45	2.39	2.33	2.27	2.20	2.13
20	5.87	4.46	3.86	3.51	3.29	3.13	3.01	2.91	2.84	2.77	2.68	2.57	2.46	2.41	2.35	2.29	2.22	2.16	2.09
21	5.83	4.42	3.82	3.48	3.25	3.09	2.97	2.87	2.80	2.73	2.64	2.53	2.42	2.37	2.31	2.25	2.18	2.11	2.04
22	5.79	4.38	3.78	3.44	3.22	3.05	2.93	2.84	2.76	2.70	2.60	2.50	2.39	2.33	2.27	2.21	2.14	2.08	2.00
23	5.75	4.35	3.75	3.41	3.18	3.02	2.90	2.81	2.73	2.67	2.57	2.47	2.36	2.30	2.24	2.18	2.11	2.04	1.97
24	5.72	4.32	3.72	3.38	3.15	2.99	2.87	2.78	2.70	2.64	2.54	2.44	2.33	2.27	2.21	2.15	2.08	2.01	1.94
25	5.69	4.29	3.69	3.35	3.13	2.97	2.85	2.75	2.68	2.61	2.51	2.41	2.30	2.24	2.18	2.12	2.05	1.98	1.91
26	5.66	4.27	3.67	3.33	3.10	2.94	2.82	2.73	2.65	2.59	2.49	2.39	2.28	2.22	2.16	2.09	2.03	1.95	1.88
27	5.63	4.24	3.65	3.31	3.08	2.92	2.80	2.71	2.63	2.57	2.47	2.36	2.25	2.19	2.13	2.07	2.00	1.93	1.85
28	5.61	4.22	3.63	3.29	3.06	2.90	2.78	2.69	2.61	2.55	2.45	2.34	2.23	2.17	2.11	2.05	1.98	1.91	1.83
29	5.59	4.20	3.61	3.27	3.04	2.88	2.76	2.67	2.59	2.53	2.43	2.32	2.21	2.15	2.09	2.03	1.96	1.89	1.81
30	5.57	4.18	3.59	3.25	3.03	2.87	2.75	2.65	2.57	2.51	2.41	2.31	2.20	2.14	2.07	2.01	1.94	1.87	1.79
40	5.42	4.05	3.46	3.13	2.90	2.74	2.62	2.53	2.45	2.39	2.29	2.18	2.07	2.01	1.94	1.88	1.80	1.72	1.64
60	5.29	3.93	3.34	3.01	2.79	2.63	2.51	2.41	2.33	2.27	2.17	2.06	1.94	1.88	1.82	1.74	1.67	1.58	1.48
120	5.15	3.80	3.23	2.89	2.67	2.52	2.39	2.30	2.22	2.16	2.05	1.94	1.82	1.76	1.69	1.61	1.53	1.43	1.31
∞	5.02	3.69	3.12	2.79	2.57	2.41	2.29	2.19	2.11	2.05	1.94	1.83	1.71	1.64	1.57	1.48	1.39	1.27	1.00

（续）

d) $F_{0.99}(n_1, n_2)$, 其中 $n_1=$ 分子的自由度, $n_2=$ 分母的自由度

n_2 \ n_1	1	2	3	4	5	6	7	8	9	10	12	15	20	24	30	40	60	120	∞
1	4052	4999.5	5403	5625	5764	5859	5928	5982	6022	6056	6106	6157	6209	6235	6261	6287	6313	6339	6366
2	98.50	99.00	99.17	99.25	99.30	99.33	99.36	99.37	99.39	99.40	99.42	99.43	99.45	99.46	99.47	99.47	99.48	99.49	99.50
3	34.12	30.82	29.46	28.71	28.24	27.91	27.67	27.49	27.35	27.23	27.05	26.87	26.69	26.60	26.50	26.41	26.32	26.22	26.13
4	21.20	18.00	16.69	15.98	15.52	15.21	14.98	14.80	14.66	14.55	14.37	14.20	14.02	13.93	13.84	13.75	13.65	13.56	13.46
5	16.26	13.27	12.06	11.39	10.97	10.67	10.46	10.29	10.16	10.05	9.89	9.72	9.55	9.47	9.38	9.29	9.20	9.11	9.02
6	13.75	10.92	9.78	9.15	8.75	8.47	8.26	8.10	7.98	7.87	7.72	7.56	7.40	7.31	7.23	7.14	7.06	6.97	6.88
7	12.25	9.55	8.45	7.85	7.46	7.19	6.99	6.84	6.72	6.62	6.47	6.31	6.16	6.07	5.99	5.90	5.82	5.74	5.65
8	11.26	8.65	7.59	7.01	6.63	6.37	6.18	6.03	5.91	5.81	5.67	5.52	5.36	5.28	5.20	5.12	5.03	4.95	4.86
9	10.56	8.02	6.99	6.42	6.06	5.80	5.61	5.47	5.35	5.26	5.11	4.96	4.81	4.73	4.65	4.57	4.48	4.40	4.31
10	10.04	7.56	6.55	5.99	5.64	5.39	5.20	5.06	4.94	4.85	4.71	4.56	4.41	4.33	4.25	4.17	4.08	4.00	3.91
11	9.65	7.21	6.22	5.67	5.32	5.07	4.89	4.74	4.63	4.54	4.40	4.25	4.10	4.02	3.94	3.86	3.78	3.69	3.60
12	9.33	6.93	5.95	5.41	5.06	4.82	4.64	4.50	4.39	4.30	4.16	4.01	3.86	3.78	3.70	3.62	3.54	3.45	3.36
13	9.07	6.70	5.74	5.21	4.86	4.62	4.44	4.30	4.19	4.10	3.96	3.82	3.66	3.59	3.51	3.43	3.34	3.25	3.17
14	8.86	6.51	5.56	5.04	4.69	4.46	4.28	4.14	4.03	3.94	3.80	3.66	3.51	3.43	3.35	3.27	3.18	3.09	3.00
15	8.68	6.36	5.42	4.89	4.56	4.32	4.14	4.00	3.89	3.80	3.67	3.52	3.37	3.29	3.21	3.13	3.05	2.96	2.87
16	8.53	6.23	5.29	4.77	4.44	4.20	4.03	3.89	3.78	3.69	3.55	3.41	3.26	3.18	3.10	3.02	2.93	2.84	2.75
17	8.40	6.11	5.18	4.67	4.34	4.10	3.93	3.79	3.68	3.59	3.46	3.31	3.16	3.08	3.00	2.92	2.83	2.75	2.65
18	8.29	6.01	5.09	4.58	4.25	4.01	3.84	3.71	3.60	3.51	3.37	3.23	3.08	3.00	2.92	2.84	2.75	2.66	2.57
19	8.18	5.93	5.01	4.50	4.17	3.94	3.77	3.63	3.52	3.43	3.30	3.15	3.00	2.92	2.84	2.76	2.67	2.58	2.49
20	8.10	5.85	4.94	4.43	4.10	3.87	3.70	3.56	3.46	3.37	3.23	3.09	2.94	2.86	2.78	2.69	2.61	2.52	2.42
21	8.02	5.78	4.87	4.37	4.04	3.81	3.64	3.51	3.40	3.31	3.17	3.03	2.88	2.80	2.72	2.64	2.55	2.46	2.36
22	7.95	5.72	4.82	4.31	3.99	3.76	3.59	3.45	3.35	3.26	3.12	2.98	2.83	2.75	2.67	2.58	2.50	2.40	2.31
23	7.88	5.66	4.76	4.26	3.94	3.71	3.54	3.41	3.30	3.21	3.07	2.93	2.78	2.70	2.62	2.54	2.45	2.35	2.26
24	7.82	5.61	4.72	4.22	3.90	3.67	3.50	3.36	3.26	3.17	3.03	2.89	2.74	2.66	2.58	2.49	2.40	2.31	2.21
25	7.77	5.57	4.68	4.18	3.85	3.63	3.46	3.32	3.22	3.13	2.99	2.85	2.70	2.62	2.54	2.45	2.36	2.27	2.17
26	7.72	5.53	4.64	4.14	3.82	3.59	3.42	3.29	3.18	3.09	2.96	2.81	2.66	2.58	2.50	2.42	2.33	2.23	2.13
27	7.68	5.49	4.60	4.11	3.78	3.56	3.39	3.26	3.15	3.06	2.93	2.78	2.63	2.55	2.47	2.38	2.29	2.20	2.10
28	7.64	5.45	4.57	4.07	3.75	3.53	3.36	3.23	3.12	3.03	2.90	2.75	2.60	2.52	2.44	2.35	2.26	2.17	2.06
29	7.60	5.42	4.54	4.04	3.73	3.50	3.33	3.20	3.09	3.00	2.87	2.73	2.57	2.49	2.41	2.33	2.23	2.14	2.03
30	7.56	5.39	4.51	4.02	3.70	3.47	3.30	3.17	3.07	2.98	2.84	2.70	2.55	2.47	2.39	2.30	2.21	2.11	2.01
40	7.31	5.18	4.31	3.83	3.51	3.29	3.12	2.99	2.89	2.80	2.66	2.52	2.37	2.29	2.20	2.11	2.02	1.92	1.80
60	7.08	4.98	4.13	3.65	3.34	3.12	2.95	2.82	2.72	2.63	2.50	2.35	2.20	2.12	2.03	1.94	1.84	1.73	1.60
120	6.85	4.79	3.95	3.48	3.17	2.96	2.79	2.66	2.56	2.47	2.34	2.19	2.03	1.95	1.86	1.76	1.66	1.53	1.38
∞	6.63	4.61	3.78	3.32	3.02	2.80	2.64	2.51	2.41	2.32	2.18	2.04	1.88	1.79	1.70	1.59	1.47	1.32	1.00

(续)

表 6 学生化极差的百分位数

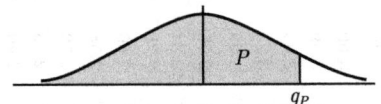

$q = w/s$,其中 w 是 t 观测的极差,v 是与标准差 s 相关的自由度的个数.

$q_{0.90}$

v \ t	2	3	4	5	6	7	8	9	10	11	12	13	14	15	16	17	18	19	20
1	8.93	13.44	16.36	18.49	20.15	21.51	22.64	23.62	24.48	25.24	25.92	26.54	27.10	27.62	28.10	28.54	28.96	29.35	29.71
2	4.13	5.73	6.77	7.54	8.14	8.63	9.05	9.41	9.72	10.01	10.26	10.49	10.70	10.89	11.07	11.24	11.39	11.54	11.68
3	3.33	4.47	5.20	5.74	6.16	6.51	6.81	7.06	7.29	7.49	7.67	7.83	7.98	8.12	8.25	8.37	8.48	8.58	8.68
4	3.01	3.98	4.59	5.03	5.39	5.68	5.93	6.14	6.33	6.49	6.65	6.78	6.91	7.02	7.13	7.23	7.33	7.41	7.50
5	2.85	3.72	4.26	4.66	4.98	5.24	5.46	5.65	5.82	5.97	6.10	6.22	6.34	6.44	6.54	6.63	6.71	6.79	6.86
6	2.75	3.56	4.07	4.44	4.73	4.97	5.17	5.34	5.50	5.64	5.76	5.87	5.98	6.07	6.16	6.25	6.32	6.40	6.47
7	2.68	3.45	3.93	4.28	4.55	4.78	4.97	5.14	5.28	5.41	5.53	5.64	5.74	5.83	5.91	5.99	6.06	6.13	6.19
8	2.63	3.37	3.83	4.17	4.43	4.65	4.83	4.99	5.13	5.25	5.36	5.46	5.56	5.64	5.72	5.80	5.87	5.93	6.00
9	2.59	3.32	3.76	4.08	4.34	4.54	4.72	4.87	5.01	5.13	5.23	5.33	5.42	5.51	5.58	5.66	5.72	5.79	5.85
10	2.56	3.27	3.70	4.02	4.26	4.47	4.64	4.78	4.91	5.03	5.13	5.23	5.32	5.40	5.47	5.54	5.61	5.67	5.73
11	2.54	3.23	3.66	3.96	4.20	4.40	4.57	4.71	4.84	4.95	5.05	5.15	5.23	5.31	5.38	5.45	5.51	5.57	5.63
12	2.52	3.20	3.62	3.92	4.16	4.35	4.51	4.65	4.78	4.89	4.99	5.08	5.16	5.24	5.31	5.37	5.44	5.49	5.55
13	2.50	3.18	3.59	3.88	4.12	4.30	4.46	4.60	4.72	4.83	4.93	5.02	5.10	5.18	5.25	5.31	5.37	5.43	5.48
14	2.49	3.16	3.56	3.85	4.08	4.27	4.42	4.56	4.68	4.79	4.88	4.97	5.05	5.12	5.19	5.26	5.32	5.37	5.43
15	2.48	3.14	3.54	3.83	4.05	4.23	4.39	4.52	4.64	4.75	4.84	4.93	5.01	5.08	5.15	5.21	5.27	5.32	5.38
16	2.47	3.12	3.52	3.80	4.03	4.21	4.36	4.49	4.61	4.71	4.81	4.89	4.97	5.04	5.11	5.17	5.23	5.28	5.33
17	2.46	3.11	3.50	3.78	4.00	4.18	4.33	4.46	4.58	4.68	4.77	4.86	4.93	5.01	5.07	5.13	5.19	5.24	5.30
18	2.45	3.10	3.49	3.77	3.98	4.16	4.31	4.44	4.55	4.65	4.75	4.83	4.90	4.98	5.04	5.10	5.16	5.21	5.26
19	2.45	3.09	3.47	3.75	3.97	4.14	4.29	4.42	4.53	4.63	4.72	4.80	4.88	4.95	5.01	5.07	5.13	5.18	5.23
20	2.44	3.08	3.46	3.74	3.95	4.12	4.27	4.40	4.51	4.61	4.70	4.78	4.85	4.92	4.99	5.05	5.10	5.16	5.20
24	2.42	3.05	3.42	3.69	3.90	4.07	4.21	4.34	4.44	4.54	4.63	4.71	4.78	4.85	4.91	4.97	5.02	5.07	5.12
30	2.40	3.02	3.39	3.65	3.85	4.02	4.16	4.28	4.38	4.47	4.56	4.64	4.71	4.77	4.83	4.89	4.94	4.99	5.03
40	2.38	2.99	3.35	3.60	3.80	3.96	4.10	4.21	4.32	4.41	4.49	4.56	4.63	4.69	4.75	4.81	4.86	4.90	4.95
60	2.36	2.96	3.31	3.56	3.75	3.91	4.04	4.16	4.25	4.34	4.42	4.49	4.56	4.62	4.67	4.73	4.78	4.82	4.86
120	2.34	2.93	3.28	3.52	3.71	3.86	3.99	4.10	4.19	4.28	4.35	4.42	4.48	4.54	4.60	4.65	4.69	4.74	4.78
∞	2.33	2.90	3.24	3.48	3.66	3.81	3.93	4.04	4.13	4.21	4.28	4.35	4.41	4.47	4.52	4.57	4.61	4.65	4.69

$q_{0.95}$ (续)

$v \backslash t$	2	3	4	5	6	7	8	9	10	11	12	13	14	15	16	17	18	19	20
1	17.97	26.98	32.82	37.08	40.41	43.12	45.40	47.36	49.07	50.59	51.96	53.20	54.33	55.36	56.32	57.22	58.04	58.83	59.56
2	6.08	8.33	9.80	10.88	11.74	12.44	13.03	13.54	13.99	14.39	14.75	15.08	15.38	15.65	15.91	16.14	16.37	16.57	16.77
3	4.50	5.91	6.82	7.50	8.04	8.48	8.85	9.18	9.46	9.72	9.95	10.15	10.35	10.52	10.69	10.84	10.98	11.11	11.24
4	3.93	5.04	5.76	6.29	6.71	7.05	7.35	7.60	7.83	8.03	8.21	8.37	8.52	8.66	8.79	8.91	9.03	9.13	9.23
5	3.64	4.60	5.22	5.67	6.03	6.33	6.58	6.80	6.99	7.17	7.32	7.47	7.60	7.72	7.83	7.93	8.03	8.12	8.21
6	3.46	4.34	4.90	5.30	5.63	5.90	6.12	6.32	6.49	6.65	6.79	6.92	7.03	7.14	7.24	7.34	7.43	7.51	7.59
7	3.34	4.16	4.68	5.06	5.36	5.61	5.82	6.00	6.16	6.30	6.43	6.55	6.66	6.76	6.85	6.94	7.02	7.10	7.17
8	3.26	4.04	4.53	4.89	5.17	5.40	5.60	5.77	5.92	6.05	6.18	6.29	6.39	6.48	6.57	6.65	6.73	6.80	6.87
9	3.20	3.95	4.41	4.76	5.02	5.24	5.43	5.59	5.74	5.87	5.98	6.09	6.19	6.28	6.36	6.44	6.51	6.58	6.64
10	3.15	3.88	4.33	4.65	4.91	5.12	5.30	5.46	5.60	5.72	5.83	5.93	6.03	6.11	6.19	6.27	6.34	6.40	6.47
11	3.11	3.82	4.26	4.57	4.82	5.03	5.20	5.35	5.49	5.61	5.71	5.81	5.90	5.98	6.06	6.13	6.20	6.27	6.33
12	3.08	3.77	4.20	4.51	4.75	4.95	5.12	5.27	5.39	5.51	5.61	5.71	5.80	5.88	5.95	6.02	6.09	6.15	6.21
13	3.06	3.73	4.15	4.45	4.69	4.88	5.05	5.19	5.32	5.43	5.53	5.63	5.71	5.79	5.86	5.93	5.99	6.05	6.11
14	3.03	3.70	4.11	4.41	4.64	4.83	4.99	5.13	5.25	5.36	5.46	5.55	5.64	5.71	5.79	5.85	5.91	5.97	6.03
15	3.01	3.67	4.08	4.37	4.59	4.78	4.94	5.08	5.20	5.31	5.40	5.49	5.57	5.65	5.72	5.78	5.85	5.90	5.96
16	3.00	3.65	4.05	4.33	4.56	4.74	4.90	5.03	5.15	5.26	5.35	5.44	5.52	5.59	5.66	5.73	5.79	5.84	5.90
17	2.98	3.63	4.02	4.30	4.52	4.70	4.86	4.99	5.11	5.21	5.31	5.39	5.47	5.54	5.61	5.67	5.73	5.79	5.84
18	2.97	3.61	4.00	4.28	4.49	4.67	4.82	4.96	5.07	5.17	5.27	5.35	5.43	5.50	5.57	5.63	5.69	5.74	5.79
19	2.96	3.59	3.98	4.25	4.47	4.65	4.79	4.92	5.04	5.14	5.23	5.31	5.39	5.46	5.53	5.59	5.65	5.70	5.75
20	2.95	3.58	3.96	4.23	4.45	4.62	4.77	4.90	5.01	5.11	5.20	5.28	5.36	5.43	5.49	5.55	5.61	5.66	5.71
24	2.92	3.53	3.90	4.17	4.37	4.54	4.68	4.81	4.92	5.01	5.10	5.18	5.25	5.32	5.38	5.44	5.49	5.55	5.59
30	2.89	3.49	3.85	4.10	4.30	4.46	4.60	4.72	4.82	4.92	5.00	5.08	5.15	5.21	5.27	5.33	5.38	5.43	5.47
40	2.86	3.44	3.79	4.04	4.23	4.39	4.52	4.63	4.73	4.82	4.90	4.98	5.04	5.11	5.16	5.22	5.27	5.31	5.36
60	2.83	3.40	3.74	3.98	4.16	4.31	4.44	4.55	4.65	4.73	4.81	4.88	4.94	5.00	5.06	5.11	5.15	5.20	5.24
120	2.80	3.36	3.68	3.92	4.10	4.24	4.36	4.47	4.56	4.64	4.71	4.78	4.84	4.90	4.95	5.00	5.04	5.09	5.13
∞	2.77	3.31	3.63	3.86	4.03	4.17	4.29	4.39	4.47	4.55	4.62	4.68	4.74	4.80	4.85	4.89	4.93	4.97	5.01

$q_{0.99}$

$v \backslash t$	2	3	4	5	6	7	8	9	10	11	12	13	14	15	16	17	18	19	20
1	90.03	135.0	164.3	185.6	202.2	215.8	227.2	237.0	245.6	253.2	260.0	266.2	271.8	277.0	281.8	286.3	290.4	294.3	298.0
2	14.04	19.02	22.29	24.72	26.63	28.20	29.53	30.68	31.69	32.59	33.40	34.13	34.81	35.43	36.00	36.53	37.03	37.50	37.95
3	8.26	10.62	12.17	13.33	14.24	15.00	15.64	16.20	16.69	17.13	17.53	17.89	18.22	18.52	18.81	19.07	19.32	19.55	19.77
4	6.51	8.12	9.17	9.96	10.58	11.10	11.55	11.93	12.27	12.57	12.84	13.09	13.32	13.53	13.73	13.91	14.08	14.24	14.40
5	5.70	6.98	7.80	8.42	8.91	9.32	9.67	9.97	10.24	10.48	10.70	10.89	11.08	11.24	11.40	11.55	11.68	11.81	11.93
6	5.24	6.33	7.03	7.56	7.97	8.32	8.61	8.87	9.10	9.30	9.48	9.65	9.81	9.95	10.08	10.21	10.32	10.43	10.54
7	4.95	5.92	6.54	7.01	7.37	7.68	7.94	8.17	8.37	8.55	8.71	8.86	9.00	9.12	9.24	9.35	9.46	9.55	9.65
8	4.75	5.64	6.20	6.62	6.96	7.24	7.47	7.68	7.86	8.03	8.18	8.31	8.44	8.55	8.66	8.76	8.85	8.94	9.03
9	4.60	5.43	5.96	6.35	6.66	6.91	7.13	7.33	7.49	7.65	7.78	7.91	8.03	8.13	8.23	8.33	8.41	8.49	8.57
10	4.48	5.27	5.77	6.14	6.43	6.67	6.87	7.05	7.21	7.36	7.49	7.60	7.71	7.81	7.91	7.99	8.08	8.15	8.23
11	4.39	5.15	5.62	5.97	6.25	6.48	6.67	6.84	6.99	7.13	7.25	7.36	7.46	7.56	7.65	7.73	7.81	7.88	7.95
12	4.32	5.05	5.50	5.84	6.10	6.32	6.51	6.67	6.81	6.94	7.06	7.17	7.26	7.36	7.44	7.52	7.59	7.66	7.73
13	4.26	4.96	5.40	5.73	5.98	6.19	6.37	6.53	6.67	6.79	6.90	7.01	7.10	7.19	7.27	7.35	7.42	7.48	7.55
14	4.21	4.89	5.32	5.63	5.88	6.08	6.26	6.41	6.54	6.66	6.77	6.87	6.96	7.05	7.13	7.20	7.27	7.33	7.39
15	4.17	4.84	5.25	5.56	5.80	5.99	6.16	6.31	6.44	6.55	6.66	6.76	6.84	6.93	7.00	7.07	7.14	7.20	7.26
16	4.13	4.79	5.19	5.49	5.72	5.92	6.08	6.22	6.35	6.46	6.56	6.66	6.74	6.82	6.90	6.97	7.03	7.09	7.15

$q_{0.99}$ (续)

v \ t	2	3	4	5	6	7	8	9	10	11	12	13	14	15	16	17	18	19	20
17	4.10	4.74	5.14	5.43	5.66	5.85	6.01	6.15	6.27	6.38	6.48	6.57	6.66	6.73	6.81	6.87	6.94	7.00	7.05
18	4.07	4.70	5.09	5.38	5.60	5.79	5.94	6.08	6.20	6.31	6.41	6.50	6.58	6.65	6.73	6.79	6.85	6.91	6.97
19	4.05	4.67	5.05	5.33	5.55	5.73	5.89	6.02	6.14	6.25	6.34	6.43	6.51	6.58	6.65	6.72	6.78	6.84	6.89
20	4.02	4.64	5.02	5.29	5.51	5.69	5.84	5.97	6.09	6.19	6.28	6.37	6.45	6.52	6.59	6.65	6.71	6.77	6.82
24	3.96	4.55	4.91	5.17	5.37	5.54	5.69	5.81	5.92	6.02	6.11	6.19	6.26	6.33	6.39	6.45	6.51	6.56	6.61
30	3.89	4.45	4.80	5.05	5.24	5.40	5.54	5.65	5.76	5.85	5.93	6.01	6.08	6.14	6.20	6.26	6.31	6.36	6.41
40	3.82	4.37	4.70	4.93	5.11	5.26	5.39	5.50	5.60	5.69	5.76	5.83	5.90	5.96	6.02	6.07	6.12	6.16	6.21
60	3.76	4.28	4.59	4.82	4.99	5.13	5.25	5.36	5.45	5.53	5.60	5.67	5.73	5.78	5.84	5.89	5.93	5.97	6.01
120	3.70	4.20	4.50	4.71	4.87	5.01	5.12	5.21	5.30	5.37	5.44	5.50	5.56	5.61	5.66	5.71	5.75	5.79	5.83
∞	3.64	4.12	4.40	4.60	4.76	4.88	4.99	5.08	5.16	5.23	5.29	5.35	5.40	5.45	5.49	5.54	5.57	5.61	5.65

表 7 邦费罗尼 t 统计量的百分位点 $t_v^{\alpha/2k}$

$\alpha = 0.05$

v \ k	2	3	4	5	6	7	8	9	10	15	20	25	30	35	40	45	50
5	3.17	3.54	3.81	4.04	4.22	4.38	4.53	4.66	4.78	5.25	5.60	5.89	6.15	6.36	6.56	6.70	6.86
7	2.84	3.13	3.34	3.50	3.64	3.76	3.86	3.95	4.03	4.36	4.59	4.78	4.95	5.09	5.21	5.31	5.40
10	2.64	2.87	3.04	3.17	3.28	3.37	3.45	3.52	3.58	3.83	4.01	4.15	4.27	4.37	4.45	4.53	4.59
12	2.56	2.78	2.94	3.06	3.15	3.24	3.31	3.37	3.43	3.65	3.80	3.93	4.04	4.13	4.20	4.26	4.32
15	2.49	2.69	2.84	2.95	3.04	3.11	3.18	3.24	3.29	3.48	3.62	3.74	3.82	3.90	3.97	4.02	4.07
20	2.42	2.61	2.75	2.85	2.93	3.00	3.06	3.11	3.16	3.33	3.46	3.55	3.63	3.70	3.76	3.80	3.85
24	2.39	2.58	2.70	2.80	2.88	2.94	3.00	3.05	3.09	3.26	3.38	3.47	3.54	3.61	3.66	3.70	3.74
30	2.36	2.54	2.66	2.75	2.83	2.89	2.94	2.99	3.03	3.19	3.30	3.39	3.46	3.52	3.57	3.61	3.65
40	2.33	2.50	2.62	2.71	2.78	2.84	2.89	2.93	2.97	3.12	3.23	3.31	3.38	3.43	3.48	3.51	3.55
60	2.30	2.47	2.58	2.66	2.73	2.79	2.84	2.88	2.92	3.06	3.16	3.24	3.30	3.34	3.39	3.42	3.46
120	2.27	2.43	2.54	2.62	2.68	2.74	2.79	2.83	2.85	2.99	3.09	3.15	3.22	3.27	3.31	3.34	3.37
∞	2.24	2.39	2.50	2.58	2.64	2.69	2.74	2.77	2.81	2.94	3.02	3.09	3.15	3.19	3.23	3.26	3.29

$\alpha = 0.01$

v \ k	2	3	4	5	6	7	8	9	10	15	20	25	30	35	40	45	50
5	4.78	5.25	5.60	5.89	6.15	6.36	6.56	6.70	6.86	7.51	8.00	8.37	8.68	8.95	9.19	9.41	9.68
7	4.03	4.36	4.59	4.78	4.95	5.09	5.21	5.31	5.40	5.79	6.08	6.30	6.49	6.67	6.83	6.93	7.06
10	3.58	3.83	4.01	4.15	4.27	4.37	4.45	4.53	4.59	4.86	5.06	5.20	5.33	5.44	5.52	5.60	5.70
12	3.43	3.65	3.80	3.93	4.04	4.13	4.20	4.26	4.32	4.56	4.73	4.86	4.95	5.04	5.12	5.20	5.27
15	3.29	3.48	3.62	3.74	3.82	3.90	3.97	4.02	4.07	4.29	4.42	4.53	4.61	4.71	4.78	4.84	4.90
20	3.16	3.33	3.46	3.55	3.63	3.70	3.76	3.80	3.85	4.03	4.15	4.25	4.33	4.39	4.46	4.52	4.56
24	3.09	3.26	3.38	3.47	3.54	3.61	3.66	3.70	3.74	3.91	4.04	4.1	4.2	4.3	4.3	4.3	4.4
30	3.03	3.19	3.30	3.39	3.46	3.52	3.57	3.61	3.65	3.80	3.90	3.98	4.13	4.26	4.1	4.2	4.2
40	2.97	3.12	3.23	3.31	3.38	3.43	3.48	3.51	3.55	3.70	3.79	3.88	3.93	3.97	4.01	4.1	4.1
60	2.92	3.06	3.16	3.24	3.30	3.34	3.39	3.42	3.46	3.59	3.69	3.76	3.81	3.84	3.89	3.93	3.97
120	2.86	2.99	3.09	3.15	3.22	3.27	3.31	3.34	3.37	3.50	3.58	3.64	3.69	3.73	3.77	3.80	3.83
∞	2.81	2.94	3.02	3.09	3.15	3.19	3.23	3.26	3.29	3.40	3.48	3.54	3.59	3.63	3.66	3.69	3.72

表 8 威尔科克森和曼恩—惠特尼检验中较小秩和的临界值

n_2	双边检验的 α	单边检验的 α	n_1(较小的样本)																		
			1	2	3	4	5	6	7	8	9	10	11	12	13	14	15	16	17	18	19	20
3	0.20	0.10		3	7																	
	0.10	0.05			6																	
	0.05	0.025																				
	0.01	0.005																				
4	0.20	0.10		3	7	13																
	0.10	0.05			6	11																
	0.05	0.025				10																
	0.01	0.005																				
5	0.20	0.10		4	8	14	20															
	0.10	0.05		3	7	12	19															
	0.05	0.025			6	11	17															
	0.01	0.005					15															
6	0.20	0.10		4	9	15	22	30														
	0.10	0.05		3	8	13	20	28														
	0.05	0.025			7	12	18	26														
	0.01	0.005				10	16	23														
7	0.20	0.10		4	10	16	23	32	41													
	0.10	0.05		3	8	14	21	29	39													
	0.05	0.025			7	13	20	27	36													
	0.01	0.005				10	16	24	32													
8	0.20	0.10		5	11	17	25	34	44	55												
	0.10	0.05		4	9	15	23	31	41	51												
	0.05	0.025		3	8	14	21	29	38	49												
	0.01	0.005				11	17	25	34	43												
9	0.20	0.10	1	5	11	19	27	36	46	58	70											
	0.10	0.05		4	*10	16	24	33	43	54	66											
	0.05	0.025		3	8	14	22	31	40	51	62											
	0.01	0.005			6	11	18	26	35	45	56											

(续)

n_2	双边检验的 α	单边检验的 α	n_1(较小的样本)																	
			1	2	3	4	5	6	7	8	9	10	11	12	13	14	15	16	17	18	19	20
10	0.20	0.10	1	6	12	20	28	38	49	60	73	87										
	0.10	0.05		4	10	17	26	35	45	56	69	82										
	0.05	0.025		3	9	15	23	32	42	53	65	78										
	0.01	0.005			6	12	19	27	37	47	58	71										
11	0.20	0.10	1	6	13	21	30	40	51	63	76	91	106									
	0.10	0.05		4	11	18	27	37	47	59	72	86	100									
	0.05	0.025		3	9	16	24	34	44	55	68	81	96									
	0.01	0.005			6	12	20	28	38	49	61	73	87									
12	0.20	0.10	1	7	14	22	32	42	54	66	80	94	110	127								
	0.10	0.05		5	11	19	28	38	49	62	75	89	104	120								
	0.05	0.25		4	10	17	26	35	46	58	71	84	99	115								
	0.01	0.005			7	13	21	30	40	51	63	76	90	105								
13	0.20	0.10	1	7	15	23	33	44	56	69	83	98	114	131	149							
	0.10	0.05		5	12	20	30	40	52	64	78	92	108	125	142							
	0.05	0.025		4	10	18	27	37	48	60	73	88	103	119	136							
	0.01	0.005			7	*13	22	31	41	53	65	79	93	109	125							
14	0.20	0.10	1	*8	16	25	35	46	59	72	86	102	118	136	154	174						
	0.10	0.05		*6	13	21	31	42	54	67	81	96	112	129	147	166						
	0.05	0.025		4	11	19	28	38	50	62	76	91	106	123	141	160						
	0.01	0.005			7	14	22	32	43	54	67	81	96	112	129	147						
15	0.20	0.10	1	8	16	26	37	48	61	75	90	106	123	141	159	179	200					
	0.10	0.05		6	13	22	33	44	56	69	84	99	116	133	152	170	192					
	0.05	0.025		4	11	20	29	40	52	65	79	94	110	127	145	164	184					
	0.01	0.005			8	15	23	33	44	56	69	84	99	115	133	151	171					
16	0.20	0.10	1	8	17	27	38	50	64	78	93	109	127	145	165	185	206	229				
	0.10	0.05		6	14	24	34	46	58	72	87	103	120	138	156	176	197	219				
	0.05	0.025		4	12	21	30	42	54	67	82	97	113	131	150	169	190	211				
	0.01	0.005			8	15	24	34	46	58	72	86	102	119	136	155	175	196				

n_2	双边检验的 α	单边检验的 α	n_1 (较小的样本)																		
			1	2	3	4	5	6	7	8	9	10	11	12	13	14	15	16	17	18	19	20
17	0.20	0.10	1	9	18	28	40	52	66	81	97	113	131	150	170	190	212	235	259			
	0.10	0.05		6	15	25	35	47	61	75	90	106	123	142	161	182	203	225	249			
	0.05	0.025		5	12	21	32	43	56	70	84	100	117	135	154	174	195	217	240			
	0.01	0.005			8	16	25	36	47	60	74	89	105	122	140	159	180	201	223			
18	0.20	0.10	1	9	19	30	42	55	69	84	100	117	135	155	175	196	218	242	266	291		
	0.10	0.05		7	15	26	37	49	63	77	93	110	127	146	166	187	208	231	255	280		
	0.05	0.025		5	13	22	33	45	58	72	87	103	121	139	158	179	200	222	246	270		
	0.01	0.005			8	16	26	37	49	62	76	92	108	125	144	163	184	206	228	252		
19	0.20	0.10	2	10	20	31	43	57	71	87	103	121	139	159	180	202	224	248	273	299	325	
	0.10	0.05	1	7	16	27	38	51	65	80	96	113	131	150	171	192	214	237	262	287	313	
	0.05	0.25		5	13	23	34	46	60	74	90	107	124	143	163	*183	205	228	252	277	303	
	0.01	0.005		3	9	17	27	38	50	64	78	94	111	129	*148	168	189	210	234	258	283	
20	0.20	0.10	2	10	21	32	45	59	74	90	107	125	144	164	185	207	230	255	280	306	333	361
	0.10	0.05	1	7	17	28	40	53	67	83	99	117	135	155	175	197	220	243	268	294	320	348
	0.05	0.025		5	14	24	35	48	62	77	93	110	128	147	167	188	210	234	258	283	309	337
	0.01	0.005		3	9	18	28	39	52	66	81	97	114	132	151	172	193	215	239	263	289	315

对较大的 n_1 和 n_2，利用下面的公式可以得到临界值的较好近似：

$$\frac{n_1}{2}(n_1+n_2+1) - z\left\{\frac{n_1 n_2 (n_1+n_2+1)}{12}\right\}^{1/2}$$

其中 $\alpha=0.20$ 时 $z=1.28$ (双边检验)，

$\alpha=0.10$ 时 $z=1.64$ (双边检验)，

$\alpha=0.05$ 时 $z=1.96$ (双边检验)，

$\alpha=0.01$ 时 $z=2.58$ (双边检验)。

* 数值已被修正为由《统计手册》(D.B.Owen, 1962, Addison-Wesley 出版有限公司) 所提供的数值。

表 9 威尔科克森符号秩检验的 $W_\alpha(n)$ 临界值

W_α 是满足 $W \leqslant W_\alpha$ 的概率最接近 α 的整数. 例如, 对于 $n=8$, $P(W \leqslant 3)=0.020$ 且 $P(W \leqslant 4)=0.027$; 因此, $W_{0.025}(8)=4$.

	单边检验的 α		
	0.025	0.01	0.005
	双边检验的 α		
n	0.05	0.02	0.01
6	0	—	—
7	2	0	—
8	4	2	0
9	6	3	2
10	8	5	3
11	11	7	5
12	14	10	7
13	17	13	10
14	21	16	13
15	25	20	16
16	30	24	20
17	35	28	23
18	40	33	28
19	46	38	32
20	52	43	38
21	59	49	43
22	66	56	49
23	73	62	55
24	81	69	61
25	89	77	68

对于 n,

$$W_P(n) = \frac{n(n+1)}{4} - z_{1-p}\sqrt{\frac{n(n+1)(2n+1)}{24}}$$

近似成立, 其中 z 由表 2 给出.

部分习题答案

下面是奇数题号的简略习题答案，没有给出证明、图表或进一步的数据分析.

第 1 章

1. a. $\Omega = \{hhh, hht, htt, hth, ttt, tth, thh, tht\}$
   b. $A = \{hhh, hht, hth, thh\}$, $B = \{hht, hhh\}$, $C = \{hht, htt, ttt, tht\}$
   c. $A^c = \{htt, ttt, tth, tht\}$, $A \cap B = \{hht, hhh\}$, $A \cup C = \{hhh, hht, hth, thh, htt, ttt, tht\}$

3. $\Omega = \{rrr, rrg, rrw, rwg, rgw, rgr, rwr, rgg, ggr, ggw, grr, grw, gwr, grg, gwg,$
$wrr, wgg, wrg, wgr\}$

5. $\Omega = (A \cap B)^c \cap (A \cup B)$ **9.** 不是 50%   **11.** $7 \times 6 \times 5 \times 4/10^4$

13. a. $10(4^5-4)/\binom{52}{5}$ **b.** $13 \times 48/\binom{52}{5}$ **c.** $13 \times 12 \times 4 \times 6/\binom{52}{5}$

15. 72   **19. a.** $5 \times 3 \times 2 \times 2/\binom{12}{4}$ **b.** $240/\binom{12}{5}$

21. $\dfrac{8}{32}$ **23.** $n(n-1)$ **25.** 6

27. $26 \times 25 \times 24 \times 23 \times 22/26^5$ **29.** $\binom{10}{2}/\binom{47}{2}$ **31.** $6^2 \times 5^2 \times 4^2 \times 3^2 \times 2^2$

33. $7 \times 6 \times 5 \times 4 \times 3/7^5$ **37.** 210

39. a. $21!/26!$ **b.** 1.818×10^7

41. a. $[\binom{7}{2} + \binom{8}{2} + \binom{9}{2}]/\binom{24}{2}$ **b.** $\binom{7}{2}/\binom{24}{2}$

43. $\binom{10}{3\ 3\ 4}$ **47. a.** 11/45   **b.** 6/11   **49. a.** 4/7   **b.** 3/7   **51.** 2/5

53. 0.35   **55. a.** 0.48, 0.70   **b.** 0.064, 0.614, 0.322

57. 2/3   **59. a.** 2/3   **b.** 5/6

61. 0.86   **63.** 1/3   **69.** 是

73. $\sum_{j=k}^{n} \binom{n}{j} p^j (1-p)^{n-j}$ **75.** $p^3 - 2p^2 + 1; 0.597$ **77.** 14

79. a. $P(aa) = 1/4$, $P(Aa) = 1/2$, $P(AA) = 1/4$
   b. 2/3
   c. $P(aa) = p/6$, $P(Aa) = 1/3 + p/6$, $P(AA) = 2/3 - p/3$
   d. $p_c = [(1-p/4)(2/3)]/(1-p/6)$

第 2 章

3. $p(1) = 0.1$, $p(2) = 0.2$, $p(3) = 0.4$, $p(4) = 0.1$, $p(5) = 0.2$

7. $F(x) = \begin{cases} 0, & x < 0 \\ 1-p, & 0 \leqslant x < 1 \\ 1, & x \geqslant 1 \end{cases}$ **9.** $p < 0.5$ **11.** $[(n+1)p]$

13. a. 0.0130   **b.** 0.2517   **15.** 5 中的 3

17. $P(X=k) = p(1-p)^k$, $k=0,1,\cdots$ **19.** $F(n) = 1-(1-p)^n$

23. $\binom{k+r-1}{r} p^r (1-p)^k$ **25. a.** 0.9987 **b.** 9×10^{-7}

27. $p(k) = 100^k e^{-100}/k!$, 近似地 **29.** $P(X \leqslant 4) = 0.532104$

31. a. 0.28 **b.** 20.79 分钟 **33.** $f(x) = \alpha\beta x^{\beta-1}\exp(-\alpha x^\beta)$ **37.** 2/3

39. b. $f(x) = [\pi(1+x^2)]^{-1}$, $-\infty < x < \infty$ **c.** 3.08

41. $-\log(1/4)/\lambda$, $-\log(3/4)/\lambda$ **43.** $f(x) = 4\lambda\pi x^2 \exp(-4\lambda\pi x^3/3)$

45. a. $1-e^{-1}$ **b.** $e^{-0.5} - e^{-1.5}$ **c.** 46.1 **53. a.** 0.3085 **b.** 0.8351 **c.** 21.5

55. $c = 1.96\sigma$ **59.** $f(x) = x^{-1/2}/2$

61. $(\lambda/c)^\alpha t^{\alpha-1}\exp(-\lambda t/c)/\Gamma(\alpha)$ **63.** $[\pi(1+x^2)]^{-1}$

65. $X = [-1 + 2\sqrt{1/4 - \alpha(1/2 - \alpha/4 - U)}]/\alpha$, 其中 U 是均匀的

67. a. $f(x) = (\beta/\alpha^\beta)x^{\beta-1}\exp(-(x/\alpha)^\beta)$

69. $f(x) = (\lambda/3)(3/4\pi)^{1/3}x^{-2/3}\exp(-\lambda(3x/4\pi)^{1/3})$

第 3 章

1. a. $p_1 = 0.19$, $p_2 = 0.32$, $p_3 = 0.31$, $p_4 = 0.18$, 对 X 和 Y 都成立

  b. $p(1|1) = 0.526$, $p(2|1) = 0.263$, $p(3|1) = 0.105$, $p(4|1) = 0.105$, 对 X 和 Y 都成立

3. 多项的, $n = 10$, $p_1 = p_2 = p_3 = 1/3$

7. $f_{XY}(x,y) = \alpha\beta \exp[-\alpha x - \beta y]$; $f_x(x) = \alpha \exp[-\alpha x]$, $f_Y(y) = \beta \exp[-\beta y]$

9. a. $f_X(x) = 3(1-x^2)/4$, $-1 \leqslant x \leqslant 1$, $f_Y(y) = 3\sqrt{1-y}/2$, $0 \leqslant y \leqslant 1$

  b. $f_{X|Y}(x|y) = 1/(2\sqrt{1-y})$, $f_{Y|X}(y|x) = 1/(1-x^2)$

11. $5/36 + \log(2)/6$ **13.** $p(0) = 1/2$, $p(1) = p(2) = 1/4$

15. a. $c = 3/2\pi$ **c.** $\dfrac{2\sqrt{2}-1}{2\sqrt{2}}$

  d. $f_Y(y) = \dfrac{3}{4}(1-y^2)$, $-1 \leqslant y \leqslant 1$

  $f_X(x) = \dfrac{3}{4}(1-x^2)$, $-1 \leqslant x \leqslant 1$

  X 和 Y 不是独立的

  e. $f_{Y|X}(y|x) = \dfrac{\sqrt{1-x^2-y^2}}{\pi(1-x^2)}$

  $f_{X|Y}(x|y) = \dfrac{\sqrt{1-x^2-y^2}}{\pi(1-y^2)}$

17. b. $f_X(x) = 1 - |x|$, $-1 \leqslant x \leqslant 1$; $f_Y(y) = 1 - |y|$, $-1 \leqslant y \leqslant 1$

  c. $f_{X|Y}(x|y) = 1/(2-2|y|)$, $1-|y| \leqslant x \leqslant 1+|y|$

  $f_{Y|X}(y|x) = 1/(2-2|x|)$, $1-|x| \leqslant y \leqslant 1+|x|$

19. a. $\beta/(\alpha+\beta)$ **b.** $\beta/(2\alpha+\beta)$

23. $B(m, pr)$ **29.** $h(x,y) = \lambda\mu e^{-\lambda x} e^{-\mu y}[1 + \alpha(1 - 2e^{-\lambda x})(1 - 2e^{-\mu y})]$

33. a. $f_{\Theta|N}(\theta|n) = n(n+1)\theta(1-\theta)^{n-1}$ **43.** $f_S(s) = s, 0 \leqslant s \leqslant 1; f_S(s) = 2-s, 1 \leqslant s \leqslant 2$

49. $\lambda e^{-\lambda S/2} - \lambda e^{-\lambda S}$ **53.** $5/9$ **55.** $f_{XY}(x,y) = \dfrac{1}{2\pi}(x^2+y^2)^{-1/2}, \quad x^2 + y^2 \leqslant 1$

57. $x_1 = y_1; \quad x_2 = -y_1 + y_2$ **61.** $f_{UV}(u,v) = \dfrac{1}{bd} f_{XY}\left(\dfrac{u-a}{b}, \dfrac{v-c}{d}\right)$

63. a. $f_{UV}(u,v) = \dfrac{1}{2} f_{XY}\left(\dfrac{u+v}{2}, \dfrac{u-v}{2}\right)$, 其中 $U = X+Y, \quad V = X-Y$

  b. $f_{UV}(u,v) = \dfrac{1}{2|v|} f_{XY}((uv)^{1/2}, (u/v)^{1/2})$, 其中 $U = XY, \quad V = X/Y$

67. $f(t) = n(n-1)\lambda[\exp(-(n-1)\lambda t) - \exp(-n\lambda t)]$

69. $n\beta v^{\beta-1}\alpha^{-\beta}\exp(-n(v/\alpha)^\beta)$ **71.** $1 - \gamma^n$

75. 令 $U = X_{(i)}, \quad V = X_{(j)}$

$$f_{UV}(u,v) = \dfrac{n!}{(i-1)!(j-i-1)!(n-j)!}[F(u)]^{i-1}f(u)[F(v)-F(u)]^{j-i-1}f(v)[1-F(v)]^{n-j}$$

77. $n(1-x)^{n-1}$ **79.** $\mathrm{Exp}(\lambda)$ **81. a.** $n/(n+1)$ **b.** $(n-1)/(n+1)$

第 4 章

3. $E(X) = 3.1; \mathrm{Var}(X) = 1.49$

5. $E(X) = \alpha/3; \mathrm{Var}(X) = 1/3 - \alpha^2/9$

7. a. $E(X) = 5/8$

  b. $p_Y(0) = 1/2, \quad p_Y(1) = 3/8, \quad p_Y(4) = 1/8, \quad E(Y) = 7/8$

  c. $E(X^2) = 7/8$ **d.** $\mathrm{Var}(X) = 31/64$

9. n 的值满足 $s\sum_{k=n}^{\infty} p(k) > c\sum_{k=1}^{n-1} p(k)$ 和 $s\sum_{k=n+1}^{\infty} p(k) < c\sum_{k=1}^{n} p(k)$ **15.** 没有区别

17. a. $E(X_{(k)}) = k/(n+1)$

  b. $\mathrm{Var}(X_{(k)}) = k(n-k+1)/[(n+1)^2(n+2)]$

19. $1/(n+1)$ **21.** $1/3$ **23.** $2/\lambda^2$(正方形), $1/\lambda^2$(矩形)   **25.** $2\alpha(\alpha+1)/\lambda^2$

27. 1 **31.** 不等   **35.** r/p **37.** $p > (1/k)^{1/k}$

39. a. 4606 **b.** $10\,000$

41. 出现的期望次数是 4.62. 利用马尔可夫不等式,出现 100 次或更多次的可能性小于 0.0462,所以你应该对此感到吃惊.

45. $\mathrm{Cov}(N_i, N_j) = -np_i p_j$

47. $\mathrm{Cov}(X, Z) = -\sigma_X^2; \mathrm{Corr}(X, Z) = -\dfrac{\sigma_X}{(\sigma_X^2 + \sigma_Y^2)^{1/2}}$

49. b. $\alpha = \sigma_Y^2/(\sigma_Y^2 + \sigma_X^2)$

  c. 当 $1/3 < \sigma_X^2/\sigma_Y^2 < 3$ 时使用 $(X+Y)/2$ 较好

51. 对于最优投资组合, $\pi_i = n^{-1}$. 如果每单个证券的收益率具有标准差 σ, 这个组合的收益率

标准差是 $\sigma/\sqrt{n}$. 如果完全投资在一个证券上，收益率的标准差是 σ.

55. $E(T) = n(n+1)\mu/2;\quad \text{Var}(T) = n(n+1)(2n+1)\sigma^2/6$

57. $\sigma_X^2\sigma_Y^2 + \mu_X^2\sigma_Y^2 + \mu_Y^2\sigma_X^2$

61. a. $\text{Cov}(X,Y) = 1/36;\quad \text{Corr}(X,Y) = 1/2$

   b. $E(X|Y) = Y/2,\quad E(Y|X) = (X+1)/2$

   c. 如果 $Z = E(X|Y)$, Z 的密度是 $f_Z(z) = 8z,\ 0 \leqslant z \leqslant 1/2$

   如果 $Z = E(Y|X)$, Z 的密度是 $f_Z(z) = 8(1-z),\ 1/2 \leqslant z \leqslant 1$

   d. $\hat{Y} = \dfrac{1}{2} + \dfrac{1}{2}X$; 均方预测误差是 $1/24$

   e. $\hat{Y} = \dfrac{1}{2} + \dfrac{1}{2}X$; 均方预测误差是 $1/24$

63. a. $\text{Cov}(X,Y) = -0.0085;\quad \rho_{XY} = -0.1256$

   b. $E(Y|X) = (6X^2 + 8X + 3)/[4(3X^2 + 3X + 1)]$

65. 所提作用是 $E(T|N=n) = nE(X)$ **67.** $3/2,\ 1/6$

71. $p_{Y|X}(y|x)$ 是超几何的. $E(Y|X=x) = mx/n$

73. $np(1+p)$ **75. a.** $1/2\lambda$;   **b.** $5/12\lambda^2$ **77.** $E(X|Y) = Y/2,\quad E(Y|X) = X+1$

79. $M(t) = \dfrac{1}{2} + \dfrac{3}{8}e^t + \dfrac{1}{8}e^{2t}$ **81.** $M(t) = 1 - p + pe^t$

85. $M(t) = e^t p/[1-(1-p)e^t];\quad E(X) = 1/p;\quad \text{Var}(X) = (1-p)/p^2$

87. 相同的 p **93.** 指数   **99. b.** $E[g(X)] \approx \log\mu - \sigma^2/2\mu^2;\quad \text{Var}[g(X)] \approx \sigma^2/\mu^2$

101. $E(Y) \approx \sqrt{\lambda} - 1/(8\sqrt{\lambda});\quad \text{Var}(Y) \approx 1/4$ **103.** 0.0628 毫米

第 5 章

3. 0.0228 **13.** $N(0,\ 150\,000)$; 他最有可能在其出发的位置   **15.** $p = 0.017$ **17.** $n = 96$

21. b. $\text{Var}(\hat{I}(f)) = \dfrac{1}{n}\left[\int_a^b \dfrac{f^2(x)}{g(x)}dx - I^2(f)\right]$

29. 令 $Z_n = n(U_{(n)} - 1)$. 那么 $P(Z_n \leqslant z) \to e^z,\ -1 \leqslant z \leqslant 0$

第 6 章

3. $c = 0.17$ **9.** $E(S^2) = \sigma^2;\quad \text{Var}(S^2) = 2\sigma^4/(n-1)$

第 7 章

1. $p(1.5) = 1/5,\ p(2) = 1/10,\ p(2.5) = 1/10,\ p(3) = 1/5,\ p(4.5) = 1/10$,
$p(5) = 1/5,\ p(6) = 1/10;\ E(\overline{X}) = 17/5;\ \text{Var}(\overline{X}) = 2.34$

3. d,f,h   **7.** $n=319$, 忽略 fpc

9. SE=0.026.CI:$(0.05,\ 0.15)$ **11. a.** 6 个样本.   **b.** 是

15. b.

n	Δ_1	Δ_2
20	211.6	86.8
40	145.6	59.7
80	96.9	39.8

17. 不能 **19.** 1.28, 1.645

21. 样本容量应该是原来的 4 倍.

29. a. $\hat{Q} = \dfrac{R - t(1-p)}{p}$, 其中 $t =$ 回答不相关问题为"是"的概率

c. $\text{Var}(\hat{Q}) = r(1-r)/(np^2)$, 其中 $r = P(是) = qp + t(1-p)$

31. $n = 395$ **33.** 每次调查的样本容量应该是 1250.

35. a. $\overline{X} = 98.04$

b. $s^2 \dfrac{N-1}{N} = 133.64$, $\dfrac{s^2}{n}\left(1 - \dfrac{n}{N}\right) = 5.28$

c. 98.04 ± 4.50 和 196080 ± 9008

37. a. $\alpha + \beta = 1$

b. $\alpha = \dfrac{\sigma^2_{\overline{X}_2}}{\sigma^2_{\overline{X}_1} + \sigma^2_{\overline{X}_2}}$ $\beta = \dfrac{\sigma^2_{\overline{X}_1}}{\sigma^2_{\overline{X}_1} + \sigma^2_{\overline{X}_2}}$

39. 选择 n 满足 $p = 1 - \dfrac{(N-k)(N-k-1)\cdots(N-n+k-1)}{N(N-1)\cdots(N-k+1)}$, 这可以通过迭代运算实现; $n = 581$

41. b. $\dfrac{N^2}{n}(\sigma_A^2 + \sigma_B^2 - 2\rho\sigma_A\sigma_B)$

c. 如果 $\rho > \dfrac{\sigma_B}{2\sigma_A\sigma_B}$, 那么提出的方法具有较小的方差.

d. 比率估计是无偏的. 如果 $\dfrac{\mu_A}{\mu_B} > 1$, 那么比率估计的近似方差是较大的.

43. $R = \dfrac{\overline{V}}{\overline{O}} = 0.73$, $s_R = 0.02, 0.73 \pm 0.04$

47. $n = 64$ 时, 偏倚是 0.96; $n = 128$ 时, 偏倚是 0.39.

49. 忽略 fpc,

a. $R = 31.25$;   **b.** $s_R = 0.835; 31.25 \pm 1.637$;

c. $T = 10^7; 10^7 \pm 5228153$;   **d.** $s_{T_R} = 266400$, 它是较好的.

53. a. 对于最优分配, 样本容量是 10, 18, 17, 19, 12, 9, 15. 对于比例分配, 它们是 20, 23, 19, 17, 8, 6, 7.

b. $\text{Var}(\overline{X}_{SO}) = 2.90, \text{Var}(\overline{X}_{sp}) = 3.4, \text{Var}(\overline{X}_{srs}) = 6.2$

55. a. $\dfrac{1}{6}\overline{X}_H + \dfrac{5}{6}\overline{X}_L$

b. 0.68

c. 不会, 标准误差将是 0.87.

d. 不会，标准误差将是 0.71.

57. $p(2.2) = 1/6$, $p(2.8) = 1/3$, $p(3.8) = 1/6$, $p(4.4) = 1/3$; $E(\overline{X}_s) = 3.4$; $\text{Var}(\overline{X}_s) = 0.72$

61. a. $w_1 + w_2 + w_3 = 0$, $w_1 + 2w_2 + 3w_3 = 1$
    b. $w_1 = -1/2$, $w_2 = 0$, $w_3 = 1/2$

第 8 章

3. 对于浓度 (1),
    a. $\hat{\lambda} = 0.6825$;   **b.** 0.6825 ± 0.081;
    c. 观测计数与预期计数没有总差异.

5. a. $\hat{\theta} = 1/3$ **b.** $\text{Lik}(\theta) = \theta(1-\theta)^2$ **c.** $\hat{\theta} = 1/3$ **d.** $\beta(2,3)$

7. a. $\hat{p} = 1/\overline{X}$ **b.** $\tilde{p} = 1/\overline{X}$
    c. $\text{Var}(\tilde{p}) \approx p^2(1-p)/n$
    d. 后验分布是 $\beta(2,k)$; 后验均值是 $2/(k+2)$.

13. $P(|\hat{\alpha}| > 0.5) \approx 0.1489$

17. b. $\hat{\alpha} = n\left(8\sum_{i=1}^{n} X_i^2 - 2n\right)^{-1} - 1/2$

    c. $\dfrac{\Gamma'(2\alpha)}{\Gamma(2\alpha)} - \dfrac{\Gamma'(\alpha)}{\Gamma(\alpha)} + \dfrac{1}{2n}\sum_{i=1}^{n} \log[X_i(1-X_i)] = 0$

    d. $\left(2n\left[\dfrac{\Gamma''(\alpha)\Gamma(\alpha) - \Gamma'(\alpha)^2}{\Gamma(\alpha)^2} - \dfrac{2\Gamma''(2\alpha)\Gamma(2\alpha) - \Gamma'(2\alpha)^2}{\Gamma(2\alpha)^2}\right]\right)^{-1}$

19. a. $\hat{\sigma} = \sqrt{n^{-1}\sum_{i=1}^{n}(X_i - \mu)^2}$ **b.** $\hat{\mu} = \overline{X}$ **c.** 不存在

21. a. $\overline{X} - 1$ **b.** $\min(X_1, X_2, \cdots, X_n)$ **c.** $\min(X_1, X_2, \cdots, X_n)$

23. 矩方法估计是 1775. 最大似然估计是 888.

27. 令 T 是第一次失效的时间.
    a. $\dfrac{5}{\tau}\exp\left(-\dfrac{5t}{\tau}\right)$ **b.** $\hat{\tau} = 5T$ **c.** $\hat{\tau} \sim \exp\left(\dfrac{1}{\tau}\right)$ **d.** $\sigma_{\hat{\tau}} = \tau$

31. a. $\theta(1-\theta)^6$ **b.** $\hat{\theta} = 1/7$

33. 令 q 是自由数为 $n-1$ 的 t 分布的 0.95 分位数; $c = qs_{\overline{X}}$.

41. 对于 α, 相对效率大约是 0.444; 对于 λ, 它大约是 0.823.

47. a. $\hat{\theta} = \overline{X}/(\overline{X} - x_0)$
    b. $\tilde{\theta} = n/\left(\sum \log X_i - n\log x_0\right)$
    c. $\text{Var}(\tilde{\theta}) \approx \theta^2/n$

49. a. 令 $\hat{p}$ 是 n 次事件中向前的比例. 那么 $\hat{\alpha} = 4\hat{p} - 2$.

部分习题答案   439

b. $\mathrm{Var}(\hat{\alpha}) = (2-\alpha)(2+\alpha)/n$

53. a. $\hat{\theta} = 2\overline{X}$; $E(\hat{\theta}) = \theta$; $\mathrm{Var}(\hat{\theta}) = \theta^2/3n$

b. $\tilde{\theta} = \max(X_1, X_2, \cdots, X_n)$

c. $E(\tilde{\theta}) = n\theta/(n+1)$; 偏倚 $= -\theta/(n+1)$; $\mathrm{Var}(\tilde{\theta}) = n\theta^2/(n+2)(n+1)^2$
MSE$= 2\theta^2/(n+1)(n+2)$

d. $\theta^* = (n+1)\tilde{\theta}/n$

55. a. 令 n_1, n_2, n_3, n_4 表示观测数. θ 的最大似然估计是如下方程的正根:

$$(n_1 + n_2 + n_3 + n_4)\theta^2 - (n_1 - 2n_2 - 2n_3 - n_4)\theta - 2n_4 = 0$$

渐近方差是 $\mathrm{Var}(\hat{\theta}) = 2(2+\theta)(1-\theta)\theta/(n_1+n_2+n_3+n_4)(1+\theta)$. 对于这些数据, $\hat{\theta}$=0.0357, $s_{\hat{\theta}}$=0.0057.

b. 近似 95% 置信区间是 0.0357 ± 0.0112.

57. a. s^2 是无偏的.   **b.** $\hat{\sigma}^2$ 具有较小的 MSE.   **c.** $\rho = 1/(n+1)$

59. b. 如果这个量是正的, $\hat{\alpha} = (n_1 + n_2 - n_3)/(n_1 + n_2 + n_3)$, 否则为 0.

63. 在情形 (1) 中, 后验分布是 $\beta(4,98)$, 后验均值是 0.039. 在情形 (2) 中, 后验分布是 $\beta(3.5, 102)$, 后验均值是 0.033. 情形 (2) 与情形 (1) 相比, 其后验分布上升更陡峭, 下降更迅速.

65. $\mu_0 = 16.25$, $\xi_0 = 80$ **71.** $\prod_{i=1}^{n}(1+X_i)$ **73.** $\sum_{i=1}^{n} X_i^2$

第 9 章

1. a. α=0.002   **b.** 势 =0.349

3. a. α=0.046   **5.** F,F,F,F,F,F,T

7. 当 $\sum X_i > c$ 时拒绝. 由于在 H_0 下, $\sum X_i$ 服从参数为 $n\lambda$ 的泊松分布, 可以选取 c, 使其满足 $P(\sum X_i > c | H_0) = \alpha$.

9. 对于 α=0.10, 检验在 $\overline{X} > 2.56$ 时拒绝, 其势是 0.2981. 对于 α=0.01, 检验在 $\overline{X} > 4.66$ 时拒绝, 其势是 0.0571.

17. a. $LR = \dfrac{\sigma_1}{\sigma_0}\exp\left[\dfrac{1}{2}x^2\left(\dfrac{1}{\sigma_1^2} - \dfrac{1}{\sigma_0^2}\right)\right]$. 水平 α 的拒绝域是 $X^2 > \sigma_0^2 \chi_1^2(\alpha)$.

b. 拒绝域是 $\sum_{i=1}^{n} X_i^2 > \sigma_0^2 \chi_n^2(\alpha)$ **c.** 是

19. a. $X < 2/3$ **b.** X 取较大值时拒绝
c. $X > \sqrt{1-\alpha}$ 时拒绝   **d.** $1-(1-\alpha)^{3/2}$

21. a. $X > 1$ 时拒绝; 势 $=1/2$

b. 显著性水平 $=\alpha$, 势 $=\alpha/2$

c. 显著性水平 $=\alpha$, 势 $=\alpha/2$

d. 当 $(1-\alpha)/2 \leqslant X \leqslant (1+\alpha)/2$ 时拒绝

e. 对于 $\alpha > 0$, 拒绝域不是唯一确定的.

f. 拒绝域不是唯一确定的.

23. 是 **25.** $-2 \log \Lambda = 54.6$ 强烈拒绝 **27.** $\geqslant 12.02$

29. 是 **31.** 2.6×10^{-1}, 9.8×10^{-3}, 3×10^{-4}, 7×10^{-7}

33. $-2\log\Lambda$ 和 X^2 都约为 2.93. $0.05 < p < 0.10$; 对于中国人和日本人来讲都是不显著的; 都 ≈ 0.3.

35. $X^2 = 0.0067$, 具有自由度 1, 且 $p \approx 0.90$. 模型拟合很好.

37. $X^2 = 79$, 具有自由度 11, 且 $p \approx 0$. 意外事故伤亡人数不服从均匀分布, 很显然随着季节的变化而变化, 11 月至 1 月期间具有最大数, 3 月至 6 月具有最小数. 同时事故发生率在夏季月 (7 月至 8 月) 上升.

39. $\chi^2 = 85.5$, 具有自由度 9, 因此有强烈的证据反对恒定发生率的原假设.

41. 令 $\hat{p}_i = X_i/n_i$, $\hat{p} = \sum X_i / \sum n_i$. 那么

$$\Lambda = \frac{\hat{p}^{\sum n_i \hat{p}_i}(1-\hat{p})^{\sum n_i(1-\hat{p}_i)}}{\prod \hat{p}_i^{n_i \hat{p}_i}(1-\hat{p}_i)^{n_i(1-\hat{p}_i)}}$$

和

$$-2 \log \Lambda \approx \sum \frac{(X_i - n_i \hat{p})^2}{n_i \hat{p}(1-\hat{p})}$$

在 H_0 为真时, 近似服从 χ^2_{m-1}.

43. a. 17950 次抛掷结果中出现 9207 次正面不支持原假定: 正面概率是 0.5 的 17950 次独立的伯努利试验 ($X^2 = 11.99$, 具有自由度 1).

b. 数据与假设模型不一致 ($X^2 = 21.57$, 具有自由度 5, $p \approx 0.001$).

c. 卡方检验得到 $X^2 = 8.74$, 具有自由度 4, $p \approx 0.07$. 再一次, 模型看似可疑.

45. 二项模型不适合数据 ($X^2 = 110.5$, 具有自由度 11). 相对于二项模型, 很多家庭具有非常少和非常多的男孩数. 模型失败的原因或许在于男孩概率依家庭不同而不同.

51. 水平带是由于相等的数据值.

57. 尾部衰减速度小于正态概率分布, 使正态概率图偏离直线, 形成左端低于直线, 右端高于直线的曲线.

59. 悬挂根图显示没有系统性偏离.

第 10 章

3. $q_{0.25} \approx 63.4$; $q_{0.5} \approx 63.6$; $q_{0.75} \approx 63.8$

7. 最弱的动物寿命之差约为 50 天, 中等的为 150 天. 没有说明最强的动物寿命之差.

9. 偏倚 $\approx -\frac{1}{2n}\frac{F(x)}{1-F(x)}$. x 较大时, 偏倚也较大.

11. $h(t) = \alpha\beta t^{\beta-1}$

13. [0,1]区间上的均匀分布是一个例子.

15. $h(t) = (24-t)^{-1}$. 自 0 增加到 24. 他在 5 小时后最有可能被释放.

23. $(n+1)\left(\dfrac{k+1}{n+1} - p\right)X_{(k)} + (n+1)\left(p - \dfrac{k}{n+1}\right)X_{(k+1)}$

29. b. ≈ 0.018 **c.** ≈ 18 **d.** $\approx 2.4 \times 10^{-19}$

31. a. n^n

b.
x	1/3	5/3	2	7/3	8/3	3	10/3	11/3
$p(x)$	1/27	3/27	3/27	3/27	8/27	3/27	3/27	3/27

33. 均值和标准差

37. 中位数 $=14.57$, $\bar{x}=14.58$, $\bar{x}_{0.10}=14.59$, $\bar{x}_{0.20}=14.59$; $s=0.78$, IQR/1.35=0.74, MAD/0.65=0.82

41. 区间 $(X_{(r)}, X_{(s)})$ 以概率 $\displaystyle\sum_{i=r}^{s-1}\binom{n}{i}p^i(1-p)^{n-i}$ 覆盖 x_p.

第 11 章

7. 贯穿全部. 例如, 所有的都用在 $\mathrm{Var}(\overline{X} - \overline{Y}) = \sigma^2(n^{-1} + m^{-1})$ 的证明中. 所有的都用在定理 11.2.1.1 和推论 11.2.1.1 中. 独立性用在似然的表达中.

11. 利用检验统计量 $t = \dfrac{(\overline{X} - \overline{Y}) - \Delta}{s_p\sqrt{\dfrac{1}{n} + \dfrac{1}{m}}}$

13. 符号检验的势是 0.35, 正态理论检验的势是 0.46.

15. $n=768$

19. a. $\sqrt{2}$ **b.** $\overline{Y} - \overline{X} > 2.33$ **c** 0.17

d. 是 **e.** $\overline{Y} - \overline{X} > 2.78$; 势 $=0.11$

21. a. 合并的 t 检验得到 p 值 0.053.

b. 曼恩－惠特尼检验的 p 值是 0.064.

c. 样本容量较小, 正态概率图显示偏度, 因此曼恩－惠特尼检验更合适.

25. a. 不 **b.** 不 **c.** 是, 是

27.
w	0	1	2	3	4	5	6	7	8	9	10
$p(w)$	0.0625	0.0625	0.0625	0.125	0.125	0.125	0.125	0.125	0.0625	0.0625	0.0625

31. $E(\hat{\pi}) = 1/2$; $\mathrm{Var}(\hat{\pi}) = \dfrac{1}{12}\dfrac{m+n+1}{mn}$, 当 $m = n$ 时, 方差达到最小.

33. 令 $\theta = \sigma_X^2/\sigma_Y^2$, $\hat{\theta} = s_X^2/s_Y^2$.

a. 对于 $H_1: \theta > 1$, $\hat{\theta} > F_{n-1,m-1}(\alpha)$ 时拒绝. 对于 $H_2: \theta \neq 1$, $\hat{\theta} > F_{n-1,m-1}(\alpha/2)$ 或 $\hat{\theta} < F_{n-1,m-1}(1-\alpha/2)$ 时拒绝.

b. θ 的 $100(1-\alpha)\%$ 置信区间是

$$\left[\frac{\hat{\theta}}{F_{n-1,m-1}(\alpha/2)}, \frac{\hat{\theta}}{F_{n-1,m-1}(1-\alpha/2)}\right]$$

c. $\hat{\theta} = 0.60$. 双边检验的 p 值是 0.42. θ 的 95% 置信区间是 (0.13, 2.16).

37. a. 对于每个病人, 计算分差 (后 − 前), 利用符号秩检验或配对 t 检验比较试验组和控制组的分差. 病房 A 的符号秩检验给出 $W_+ = 36, p = 0.124$, 病房 B 的是 $W_+ = 22, p = 0.205$.

b. 为了比较两个病房, 利用两样本 t 检验或曼恩−惠特尼检验检验分差. 利用曼恩−惠特尼检验, 有较强的证据说明病房 A 的三氟拉嗪组较病房 B 的改善很多 ($p=0.02$), 有较弱的证据说明病房 A 的安慰剂组比病房 B 的有所改善 ($p=0.09$).

45. a. 例如, 对于 1957 年, 威尔科克森符号秩检验不支持催雨效应 ($p=0.73$). 对于这一年或其他年份, 似乎在未催雨区域的降雨量较低时, 催雨对不催雨的获益是最大的.

b. 随机化可以避免混淆催雨效应与周期天气模式. 如果连续日的降雨量是正相关的, 那么配对是有效的. 在这些数据中, 相关是较弱的.

47. a. 为了检验催雨效应, 利用两样本 t 检验或曼恩−惠特尼检验比较相互之间的差异 (目标 − 控制). 曼恩−惠特尼检验给出的 p 值是 0.73.

b. 平方根变换使得数据分布的偏度较少.

c. 如果目标与控制区域的相关性比较高, 以至于差异 (目标 − 控制) 的标准差小于目标降雨量的标准差, 那么使用控制区域是有效的. 这的确是这样的.

49. 95% 置信区间: (8.9, 13.1). 强烈地拒绝原假设.

51. 奶瓶喂养的持续时间通常更长. 因为分布的偏度很大, 具有一些较大的离群值, 所以非参数检验更合适. 符号秩检验的 p 值是 0.012.

53. 莴苣叶香烟是控制组, 为了确保试验效应特别地来自于烟草, 不仅仅是点燃的香烟. 未燃香烟是控制组, 为了确保效应来自于点燃的香烟, 不仅是未燃烟草.

第 12 章

11.

	A	B	C	D
I	2	3	4	5
II	3	4	5	6
III	4	5	6	7

17. $\hat{\alpha}_i = \overline{Y}_{i..} - \overline{Y}_{...}$
$\hat{\beta}_j = \overline{Y}_{.j.} - \overline{Y}_{...}$
$\hat{\delta}_{ij} = \overline{Y}_{ij.} - \overline{Y}_{i..} - \overline{Y}_{.j.} + \overline{Y}_{...}$
$\hat{\mu} = \overline{Y}_{...}$

19. $Y_{ijkl} = \mu + \alpha_i + \beta_j + \gamma_k + \delta_{ij} + v_{jk} + \rho_{ik} + \phi_{ijk} + \epsilon_{ijkl}$

主效应 α_i, β_j, γ_k 满足限制条件 $\sum \alpha_i = 0$. 两因子交互 δ, v 和 ρ 满足限制条件 $\sum_i \delta_{ij} = \sum_j \delta_{ij} = 0$. 三因子交互 ϕ_{ijk} 关于每一个下标求和为零.

21. 图示说明组 IV 的感染率高于其他组, 但是 F 检验仅给出 0.12 的 p 值 ($F_{3,16} = 2.27$). 克鲁斯卡尔-沃利斯检验得到 $K = 6.2$, 具有 p 值 0.10(自由度为 3)

23. 对于雄性老鼠, 剂量和光照都是显著的 (LH 随着剂量增加而增加, 正常光照下 LH 较高), 具有交互效应 ($p = 0.07$) (正常光照和常光之间 LH 释放的水平差异随着剂量增加而增加), 汇总如下方差分析表:

离差源	df	SS	MS
剂量	4	545549	136387
关照	1	242189	242189
交互	4	55099	13775
误差	50	301055	6021

单元之间的变异不是常数, 但与均值成比例. 当分析数据的对数阶时, 单元变异是稳定的, 交互效应消失, 但光照和剂量效应依旧清晰.

25. 下面的方差分析表显示主效应或交互效应都是不显著的:

离差源	df	SS	MS
位置	9	83.84	9.32
棒条	4	46.04	11.51
交互	36	334.36	9.29
误差	50	448.00	8.96

数据有些奇怪. 第一列总是大于第二列, 说明两列之间的测量步骤出现了轻微的变化. 一个值得注意的例外是棒条 50 位置 7 上的测量数据看似异常.

27.

离差源	df	SS	MS
品种	2	836131	418066
误差	131	446758	3410
总计	133	1282889	

方差随着均值的增加而增加, 利用平方根变换可以将其平稳化. 邦费罗尼方法显示所有的物种之间具有显著性的差异.

29.

离差源	自由度	平方和	均方	F 值	p 值
炉子	2	4.1089	2.0544	1.4460	0.26159
硅片类型	2	5.8756	2.9378	2.0678	0.15547
炉 x 硅类型	4	21.3489	5.3372	3.7566	0.02162
残差	18	25.5733	1.4207		

仅有交互效应是显著的. 交互图中的直线不是平行的, 炉子与外部硅片的厚度关系看起来与

其他两种类型的硅片完全不同.

33. a. N/R50 和 R/R50　　**b.** N/R50 和 lopro　　**c.** N/R50 和 N/R40

第 13 章

1. $X^2 = 5.10$, 具有自由度 $1; p < 0.025$

3. 对于 ABO 组, 两者具有显著性的关联 ($X^2 = 15.37$, 具有自由度 6, $p = 0.02$), 主要由于 B 中中晚期肺结核发病率高于一般的. 对于 MN 组, 两者没有显著性的关联 ($X^2 = 4.73$, 具有自由度 4, $p = 0.32$).

5. $X^2 = 6.03$, 具有自由度 7, $p=0.54$, 因此没有令人信服的证据说明两者之间具有关系.

7. $X^2 = 12.18$, 具有自由度 6, $p=0.06$. 看似心理学专业比平均分数稍差一些, 生物学专业稍好一些.

9. 在她的风格方面, Jane Austen 是不一致的. *Sense and Sensibility* 与 *Emma* 之间没有显著性不同 ($X^2 = 6.17$, 具有自由度 5, $p=0.30$), 但 *Sanditon* I 不同于它们, I 没有跟着 *and* 的频率较小, *on* 没有先于 *the* 的频率较大 ($X^2 = 23.29$, 具有自由度 10, $p=0.01$). *Sanditon* I 和 *Sanditon* II 是不一致的 ($X^2 = 17.77$, 具有自由度 5, $p <0.01$), 主要由于 I 跟着 *and* 的发生率不同.

11. a. 两种情形的统计量是

$$-2 \log \Lambda = 2 \sum_i \sum_j O_{ij} \log(O_{ij}/E_{ij})$$

　　b. $-2 \log \Lambda = 12.59$

　　c. $-2 \log \Lambda = 16.52$

13. 制作一个表格, 行是姐姐的孩子数, 列是其妹妹的孩子数.

　　a. $H_0 : \pi_{ij} = \pi_{i.}\pi_{.j}$. 这是常用的独立性检验, 具有

$$X^2 = \sum_{ij}(n_{ij} - n_{i.}n_{.j}/n_{..})^2/(n_{i.}n_{.j}/n_{..})$$

　　b. $H_0 : \sum_{i \neq j} \pi_{ij} = \sum_{j \neq i} \pi_{ji}$ 等价于 $H_0 : \pi_{ij} = \pi_{ji}$. 检验统计量是

$$X^2 = \sum_{i \neq j}(n_{ij} - (n_{ij} + n_{ji})/2)^2/((n_{ij} + n_{ji})/2)$$

在 H_0 下, 它服从 χ_2^2 分布. (a) 和 (b) 的原假设是不等价的. 例如, 如果妹妹与姐姐的孩子数完全相同, 那么 (a) 将是假的, (b) 将是真的.

15. 对于雄性, $X^2 = 13.39$, 具有自由度 4, $p=0.01$. 对于雌性, $X^2 = 4.47$, 具有自由度 4, $p=0.35$. 我们断定雄性的发生率在控制组特别高, 在中剂量组特别低, 没有证据表明雌性的发生率存在差异.

17. 有明确的证据显示在伦敦和曼彻斯特两城市中 A 和 O 之间具有不同的溃疡率 (X^2 分别等于 43.4 和 5.52,具有自由度 1)。比较伦敦 A 与曼彻斯特 A,我们看到曼彻斯特的发生率较高 ($X^2=91$,自由度为 1),而伦敦 O 的发生率高于曼彻斯特 O 的 ($X^2=204$,自由度为 1).

19. $p=0.01$ **21.** $\hat{\Delta}=3.77$

23. 麦克尼马尔检验给出的卡方统计量等于 28.5。将其与自由度为 1 的卡方分布进行比较,结果是高度显著的:重体力劳动与心肌梗死有关联。这项设计与手机研究类似,每个主体充当自己的控制组.

25. a. 阿司匹林减少了心肌梗死 (MCI) 的总数 ($X^2=26.4$,自由度为 1)。优势比是 0.58,阿司匹林大大地降低了风险,同时也减少了致命和非致命的发生率 ($X^2=6.2, 20.43$,自由度为 1)。在患有心肌梗死的组别中,没有显示死亡率得到降低 (p 值 $=0.32$)。中风发生率的差异在统计上是不显著的,$X^2=1.67$,自由度为 1.

b. 没有证据显示阿司匹林减少了总的心血管疾病死亡率,但是心肌梗死导致的死亡率却是显著地降低了.

27. 如果受害者是白人,被告是非白人,那么获得死刑的案件占 13%。其他情况下,死刑只占到 5%~6% 的比例。独立性卡方检验得到统计量等于 15.9,具有自由度 3,所以 p 值是 0.001。使用这样的检验是否合理是有争议的。批评者认为所有的数据来自 1993 年至 1997 年,这些数字说明一切,没有合理的概率模型支撑概率计算,如 p 值。支持者认为对于带有这些行和列边际和的表格,如果仅有偶然性起作用,行间存在比例变异是非常不可能的.

29. 这依赖于抽样方案。如果男性和女性人数在样本抽取之间就已指定,齐性检验是合适的。如果仅固定了总样本容量,独立性检验是合适的。由于在两种情况下,得到的定性结论是一样的,所以管理者不关心使用的检验方法.

第 14 章

1. b. $\log y = \log a - bx$. 令 $u = \log y$ 和 $v = \log x$.

d. $y^{-1} = ax^{-1} + b$. 令 $u = y^{-1}$ 和 $v = x^{-1}$.

5. 这可以构建成最小二乘问题,参数向量 $\boldsymbol{\beta} = (p_1, p_2, p_3)^{\mathrm{T}}$,设计矩阵

$$\boldsymbol{X} = \begin{pmatrix} 1 & 0 & 0 \\ 0 & 1 & 0 \\ 0 & 0 & 1 \\ -1 & 1 & 0 \\ -1 & 0 & 1 \\ 0 & -1 & 1 \end{pmatrix}$$

最小二乘估计是 $\hat{\boldsymbol{\beta}} = (\boldsymbol{X}^{\mathrm{T}}\boldsymbol{X})^{-1}\boldsymbol{X}^{\mathrm{T}}\boldsymbol{Y}$. 例如,得到

$$\hat{p}_1 = \frac{1}{2}Y_1 + \frac{1}{4}Y_2 + \frac{1}{4}Y_3 + \frac{1}{4}Y_4 + \frac{1}{4}Y_5$$

13. **a.** $\text{Var}(\hat{\mu}_0) = \sigma^2 \left[\dfrac{1}{n} + \dfrac{(x_0 - \overline{x})^2}{\sum(x_i - \overline{x})^2} \right]$

c. $\hat{\mu}_0 \pm s_{\hat{u}_0} t_{n-2}(\alpha/2)$, 其中 $s_{\hat{\mu}_0} = s \left[\dfrac{1}{n} + \dfrac{(x_0 - \overline{x})^2}{\sum(x_i - \overline{x})^2} \right]^{1/2}$

15. $\hat{\beta} = (\sum x_i y_i)/(\sum x_i^2)$

21. 将一半的 x_i 放在 -1 上，一半放在 $+1$ 上.

23. **a.** 85   **b.** 80   **25.** true   **31.** $\text{Cov}(U, V) = 0$

37. $\hat{A} = 18.18$, $s_{\hat{A}} = 0.14$; 18.18 ± 0.29

$\hat{B} = -2.126 \times 10^4$, $s_{\hat{B}} = 1.33 \times 10^2$; $-2.126 \times 10^4 \pm 2.72 \times 10^2$

39. 线性函数和二次函数都不适合数据.

41. 一种可能是 DBH 对树龄的平方根.

43. 物理论据显示沉淀时间与直径的平方成反比，在实证分析中，这样的拟合看似合理. 利用模型 $T = \beta_0 + \beta_1/D^2$ 和加权最小二乘，我们得到 (括号中所示的数值是标准误差)

	10	25	28
$\hat{\beta}_0$	−0.403(1.59)	1.48(2.50)	2.25(2.08)
$\hat{\beta}_1$	28672(371)	18152(573)	16919(474)

我们从表格看出截距可以取为 0.

51. 对于 1998，RSS=0.016. 对于 1999 年的预测，RSS=0.055，相对有点大. 1999 的预测值与观测值看似不相关. 利用 1998 的数据预测 1999，得到的预测结果表现欠佳，究其原因在于过拟合 —— 利用 5 个数据点估计 4 个参数.

53. **a.** 根据喷发持续时间小于或超过 3 分钟与否，似乎存在两种关系模型. 最好的方法是分别拟合各个关系模式的线性回归模型.

b. 对于 2 分钟的喷发持续时间，预测是 54.3 分钟. 拟合值的标准误差是 1.04 分钟. 但是预测误差包含两部分：拟合值的误差和新的观测围绕期望值的变异. 后者由残差的标准差度量，等于 5.9 分钟. 对于 4.5 分钟的喷发持续时间，预测是 80.3 分钟. 预测的标准误差是 1.09 分钟，残差标准差是 6.7 分钟. 95% 预测区间是 (67 分钟，94 分钟). 参见习题 13 和 14.

参考文献

Adguna, W., and Labuschagne, M.(2002). Genotypeenvironment interactions and phenotypic stability analysis of linseed in Ethiopia. *Plant Breeding*, 66-71.

Agresti, A.(1996). *An Introduction to Categorical Data Analysis*. Wiley.

Albert, J., and Bennett, J.(2003). *Curve Ball: Baseball, Statistics, and the Role of Chance in the Game*. Springer.

Allison, T., and Cicchetti, D.(1976). Sleep in mammals: ecological and constitutional correlates. *Science*, November 12, vol. 194, pp. 732-734.

Andrews, D., Bickel, P., Hampel, F., Huber, P., Rogers, W., and Tukey, J. (1972).*Robust Estimates of Location*. Princeton, N.J.:Princeton University Press.

Andrews, D., and Herzberg. (1985). *Data*. Springer-Verlag.

Anscombe, F. J. (1950). Sampling theory of the negative binomial and logarithmic series distributions. *Biometrika, 37*, 358-382.

Armitage, P.(1983). *Statistical Methods in Medical Research*. Boston: Blackwell.

Bailey, C., Cox, E., and Springer, J.(1978). High pressure liquid chromatographic determination of the intermediate/side reaction products in FD&C Red No. 2 and FD&C Yellow No. 5; Statistical analysis of instrument response. *J.Assoc. Offic. Anal. Chem., 61*, 1404-1414.

Barlow, R. E., Toland, R. H., and Freeman, T. (1984). A Bayesian analysis of stress-rupture life of Kevlar/epoxy spherical pressure vessels. In *Proceedings of the Canadian Conference in Applied Statistics*. T.D.Dwivedi(ed.). New York: Marcel-Dekker.

Barnothy, J.M.(1964).Development of young mice. In *Biological Effects of Magnetic Fields*. M.Barnothy, ed. New York: Plenum Press.

Beecher, H. K.(1959). *Measurement of Subjective Responses*. Oxford, England: Oxford University Press.

Beller, G., Smith, T., Abelmann, W., Haber. E., and Hood, W. (1971). Digitalis intoxication: A prospective clinical study with serum level.correlations. *N.Eng.J.Med., 284*, 989-997.

Benjamin, J., and Cornell, C.(1970). *Probability, Statistics, and Decision for Civil Engineers*. New York: McGraw-Hill.

Bennett, C., and Franklin, N. (1954). *Statistical Analysis in Chemistry and the Chemical Industry*. New York: Wiley.

Berkson, J. (1966). Examination of randomness of alpha particle emissions. In *Research Papers in Statistics*. F. N. David(ed.). New York: Wiley.

Bernstein, P. (1998). *Against the Gods: the Remarkable Stroy of Risk*. Wiley.

Bevan, S., Kullberg, R., and Rice, J.(1979). An analysis of cell membrane noise. *Annals of Statistics, 7*, 237-257.

Bhattacharjee. C., Bradley, P., Smith, M., Scally A., and Wilson, B. (2000). Do animals bite more during a full moon? Retrospective observational analysis. *British Medical Journal, 321*, 1559-1561.

Bickel, P., Chen, C., Kwon, J., Rice, J., van Zwet, E., and Varaiya, P. (2004). *Measuring Traffic*. Berkeley Department of Statistics Technical Report 664.

Bickel, P., and Doksum, K. (1977). *Mathematical Statistics: Basic Ideas and Selected Topics.* Oakland, Calif.: Holden-Day.

Bickel, P., and Doksum, K. (2001). *Mathematical Statistics: Basic Ideas and Selected Topics.* Prentice-Hall.

Bickel, P., and O'Connell. J. W. (1975). Is there a sex bias in graduate admissions? *Science, 187*, 398-404.

Bishop, Y., Fienberg, S., and Holland, P. (1975). *Discrete Multivariate Analysis: Theory and Practice.* Cambridge, Mass.: MIT Press.

Bjerkdal, T. (1960). Acquisition of resistance in guinea pigs infected with different doses of virulent tubercle bacilli. *Amer. J. Hygiene, 72*, 130-148.

Bliss, C., and Fisher, R. A. (1953). Fitting the negative binomial distribution to biological data. *Biometrics, 9*, 174-200.

Box, G. E. P., and Cox, D. R. (1964). An analysis of transformations (with discussion). *J. Royal Stat. Soc., Series B 26*, 211-246.

Box, G. E. P., and Tiao, G. C. (1973). *Bayesian Inference in Statistical Analysis.* Reading, Mass.: Addison-Wesley.

Box, G. E. P., Hunter, W. G., and Hunter, J. S. (1978) *Statistics for Experimenters.* New York: Wiley.

Brownlee, K. A. (1960). *Statistical Theory and Methodology in Science and Engineering.* New York: Wiley.

Brunk, H. D. (1975). *An Introduction to Mathematical Statistics.* Gardena, Calif.: Xerox.

Burr, I. (1974). *Applied Statistical Methods.* New York: Academic Press.

Campbell, J. A., and Pelletier, O. (1962). Determination of niacin (niacinamide) in cereal products. *J. Assoc. Offic. Anal. Chem., 45*, 449-453.

Carey, J. R., Liedo, P., Orozco, D., and Vaupel, J. W. (1992). Slowing of mortality rates at older ages in large medfly cohorts. *Science, 258*, 457-461.

Chambers, J., Cleveland, W., Kleiner, B., and Tukey, P. (1983). *Graphical Methods for Data Analysis.* Boston: Duxbury.

Chang, A. E., et al. (1979). Delta-9-Tetrahydrocannibol as an antiemetic in cancer patients receiving highdose methotrexate. *The Science of Medical Marijuana Ann. Internal Med., 91.* 819-824.

Chang, S. L. (1945). Sedimentation in water and the specific gravity of cysts of *Entamoeba histolytica. Amer. J. Hygiene, 41*, 156-163.

Chapman, H., and Demeritt, D. (1936). *Elements of Forest Mensuration.* Nashville, Tenn: Williams Press.

Chernoff, H., and Lehman, E. (1954). The use of maximum likelihood estimates in tests for goodness of fit. *Annals of Math. Stat., 23*, 315-345.

Clancy, V. J. (1947). Empirical distributions in chemistry. *Nature, 159*, 340.

Cleveland, W., Graedel, T., Kleiner, B., and Warner, J. (1974). Sunday and workday variations in photochemical air pollutants in New Jersey and New York. *Science, 186*, 1037-1038.

Cobb, L., Thomas, G., Dillard, D., Merendino, J., and Bruce, R. (1959). An evaluation of internal mammary artery ligation by a double blind technique. *N. Eng. J. Med., 260*, 1115-1118.

Cochran, W. G. (1977). *Sampling Techniques.* New York: Wiley.

Cogswell, J. J. (1973). Forced oscillation technique for determination of resistance to breathing in children. *Arch. Dis. Child., 48*, 259-266.

Converse, P., and Traugott, M. (1986). Assessing the accuracy of polls and surveys. *Science, 234*, 1094-1098.

Cook, R. D., and Weisberg, S. (1982). *Residuals and Influence in Regression.* New York: Chapman and Hall.

参考文献

Cramer, H. (1946). *Mathematical Methods of Statistics.* Princeton, N. J.: Princeton University Press.

Cummings, K. M., Giovino, G., Sciandra, R., Koenigsberg, M., and Emont, S. (1987). Physician advice to quit smoking: Who gets it and who doesn't? *Am. J. Prev. Med., 3*, 69-75.

Czitrom, V., and Reece, J. (1997). *Statistical Case Studies for Process Improvement.* SIAM-ASA, 87-103.

Dahiya, R., and Gurland, J. (1972). Pearson chi-squared test of fit with random intervals. *Biometrika, 59*, 147-153.

Dahlquist, G., and Bjorck, A. (1974). *Numerical Methods.* Englewood Cliffs, N.J.: Prentice-Hall.

David, H. (1981). *Order Statistics.* New York: Wiley.

Davies, O. (1960). *The Design and Analysis of Industrial Experiments.* London: Oliver and Boyd.

De Forina, M., Armanino, C., Lanteri, S., and Tiscornia, E.(1983). Classification of olive oils from their fatty acid composition. In *Food Research and Data Analysis,* 189-214. H. Martens and H. Russwurm Jr., (eds.). London: Applied Science Publishers.

DeHoff, R., and Rhines, F. (eds.) (1968). *Quantitative Microscopy.* New York: McGraw-Hill.

Deming, W. (1960). *Sample Design in Business Research.* New York: Wiley.

Diamond, G., and Forrester, J. (1979). Analysis of probability as an aid in the clinical diagnosis of coronaryartery disease. *New Eng. J. Med., 300*, 1350-1358.

Doksum, K., and Sievers, G. (1976). Plotting with confidence. Graphical comparisons of two populations. *Biometrika, 63*, 421-434.

Dongarra, J. (1979). *LINPACK Users' Guide.* Philadelphia: SIAM.

Donoho, A., Donoho, D., and Gasko, M. (1986). *Mac-Spin: Dynamic Data Display.* Belmont, Calif.: Wadsworth.

Dorfman, D. (1978). The Cyril Burt question: New findings. *Science, 201*, 1177-1186.

Dowdall, J. A. (1974). Women's attitudes toward employment and family roles. *Soc. Anal., 35*, 251-262.

Draper, N., and Smith, H. (1981). *Applied Regression Analysis.* New York: Wiley.

The Economist (2002). All in the Mind. February 21.

The Economist (2002). Try It and See. February 28.

Eddy, D. M. (1982). Probabilistic reasoning in clinical medicine: Problems and opportunities. In *Judgment under Uncertainty: Heuristics and Biases,* 249-267. D. Kahneman, P. Slovic, and A. Tversky (eds.). Cambridge University Press.

Edwards, W., Lindman, H., and Savage, L. J. (1963). Bayesian statistical inference for psychological research. *Psych. Rev., 70*, 193-242.

Efron, B., and Tibshirani, R. (1993). *An Introduction to the Bootstrap.* New York: Chapman and Hall.

Evans, D. (1953). Experimental evidence concerning contagious distributions in ecology. *Biometrika, 40*, 186-211.

Fechter, J. V., and Porter, L. G. (1979). Kitchen range energy consumption. Prepared for Office of Conservation, U. S. Department of Energy, NBSIR 78-1556 (Washington, D. C.).

Ferguson, T. S.(1976). *Mathematical Statistics: A Decision Theoretic Approach.* New York: Academic Press.

Filliben, J. (1975). The probability plot correlation coefficient test for normality. *Technometrics, 17*, 111-117.

Finkner, A. (1950). Methods of sampling for estimating commercial peach production in North Carolina. *North Carolina Agricultural Experiment Station Technical Bulletin, 91.*

Fisher, R. A. (1936). Has Mendel's work been rediscovered? *Annals of Science, 1*, 115-137.

Fisher, R. A. (1958). *Statistical Methods for Research Workers.* New York: Hafner.

Freedman, D., Pisani, R., and Purves, R. (1978). *Statistics.* New York: Norton.

Gardner, M. (1976). Mathematical games. *Scientific American, 234*, 119-123.

Gastwirth, J. (1987). The statistical precision of medical screening procedures. *Statistical Science, 3*, 213-222.

Geissler, A. (1889). Beiträge zur Frage des Geschlechtsverhältnisses der Gebornen. *Z. K. Sachs. Stat. Bur., 35*, 1-24.

Gerlough, D., and Schuhl, A. (1955). *Use of Poisson Distribution in Highway Traffic.* Eno Foundation for Highway Traffic Control.

Glass, D., and Hall, J. (1954). A study of intergeneration changes in status. In *Social Mobility in Britain*, D. Glass (ed.). Glencoe, Ill.: Free Press.

Gosset, W. S. (1931). The Lanarkshire milk experiment. *Binometrika, 23*, 398.

Grace, N., Muench, H., and Chalmers, T. (1966). The present status of shunts for portal hypertension in cirrhosis. *Gastroenterology, 50*, 684-691.

Haberman, S. (1978). *Analysis of Qualitative Data.* New York: Academic Press.

Hampson, R., and Walker, R. (1961). Vapor pressures of platinum, iridium, and rhodium. *J. Res. Nat. Bur. Stand., 65* A, 289-295.

Hanley, J. A., and Shapiro, S. H. (1994). Sexual activity and the lifespan of male fruitflies: A dataset that gets attention. *J. Stat. Edu.*, 2(1).

Harbaugh, J., Doveton, J., and Davis, J. (1977). *Probability Methods in Oil Exploration.* New York: Wiley.

Hartley, H. O., and Ross, A. (1954). Unbiased ratio estimates. *Nature, 174*, 270-271.

Heckman, M. (1960). Flame photometric determination of calcium in animal feeds. *J. Assoc. Offic. Anal. Chem., 43*, 337-340.

Hennekens, C., Drolette, M., Jesse, M., Davies, J., and Hutchison, G. (1976). Coffee drinking and death due to coronary heart disease. *N. Eng. J. Med., 294*, 633-636.

Herson, J. (1976). An investigation of the relative efficiency of least-squares prediction to conventional probability sampling plans. *J. Amer. Stat. Assoc.* 71, 700-703. From the National Center for Health Statistics Hospital Discharge Survey (January 1968).

Hill, R. A., and Barton, R. A. (2005). Red enhances human performance in contests. *Nature, 435*, 293.

Hoaglin, D. (1980). A Poissoness plot. *Amer. Stat., 34*, 146-149.

Hoaglin, D., Mosteller, F., and Tukey, J. (1983). *Understanding Robust and Exploratory Data Analysis.* New York: Wiley.

Hockersmith, T., and Ku, H. (1969). Uncertainties associated with proving ring calibration. In *Precision Measurement and Calibration*, H. Ku (ed). U.S. National Bureau of Standards Special Publication 300, Vol. I (Washington, D. C.).

Hollander, M., and Wolfer, D. (1973). *Nonparametric Statistical Methods.* New York: Wiley.

Hopper, J. H., and Seeman, E. (1994). The bone density of female twins discordant for tobacco use. *N. Eng. J. Med., 330*, 387-392.

Horvitz, D., Shah, B., and Simmons, W. (1976). The unrelated randomized response model. *Proc. Soc. Stat. Sect. Amer. Stat.*, 65-72.

Houck, J. C. (1970). Temperature coefficient of the bismuth I-II transition pressure. *J. Res. Nat. Bur. Stand.*, *74* A, 51-54.

Huber, P. (1981). *Robust Statistics.* New York: Wiley.

Huie, R. E., and Herron, J. T. (1972). Rates of reaction of atomic oxygen III, spiropentane, cyclopentane, cyclohexane, and cycloheptane. *J. Res. Nat. Bur. Stand.*, *74* A, 77-80.

Johnson, S., and Johnson, R. (1972). Tonsillectomy history in Hodgkin's disease. *N. Eng. J. Med.*, *287*, 1122-1125.

Joiner, B. (1981). Lurking variables: Some examples. *Amer. Stat.*, *35*, 227-233.

Kacprzak, J., and Chvojka, R. (1976). Determination of methyl mercury in fish by flameless atomic absorption spectroscopy and comparison with an acid digestion method for total mercury. *J. Assoc. Offic. Anal. Chem.*, *59*, 153-157.

Kamal, A. A., Eldamaty, S. E., and Faris, R. (1991). Blood lead level of Cairo traffic policemen. *Science of the Total Environment*, *105*, 165-170.

Kiefer, M. J., Buchan, R. M., Keefe, T. J., and Blehm, K. D. (1987). A predictive model for determining asbestos concentrations for fibers less than five micrometers in length. *Environmental Research*, *43*, 31-38.

Kirchoefer, R. (1979). Semiautomated method for the analysis of chlopheniramine maleate tables: Collaborative study. *J. Assoc. Offic. Anal. Chem.*, *62*, 1197-1120.

Kiser, C. V., and Schaefer, N. L. (1949). Demographic characteristics of women in Who's Who. *Milbank Memorial Fund Quarterly*, *27*, 422.

Kish, L. (1965). *Survey Sampling.* New York: Wiley.

Knafl, G., Spiegelman, C., Sacks, J., and Ylvisaker, D. (1984). Nonparametric calibration. *Technometrics*, *26*, 233-241.

Ku, H. (1969). *Precision Measurement and Calibration.* National Bureau of Standards Special Publication 300 (Washington, D. C.).

Ku, H. (1981). Personal communication.

Lagakos, S., and Mosteller, F. (1981). FD&C Red No. 40 experiments. *J. Nat. Canc. Instit.*, *66*, 197-213.

Lawson, C. L., and Hanson, R. J. (1974). *Solving Least Squares Problems.* Englewood Cliffs, N. J.: Prentice-Hall.

Lazarsfeld, P., Berelson, B., and Gaudet, H. (1948). *The People's Choice: How the Voter Makes Up His Mind in a Presidential Election.* New York: Columbia University Press.

Le Cam, L., and Neyman, J. (eds.) (1967). *Proceedings of the Fifth Berkeley Symposium on Mathematical Statistics and Probability. Volume V: Weather Modification.* Berkeley: University of California Press.

Lehmann, E. (1975). *Nonparametrics: Statistical Methods Based on Ranks.* Oakland, Calif.: Holden-Day.

Lehmann, E., and Casella, G. (1998). *Theory of Point Estimation.* Springer.

Lehmann, E. L. (1983). *Theory of Point Estimation.* New York: Wiley.

Levine, J. D., Gordon, N. C., and Fields, H. L. (1978). The mechanism of placebo analgesia. *Lancet*, 654-657.

Levine, P. H. (1973). An acute effect of cigarette smoking on platelet function. *Circulation*, *48*, 619-623.

Lin, S.-L., Sutton, V., and Quarashi, M. (1979). Equivalence of microbiological and hydroxylamine methods of analysis for ampicillin dosage forms. *J. Assoc. Offic. Anal. Chem.*, *62*, 989-997.

Lynd, R. S., and Lynd, H. M. (1956). *Middletown: A Study in Modern American Culture.* New York: Harcourt-Brace.

MacFarquhar, L. (2004). The pollster. *The New Yorker.* October 18.

Malkiel, B. G. (2004). *A Random Walk Down Wall Street: Completely Revised and Updated Eighth Edition.* W. W. Norton & Company.

Marshall, C. G., Ogden, D. C., and Colquhoun, D. (1990). The actions of suxamethonium (succinyldicholine) as an agonist and channel blocker at the nicotinic receptor of frog muscle. *Journal of Physiology, 428*, 155-174.

Martin, H., Gudzinowicz, B., and Fanger, H. (1975). *Normal Values in Clinical Chemistry.* New York: Marcel-Dekker.

McCool, J. (1979). Analysis of single classification experiments based on censored samples from the two-parameter Weibull distribution. *J. Stat. Planning and Inference, 3*, 39-68.

McNish, A. (1962). The speed of light. *IRE Trans. on Instrumentation, 11*, 138-148.

Mecklenburg, R. S., Benson, E. A., Benson, J. W., Fredlung, P. N., Guinn, T., Metz, R. J., Nielson, R. L., and Sannar, C. A. (1984). Acute complications associated with insulin pump therapy: Report of experience with 161 patients. *J. Amer. Med. Assoc.* 252(23), 3265-3269.

Miller, R. (1981). *Simultaneous Statistical Inference.* New York: Springer-Verlag.

Mittleman, M. A., Maclure, M., Tofler, G. H., et al. (1993). Triggering of acute myocardial infarction by heavy exertion. *N. Eng. J. Med., 329*, 1677-1683.

Morton, A. Q. (1978). *Literary Detection.* New York: Scribner's.

Natrella, M. (1963). *Experimental Statistics.* National Bureau of Standards Handbook 91 (Washington, D. C.).

Olsen, A., Simpson, J., and Eden, J. (1975). A Bayesian analysis of a multiplicative treatment effect in weather modification. *Technometrics, 17*, 161-166.

Orcutt, R. H. (1970). Generation of controlled low pressures of nitrogen by means of dissociation equilibria. *J. Res. Nat. Bur. Stand., 74* A, 45-49.

Overfield, T., and Klauber, M. R. (1980). Prevalence of tuberculosis in Eskimos having blood group B gene. *Hum. Bio., 52*, 87-92.

Partridge, L., and Marion, M. (1981). Sexual activity and the lifespan of male fruitflies. *Nature, 249*, 580-581.

Pearson, E. S., and Wishart, J. (ed.) (1958). *Student's Collected Works.* Cambridge, England: Cambridge University Press.

Pearson, E., D'Agostino, R., and Bowman, K. (1977). Tests for departure from normality: Comparison of powers. *Biometrika, 64*, 231-246.

Pearson, K., and Hartley, H. (1966). *Biometrika Tables for Statisticians.* Cambridge, England: Cambridge University Press.

Peck, R., Casella, G., Cobb, G., Hoerl, R., Nolan, D., Starbuck, R., and Stern, H. (2005). *Statistics: A Guide to the Unknown.* Duxbury.

Perry, L., Van Dyke, R., and Theye, R. (1974). Sympathoadrenal and hemodynamic effects of isoflurane, halothane, and cyclopropane in dogs. *Anesthesiology, 40*, 465-470.

Phillips, D. P., and King, E. W. (1988). Death takes a holiday: Mortality surrounding major social occasions. *Lancet, 2*, 728-732.

Phillips, D. P., and Smith, D. G. (1990). Postponement of death until symbolically meaningful occasions. *J. Amer. Med. Assoc., 263*, 1947-1961.

Plato, C., Rucknagel, D., and Gerschowitz, H. (1964). Studies of the distribution of glucose-6-phosphate dehydrogenase deficiency, thalassemia, and other genetic traits in the coastal and mountain villages of Cyprus. *Amer. J. Human Genetics, 16*, 267-283.

Preston-Thomas, H., Turnbull, G., Green, E., Dauphinee, T., and Kalra, S. (1960). *Can, Jour. Phys.*, *38*, 824-852.

Quenouille, M. (1956). Notes on bias in estimation. *Biometrika*, *43*, 353-360.

Raftery, A., and Zeh, J. (1993). Estimation of bowhead whale, *Balaena mysticetus*, population size. In *Case Studies in Bayesian Statistics*. C. Gatsonis, J. Hodges, R. Kass, and N. Singpurwall, (eds.). *Springer Lecture Notes in Statistics, 83*, 163-240.

Ratcliff, J. (1957). New surgery for ailing hearts. *Reader's Digest*, *71*, 70-73.

Redelmeier, D. A., and Tibshirani, R. J. (1997). Association betweed cellular-telephone calls and motor vehicle collisions. *N. Eng. J. Med.*, *336*, 453-458.

Redelmeier, D. A., and Tibshirani, R. J. (1997). Is using a car phone like drivign drunk? *Chance Magazine*, *10*(2), 5-9.

Rice, J. R. (1983). *Numerical Methods, Software, and Analysis*. New York: McGraw-Hill.

Robson, G. (1929). Monograph of the recent cephalopoda, part I. London: British Museum.

Rosen, B., and Jerdee, T. (1974). Influence of sex role stereotypes on personnel decisions. *J. Appl. Psych.*, *59*, 9-14.

Rosner, B. (2006). *Fundamentals of Biostatistics*. Duxbury.

Rudemo, H. (1982). Empirical choice of histograms and kernel density estimators. *Scand. J. Stat.*, *9*, 65-78.

Ryan, T., and Joiner, B. (unpublished ms.). Normal probability plots and tests for normality. Pennsylvania State Univ.

Ryan, T., Joiner, B., and Ryan, B. (1976). *Minitab Student Handbook*. Boston, Mass.: Duxbury.

Sachs, R. K., van den Engh, G., Trask, B., Yokota, H., and Hearst, J. E. (1995). A random-walk/giant-loop model for interphase chromosome. *Proceedings of the National Academy of Sciences*, USA, *92*, 2710-2714.

Schachter, A. (1959). *The Psychology of Affiliation*. Stanford, Calif.: Stanford University Press.

Scheffe, H. (1959). *The Analysis of Variance*. New York: Wiley.

Scott, D. W. (1992). *Multivariate Density Estimation: Theory and Practice*. Wiley.

Shoemaker, A. L. (1996). What's normal? Temperature, gender, and heart rate. *J. Stat. Edu.*, *3*(2).

Simiu, E., and Filliben, J. (1975). Statistical analysis of extreme winds. *Nat. Bur. Stand. Tech. Note* No. 868 (Washington, D. C.).

Simpson, J., Olsen, A., and Eden, J. (1975). A Bayesian analysis of a multiplicative treatment effect in weather modification. *Technometrics*, *17*, 161-166.

Smith, D. G., Prentice, R., Thompson, D. J., and Hermann, W. L. (1975). Association of exogeneous estrogen and endometrial carcinoma. *N. Eng. J. Med.*, *293*, 1164-1167.

Snyder, R. G. (1961). The sex ratio of offspring of pilots of high performance military aircraft. *Hum. Biol.*, *3*, 1-10.

Stanley, W., and Walton, D. (1961). Trifluoperazine ("Stelazine"). A controlled clinical trial in chronic schizophrenia. *J. Mental Sci.*, *107*, 250-257.

Steel, E., Small, J., Leigh, S., and Filliben, J. (1980). Statistical considerations in the preparation of chrysotile filter standard reference materials. NBS Technical Report (Washington, D. C.).

Steering Committee of the Physicians' Health Study Research Group (1989). Final report on the aspirin component of the ongoing physicians' health study. *N. Eng. J. Med.*, *32*(3), 129-135.

Stigler, S. M. (1977). Do robust estimates work with real data? *Annals of Statistics, 5,* 1055-1098.

Strang, G. (1980). *Linear Algebra and Its Applications.* New York: Academic Press.

Student (1907). On the error of counting with a haemacytometer. *Biometrika, 5,* 351.

Subotičanec, K., Folnegović-Šmalc, V., Turčin, R., Meštrović, B., and Buzina, R. (1986). Plasma levels and urinary vitamin C excretion in schizophrenic patients. *Hum. Nut.: Clin. Nut., 40C,* 421-428.

Taguma, Y., Kitamoto, Y., Furaki, G., Ueda, H., Monma, H., Ishisaki, M., Takahahsi, H., Sekino, H., and Sasaki, Y. (1985). Effects of catopril on heavy proteinurea in axotemic diabetes. *N. Eng. J. Med., 313*(26), 1617-1620.

Tanur, J., Mosteller, F., Kruskal, W., Link, R., Pieters, R., and Rising, G. (1972). *Statistics: A Guide to the Unknown.* Oakland, Calif.: Holden-Day.

Thomas, H. A. (1948). Frequency of minor floods. *J. Boston Soc. Civil Engineers, 34,* 425-422.

Tukey, J. (1977). *Exploratory Data Analysis.* Reading, Mass.: Addison-Wesley.

Tversky, A., and Kahneman, D. (1974). Judgement under uncertainty: Heuristics and biases in judgements reveal some heuristics of thinking under uncertainty. *Science, 185,* 1124-1131.

Udias, A., and Rice, J. (1975). Statistical analysis of microearthquake activity near San Andreas Geophysical Observatory, Hollister, California. *Bulletin of the Seismological Society of America, 65,* 809-828.

Van Atta, C., and Chen, W. (1968). Correlation measurements in grid turbulence using digital harmonic analysis. *J. Fluid Mech., 34,* 497-515.

Veitch, J., and Wilks, A. (1985). A characterization of Arctic undersea noise. *J. Acoust. Soc. Amer., 77,* 989-999.

Velleman, P., and Hoaglin, D. (1981). *Applications, Basics, and Computing of Exploratory Data Analysis.* Boston, Mass.: Duxbury.

Vianna, N., Greenwald, P., and Davies, J. (1971). Tonsillectomy and Hodgkin's disease: The lymphoid tissue barrier. *Lancet, 1,* 431-432.

Warner, S. (1965). Randomized response: A survey technique for eliminating evasive answer bias. *J. Amer. Stat. Assoc., 60,* 63-69.

Weindling, S. (1977). Statistics report: Math 80B.

Weindruch et al from Sleuth.

Weisburg, S. (1980). *Applied Linear Regression.* New York: Wiley.

Welch, W. J. (1987). Rerandomizing the median in matched-pairs designs. *Biometrika, 74,* 609-614.

White, J., Riethof, M., and Kushnir, I. (1960). Estimation of microcry stalline wax in beeswax. *J. Assoc. Offic. Anal. Chem., 43,* 781-790.

Wilk, M., and Gnanadesikan, R. (1968). Probability plotting methods for the analysis of data. *Biometrika, 55,* 1-17.

Williams, W. (1978). How bad can "good" data really be? *Amer. Stat., 32,* 61-67.

Wilson, E. B. (1952). *An Introduction to Scientific Research.* New York: McGraw-Hill.

Wood, L. A. (1972). Modulus of natural rubber crosslinked by dicumyl peroxide. I. Experimental observations. *J. Res. Nat. Bur. Stand., 76*A, 51-59.

Woodward, P. (1948). A statistical theory of cascade multiplication. *Proc. Camb. Phil. Soc., 44,* 404-412.

Woolf, B. (1955). On estimating the relation between blood group and disease. *Annals of Hum. Genetics, 19,* 251-253.

Yates, F. (1960). *Sampling Methods for Censuses and Surveys.* New York: Hafner.

Yip, P., Chao, A., and Chiu, C. (2000). Seasonal variation in suicides: Diminished or vanished. Experience from England and Wales, 1982-1996, *The British Journal of Psychiatry, 177*, 366-369.

Yokota. H., van den Engh, G., Hearst, J. E., Sachs, R. K., and Trask, B. (1995). Evidence for the organization of chromatin in megabase pair-sized loops arranged along a random walk path in the human G0/G1 interphase nucleus. *J. Cell Biol., 130*, 1239-1249.

Youden, J. (1972). Enduring values. *Technometrics, 14*, 1-11.

Youden, W. J. (1962). *Experimentation and Measure ment*. Washington, D.C.: National Science Teachers Association.

Youden, W. J., (1974). *Risk, Choice and Prediction*. Boston, Mass.: Duxbury.

推荐阅读

统计学：基于R应用

作者：贾俊平 ISBN: 978-7-111-46651-2 定价：39.00元

应用时间序列分析：R软件陪同

作者：吴喜之 刘苗 ISBN: 978-7-111-46816-5 定价：39.00元

金融数据分析导论：基于R语言

作者：Ruey S.Tsay ISBN: 978-7-111-43506-8 定价：69.00元

例解回归分析（原书第5版）

作者：Samprit Chatterjee 等 ISBN: 978-7-111-43156-5 定价：69.00元